46,-
14/10/13

Fischer, Werkstoffe in der Elektrotechnik

Lernbücher der Technik

herausgegeben von Dipl.-Gewerbelehrer Manfred Mettke, Oberstudiendirektor an der Schule für Elektrotechnik in Essen

Bisher liegen vor:

Bauer/Wagener, Bauelemente und Grundschaltungen der Elektronik
Band 1: Bauelemente
Band 2: Grundschaltungen

Bauckholt, Grundlagen und Bauelemente der Elektrotechnik

Felderhoff, Elektrische Meßtechnik

Felderhoff, Leistungselektronik

Fischer, Werkstoffe in der Elektrotechnik

Freyer, Meßtechnik in der Nachrichtenelektronik

Freyer, Nachrichten-Übertragungstechnik

Richard, Datenverarbeitung mit Mikroprozessoren
Teil 1: Hardware
Teil 2: Software

Schaaf/Schröder, Digitale Datenverarbeitung

Weinert, Schaltungszeichnen in der elektrischen Energietechnik

Weinert, Aufgaben zum Schaltungszeichnen in der elektrischen Energietechnik

Weinert, Fachzeichnen für Starkstromanlagen und Elektronik

HANSER

Carl Hanser Verlag München Wien

Werkstoffe in der Elektrotechnik

Chemische Grundlagen – Aufbau – Eigenschaften – Prüfung – Anwendung

von Dr.-Ing. Hans Fischer

3., vollständig neu bearbeitete Auflage
mit 329 Bildern, 112 Tabellen
sowie zahlreichen Beispielen, Übungen und Testaufgaben

HANSER

Carl Hanser Verlag München Wien

CIP-Kurztitelaufnahme der Deutschen Bibliothek

Fischer, Hans:
Werkstoffe in der Elektrotechnik : Chemische Grundlagen – Aufbau – Eigenschaften – Prüfung – Anwendung / von Hans Fischer. – 3., vollständig neu bearbeitete Aufl. – München ; Wien : Hanser, 1987
(Lernbücher der Technik)
ISBN 3-446-14876-0

Gesamtherstellung: Spandel-Druck, Nürnberg

Printed in Germany

Vorwort des Herausgebers

Was können Sie mit diesem Buch lernen?

Wenn Sie dieses Buch durcharbeiten, dann lernen Sie die wichtigsten Werkstoffe der Elektrotechnik kennen. Der Umfang dessen, was wir Ihnen anbieten, orientiert sich einerseits an der „Rahmenvereinbarung über Fachschulen“ der Kultusministerkonferenz sowie den entsprechenden Lehrplänen der Fachschulen für Technik in den Bundesländern und andererseits an den Anforderungen der beruflichen Praxis in den verschiedensten Bereichen.

Nach einer angemessenen Einführung in chemische Grundlagen werden Sie systematisch mit den ausgewählten Werkstoffen vertraut gemacht, lernen ihre Struktur, ihre Eigenschaften, ihre Prüfung kennen und begreifen ihren Einsatz als Leiter- und Konstruktionswerkstoffe. Jeder Problemkreis ist in „praxisgerechter Technik“ aufgearbeitet. Das heißt, Sie gehen dabei stets folgenden Fragen nach:

- Welche Gesetzmäßigkeiten gelten?
- Welche Werkstoffstrukturen werden sichtbar?
- Welche werkstofftechnologische Lösung stellt sich dar?
- Wo liegen die Anwendungsmöglichkeiten und Grenzen?

Wer kann mit diesem Buch lernen?

Alle, die

- bereit sind, logisch und technisch denken zu lernen,
- Einsicht in die Grundlagen der Physik und Mathematik genommen haben,
- grundlegende Kenntnisse der Elektrotechnik erworben haben.

Das können sein:

- zukünftige Elektrotechniker
- zukünftige Elektroingenieure
- zukünftige Elektrotechnische Assistenten
- zukünftige Meister in der Elektroindustrie und im Elektrohandwerk
- interessierte zukünftige Facharbeiter
- Umschüler und Rehabilitanden
- Teilnehmer an Weiterbildungskursen von Organisationen, Verbänden und Vereinen

Wie können Sie mit diesem Buch lernen?

Ganz gleich, ob Sie mit diesem Buch in der Schule, in der Klasse oder zu Hause im „Stillen Kämmerlein“ lernen, es wird Ihnen endlich Spaß machen.

Warum?

Ganz einfach, weil Ihnen hierzu, unseres Wissens, zum ersten Male in der technischen Literatur ein Buch vorgelegt wird, das bei der Gestaltung die Gesetze des menschlichen Lernens zur

Grundlage machte. Deshalb werden Sie in jedem Kapitel zuerst mit dem bekanntgemacht, was Sie am Ende können sollen: mit den Lernzielen.

– Ein Lernbuch also! –

Danach beginnen Sie, sich mit dem Lerninhalt, dem Lehrstoff, auseinanderzusetzen. Schrittweise dargestellt, ausführlich beschrieben in der linken Spalte des Buches und umgesetzt in die technisch-wissenschaftliche Darstellung auf der rechten Seite des Buches. Die eindeutige Zuordnung des behandelten Stoffes in beiden Spalten macht das Lernen viel leichter, umblättern ist nicht mehr nötig. Zur Vertiefung stellt Ihnen der Autor Beispiele vor.

– Ein unterrichtsbegleitendes Lehrbuch. –

Jetzt können und sollten Sie sofort die Übungsaufgaben durcharbeiten, um das Gelernte so abzusichern, festzumachen. Den wesentlichen Lösungsgang und das Ergebnis der Übungen hat der Autor am Ende des Buches für Sie aufgeschrieben.

– Also auch ein Arbeitsbuch mit Lösungen. –

Sie wollen sicher sein, daß Sie richtig und vollständig gelernt haben. Deshalb bietet Ihnen der Autor nun einen lernzielorientierten Test an, zur Lernerfolgskontrolle. Ob Sie richtig geantwortet haben, sagt Ihnen die Testauflösung am Ende des Buches.

– Ein lernzielorientierter Test mit Lösungen. –

Trotz intensiven Lernens über Beispiele und Übungen und der Bestätigung des Gelernten im Test als erste Wiederholung verliert sich ein Teil des Wissens und Könnens wieder, wenn Sie nicht bereit sind, am Anfang oft und dann in immer längeren Zeiträumen zu wiederholen!

Das will Ihnen der Autor erleichtern.

Er hat die jeweils rechten Spalten des Buches auch noch so geschrieben, daß hier die wichtigsten Lerninhalte als Satz, stichwortartig, als Formel oder als Skizze zusammengefaßt sind. Sie brauchen deshalb beim Wiederholen und auch Nachschlagen meistens nur die rechten Buchspalten zu lesen.

– Schließlich noch Repetitorium! –

Diese Arbeit ist notwendigerweise mit dem Aufsuchen der entsprechenden Kapitel oder gar dem Suchen von bestimmten Begriffen verbunden. Dafür verwenden Sie bitte das Inhaltsverzeichnis am Anfang und das Sachwortverzeichnis am Ende des Buches.

– Selbstverständlich mit Inhalts- und Sachwortverzeichnis. –

Sicherlich werden Sie durch die intensive Arbeit mit dem Buch „Ihre Bemerkungen zur Sache“ unterbringen wollen, um es so zum individuellen Arbeitsmittel zu machen, das Sie auch später gern benutzen. Deshalb haben wir für Ihre Notizen auf den Seiten Platz gelassen.

– Am Ende ist „Ihr“ Buch entstanden. –

Möglich wurde dieses Lernbuch für Sie durch die Bereitschaft des Autors und die intensive Unterstützung durch den Verlag und seine Mitarbeiter. Beiden sollten wir herzlich danken.

Nun darf ich Ihnen viel Freude und Erfolg beim Lernen wünschen!

Manfred Mettke

Vorwort zur dritten Auflage

Diese Auflage hat die bewährte didaktische Grundstruktur beibehalten. Die Lerninhalte wurden aktualisiert.

Dabei erwies es sich notwendig, die chemischen Grundlagen in den Lernstoff einzubeziehen. Damit trage ich zugleich den neuen Rahmenrichtlinien der Kultusministerkonferenz (KMK) für Fachschulen für Technik sowie dem Wunsche vieler Kollegen und Studierenden Rechnung, die „Chemie und Werkstofftechnik" als Einheit auffassen.

In Kapitel 1 (Chemische Grundlagen) erfolgt der Einstieg in die Werkstofftechnik mit dem atomaren Aufbau der Materie. Schwerpunkte sind das Periodensystem der Elemente (PSE), die Energiezustände der Elektronen und ihr Austausch mit Protonen bei Redoxvorgängen, die für das Verständnis der Herstellung anorganischer und organischer Werkstoffe und ihr chemisches Verhalten in der Praxis notwendig sind. Zugleich erlernt der Leser die elektrochemischen Vorgänge in primären und sekundären Spannungsquellen, sowie bei der Abscheidung und Oxidation von Metallen. Die erarbeiteten Lernziele machen einen Rückgriff auf andere Chemiebücher für den Lernenden unnötig.

In Kapitel 2 (Kristalle) werden die für die Halbleitertechnologie wichtigen Gitterbaufehler ausführlicher behandelt. Die in Anzeigesystemen eingeführten Flüssigkristalle wurden neu aufgenommen.

In Kapitel 3 (Konstruktionswerkstoffe) werden nach wie vor die Grundzüge der Festigkeitslehre und ihre wichtigsten, klassischen Prüfverfahren erlernt, die in der Elektroindustrie gebräuchlichen Konstruktionswerkstoffe aber so knapp wie möglich beschrieben. Die Erscheinung des „Kriechens" wurde neu aufgenommen.

In Kapitel 4 (Stromleiter) werden nach der Erklärung des Leitungsmechanismus der Elektronen die Leiter-, Widerstands- und Kontaktwerkstoffe kompakter als früher beschrieben. Die Technologie von Leiterplatten wird dargestellt.

In Kapitel 5 (Halbleiter) werden die elektronischen Grundlagen, die Funktionen und Technologien nach dem modernen Stand der Technik ausführlicher als bisher dargestellt; der von *v. Klitzing* an Hallsonden entdeckte Effekt zur exakten Bestimmung des elektrischen Widerstandes wird erklärt.

In Kapitel 6 (Magnetwerkstoffe) wurden der neue Stand der Normen und die modernen Amorphmetalle (Metallgläser) berücksichtigt.

In Kapitel 7 (Nichtleiter) ist das Verständnis für die Zusammensetzung, Struktur und Funktion von Isolatoren und Dielektrika durch den Lernstoff des ersten Kapitels erleichtert.

Herrn Studienrat *W. Rasche* danke ich für seine wertvolle Mitarbeit, insbesondere bei der Abfassung von Kapitel 1.

Essen, im Sommer 1987 *Hans Fischer*

Inhalt

Verwendete Formelzeichen (Fz) und Abkürzungen mit Einheiten (E) 15

1 Chemische Grundlagen 19
1.0 Überblick 19
1.1 Grundbegriffe 19
1.2 Aufbau der Atome 21
1.2.1 Kern und Hülle 21
1.2.2 Elektronenschalen 22
1.2.3 Elemente 23
1.3 Periodensystem (PSE) 26
1.4 Elektronenkonfiguration 31
1.5 Chemische Bindungen 33
1.5.0 Übersicht 33
1.5.1 Wertigkeit 34
1.5.2 Massenberechnung 35
1.5.3 Atombindung 37
1.5.4 Ionenbindung 39
1.6 Redoxvorgänge 40
1.6.0 Übersicht 40
1.6.1 Oxidation, Reduktion 40
1.6.2 Redoxreaktion 42
1.6.3 Redoxvorgang, sekundär-elektrisch 43
1.6.4 Elektrische Spannungsreihe 46
1.6.5 Elektrochemische Korrosion 49
1.7 Protonenübergang 51
1.7.0 Übersicht 51
1.7.1 Säuren 51
1.7.2 Basen, Laugen 53
1.7.3 Salze 54
1.7.4 pH-Wert 55
1.7.5 Protonenübergang, Beispiele 56
1.8 Kinetik, Energetik 57
1.8.0 Übersicht 57
1.8.1 Gasgesetze 57
1.8.2 Reaktionsenthalpie (Bildungswärme) 60
1.8.3 Aktivierungsenergie 62
1.8.4 Massenwirkungsgesetz (MWG) 63
1.9 Kohlenwasserstoffe 65
1.9.0 Übersicht 66
1.9.1 Kohlenstoffbindungen 66
1.9.2 Rohstoffquellen 68
1.9.2.1 Erdöl 68
1.9.2.2 Erdgas 70
1.9.2.3 Kohle 70
1.9.3 Bezeichnungen 72
1.9.4 Makromoleküle 75
Lernzielorientierter Test zu Kapitel 1 76

2 Kristalle . . . 78
2.0 Überblick . . . 78
2.1 Reinkristalle (eine Atomart, eine Molekülart) . . . 78
2.1.0 Übersicht . . . 78
2.1.1 Die vier wichtigsten Kristallarten (Raumgitter) . . . 79
2.1.1.1 Das hexagonale Gitter (hex) . . . 80
2.1.1.2 Das kubisch flächenzentrierte Gitter (kfz) . . . 81
2.1.1.3 Das kubisch raumzentrierte Gitter (krz) . . . 82
2.1.1.4 Das Diamantgitter (dia) . . . 82
2.1.2 Die Gitter des Kohlenstoffs . . . 82
2.1.3 Einfluß des Gitters auf die Eigenschaften . . . 84
2.1.3.1 Isotrope, anisotrope und quasiisotrope Eigenschaften . . . 84
2.1.3.2 Deformationen . . . 85
2.1.4 Thermischer Einfluß . . . 88
2.1.5 Primärkristalle (aus der Schmelze) . . . 91
2.1.6 Sekundärkristalle, Rekristallisation . . . 93
2.1.7 Gitterfehler . . . 95
2.2 Binäre Legierungssysteme . . . 97
2.2.0 Übersicht . . . 97
2.2.1 Chemische Zusammensetzung . . . 98
2.2.2 Zustandsdiagramme . . . 100
2.2.2.1 Entstehung . . . 100
2.2.2.2 V-Diagramm, Unlöslichkeit . . . 101
2.2.2.3 Linsendiagramm, unbeschränkte Löslichkeit . . . 104
2.2.2.4 Kombiniertes Diagramm, beschränkte Löslichkeit . . . 106
2.2.2.5 Diagramm mit intermetallischer Verbindung . . . 107
2.2.3 Grob- und Feinkorn, Brucharten . . . 108
2.2.4 Zusammenstellung wichtiger Begriffe für metallische Kristalle . . . 109
2.3 Flüssigkristalle . . . 110
Lernzielorientierter Test zu Kapitel 2 . . . 112

3 Konstruktive Eigenschaften, Prüfverfahren, Legierungen . . . 113
3.0 Überblick . . . 113
3.1 Eigenschaften und Prüfverfahren . . . 113
3.1.0 Übersicht . . . 113
3.1.1 Zugversuch, DIN 50 145/46 . . . 114
3.1.1.1 Proben, Maschine . . . 114
3.1.1.2 Versuchsablauf . . . 115
3.1.1.3 Auswertung . . . 116
3.1.1.4 0,2-Dehngrenze, Streckgrenze . . . 116
3.1.1.5 Dehnung, Bruchdehnung . . . 117
3.1.1.6 Einschnürung . . . 118
3.1.1.7 Spannungs-Dehnungsdiagramm . . . 118
3.1.1.8 Elastizitätsmodul . . . 119
3.1.1.9 Zusammenstellung konstruktiver Größen . . . 120
3.1.2 Härte und Härteprüfung . . . 123
3.1.2.1 Begriff und Prüfarten . . . 123
3.1.2.2 Vickershärte HV, DIN 50 133 . . . 124
3.1.2.3 Brinell-(Kugeldruck)Härte HB, DIN 50 351 . . . 125
3.1.2.4 Rockwellhärte HRC und HRB, DIN 50 103 . . . 126
3.1.2.5 Anwendbarkeit und Vergleich der drei DIN-Prüfverfahren . . . 127

3.1.3 Kerbschlagbiegeversuch, DIN 50155 . . . 129
3.1.3.1 Zweck . . . 129
3.1.3.2 Versuchseinrichtung und -ausführung . . . 129
3.1.3.3 Auswertung . . . 130
3.1.4 Dauerprüfungen . . . 131
3.1.4.1 Standversuche . . . 131
3.1.4.2 Dynamische Versuche . . . 132
3.1.5 Zerstörungsfreie Prüfung mit US-Wellen . . . 133
3.1.5.1 Grundlagen . . . 133
3.1.5.2 Auswertung . . . 134
3.2 Metallische Konstruktionswerkstoffe . . . 135
3.2.0 Übersicht . . . 135
3.2.1 Eisen-Kohlenstoff-Legierungen (binär) . . . 136
3.2.1.1 Zustandsdiagramm . . . 137
3.2.1.2 Kristalle . . . 138
3.2.1.3 Stahlsorten . . . 140
3.2.1.4 Thermische Behandlung, Härten . . . 141
3.2.1.5 Gußwerkstoffe . . . 142
3.2.2 Kupferlegierungen . . . 146
3.2.2.0 Übersicht . . . 146
3.2.2.1 CuZn-Legierungen, Messing (Ms), DIN 1709, 1718, 17660 . . . 147
3.2.2.2 CuSn- und CuAl-Legierungen . . . 150
3.2.3 Aluminiumlegierungen, DIN 1725 . . . 151
3.3 Werkstoffbezeichnung nach DIN . . . 154
3.3.0 Übersicht . . . 154
3.3.1 Werkstoffnummer nach DIN 17007 . . . 154
3.3.2 Kurzbezeichnung nach DIN . . . 155
3.3.2.1 Eisensorten, DIN 17006 . . . 155
3.3.2.2 NE-Metalle, DIN 1700 . . . 156
Lernzielorientierter Test zu Kapitel 3 . . . 157

4 Metallische Leiter, Kontakte, Widerstände . . . 160
4.0 Überblick . . . 160
4.1 Der elektrische Leitungsvorgang . . . 160
4.1.1 Spezifische elektrische Leitfähigkeit . . . 160
4.1.2 Einflüsse auf die spezifische elektrische Leitfähigkeit . . . 164
4.1.3 Supraleitfähigkeit . . . 166
4.2 Leiterwerkstoffe . . . 168
4.2.0 Übersicht . . . 168
4.2.1 Reinkupfer E-Cu, DIN 40500 . . . 168
4.2.2 Leitkupfer, niedrig legiert, DIN 17666 . . . 172
4.2.3 Leitaluminium . . . 174
4.2.3.1 E-Al, DIN 1745, 40501 . . . 174
4.2.3.2 E-AlMgSi, Aldrey, DIN 1725 . . . 174
4.2.4 Gedruckte Schaltungen . . . 176
4.3 Vergleich der Leiterwerkstoffe Cu und Al . . . 176
4.4 Kontaktwerkstoffe . . . 177
4.4.0 Übersicht . . . 177
4.4.1 Kontaktarten, Beanspruchungen . . . 177
4.4.2 Kontaktwiderstand . . . 178
4.4.3 Verschleiß . . . 178

4.4.4 Werkstoffe . . . 179
4.4.5 Werkstoffe für Spezialkontakte . . . 182
4.5 Widerstände . . . 182
4.5.0 Übersicht . . . 182
4.5.1 Widerstand und Temperaturkoeffizient von Legierungen . . . 183
4.5.2 Regel- und Meßwiderstände, DIN 17471 u. a. . . . 185
4.5.3 Heizwiderstände, DIN 17470 . . . 186
4.6 Thermospannungen . . . 187
4.7 Thermobimetalle . . . 188
Lernzielorientierter Test zu Kapitel 4 . . . 189

5 Halbleiter . . . 192
5.0 Überblick . . . 192
5.1 Zusammensetzung, Struktur . . . 192
5.2 Energiebändermodell . . . 194
5.2.1 Energiebänder . . . 194
5.2.2 Ferminiveau . . . 195
5.3 Elektrischer Leitungsmechanismus . . . 197
5.3.0 Übersicht . . . 197
5.3.1 Eigenleitung . . . 197
5.3.2 Störstellenleitung . . . 199
5.3.2.1 n-Leiter . . . 199
5.3.2.2 p-Leiter . . . 200
5.3.2.3 Rekombination . . . 201
5.4 Elektrische Leitfähigkeit . . . 202
5.4.1 Elektronische Begriffe . . . 202
5.4.2 Konzentration der Ladungsträger . . . 203
5.4.2.1 Eigenleiter (Intrinsic) . . . 203
5.4.2.2 Störstellenleiter (Extrinsic) . . . 204
5.4.3 Temperatureinfluß . . . 205
5.4.3.1 Eigenleiter (Intrinsic) . . . 205
5.4.3.2 Dotierte Leiter (Extrinsic) . . . 206
5.5 Vorgänge in der Grenzschicht (pn-Übergang) . . . 208
5.5.0 Übersicht . . . 208
5.5.1 Unbelasteter Übergang (ohne Außenspannung) . . . 209
5.5.2 In Durchlaßrichtung belasteter Übergang . . . 211
5.5.3 In Sperrichtung belasteter Übergang . . . 211
5.5.4 Diodenkennlinie . . . 212
5.5.5 Doppelübergang, Transistor (pnp, npn) . . . 213
5.5.6 Temperatureinfluß . . . 215
5.5.7 Lichteinfluß . . . 216
5.5.7.1 Photonen . . . 216
5.5.7.2 Innerer Fotoeffekt . . . 217
5.5.7.3 Äußerer Fotoeffekt . . . 218
5.6 Physikalische Einflüsse . . . 221
5.6.0 Übersicht . . . 221
5.6.1 Drucksensoren . . . 221
5.6.2 Heißleiter . . . 222
5.6.3 Spannungsabhängiger Widerstand . . . 224
5.6.4 Halleffekt . . . 225

5.6.5 Feldplatte . . . 228
5.6.6 Kaltleiter . . . 228
5.7 Technologie . . . 230
5.7.0 Übersicht . . . 230
5.7.1 Chemische Vorreinigung . . . 231
5.7.2 Herstellung höchstreiner Si-Einkristalle . . . 232
5.7.3 Dotiertechniken . . . 234
5.7.4 Selektive Dotierung, Planartechnik . . . 237
5.7.5 Montage, Kontaktieren . . . 239
5.7.6 Zusammenfassung, Ausblick . . . 240
Lernzielorientierter Test zu Kapitel 5 . . . 241

6 Magnetwerkstoffe . . . 243
6.0 Überblick . . . 243
6.1 Magnetische Größen . . . 243
6.2 Materie im Magnetfeld . . . 247
6.2.0 Übersicht . . . 247
6.2.1 Ursachen des Magnetismus . . . 247
6.2.2 Dia- und Paramagnetismus . . . 248
6.2.3 Ferro- und Ferrimagnetismus . . . 248
6.2.4 Antiferro- und Ferrimagnetismus . . . 250
6.3 Polarisation . . . 251
6.3.1 Weiß'sche Bezirke (Domänen) . . . 251
6.3.2 Blochwand . . . 252
6.3.3 Vorgänge im Kristall . . . 252
6.3.3.1 Verschiebung der Blochwand . . . 252
6.3.3.2 Drehvorgänge der Magnetmomente . . . 253
6.3.3.3 Magnetostriktion . . . 254
6.4 Magnetisierungs- und Hysteresekurve, DIN 50462 . . . 255
6.4.0 Übersicht . . . 255
6.4.1 Neukurve . . . 255
6.4.2 Hysteresekurve . . . 257
6.4.3 Scherung . . . 259
6.4.4 Permeabilität . . . 259
6.4.5 Rechteckschleife . . . 262
6.5 Anforderungen an Weich- und Hartmagnete . . . 264
6.5.1 Unterscheidungsmerkmale . . . 264
6.5.2 Anforderungen an Weichmagnete . . . 264
6.5.2.1 Verluste, allgemein . . . 264
6.5.2.2 Hystereseverlust . . . 265
6.5.2.3 Kornausrichtung (Textur) . . . 267
6.5.2.4 Wirbelstromverlust . . . 268
6.5.2.5 Temperatureinfluß . . . 270
6.5.2.6 Frequenzeinfluß . . . 271
6.5.2.7 Güteziffer von Spulen . . . 271
6.5.3 Anforderungen an Hartmagnete, DIN 50470/71 . . . 272
6.5.3.1 Das Energieprodukt . . . 272
6.5.3.2 Energieprodukt, Arbeitspunkt . . . 273
6.6 Weichmagnete, DIN 46600 . . . 274
6.6.0 Übersicht . . . 274
6.6.1 Metalle in der Energietechnik . . . 275

6.6.2 Metalle in der Nachrichtentechnik . . . 276
6.6.3 Weichferrite . . . 278
6.7 Hartmagnete, DIN 17410 . . . 280
6.7.0 Übersicht, Verwendung . . . 280
6.7.1 Metalle . . . 280
6.7.2 Hartferrite, DIN 17410 . . . 283
Lernzielorientierter Test zu Kapitel 6 . . . 285

7 Nichtleiter . . . 287
7.0 Überblick . . . 287
7.1 Anforderungen, Eigenschaften, Prüfung . . . 287
7.1.0 Übersicht . . . 288
7.1.1 Elektrische Widerstandsarten . . . 289
7.1.1.0 Thermischer und elektrischer Widerstand, Übersicht . . . 289
7.1.1.1 Spezifischer Durchgangswiderstand (= Innenwiderstand), DIN 53482 . . . 290
7.1.1.2 Oberflächenwiderstand, DIN 53482 . . . 291
7.1.1.3 Widerstand zwischen Stöpseln, DIN 53482 . . . 293
7.1.2 Kriechstromfestigkeit, DIN 53480 . . . 293
7.1.3 Durchschlagfestigkeit, DIN 53481 . . . 295
7.1.4 Dielektrisches Verhalten . . . 297
7.1.4.0 Größen im elektrischen Feld . . . 297
7.1.4.1 Polarisationsarten . . . 298
7.1.4.2 Permittivitätszahl (Dielektrizitätszahl) ε_r, DIN 53483 . . . 299
7.1.4.3 Dielektrischer Verlustfaktor $d = \tan \delta$, DIN 53483 . . . 304
7.1.4.4 Dielektrische Verlustzahl ε'' . . . 307
7.1.4.5 Einfluß von Frequenz und Temperatur . . . 308
7.1.4.6 Elektrostriktion, Piezoeffekt . . . 310
7.1.5 Thermischer Einfluß . . . 310
7.1.5.1 Wärmedehnung, DIN 52328 . . . 310
7.1.5.2 Wärmeleitung, DIN 52612 . . . 311
7.1.5.3 Formbeständigkeit, DIN 51063, 53460/61/62 . . . 312
7.1.5.4 Wärmebeständigkeit, VDE 0503 . . . 313
7.1.5.5 Glutbeständigkeit, DIN 53459 . . . 314
7.1.6 Konstruktive Eigenschaften . . . 315
7.1.7 Verhalten gegen Wasser und Chemikalien, DIN 53122/495 . . . 317
7.2 Anorganische Isolierstoffe . . . 318
7.2.0 Übersicht . . . 318
7.2.1 Naturstoff Glimmer . . . 318
7.2.2 Glas als Isolator . . . 318
7.3 Glas als Lichtwellenleiter, LWL . . . 320
7.3.0 Übersicht . . . 320
7.3.1 Strahlengang . . . 320
7.3.2 Technologie . . . 322
7.3.3 Kabelaufbau und Verbindungstechnik . . . 323
7.4 Elektrokeramika . . . 325
7.4.0 Allgemeines . . . 325
7.4.1 Zusammensetzung, Eigenschaften . . . 325
7.4.1.1 Herstellung (Tabelle 7.4–2) . . . 325
7.4.1.2 Haupteigenschaften . . . 326

7.4.2 Klasseneinteilung, DIN 40 685 . . . 326
7.4.3 Ferroelektrika . . . 330
7.5 Organische Isolierstoffe (Kunststoffe) . . . 332
7.5.0 Übersicht . . . 332
7.5.1 Technologie . . . 333
7.5.2 Einteilung nach dem thermischen Verhalten, DIN 7724 . . . 334
7.5.3 Halbsynthetische Kunststoffe . . . 336
7.5.3.1 Cellulose-Erzeugnisse, Übersicht . . . 336
7.5.3.2 E-Papiere, DIN 7735, 16 926 . . . 336
7.5.3.3 Cellulose-Kunststoffe, DIN 7737, 7739 . . . 337
7.5.4 Vollsynthetische Kunststoffe . . . 337
7.5.4.1 Duromere (Duroplaste) . . . 339
7.5.4.2 Thermoplaste . . . 341
7.5.4.3 Erkennungsmerkmale . . . 344
7.5.4.4 Drahtlacke, Träufelmittel, DIN 46 416, 46 436 . . . 346
7.5.4.5 Isolieröle, DIN 5107 . . . 347
7.5.4.6 Chlophene . . . 349
7.5.4.7 Silikone (Silicone) . . . 350
Lernzielorientierter Test zu Kapitel 7 . . . 351

Lösungsteil . . . 353

Benutzte Literatur . . . 382

Bildquellennachweis . . . 383

Sachwortverzeichnis . . . 384

Verwendete Formelzeichen (Fz) und Abkürzungen mit Einheiten (E)

A	Bruchdehnung (Zugversuch)	1; %
A	Fläche, Querschnitt	m^2
A_0	Ausgangsfläche	m^2
a	Abstand	m
a	Dissoziationsgrad	%
B	magnetische Flußdichte	$T = V \cdot s/m^2$
B_r	magnetische Remanenz(flußdichte)	$T = V \cdot s/m^2$
b	Breite	m
b	Beweglichkeit von Elementarteilchen	$m^2/V \cdot s$
b_{e-}; b^-	Beweglichkeit von Elektronen	$m^2/V \cdot s$
b_{e+}; b^+	Beweglichkeit von Defektelektronen	$m^2/V \cdot s$
C	Kapazität	$A \cdot s/m^2$
c	Licht- = Fotonengeschwindigkeit	m/s
D	elektrische Flußdichte (Verschiebungsdichte)	$A \cdot s/m^2$
D_O	elektrische Flußdichte im Vakuum	$A \cdot s/m^2$
d	Durchmesser	m
d_o	Ausgangsdurchmesser	m
d	Plattenabstand	m
d	dielektrischer Verlustfaktor = $\tan \delta$	1
E	elektrische Feldstärke	V/m
E_i	Elektrisierungs-Feldstärke	V/m
E_D	Durchschlagfestigkeit	V/m
E_{kin}	Energie der Bewegung	$N \cdot m = J$
E-Mod.	Elastizitätsmodul	N/mm^2
e; e^-	Ladung eines Elektrons; 1 Elektron	$A \cdot s$
e^+	Ladung eines Defektelektrons (Loch)	$A \cdot s$
F	Kraft	N
F_C	Coulomb'sche Kraft	N
F_G	Gewichtskraft	N
F_L	Lorentzkraft	N
F_m	Massenanziehungskraft	N
f	Frequenz	1/s
G	elektrischer Leitwert	$S = 1/\Omega$
H	Härtezahl	1
HB	Härtezahl nach Brinell	1
HR	Härtezahl nach Rockwell	1
HV	Härtezahl nach Vickers	1
H	magnetische Feldstärke	A/m
H_c	Koerzitiv-Feldstärke	A/m
h	Höhe	m
I	elektrische Stromstärke	A
$I_D = I_f$	elektrische Stromstärke in Durchlaßrichtung	A
I_{Diff}	elektrische Stromstärke durch Diffusion	A

I_E	elektrische Stromstärke durch Feldstärke	A
I_G	elektrische Gesamtstromstärke	A
$I_S = I_R$	elektrische Stromstärke in Sperrichtung	A
J	magnetische Polarisation	$V \cdot s/m^2$
J_r	magnetische remanente Polarisation	$V \cdot s/m^2$
J_S	magnetische Polarisation bei Sättigung	$V \cdot s/m^2$
K	Boltzmannkonstante	$W \cdot s/K$
KA, KB	Kriechstromfestigkeit	1
K_c	Gleichgewichtskonstante	1
K_E	eutektische Konzentration	%
K_L	Lorentzzahl	1
K_W	Ionenprodukt von Wasser	mol^2/l^2
L	Länge	m
L	Leitungsbandbreite	eV
L_0	Ausgangslänge	m
M	Magnetisierung(s-Feldstärke)	A/m
Mol(M)	(mol) Molekularmasse	g
m	Masse	kg
N	Anzahl	1
N	Normalzustand von Gasen	–
NTC	negativer Temperaturkoeffizient des elektrischen Widerstands	–
n	spezifische Anzahl = Dichte von Elementarteilchen	$1/m^3$
ne^-	Dichte der Elektronen = Ladungskonzentration (–)	$A \cdot s/m^3$
ne^+	Dichte der Defektelektronen = Ladungskonzentration (+)	$A \cdot s/m^3$
n_i	Dichte der Ladungsträger (intrinsic)	$A \cdot s/m^3$
p	Druck	N/m^3, bar, Pa
P	Leistung	W
P	elektrische Polarisation	$A \cdot s/m^2$
P_0	elektrische Polarisation des Vakuums = der trockenen Luft	$A \cdot s/m^2$
PTC	positiver Temperaturkoeffizient des elektrischen Widerstandes	–
Q	elektrische Ladung	$C = A \cdot s$
Q	spezifischer Energieverlust	W/m^3; W/kg
$\dot{Q}_V$	spezifischer Energieverlust eines Isolators	W/m^3
Q	Gütefaktor = 1/tan δ = 1/d	1
R	elektrischer Widerstand	Ω
R_D	elektrischer Durchlaßwiderstand	Ω
R_E	elektrischer Engewiderstand	Ω
R_H	elektrischer Hautwiderstand	Ω
R_H	Hallwiderstand = Hallkonstante	$m^3/A \cdot s$
R_K	Kontaktwiderstand	Ω
R_L	Leitungswiderstand	Ω
R_O	Oberflächenwiderstand	Ω
R_S	Strukturwiderstand	Ω
R_S	Stöpselwiderstand	Ω
R_T	temperaturbedingter Widerstand	Ω
R_m	Zugfestigkeit	N/mm^2

R_e	Streckgrenze	N/mm^2
$R_{p0,2}$	0,2-Dehngrenze	N/mm^2
r	Radius	m
S	Stapelfaktor	kg/m^3
S	Stromdichte	A/m^2
S	Querschnitt der Probe (beim Zugversuch)	mm^2
S_K	Längenänderung eines Kristalles	m
t	Zeit	s
T	absolute Temperatur	K
T_k	kritische Temperatur	K
T_S	Schmelztemperatur	K
TC	Temperaturkoeffizient	1/K
TCL	Temperaturkoeffizient der linearen Dehnung	1/K
TC_ϱ	Temperaturkoeffizient des spezifischen elektrischen Widerstandes	1/K
U	elektrische Spannung	V
U_D	elektrische Spannung in Durchlaßrichtung	V
U_H	Hallspannung	V
$U_R = U_S$	elektrische Spannung in Sperrichtung	V
U_W	elektrische Spannung des Wirkstromes	V
u	Elementarmasse	g
u	Driftgeschwindigkeit von Elementarteilchen	m/s
u_{e-}	Driftgeschwindigkeit der Elektronen	m/s
u_{e+}	Driftgeschwindigkeit der Defektelektronen	m/s
V	Bandbreite der verbotenen Zone	eV
V	Volumen	m^3
V_m	magnetische Verluste	W/kg
V_G	magnetischer Gesamtverlust	W/kg
V_H	magnetischer Hystereseverlust	W/kg
V_R	magnetischer Restverlust	W/kg
V_W	magnetischer Wirbelstromverlust	W/kg
V_1	magnetischer Verlust bei 1 T	W/kg
v	Geschwindigkeit	m/s
v	kinematische Viskosität	m^2/s
W	Energie, Arbeit	Nm = J = Ws
W_V	Schlagarbeit	Nm = J = Ws
Z	Einschnürung beim Zugversuch	%
α (Alpha) = TCL	Temperaturkoeffizient der linearen Dehnung	1/K
α (Alpha) = $TC\varrho$	Temperaturkoeffizient des elektrischen Widerstandes	1/K
α	differentielle Thermokraft (Seebeckkoeffizient)	µV/K
α	Dehnungszahl = 1/E	mm^2/N
α	Winkel	Grad
α_K	Kerbschlagzähigkeit (= Kerbschlagbiegefestigkeit)	J/mm^2
β	Winkel	Grad
γ	Winkel	Grad
δ (Delta)	Bruchdehnung	%
δ	Verlustwinkel	Grad

ε (Epsilon)	Dehnung	1; %
ε	Permittivität	$A \cdot s/V \cdot m$
ε_0	Dielektrizitätskonstante	$A \cdot s/V \cdot m$
ε_r	Permittivitätszahl	1
ε''	Verlustzahl = $\varepsilon_r \cdot d = \varepsilon_r \cdot \tan\delta$	1
η (Eta)	Wirkungsgrad	1; %
η	dynamische Viskosität	$N \cdot s/m^2$
ϑ (Theta)	Temperatur	°C
ϑ_E	Entfestigungstemperatur	°C
ϑ_E	eutektische Temperatur	°C
ϑ_S	Schmelztemperatur	°C
$\varkappa$ (Kappa)	(= σ) spezifische elektrische Leitfähigkeit	S/m
λ (Lambda)	spezifische thermische Leitfähigkeit	$W/m \cdot K$
λ	Wellenlänge	m
λ_S	magnetostriktive Längenänderung bei der Sättigung	1
μ (My)	Permeabilität	$V \cdot s/A \cdot m$
μ_a	Anfangspermeabilität	$V \cdot s/A \cdot m$
μ_{max}	maximale Permeabilität	$V \cdot s/A \cdot m$
μ_r	Permeabilitätszahl	1
μ_0	magnetische Feldkonstante	$V \cdot s/A \cdot m$
μ_4	Permeabilität bei 0,4 A/m	$V \cdot s/A \cdot m$
μ_{e-}	Magnetron = kleinstes magnetisches Moment	$A \cdot m^2$
ϱ (Rho)	spezifischer elektrischer Widerstand	$\Omega \cdot m$
ϱ_D	spezifischer Durchgangswiderstand	$\Omega \cdot m$
ϱ_D	Dichte eines Stoffes	g/cm^3
σ (Sigma)	mechanische Spannung = Festigkeit	N/mm^2
σ_O	Oberflächenwiderstand	Ω
σ_E	Elastizitäts-Spannung	N/mm^2
σ_z	Zugspannung	N/mm^2
φ (Phi)	Winkel im Dreieck	N/mm^2
ψ (Psi)	elektr. Fluß	$A \cdot s/m^2$
χ_e (Chi)	elektrische Suszeptibilität	1
χ_m	magnetische Suszeptibilität	1

1 Chemische Grundlagen

1.0 Überblick

Die Eignung der Werkstoffe für ihre vielen Aufgaben beruht auf der Art ihrer kleinsten Teilchen und der Weise ihrer Zusammenfügung zu größeren Gebilden. Die Lehre hierüber gehört zu den Grundlagen der beiden naturwissenschaftlichen Fächer Chemie und Physik. Sie ist hochtheoretisch und nur anhand vereinfachter Modellvorstellungen zugänglich. Diese müssen wir kennen, da alle Werkstoffeigenschaften auf ihnen basieren. Nicht ohne Grund ist das Elementarteilchen Elektron der Namenspate der Elektrotechnik, spielt es doch in allen elektrotechnisch benutzten Werkstoffen eine tragende Rolle und wird uns mit seinem hochinteressanten Verhalten vom Anfang bis zum Ende des Buches beschäftigen.

1.1 Grundbegriffe

Lernziele

Der Lernende kann ...

- chemische von physikalischen Vorgängen unterscheiden.
- den Begriff Materie erläutern.
- den Begriff Phase (aus der Stofflehre) definieren.
- homogene von heterogenen Stoffen unterscheiden.

Die Aufgaben der Chemie und Physik sind in den nebenstehenden umrandeten Texten erklärt; in einigen Grenzgebieten überschneiden sie sich; man spricht dann von physikalisch-chemischen Vorgängen.

Der Elektrotechniker benötigt in der Werkstofftechnik physikalische Kenntnisse zum Verständnis

- mechanisch-konstruktiver,
- elektrischer,
- optischer und
- akustischer Vorgänge,

chemische Kenntnisse für die

- Herstellung,
- Zusammensetzung und die
- Abschätzung von Umwelteinflüssen bei der Herstellung und Anwendung der Werkstoffe.

Mit dem Begriff „Stoff" verbinden wir unwillkürlich einige andere Begriffe wie

- *Masse* (veraltete Bezeichnung Gewicht!); jede Materie hat eine bestimmte Masse in den Einheiten g, kg, t,

Chemie: Lehre von den Stoffen und ihren Umwandlungen (Reaktionen)

Physik: Lehre von meßbaren Vorgängen in den Stoffen ohne Umwandlung in andere Stoffe

Axiom: An der Stelle, an der sich Materie befindet, kann sich nicht gleichzeitig eine andere Materie befinden.

- *Aggregatzustand*; jede Materie kann fest, flüssig, gasförmig oder plasmatisch vorliegen; die meisten Werkstoffe sind Feststoffe,
- *Phase*; nach nebenstehender Erklärung kann ein Stoff ein- oder mehrphasig und
- *homogen** oder *heterogen*** sein (Definition nebenstehend).

Diese Begriffe spielen in der Werkstoffkunde eine wesentliche Rolle und müssen verstanden werden.

homogen:	Ein Körper ist *homogen*, wenn er unabhängig von seiner chemischen Zusammensetzung an allen Stellen gleich beschaffen ist. Ein Stoffsystem ist homogen, wenn es in allen Teilen entweder nur fest, flüssig oder gasförmig ist.
heterogen:	Gegenteil von homogen.
Phase:	Ein homogener Bereich im Körper. Auch reine Stoffe können mehrphasig sein; z. B. Eis/Wasser = fest/flüssig Wasser/W.-Dampf = flüssig/gasförmig.

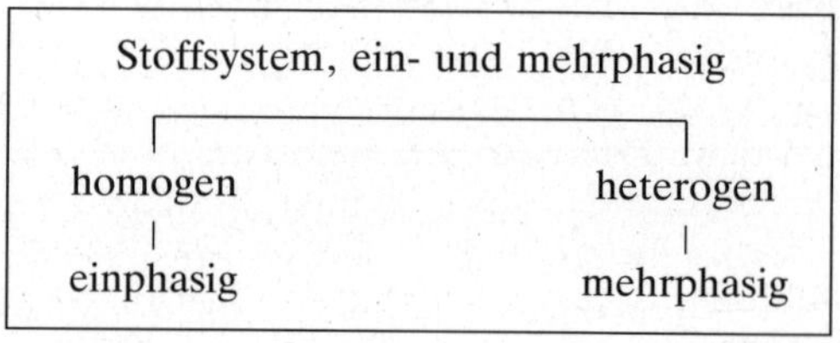

Übung 1.1–1

Ein Kupferblech läuft beim Erwärmen dunkel an. Physikalischer oder chemischer Vorgang?

Übung 1.1–2

Ein Kupferkontakt schmilzt wegen Überlastung. Physikalischer oder chemischer Vorgang?

Übung 1.1–3

Ein Kontakt aus Graphit- und Kupferpulver zusammengepreßt ist: homogen oder heterogen?

Übung 1.1–4

Aus wieviel Phasen besteht Fensterglas?

---

* gleichartig, gleichstoffig;
** ungleichartig, ungleichstoffig.

1.2 Aufbau der Atome

Lernziele

Der Lernende kann ...

- aus der Massen- und Ordnungszahl eines Atoms die Anzahl seiner Neutronen angeben.
- die Begriffe Donator und Akzeptor erklären.
- die maximale Besetzung der Hauptschalen mit Elektronen angeben.
- die Begriffe Haupt- und Unterschale erläutern.
- den Begriff Energieniveau einer Elektronenschale erläutern.
- den Begriff Isotop erklären.

1.2.1 Kern und Hülle

Jedes Atom* besitzt einen Kern und eine ihn umschließende Hülle (Bild 1.2−1). Im Kern lagern die zwei *Nukleonenarten*, das positiv geladene *Proton* und das elektrisch neutrale *Neutron*. In der Hülle bewegen sich nach der Vorstellung von *Bohr***, die wir unseren Ausführungen zugrunde legen, auf bestimmten Bahnen die negativ geladenen *Elektronen*.

In der Tabelle 1.2−1 sind für die drei Elementarteilchen, das Proton, Neutron und Elektron, die Werte für die Masse, die Ladung und den Durchmesser aufgeführt; sie sind unvorstellbar klein und nur in Zehnerpotenzen zahlenmäßig darstellbar.

- *Masse*. Proton und Neutron haben gleiche Massen; ihr gegenüber ist die Masse des Elektrons verschwindend klein und bleibt bei chemischen Massenberechnungen unberücksichtigt.

- *Ladung*. Das Proton und das Elektron besitzen die gleiche Ladungsgröße mit umgekehrten Vorzeichen (+), (−).

- *Durchmesser*. Der Kerndurchmesser ist winzig gegenüber dem Hüllen-(= Atom-)durchmesser; das Verhältnis beträgt ca. 1:10 000.

Atom:	kleinstes Teil eines Elementes
Element:	chemisch nicht weiter zerlegbarer Stoff

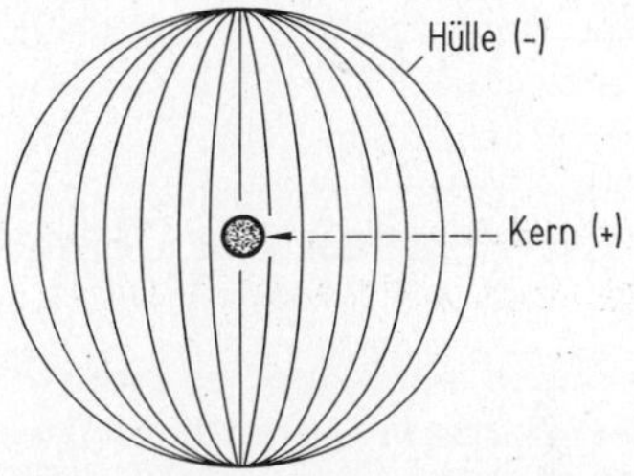

Bild 1.2−1 Einfaches Atommodell. Im Kern lagern Proton und Neutron; in der Hülle bewegen sich die Elektronen.

Tabelle 1.2−1 Größen der Elementarteilchen

	Einheit	Proton	Neutron	Elektron
Masse	10^{-24} g	1,66	1,66	0,000 91
Durchmesser	cm	10^{-15}–10^{-14}		10^{-13}–10^{-12}
Ladung	10^{-19} As	+1,6	0	−1,6

* Von *atomos* (griechisch) unteilbar.
** Dänischer Physiker, 1885−1962.

Zwischen Kern und Elektronenhülle befindet sich ein Riesenraum ohne Materie. Wäre er nicht vorhanden und lagerten die Kerne dicht an dicht, so schrumpfte die Erde zu einer Kugel von 1,4m∅ und einer ungeheuren Dichte zusammen. Im Kosmos befinden sich solche „Schwarze Löcher" genannte Körper, die mit ungeheurer Anziehungskraft fremde Materie anziehen und „verschlucken".

Das Elektron (e^-)
besitzt die negative Ladungseinheit
$\epsilon = -1{,}6 \cdot 10^{-19}$ As (1 As = 1 C)
1 Coulomb* (1 C) hat demnach die Ladung von

$$\frac{1}{1{,}6 \cdot 10^{-19}} = 6{,}25 \cdot 10^{18} \text{ Elektronen}$$

1.2.2 Elektronenschalen

Der Aufbau der Elektronenhülle ist für den chemischen Charakter des Elementes entscheidend, da sich alle *Reaktionen* auf der Außenschale der Hülle abspielen; der Kern bleibt dabei völlig unberührt.

- Nach *Bohr* bewegen sich die Elektronen auf bestimmten Bahnen, in „Schalen", um den Kern.

- Man unterscheidet *Haupt- und Unterschalen*. Die Hauptschalen sind mit *1* bis *7* beziffert und durch die Buchstaben *K* bis *Q* nach Bild 1.2−2 gekennzeichnet. Die Unterschalen tragen die kleinen Buchstaben *s, p, d, f*. Die innerste Schale hat keine Unterschale; die erste Schale (*K*) ist energetisch eine s-Schale (Bild 1.2−3).

- Jede Schale kann nur eine bestimmte Höchstzahl von Elektronen aufnehmen. Die Größe der Bahnen wächst im quadratischen Verhältnis zum Kernabstand, dem Radius der Bahn. Darum steigt die Besetzungsfähigkeit der Schalen nach folgendem quadratischen Gesetz:

1. Schale: $2 \cdot 1^2 = 2$
2. Schale: $2 \cdot 2^2 = 8$
3. Schale: $2 \cdot 3^2 = 18$
4. Schale: $2 \cdot 4^2 = 32$ usf.

Jede Schale, und damit auch die auf ihr kreisenden Elektronen, hat ein bestimmtes *Energieniveau*, das mit steigendem Kernabstand wächst.

- Die Elektronen besetzen die einzelnen Schalen nacheinander von innen nach außen, also zunächst die erste Schale mit der niedrigsten Energiestufe, wie Wassertropfen ein Gefäß von unten mit ansteigendem Niveau fül-

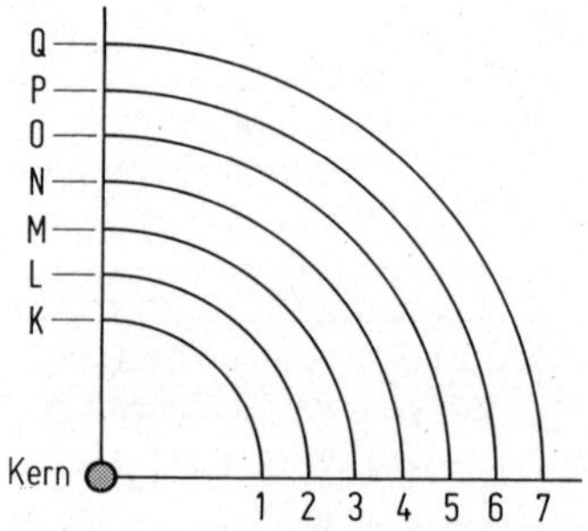

Bild 1.2−2 Bezeichnung der Hauptschalen

Tabelle 1.2−2 Höchstbesetzung der Haupt- und Nebenschalen 1 bis 4 mit Elektronen

Hauptschale	*n*	1	2	3	4
	Buchst.	*K*	*L*	*M*	*N*
Unterschale	*s*	2	2	2	2
Unterschale	*p*	–	6	6	6
Unterschale	*d*	–	–	10	10
Unterschale	*f*	–	–	–	14
Gesamt	n_S	2	8	18	32

Formel: $n_S = 2 \cdot n^2$

* Französischer Physiker, 1736–1806.

len. Der Unterschied ist allerdings, daß bei Wassertropfen das Niveau – entsprechend der Energiestufe – kontinuierlich steigt, während die Elektronen von Schale zu Schale springen; man bezeichnet dies als *Quantensprünge*; die Zwischenräume heißen „verbotene Zonen".

- Die Schalenabstände von 3 (M) und 4 (N) überlappen sich nach Bild 1.2–3. Die Unterschale 4s hat ein niedrigeres Niveau als die Unterschale 3d; sie wird deshalb früher mit Elektronen aufgefüllt. (Näheres 1.4)

- Jede Außenschale erstrebt infolge eines naturgesetzlichen Zwangs einen stabilen Zustand; er ist erreicht, wenn sie mit 8 Elektronen besetzt ist, nur die erste Schale ist bereits mit zwei Elektronen voll besetzt und stabil.

- Zur Einhaltung dieser naturgesetzlichen Oktettregel müssen einige Elemente ein Elektron oder mehrere abgeben; man bezeichnet sie als *Donatoren* (Spender); andere müssen ein oder mehrere Elektronen aufnehmen; man nennt sie *Akzeptoren* (Empfänger).

Abgabe und Empfang von Elektronen sind die entscheidenden Vorgänge bei allen chemischen Reaktionen und werden daher im Abschnitt 1.5 ausführlich erklärt.

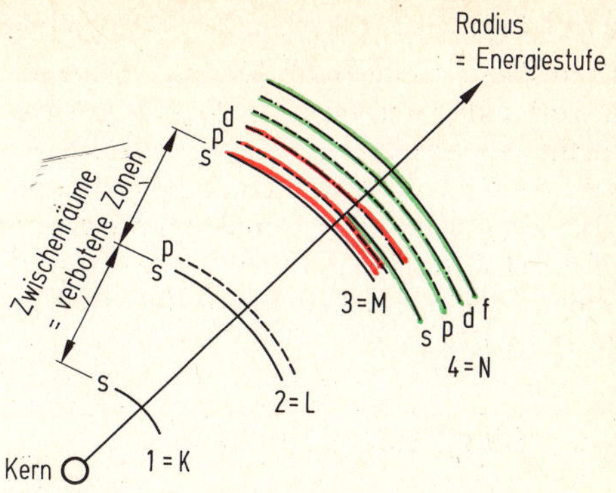

Bild 1.2–3 Abstände (= Energiestufen) der ersten vier Haupt- und Unterschalen vom Kern. Das 4s-Niveau liegt unter dem 3d-Niveau!

> Duett- und Oktettregel:
> Alle Elemente sind bestrebt, ihre Außenschalen vollständig zu besetzen. Für die erste Hauptschale benötigen sie 2, sonst 8 Elektronen (s und p).

1.2.3 Elemente

Das Wort „Element" ist schon gefallen; mit ihm bezeichnet man die Atomart, d. h. einen Naturstoff, der sich chemisch nicht in weitere Atomarten zerlegen läßt. Das Atom* ist damit der kleinste Körper der Elemente. Man kennt z. Z. 104 Elemente, von denen die Mehrzahl Metalle sind. Bild 1.2–4 zeigt den prozentualen Massenanteil der Elemente an der Erdkruste. Danach beträgt der Anteil des Sauerstoffs 50%, von Silicium 25%; es folgen mit kleineren, abnehmenden Anteilen Aluminium, Eisen, Calcium, Natrium, Kalium, Magnesium und Wasserstoff; alle übrigen Elemente zusammen haben nur einen Anteil von 1,4%.

Element	O	Si	Al	Fe	Ca	Na	K	Mg
Anteil %	49,4	25,7	7,5	4,7	3,6	2,6	2,4	1,9

die 94 übrigen Elemente = 1,4%

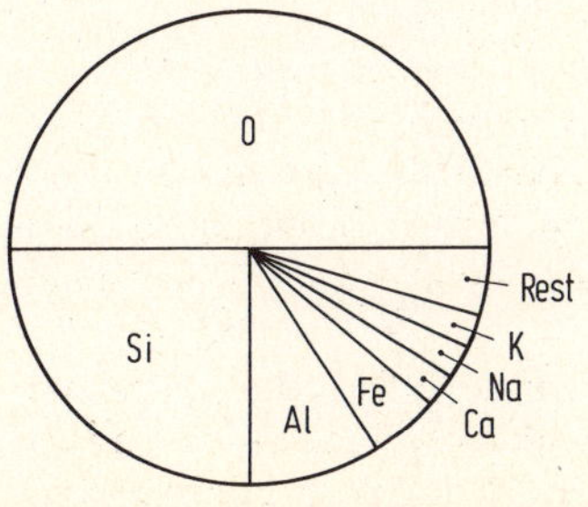

Bild 1.2–4 Verteilung der Elemente in der Erdkruste

* Die Atomspaltung ist ein physikalischer Prozeß, bei dem bei einigen wenigen Elementen der Atomkern unter Freisetzung von beträchtlicher Energie gespalten wird.

Die ersten 36 Elemente sind in der Tabelle 1.2−3 mit Ordnungszahl (OZ), deutschem Namen, chemischem Symbol (international eingeführter Abkürzung des Namens) und der Besetzung ihrer Schalen mit Elektronen aufgeführt. Mit wenigen Ausnahmen sind diese Elemente in den E-Werkstoffen elementar oder in Bindung mit anderen Elementen vorhanden; Sie müssen sie sich einprägen.

Tabelle 1.2−3 Die Elemente 1 bis 36, OZ, Namen, Symbol, Schalenbesetzung (Elektronenkonfiguration)

OZ	Name	Symbol	*K* 1	*L* 2	*M* 3	*N* 4	
1	Wasserstoff	H	1				
2	Helium	He	2				← K-Schale besetzt
3	Lithium	Li	2	1			
4	Beryllium	Be	2	2			
5	Bor	B	2	3			
6	Kohlenstoff	C	2	4			
7	Stickstoff	N	2	5			
8	Sauerstoff	O	2	6			
9	Fluor	F	2	7			
10	Neon	Ne	2	8			← L-Schale besetzt
11	Natrium	Na	2	8	1		
12	Magnesium	Mg	2	8	2		
13	Aluminium	Al	2	8	3		
14	Silicium	Si	2	8	4		
15	Phosphor	P	2	8	5		
16	Schwefel	S	2	8	6		
17	Chlor	Cl	2	8	7		
18	Argon	Ar	2	8	8		
19	Kalium	K	2	8	8	1	
20	Calcium	Ca	2	8	8	2	
21	Scandium	Sc	2	8	9	2	
22	Titan	Ti	2	8	10	2	
23	Vanadium	V	2	8	11	2	
24	Chrom	Cr	2	8	13	1	
25	Mangan	Mn	2	8	13	2	„3d-Über-
26	Eisen	Fe	2	8	14	2	gangs-
27	Kobalt	Co	2	8	15	2	elemente“
28	Nickel	Ni	2	8	16	2	
29	Kupfer	Cu	2	8	18	1	
30	Zink	Zn	2	8	18	2	
31	Gallium	Ga	2	8	18	3	
32	Germanium	Ge	2	8	18	4	
33	Arsen	As	2	8	18	5	
34	Selen	Se	2	8	18	6	
35	Brom	Br	2	8	18	7	
36	Krypton	Kr	2	8	18	8	

- Die *Ordnungszahl* (OZ) = *Kernladungszahl* entspricht der Anzahl der Protonen und damit auch der Elektronen.
- Die *Massenzahl* (MZ) entspricht der Zahl der *Nukleonen*; so bezeichnet man die beiden Kernbaustoffe, das Proton und das Neutron.
- *Isotope* nennt man Arten einunddesselben Elementes; sie haben die gleiche OZ und verhalten sich chemisch gleich; nur die Zahl ihrer Neutronen weicht um 1 bis 10 voneinander ab. Einige Isotope strahlen ihre überzähligen Neutronen ab. Ein Beispiel ist die für medizinische und physikalische Zwecke dienende „Kobaltbombe“.

Elemente, die sich aus mehreren Isotopen zusammensetzen, haben eine MZ mit Kommastellen.

Beispiel: das Element Kalium (K) hat folgende Zusammensetzung:

93,26% Isotop MZ 39
0,01% Isotop MZ 40
6,37% Isotop MZ 41;
daraus errechnet sich die MZ 39,13.

Isotopenbezeichnung
Beispiel Kalium

MZ →	39	40	41
	K	K	K
OZ →	19	19	19

Übung 1.2–1

Mit welchen Anteilen sind die Cl-Isotope ^{35}Cl und ^{37}Cl im natürlichen Chlor (Massenzahl 35,453) enthalten?

Kennzeichnung der Elemente
Beispiel

Ordnungszahl → | 6 S | ← Symbol
Schwefel
32,064
↑
Massenzahl
(Relative Atommasse A_r)

Zeichnerische Darstellung der Elemente

Schalen:
≙ 1 Schale
≙ 2 Schalen
≙ 3 Schalen usf.

Elektronen:
≙ 1 e^- auf der Außenschale
≙ 2 e^- auf der Außenschale
≙ 3 e^- auf der Außenschale usf.

• Die *Atomdurchmesser* der Elemente liegen im Bereich von 10^{-8} bis 10^{-7} cm, d. h. sie haben Größenunterschiede von 1 bis 10. Dies ist für die Legierungstechnik von Metallen und Halbleitern insofern bedeutungsvoll, daß sich kleine Atome gut in die Zwischenräume von dicht gelagerten großen Atomkugeln plazieren können und sich gleichgroße Atomkugeln unschwer gegeneinander austauschen lassen. Im ersten Fall spricht man von *Einlagerungs-*, im zweiten Fall von *Austauschatomen* (Bild 1.2–5).

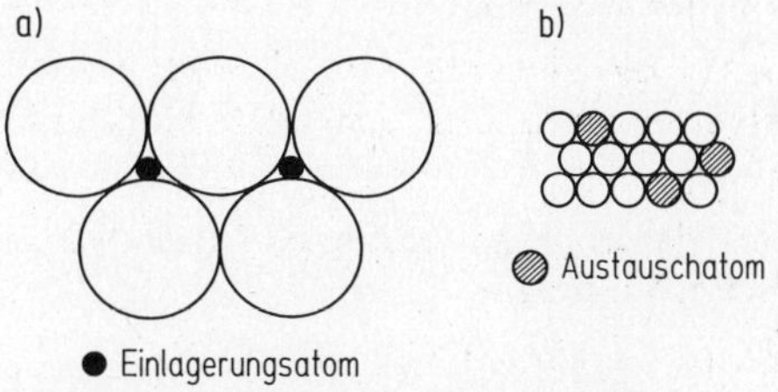

Bild 1.2–5 Atome als Legierungselemente
a) kleine Kugeln: Einlagerungsatome
b) große Kugeln: Austausch-(= Substitutions-) Atome

Übung 1.2–2

Uran hat die Kurzbezeichnung $^{238}_{92}U$.

Nennen Sie die Zahl seiner Protonen, Neutronen und Elektronen!

Übung 1.2–3

Nennen Sie die Formel zur Errechnung der maximalen Besetzung der 4. Hauptschale mit Elektronen!

Übung 1.2–4

Was bedeutet die Bezeichnung 3p für ein Elektron?

Übung 1.2–5

Eine elektrostatische Ladung beträgt 3,93 C.

Wieviel Elektronen hat dieser Körper?

1.3 Periodensystem (PSE)

Lernziele

Der Lernende kann ...

- das Ordnungsprinzip des PSE darstellen.
- Elemente der Haupt- und Nebengruppen unterscheiden.
- metallische, halbmetallische und nichtmetallische Elemente aus ihrer Position im PSE klassifizieren.
- die Stabilität eines Elementes aus seiner Gruppenzugehörigkeit abschätzen.
- elektrotechnisch wichtige Hauptgruppenelemente nennen und klassifizieren.

Das Periodensystem der Elemente (PSE) ist ein Raster, in dem jedes Element in Reihenfolge seiner Ordnungszahl in einer waagrechten und senkrechten Spalte seinen bestimmten Platz hat, der seinen Atomaufbau charakterisiert (s. letzte Buchseite).

- *Waagrecht.* In den waagrechten Reihen mit der Bezeichnung „Perioden" befinden sich jeweils Elemente mit der gleichen Zahl von Hauptschalen:

1. Reihe ≙ 1. Periode ≙ 1. Schale mit 2 Elementen
2. Reihe ≙ 2. Periode ≙ 2. Schale mit 8 Elementen
3. Reihe ≙ 3. Periode ≙ 3. Schale mit 8 Elementen*

---

* Die Unterschale 3d wird erst in der 4. Periode besetzt (s. Bild 1.2–3).

• *Senkrecht.* In den senkrechten Spalten mit den Gruppennummern I bis VIII stehen untereinander Elemente mit gleicher Anzahl Elektronen auf der Außenschale:

Gruppe I ≙ 1 e^- auf der Außenschale,
Gruppe II ≙ 2 e^- auf der Außenschale, usf.

Man unterscheidet Elemente von

• *Hauptgruppen* und *Nebengruppen*; sie sind zur besseren Übersicht in den Tabellen 1.3–1 und 1.3–3 getrennt aufgeführt.

• *Hauptgruppenelemente.* Die Elektronen dieser Elemente besetzen ihre Schalen nacheinander in der Reihenfolge der 1. bis 7. Schale (Periode). Elemente jeder Gruppe besitzen soviele Elektronen auf ihrer Außenschale, wie die römische Gruppenziffer angibt; also Gruppe I: $1e^-$; Gruppe II: $2e^-$; usf. bis zur Gruppe VIII: $8e^-$.

Diese gleiche *Elektronenkonfiguration* verursacht bei jeder Elementgruppe gleiche Charaktereigenschaften, die kurz besprochen werden.

• *Gruppe I:* Zu diesen Elementen gehören der Wasserstoff (H) mit OZ 1 und die Alkalimetalle*. Der unter Normalbedingungen** gasförmige Wasserstoff verfügt über ein Elektron auf der Außenschale. Er muß entweder sein einziges Elektron abgeben und wird dadurch zum Proton, oder einen Partner finden, mit dem er eine stabile Außenschale bilden kann (rechts).

Die *Alkalimetalle* kommen wegen ihrer instabilen Außenschale in der Natur nicht in reinem Zustand vor, sondern immer in Verbindung mit anderen Elementen, denen sie ihr Außenelektron abgeben konnten. Dies sind meistens Elemente der Gruppe VII, denen ein Elektron zur Stabilisierung der Außenschale nach der Oktettregel fehlt. Die Alkalimetalle werden durch elektrochemische Verfahren (1.6.3) gewonnen; man muß sie sorgfältig vor Berührung mit Akzeptoratomen schützen, die gegebenenfalls unter heftiger Reaktion mit Feuererscheinung das Außenelektron der Alkalimetalle an sich reißen (Na und K mit H_2O).

* arabisch: Pflanzenasche.
** 0°C; 1,013 bar.

Tabelle 1.3–1 Ausschnitt aus dem PSE. Elektrotechnisch benutzte Hauptgruppenelemente mit Ordnungszahl (oben), Symbol (Mitte), Massenzahl (unten)

Gruppen / Perioden	I	II	III	IV	V	VI	VII	VIII
1.	1 H 1							2 He 4
2.	3 Li 6,9	4 Be 9	5	6 C 12	7 N 14	8 O 16	9 F 19	10 Ne 20,2
3.	11 Na 23	12 Mg 24,3	13 Al 27	14 Si 28,1	15 P 31	16 S 32	17 Cl 35,5	18 Ar 40
4.	19 K 39,1	20 Ca 40,1	31 Ga 69,7	32 Ge 72,6	33 As 75	34 Se 79		36 Kr 83,8
5.			49 In 114,8	50 Sn 118,7	51 Sb 121,8	52 Te 127,6		54 Xe 131,3
6.		56 Ba 137,3		82 Pb 207,2				

Die Namen der Elemente der 1.–4. Periode sind in Tabelle 1.2–3, die der 5. und 6. Periode in Tabelle 1.3–2 aufgeführt.
(Das vollständige Periodensystem der Elemente befindet sich am Ende des Buches.)

$$\mathrm{H} \rightarrow \oplus \ + e^- \text{ (Proton + Elektron)}$$
$$2\,\mathrm{H} \rightarrow \mathrm{H_2}$$

Tabelle 1.3–2 Metallische Elemente der 5. und 6. Periode nach Tabelle 1.3–1

OZ	Symbol	Namen	Wissensch. Bezeichn.
49	In	Indium	
50	Sn	Zinn	**Stannum** (Stanniol)
51	Sb	Antimon	**Stibium**
52	Te	Tellur	
54	Xe	Xenon	
56	Ba	Barium	
82	Pb	Blei	**Plumbum**

- *Gruppe II.* Die Gruppenbezeichnung lautet *Erdalkalimetalle*; sie kommen wegen ihrer unstabilen Außenschalen nicht elementar, sondern nur in Verbindung mit nichtmetallischen Elementen in Form von Steinen und Erden vor. Metallisches Beryllium (Be) dient zur Härte- und Festigkeitssteigerung des von Natur aus weichen Kupfers. Be-Bronzen werden für Blatt- und Spiralfederkontakte benutzt. Calcium (Ca) ist in Kalk und Gips vorhanden, die in der E-Technik nicht als Werk- sondern als Hilfsstoffe dienen.

Barium (Ba) wird in Verbindung mit anderen Elementen in der Papier- und Kunststoffindustrie als Füllstoff (weiß) und für Halbleiter und nichtmetallische Magnete (Ferrite) benutzt.

- *Gruppe III.* Diese Elemente heißen *Erdmetalle.* Sie kommen in der Natur nicht als Metalle, sondern in Form von „Erde“ (Lehm und Sand) in Verbindung mit Nichtmetallen vor.

Aluminium (Al) ist ein in der E-Technik viel benutzter Konstruktions- und Leiterwerkstoff.

Gallium (Ga) und Indium (In) sind Legierungskomponenten moderner Halbleiter (5.1).

- *Gruppe IV.* Zu dieser Gruppe mit vier Außenelektronen gehört zunächst der Kohlenstoff (C), ein interessantes Element, das in zwei Modifikationen als harter Diamant und weicher Grafit natürlich vorkommt und in der Energieerzeugung als Kohle und Bestandteil des Erdgases und -öls der meist verwandte Rohstoff ist. Wir werden auf dieses Element noch näher eingehen.

Silicium (Si) und Germanium (Ge) sind die wichtigsten Halbleiterelemente. Si wird in Verbindung mit anderen Elementen auch für Gläser und elektrische Porzellane (Isolatoren und Dielektrika) benutzt.

Blei (Pb) dient als Kabel-, Akku- und als Lötwerkstoff in Verbindung mit Zinn (Sn).

Mit zunehmender Entfernung der Elektronen vom Kern vermindert sich die *elektrostatische Anziehungskraft* und wächst ihre Eigenener-

Einteilung der Elemente

chemisch	elektrisch
Metalle	Leiter
Halbmetalle	Halbleiter
Nichtmetalle	Nichtleiter

Chemischer Charakter der Elemente im PSE

Hauptgr. / Perioden	I VIII
1 ⋮ 7	← zunehmend metallisch ↓ Metallcharakter nimmt zu. e^--Abstand vom Kern steigt. e^- werden freier beweglich.

Außer den Edelgasen haben alle Elemente eine instabile Außenschale und suchen zur Stabilisierung eine Bindung an Partneratome.

Bezeichnung der Hauptgruppen-Elemente

Gruppe	I:	Alkalimetalle
Gruppe	II:	Erdalkalimetalle
Gruppe	III:	Erdmetalle
Gruppe	IV:	Kohlenstoffgruppe
Gruppe	V:	Stickstoffgruppe
Gruppe	VI:	Chalkogene
Gruppe	VII:	Halogene
Gruppe	VIII:	Edelgase

gie; ihre freie Beweglichkeit, ein Kennzeichen der Metalle, steigt. Damit erklärt sich der allmähliche Übergang dieser Gruppenelemente vom nichtmetallischen (C, Si, Ge) zum metallischen Charakter (Pb, Sn).

- *Gruppe V:* Diese Elemente benötigen zur Stabilisierung 3 Elektronen.

Stickstoff (N) ist mit 79% Hauptbestandteil der Erdatmosphäre; er kommt aus Ihnen mittlerweile bekannten Gründen niemals atomar, sondern immer molekular als Doppelatom (1.4.2) vor. Neuerdings ist er ins Gerede gekommen, da er bei hoher Verbrennungstemperatur mit dem Luftsauerstoff (O) Stickoxide verschiedener Zusammensetzung (N_xO_y) bildet; diese wiederum reagieren mit der Luftfeuchtigkeit (H_2O) zu umweltschädlichen Nitro- oder Salpetersäuren.

Phosphor (P) reagiert ebenfalls heftig mit dem Luftsauerstoff (Phosphorzündhölzer!) und kommt daher natürlich nur in Verbindung mit anderen Elementen als „Gestein" oder „Salz" vor. P-haltige Eisenerze werden oft „verhüttet", wobei der schädliche P mit O „verblasen", d. h. als P_xO_y-Gas entfernt wird.

Arsen (As) und Antimon (Sb) dienen in der Halbleitertechnologie als Donatoren. Sie wissen bereits, daß der metallische Charakter der Gruppenelemente mit steigender Periodenzahl zunimmt.

- *Gruppe VII:* Diese Elemente heißen *Halogene* (Salzbildner). Im Halogenscheinwerfer steht ein Halogengas im Glaskolben unter hohem Druck, wodurch der weißglühende Wolframdraht nicht verdampfen und das Glas schwärzen kann (Lichtausbeute!).

Fluor (F) und Chlor (Cl) werden in Bindungen mit Metallatomen bei der Metallerzeugung im Steinsalz (NaCl) und Kryolith (Na_3AlF_6) und mit Kohlenstoff in organischen Verbindungen benutzt.

- *Gruppe VIII:* Der Name „*Edelgase*" charakterisiert diese Elemente; edel bedeutet chemisch beständig (Edelstahl!). Die Beständigkeit beruht auf der Oktettformation der Außenschalenelektronen. In einem mit Edelgas gefüllten Gefäß können Metalle keine Elektronen abgeben; sie bleiben beständig

Erz

- Naturstoff aus metallischen und nichtmetallischen Elementen
- abbauwürdig je nach Metallart u. -gehalt
- jedes Erz hat einen Namen, der seine Zusammensetzung angibt
- nichtmetallische Bestandteile, meist:
  - Sauerstoff (O) → Oxide
  - Schwefel (S) → Sulfide
  - Phosphor (P) → Phosphate
- gediegen = reines Metall (Pt, Au, Ag, Cu)

wie die Edelmetalle Gold und Platin in normaler Atmosphäre. Darum werden sie als Schutzgase beim Schmelzen, Schweißen und Löten von Metallen und Halbleitern benutzt, in erster Linie Argon (Ar), z. B. im Argonarc*-Verfahren. Neon (Ne) wird in den nach ihm benannten Leuchtröhren und Helium (He) u. a. in flüssigem Zustand zur Tiefkühlung von Supraleitern verwendet (s. S. 167).

- *Nebengruppen-Elemente*

Diese Elemente sind ausnahmslos Metalle der 4. bis 7. Periode mit 1 bis 3 Elektronen auf der Außenschale. In der Tabelle 1.3−3 sind die bekanntesten und in der E-Technik oft benutzten Metalle in Reihenfolge ihrer Ordnungszahl (OZ) namentlich, mit Symbol, Periode und Massenzahl (MZ) aufgeführt. Sie sehen, wie letztere mit steigender Ordnungszahl und Periode steigt.

Tabelle 1.3−3 Nebengruppenelemente, in der E-Technik oft benutzte Metalle

OZ	Name	Symbol	Periode	MZ
22	Titan	Ti	4	47,9
23	Vanadium	V	4	50,9
24	Chrom	Cr	4	52
25	Mangan	Mn	4	55
26	Eisen (Ferrum)	Fe	4	56
27	Kobalt	Co	4	59
28	Nickel	Ni	4	58,7
29	Kupfer	Cu	4	63,5
30	Zink	Zn	4	65,4
40	Zirkon	Zr	5	91,2
41	Niob	Nb	5	93
42	Molybdän	Mo	5	96
47	Silber (Argentum)	Ag	5	107,9
48	Cadmium	Cd	5	112,4
73	Tantal	Ta	6	181
79	Gold (Aureum)	Au	6	197
80	Quecksilber	Hg	6	200,6

Übung 1.3−1

Befinden sich Wasserstoff, Sauerstoff, Argon und Neon als „Flaschengase“ im atomaren oder molekularen Zustand? Begründen Sie Ihre Antwort!

Übung 1.3−2

Kommt Aluminium in der Natur als Metall vor?

Übung 1.3−3

Welchen chemischen und elektrischen Charakter besitzen die Elemente der Gruppe IV?

Übung 1.3−4

Was haben die Elemente derselben Gruppe gemeinsam?

Übung 1.3−5

Was haben die Elemente einer Periode gemeinsam?

Übung 1.3−6

Erklären Sie den Begriff „Edelgas“!

* *arcus* (lateinisch): der Bogen; hier Lichtbogen.

1.4 Elektronenkonfiguration

Lernziele

Der Lernende kann ...

- die Schreibweise für die Elektronenbesetzung der Haupt- und Unterschalen erklären.
- die vier Quantenzustände der Elektronen erklären.
- die Elektronen der verschiedenen Elemente mit Hilfe der Ordnungszahl in Orbitale einordnen.

Die Charaktereigenschaften der Elemente werden durch den energetischen Zustand ihrer Valenzelektronen bestimmt und dieser wiederum durch die Anordnung der Elektronen auf den verschiedenen Schalen. Durch die in Bild 1.2−3 (S. 23) dargestellte Überschneidung der äußeren Schalen werden die Hauptschalen nicht eine nach der anderen vollständig gefüllt, sondern nach dem in Bild 1.4−1 wiedergegebenen Schema besetzt. Auch ohne Anregung (Energieaufnahme von außen) besitzt das Elektron eine bestimmte Eigenenergie, die durch vier Quantenzustände mit Zahlenwerten ausgedrückt wird.

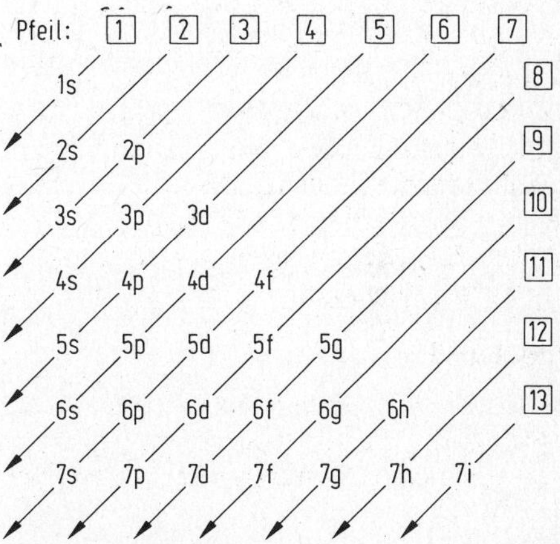

Bild 1.4−1 Schalenbesetzung durch die Elektronen (Merkschema)

1. Pfeil trifft 1*s*; 2. Pfeil 2*s*; 3. Pfeil trifft 2*p*, 3*s*; 4. Pfeil trifft 3*p*, 4*s* usf.

1. *Hauptquantenzahl (n)*

Der Zahlenwert für n entspricht der Periodenzahl. Nach der Duett-Oktettregel läßt sich für jedes Element ein Energiediagramm zeichnen, wie es Bild 1.4−2 für die Elemente Kohlenstoff und Aluminium zeigt.

2. *Nebenquanten- oder Orbitalzahl l*

Die l-Zahl kennzeichnet den Energiebetrag der Nebenschalen:

	s	*p*	*d*	*f*	*g*	*h*
$l =$	0	1	2	3	4	5

1. Beispiel: Die 3. Hauptschale besitzt 3 Unterschalen $l = 0, 1, 2$ mit den Bezeichnungen 3*s*, 3*p*, 3*d*; ihre Elektronenzahl wird durch eine Hochzahl angegeben.

2. Beispiel: $1s^2\ 2s^2\ 2p^3 \triangleq$ 1. Schale (*s*) hat $2e^-$; 2. Schale: *s*-Unterschale hat $2e^-$; *p*-Unterschale hat $3e^-$. Danach ist die Summe der Elektronen (= Hochzahlen) = 7.

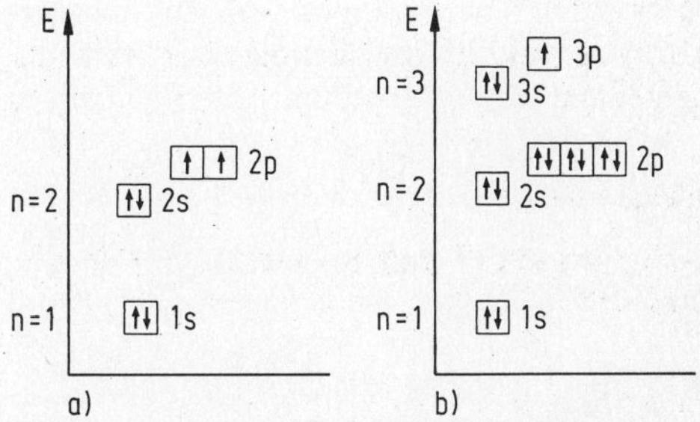

Bild 1.4−2 Energiediagramme von Elektronenkonfigurationen

a) Kohlenstoff mit $6e^-$, b) Aluminium mit $13e^-$

Übung 1.4–1

Welches Element ist durch das 2. Beispiel bestimmt?

Übung 1.4–2

Bestimmen Sie das Element $1s^2\ 2s^2\ 2p^6\ 3s^2\ 3p^6$!

3. *Magnetquantenzahl (m)*

Man hat die Spektrallinien der Atome einem Magnetfeld ausgesetzt und dabei gesetzmäßige Aufspaltungen der Unterschalen nach Bild 1.4–3 erhalten.

Die *s*-Zustände blieben ungespalten, die *p*-Schalen wurden dreifach, also in 3 Orbitale, gespalten, die *d*-Schalen in 5 Orbitale usf.

Man gab der *s*-Schale den *m*-Wert (m = magnetisch) = 0,

der *p*-Schale die *m*-Zahlen −1, 0, +1,

der *d*-Schale die *m*-Zahlen −2, −1, 0, +1, +2

und so fort.

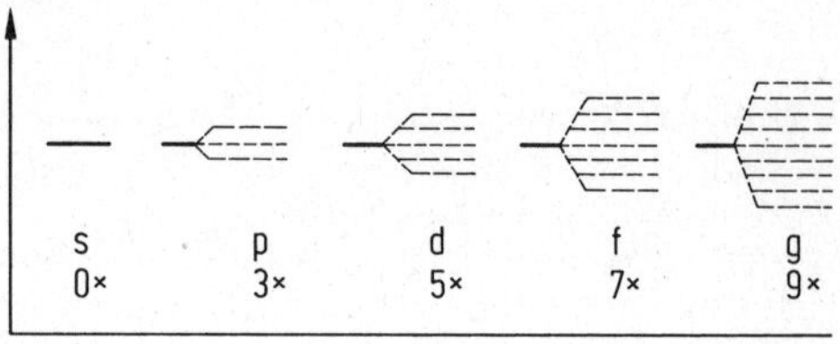

Bild 1.4–3 Aufspaltung von Spektrallinien im Magnetfeld

Übung 1.4–3

Schreiben Sie die Quantenzahlen *m* für die *f*-Schale!

4. *Spinquantenzahl (s)*

Die *s*-Quantenzahlen ergeben sich aus der Kreiselbewegung der Elektronenkügelchen nach Bild 1.4–4, die je nach der Drehung im Uhrzeigersinn oder entgegengesetzt ein magnetisches Spinmoment von $+\frac{1}{2}$ h oder $-\frac{1}{2}$ h hervorrufen; *h* ist das Ihnen vom Physikunterricht aus der Lichtwellentheorie bekannte Elementarwirkungsquantum, die *Planckkonstante** $6{,}63 \cdot 10^{-34}$ Js.

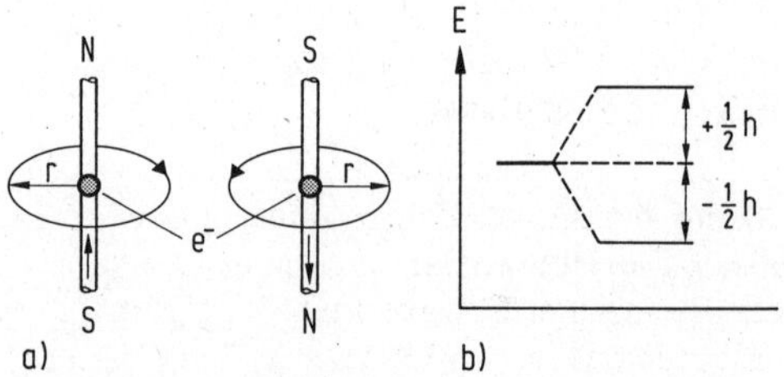

Bild 1.4–4 Elektronenspin

a) Erzeugung des Spinmomentes, Symbol ⇅

b) Energiediagramm der Spinquantenzahl $s = \pm\frac{1}{2}\,h$

Mit den vier Quantenzahlen *n, l, m, s* ist der Energiezustand des Elektrons eindeutig bestimmt.

Nach der *Hundschen Regel*** besetzen die Elektronen zunächst von den Orbitalen gleicher Energiestufe die unbesetzten.

---

* *Max Planck,* deutscher Physiker, 1858–1947.
** *F. Hund,* deutscher Physiker, geb. 1896.

Nach dem *Pauliprinzip** müssen die Elektronen eines Einzelatoms sich mindestens in einem der vier Quantenzustände (Quantenzahlen) unterscheiden. In jedem Orbital (Kästchen) können sich somit maximal zwei Elektronen aufhalten.

Als Beispiel für diese Schreibweise sehen Sie im Bild 1.4–5 die Elemente 26 bis 30, Eisen, Kobalt, Nickel, Kupfer und Zink.

	Schale	1	2		3			4	
	Unterschale	s	s	p	s	p	d	s	p
OZ	Element								
26	Fe	↑↓	↑↓	↑↓ ↑↓ ↑↓	↑↓	↑↓ ↑↓ ↑↓	↑↓ ↑ ↑ ↑ ↑	↑↓	
27	Co	↑↓	↑↓	↑↓ ↑↓ ↑↓	↑↓	↑↓ ↑↓ ↑↓	↑↓ ↑↓ ↑ ↑ ↑	↑↓	
28	Ni	↑↓	↑↓	↑↓ ↑↓ ↑↓	↑↓	↑↓ ↑↓ ↑↓	↑↓ ↑↓ ↑↓ ↑ ↑	↑↓	
29	Cu	↑↓	↑↓	↑↓ ↑↓ ↑↓	↑↓	↑↓ ↑↓ ↑↓	↑↓ ↑↓ ↑↓ ↑↓ ↑↓	↑	
30	Zn	↑↓	↑↓	↑↓ ↑↓ ↑↓	↑↓	↑↓ ↑↓ ↑↓	↑↓ ↑↓ ↑↓ ↑↓ ↑↓	↑↓	

Bild 1.4–5 Elektronenbesetzung der Elemente 26 bis 30

Übung 1.4–4

Geben Sie die Elektronenbesetzung in der Schreibweise nach dem 2. Beispiel auf Seite 31 für die Elemente Eisen und Kobalt an!

1.5 Chemische Bindungen

Lernziele

Der Lernende kann ...

- die Wertigkeit eines Elementes erläutern.
- aus der stöchiometrischen Formel die Wertigkeiten der Elemente ableiten.
- die Avogadro-Konstante erläutern und anwenden.
- die unpolare und polare Atombindung erklären.
- die Ionenbindung erklären.
- die Metallbindung erklären.

1.5.0 Übersicht

Nur die Atome der Edelgasgruppe sind wegen ihrer abgesättigten Außenschale „atomar", d. h. als Einzelatome beständig; alle anderen Elemente benötigen je nach „Wertigkeit" einen oder mehrere Partner für eine mehr oder weniger stabile Bindung; sie wird durch die Elektronen der Außenschale, die „Valenzelektronen", hergestellt. Je nach dem chemischen Charakter der Elemente sind folgende drei Kombinationen möglich:

- Nichtmetall mit Nichtmetall → Atombindung, nichtleitend,
- Metall mit Metall → Metallbindung, gut leitend, Leiter 1. Klasse.
- Metall mit Nichtmetall → Ionenbindung, schwach leitend, Leiter 2. Klasse.

Metalle, Nichtmetalle und die zwischen ihnen stehenden Halbmetalle haben unterschiedliche chemische Charaktere; dadurch sind die drei Bindungsarten in den Stoffen (Werkstoffen) nicht immer scharf gegeneinander abgegrenzt und einige Werkstoffe verfügen über zwei Bindungsarten, z. B. je zur Hälfte Ionen- und Atombindung. Bei Atombindungen können sich zwei bis

---

* *Pauli*, österr. Physiker, 1900–1958.

unzählige Atome zusammenschließen, so daß Mini- bis Makromoleküle entstehen. Thermische und elektrische Energie können Bindungen aufbrechen, wodurch sich die Stoffeigenschaften erheblich ändern und nicht- oder schwachleitende Werkstoffe gute Leiter werden.

Die Bindungsart ist das entscheidende Kriterium für das Verhalten der Werkstoffe; der Elektrotechniker muß sie deshalb kennen.

1.5.1 Wertigkeit

Unter Wertigkeit oder Valenz versteht man das gegenseitige quantitative Bindungsvermögen der Elemente.

Vereinfacht aber ausreichend wird die Wertigkeit nebenstehend mit Hilfe des immer einwertigen Wasserstoffes erklärt. Viele Elemente haben mehrere Wertigkeiten*.

Die Wertigkeit der elektrisch wichtigen Elemente sind in Tabelle 1.5−1 aufgeführt.

Die Zusammensetzung einer Verbindung (eines Moleküls) mit der Art und Zahl der an ihr beteiligten Elemente wird durch ihre stöchiometrische Formel angegeben.

Atome verbinden sich immer in einfachen, ganzzahligen Verhältnissen miteinander; 1:1; 1:2; 1:3; 2:3; 3:4 u. a.

Die Wissenschaft nennt dies das Gesetz der *multiplen Proportionen*.

Ein Element hat die Wertigkeit 1 (I), d. h. es ist einwertig, wenn je eines seiner Atome 1 H-Atom binden oder in einer Bindung ersetzen kann.
Ein Element ist zweiwertig, wenn je eins seiner Atome 2 H-Atome binden oder in einer Bindung ersetzen kann, usf.

Molekül:
kleinstes, physikalisch nicht mehr zerlegbares Teilchen einer chemischen Verbindung, z. B.: H_2, HCl, CH_4, H_2SO_4

Tabelle 1.5−1 Die Hauptwertigkeiten elektrisch wichtiger Elemente

Ag	I	In	III	Pt	II
Al	III	K	I	S	II, VI
As	V	Mg	II	Sb	V
Au	I	Mn	II, IV,	Se	II, IV
C	II, IV	N	II, III, IV, V	Si	IV
Co	II, III	Na	I	Sn	II, IV
Cr	II, III, V	Ni	II, III	Ti	IV
Cu	I, II	O	II	W	II
Fe	II, III	P	III, V	Zn	II
Ge	IV	Pb	II, IV		

Beispiel:

a) 1 H** + 1 Cl → 1 HCl (Chlorwasserstoff)
1 Atom + 1 Atom → 1 Molekül

b) 2 H_2 + O_2 → 2 H_2O (Wasser)
2 Moleküle + 1 Molekül → 2 Moleküle

c) 2 Al + 3 O → Al_2O_3 (Aluminiumoxid, Tonerde)
2 Atome + 3 Atome → 1 Molekül

d) Fe + O → FeO (Eisen(II)oxid)***

e) 2 Fe + 3 O → Fe_2O_3 (Eisen(III)oxid)

* Die Erklärung dafür bleibt den Chemikern vorbehalten.
** eigentlich $\frac{1}{2}H_2$ (Cl_2, O_2), da nicht atomar, sondern nur molekular beständig.
*** sprich Eisenzweioxid!

1.5.2 Massenberechnung*

Für Massenberechnungen in der Praxis ist die Elementarmasse u eines Nuklids (1 Proton, 1 Neutron) mit $1{,}7 \cdot 10^{-24}$ g so unhandlich klein, daß man sich eines rechnerischen Kniffs bedient und die Masse*nzahlen* der Elemente in Masse*ngrößen* umwandelt, indem man hinter die unbenannten Zahlen der Masseneinheit g setzt. Die Massenzahlen der Moleküle erhält man durch Addition der Massenzahlen der beteiligten Atome. Auf diese Weise wandelt man die „absoluten" in „reale" Massen um.

Die *reale* Masse eines Atoms und eines Moleküls bezieht sich auf ein Mol (Formelzeichen mol) = $6 \cdot 10^{23}$ Teilchen.

Beispiel:

Berechnung der Molekularmasse (Mol) von Al_2O_3.

Al: MZ 27; O: MZ 16

1 Mol $Al_2O_3 = (2 \cdot 27 + 3 \cdot 16)\,g = 102\,g$.

	Massenzahlen, Massengrößen:			
	Elementarmasse	Definition	Größe in g	
1.	1 Proton, 1 Neutron 1u	$1u = \frac{1}{12}\ {}^{12}_{6}C$	$1{,}7 \cdot 10^{-24}$	
	Reale Masse = Mol	FZ	Definition	Einheit
2.	Atom Molekül	mol mol	Massenzahl Summe der Atommassen	g g
	Beispiele: 1 mol HgCl hat eine Masse von 236 g. 1 mol Hg_2Cl_2 hat eine Masse von 472 g.			

Übung 1.5–1

Berechnen Sie die realen Molekularmassen (Mol) von

a) H_2SO_4 Schwefel- oder Batteriesäure,

b) SiO_2 Siliciumdioxid (funktioneller elektronischer Stoff),

c) Fe_3O_4 Verbindung von Fe(II) + Fe(III) mit O (Hammerschlag oder Walzzunder),

d) PbO_2 Pluspol des Bleiakku.

---

* Ende der 70er Jahre wurden in der Chemie neue Begriffe und Einheiten für Stoffmengen und Massen eingeführt (DIN und SI); sie basieren auf den neuen Basiseinheiten, verwirren aber z. T. Lehrende und Lernende. Darum wird hier auf altbewährte Begriffe zurückgegriffen.

Es soll die *Anzahl N* der Atome bzw. der Moleküle errechnet werden, die sich in einem Mol einer Substanz befindet, also $N \cdot mol^{-1}$.

Hierzu verhilft uns folgendes Gedankenexperiment: nach der chemischen Massengleichung H + Cl → HCl = 1 g H + 35,5 g Cl → 36,5 g HCl befinden sich in jedem der 3 beteiligten Stoffe die gleiche Zahl *N* von Stoffteilchen (H- und Cl-Atome, bzw. HCl-Moleküle).

1 g H setzt sich aus N_x Elementarteilchen *u* zusammen, mithin 1 g H = $N_x \cdot u$;

$$N_x = \frac{1\,g\,H}{1{,}7 \cdot 10^{-24}\,g} = 6 \cdot 10^{23}\ \text{H-Atome.}$$

Die gleiche Zahl N_x von Cl-Atomen befinden sich in 35,5 g Cl (1 Mol) und HCl-Moleküle in 36,5 g HCl (1 Mol). Die errechnete Zahl $6 \cdot 10^{23}$ ist also eine konstante Zahl. Man bezieht sie jeweils auf 1 Mol eines Stoffes und erhält somit eine Größe: die *Avogadrokonstante** $= 6 \cdot 10^{23} \cdot mol^{-1}$

Übungsbeispiel:

Es soll die Anzahl der Atome in 1 kg Kupfer errechnet werden.

Lösung:

Nach Tabelle 1.3–3 hat Cu die MZ 63,5.

In 1 Mol Cu = 63,5 g Cu befinden sich $6 \cdot 10^{23}$ Cu-Atome.

Somit befinden sich in 1 000 g Cu

$6 \cdot 10^{23} \cdot 10^3/63{,}5$ = ca. 10^{25} Atome.

Übung 1.5–2

Errechnen Sie die Zahl der Valenzelektronen in a) 0,5 kg Ag (1wertig), b) 1 kg Al (3wertig)!

Die Avogadrokonstante
$$N_A = 6 \cdot 10^{23} \cdot mol^{-1}$$
gibt an, wieviel Atome bzw. Moleküle sich in 1 Mol eines Stoffes befinden.

1. Beispiel:

1 Mol H_2O = 18 g H_2O ≙ $6 \cdot 10^{23}$ Moleküle H_2O

2. Beispiel:

H_2SO_4	+	2 NaOH	→	Na_2SO_4	+	2 H_2O
98 u	+	2 · 40 u	=	142 u	+	2 · 18 u
98 g	+	2 · 40 g	=	142 g	+	2 · 18 g

1 mol H_2SO_4 + 2 mol NaOH →
1 mol Na_2SO_4 + 2 mol H_2O.

* *Avogadro*, ital. Physiker, 1776–1856.

1.5.3 Atombindung*

Diese Bindung vollziehen immer „paarweise" *Valenzelektronen* in der Weise, daß die Außenschalen der beteiligten Atome mit 8 Elektronen besetzt werden**. Genügt hierfür *ein* Paar, dann entsteht eine *Einfach*bindung, bei 2 Paaren eine *Doppel-* und bei 3 Paaren eine *Dreifach*bindung. Eine Vorstellung über die mögliche *Elektronenkonfigurationen* gibt Bild 1.5−1.

Alle Gase, die Edelgase natürlich ausgenommen, viele Flüssigkeiten, alle organischen und elektrisch wichtigen Feststoffe, wie die elektronischen Halbleiter und die nichtleitenden Kunststoffe, bestehen aus Atombindungen.

Manchmal dienen zur Veranschaulichung der räumlichen Anordnung Raummodelle aus Kugeln oder Halbkugeln.

Meistens und für unsere Zwecke genügen die auf einer Ebene dargestellten *Strukturformeln*, bei denen Einfachbindungen durch einen Strich zwischen den chemischen Symbolen, Doppelbindungen durch zwei und Dreifachbindungen durch drei Striche gekennzeichnet werden.

Die Strukturformeln einiger bekannter, oft vorkommender Moleküle sehen Sie rechts.

Man unterscheidet *unpolare* und *polare* Atombindungen; der Name besagt, ob das betreffende Molekül sich nach außen elektrisch neutral oder nichtneutral verhält.

Moleküle aus gleichen Elementen wie H_2, O_2, N_2, Cl_2 sind unpolar, d. h. sie wirken nach außen elektrisch neutral; dagegen sind Moleküle mit verschiedenen Elementarten mehr oder weniger stark polarisiert. d. h. sie sind auf ihren beiden Seiten unterschiedlich geladen.

Ein polarisiertes Molekül, abgekürzt Dipol genannt, ist z. B. das in Bild 1.5−2 veranschaulichte Wassermolekül. Wäre es gestreckt, also H−O−H angeordnet, dann würden die Schwerpunkte der drei Kernladungen mit den Massenschwerpunkten im Kern des Sauerstoffatoms zusammenfallen.

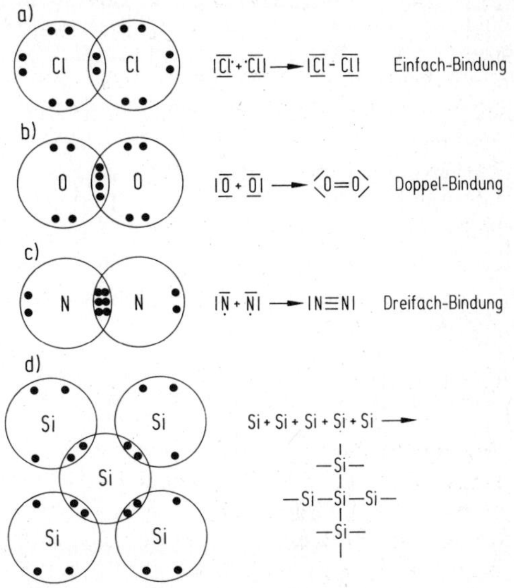

Bild 1.5−1 Modelle und Strukturformel von Atombindungen; Cl_2, O_2, N_2, Si

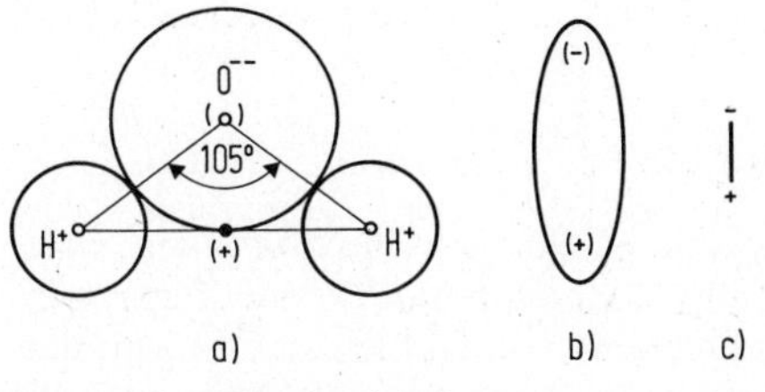

Bild 1.5−2 Dipolmolekül
a) von H_2O (Wasser), b) und c) vereinfachte Darstellungen

---

* auch homöopolare oder kovalente Bindung genannt.
** Nur bei Wasserstoff (H) genügen $2e^-$.

Es ist aber um 105° gewinkelt, so daß die Schwerpunkte auseinanderfallen. Der polare Charakter des Wassers ist deshalb bedeutsam, weil es Salze lösen kann, indem sich die kleinen Dipole durch Coulombsche Kräfte zwischen die Ionen des Salzes drängen und ihre Bindung sprengen (Bild 1.5–3). Unpolare Flüssigkeiten vermögen dies nicht und damit auch nicht Salze zu lösen (z. B. Benzol, Benzin).

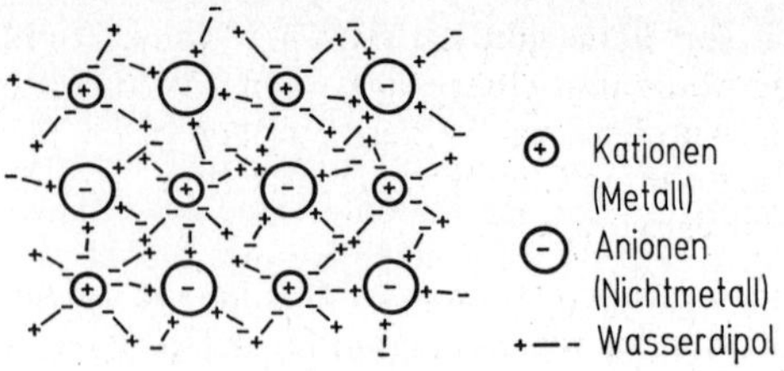

Bild 1.5–3 Auflösung eines Salzkristalls (Ionenbindung) durch Dipole des Wassers

Übung 1.5–3

Erklären Sie den Begriff und die Entstehung einer polaren Atombindung (Dipol)!

Übung 1.5–4

Welche Wertigkeit besitzt Kohlenstoff in

a) Kohlenmonoxid CO,

b) Ethen C_2H_4,

c) Tetrafluormethan CF_4?

Name	Stöchiometr. Formel	Strukturformel
Kohlenmonoxid	CO	|C≡O|
Kohlendioxid	CO_2	⟨O=C=O⟩
Methan	CH_4	H | H–C–H | H
Ethen (Ethylen)	C_2H_4	H H | | C=C | | H H
Ethin (Acetylen)	C_2H_2	H–C≡C–H
Tetrafluormethan	CF_4	F | F–C–F | F

Interessant ist die Lichtdurchlässigkeit vieler Stoffe mit Atombindung; neuerdings wird dieses Phänomen durch Lichtsignale bei Glasfaserkabeln technisch genutzt. Aber auch die Riesenmoleküle ungefärbter und ungefüllter Kunststoffe sind lichtdurchlässig im Gegensatz zu allen Metallen in üblicher Schichtstärke. Die Elektronenanordnung der Atome entscheidet, ob die kurzwelligen Lichtstrahlen die Materieteilchen ungehindert passieren können oder an ihnen reflektiert werden.

Wie erwähnt gibt es zwischen Ionen- und Atombindung Übergänge, d. h. Werkstoffe mit Anteilen von beiden Bindungsarten mit interessanten Charaktereigenschaften, auf die noch verwiesen wird.

Die 4wertigen Atome C, Si und Ge bilden miteinander regelmäßig strukturierte Körper mit ebenen Außenflächen; man nennt sie *Kristalle*. Die Kristallarten werden in Kapitel 2 ausführlich besprochen.

1.5.4 Ionenbindung

Ionen heißt griechisch „Wanderer"; die positiven Kationen wandern unter Strom zur negativen Katode, die negativen Anionen zur positiven Anode.

In der Übersicht steht: Metall + Nichtmetall → Ionenbindung. Verliert ein 1wertiges Metall der I. Gruppe sein Valenzelektron, dann wandelt es sich in ein einwertiges Kation um. Auf gleiche Weise werden 2- und 3wertige Metalle durch Elektronenabgabe zu 2- bzw. 3wertigen Kationen (s. rechts, wo das Elektron e^- mit positivem Vorzeichen auf die rechte Seite der Gleichung gesetzt ist).

Erhalten ladungsfreie Nichtmetallatome der Gruppe VII zur Auffüllung ihrer Außenschale das 8. Elektron, dann entstehen 1wertige negative Ionen, Anionen.

Auf gleiche Weise werden die Atome der Gruppe VI und V zu 2- und 3wertigen Anionen.

Elektronenabgabe und -aufnahme spielen sich gleichzeitig ab, es bildet sich eine Ionenverbindung, die mit elektrostatischer Coulombkraft die unterschiedlich geladenen Mareieteilchen im festen Ionenverband, dem sog. Ionengitter, zusammenhält.

Die meisten Ionenbindungen sind je nach der Ladungszahl 1-, 2- und 3wertige Salze die als Feststoffe Ionenkristalle bilden, die sich meistens in Wasser lösen und Elektrolyte bilden.

Übung 1.5–5

Erklären Sie die Begriffe Anion und Kation!

Schreibweisen: $1\,e^- \triangleq \cdot$; $2\,e^- \triangleq -$

Gruppe	I	II	III	IV	V	VI	VII	VIII
	H·	·Mg·	·Ȧl·	·Ċ·	·N̄·	|Ō|	|C̄l|	|N̄e|

Umwandlung eines Atoms in ein Ion

Gr.	Abgabe bzw. Empfang von Elektronen
I	$Na \rightarrow Na^+ + e^-$ = 1wertiges Kation
II	$Mg \rightarrow Mg^{++} + 2e^-$ = 2wertiges Kation
III	$Al \rightarrow Al^{+++} + 3e^-$ = 3wertiges Kation
V	$N + 3e^- \rightarrow N^{---}$ = 3wertiges Anion
VI	$O + 2e^- \rightarrow O^{--}$ = 2wertiges Anion
VII	$F + e^- \rightarrow F^-$ = 1wertiges Anion

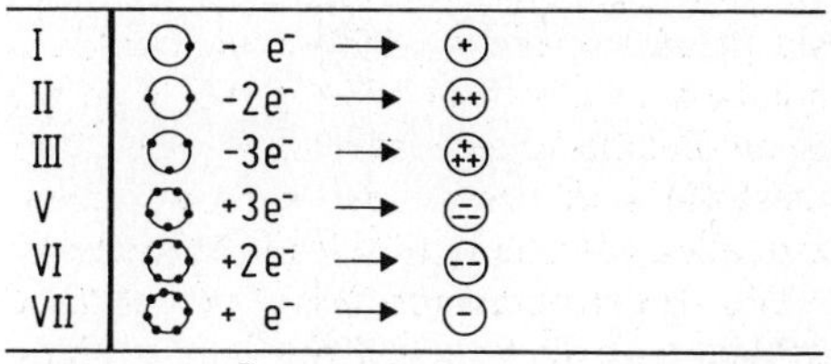

1.6 Redoxvorgänge

Lernziele

Der Lernende kann ...

- die Oxidation als Abgabe von Elektronen erklären.
- die Reduktion als Aufnahme von Elektronen erklären.
- Redoxvorgänge mit dem Übergang von Elektronen erklären.
- Reduktions- und Oxidationsmittel unterscheiden.
- metallurgische Verfahren zur Herstellung der Metalle aus Erzen als Redoxvorgänge deuten.
- die Bedeutung der elektrochemischen Spannungsreihe der Metalle erklären.

1.6.0 Übersicht

Redox setzt sich aus *Red*uktion* und *Ox*idation** zusammen. Diese Begriffe bilden die Grundlagen vieler anorganischer und organischer Reaktionen zur Gewinnung metallischer, halbmetallischer und nichtmetallischer Werkstoffe. Da sich dabei immer Platzwechselvorgänge der Valenzelektronen nach naturgesetzlichen Regeln abspielen, ist dieser Abschnitt gerade für Elektrotechniker höchst interessant.

Die metallurgischen Verfahren in der Hüttenindustrie zur Metallgewinnung aus Erzen beruhen ausnahmslos auf Redoxvorgängen. Da die Elektronen hierbei lediglich ihren Platz wechseln, verlaufen die chemischen Reaktionen ohne Verlust an Masse (Gesetz von der Erhaltung der Masse!). Nur scheinbar (für den Laien) verschwindet bei der Verbrennung (rasche Oxidation) ein Feststoff wie Kohle oder Holz in der Luft; in Wirklichkeit entstehen, ohne Masseverlust der am chemischen Vorgang beteiligten Elemente, gasförmige Verbindungen. Wenn Sie mit einem Streichholz ihre Zigarette anzünden und diese rauchen, finden ebenfalls elektronische Platzwechselvorgänge zwischen den beteiligten Elementen statt.

1.6.1 Oxidation, Reduktion

- *Oxidation*. Der Name stammt von der chemischen Umwandlung der Metalle mit Sauerstoff zu Metalloxiden.

Mit den Kenntnissen der elektronischen Vorgänge ausgerüstet versteht man unter Oxidation die Abgabe von Elektronen.

Beispiele von Oxidationen:

1. von Metallen

$Na \rightarrow Na^{+} + e^{-}$
$Mg \rightarrow Mg^{++} + 2\,e^{-}$
$Al \rightarrow Al^{+++} + 3\,e^{-}$

Oxidation ≙ Abgabe von Elektronen Reduktion ≙ Aufnahme von Elektronen

Oxidationsmittel nehmen Elektronen auf (Akzeptoren). Reduktionsmittel geben Elektronen ab (Donatoren).

* lateinisch: Rückführung (in den metallischen Zustand)
** griechisch: von Oxyd = scharf; Oxygenium = Sauerstoff.

2. von Anionen
   $Cl^- \rightarrow Cl + e^-$
   $O^{--} \rightarrow O + 2e^-$
3. von Kationen
   $Fe^{++} \rightarrow Fe^{+++} + e^-$
   $Pb^{++} \rightarrow Pb^{++++} + 2e^-$

● *Reduktion* bedeutet ursprünglich „Rückführung“ eines Metalloxides zum Metall; jetzt bezeichnet Reduktion die *Aufnahme* von Elektronen.

Beispiele von Reduktionen:
$Na^+ + e^- \rightarrow Na$; $Mg^{++} + 2e^- \rightarrow Mg$; $Al^{+++} + 3e^- \rightarrow Al$; $Cl + e^- \rightarrow Cl^-$; $O + 2e^- \rightarrow O^{--}$; $Fe^{+++} + e^- \rightarrow Fe^{++}$; $Pb^{++++} + 2e^- \rightarrow Pb^{++}$.

Die metallurgischen Vorgänge bei der Erzeugung von Metallen aus Erzen sind Reduktions- und Oxidationsprozesse. Die Stoffe hierfür müssen funktionstüchtig und preisgünstig sein. Als Reduktionsmittel (Elektronenspender) bieten sich Kohlenstoff (C) und Gleichstrom (bei der Elektrolyse) an (1.6.3).

Kohlenstoff wird bei der Eisenerzeugung im Hochofen als Koks (90% C) eingesetzt; er erfüllt dabei zwei Aufgaben als

● Wärmeerzeuger durch Verbrennung und
● „direktes“ Reduktionsmittel: $FeO + C \rightarrow Fe + CO$.

C verbrennt:

1. unvollkommen: $C + O \rightarrow CO$, Kohlen*mon*oxid*, Giftgas, Strukturformel $|C{\equiv}O|$, 2wertig;
2. vollkommen: $C + O_2 \rightarrow CO_2$, Kohlen*di*oxid, ungiftig, Strukturformel $\langle O{=}C{=}O \rangle$, 4wertig.

CO_2 wird im Hochofen (Bild 1.6–1) über weißglühendem Koks wieder zu CO reduziert: $CO_2 + C \rightleftharpoons 2\,CO$.

Die beiden Pfeile in der Reaktionsgleichung zeigen an, daß sie je nach den Verhältnissen (Druck, Temperatur, Massenverhältnisse der beteiligten Stoffe) nach beiden Richtungen verlaufen kann, bis ein „Gleichgewichtszustand“ erreicht ist (1.8.4).

* monos (griechisch): allein (Monolog).

Chlor nimmt $1e^-$ auf (= Oxidationsmittel).

$Al^{+++} + 3e^- \rightarrow Al$
↓
Al-Ionen nehmen $3e^-$ auf; sie wirken als Oxidationsmittel.

Aluminium gibt seine $3e^-$ ab (= Reduktionsmittel).

Das gleiche Element kann auftreten als

1.	2.
Atom	Ion
Fe, Al	Fe^{++}, Al^{+++}
Reduktionsmittel	Oxidationsmittel
e^--Spender	e^--Empfänger

Wichtige Reduktionsmittel bei der Metallerzeugung aus Erzen:

● C (Koks), CO (Gas), (Hochofen → Roheisen)
● Al, Si, Mn (Desoxidationsmittel* von Stahl)
● H_2 (Gas) bei Cu-(Kupfer-)Erzeugung
● Elektrischer Gleichstrom als e^--Spender für Mg^{++}- und Al^{+++}-Ionen in *schmelz*flüssigen Ionenverbindungen und
  Cu^{++}-Ionen in *wäßrigen* Ionenverbindungen (Kupfersalzen)

Wichtigstes Oxidationsmittel in der Hüttenindustrie ist:

1. Luft[sauerstoff] (vorgewärmt) in den Eisen-Hochöfen, Kupfer-Zink- und Bleiöfen (Wind)*,
2. reiner Sauerstoff in Blasstahlwerken

* allgemein übliche Bezeichnung in der Industrie

Liegen die Erze nicht als *Oxide,* sondern als *Sulfide* (Schwefel, S, Sulfur), z. B. als FeS, Fe_2S, Cu_2S, PbS, vor, dann wird zuvor der Schwefel im „Röstofen" zu gasförmigem SO_2 oxidiert; dieses bildet mit der Luftfeuchtigkeit nach der Gleichung $SO_2 + H_2O \rightarrow H_2SO_3$ die aggressive schweflige Säure, die durch den Luftsauerstoff weiter zu H_2SO_4 (Schwefelsäure) oxidiert werden kann. Das Gleiche geschieht bei der Verbrennung von Kohle, Koks und Erdöl, deren Abgase „entschwefelt" werden müssen (Umweltschutz).

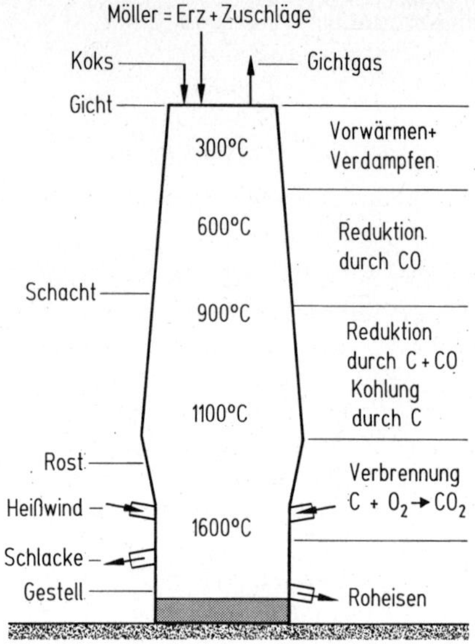

Bild 1.6–1 Hochofen (Schema)

Übung 1.6.–1

Hochofenprozeß:

a) Wieviel reines Fe_2O_3 benötigt man zur Erzeugung von 1 t Fe?
b) Wird Fe_2O_3 zu Fe oxidiert oder reduziert?
c) Nennen Sie die Reduktionsmittel!

1.6.2 Redoxreaktion

Nur zum besseren Verständnis wurden Oxidation und Reduktion getrennt beschrieben, in Wirklichkeit verlaufen die beiden Vorgänge gleichzeitig, wobei ein Stoff oxidiert, der andere reduziert wird. Einen typischen Redoxvorgang haben Sie vermutlich schon einmal beim Schweißen von Straßenbahnschienen beobachtet; er soll als Beispiel dienen.

Thermitreaktion

- Ausgangsstoffe: Eisenzunder Fe_2O_3 (= Oxidationsmittel) Aluminiumgries Al (= Reduktionsmittel);
- Hilfsmittel: Zündkerze zur Einleitung der Reaktion (Initialzündung, 1.8.3),

- Reaktionsprodukte: flüssiges Eisen (reduzierter Stoff) flüssige Al_2O_3-Schlacke (oxidiertes Aluminium).

Die chemische und die elektronische Gleichung sehen Sie rechts.

Redoxgleichung, Beispiel Thermitreaktion
Ausgangsstoffe: Fe_2O_3, Al
Produkte: Al_2O_3, Fe

- e^--Teilgleichung
  Reduktion: $2\,Fe^{+++} + 6\,e^- \rightarrow 2\,Fe$
  Oxidation: $2\,Al \rightarrow 2\,Al^{+++} + 6\,e^-$
- Summen-Gl.: $2\,Al + Fe_2O_3 \rightarrow 2\,Fe + Al_2O_3$
- Massen-Gl.: $(2 \cdot 56 + 3 \cdot 16)\,g + 2 \cdot 27\,g = 2 \cdot 56\,g + (2 \cdot 27 + 3 \cdot 16)\,g$
- $214\,g = 214\,g$
- abgerundet: 3 kg Eisenzunder + 1 kg Al → 2 kg Fe + 2 kg Al_2O_3-Schlacke

Bei der gleichzeitig verlaufenden Elektronenabgabe und -aufnahme entsteht eine Ionen(ver)bindung mit dem chemischen Namen „Salz". Salze bestehen demnach aus metallischen Kationen und nichtmetallischen Anionen. Eine Ausnahme ist Ammonium NH_4^+, das sich chemisch wie ein Metallion verhält und z. B. mit Chlor Ammoniumchlorid NH_4Cl bildet, ein Hilfsmittel beim Löten.

Je nach Gruppenzugehörigkeit bilden sich 1-, 2- und 3wertige Salze (rechts).

Ionenbindung:
Beispiel: Metall/VII. Gruppen-Element
1wertig: $Na^+ + Cl^- \rightarrow NaCl$ Natriumchlorid
2wertig: $Mg^{++} + 2\,F^- \rightarrow MgF_2$ Magnesiumfluorid
3wertig: $Al^{+++} + 3\,Cl^- \rightarrow AlCl_3$ Aluminiumchlorid

Metalloxide gehören chemisch zu den Salzen, sind aber nicht wie *Halogensalze* wasserlöslich, sondern im Gegenteil z. T. säure- und temperaturfest, wie die Oxide der wichtigsten Gebrauchsmetalle Al, Cu, Fe. Sie verfügen über keine freien Elektronen und wirken daher selbst in dünnen Schichten von wenigen µm als Stromsperren (Isolatoren). Bei Aluminiumleitern ersetzt die Oxidschicht Isolierlacke und -wicklungen.

Metalloxide sind z. T. chemikalien- und temperaturbeständig; sie verfügen über keine freien Elektronen und sind daher Nichtleiter.

Die Metalloxide sind ein Beispiel für die erwähnte Kombination von homöo*- und heteropolarer** Bindung.

1.6.3 Redoxvorgang, sekundär-elektrisch

Im vorigen Abschnitt erlernten Sie den *Primärvorgang*:

Metalle werden durch Elektronenabgabe zu positiven Kationen oxidiert.

Jetzt lernen Sie den umgekehrten *Sekundärvorgang*:

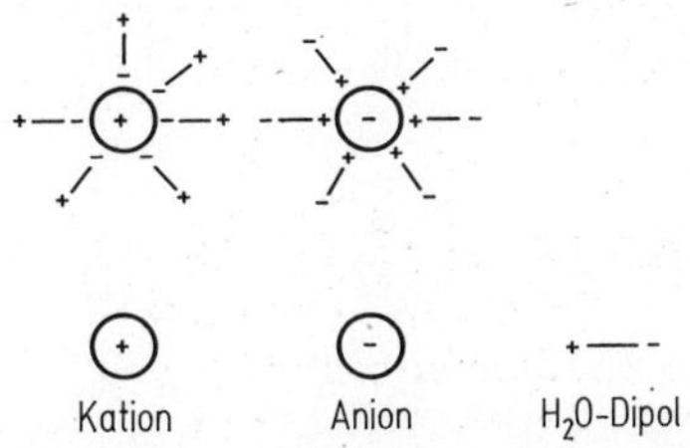

Bild 1.6–2 Lösung einer Ionenbindung in Wasser; die kleinen H_2O-Dipole drängen sich mit elektrostatischer Coulombkraft in den Ionenverband und zerlegen ihn in Kationen und Anionen

* homöopolar: gleichartig elektrisch geladen, Atombindung,
** heteropolar: ungleich geladen, Ionenbindung.

Kationen empfangen am Minuspol, der Katode, einer Stromquelle Elektronen und werden zu Metallen reduziert.

Man nennt diesen Sekundärvorgang *Elektrolyse*.

Voraussetzung für eine *elektrolytische* Metallabscheidung ist die freie Beweglichkeit der Ionen. In einem Feststoff (Salz, Oxid) ist sie nicht gegeben, wohl aber in einer Flüssigkeit, die den bezeichnenden Namen „Elektrolyt“ führt. Der Elektrolyt, das Lösungsmittel für die Ionen(ver)bindung, kann Wasser oder ein schmelzflüssiges Salz sein; man spricht daher von einem wäßrigen oder schmelzflüssigen Elektrolyten.

In Bild 1.6−3 ist die elektrolytische Abscheidung von Kupferionen dargestellt; es bedarf keiner weiteren Erklärung.

Bild 1.6−4 zeigt eine Elektrolysezelle zur Gewinnung von Aluminium aus Tonerde (Al_2O_3) nach dem in der ganzen Welt üblichen Schmelzfluß-Elektrolyseverfahren.

Der Redoxvorgang vollzieht sich bei 900°C in einer Graphitwanne, die mit einem Elektrokabel leitend verbunden ist. Der Gegenpol besteht ebenfalls aus Elektrodenkohle, die in Form von Rundklötzen in das Schmelzebad taucht; es besteht aus Kryolith, einem Fluorid-Salz, das bei höherer Temperatur die sonst chemisch sehr stabile Tonerde zu lösen vermag.

Anode:	$2\,Cl^- \rightarrow Cl_2 + 2\,e^-$
Katode:	$Cu^{++} + 2\,e^- \rightarrow Cu$

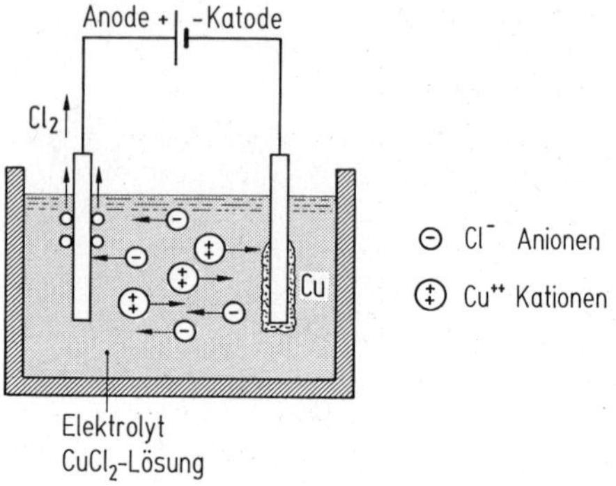

Bild 1.6−3 Kupferelektrolyse

Elektrolytische Metallgewinnung Elektrolyt kann sein:	
1. wäßrige Lösung für Cu, Ni, Cr	2. schmelzflüssiges Salz für Al, Mg, Na

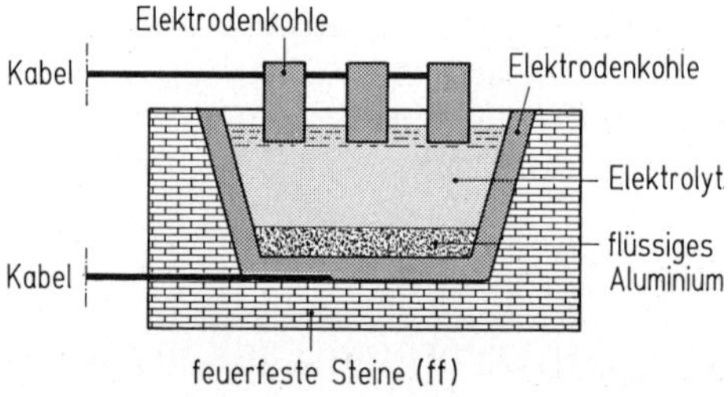

Bild 1.6−4 Elektrolysezelle zur Gewinnung von Aluminium aus Tonerde durch Schmelzflußelektrolyse (Schema)

Stromstärke: 70 bis 140 kA

Spannung: 5 V

1 kg Al benötigt ca 17 kWh

Übung 1.6−2

a) Bezeichnen Sie in der Schemaskizze Bild 1.6−4 die Anode und die Kathode mit den zugehörigen Vorzeichen!

b) Deuten Sie auf der Skizze an, zu welchen Polen die Al^{+++}- und die O^{--}-Ionen wandern!

c) Wie lauten die Reaktionsgleichungen an den beiden Polen?

Faradaykonstante* F

Der Strombedarf bei der *Elektrolyse* und in der Galvanotechnik interessiert aus theoretischen und finanziellen Gründen. Ohne Kenntnisse der elektronischen Redoxvorgänge formulierte *Faraday* bereits 1860 die Gesetzmäßigkeiten zwischen Stromverbrauch und abgeschiedenen Metallmassen. Mit dem Produkt der beiden Naturkonstanten, der *Elementarladung e* und der *Avogadrokonstanten* N_A, können wir $F = e \cdot N_A \approx 1{,}6 \cdot 10^{-19}\,C \cdot 6 \cdot 10^{23}\,mol^{-1} = 96\,kC \cdot mol^{-1}$ jetzt eleganter formulieren (exakt: 96478 $As\,mol^{-1}$).

In der Praxis rechnet man anstelle von Coulomb besser mit Ah, wobei 96,5 kC etwa 26,8 Ah entsprechen.

Natürlich muß beim Stromverbrauch die Ionenwertigkeit berücksichtigt werden (siehe rechts).

1 mol e^- hat die Ladung = −96,5 kC (Kilocoulomb)

Faradaykonstante
$F = e \cdot N_A = 96\,500\,As \cdot mol^{-1}$
$= 26{,}8\,Ah \cdot mol^{-1}$

Ionenart	Zahl der e^-**	Ladung in $kC \cdot mol^{-1}$
1wertiges Anion	+1	−96,5
2wertiges Anion	+2	−2 · 96,5
3wertiges Anion	+3	−3 · 96,5
1wertiges Kation	−1	+96,5
2wertiges Kation	−2	+2 · 96,5
3wertiges Kation	−3	+3 · 96,5

Übungsbeispiel:

Es sollen 5 kg Nickel aus einer $NiCl_2$-Lösung bei einer Stromstärke von 5 kA abgeschieden werden. Welche Zeit ist erforderlich?

Lösung:

Ni, MZ 59; 2wertig. 59/2 g benötigen 26,8 Ah.

5000 g benötigen $\frac{5000}{29{,}5} \cdot 26{,}8\,Ah = 4543\,Ah$.

Der Zeitaufwand beträgt rd. 0,9 h.

Übung 1.6−3

Welche theoretische (verlustfreie) Elektrizitätsmenge benötigt man für die Abscheidung von 1 t Aluminium bei der Schmelzflußelektrolyse nach Bild 1.6−4?

* *Faraday*, engl. Physiker, 1791−1867.

** Valenzelektronen; daher stammt der Begriff „Val“.

1.6.4 Elektrische Spannungsreihe

Mehrfach wurde betont, daß Metalle und der Wasserstoff bestrebt sind, unter Abgabe ihrer Valenzelektronen zu *ionisieren*, wobei der *Ionisierungsdruck* von der Stellung im PSE abhängt. Er läßt sich gegenüber dem Ionisierungsdruck eines anderen Metalles als elektrisches Spannungsgefälle in V messen.

Die sich an den Grenzschichten Metalloberfläche/Salzlösung (Elektrolyt) abspielenden Redoxvorgänge werden im Bild 1.6–5 veranschaulicht. In Bild a) lösen sich durch den Ionisierungsdruck Metallatome von dem in die Salzlösung eingetauchten Stab ab und in der Flüssigkeit auf; die in ihr nicht existenzfähigen Elektronen verbleiben auf dem Metallstab und erzeugen durch ihren Überschuß ein negatives Potential. Dieser Redoxvorgang nach der Gleichung

$$\text{Metall} \underset{\text{Reduktion}}{\overset{\text{Oxidation}}{\rightleftharpoons}} \text{Kation} + e^-$$

verläuft solange von links nach rechts, bis sich ein Spannungsgleichgewicht mit dem Potential = 0 V eingestellt hat.

In Bild b) verläuft die Redoxreaktion von rechts nach links bis zur Erreichung eines Gleichgewichtes, wobei in der Flüssigkeit gelöste Metallionen zum eingetauchten Metallstab wandern, von ihm Elektronen empfangen und sich auf ihm als Metallatome abscheiden.

In Halbelementen sind die Potentiale wegen Fehlens einer Bezugselektrode nicht meßbar; verbindet man jedoch 2 Halbelemente mit einem Elektrolytschlüssel (c), dann erhält man ein Vollelement mit meßbarem Potential. Als Normalelektrode mit dem Potential = 0 V bestimmte man den Wasserstoff. Bild 1.6–6 zeigt die Meßvorrichtung, mit der man die Potentiale der Metalle gegen eine von Wasserstoff umspülte Platinelektrode mißt; die Ergebnisse für die wichtigsten Reinmetalle zeigt Tabelle 1.6–1. Gegenüber H_2 negative, also unedlere Metalle stehen oberhalb, die positiven (= edleren) Metalle unterhalb von H_2. In dieser Spannungsreihe erscheint Eisen edler als Chrom, ein offenbarer Widerspruch zur Praxis, wo man doch Eisen-

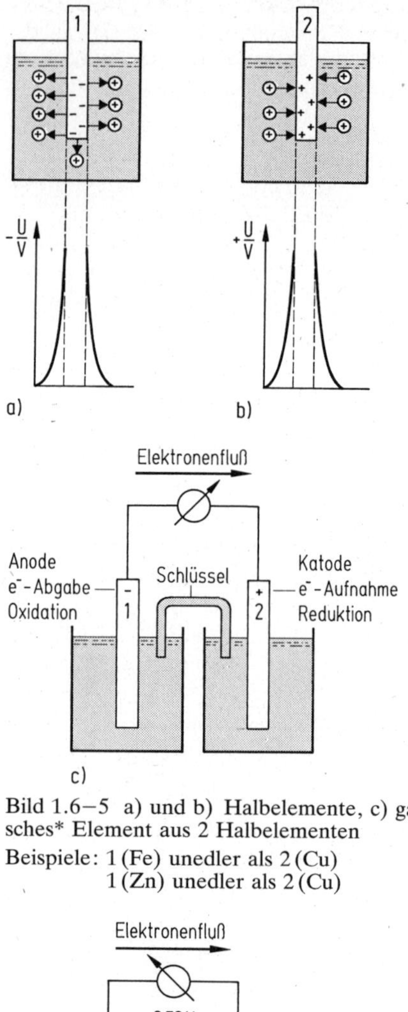

Bild 1.6–5 a) und b) Halbelemente, c) galvanisches* Element aus 2 Halbelementen

Beispiele: 1 (Fe) unedler als 2 (Cu)
1 (Zn) unedler als 2 (Cu)

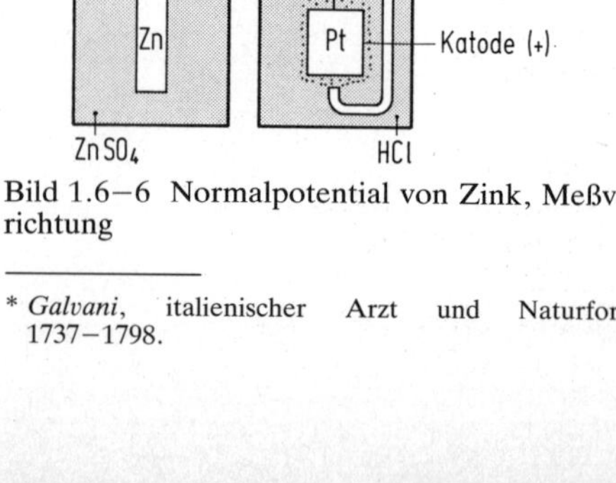

Bild 1.6–6 Normalpotential von Zink, Meßvorrichtung

* *Galvani*, italienischer Arzt und Naturforscher, 1737–1798.

teile durch galvanisch aufgetragene Chromschichten gegen Korrosion (Rost) schützt und nicht umgekehrt. Die Erklärung liegt in einem dünnen Chromoxidfilm, der sich in der Luft auf Chrom bildet und es vor weiterem Luftzutritt und Oxidation schützt.

Dasselbe geschieht bei dem noch unedleren Aluminium, dessen Oberfläche an Luft spontan zu Al_2O_3 oxidiert; die festhaftende und dicht abschließende Oxidschicht wird oft elektrochemisch durch Eloxierung (**el**ektr, **oxi**diert) verstärkt. Eloxierte Schichten benötigen keinen weiteren Korrosions- oder Isolationsschutz.

Man benutzt die elektrische Spannungsreihe in galvanischen Elementen als Stromquelle für große Leistungen, z. B. Fahrzeuge, und kleine, wie Hörgeräte; hierbei unterscheidet man

- *Primärelemente*, in denen die natürlichen Potentialdifferenzen der chemischen Elemente benutzt werden, und
- *Sekundärelemente*, in denen zunächst durch äußere Stromzufuhr ein künstliches Potentialgefälle zwischen den Polen erzeugt und dieses als Stromquelle benutzt wird (Akkumulator).

Von den vielen Stoffkombinationsmöglichkeiten haben sich weitgehend durchgesetzt als

- Primärelement das Trockenelement von *Leclanché** (Bild 1.6–7) und als
- Sekundärelement der Bleiakkumulator; seine Funktion beruht auf der Doppelwertigkeit von Blei (II und IV). Seine Stoffkombinationen sind

  – *geladen*:

Minuspol (Katode)	Pb als Pulverschlamm in PbSb-Gitterplatten eingebettet.
Pluspol (Anode)	PbO_2 in Gitterplatten eingepreßt.
Elektrolyt	H_2SO_4 verdünnt (Batteriesäure);

  – *entladen*:

Minuspol	$PbSO_4$
Pluspol	$PbSO_4$

* Französischer Physiker, 1839–1882.

Tabelle 1.6.1 Elektrochemische Spannungsreihe von Metallen gegen Wasserstoff

Elektronengleichung	Potential in V
$Li \rightleftharpoons Li^+ + e^-$	−3,05
$Na \rightleftharpoons Na^+ + e^-$	−2,87
$Mg \rightleftharpoons Mg^{++} + 2e^-$	−2,36
$Al \rightleftharpoons Al^{+++} + 3e^-$	−2,66
$Zn \rightleftharpoons Zn^{++} + 2e^-$	−0,76
$Cr \rightleftharpoons Cr^{+++} + 3e^-$	−0,74
$Fe \rightleftharpoons Fe^{++} + 2e^-$	−0,44
$Ni \rightleftharpoons Ni^{++} + 2e^-$	−0,25
$Sn \rightleftharpoons Sn^{++} + 2e^-$	−0,14
$Pb \rightleftharpoons Pb^{++} + 2e^-$	−0,13
$\frac{1}{2}H^2 \rightleftharpoons H^+ + e^-$	0 ←
$Cu \rightleftharpoons Cu^{++} + 2e^-$	+0,34
$Ag \rightleftharpoons Ag^+ + e^-$	+0,80
$Hg \rightleftharpoons Hg^{++} + 2e^-$	+0,85
$Au \rightleftharpoons Au^{+++} + 3e^-$	+1,50
$Pt \rightleftharpoons Pt^{++} + 2e^-$	+1,60

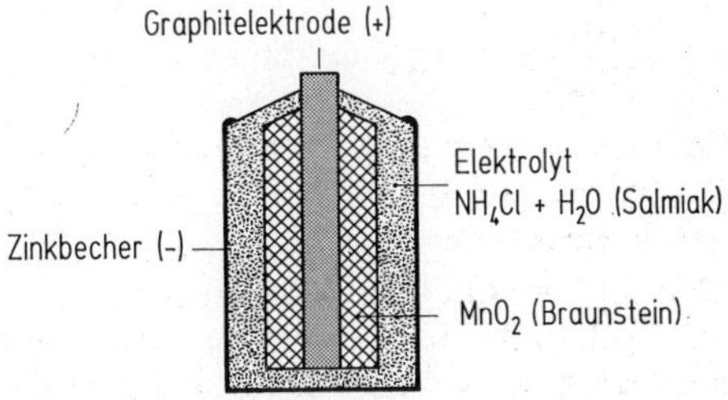

Bild 1.6–7 Leclanché-Element. Kohle-Zink-Trockenbatterie

Minuspol: $Zn \rightarrow Zn^{++} + 2e^-$ (Oxidation)
Pluspol: $MnO_2 + H_3O^+ + e^-$
$\rightarrow MnO(OH) + H_2O$ (Reduktion)

Bleiakkumulator

Minuspol: $Pb \rightarrow Pb^{++} + 2e^-$ (Oxidation)
$Pb^{++} + SO_4^{--} \rightleftharpoons PbSO_4$ (Reduktion)
Pluspol: $PbO_2 + 2e^- + 4H^+$
$\rightleftharpoons Pb^{++} + 2H_2O$ (Reduktion)
$Pb^{++} + SO_4^{--} \rightleftharpoons PbSO_4$
→ Entladen
← Laden

Die Redoxredaktionen beim Entladen und Laden stehen rechts (s. Seite 47 unten). Im geladenem Zustand beträgt die Säuredichte = 1,2 g · cm^{-3}; der Zahlenwert soll nicht unter 1,1 sinken.
Beim Entladen bildet sich an beiden Polen Bleisulfat, wodurch die Anfangsspannung von 2 V schließlich auf 0 V absinkt; am Pluspol bildet sich beim Entladen H_2O, wodurch die Säurekonzentration sinkt; sie wird in der Praxis mit einem *Aerometer* ausgespindelt, weil die Dichte analog zur Konzentration sinkt bzw. steigt. Bei Autobatterien werden 6 Zellen zu 12 V hintereinander geschaltet.

Trotz des großen Gewichts und der unangenehmen Säure konnte für größere Leistungen im Massenkonsum bisher keine bessere Stoffkombination gefunden werden.

Der für kleinere Leistungen in elektronischen und kleinen Geräten eingeführte Nickel-Cadmium-Akku ist sehr teuer. Seine Reaktionsgleichungen, in denen man die Doppelwertigkeit des Nickels (II und III) ausnutzt, sehen Sie rechts.

Nickel/Cadmium-Akkumulator

Laden $\rightleftharpoons$ Entladen

$Cd + 2\,Ni^{+++} \rightleftharpoons Cd^{++} + 2\,Ni^{++}$

$Cd + 2\,Ni(OH)_3 \rightleftharpoons Cd(OH)_2 + 2\,Ni(OH)_2$

Beim Akkumulator hat der Entladestrom die umgekehrte Richtung wie der Ladestrom

Polbezeichnung bei galvanischen Elementen, Akkumulatoren, Elektrolyse und Galvanisierung:

- Minuspol: Elektronenüberschuß
- Pluspol: Elektronenmangel
- Katode: Pol, in den durch den metallischen Leiter die Elektronen **hinein**fließen (Reduktion)
- Anode: Pol, aus dem durch den metallischen Leiter die Elektronen **heraus**fließen (Oxidation)

Die Pol-(Elektroden-)bezeichnungen Anode und Katode beziehen sich auf den äußeren Stromkreis; die e^- fließen von der Katode zur Anode.

Übung 1.6–4

Erklären Sie den Unterschied von Primär- und Sekundärelementen!

Übung 1.6–5

Wäre die Kombination Hg/Ag für ein Element sinnvoll? (Mit Begründung).

Übung 1.6–6

a) Welche Pole der Stromquelle und des Akku müssen beim Laden miteinander verbunden werden? Vorzeichen und Elektrodenbezeichnung angeben!
b) Welche Elektrode des Akku wird beim Laden reduziert?

1.6.5 Elektrochemische Korrosion

Mit Korrosion bezeichnet man jede (unerwünschte), von der Oberfläche eines Metalles ausgehende Reaktion, die es in eine Ionenverbindung umwandelt. Die Redoxreaktion kann

- rein chemisch ohne Anwesenheit eines Elektrolyten verlaufen, wobei das Metalloxid entsteht oder
- elektrochemisch bei Feuchtigkeit, wobei sich ein Metallhydroxid bildet.

Wir betrachten in diesem Abschnitt die elektrochemische Korrosion, die in Deutschland allein Schäden von einigen Milliarden DM jährlich verursacht.

Dem Lernenden wird es einleuchten, daß wegen der Luftfeuchtigkeit im Freien jeglicher Kontakt zwischen Metallen mit unterschiedlichen Normalpotentialen (Tabelle 1.6−1) vermieden werden muß, z. B. zwischen einerseits Kupfer und andererseits Zink, Eisen oder Aluminium.

Bekanntlich rostet reines, blankes Eisen, auch wenn es nicht mit anderen Metallen in Berührung steht. Die Ursache liegt in kleinen Unterschieden der chemischen Zusammensetzung benachbarter Kristalle, die miteinander bei Feuchtigkeit Minielemente, die sog. *Kontaktelemente*, bilden, wobei sich die unedleren Kristalle anodisch in der Feuchtigkeit (Elektrolyt) lösen. (In der heiß-trockenen Sahara rostet ein Stahlmast in 50 Jahren nicht mehr als bei uns an einem Tag!)

Nicht nur Regenwasser sondern auch Kondenz-(Schwitz-)wasser ist wegen seiner großen (begierigen) Lösungsfähigkeit für Gase und Salze ein guter (gefährlicher) Elektrolyt. Den Vorgang der elektrochemischen Korrosion, bei der das unedlere Metall „anodisch in Lösung geht", veranschaulicht Bild 1.6−8.

Schutzmaßnahmen vor einer Korrosion müssen bei der Vielzahl von Metallkombinationen und Betriebsbedingungen fallweise entschieden werden. Es sollen hier einige allgemeine Hinweise gegeben werden.

Korrosion = Metallzerstörung		
	chemisch	elektrochemisch
durch	Oxidation, meistens i. d. Wärme	elektrolytische Auflösung
Produkt	Oxide	Hydroxide
z. B.	a) Fe_xO_y Zunder b) Cu(II)O Kupfer(II)-oxid c) Al_2O_3 Aluminiumoxid (Tonerde)	$Fe_x(OH)_y$ Eisenhydroxid $Cu(OH)_2$ Kupfer(II)-hydroxid $Al(OH)_3$ Aluminiumhydroxid

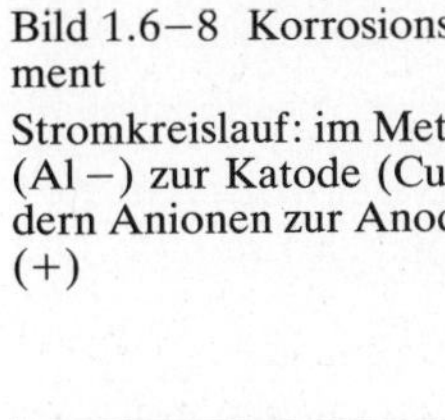

Bild 1.6−8 Korrosionsangriff durch Kontaktelement
Stromkreislauf: im Metall fließen e^- von der Anode (Al −) zur Katode (Cu +), im Elektrolyten wandern Anionen zur Anode (−), Kationen zur Katode (+)

> Merkspruch:
> Bei der Kontaktkorrosion geht das unedlere Metall anodisch in Lösung

- In luftdicht verschlossenen Räumen kann die Bildung von Kondenzwasser durch wasserabsorbierende Substanzen zumindest stark herabgesetzt oder vermieden werden; gefährdete wertvolle Apparate sollen beheizt werden.
- Kommt das Metall in Berührung mit Wasser, so soll dies neutral mit einem pH-Wert 7 sein (1.7.4).

Korrosionsgefährdete Metalle müssen allseitig absolut dicht umschlossen sein; als Schutzschicht bieten sich an

- Nichtmetalle (Nichtleiter, Isolatoren): Öl, Fett, Lack, Kunststoff, Email, sowie auf dem Metall durch geeignete Verfahren aufgebrachte Oxide, Phosphate, Chromate.
- Metalle (Leiter): galvanisiert, plattiert, gewalzt, getaucht, gespritzt aus
  - Edelmetallen: Pt, Au, Ag, Cu, und
  - unedlen Metallen: Cr, Cd, Zn, Al, Mg, die an der Luft natürliche Schutzfilme bilden.

Zink und Magnesium haben gegen Fe eine Fernschutzwirkung und werden als Schutzanoden für eiserne Konstruktionen, wie Kessel, Maste und Schiffe, benutzt.

Äußere Stromquellen werden an das zu schützende Metall angelegt, dessen Potential dadurch künstlich „veredelt" wird.

Übung 1.6–7

Wie ist die letztgenannte Spannungsquelle anzuschließen?

Übung 1.6–8

a) Nennen Sie Namen, Farbe und stöchiometrische Formeln für die elektrochemischen Korrosionsprodukte (Beläge) auf Fe und Al!
b) Was geschieht mit den Belägen bei Erhitzung? (Chemische Gleichung?).

1.7 Protonenübergang

Lernziele

Der Lernende kann ...

- Säuren als Protonendonatoren deuten.
- Basen als Protonenakzeptoren deuten.
- die Neutralisation von Säuren mit Basen durch Protonenübergänge erklären.
- die Entstehung und Natur von Salzen erläutern.
- die Stärke von Säuren und Basen mit ihrem Dissoziationsgrad erklären.

1.7.0 Übersicht

Seit altersher sind Säuren, Basen und Salze bekannte Substanzen mit charakteristischen Eigenschaften. In der Industrie werden sie als Roh- und Hilfsstoffe eingesetzt; man kann sie aber nicht als Werkstoffe im eigentlichen Sinn benutzen, sondern als Hilfsstoffe bezeichnen.

Der Name „Säure" leitet sich vom typischen Geschmack bekannter Nahrungsmittel ab, wie Fruchtsäfte, saurer Milch oder Essig. Das Wort Base bedeutet (wahrscheinlich) „Basis" für die als „Lauge" bezeichneten, in Wasser gelösten Stoffe.

Man beobachtete auch: Säuren färben den blauen Lackmussaft rot, Basen färben den roten Saft blau.

Auch erkannte man die unterschiedliche Aggressivität von Säuren und Basen; manche waren völlig harmlos, man konnte sie trinken, bzw. sich mit ihnen reinigen. Andere dagegen verätzten die Haut, lösten Knochen und sogar Glas und Gold auf. Im 19. Jh. erkannte man die Natur der Angreifer und dann auch den Grund für die unterschiedliche Aggressivität. Wiederum sind dabei die Valenzelektronen im Spiel, diesmal, wo es sich um Flüssigkeiten handelt, aber nur indirekt, denn in ihnen sind freie Elektronen bekanntlich nicht existenzfähig (mit Ausnahme der flüssigen Metalle).

Der richtige Elektriker will die sich dabei abspielenden Vorgänge erkennen und sie auch möglichst genau messen. In diesem Fall handelt es sich um die Natur und Zahl der „roten und blauen Angreifer". Er wird sie in diesem Abschnitt kennen und ihre Konzentration im Abschnitt 1.8 auch messen lernen.

1.7.1 Säuren

Der „rote Angreifer" in Säuren ist das Proton, der Kern des H-Atoms, das sein Elektron abgegeben hat und dadurch zum H^+-Ion wurde. Nach neueren Erkenntnissen handelt es sich zwar nicht um H^+-, sondern um H_3O^+-Ionen, aber wir behalten den geläufigen Ausdruck Protonen bei.

In der Spalte rechts steht die exakte wissenschaftliche Definition des Begriffs „Säure".

Um die Vielzahl der Säuren übersichtlich einzuteilen, kann man sie nach verschiedenen

> Definition:
>
> Säuren sind Wasserstoffverbindungen, die in wäßriger Lösung durch Dissoziation Protonen (H^+) liefern.
>
> Beispiel: $HCl + H_2O \rightarrow H_3O^+ + Cl^-$ (Übergang von H^+ von HCl auf H_2O)

Kriterien (Gesichtspunkten) eingruppieren (rechts).

1. Man unterscheidet *anorganische* und *organische* Säuren; letztere entstammen Verbindungen des Kohlenstoffs, die Kohlensäure H_2CO_3 ausgenommen.

2. Die anorganischen Säuren unterteilt man in
   a) sauerstoffreie und b) sauerstoffhaltige, dafür je ein Beispiel für ihre Entstehung und Natur:

   a) 1. Schritt: $H_2 + Cl_2 \rightarrow 2\,HCl$ (Chlorwasserstoff)
      2. Schritt: $HCl + H_2O \rightarrow H_3O^+ + Cl^-$ (Salzsäure)

   b) 1. Schritt: $SO_2 + H_2O \rightarrow H_2SO_3$ (schwefelige Säure)
      2. Schritt: $H_2SO_3 + 2\,H_2O \rightarrow SO_3^{--} + 2\,H_3O^+$ (schwefelige Säure)

3. Wertigkeit (rechts)

4. Stoffmengenkonzentration M (gilt für alle Lösungen).

$M = \frac{\text{mol}}{\text{l}}$; M wird hinter dem Zahlenwert von mol/l eingesetzt.

Beispiel:

$$1{,}5\text{ M HCl} = 1{,}5\text{ mol HCl/1} = $$
$$= 1{,}5\ (2\,\text{gH} + 35{,}5\,\text{g Cl})$$
$$= 56{,}25\,\text{g HCl/l}.$$

5. Stärke (Dissoziationsgrad). Die Stärke oder Angriffsfähigkeit einer Säure (Base) hat nichts mit ihrer Wertigkeit zu tun, wie man denken könnte, sondern beruht allein auf der spezifischen Zahl der Angreifer in Form freier Ionen, bei Säuren also der Protonen H^+. Säuren (Basen) spalten sich im Wasser (Dipol!) in die beiden Ionenarten; der Vorgang heißt *Dissoziation* (dissoziieren). Der *Dissoziationsgrad* α in % ist das Kriterium für den Stärkegrad des Elektrolyten; α steigt mit steigender Temperatur. Tabelle 1.7−1 zeigt α-Werte technisch wichtiger Säuren bei Zimmertemperatur.

Klassifizierung der Säuren

1. *anorganische*: ohne C
   organische: C-Verbindungen, H_2CO_3 ausgenommen

2. *Sauerstoff*
   a) *ohne* Sauerstoff im Anion (Säurerest): Element der Gruppe VII: Cl, F, Br, J
   b) *mit* Sauerstoff im Anion: oxidiertes Nichtmetall: S, P, N, Si

3. *Wertigkeit*:
   a) 1wertig: H^+ + Anion$^-$ (Säurerest)
   b) 2wertig: $2\,H^+$ + Anion^{--}
   c) 3wertig: $3\,H^+$ + Anion^{---}
   Beispiele: a) HCl, b) H_2SO_4, c) H_3PO_4

4. *Konzentration*:
   veraltet: n (Normalität)
   heute: M (Molarität = mol/l)
   Beispiel: $1{,}5\text{ M HNO}_3 = 1{,}5\text{ mol HNO}_3\text{/l} = 1{,}5\ (1 + 14 + 48)\text{ g HNO}_3\text{/l} = 104{,}5\text{ g HNO}_3\text{/l}$

5. *Stärke*:

Tabelle 1.7−1 Dissoziationsgrad α in % technisch wichtiger Säuren bei 18°C

Nr.	Namen der Säuren	Stöch. Formel	α in %	Beurteilung
1	Kohlen-Säure	H_2CO_3	0,1	schwach
2	Phosphor(V)-Säure	H_3PO_4	17	mittelstark
3	Schwefel(VI)-Säure	H_2SO_4	51	stark
4	Salzsäure	HCl	78	stark
5	Salpeter-Säure	HNO_3	82	sehr stark

$$\alpha = \frac{\text{dissoziierte Moleküle}}{\text{ursprünglich vorhandene Moleküle}} \cdot 100\%$$

Übung 1.7−1

Sie sollen eine 1,5 M H_2SO_4 benutzen; welche Masse H_2SO_4 enthält die Lösung?

(Bei Bleiakkus wird H_2SO_4 „ausgespindelt").

1.7.2 Basen, Laugen

Sie erfuhren bereits einiges über Basen; jetzt erhalten Sie eine systematische Übersicht über diese Stoffart.

- Die wissenschaftliche, für Sie inzwischen verständliche Definition lesen Sie rechts; danach sind die „blauen Angreifer" OH^--Ionen mit der chemischen Bezeichnung *Hydroxid.*

> Definition:
> Basen sind Hydroxidverbindungen, die in wäßriger Lösung durch Dissoziation OH^--Ionen liefern.
> Beispiel: $NaOH \rightarrow Na^+ + OH^-$
> (Base) (Hydroxid)

- Basen sind Feststoffe, die aus Reaktionen von Metalloxiden mit Wasser entstehen; zusätzlich zu den Metalloxiden tritt Ammoniak NH_3.

Beispiele:

a) $Na_2O + H_2O \rightarrow 2\,NaOH$,
Natriumhydroxid, 1wertig
b) $MgO + H_2O \rightarrow Mg(OH)_2$,
Magnesiumhydroxid, 2wertig
c) $Fe_2O_3 + 3\,H_2O \rightarrow 2\,Fe(OH)_3$,
Eisenhydroxid, 3wertig
d) $NH_3 + H_2O \rightarrow NH_4OH$,
Ammoniumhydroxid, 1wertig

- In Wasser gelöste Basen heißen *Laugen.*

> Bei der Lösung von Basen in Wasser entstehen Laugen.

- Basen *dissoziieren* im Wasser mehr oder weniger in metallische Kationen und OH^--Anionen nach folgenden Reaktionen:

a) $NaOH \rightarrow Na^+ + OH^-$
b) $Mg(OH)_2 \rightarrow Mg^{++} + 2\,OH^-$
c) $Fe(OH)_3 \rightarrow Fe^{+++} + 3\,OH^-$
d) $NH_4OH \rightarrow NH_4^+ + OH^-$

> Der Dissoziationsgrad α in % ist für die Aggressivitat einer Lauge die Bewertungszahl.

- Der *Dissoziationsgrad* α in % ist auch die entscheidende Maßzahl für die *Aggressivität* der Lauge und nicht die Wertigkeit.

Dissoziationsgrad α der drei wichtigsten Laugen bei 18°C:

Ammoniumhydroxid	NH_4OH	0,4% (schwach)
Natronlauge	NaOH	73% (stark)
Kalilauge	KOH	77% (stark)

Übung 1.7−2

Können Sie bedenkenlos Ihre Hände in jede Lauge eintauchen? Antwort mit Begründung!

1.7.3 Salze

Salze wurden in den vorigen Abschnitten schon verschiedentlich erwähnt; hier folgt eine kurze Systematik.

Salze sind Ionenverbindungen

Kation	Anion
Metall, NH_4^+	Säurerest

1. *Arten.* Man unterscheidet natürliche* und künstliche (chemisch hergestellte) Salze.

2. *Entstehung.* Es gibt drei Möglichkeiten:
   a) Säure + Base → Salz + Wasser
   Beispiel: $HCl + NaOH \rightarrow NaCl + H_2O$
   $H^+Cl^- + Na^+OH^- \rightarrow NaCl + H_2O$
   Diese Reaktion heißt *Neutralisation***, da die beiden angreifenden Jonen zusammen das *neutrale* Wasser bilden.

   Neutralisation: $H^+ + OH^- \rightarrow H_2O$

   b) Metalloxid + Säure → Salz + Wasser
   Beispiel: $CuO + H_2SO_4 \rightarrow CuSO_4 + H_2O$
   c) Nichtmetalloxid + Base → Salz + Wasser
   Beispiel: $CO_2 + Ca(OH)_2 \rightarrow CaCO_3 + H_2O$
   (Dies ist der chemische Vorgang bei Abbindung = Erhärtung des Kalkmörtels durch CO_2 der Luft; je länger desto härter!)

In flüssigen (wäßrigen oder schmelzflüssigen) Salzen dissoziiert die Ionenbindung in freie Ionen

Benennung:
1. Stelle: Kation = Metallname bzw. Ammonium
2. Stelle: Anion

Säure	Salzart	Salzname	Formel
HCl	**Ch**loride	z. B. **Natrium**chlorid	NaCl
		Ammoniumchlorid	NH_4Cl
H_2**S**	**S**ulfide	z. B. **Eisen**sulfid	FeS
H_2**S**O_4	**S**ulfate	z. B. **Kupfer**(II)-sulfat	$CuSO_4$
H_3**P**O_4	**P**hosphate	z. B. **Eisen**(III)-phosphat	$FePO_4$
H**N**O_3	**N**itrate	z. B. **Silber**nitrat	$AgNO_3$

* Die Heilwirkung heißer Salzlösungen (Solen) ist seit altersher bekannt.
** Die angreifenden H^+- und OH^--Ionen werden durch Bildung von H_2O „neutralisiert“.

1.7.4 pH-Wert

Dem Lernenden werden sich zwei Fragen aufdrängen:

1. Sind die Stärken von Säuren und Basen meßbar?
2. Lassen sich Protonenübergänge quantitativ messen und technisch verwerten? (siehe 1.6!)
   Beide Fragen sind zu bejahen.

Reines Wasser ist kaum dissoziiert und deshalb nur sehr wenig leitfähig. In einem Liter Wasser sind bei Zimmertemperatur nur je 10^{-7} mol H^+-Ionen und daher auch die gleiche Molzahl OH^--Ionen vorhanden. Zwischen den beiden Konzentrationen besteht ein gesetzlicher Zusammenhang in Form des *Ionenproduktes** des Wassers:

$$c_{H^+} \cdot c_{OH^-} = 10^{-7}\ \text{mol/l} \cdot 10^{-7}\ \text{mol/l} = 10^{-14}\ \text{mol}^2/\text{l}^2\ \text{(konstant)}$$

Bei Zusatz einer Säure steigt c_{H^+} und fällt c_{OH^-},

bei Zusatz einer Base fällt c_{H^+} und steigt c_{OH^-}.

Man benötigt demnach nur eine Konzentration, da sich die andere aus ihr ergibt. Man wählte c_{H^+} und schreibt zur Vereinfachung nur den Exponenten der Konzentration als positiven Wert und bezeichnet ihn als pH-Wert (Bild 1.7–1).

Beispiel:

pH 4 bedeutet: $c_{H^+} = 10^{-4}$ mol/l. (Demnach ist $c_{OH^-} = 10^{-10}$ mol/l).

Der pH-Wert wird meistens mit einer *Einstabmeßkette* nach Bild 1.7–2 gemessen. Eine ¾-kugelförmige Glasmembran wird in die Probe getaucht, die durch die halbdurchlässige Spezialglasschicht in die Pufferlösung einwandern kann (umgekehrt nicht). In kurzer Zeit befindet sich im Glaskörper die gleiche Ionenkonzentration wie in der Probe. Ihr Potential wird gegen das einer KCl-Lösung potentiometrisch in V bzw. als pH-Wert gemessen (s. 1.8.4).

Erklärung des pH-Wertes:

1. In wäßrigen Lösungen ist das Ionenprodukt
$$c_{H^+} \cdot c_{OH^-} = 10^{-7} \cdot 10^{-7} \left(\frac{\text{mol}}{\text{l}}\right)^2 = 10^{-14}\ \text{mol}^2/\text{l}^2$$

2. Saure Lösung: $c_{H^+} > 10^{-7}$ mol/l
   Basische Lösung: $c_{H^+} < 10^{-7}$ mol/l

3. pH-Wert = negativer, dekadischer Logarithmus von c_{H^+}

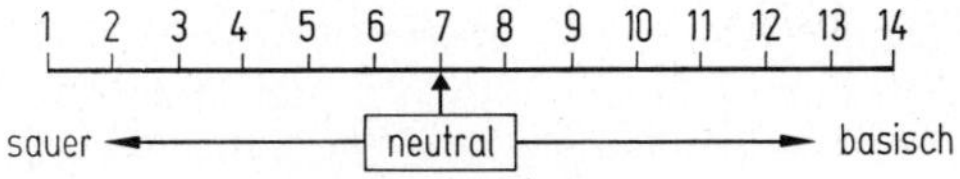

Bild 1.7–1 Skala des pH-Wertes

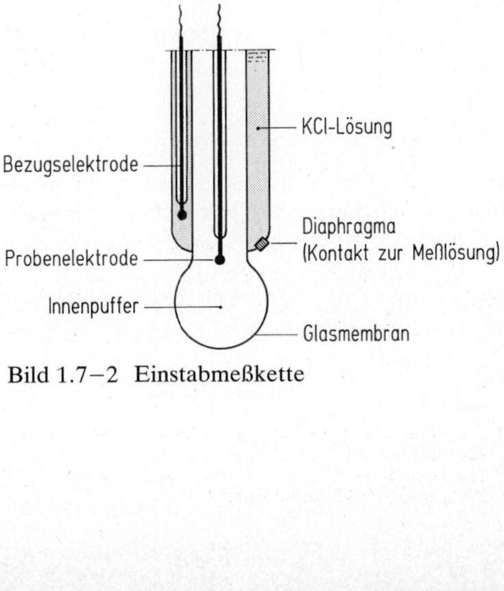

Bild 1.7–2 Einstabmeßkette

* Nach dem im Abschnitt 1.8.4 abgeleiteten Massenwirkungsgesetz.

1.7.5 Protonenübergang, Beispiele

Zum Abschluß der Betrachtungen von Säuren und Basen werden 2 Übungsbeispiele vorgenommen.

Übungsbeispiel 1

Man gibt zu einer Salzsäurelösung solange Ammoniakwasser hinzu, bis der pH-Wert 7 erreicht ist.

Übungsbeispiel 2

Man stellt 2 Uhrgläser mit konzentrierter Ammoniak- bzw. Salzsäurelösung nebeneinander (Abzug!).

Beobachtung: Es entwickelt sich weißer Rauch.

Erklärungen zu Übungsbeispiel 1:

1. Stufe: $NH_3 + H_2O \rightleftharpoons NH_4^+ + OH^-$

2. Stufe: $NH_4^+ + OH^- + H_3O^+ + Cl^- \rightarrow NH_4^+ + Cl^- + 2\,H_2O$

Die Hydronium- und Hydroxidionen reagieren miteinander, Protonen der Säure H_3O^+ (Protonenspender) wandern zur Base OH^- (Protonenempfänger) und neutralisieren sie. Sind gleich viele OH^--Ionen zugegeben, wie H_3O^+-Ionen vorhanden waren, stellt sich ein pH-Wert von 7 ein. Zurück bleibt eine neutrale Ammoniumchloridlösung, die durch Eindampfen NH_4Cl (Salmiak = Ammoniumchlorid) liefert.

Erklärungen zu Übungsbeispiel 2:

Die in den konz. Lösungen physikalisch gelösten, undissoziierten HCl- bzw. NH_3-Moleküle treten z. T. aus den Lösungen aus; sie sind die Ausgangsstoffe der Reaktion. Das Reaktionsprodukt ist, wie der Vergleich mit Übungsbeispiel 1 zeigt, ebenfalls Ammoniumchlorid:

H^+

$NH_3 + HCl \rightarrow NH_4^+ + Cl^-$

Base + Säure → Salz

Neutralisation in wäßriger Lösung:

H^+

$H_3O^+ + OH^- \rightarrow 2\,H_2O$

Säure + Base → Wasser

Protonenübergang:

H^+

$NH_3 + HCl \rightarrow NH_4Cl$

Base + Säure → Salz

Definitionen:

a) Säuren sind Stoffe, die Protonen *abgeben*,
b) Basen sind Stoffe, die Protonen *aufnehmen*,
c) Säure/Base-Reaktionen sind Protonenübergänge.

1.8 Kinetik, Energetik

Lernziele

Der Lernende kann ...

- das Molvolumen von Gasen definieren,
- die Gaskonstante R ableiten,
- die allgemeine Gasgleichung erläutern,
- exotherme und endotherme Reaktionen am Enthalpiebegriff erklären,
- den Begriff Reaktionsenthalpie definieren,
- die Wirkung eines Katalysators erläutern.

1.8.0 Übersicht

An chemischen Reaktionen sind oft Gase beteiligt oder es entstehen dabei Gase. Verbrennungs-Explosions- und Detonationsprodukte sind immer Gase; darum interessieren nicht nur die beteiligten Massen in g sondern auch die Volumina der beteiligten Gase in l; in geschlossenen Behältern bleiben sie konstant. Temperaturänderungen beeinflussen die Volumina. Alle Reaktionen, bei denen Druck, Temperatur und Volumen variieren oder konstant bleiben, lassen sich rechnerisch durch die Gasgesetze erfassen.

Bei chemischen Reaktionen entsteht entweder Wärme oder es wird Wärme verbraucht; die zur Errechnung der Wärmeenergie benötigten Größen werden im nächsten Abschnitt erklärt.

Tabelle 1.8–1 Chemisch-physikalische Größen, Formelzeichen und Einheiten

1. Temperatur	wissensch.	technisch
Formelzeichen	T	ϑ
Einheit	K	°C
abs. Nullpunkt	0	−273
Schmelzpunkt H_2O	273	0
Siedepunkt H_2O	373	+100
2. Druck		
Verknüpfung (Definition)	Druck = Kraft/Fläche	
Formelzeichen	$p = F/A$	
Einheiten	$1\ \text{Pa} = 1\ \text{N/m}^2 = 1\ \text{kg/(m}\cdot\text{s}^2)$ $1\ \text{bar} = 100\,000\ \text{Pa}$	

veraltet:
1 atm = 760 Torr = 760 mm Hg-Säule (= 1,013 bar)

1.8.1 Gasgesetze

Oberhalb des absoluten Nullpunktes ($T = 0\text{K}$) verfügen Gasatome und -moleküle über eine bestimmte Wärmeenergie (Q in J), die sich in ungezielten, aber statistisch berechenbaren Bewegungen (Kinetik) äußert. Die schwerelosen Elektronen verhalten sich in festen Leitern und Halbleitern ähnlich wie Gase; darum wollen wir diese Bewegungen etwas näher unter die Lupe nehmen.

Ein punktförmiges Einzelatom kann sich im Raum in Richtung der 3 Raumachsen frei bewegen. (3 Translationsbewegungen = 3 Freiheitsgrade), Bild 1.8–1.

Zwei- oder mehratomige Moleküle können zusätzlich um die 3 Raumachsen rotieren und sich einander in bestimmter Frequenz nähern oder entfernen (Schwingung), Bild 1.8−2b. Bei ihren Bewegungen stoßen die Gasteilchen aufeinander und prallen wieder voneinander ab und zwar um so häufiger, je mehr Teilchen (*N*) sich im Raum (*V*) befinden. Die gegenseitigen Stöße und Rückstöße heben sich in der Wirkung nach außen auf, nicht aber die Stöße auf die Gefäßwand, die sich zu einem Gesamtdruck in senkrechter Richtung auf alle Stellen der Gefäßwand addieren. Je mehr Teilchen sich demnach im Gefäß befinden und je höher ihre Temperatur ist, desto größer ist der Innendruck im Gefäß. Das Volumen der Gase ist mithin druck- und temperaturabhängig; man bezieht es daher auf einen Normalzustand bei 1,013 bar und 273 K (0 °C) und erhält so das Normalvolumen in Nm^3, Tabelle 1.8−2. (N = Normal.)

Durch die Avogadrokonstante $N_A = 6 \cdot 10^{23} \cdot mol^{-1}$ ist die Teilchenzahl (Atome, Moleküle) in einem Mol eines Gases bei Normalbedingungen festgelegt (rechts unten).

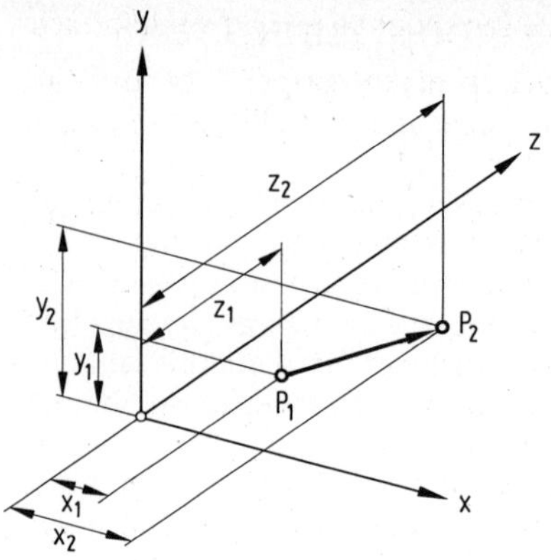

Bild 1.8−1 Translationsbewegung eines Materieteilchens

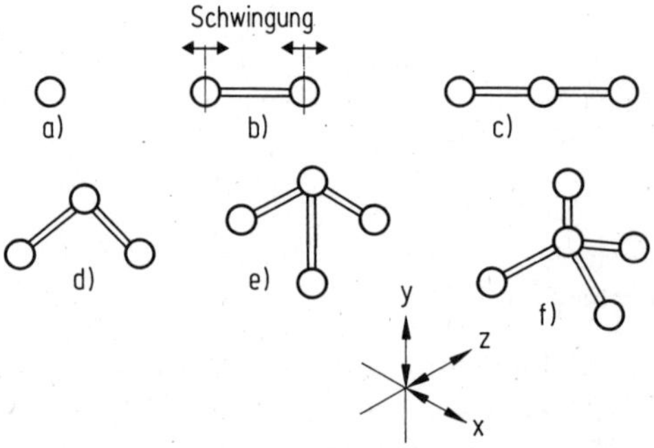

Bild 1.8−2 Räumliche Struktur von Gasteilchen a) einatomig (Edelgas), b) zweiatomig (z. B. H_2), c) und d) dreiatomig (z. B. CO_2 und H_2O), e) vieratomig (z. B. NH_3), f) fünfatomig (z. B. CH_4)

Tabelle 1.8−2 Gasgesetze: Größen, Formelzeichen (FZ), Größenwerte

Allgemeiner Zustand			Normzustand	
Zustands-Größe	FZ	Einheit	FZ	Größenwert
Druck	p	bar	p_0	1,013 bar
Volumen	V	dm^3	V_0	22,4 dm^3
Temperatur	T	K	T_0	273 K

> 1 Mol jedes idealen Gases hat im Normalzustand (0 °C; 1,013 bar) ein Volumen von 22,4 dm^3; darin befinden sich $6 \cdot 10^{23}$ Atome (bei Edelgasen) bzw. Moleküle.

Übungsbeispiele

1. Reaktion: Feststoff + Gas → Gas.
   Reaktionsgleichung:
   $S + O_2 \rightarrow SO_2$
   Molgleichung:
   $1\,Mol\,S + 1\,Mol\,O_2 \rightarrow 1\,Mol\,SO_2$
   $32\,g\,S \rightarrow 22{,}4\,dm^3\,SO_2$
2. Reaktion: Gas + Gas → Gas
   $2\,CO + O_2 \rightarrow 2\,CO_2$
   2 Mol + 1 Mol → 2 Mol (!)
   $(2 \cdot 22{,}4 + 22{,}4)\,dm^3 \rightarrow 44{,}8\,dm^3$

Übung 1.8−1

Errechnen Sie die Gasvolumina V_0 bei der Verbrennung von 1 kg C zu a) CO, b) zu CO_2!

Folgende Zusammenhänge sind verständlich:

1. Der Druck in einem gasgefüllten Behälter steigt mit steigender und fällt mit sinkender Temperatur.
   $p \sim T$; vorausgesetzt $V =$ konstant im geschlossenen Behälter.
2. Das Gasvolumen vergrößert sich mit steigender Temperatur (und umgekehrt); $V \sim T$; vorausgesetzt, in einem entsprechend konstruiertem Gefäß bleibt der Druck p konstant.
3. Das Volumen V verkleinert sich mit steigendem Druck (und umgekehrt), vorausgesetzt die Temperatur bleibt konstant;

$$V \sim \frac{1}{p}.$$

Diese drei Proportionen werden zu einer Gleichung, der allgemeinen Gasgleichung, zusammengefaßt (rechts).

Luftdruck, Einheiten und Größen:
$1\,\text{atm} = 1{,}013\,\text{bar} = 1013\,\text{mbar}$
$1\,\text{bar} = 100\,000\,\text{Pa}$ (Pascal)
$1\,\text{Pa} = 1\,\text{N} \cdot \text{m}^{-2} = 1\,\text{kg} \cdot \text{m}^{-1} \cdot \text{s}^{-1}$
Normaldruck:
$1013\,\text{mbar} = 1013\,\text{hPa}$ (Hektopascal)
veraltet: $1\,\text{atm} = 760\,\text{Torr}$
$1\,\text{Torr} = 1\,\text{mm}$ Quecksilbersäule

Ableitung der allgemeinen Gasgleichung (Thermodynamische Zustandsgleichung):

(1) $p \sim T$ ($V =$ konstant); *isochorer* Vorgang

(2) $V \sim T$ ($p =$ konstant); *isobarer* Vorgang

(3) $V \sim \frac{1}{p}$ ($T =$ konstant); *isothermer* Vorgang

(4) $$\frac{p \cdot V}{T} = \frac{p_0 \cdot V_0}{T_0} = \frac{1{,}013\,\text{bar} \cdot 22{,}4\,\text{dm}^3}{273\,\text{K}}$$

$(1\,\text{bar} = 10^5\,\text{Pa} = 10^5\,\text{N} \cdot \text{m}^{-2})$

$$\frac{p_0 \cdot V_0}{T_0} = R = \frac{1{,}013 \cdot 10^5\,\text{N} \cdot \text{m}^{-2} \cdot 0{,}0224\,\text{m}^3}{273\,\text{K}}$$

$R = 8{,}31\,\text{J} \cdot \text{K}^{-1}$ $(1\,\text{Nm} = 1\,\text{J})$

(5) Bei 1 Mol: $p \cdot V = R \cdot T$

(6) Bei n Mol: $p \cdot V = n \cdot R \cdot T$
$R =$ allgemeine Gaskonstante

Übungsbeispiel

Eine 50-l-Flasche Sauerstoff steht bei Raumtemperatur (25 °C) unter einem Druck von 30 bar.

Es soll das Normalvolumen und die Masse des Sauerstoffs berechnet werden.

Gegeben: $p = 30\,\text{bar}$; $V = 50\,\text{dm}^3$; $T = 298\,\text{K}$.

Gesucht: Normalvolumen und Masse von O_2.

Lösung: $p \cdot V = n \cdot R \cdot T$; $n = \frac{p \cdot V}{R \cdot T}$

$$n = \frac{30\,\text{bar} \cdot 50\,\text{dm}^3 \cdot 273\,\text{K}}{1{,}01\,\text{bar} \cdot 22{,}4\,\text{dm}^3 \cdot 298\,\text{K}} = 467{,}3$$

$467{,}3\,\text{Mol} \triangleq 10{,}47\,\text{m}^3$

$1\,\text{Mol}\;O_2 \triangleq 32\,\text{g}$; $467{,}3\,\text{Mol}\;O_2 \triangleq$ ca. 15 kg.

Übung 1.8–2

Das Bruttogewicht einer mit 10 l Butan (C_4H_{10}) gefüllten Gasflasche beträgt 10,120 kg, ihr Taragewicht 8,930 kg.

Unter welchem Druck steht das Gas bei Zimmertemperatur?

Übung 1.8–3

Zeichnen Sie die Funktion $p = f(V)$ in einem Diagramm!

Lösungshilfe: $y = \frac{1}{x}$.

Übung 1.8–4

Das Volumen eines Gases beträgt bei $273\,K = 25\,dm^3$. Ohne Druckänderung wird seine Temperatur um 100 K erhöht. Errechnen Sie

a) das Volumen bei 373 K (= 100 °C) und
b) die prozentuale Änderung des Volumens je K!

(Damit erhalten Sie den Temperaturkoeffizienten α als Faktor oder in %.)

1.8.2 Reaktionsenthalpie (Bildungswärme)

Bei allen chemischen Reaktionen wird Energie in Form von Wärme umgesetzt; dabei gibt es zwei Möglichkeiten; entweder

- es *entsteht* Wärme, wie z. B. bei Verbrennungsprozessen, dann ist es eine *exotherme* Reaktion,
- *oder es wird Wärme verbraucht*, dann handelt es sich um eine *endotherme* Reaktion.

Man hat die Bildungswärmen der Reaktionsprodukte kalorimetrisch gemessen und sie auf 1 Mol des entstandenen Stoffes bezogen. Bezüglich des Vorzeichens der spezifischen Bildungswärme $\pm \Delta H$ einigte man sich für die freiwerdende (exotherme) Wärme auf das negative Vorzeichen ($-\Delta H$).

In Tabelle 1.8–3 sehen Sie die Bildungsenthalpien einiger wichtiger Stoffe. Bei gasförmigen und festen Oxiden sind diese Wärmewerte gleich den Verbrennungswärmen für 1 Mol eines Stoffes.

Definition:

Die Standard-Bildungsenthalpie $\pm \Delta H$ in $kJ \cdot mol^{-1}$ ist die entstehende oder verbrauchte Wärmemenge je Mol eines Stoffes, der durch Reaktion seiner Elemente bei 1,013 bar und 25 °C entsteht.

Beispiel: $H_2 + \frac{1}{2}O_2 \rightarrow H_2O$; $\Delta H = -286\,kJ$.

Je größer $-\Delta H$, desto stabiler ist die Substanz! Darum ist Al_2O_3 ein hochwertiger, temperaturfester Isolator z. B. für Zündkerzen von Verbrennungsmotoren.

Übung 1.8−5

Berechnen Sie anhand der Tabelle 1.8−3 die Verbrennungswärme in kJ für je 1 kg

a) Aluminium zu Al_2O_3 (Aluminiumoxid)
b) Eisen zu Fe_3O_4 (Eisen(II,III)-oxid)
c) Kupfer zu CuO (Kupfer(II)-oxid)
d) Kohlenstoff zu CO_2
e) 1 Nm^3 Stadtgas mit 60% H_2 + 40% CO! (N = Normalzustand = 1,013 bar; 0 °C)

Tabelle 1.8−3 Bildungsenthalpien wichtiger Stoffe

Zustand	Stoff	ΔH kJ · mol^{-1}
gasförmig	H_2O	−286
gasförmig	CO	−110
gasförmig	CO_2	−393
gasförmig	N_2O	+82
gasförmig	NO	+90
gasförmig	H_2S	−20
gasförmig	SO_2	−296
gasförmig	SO_3	−397
gasförmig	CH_4 (Methan)	−75
gasförmig	C_2H_6 (Ethan)	−84
flüssig	Methanol	−238
flüssig	Ethanol	−277
flüssig	Benzol	+49
fest	Al_2O_3	−1680
fest	FeO	−267
fest	Fe_2O_3	−822
fest	CuO	−165
fest	Cu_2O	−171

Übung 1.8−6

In der Jahresabrechnung Ihres Gasbezugs steht:
Verbrauch nach Ihrem Gasmesser: 2 500 m^3, Umrechnungsfaktor 12,0 ergibt 30 000 kWh.
Auf Ihre Anfrage bezüglich des Umrechnungsfaktors wurde Ihnen mitgeteilt, daß er auf folgenden Meßwerten basiert:

1. Gasdruck im Jahresmittel am Gasmesser = 21 mbar Überdruck,
2. Gastemperatur gemittelt = 9 °C,
3. Gaszusammensetzung = CH_4 = 85% ; C_2H_6 = 8% ; Rest = CO_2 + N_2.

Prüfen Sie die Richtigkeit des Faktors!

Übungshilfe: Benutzen Sie Tabelle 1.8−3 und die Gasgleichung (4)! Lassen Sie sich vom Lehrenden den Satz von *Heß** erklären! N_2 wird unter diesen Bedingungen nicht zum Oxid verbrannt.

---

* Deutscher Chemiker, 1802−1850

1.8.3 Aktivierungsenergie

Um eine rasche Reaktion, z. B. eine Verbrennung oder Explosion, hervorzurufen, müssen zwei Voraussetzungen erfüllt sein:

1. die Reaktionspartner müssen fein verteilt im engen Kontakt miteinander stehen,
2. die „Hemmschwelle" für die Reaktion muß durch eine von außen zugeführte Aktivierungsenergie überwunden werden (Bild 1.8–3). Dies können Sie täglich beobachten:

- Um *Feststoffe*, wie Papier, Kohle, Kunststoffe, in Brand zu setzen, ist eine Zündflamme erforderlich; bei einigen Pulvergemischen wie Zündhölzern genügt bereits Reibungswärme, bei Dynamit eine Erschütterung;
- *Flüssigkeiten* (brennbare), wie Petroleum, Treibstoffe, Kohlenwasserstoffe, reagieren nicht mit dem Luftsauerstoff, wenn sie nicht auf Entzündungstemperatur erwärmt worden sind;
- *Gasgemische* (explosive), wie Knallgas ($H_2 + \frac{1}{2} O_2$), Grubengas (Methan, CH_4), Benzoldämpfe u. a. entzünden sich erst bei örtlicher Erhitzung, wozu bereits ein Funke genügt;
- *Katalysatoren* nennt man Zusatzstoffe, welche die Hemmschwelle herauf- oder herabsetzen, d. h. den Ablauf einer Reaktion beschleunigen oder verzögern (Bild 1.8–4). Im letzten Fall spricht man auch von Inhibitoren (= Hemmstoffen).

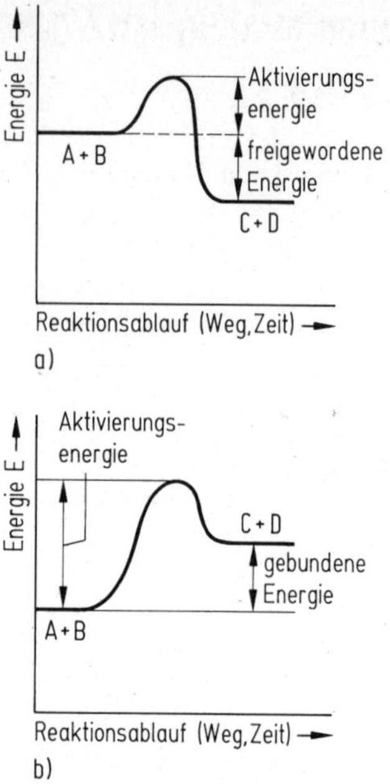

Bild 1.8–3 Reaktionen A + B → C + D
a) exotherme, b) endotherme Reaktion

Ein Katalysator
beschleunigt oder verlangsamt eine Reaktion durch seine Anwesenheit ohne Substanzverlust. Wirkstoff (meist): Platin, feinst verteilt oder in atomaren Schichten; Substrat (oft): Tonerde, Al_2O_3.

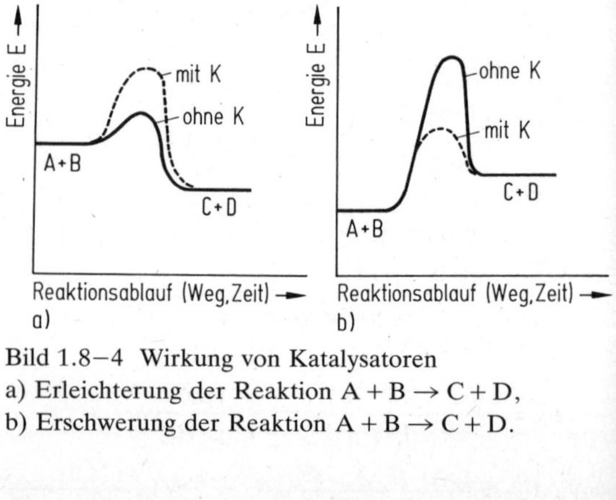

Bild 1.8–4 Wirkung von Katalysatoren
a) Erleichterung der Reaktion A + B → C + D,
b) Erschwerung der Reaktion A + B → C + D.

1.8.4 Massenwirkungsgesetz (MWG)

In einfacher Form wird das MWG für die Berechnung der Anzahl der elektrischen Ladungsträger in elektronischen Bauelementen benutzt; mit aus diesem Grund wird es hier erklärt und abgeleitet. Es basiert auf zwei Grundvorstellungen:

1. Befinden sich in einem Gefäß vom Volumen V nur je 1 Molekül der Stoffe A und B, dann ist die Wahrscheinlichkeit eines Zusammenstoßes zwischen A und B sehr gering; sie steigt um das 10fache, wenn sich die Zahl der A-Moleküle auf 10 erhöht, und auf das 100fache, wenn sich beide Molekülarten auf je 10 erhöhen (Bild 1.8–5).
2. Nach der chemischen Gleichung (1–1) finden Hin- und Rückreaktionen statt, deren Geschwindigkeiten auf der Anzahl der Zusammenstöße der Materieteilchen auf der linken und rechten Seite der Gleichung beruhen (Gleichung 1–2a/2b). Reagieren die Moleküle A mit den Molekülen B (zu C + D), dann verkleinert sich ihre Anzahl zugunsten der Moleküle C + D. Die Anzahl N der Moleküle je l ist die Konzentration N/l; d. h. verläuft die Reaktion von links → rechts, dann nimmt das Produkt der Konzentrationen links ab und das rechte steigt so lange, bis die Moleküle C und D ebenso häufig zusammenstoßen wie A mit B. In diesem Zeitpunkt ist das Reaktionsgleichgewicht eingetreten. Die *Wirkungen* der *Massen*zusammenstöße links und rechts der Gleichung stehen im *Gleichgewicht.*

Verfolgen Sie die mathematische Formulierung dieser Gedankengänge an den Gleichungen rechts!

Beispiel für Gl. (1–3)

$CO + H_2O \rightleftharpoons CO_2 + H_2$ (sog. *Wassergasgleichgewicht*)

$$K_c = \frac{[CO_2] \cdot [H_2]}{[CO] \cdot [H_2O]}$$

Für eine Gleichung vom Typ $A + 2B \rightleftharpoons 3C$ lautet das MWG:

$$K_c = \frac{[C] \cdot [C] \cdot [C]}{[A] \cdot [B] \cdot [B]} = \frac{[C]^3}{[A] \cdot [B]^2}$$

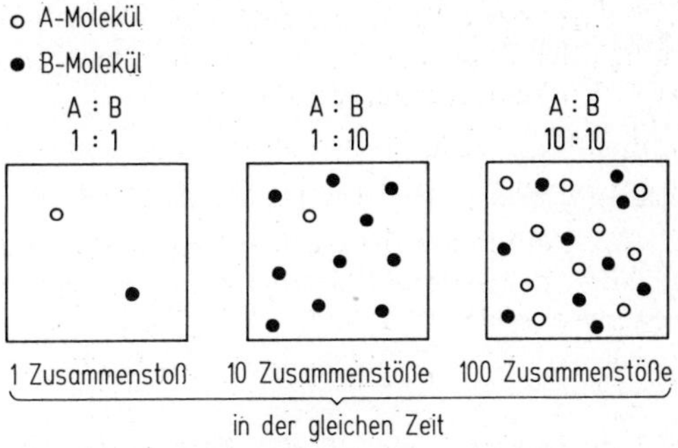

Bild 1.8–5 Abhängigkeit der Zahl der Zusammenstöße zweier Gasmoleküle von ihrer Konzentration

$$A + B \underset{R_R}{\overset{R_H}{\rightleftharpoons}} C + D \qquad (1-1)$$

R_H = Hinreaktion
R_R = Rückreaktion

$$v_H = k_H [A] \cdot [B] \qquad (1-2a)$$

$$v_R = k_R [C] \cdot [D] \qquad (1-2b)$$

v_H = Geschwindigkeit der Hinreaktion in mol/s
v_R = Geschwindigkeit der Rückreaktion in mol/s

$[A], [B], [C], [D]$ = Konzentration von A, B, C, D in $mol \cdot l^{-1}$

k_H, k_R = Geschwindigkeitskonstanten, die von der Temperatur abhängen.

$A + B \rightleftharpoons C + D;$

$k_H \cdot [A] \cdot [B] = k_R \cdot [C] \cdot [D];$

$$\frac{[C] \cdot [D]}{[A] \cdot [B]} = \frac{k_H}{k_R} = K_c$$

Mithin:

$$A + B \rightleftharpoons C + D \Rightarrow \frac{[C] \cdot [D]}{[A] \cdot [B]} = K_c \qquad (1-3)$$

K_c = stöchiometrische Gleichgewichtskonstante, abhängig von den Stoffen und der Temperatur.

Mit dem MWG läßt sich der pH-Wert wie folgt erläutern. Auch allerreinstes Wasser leitet noch geringfügig den Strom, denn es verfügt noch über eine kleine Zahl freier Ionen, weil es nach Gleichung (1–4) durch *Autoprotolyse* etwas dissoziert ist. Nach dem MWG erhält man Gl. (1–5). Im Vergleich zu $[H_3O^+]$ und $[OH^-]$ ist $[H_2O]$ sehr groß; die Konzentration errechnet sich aus der molaren Masse = 18 g und der Dichte $\varrho = 1\,000\,g \cdot l^{-1}$ zu

$$\frac{1000}{18}\,mol \cdot l^{-1} = 55{,}5\,mol \cdot l^{-1}.$$

$$H_2O + H_2O \rightleftharpoons H_3O^+ + OH^- \quad (1-4)$$

$$\frac{[H_3O^+] \cdot [OH^-]}{[H_2O]^2} = K' \quad (1-5)$$

$$[H_3O^+] \cdot [OH^-] = K' \cdot [H_2O]^2 = K_W \quad (1-6)$$

- *Säurezusatz*:

Erhöht man in einer verdünnten wäßrigen Lösung die Konzentration der H_3O^+-Ionen, dann muß sich die Konzentration der OH^--Ionen erniedrigen, bis wieder das Ionenprodukt von Wasser $K_W = 10^{-14}\,mol^2 \cdot l^{-2}$ erreicht ist.

Beispiel: In verdünnter Salzsäure HCl mit $c = 0{,}1\,mol \cdot l^{-1}$ beträgt $[H_3O^+] = 10^{-1}\,mol \cdot l^{-1}$; demnach $[OH^-] = 10^{-13}\,mol \cdot l^{-1}$, denn $10^{-1}\,mol \cdot l^{-1} \cdot 10^{-13}\,mol \cdot l^{-1} = 10^{-14}\,mol^2 \cdot l^{-2}$.

> Ionenprodukt von Wasser:
> $K_W = [H_3O^+] \cdot [OH^-]$
> bei 22 °C ist $K_W = 10^{-14}\,mol^2 \cdot l^{-2}$

Für reines Wasser gilt:

$$c_{H_3O^+} = c_{OH^-} \quad (1-7)$$

$$c_{H_3O^+} = \sqrt{10^{-14}}\;\frac{mol}{l} \quad (1-8)$$

$$pH = 7 \quad (1-9)$$

- *Laugenzusatz*:

In verdünnter Natronlauge NaOH mit $c = 0{,}01\,mol \cdot l^{-1}$ beträgt $[OH^-] = 10^{-2}\,mol \cdot l^{-1}$; demnach $[H_3O^+] = 10^{-12}\,mol \cdot l^{-1}$, denn $10^{-2}\,mol \cdot l^{-1} \cdot 10^{-12}\,mol \cdot l^{-1} = K_W = 10^{-14}\,mol^2 \cdot l^{-2}$.

Eng verbunden mit dem MWG ist das „Prinzip des kleinsten Zwanges"*, s. rechts.

> Prinzip des kleinsten Zwanges:
> Wird auf ein Ein- oder Mehrstoffsystem ein äußerer Zwang durch Änderung der Temperatur oder des Drucks ausgeübt, dann versucht das System diesem Zwang nach Möglichkeit auszuweichen, indem es so reagiert, daß der Zwang möglichst klein wird.

Es gilt nicht nur für chemische Reaktionen, sondern auch für Übergänge in andere Aggregatzustände von Einstoffsystemen (Bild 1.8–6). Gase werden bei gegebener Temperatur oberhalb eines definierten Drucks und bei gegebenem Druck unterhalb einer definierten Temperatur flüssig, unterhalb des Tripelpunkts unter Umgehung der flüssigen Phase fest. Sie folgen dabei dem geringsten Zwang, indem sie ein kleineres Volumen einnehmen.

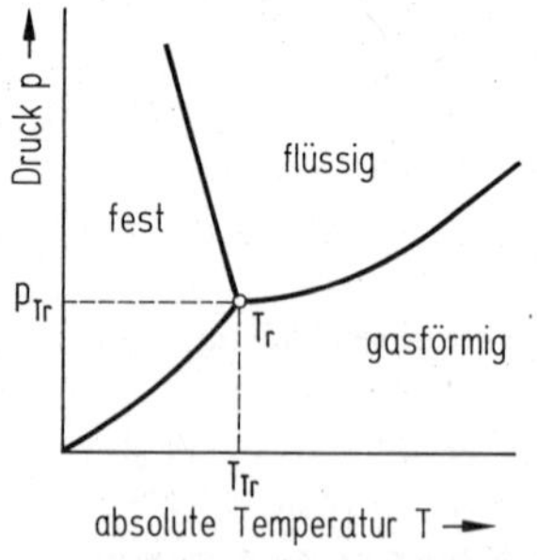

Bild 1.8–6 Phasendiagramm eines Einstoffsystems

T_r = Tripelpunkt; bei H_2O: T_{Tr} = 273 K; p_{Tr} = 6,1 mbar. Der Verlauf der Grenzphase fest/flüssig ist eine Folge des Gesetzes vom kleinsten Zwang.

* 1884 von *le Chatelier*, franz. Chemiker, 1850–1936.

Das bekannteste Beispiel für das Chatelier-sche Prinzip ist beim Eislauf zu beobachten. Unter dem Kufendruck verflüssigt sich das Eis, dessen Molvolumen größer (Dichte kleiner) als das von Wasser ist; der Läufer gleitet fast reibungslos auf einer Wasserschicht.

In Tabelle 1.8–5 sind für einige technische Stoffe die kritischen Größen T_k in K und p_k in bar aufgeführt.

Tabelle 1.8–5 Kritische Daten von Substanzen

Stoff	Kritische Temperatur T_k in K	Kritischer Druck p_k in bar
He	5	3
H_2	33	13
N_2	126	35
O_2	154	50
CO_2	304	75
NH_3	402	112
H_2O	647	220

Übung 1.8–7

Die Luft besteht bei 1013 mbar und 273 K aus

N_2 = 78,09 Vol.-%
O_2 = 20,95 Vol.-%
Ar = 0,93 Vol.-%
CO_2 = 0,03 Vol.-%

Berechnen Sie die Massenprozente!

Übung 1.8–8

Ihre Magenflüssigkeit hat einen pH-Wert 5. Verschreibt Ihnen der Arzt ein saures oder ein basisches Präparat zur Neutralisierung?

Übung 1.8–9

Inwiefern zeigt Bild 1.8–6 das Gesetz vom kleinsten Zwang?

1.9 Kohlenwasserstoffe

Lernziele

Der Lernende kann ...

- die Vielzahl organischer C-Verbindungen von dem Atomaufbau des Kohlenstoffs herleiten,
- Kohle, Erdöl und Erdgas als Hauptquellen der C-Verbindungen angeben und ihre Natur beschreiben,
- homologe Ketten und Ringbindungen der Kohlenwasserstoffe namentlich und in der Zusammensetzung angeben,
- den Begriff Derivat erklären,
- den Begriff Radikal erläutern,
- wichtige funktionelle Gruppen angeben,
- Verfahren zur Erzeugung von Polymeren aus Monomeren angeben.

1.9.0 Übersicht

Das C-Atom ist wegen seiner Elektronenkonfiguration das liebste chemische Spielzeug der Natur und des Menschen, wie es die unzähligen natürlichen und künstlichen *organischen Verbindungen* ausweisen. Unsere hauptsächlichen Nahrungs- und Kleidungsstoffe, die wichtigsten Baustoffe der Tier- und Pflanzenwelt, auch wir Menschen selbst bestehen aus Verbindungen des Kohlenstoffs. Im natürlichen Kreislauf der Natur sehen wir sie entstehen, wachsen und vergehen. Die Materieteilchen bleiben dabei nach dem Gesetz der Erhaltung der Massen unverändert, nur die Verbindungen wandeln sich durch Elektronen- und Protonenaustausch chemisch-energetisch um.

(Wenn zwei sich in die Augen schauen, sehen sie unvergängliche, Milliarden Jahre alte Materieteilchen.)

1.9.1 Kohlenstoffbindungen

Mit ihren vier Valenzelektronen ist die Außenschale des C-Atoms energetisch unstabil. Zur Ionisierung (Ionenbildung) müßte das C-Atom vier Fremdelektronen aufnehmen oder seine abgeben. Es folgt aber dem energetisch günstigeren Weg der Atombindung, indem es die vier Energielücken seiner Außenschale durch Fremdelektronen besetzen läßt, ohne sie ihrer Mutteratome zu berauben (Bild 1.5–1d).

Wir verfolgen diesen Vorgang am Beispiel der Bildung der einfachsten Kohlenwasserstoff-Verbindung CH_4 (Methan) in den nebenstehenden Bildern 1.9–1a) bis f).

Methangas ist als Grubengas die Ursache der gefürchteten Schlagwetterkatastrophen; der kleinste Funke (Aktivierungsenergie) genügt zur örtlichen Entzündung, wobei der immer vorhandene Kohlenstaub aufwirbelt, mit dem Luftsauerstoff explosionsartig reagiert und so erst das eigentliche Unglück verursacht.

Kein anderes Element bildet so stabile Elektronenpaar-Bindungen wie der Kohlenstoff. Kein Wunder also, daß sich an die Stelle eines H-Atoms ein zweites C-Atom setzen kann, das seinerseits wieder drei H-Atome bindet, wodurch der „nächsthöhere" Kohlenwasserstoff C_2H_6, das Ethan, entsteht (Bild 1.9–2a).

Das „Puzzlespiel" kann beliebig fortgesetzt werden; weitere CH-Gruppen lassen sich an die Enden oder als „Seitenketten" anbauen (b–d).

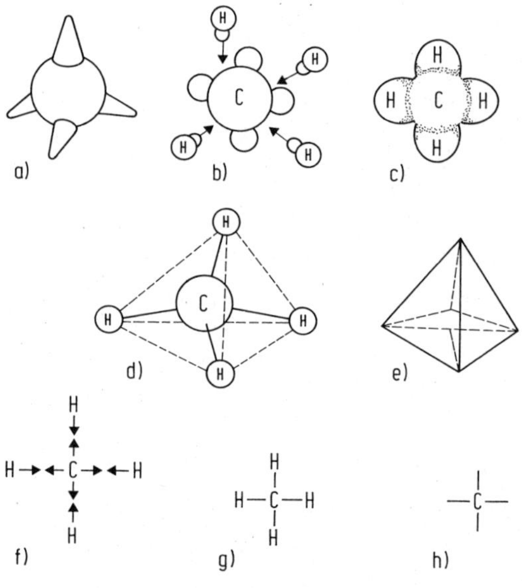

Bild 1.9–1 Entstehung des CH_4-Moleküls (Methan)

a) Richtung der C-Elektronenwolken (Orbitale),
b) H-Elektronen besetzen die 4 Schalenlücken,
c) Verschmelzung der 2 × 4 Elektronen zu 4 besetzten Orbitalen,
d) das CH_4-Molekül in räumlicher Darstellung,
e) Tetraederform verdeutlicht,
f) genaue Strukturformel,
g) übliche Strukturformel,
h) vereinfachte Strukturformel

Diese Bindungen haben gemeinsam, daß zwischen den C- und H-Atomen nur *einfache* Bindungen auftreten, die allerdings relativ stabil und somit reaktionsträge sind; sie heißen darum „Paraffine", was in Latein „wenig Neigung" bedeutet.

Die Orbitale der Elektronenpaarbindung lassen sich ein wenig verbiegen, so daß sich bereits fünf Kettenglieder nach Bild 1.9–2e) zu Ringen (Zyklen) zusammenschließen können.

Damit sind die Möglichkeiten von Zusammenschlüssen noch keineswegs erschöpft, weil die C-Atome imstande sind, miteinander auch Doppel- und Dreifachbindungen nach Bild 1.9–3 einzugehen. In diesen Bindungen stecken große Energien, die man z. B. beim C_2H_2, dem Ethin (Trivialname Azetylen), als Schneid- und Schweißgas technisch nutzt.

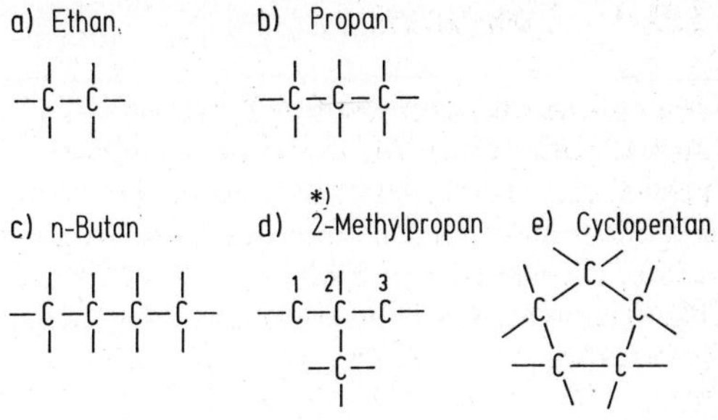

Bild 1.9–2 Kohlenwasserstoff-Einfachbindungen
Gruppenname Alk**a**ne oder Paraffine
n ≙ gerade, unverzweigte Ketten
i = iso ≙ verzweigte Ketten

---

* 2 ≙ Nr. des C-Atoms mit Abzweig

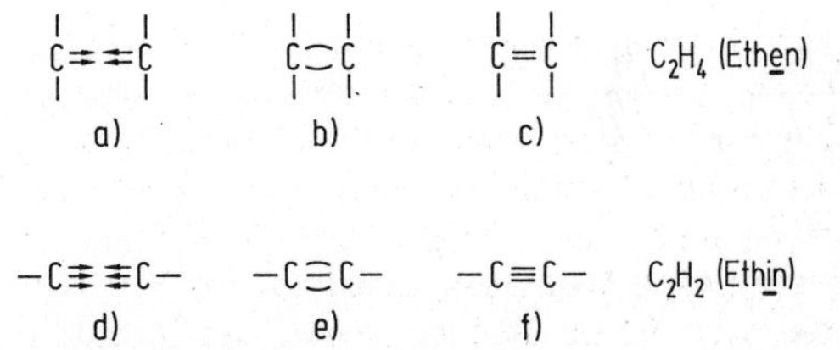

Bild 1.9–3 Bildung von Doppel- und Dreifachbindungen des Kohlenstoffatoms

a) Zwei Elektronenpaare wollen sich zu zwei gemeinsamen Orbitalen zusammenschließen;
b) Zusammenschluß ist erfolgt, infolge der gleichen Ladung streben die beiden Ladungswolken auseinander;
c) übliche Strukturformel;
d) Elektronenpaare wollen sich zu drei gemeinsamen Orbitalen zusammenschließen;
e) Zusammenschluß ist erfolgt (wie b);
f) übliche Strukturformel.

Merken!

Bezeichnungen von Kohlenwasserstoffketten

Bindung	Gruppenname	Molekülnamen-Endung
Einfach	Alk**an**e	an
Doppel	Alk**en**e	en
Dreifach	Alk**in**e	in

Kohlen- und Wasserstoffatome bilden zusammen Ketten- oder Ringstrukturen.

Auch Ketten mit Doppelbindungen lassen sich zu Ringen zusammenbinden, wobei das Molekül mit drei Doppelbindungen, der Benzolring, nach Bild 1.9−4 besonders stabil ist. Auch an ihn lassen sich weitere Ringe elektronisch anbinden. Wegen des guten Duftes eines der erst erkannten Moleküle dieser Ringgruppe nannte man sie „Aromate" (obwohl Benzol stinkt).

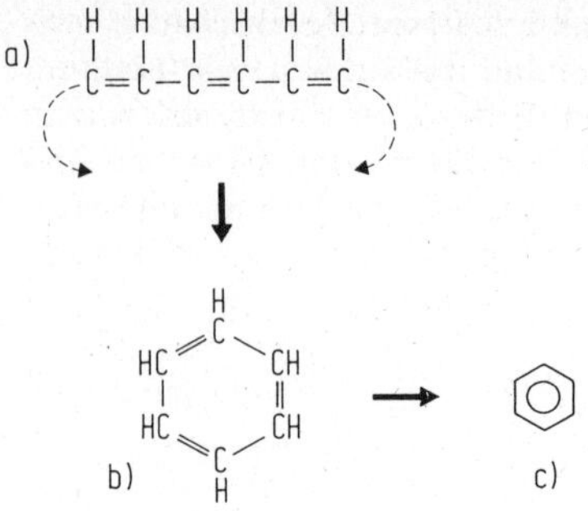

Bild 1.9−4 Benzol-Molekül
a) Die Kette CH= CH−CH=CH−CH=CH− (C_6H_6) bildet einen Ring (b) mit dem Symbol (c)

Übung 1.9−1

Erklären Sie anhand von Skizzen die Begriffe Kohlenstoff-Einfach-, Doppel- und Dreifachbindung!

Übung 1.9−2

Sind die Ketten- und Ringmoleküle der Kohlenwasserstoffe Leiter 1. Klasse, 2. Klasse oder Nichtleiter?

> Kohlenstoff- und Wasserstoffatome bilden miteinander Ketten- oder Ringverbindungen.

1.9.2 Rohstoffquellen

Die Quellen der unzähligen organischen Substanzen sind die lebende und abgestorbene Tier- und Pflanzenwelt (rechts). Die derzeitige Rangfolge in der wirtschaftlichen Bedeutung, die sich rasch verschieben kann, ist: Erdöl − Erdgas − Kohle.

Wie sind diese wichtigen irdischen Rohstofflager entstanden?

<table>
<tr><th colspan="4">Rohstoffquellen</th></tr>
<tr><th colspan="2">1. lebend</th><th colspan="2">2. abgestorben</th></tr>
<tr><td>1.1
Tiere</td><td>1.2
Pflanzen</td><td>2.1
Tiere</td><td>2.2
Pflanzen</td></tr>
<tr><td colspan="2" rowspan="2">Nahrungsmittel
(Eiweiß, Fett,
Kohlenhydrate)
Fasern</td><td>Erdöl
Erdgas</td><td>Kohle</td></tr>
<tr><td colspan="2">Brenn-, Treib-,
Kunststoffe,
Wasch-, Arznei-,
Nahrungsmittel</td></tr>
</table>

1.9.2.1 Erdöl

Die im Erdöl gespeicherte Energie stammt vom Plankton, halbtierischen, halbpflanzlichen Kleinlebewesen des Meeres aus der Tertiärzeit vor 60 Millionen Jahren. Damals starben sie infolge ungeheurer Vermehrung in flachen, warmen Meeresbuchten ab und wurden auf dem Meeresgrund von Bakterien zersetzt, wobei der entstehende H_2S alle Lebewesen vergiftete. Das Ausgangsgemisch aus Eiweiß, Fetten und Kohlehydraten wurde mit der Zeit weitgehend abgebaut, d. h. die ursprünglichen, z. T. aus hunderten von Atomen bestehenden Ketten- und Ringmoleküle in kleinere Moleküle zerlegt. Das salzige

Meerwasser und absickernde Tonsande konservierten über Jahrmillionen das sich bildende Erdöl und Erdgas, das sich unter dem Druck in die Hohlräume von Gesteins- und Sandschichten einpreßte. Die Zusammensetzung und damit die Qualität von Erdölen mit seinen Hunderten von Einzelverbindungen ist örtlich verschieden. Sie werden in Raffinerien durch thermische Behandlungsmethoden (physikalisch) auseinander dividiert (Bild 1.9–5). Als Endprodukte erhält man verschiedene, bei Raumtemperatur gasförmige und flüssige Kohlenwasserstoffe; in Reihenfolge ihrer Siedepunkte geordnet sind es die

- Gase: Methan CH_4 – Ethylen C_2H_4 – Propylen C_3H_6 – Propan C_3H_8 – Butan C_4H_{10} und
- Flüssigkeiten: Normalbenzin, Superbenzin, Düsentreibstoff, Dieselöl, leichtes Heizöl, schweres Heizöl, Schmieröl und der
- Feststoff: Schwefel.

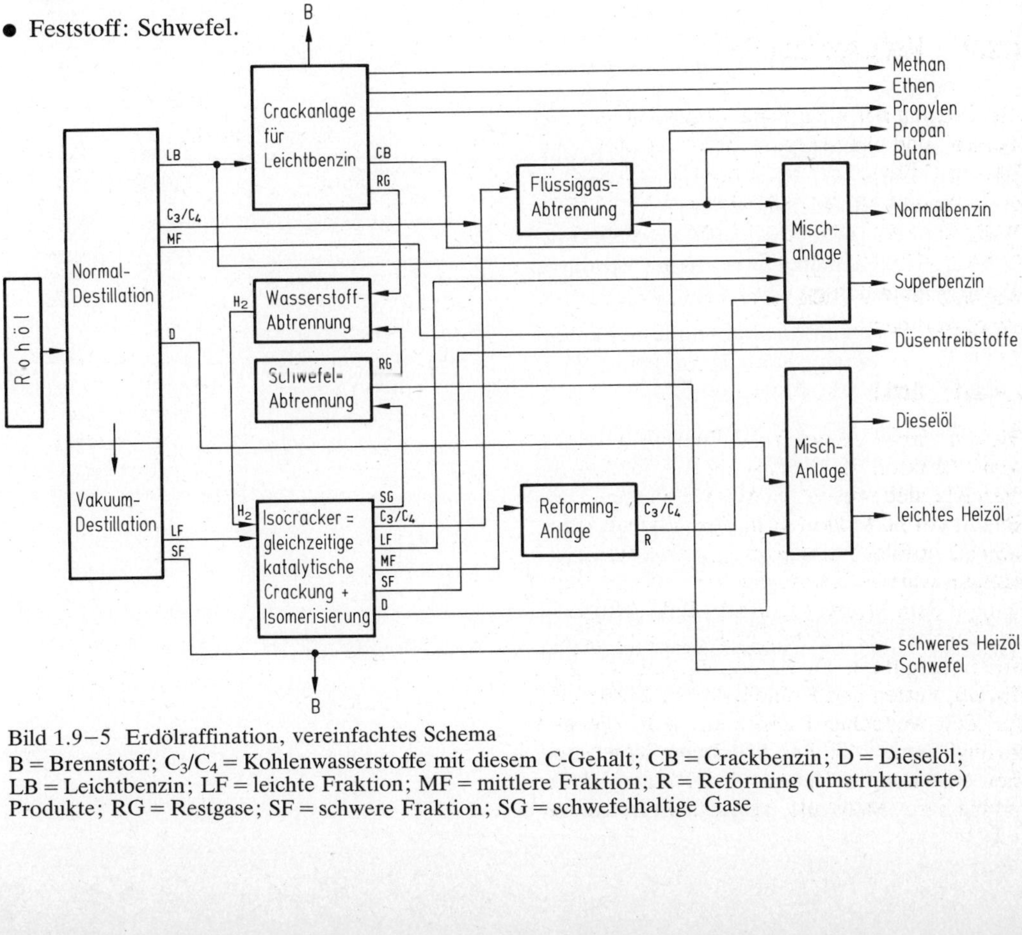

Bild 1.9–5 Erdölraffination, vereinfachtes Schema
B = Brennstoff; C_3/C_4 = Kohlenwasserstoffe mit diesem C-Gehalt; CB = Crackbenzin; D = Dieselöl; LB = Leichtbenzin; LF = leichte Fraktion; MF = mittlere Fraktion; R = Reforming (umstrukturierte) Produkte; RG = Restgase; SF = schwere Fraktion; SG = schwefelhaltige Gase

Ein Großteil der Produkte kommt in dieser Form zum Endverbraucher, der Rest in Chemiewerke zur Weiterverarbeitung.

1.9.2.2 Erdgas

Es bildet sich als riesige Gasblase über den Öllagern. Seine Hauptbestandteile hatten Sie bereits durch die Angaben Ihres Gaslieferanten in der Übung 1.8–6 kennengelernt; in geringen Prozentsätzen enthält es noch höhere Alkane aus mehreren Atomen.

1.9.2.3 Kohle

Vor 300 Millionen Jahren – im Zeitalter des Carbons! – breiteten sich in verschiedenen Erdregionen riesige Sumpf- und Morastwälder aus. Mit Hilfe der Sonnenenergie und des Chlorophylls (Blattgrün) baut seit Urzeiten die Natur auf wunderbare, noch nicht geklärte Weise aus Kleinmolekülen der Luft, der Feuchtigkeit und des Bodens Riesenmoleküle von bis zu 100 000 Atomen in Form mannigfacher buntfarbener Pflanzen und Früchte auf. Unter Wasser ohne Luftsauerstoff verlief der Abbauprozeß (Verwesung) anders als gewöhnlich. Damals bildeten sich zuerst gewaltige Torfschichten, die bei späteren Erdverwerfungen periodisch absanken und wieder hochgehoben wurden, wobei sich der lockere, braune Torf allmählich in feste, schwarze Kohle umwandelte.

Erhitzt man sie unter Luftabschluß auf knapp 1 000°C, so erhält man die in Bild 1.9–6 aufgeführten Verkokungsprodukte.

- *Koks* dient bei der Metallherstellung als Heiz- und Reduktionsstoff, in der Chemie als Ausgangsstoff für zahlreiche Produkte.

- *Rohteer* wird durch *fraktionierte Destillation* zu einigen Zwischen- und Endprodukten verarbeitet.

- Die zwischen 80°C und 180°C flüchtigen *Leichtöle* bestehen vornehmlich aus den „Aromaten" Benzol, Toluol und Xylol (Bild 1.9–7).

- Die oberhalb 180°C siedenden *Mittel-* und *Schweröle* und der *Teer* setzen sich aus zahllosen, z. T. kompliziert aufgebauten Ringver-

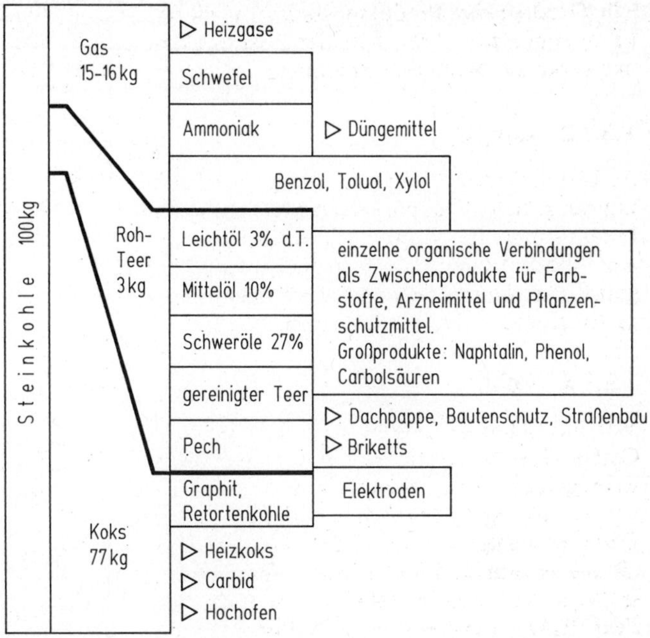

Bild 1.9–6 Chemikalien aus der Steinkohlen-Verkokung

bindungen zusammen. Soweit man sie einzeln verwenden kann, trennt man sie durch chemisch-physikalische Prozesse (Kracken) auf, was preisgünstiger als die künstliche Synthese ist. Ein wichtiges Beispiel hierfür ist das Benzin, ein Gemisch aus 6 bis zu 12 Kohlenwasserstoffverbindungen, darunter z. T. auch das (krebserregende) Benzol, das bei der Erdölraffinerie zwar mit anfällt, aber je nach der Marktlage auch als Synthesestoff interessant ist. Die erfolgreichen, kostenaufwendigen deutschen Bemühungen werden sich hoffentlich eines Tages für andere hochwertige Produkte, darunter die Kunststoffe, auszahlen.

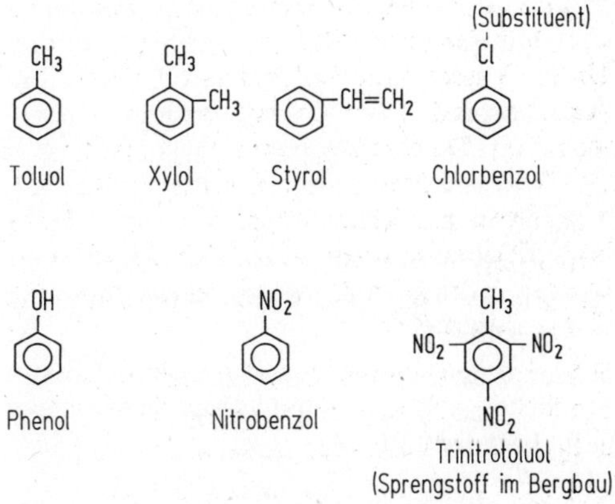

Bild 1.9–7 Wichtige Ringmoleküle

Übung 1.9–3

Wodurch unterscheiden sich Leicht-, Mittel- und Schweröle?

Übung 1.9–4

Was versteht man unter fraktionierter Destillation?

Übung 1.9–5

Was versteht man unter Kracken?

1.9.3 Bezeichnungen

1. Zahlen und Benennung kettenförmiger CH-Verbindungen:
   - Längste C-Kette suchen,
   - durchnumerieren,
   - Substituenten benennen.

1 = mono → methyl	6 = hexa → hex
2 = di → eth	7 = hepta → hept
3 = tri → prop	8 = okta → okt
4 = tetra → but	9 = nona → non
5 = penta → penta	10 = deka → dek

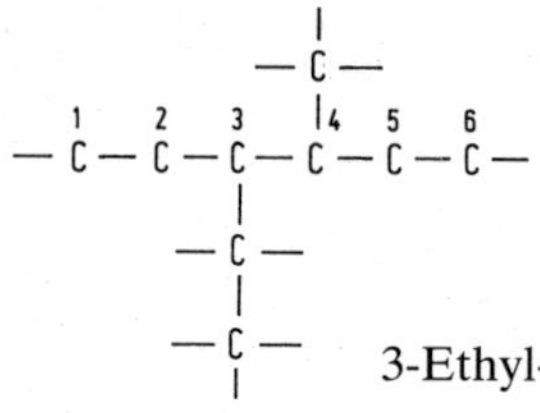

(längste Kette = 6 = Hexan, an der Stelle 3 = Ethyl, bei 4 = Methyl)

3-Ethyl-4 Methyl-Hexan

2. Gesättigte (*Paraffine*) und ungesättigte CH-Verbindungen

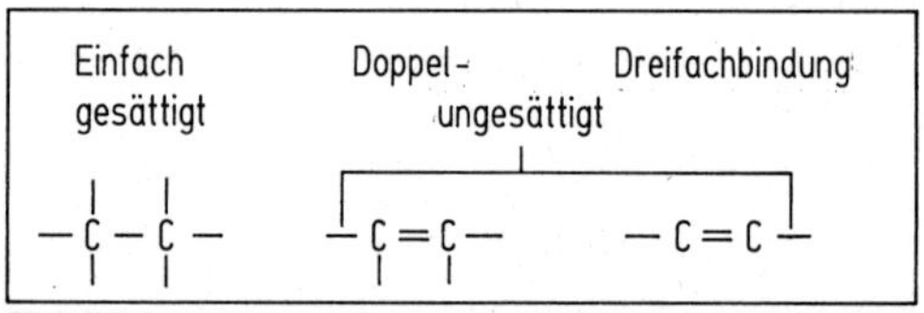

3. Ketten unverzweigt (n), verzweigt (i)

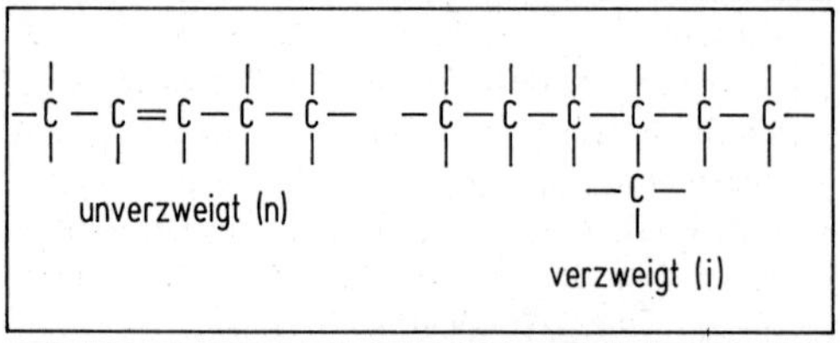

4. Ringverbindungen:
   - *Alicyclische* haben beliebig viele C-Atome im Ring und keine Doppelbindung (rechts)
   - *Aromate* bilden den Ring mit 6 C-Atomen, davon 3 mit Doppelbindungen nach Bild 1.9–4.

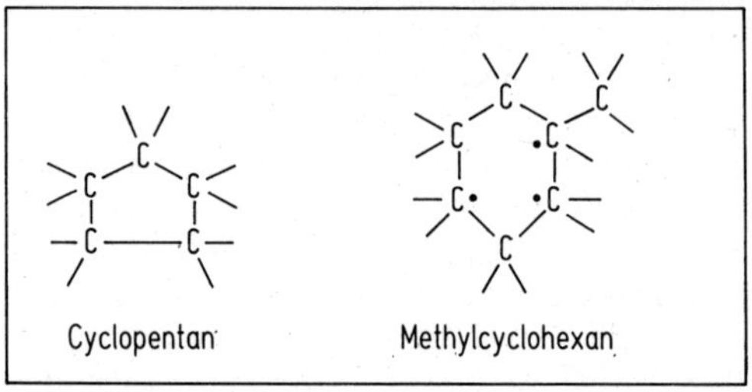

5. *Homologe* Reihen kettenförmiger Kohlenwasserstoffe:
   - Alkane, Formel: C_nH_{2n+2}

Tabelle 1.9–1 Homologe Reihen kettenförmiger Kohlenwasserstoffe

Name	Stöch. Formel	Siedepunkt [°C]	Dichte bei 20°C
Methan	CH_4	−164	gasförmig
Ethan	C_2H_6	− 89	gasförmig
Propan	C_3H_8	− 45	gasförmig
Butan	C_4H_{10}	− 0,5	gasförmig
Pentan	C_5H_{12}	36	$0{,}63\,g \cdot cm^{-3}$
Hexan	C_6H_{14}	69	$0{,}66\,g \cdot cm^{-3}$
Heptan	C_7H_{16}	98	$0{,}68\,g \cdot cm^{-3}$
usf.			

– Alk**e**ne, Formel: C_nH_{2n}, Zweifachbindung

– Alk**i**ne, Formel: C_nH_{2n-2} Dreifachbindung

Alkene		Alkine	
Ethen	C_2H_4	Ethin	C_2H_2
Propen	C_3H_6	Propin	C_3H_4
Buten	C_4H_8	Butin	C_4H_6
Penten	C_5H_{10}	Pentin	C_5H_8
Hexen	C_6H_{12}	Hexin	C_6H_{10}
	usf.		usf.

6. *Derivat* (Abkömmling):
Wird in einer CH-Verbindung ein C-Atom durch ein Fremdelement ersetzt (substituiert), dann entsteht ein *Derivat* des ursprünglichen Moleküls. *Substituenten* des Abkömmlings können auch mehrere Fremdatome oder -Atomgruppen sein (rechts).

Ausgangsmolekül	Substituent	Derivat Formel	Derivat Name
–C–	–Cl	–C–Cl	Monochlormethan
–C–C–	–OH	–C–C–OH	Ethanol

7. *Radikal:*
Wird eine Elektronenpaarbindung so gespalten, daß beide Partneratome ihr Bindungselektron behalten, dann entstehen Molekülbruchstücke mit je einem ungepaarten Elektron; sie tragen die Bezeichnung *Radikale*. Radikalreaktionen treten vornehmlich bei Gasen auf, wobei aktivierte Bruchstücke von Ketten- oder Ringmolekülen entstehen; aus Einzel- oder *Monomeren* entstehen Viel- oder *Polymere*. Der Vorgang heißt *Polymerisation* und bezeichnet die chemische Herstellungsweise für Kunststoffe, z. B. des Polyethylens (unten).

An die Stelle eines H-Atoms in einer Ketten- oder Ringverbindung kann ein 1wertiges Atom oder eine 1wertige Atomgruppe (Radikal) treten.

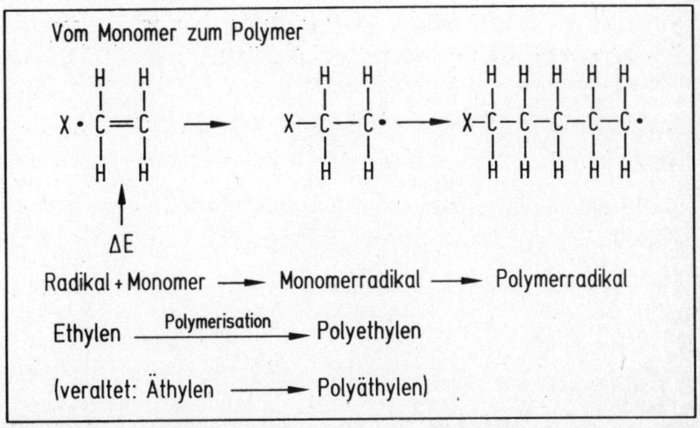

8. *Funktionelle Gruppen:*
Viele organische Verbindungen sind nicht nur aus C, H und Atomen der Gruppe VII aufgebaut, sondern enthalten auch Sauerstoff und Stickstoff in Atomgruppen von bestimmter Struktur, die man „funktionelle Gruppen" nennt. Einige dieser Molekülarten werden zu Kunststoffen mit der Bezeichnung ihrer funktionellen Gruppe verarbeitet (Tabelle 1.9−2).

Tabelle 1.9−2 Funktionelle Gruppen

Gruppenname	Strukur eigentlich	Strukur vereinfacht	Sammelname der Verbindungen
Hydroxyl	$-O-H$	$-OH$	Alkohole
Aldehyd	$-C(=O)-H$	$-CHO$	Aldehyde
Keton	$-C(=O)-$	$-CO-$	Ketone
Carboxyl	$-C(=O)-OH$	$-COOH$	Säuren
Amino	$-N(-H)-H$	$-NH_2$	Amine

Die wichtigsten organischen Säuren mit der funktionellen Gruppe −COOH sind rechts aufgeführt.

Carbonsäuren
(schwach dissoziiert)

$H-COOH$	Ameisensäure
CH_3-COOH	Essigsäure
C_3H_7-COOH	Buttersäure
$CH_3CH(OH)-COOH$	Milchsäure
$R-CH(NH_2)-COOH$	Aminosäuren

Übung 1.9−6

Schreiben Sie die stöchiometrische und die Strukturformel für das Reinigungs- und Feuerlöschmittel Tetrachlorkohlenstoff (im Volksmund auch „Tetra" genannt)! Wie kann man es auch bezeichnen?

Übung 1.9−7

Wie heißen die CH-Kettenmoleküle mit 4 C-Atomen von

a) Einfach-, b) Doppel-, c) Dreifachbindungen?

Schreiben Sie ihre Strukturformeln!

Übung 1.9−8

Wie heißt das Derivat von C_2H_6, in dem 1 H durch OH ersetzt ist?

1.9.4 Makromoleküle

In diesem Abschnitt werden Ihnen die drei Verfahren zur Bildung von *Polymeren* aus *Monomeren*, d. h. zur vollsynthetischen Herstellung der Kunststoffe, erklärt.

Unlogischerweise bezeichnet man nicht alle drei Verfahren mit „Polymerisation", sondern nur das im vorigen Abschnitt unter Ziffer 7 beschriebene.

1. *Polymerisation* nennt man die radikalische Ankopplung vieler Monomere zu einem Riesenmolekül, genannt Polymer. Der daraus entstehende Kunststoff ist das *Polymerisat*.
   Eine Mischung aus mehreren Arten von Polymeren nennt man *Copolymerisat*. Die wichtigsten gasförmigen Ausgangsmoleküle sehen Sie rechts.

Polymerisation, Ausgangsstoffe:

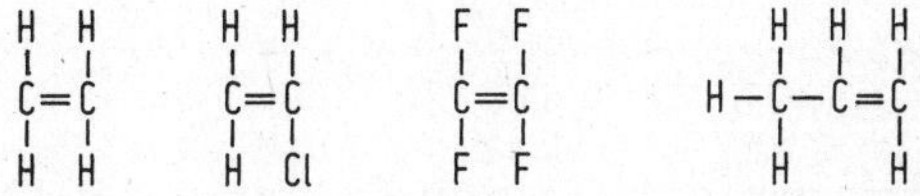

Ethylen, Vinylchlorid, Tetrafluorethylen, Propylen

Durch Aufspaltung und Ankopplung →

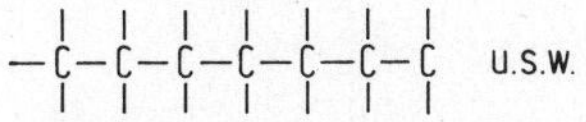

Polyethylen, Polyvinylchlorid, Polytetrafluorethylen, Polypropylen.

2. *Polykondensation* nennt man die elektronische Ankoppelung gleicher oder verschiedener Moleküle unter Abspaltung von Atomen, die sich zu einem kleinen, meist gasförmigen Molekül vereinen. Geeignete Ausgangsstoffe sind Ester und Amide, die nach den nebenstehenden Formeln zu *Polyestern* bzw. *Polyamiden* werden.

Polykondensation

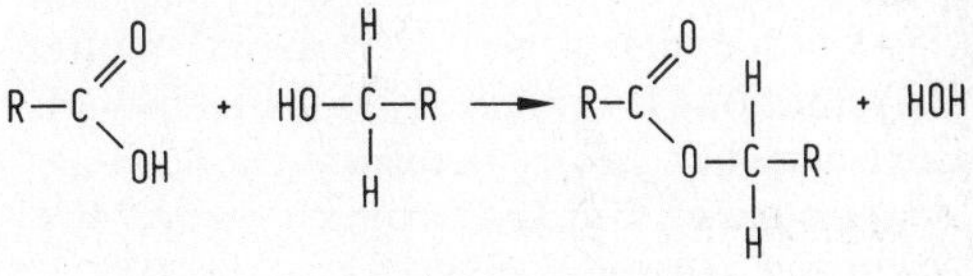

org. Säure + Alkohol → Ester + Wasser

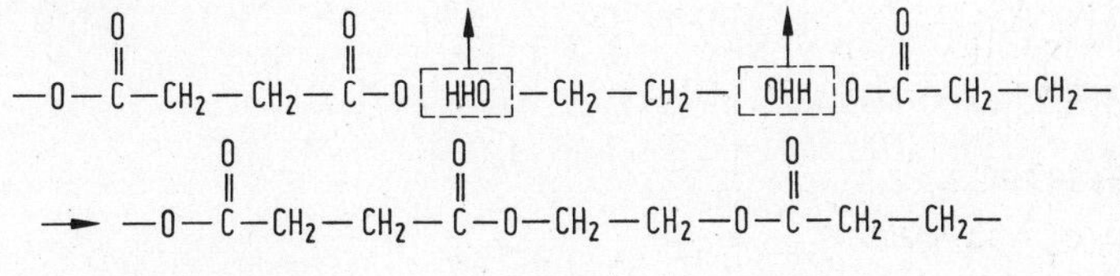

Dicarbonsäure + Diol → Polyester

3. *Polyaddition* ist die Ankopplung gleicher oder verschiedener reaktionsfähiger Ausgangsmoleküle, die sich *ohne* Abspaltung von Atomen nur durch Umgruppierung aneinander binden. Bekannte Anwendungsbeispiele sind die Bildung von Kunststoffen durch

a) *Isocyanate*

bilden zusammen mit Polyolen die Ausgangsstoffe für die Polyurethane; sie enthalten die charakteristische NCO-Gruppe. Entsprechende Basis- und Endprodukte der Isocyanat- und Polyurethanchemie sind:

1. Dicyan* $(CN)_2$, ein farbloses, giftiges Gas,
2. Cyanwasserstoff (Blausäure, giftig), HCN, leicht wasserlöslich → giftige Flüssigkeit,
3. Cyanide, Salze der Blausäure, z. B. Kaliumcyanid (Zyankali), KCN,
4. Cyansäure, HOCN,
5. Cyanate, Salze der Cyansäure, z. B. Kaliumcyanat KOCN,
6. Isocyanate,
7. Diisocyanate,
8. Diole,
9. Polyurethane, meist schaumartige Kunststoffe.

Strukturformeln:

1. $H{\equiv}C-C{\equiv}N$
2. $H-C{\equiv}N$
3. $K-C{\equiv}N$
4. $H-O-C{\equiv}N$
5. $K-O-C{\equiv}N$
6. $R-N=C=O$
7. $O=C=N-R-N=C=O$
8. $HO-R'-OH$
9. $\cdots O-R'-O-C(=O)-NH-R-NH-C(=O)-O-R'-O-C(=O)-NH-R-NH\cdots$

---

* auch Zyan.

b) *Epoxidgruppen*

Epoxidharze sind kompliziert aufgebaute Großmoleküle. Die flüssigen Verbindungen (relativ niedermolekulare Makromoleküle) werden durch reaktionsfreudige OH- oder NH_2-Verbindungen zu harzartigen Stoffen (Polyadditions-Polykondensations-Kunststoffen) zusammengefügt; bei Zusatz von Katalysatoren gelingt die Aushärtung (Vernetzung) bereits bei Zimmertemperatur.

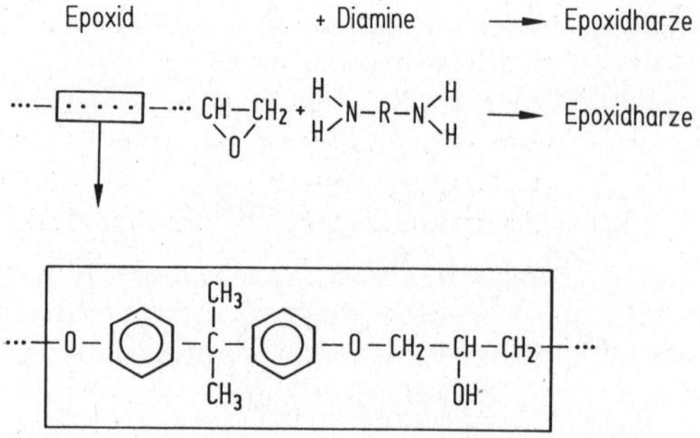

1 Kettenglied, gewissermaßen eine chemische „black box“ (wie es in ihr aussieht, weiß nur der Spezialist).

Übung 1.9–9

Erläutern Sie jeweils durch einen kurzen, prägnanten Satz die drei Polymerisationsverfahren zur Herstellung von Kunststoffen!

Lernzielorientierter Test zu Kapitel 1

1. Orbital ist
   - A die Massenzahl
   - B der Ladungszustand
   - C verschiedene Wertigkeit
   - D Aufenthaltsraum von Elektronen
   - E die Ionisierungsenergie

2. Erdalkalien nennt man
   - A basische Erze
   - B wasserlösliche Erden
   - C Nebengruppenmetalle
   - D organische Erden
   - E Elemente der II. Hauptgruppe

3. Periode nennt man
   - A die Wertigkeit
   - B Zeitfolge von Reaktionen
   - C Zahl der Quantensprünge
   - D regelmäßige Phasenumwandlung
   - E Ionenbewegung
   - F Zahl der Hauptschalen

4. Avogadrokonstante gibt an
   - A Zahl der Ladungseinheiten je Gramm
   - B Zahl der Atome je Mol
   - C Zahl der Minielemente je mm^3
   - D Zahl der Ionen im l eines Elektrolyten
   - E Zahl der Atome (Moleküle) je g, (kg)

5. Ein Dipol ist
   - A ein magnetisches Materieteilchen
   - B ein Kontaktelement
   - C ein Spannungskontakt
   - D eine Ionenverbindung
   - E eine Atombindung mit ungleicher Ladungsverteilung
   - F Potentialunterschied zwischen Proton und Neutron

6. Reduktion ist
   - A ein Spannungsausgleich
   - B Aufnahme von Elektronen
   - C Abgabe von Elektronen
   - D Abgabe von Protonen
   - E Neutronenstrahlung

7. Elektrolyt ist
   - A ein elektrisches Meßgerät
   - B eine den Strom leitende Flüssigkeit
   - C eine metallische Flüssigkeit
   - D ein flüssiger Halbleiter
   - E eine heterogene, den Strom leitende Flüssigkeit

8. Die Faradaysche Konstante gibt an
   - A Gramm je Mol
   - B Gramm je m^3
   - C Ladung je Mol
   - D Zahl der Ionen je Liter
   - E Zahl der Atome je Mol

9. Katode ist die Bezeichnung für
   - A den Pol mit Elektronenüberschuß
   - B den Pol mit Elektronenmangel
   - C Pol, aus dem die Elektronen fließen
   - D Pol, in den die Elektronen fließen
   - E Pol, an dem sich das unedlere Metall abscheidet

10. Die Gaskonstante *R* hat die Einheit
   - A $N \cdot m \cdot s^{-1}$
   - B $N \cdot m \cdot K^{-1}$
   - C $C \cdot m^{-3}$
   - D $kJ \cdot m^{-3}$
   - E $kJ \cdot s^{-1}$

11. Die Bildungsenthalpie wird gemessen in
   - A $kJ \cdot mol^{-1}$
   - B $kJ \cdot m^{-3}$
   - C $m^3 \cdot kJ^{-1}$
   - D $kJ \cdot s^{-1}$
   - E $kC \cdot m^{-3}$

12. OH ist in dem chemischen Symbol

   - A ein Derivat
   - B ein Radikal
   - C ein Substituent
   - D ein Monomer
   - E eine funktionelle Gruppe

13. Die funktionelle Gruppe $-NH_2$ gehört zu den
   - A Alkoholen
   - B Aminen
   - C Säuren
   - D Aldehyden
   - E Ketonen

14. $Fe_2O_3 + 2\,Al \rightarrow Al_2O_3 + 2\,Fe$
   - A Fe_2O_3 wird oxidiert
   - B Fe_2O_3 ist Oxidationsmittel
   - C Al ist Reduktionsmittel
   - D Al wird reduziert
   - E Al_2O_3 wird reduziert

15. $NaOH + HCl \rightarrow NaCl + H_2O$
   - A NaCl ist Säure
   - B NaOH ist Protonenempfänger
   - C NaOH ist Protonenspender
   - D HCl ist Protonenspender
   - E H_2O ist Base

2 Kristalle

2.0 Überblick

Die Eigenschaften der Werkstoffe beruhen auf ihrer

- chemischen Zusammensetzung,
- Bindungsart und
- Struktur, der räumlichen Anordnung ihrer Materieteilchen.

Nachdem wir uns in Kapitel 1 mit den beiden ersten Punkten befaßt haben, werden Sie nun den Einfluß der Struktur auf das Verhalten der Werkstoffe erlernen. Diese kann

- kristallin in einem Ordnungssystem,
- amorph (griechisch gestaltlos), d. h. willkürlich-ungeordnet, oder
- amorph mit kristallinen Bezirken vorliegen.

Alle *metallischen* Werkstoffe besitzen eine kristalline Struktur, abgesehen von einigen modernen Amorphmetallen, die in dünnen Schichten bei extrem hoher Abkühlungsgeschwindigkeit erzeugt werden.

Auch die meisten *Halbleiter* haben eine kristalline Struktur.

Nichtleiter sind unterschiedlich strukturiert; einige sind kristallin, einige amorph, einige amorph mit kristallinen Zonen; sie werden im Kapitel 7 besprochen.

2.1 Reinkristalle (eine Atomart, eine Molekülart)

Lernziele

Der Lernende kann ...

- den Begriff Kristall definieren,
- den Begriff Elementarzelle definieren,
- die vier wichtigsten Gittertypen beschreiben und Elemente dieser Gitterarten nennen,
- isotrope und anisotrope Eigenschaften unterscheiden,
- die Entstehung von Primärkristallen beschreiben,
- die Entstehung von Sekundärkristallen beschreiben,
- wichtige Gitterfehler und ihre Folgen beschreiben.

2.1.0 Übersicht

Jedermann kennt die von der Natur in mannigfacher Form und Art gebildeten Kristalle, im Licht funkelnde Edel- und Halbedelsteine oder Eisblumen am Fenster. Alle im Kapitel 1 beschriebenen Salze und Erze sind aus Kristallen aufgebaut, doch wir beschäftigten uns jetzt ausschließlich mit Reinkristallen, die

> Ein *Kristall* ist ein Festkörper, dessen Materieteilchen nach geometrischen Figuren aufgebaut ist; er wird von ebenen Flächen, die miteinander gerade Kanten bilden, begrenzt.

Atom für Atom nach einem natürlichen Ordnungssystem räumlich aufgebaut sind. Die vier wichtigsten Kristallsysteme und ihre Vertreter werden Sie erlernen. Im Bild 2.1–1 erhalten Sie eine schematische Übersicht, wie ein Metall von der Feinstruktur der Atomanordnung (metallische Bindung) bis zur Grobstruktur seiner Kristalle, auch Körner genannt, aufgebaut ist. *Primärkristalle* bilden sich aus der flüssigen Phase, der Schmelze; sie wachsen aus kleinen Festkeimen in der Schmelze zu kleinen oder großen Kristallen, bis die Schmelze aufgezehrt und völlig erstarrt ist.

Zwar ist im Kristall jedem Atom sein bestimmter Platz angewiesen, aber nichts ist vollkommen in der Natur; auch sie macht Fehler. Diese Baufehler beeinflussen erheblich die Kristalleigenschaften (2.1.7).

Bei der Formgestaltung der Metalle können sich unter bestimmten Betriebsbedingungen aus Primärkristallen neue Kristalle (Sekundärkristalle), sehr kleine bis hin zu sehr großen, entwickeln, die die Eigenschaften des Metalls verändern (2.1.6).

Diese interessanten Vorgänge erlernen Sie in diesem Abschnitt.

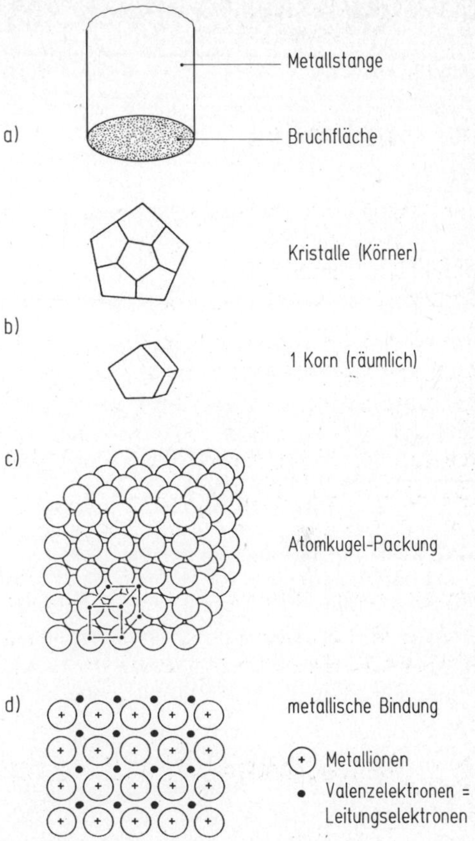

Bild 2.1–1 Aufbau der Metalle

2.1.1 Die vier wichtigsten Kristallarten (Raumgitter)

Die Ansicht metallischer Kristalle, einmal unter einer schwachen Lupe, einmal unter einem Mikroskop, zeigen die Bilder 2.1–2 und 2.1–3.

Die Kristallart ist durch die räumliche Anordnung der Atome in den *Elementarzellen*, den kleinsten Raumgebilden der Kristalle, festgelegt. Ein Kristall setzt sich aus zahllosen Elementarzellen zusammen.

Die (gedachten) Verbindungslinien zwischen den Mittelpunkten benachbarter Atomkugeln bilden ein Koordinatensystem, das *Raumgitter* heißt; es erstreckt sich über den ganzen

Bild 2.1–2 Bruchfläche eines Aluminiumstabes, ≈ 3,5fach vergrößert. Jedes glitzernde Korn ist ein kleiner Kristall.

Kristall. Auch die Nachbarkristalle haben den gleichen Gittertyp, nur sind die Achsen im Koordinatensystem verschoben (siehe Bild 2.1–27).

Bild 2.1–3 Bruchfläche eines Molybdänrohres; Vergrößerung 250fach. Der Bruch verläuft entlang der Kristallgrenzen (interkristalliner Bruch). Man erkennt deutlich die einzelnen, von ebenen Flächen begrenzten Einzelkristalle.

Die vier wichtigsten Gittertypen der Werkstoffe werden nun beschrieben.

Die Elementarzelle ist die kleinste von Atomen gebildete Raumeinheit eines Kristalls.

Fünf Bezeichnungen für einen Begriff:
- Elementarzelle
- Raumgitter
- Kristallart
- Feinstruktur
- Kristallstruktur

2.1.1.1 Das hexagonale Gitter (hex)

Legt man gleichgroße Kugeln auf einer Ebene so dicht wie möglich nebeneinander, dann entsteht eine Struktur von Sechsecken (Hexagonen) mit einem Zentralatom nach Bild 2.1–4.

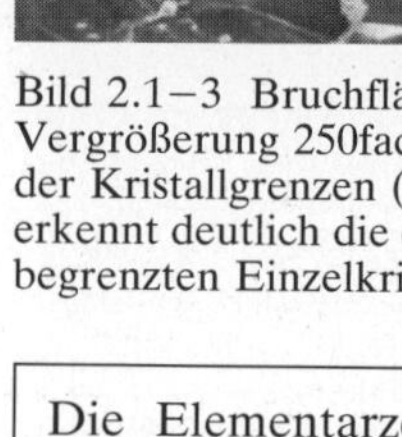

Bild 2.1–4
Dichteste Lagerung von gleich großen Kugeln in einer Ebene

Legt man in die drei Kugelmulden der 1. Lage drei Atomkugeln als 2. Lage und auf diese als 3. Lage sieben Kugeln senkrecht über die sieben Kugeln der 1. Lage, so entsteht ein von siebzehn Kugeln gebildeter sechseckiger Raum, den man *hexagonale Elementarzelle* nennt (Bild 2.1–5).

Die *Koordinationszahl*, das ist die Anzahl der nächstgelegenen Nachbarn eines Gitterbausteines. Es ist dies die größtmögliche Zahl gleichgroßer Kugeln, die sich, gewissermaßen im Raume schwebend, gegenseitig berühren können. Die *Packungsdichte*, so bezeichnet man das Verhältnis von materiegefülltem zum Gesamtraum einer Elementarzelle, beträgt 74%.

Nach dem hex-System kristallisieren:
Magnesium (Mg),
Zink (Zn)
Cadmium (Cd)
Kobalt (Co)
Titan (Ti)
Beryllium (Be)
Kohlenstoff (C) als Graphit.

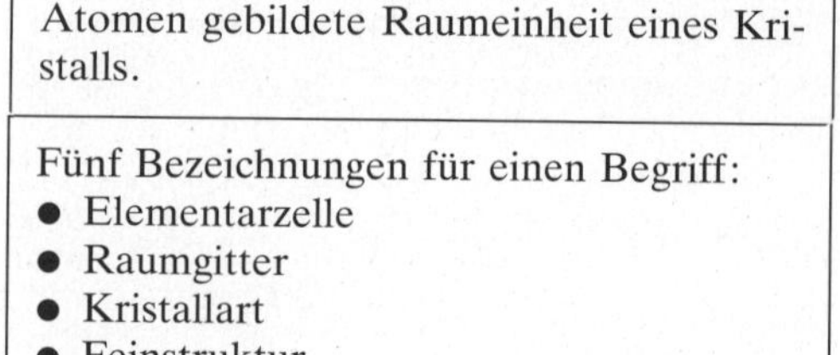

Bild 2.1–5 Hexagonales Raumgitter dichtester Packung, Elementarzelle

a) Kugelmodell, b) vereinfachte Darstellung
a und *b* sind die Parameter der Zelle
$b = 2a\sqrt{2/3} \approx 1{,}6a$

Atommasse · Packungsdichte = Dichte ϱ_D in g · cm^{-3}

2.1.1.2 Das kubisch flächenzentrierte Gitter (kfz)

Nach den Strukturuntersuchungen der Metalle mit Röntgen- und Elektronenstrahlen (Bild 2.1–6) bilden Metallatome keine einfachen Würfelzellen nach Bild 2.1–7, sondern zwei andere kubische Zellen mit einer größeren Zahl von Atomen.

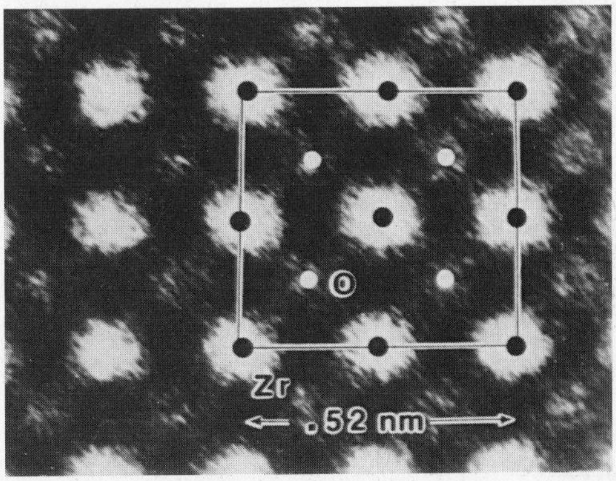

Bild 2.1–6 Atomgitter des Zirkonoxides
Die erste unmittelbare Aufnahme von Atomen in einem Kristall (nichtmetallisch) mit einem Elektronenstrahlmikroskop (Max-Planck-Institut, Stuttgart).

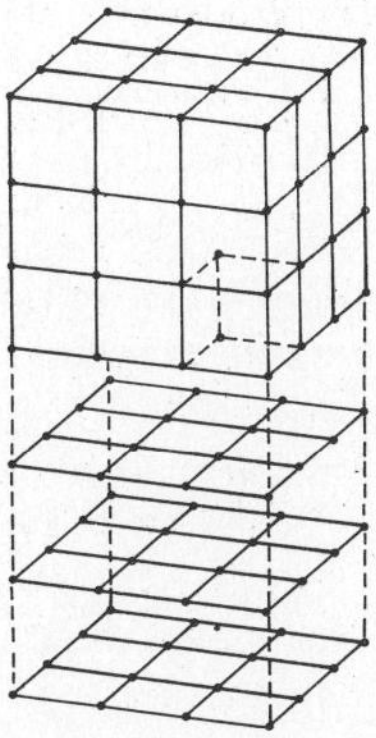

◀ Bild 2.1–7 Entstehung eines einfachen kubischen Raumgitters aus Gitterebenen. (Zur besseren Übersicht sind im Raumgitter nicht alle Atome gezeichnet.)

In dem kfz-Gitter nach Bild 2.1–8 befindet sich in der Mitte der 6 Würfelflächen je ein Zentralatom. Diese Elementarzelle können Sie sich nach Bild 2.1–9 durch vier einfache, ineinander geschachtelte Kuben gebildet denken.

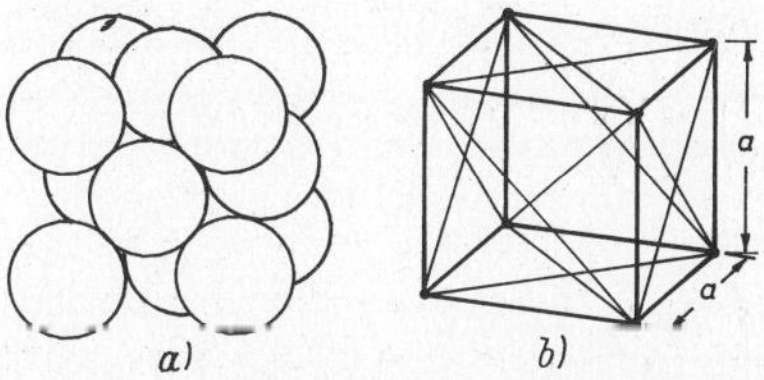

Bild 2.1–8 kfz-Gitter, kubisch flächenzentriert
a) Kugelmodell; b) einfache Darstellung

Die Packungsdichte hat denselben Höchstwert von 74% wie die hex-Zelle; die Koordinationszahl ist ebenfalls 12. Nach dem kfz-System kristallisieren u. a. die Metalle:

Gold (Au)
Silber (Ag)
Kupfer (Cu)
Aluminium (Al)
Nickel (Ni)
Blei (Pb)
Palladium (Pd)
Platin (Pt)
γ-Eisen (γ-Fe), nur oberhalb 900°C beständig.

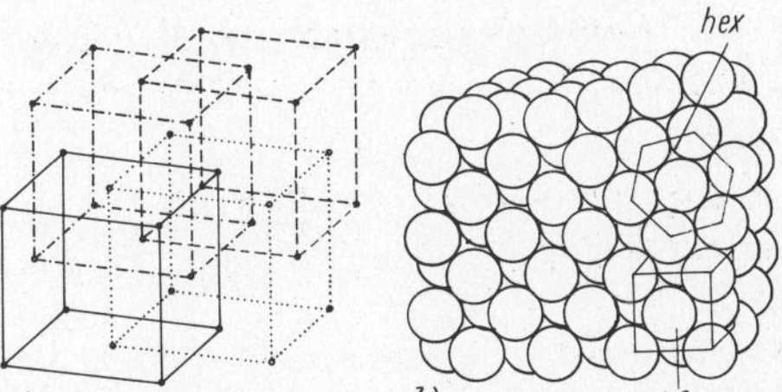

Bild 2.1–9 Entstehung des kfz-Gitters aus einfachen Kuben
a) Gitterlinien; b) Kugelmodell

2.1.1.3 Das kubisch raumzentrierte Gitter (krz)

Die Elementarzelle eines krz-Kristalles nach Bild 2.1–10 ist ein Kubus, in dessen Mittelpunkt ein neuntes Atom eingelagert ist. Eine räumliche Vorstellung von Atompackungen in einem krz-Kristall gibt Bild 2.1–11. Die Packungsdichte beträgt 68%, die Koordinationszahl ist 8; sie ist also niedriger als die der kfz- und hex-Zellen.

Diesen Gittertyp haben u. a. die Metalle:

Chrom (Cr)
Molybdän (Mo)
Wolfram (W)
Tantal (Ta)
α-Eisen (α-Fe), beständig unterhalb 900°C.

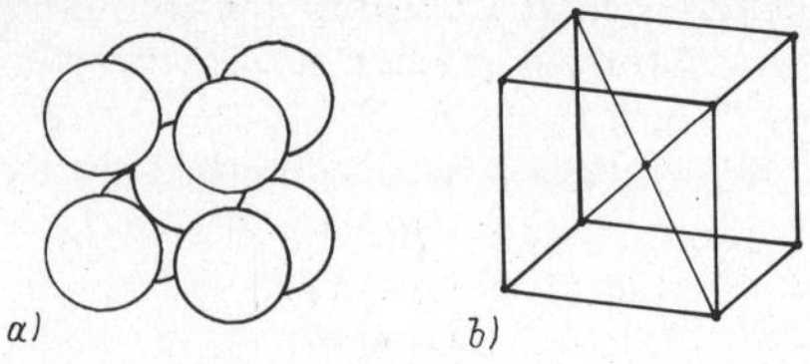

Bild 2.1–10 krz-Gitter
a) Kugelmodell; b) einfache Darstellung

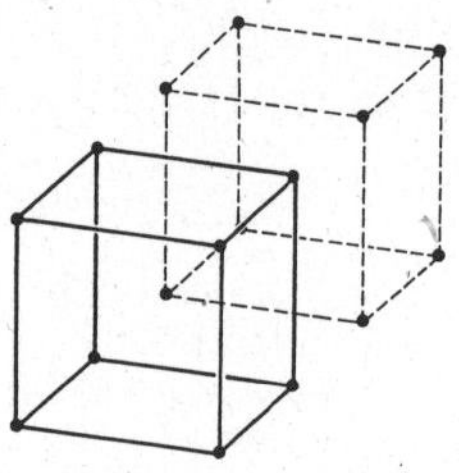

Bild 2.1–11 Entstehung eines krz-Gitters aus zwei einfachen Gittern

2.1.1.4 Das Diamantgitter (dia)

Die dia-Elementarzelle hat nach Bild 2.1–12a die Form eines Tetraeders; jedes Atom ist der Ausgangspunkt eines anderen Tetraeders, in dem immer vier Atome durch stabile Elektronenpaarbindungen miteinander verknüpft sind. Die Tetraederzellen sind nach Bild 2.1–12b ineinander verschachtelt und bilden extrem harte und stabile Kristalle. Im dia-Gitter kristallisieren die IV-Gruppenelemente Kohlenstoff, Silizium und Germanium.

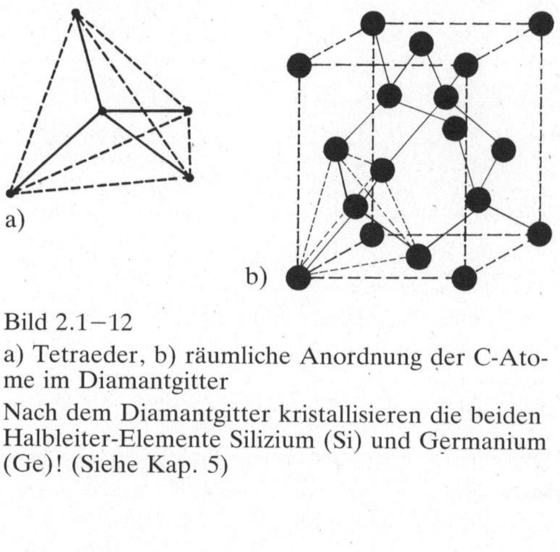

Bild 2.1–12
a) Tetraeder, b) räumliche Anordnung der C-Atome im Diamantgitter
Nach dem Diamantgitter kristallisieren die beiden Halbleiter-Elemente Silizium (Si) und Germanium (Ge)! (Siehe Kap. 5)

2.1.2 Die Gitter des Kohlenstoffs

Nicht nur chemisch, sondern auch werkstofftechnisch ist Kohlenstoff wegen seiner *Polymorphie* ein interessantes Element. Im Bild 2.1–13 sind seine beiden Gitter einander gegenübergestellt; sie geben ein natürliches Anschauungsmuster für das Prinzip des kleinsten Zwangs. Unter enormen Gebirgsdrücken und hohen Temperaturen kristallisierten Kohlenstoffatome zu dichten Diamanten aus. So wer-

den heute künstlich aus Graphit kleine Industriediamanten für Bearbeitungszwecke hergestellt. Die unterschiedlichen Eigenschaften von Graphit und Diamant bezüglich Festigkeit und elektrischem Leitvermögen beruhen auf der Gitterart. Im hex-Gitter haben jeweils drei Nachbaratome einer Lage stabile Elektronenpaarbindungen; das vierte Valenzelektron steht für zusätzliche π-Bindung innerhalb derselben Lage zur Verfügung. Die einzelnen Lagen sind daher nicht fest miteinander verankert, sondern leicht gegeneinander verschieb- und abhebbar.
Das vierte Elektron ist innerhalb einer Lage in gewissem Maße beweglich; bei Energieaufnahme wird es beweglicher, wodurch die Leitfähigkeit steigt. Graphit besitzt demnach einen positiven Beiwert der elektrischen Leitfähigkeit, oder anders ausgedrückt einen negativen Temperaturkoeffizienten des elektrischen Widerstandes. Man benutzt Graphit als Gleit- und Schmierstoff, Diamanten als Bearbeitungsmittel.

Eine Übersicht über die Kristalldaten technisch benutzter Reinmetalle gibt Tabelle 2.1−1.

Tabelle 2.1−1 Kristallart = Gittertyp, Parameter, Atommassen, Dichte wichtiger Metalle

Metall	Gitter = Kristall-art	Parameter *a* in nm	Parameter *b* in nm	relative Atom-masse	Dichte ρ_D in $g \cdot cm^{-3}$
Al	kfz	0,40	–	27	2,7
Pb	kfz	0,49	–	207	11,4
Cr	krz	0,29	–	52	7,2
α-Fe	krz	0,29	–	56	7,9
γ-Fe	kfz	0,36	–	56	7,9
Au	kfz	0,41	–	197	19,3
In	kfz	0,38	–	115	7,3
Cd	hex	0,30	0,56	112	8,6
Co	hex	0,25	0,41	59	8,8
Cu	kfz	0,36	–	63,5	9,0
Mg	hex	0,32	0,52	24	1,7
Mo	krz	0,31	–	96	10,2
Ni	kfz	0,35	–	59	8,9
Pt	kfz	0,39	–	195	21,5
Ag	kfz	0,41	–	108	10,5
Ta	krz	0,33	–	181	16,6
V	krz	0,30	–	51	4,5
W	krz	0,32	–	184	9,8
Zn	hex	0,27	0,48	65	7,1

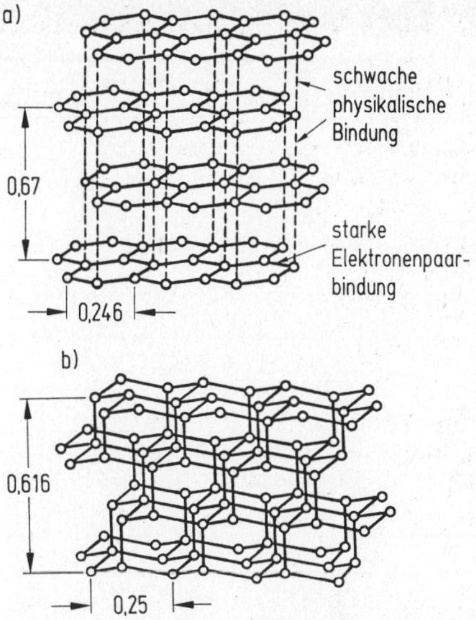

Bild 2.1−13 Gegenüberstellung der C-Gitter
a) Graphit; b) Diamant (Maße in nm)

Raumgitter des Kohlenstoffes	Graphit	Diamant
Dichte in $g \cdot cm^{-3}$	2,22	3,51
spez. Vol. in $cm^3 \cdot g^{-1}$	0,447	0,284
Gleitsysteme (2.1.3.2)	3	0
Verformbarkeit	mäßig	keine
Härte	gering	höchste d. Natur

Metalle sind PTC-Werkstoffe!

Graphit ist ein NTC-Werkstoff!

Metalle und Graphit werden einzeln oder miteinander kombiniert benutzt als

- Leiterwerkstoffe
- Widerstandswerkstoffe
- Kontaktwerkstoffe

2.1.3 Einfluß des Gitters auf die Eigenschaften

2.1.3.1 Isotrope, anisotrope und quasiisotrope Eigenschaften

Anhand einfacher Modellvorstellungen kann der Einfluß der Gitterstruktur auf einige Eigenschaften der Kristalle verständlich gemacht werden.

Die *Kohäsionskräfte* innerhalb eines Kristalls sind *achsenorientiert*; dies wird am Bild 2.1−14 gezeigt. Auch beim Zertrümmern eines Kristalls wird dies augenscheinlich. Man nehme einen Eiskristall und zerschlage ihn; er zerfällt in kleinere Kristalle mit ebenen Flächen und geraden Kanten.

Nach der Definition (rechts) ist jeder Einzelkristall immer *anisotrop*. Der Gegensatz hierzu heißt *isotrop*. Besteht ein Feststoff aus einem einzigen (griechisch monos) Kristall, dann ist er *monokristallin*; besteht er aus vielen (griechisch poly) Kristallen, so ist er *polykristallin*.

Amorphe Feststoffe, wie Gläser und Kunststoffe, zerbrechen dagegen in Bruchstücke mit muscheligen Oberflächen und gezackten oder gerundeten Bruchkanten; hier können sich keine achsenorientierten Kohäsionskräfte auswirken (Bild 2.1−15).

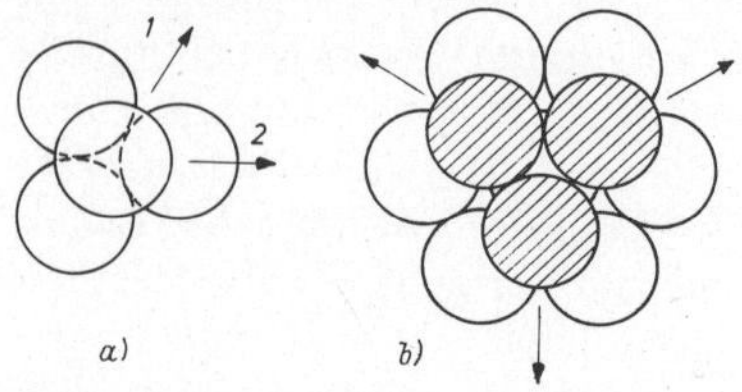

Bild 2.1−14 Anisotropie (= Richtungsabhängigkeit): Modell für anisotropes Verhalten eines Kristalles

a) Die obere Kugel rollt leicht in Richtung 1, schwer in Richtung 2.
b) Die schraffierten oberen Kugeln können bevorzugt in Pfeilrichtung rollen.

Eine achsenorientierte Eigenschaft bezeichnet man mit Anisotropie und die Werkstoffe als anisotrop.
Bei Weichmagneten spielt die Anisotropie eine wichtige Rolle (6.5.2.3)

Ein isotroper Werkstoff besitzt keine richtungsabhängigen Eigenschaften!

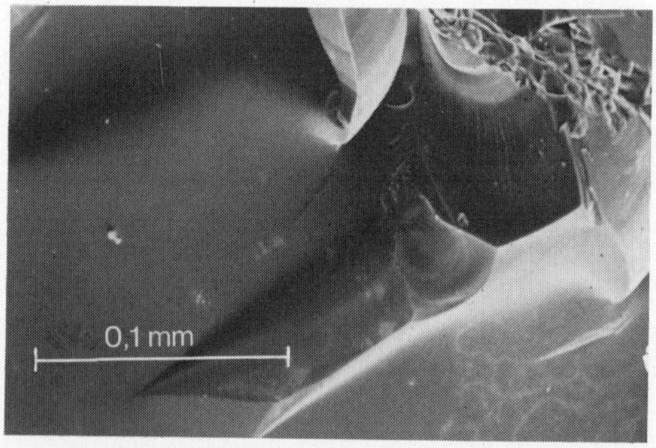

Bild 2.1−15 Bruchfläche eines Glasstabes, 250fach vergrößert. Aufnahme eines Raster-Elektronenmikroskopes, das bei starker Vergrößerung, die hier nicht notwendig war, tiefenscharfe Konturen abzeichnet. Man erkennt nur zackige Bruchstellen, aber keinen inneren geordneten Aufbau von Materieteilchen. Vergleichen Sie diese Aufnahme mit Bild 2.1−3!

Name	Bedeutung	
	wörtlich:	praktisch: alle Eigenschaften sind
isotrop	gleichbrechend	richtungs-unabhängig
an-isotrop	nicht gleichbrechend	richtungs- abhängig
quasi-isotrop	gewissermaßen gleichbrechend	gewissermaßen richtungs-unabhängig

> *Alle technischen Metalle sind polykristallin*, d. h., sie setzen sich aus einer Vielzahl einzelner Körner zusammen, deren Achsen willkürlich räumlich ausgerichtet sind.

2.1.3.2 Deformationen

Ein Werkstück kann in kaltem oder warmen Zustand entweder

- absichtlich, z. B. bei der Formgebung nach Bild 2.1–16, oder
- unabsichtlich durch betriebliche Überlastung deformiert werden.

Die Deformation kann

- elastisch (federnd, *reversibel*) oder
- plastisch (bleibend, *irreversibel*) sein.

Die auslösenden Kräfte selber können

- statisch (z. B. Bruch eines Daches durch Schneelast), oder
- dynamisch (z. B. Aufprall eines Fahrzeuges) sein.

Die äußerlich sichtbaren Deformationen spielen sich in kleinsten atomaren Schichten im Werkstoffinnerem ab. Die Bilder 2.1–17und 2.1–18 geben hierüber eine Vorstellung.

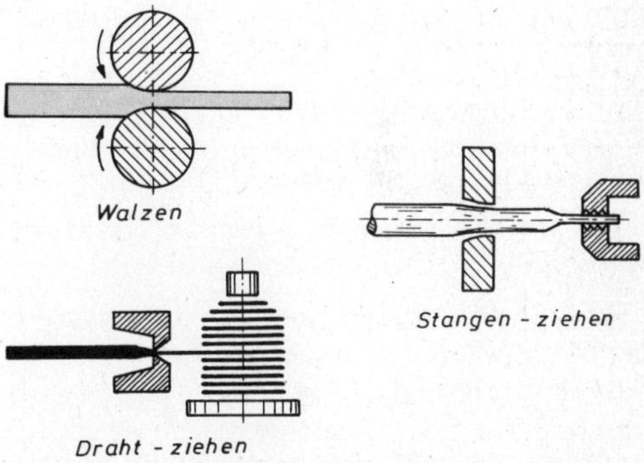

Bild 2.1–16 Metallische Umform(ungs)prozesse

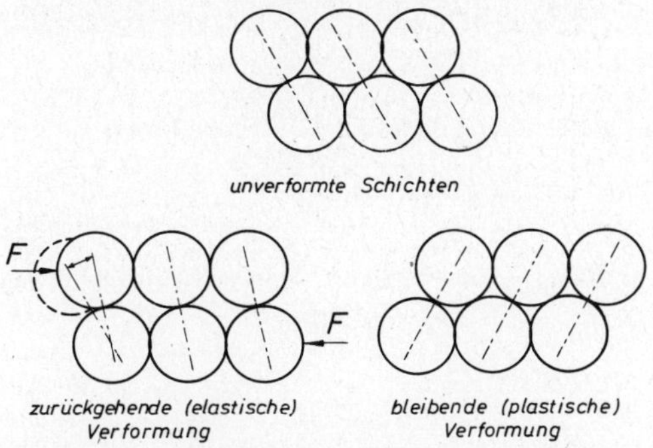

Bild 2.1–17 Erklärung der elastischen u. der plastischen Deformation an Kugelmodellen von Einzelatomen

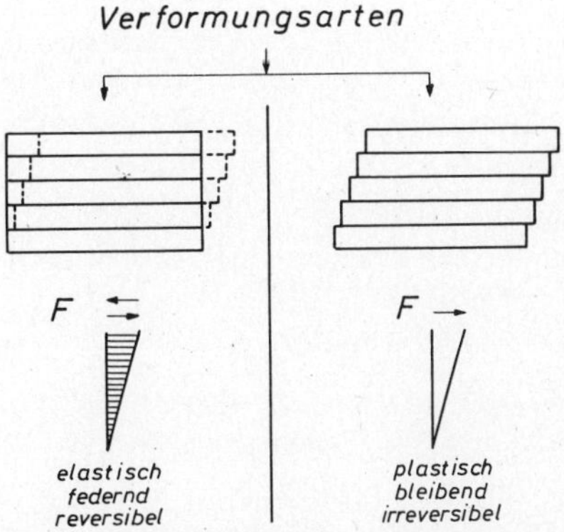

Bild 2.1–18 Elastische u. plastische Deformation, erklärt an Atomschichten (Gleitebenen)
links: Pakete verschieben sich *reversibel*;
rechts: Pakete verschieben sich *irreversibel*

Bei einer elastischen Gitterverzerrung ändern sich Parameter und Achswinkel; dabei erhöhen sich die Energieinhalte der Gitter durch die ihnen aufgezwungenen Spannungen. Da jedes Energiesystem bestrebt ist, die niedrigste Energiestufe einzunehmen, fallen die Atome nach der Entlastung wieder in ihre Ausgangslage der kleinsten Energiestufe zurück.

Die elastische Verzerrung eines Gitters behindert die Beweglichkeit der Elektronen; d. h., *bei der elastischen Deformation eines kristallinen Werkstoffes steigt der elektrische Widerstand.*

Man benutzt diesen Effekt zur Bestimmung elastischer Verformungen (z. B. bei Brücken, Flugzeugen) mit Hilfe von Dehnungsmeßstreifen (DMS).

Konstruktionswerkstoffe, z. B. von Maschinen, Apparaten und Vorrichtungen, müssen ihre Ursprungsform behalten und dürfen daher nur *Belastungen im elastischen, nicht im plastischen* Bereich ausgesetzt werden!

Die Materie verschiebt sich in den Kristallen in Form kleiner Atompakete auf ebenen Atomkugelflächen, den sog. *Gleitebenen* (Bild 2.1−18). Auf ihnen kann sich nach dem gewählten Beispiel nach Bild 2.1−14 die kontaktierende Materie in drei Pfeilrichtungen verschieben. Daraus folgt:

Je mehr Gleitebenen und Gleitrichtungen ein Kristall besitzt, um so besser läßt er sich verformen.

Das Produkt der Gleitflächen und -richtungen heißt *Gleitsystem*. In Tabelle 2.1−2 sind die Zahlenwerte hierüber für die vier Kristallarten aufgeführt.

Unter dem Mikroskop lassen sich gegeneinander verschobene (abgeglittene) Atomschichten erkennen (Bild 2.1−19).

elastische Verformung
↓
Verzerrung der Atome aus der Normallage
↓
Gitterdeformation
↓
Erhöhung des elektr. Widerstandes
↓
Messung elast. Deformationen durch Dehnungs-Meß-Streifen (DMS)

Tabelle 2.1−2 Anzahl der Gleitsysteme ~ [Um]-formbarkeit

Kristallart	Zahl der Gleit- Ebenen	Richtungen	Systeme
hex	1	3	3
krz	4	2	8
kfz	4	3	12
Diamant	0	0	0

Bild 2.1−19 Gleitlinienausbildung bei langsamer Verformung von Reinstaluminium. Die schichtweise Deformation ergibt ein Gleitlinienmuster auf der Oberfläche, dessen Richtung von Korn zu Korn wechselt. Vergr. ca. 100fach.

Materieverschiebungen in einem Kristall sind nur auf Gleitflächen möglich, die von Atomen mit dichtester Kugelpackung gebildet werden.

Je größer die Zahl der Gleitsysteme im Kristall ist, desto besser ist seine Kaltformbarkeit (Deformationsfähigkeit).

Die Richtung einer Verschiebekraft (Zug, Druck, Drehung) zur Lage des Gleitsystems wirkt sich aus. Eine Modellvorstellung darüber geben die Bilder 2.1–20 und 2.1–21.

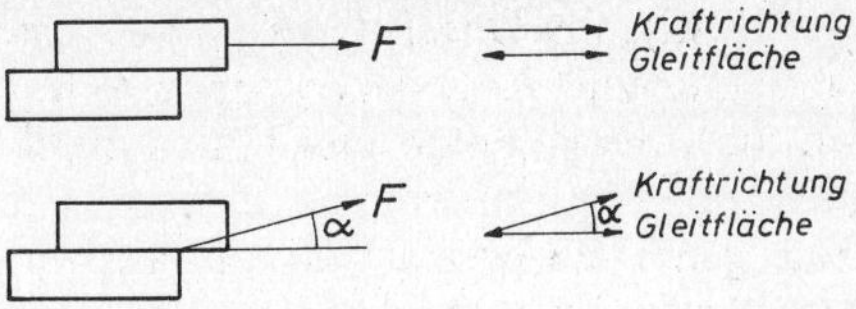

Bild 2.1–20 Resultierende Kraft $F_{res} = F \cdot \cos \alpha$.

$\cos 0° = 1$

$\cos 30° = \frac{1}{2}\sqrt{3}$

$\cos 45° = \frac{1}{2}\sqrt{2}$

$\cos 60° = \frac{1}{2}$

$\cos 90° = 0$

Modellvorstellung: Verschiebung von „Metallpaketen" in einem Kristall bei plastischer Verformung

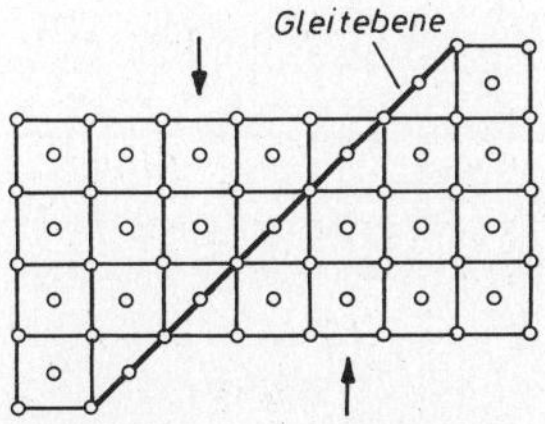

Bild 2.1–21 Abgleiten der Atome entlang einer Gleitebene bei plastischer Verformung eines Kristalls. (In Wirklichkeit berühren sich die Atome auf der Gleitebene.)

Übung 2.1–1

Definieren Sie den Begriff „isotrop"!

Übung 2.1–2

Ist ein amorpher Stoff isotrop oder anisotrop?

Übung 2.1–3

Welcher Kubus hat ein Zentralatom, kfz oder krz?

Übung 2.1–4

Nennen Sie zwei als polymorphe Werkstoffe viel benutzte Elemente!

Übung 2.1–5

Sie sollen zwei Al-Stäbe, die aus der gleichen Schmelze erstarrt sind, auf ihre spez. el. Leitfähigkeit prüfen. Stab 1 ist polykristallin, Stab 2 besteht aus einem Einkristall. Welcher Stab hat einen höheren $\varkappa$-Wert? Begründung!

Übung 2.1−6

Wieso kann man C als Bleistift und als Hartwerkzeug benutzen?

Übung 2.1−7

Von welchen physikalischen Größen hängt die Dichte eines Monokristalles ab?

Übung 2.1−8

Definieren Sie den Begriff „Koordinationszahl"!

Übung 2.1−9

In welchen Längenbereichen befinden sich die Gitterparameter?

Übung 2.1−10

Verformbarkeit von Kristallen;

a) Von welchem kristallkundlichen Begriff ist sie proportional abhängig?
b) Welcher Gittertyp ist am besten verformbar?
c) Welcher Kristalltyp ist unverformbar?

2.1.4 Thermischer Einfluß

Bei einer Erwärmung nehmen die Atome Energie auf und erhalten dadurch eine höhere kinetische Energie E_{kin}. Sie machen zunehmend größere Schwingungen um ihre festen „Ankerplätze", wodurch der Raumbedarf der Atome nach allen Seiten gleichmäßig zunimmt.

Der lineare Wärmeausdehnungskoeffizient entspricht der Parameterausdehnung (Tabelle 2.1−3), der kubische dem der Elementarzelle. Die größeren Schwingungen der Atome behindern die Driftbewegung der Leitungselektronen; diese kollidieren (= zusammenstoßen) dabei häufiger mit den Atomen bzw. Ionen und werden von ihnen reflektiert. Dadurch wächst der elektrische Widerstand der Metallkörner mit zunehmender Temperatur.

Tabelle 2.1−3 Zusammenhang zwischen dem thermischen Ausdehnungskoeffizienten α und der Schmelztemperatur ϑ_S

Metall	Kurz zeichen	α in $10^{-6}\ K^{-1}$	ϑ_S in °C
Invarstahl		1	1500
Diamant	C	1,3	3550
Molybdän	Mo	5	2610
Wolfram	W	5	3410
Tantal	Ta	6	3000
Platin	Pt	9	1769
Eisen	Fe	12	1537
Nickel	Ni	13	1453
Gold	Au	14	1063
Kupfer	Cu	17	1063
Silber	Ag	20	961
Aluminium	Al	23	660
Zinn	Sn	27	232
Zink	Zn	29	420
Blei	Pb	29	327

Metalle haben einen **p**ositiven **T**emperatur**k**oeffizienten; sie sind daher PTC-Werkstoffe (Bild 2.1–22).

Bei weiterer Temperatursteigerung wird schließlich die Wärmebewegung (= kinetische Energie) der Atome so groß, daß ihre Anziehungskräfte (Kohäsion) überwunden werden und sie sich aus dem Gitterverband lösen; damit ist die Schmelztemperatur ϑ_s des Metalles erreicht.

Zwischen der Größe der thermischen Bewegung der Atome und ihrer Ablösung aus dem Kristallverband besteht ein Zusammenhang.

Da z. B. Blei einen hohen thermischen Ausdehnungskoeffizienten hat, schmilzt es eher als Molybdän mit seinem niedrigen α-Koeffizienten.

Die Aggregatzustände fest, flüssig und gasförmig eines Stoffes sind unterschiedliche kinetische Energiezustände seiner Atome, wie es das Bild 2.1–23 veranschaulicht. Die Phasenübergänge fest/flüssig und flüssig/gasförmig werden durch die *thermische Analyse* festgestellt, bei der die zu untersuchenden Stoffe langsam erhitzt und anschließend abgekühlt werden.

Bild 2.1–24 zeigt den prinzipiellen Verlauf von zwei Temperatur-Zeitdiagrammen: a) eines Reinkristalles, b) eines amorphen Stoffes.

Amorphe Stoffe, wie Glas, Harz, Öl, Fett, haben keinen Schmelz- und Erstarrungspunkt. In festem Zustand sind sie gewissermaßen „eingefrorene Flüssigkeiten". Sie benötigen keine zusätzliche Energie für den Phasenübergang fest → flüssig (Bild 2.1–23).

Anders die Kristalle:

Bei zu lebhafter Bewegung lösen sich die Ionen nacheinander aus dem Kristallverband; damit ist der Schmelzpunkt des Kristalles (eines reinen Kristalles) erreicht (Bild 2.1–24a)!

Die darüber hinaus zugeführte Energie wird zunächst und so lange zum Ablösen weiterer Ionen aus dem Kristallverband verbraucht, bis alle Ionen verflüssigt sind, d. h., das Metall restlos geschmolzen ist (dieser Energiebetrag ist die Schmelzwärme in J/kg). *Beim Schmelzen bleibt trotz Energieaufnahme die*

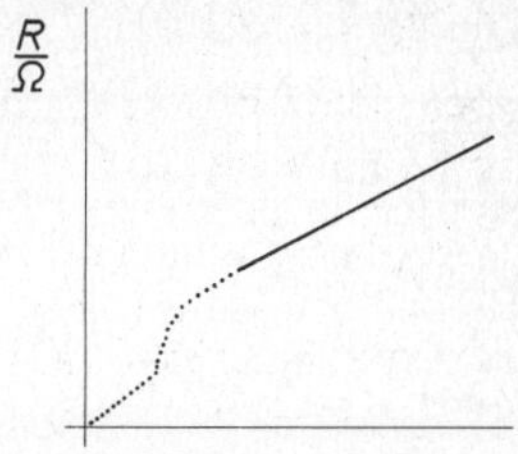

Bild 2.1–22
Der Widerstand R wächst ab einer Temperaturhöhe fast linear mit der Temperatur.
PTC-Metalle!

Die gestrichelte Linie liegt im Kältebereich; hier besteht nicht bei allen Metallen ein linearer Zusammenhang zwischen R und T. Bei manchen metallischen Werkstoffen sinkt R in einem bestimmten Temperaturbereich sprunghaft und erreicht dabei eine überaus große Leitfähigkeit, die Supraleitfähigkeit.

Wärmeaufnahme ≙ verstärkte Vibration ≙ Amplitudenerhöhung ≙ höhere E_{kin} (kinetische Energie)

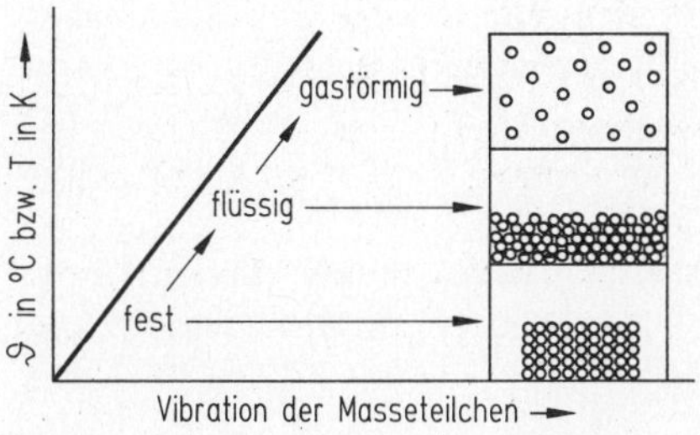

Bild 2.1–23 Zusammenhang zwischen thermodynamischem Zustand und Schwingungsenergie der Masseteilchen (Schema)
fest ≙ niedrig, flüssig ≙ mittel, gasförmig ≙ hoch

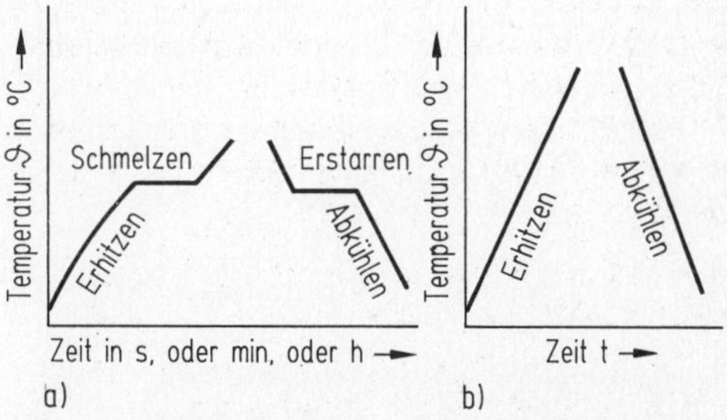

Bild 2.1–24 Erhitzungs- und Abkühlungskurven bei zeitlich konstanter Energieaufnahme oder -abgabe

a) Reinmetalle und eutektische Legierungen (s. 3.2.1.1) mit Haltepunkt
b) amorphe Stoffe, z. B. Glas, Kunstharz, Fette *ohne* Haltepunkt

Temperatur konstant! Schmelze und Kristalle haben beim Schmelzpunkt zwar die gleiche Temperatur, aber die Schmelze hat einen größeren Energieinhalt, weil die flüssigen Ionen größere und schnellere Schwingungen als die Kristallionen ausführen. Darum hat das flüssige Metall am Schmelzpunkt einen höheren elektrischen Widerstand als das feste. Erst wenn alle Kristalle verflüssigt sind, setzt sich eine weitere Wärmezufuhr in eine höhere kinetische Energie der Flüssigkeit um, d. h. die Temperatur der Schmelze steigt.

Der umgekehrte Vorgang vollzieht sich beim Erstarren einer Metallschmelze. Wird ihr Energie entzogen, so kühlt sich die flüssige Phase ab, bis einige Metallionen bei kleinerer kinetischer Energie sich nicht mehr so lebhaft bewegen und sich mit benachbarten Metallionen an festen „Ankerplätzen" in bestimmter räumlicher Anordnung (Struktur) zusammenschließen. Hiermit ist die Erstarrungstemperatur erreicht; sie bleibt so lange konstant, bis die letzten flüssigen Ionen im Kristallverband ihren Fixpunkt gefunden haben und einen Festkörper bilden.

Bei der Kristallisation wird die gleiche Wärmemenge frei, die beim Schmelzvorgang zum Schmelzen der Kristalle verbraucht wird (Gesetz der Erhaltung der Energie).

Verhalten der Metalle bei:

Energiezufuhr →

← Energieabführung

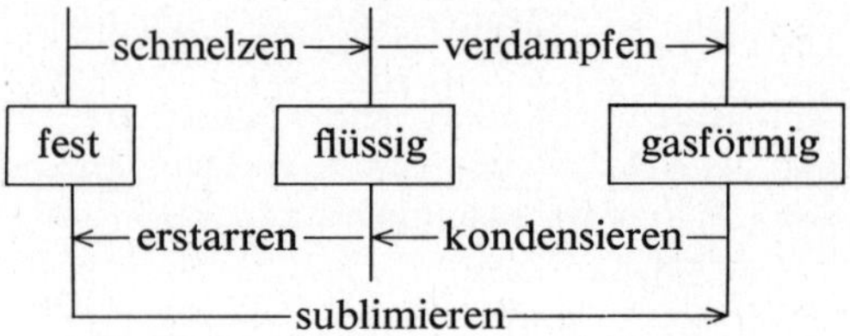

1 Nm = 1 Ws = 1 J.
Beachten Sie den Wirkungsgrad η in % bei den Umwandlungen in andere Energiearten!
Elektr. Energie im festen Metall in Wärme: $\eta = 100\%$
Wärme in elektr. Energie: $\eta < 100\%$.

Reine Kristalle aus *einer* Atom- oder Molekülart (z. B. Cu oder H_2O) haben *einen* fixen Erstarrungs- ≙ Schmelzpunkt.
Beim Schmelzen bzw. Erstarren bleibt die Temperatur konstant!

Übung 2.1–11

a) Definieren Sie den Begriff Kristallisations- oder Erstarrungswärme!
b) In welchen Einheiten wird sie angegeben?

Übung 2.1–12

Eine 150 m lange Kupferfreileitung wurde im Sommer bei 40°C gespannt. Um welche Länge verändert sie sich im Winter bei −23°C?

Übung 2.1–13

Welche Temperaturdifferenz ΔT in K durchlief ein Al-Träger, dessen Länge bei der höheren Temperatur 12553 mm, bei der kälteren 12500 mm betrug?

2.1.5 Primärkristalle (aus der Schmelze)

Man unterscheidet Primär- u. Sekundärkristalle.

Die Kristalle entstehen von einem Zentrum aus, das man als Keim oder Kern bezeichnet (Bild 2.1–25).

Man unterscheidet *arteigene* und *fremde Keime*; die ersteren entwickeln sich aus der Metallschmelze bei der Abkühlung von selber. Fremdkeime mit höherem Erstarrungspunkt als die Schmelze führt man absichtlich dem Metallbad zu, um die Kristallisation einzuleiten und durch die Bildung vieler Kristalle ein *feinkörniges Metall* zu erzeugen (Impfen!).

Läßt man eine Schmelze rasch erstarren, indem man sie z. B. in eine gekühlte Metallform gießt, dann kühlt sie sich einige Grade unter dem Erstarrungspunkt ab, ohne zu erstarren; bei diesem „unterkühlten" Zustand entstehen plötzlich (spontan) viele *arteigene* Keime, wodurch das Metall feinkörnig wird.

- *Grobkorn* ≙ wenig Korngrenzen,

  beim Stromtransport passieren e^- nur wenige Korngrenzen (Zollgrenzen!), $\varkappa$ hoch,

  Nachteil: Material sehr weich und verformbar.

- *Feinkorn* ≙ viele Korngrenzen,

  $\varkappa$ niedriger, Material zäher, härter, fester.

Kristall(isations)-Arten

Primär	Sekundär
aus Schmelze	aus Kristallen
flüssig → fest	fest → fest

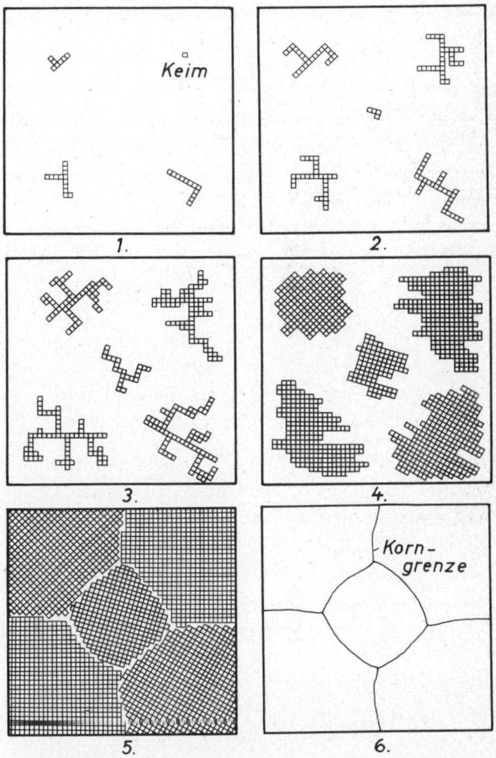

Bild 2.1–25 Entstehen und Wachsen von Kristallen aus einer Schmelze (Schema). 5 Primärkörner!

> Es gelten die Regeln:
> Langsame Erstarrung führt zu Grobkorn; rasche Erstarrung ergibt feinkristallines Gefüge.

Übung 2.1–14

Aus der gleichen Kupferschmelze wurden Drahtbarren mit unterschiedlicher Korngröße abgegossen. Wie wurde dies bewerkstelligt?

Beim Erkalten bildet sich aus einer Metallschmelze ein Haufwerk eng ineinander verzahnter Kristalle. Alle Metalle haben ein vielkristallines = polykristallines Gefüge; sie bestehen aus einer Vielzahl einzelner Kristalle (Bild 2.1−26 und 2.1−27).

Aus einer Schmelze kann unter sorgfältig eingehaltenen Bedingungen, wenn nur ein einziger Keim vorhanden ist, an den sich alle Atome geordnet anlegen, ein Einkristall „gezüchtet" werden.

Technische Bedeutung haben Einkristalle in der Elektronik (5.7.1); *alle elektronischen Bauteile aus Silizium und Germanium bestehen aus Monokristallen*, damit die Driftbewegung der Elektrizitätsträger (Elektronen und Defektelektronen) nicht durch Korngrenzen gestört wird.

Tabelle 2.1−4 Einfluß der Abkühlung auf die Eigenschaften der Metalle

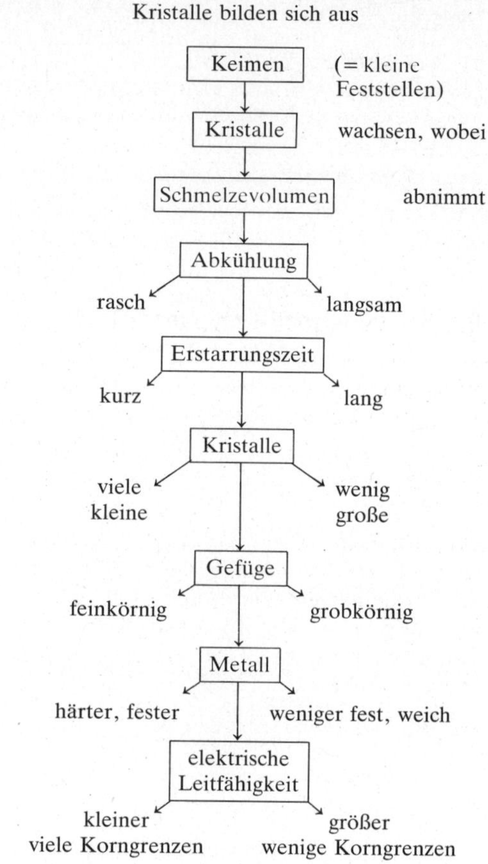

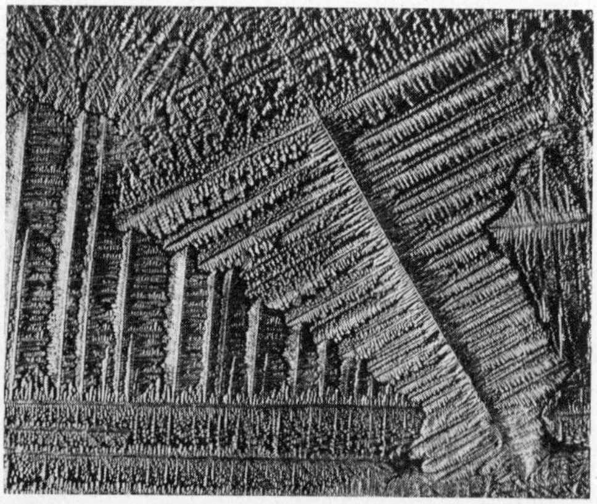

Bild 2.1−26 Primär erstarrtes Aluminium, Tannenbaum-Kristalle (Dendriten); ≈ 10fache Vergrößerung

Bild 2.1−27 Schematische Darstellung eines polykristallinen Werkstoffes. Die Kristallkörner, Kristallgrenzen und Kristallachsen sind angedeutet. Die Achsen verlaufen in jedem Kristall verschieden.

Besteht der Werkstoff dagegen aus *einem* (einzigen) Kristall, dann ist der Werkstoff einkristallin = monokristallin, d. h. ein *Ein*kristall (Monokristall).

Übung 2.1–15

Ein Halbleiterchip hat ein monokristallines Gefüge.

a) Was heißt das?
b) Ist seine elektrische Leitfähigkeit besser oder schlechter als die eines polykristallinen Gefüges bei gleicher chemischer Zusammensetzung?

2.1.6 Sekundärkristalle, Rekristallisation

Wird ein Metall warm- oder kaltverformt, z. B. durch Hämmern, Biegen, Walzen, Pressen, dann deformieren sich die Primärkristalle in Richtung der Krafteinwirkung.

Im Bild 2.1–28 sehen Sie als Beispiel die Einwirkung des Walzens auf das Kristallgefüge einer Aluminiumlegierung; in Bild b) sind die Kristallkörner ausgerichtet und bilden eine *Textur* im Walzblech. Solche Texturbleche aus Eisen werden für magnetische Zwecke benutzt (Kapitel 6).

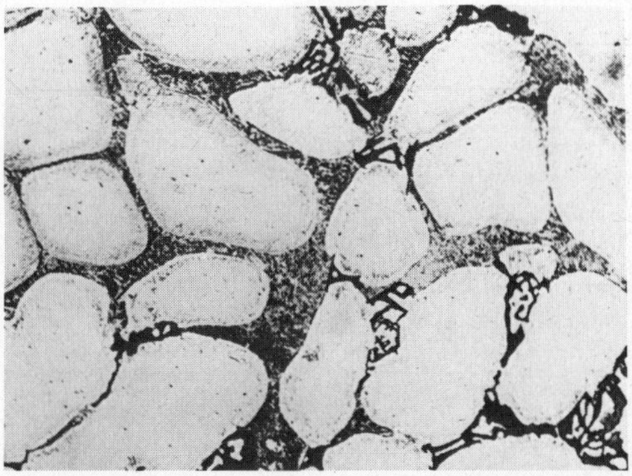

a) Unverformtes Ausgangsgefüge ≙ Primärkristalle;

0,1 mm

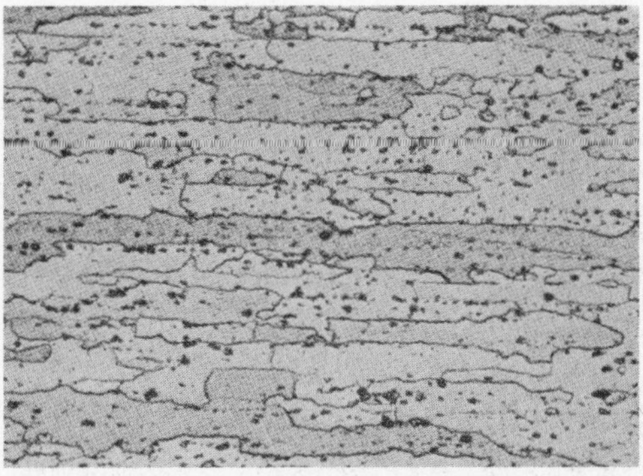

b) die gleichen Kristalle durch Walzen gestreckt.

Bild 2.1–28 Kristalle einer Al-Legierung.
Es handelt sich um Al-Mischkristalle mit verschiedener Zusammensetzung; darum sind die Kristalle verschieden getönt.
Vergrößerung: 300fach.

In den deformierten Kristallen entstehen Bezirke mit aufgestauter Energie, genannt *Energiekeime*. Werden kaltverformte Metalle anschließend über eine kritische Temperatur, die sog. *Rekristallisationstemperatur*, erwärmt (Tabelle 2.1–5), so entstehen von den Energiekeimen ausgehend neue *Sekundärkristalle*. Der Vorgang heißt „Rekristallisation"; er ist folgenreich. Der Metallurge kann die Korngröße und somit die gewünschten Eigenschaften der rekristallisierten Erzeugnisse steuern, aber bei der weiteren Verarbeitung von Halbzeug in Metallwerkstätten kann sich eine Grob- oder Feinkornbildung schädlich auswirken.

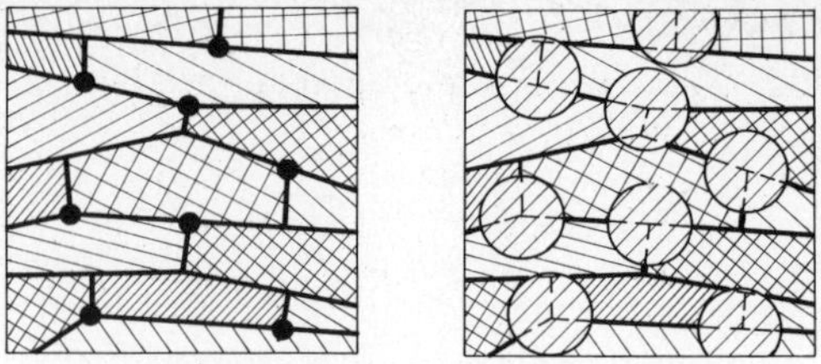

Bild 2.1–29 Rekristallisation (Schema)

a) Längsgestrecktes Gefüge, vgl. Bild 2.1–28 b. Die schwarzen Punkte deuten Energiezentren ≙ Energiekeime an.

b) Die Energiekeime sind bei Erwärmung gewachsen; d. h. neue Kristalle wachsen aus den alten Kristallen. Sekundärkristalle bilden sich aus Primärkristallen; die Rekristallisation beginnt!

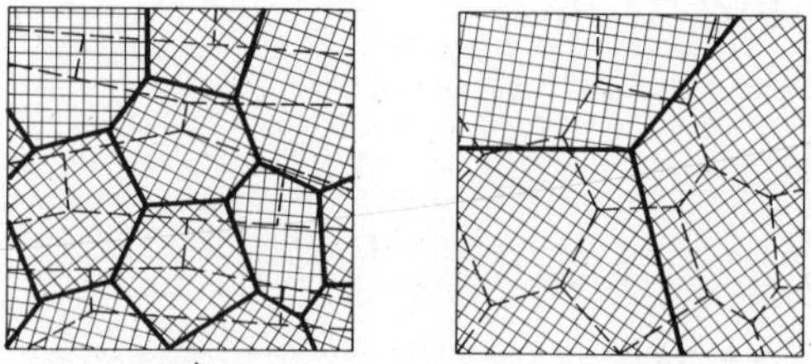

Bild 2.1–30 Rekristallisation – (Schema)

a) Die Primärkörner sind restlos durch die Sekundärkörner aufgezehrt; ihre Form ist durch die Strichel-Linie angedeutet.

b) Sekundärkörner = rekristallisiertes Gefüge! Die gestreckten, verformten Körner sind durch neue ersetzt.
Sie sind wieder so weich wie das unverformte Ausgangsgefüge.
Schraffur ≙ Netzebenen. Starke Linien: 3 Sekundärkörner infolge geringer Verformung → wenige Keime.

Bild 2.1–31 zeigt die Rekristallisation von verformtem Reinaluminium:

Hoher Verformungsgrad → viele Keime → Feinkorn
Kleiner Verformungsgrad → wenig Keime → Grobkorn

Bild 2.1–31 Reinaluminiumblech rekristallisiert, natürliche Größe

Beispiel:

Blei kann bei Raumtemperatur gehämmert werden und bleibt weich. Bleikabelmäntel sollten aber nicht bei Kältetemperaturen verlegt werden, weil sie dabei verspröden und reißen können. (Sie werden weitgehend durch Kunststoff ersetzt.)

Tabelle 2.1–5 Rekristallisationstemperatur von Reinmetallen in °C (etwa):

Pb, Sn, Zn	<20
Mg, Al	150 bis 200
Cu, Ag, Au	150 bis 200
Fe, Pt	400
Ni	600
Mo	1000
W	1100

Je höher der Schmelzpunkt, desto höher die Rekristallisationstemperatur!

Legierungen haben eine höhere Rekristallisationstemperatur als ihre Reinmetalle

Übung 2.1–16

Bewirkt eine Rekristallisation eine Erhöhung oder Erniedrigung der elektrischen Leitfähigkeit?

Übung 2.1–17

Können elastische Verformungen eine Rekristallisation bewirken? (Begründung)

2.1.7 Gitterfehler

Bei ihrer unendlich großen Zahl ordnen sich die Atome bei der Erstarrung der Flüssigkeit im Kristall niemals fehlerfrei. Es bleiben Atomplätze unbesetzt oder sie werden verschoben; oft schmuggeln sich Fremdatome als größere oder kleinere Kugeln in das Gitter ein und verzerren es. Ein „ideales" Gitter kommt in der Natur nicht vor, sondern nur ein „reales".

In der Mitte dieses Jahrhunderts konnten erstmalig fast versetzungsfreie Kristalle „gezüchtet" werden, aber nur ganz dünne, lange Kristalle, „Whisker" genannt. Sie haben eine bis zu 10^4fach höhere Festigkeit als Realkristalle. Diese dünnen Metallfäden von 2 bis 5 µm werden in Kunststoffe eingelagert und erhöhen deren Festigkeit (kostspielig!).

Eine Systematik möglicher Gitterfehler sehen Sie rechts.

Gitterbaufehler			
1.	Punkt	(1 Atom)	0-dimensional
2.	Linie	(1 Atomreihe)	1-dimensional
3.	Fläche	(1 Kristall-Kornfläche)	2-dimensional
4.	Raum	(Lunker, Fremdstoff)	3-dimensional

1973 wurden im Himmelslabor (Skylab) eines Raumschiffes von Amerikanern im schwerelosen Zustand erstmalig versetzungsfreie Idealkristalle aus Metallen und Halbleitern hergestellt; alle Eigenschaften wurden dadurch erheblich verbessert.

Punktfehler sind aus thermodynamischen Gründen unvermeidbar. Diese Leerstellen sind bereits bei Raumtemperatur beweglich und durchwandern das Gitter. In der Halbleitertechnologie (5.7) spielen sie beim Eindiffundieren von Fremdatomen eine Rolle; wie könnten sich Fremdatome im Kristall plazieren, wenn keine Leerplätze vorhanden wären!

Denken wir uns einen Gummizylinder nach Bild 2.1–34 längs der Linie L aufgeschnitten, dann können wir ihn zu den drei Gebilden a), b) und c) zusammenkleben. Die Richtung und Größe der Verschiebung gegen die ursprüngliche Zylinderform b, bezeichnet man nach seinem Entdecker als Burgersvektor; er fällt immer mit einer Kristallachse zusammen.

Blickt man (mit Röntgenstrahlen) von oben in einen Kristall mit Schraubenversetzung, dann sieht man die Atome nach Bild 2.1–36 gruppiert (Punkt A = A). Stufenversetzungen sind auf Gleitebenen leicht beweglich; schon geringe Kräfte bewirken plastische Verformungen. (Denken Sie an eine Tuchfalte, die sich fast reibungslos auf einer glatten Tischfläche wegziehen läßt!) Ohne Versetzungsfehler lägen die Festigkeiten und vermutlich auch die elektrische Leitfähigkeit um einige Größenordnungen höher (darum arbeitet die Raumforschung so eifrig im schwerelosen Zustand an diesem Problem). In die Korngrenzen lagern sich höher oder niedriger schmelzende Fremdatome oder -moleküle; je nach ihrer Zusammensetzung schwächen oder stärken sie die Kohäsionskräfte zwischen den Kristallen.

Die elektrische Leitfähigkeit wird durch Versetzungen immer beeinträchtigt.

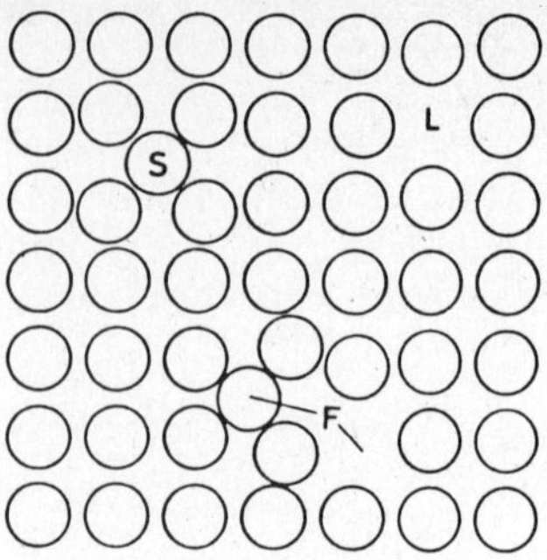

Bild 2.1–32 Punktfehler
L = Leerstelle; *F* = Frenkel-, *S* = Schottky-Effekte

Merkregel: Bei der Kristallisationstemperatur beträgt die Leerstellenkonzentration $\simeq 10^{-4}$ ($10^{-2}\%$); bei Raumtemperatur $\simeq 10^{-7}$ (nicht meßbar).

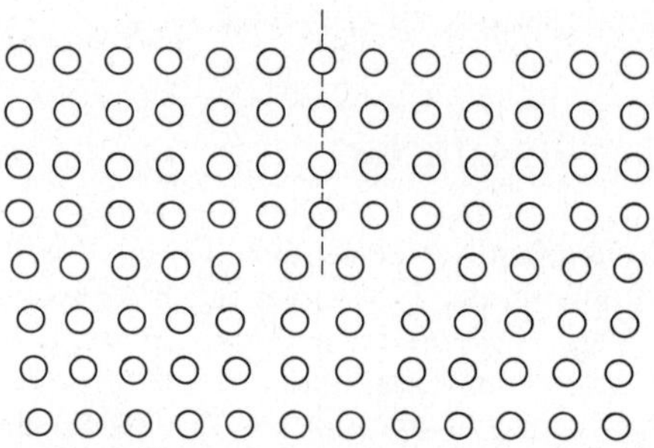

Bild 2.1–33 Stufenversetzung durch eine halbe Gitterlinie

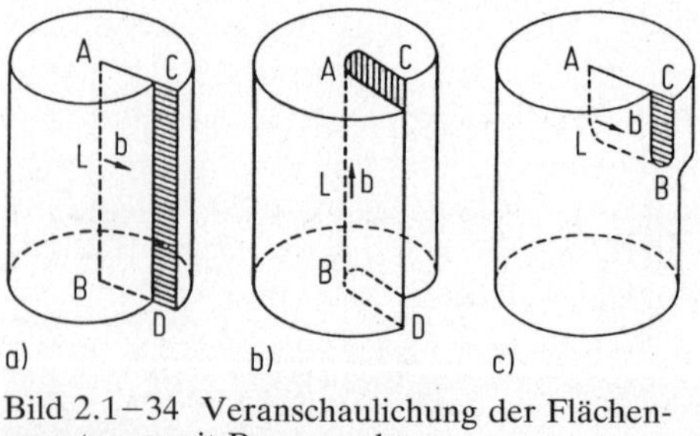

Bild 2.1–34 Veranschaulichung der Flächenversetzung mit Burgersvektor
a) lineare, b) Stufen-, c) Schraubenversetzung

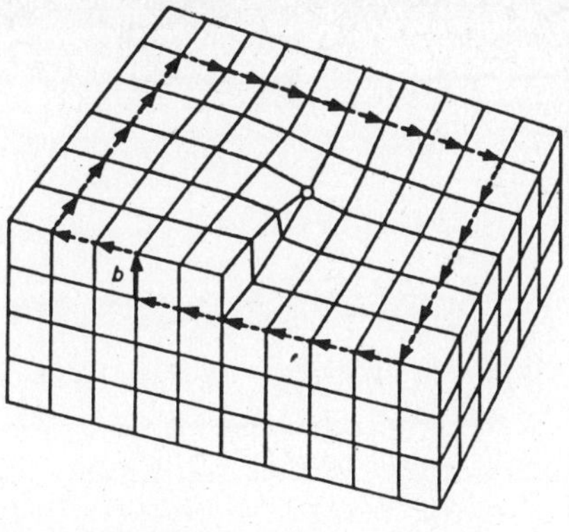

Bild 2.1–35; wie Bild 2.1–34c, als Kristall mit Schraubenversetzung

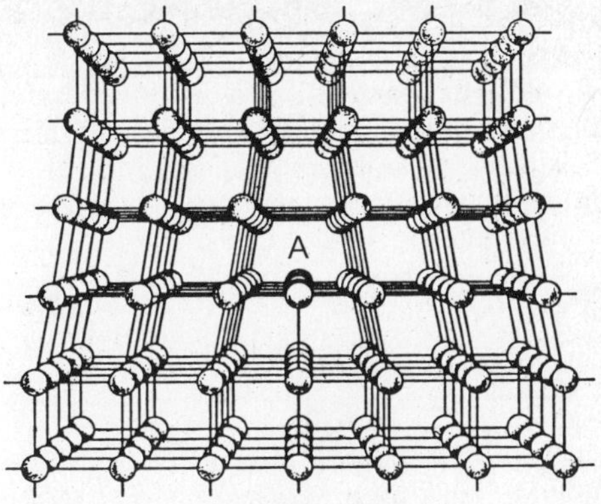

Bild 2.1–36; wie Bild 2.1–35, senkrecht von oben (mit Röntgenaugen) gesehen

Übung 2.1–18

Inwiefern wirken sich intrakristalline (= im Kristall) Versetzungen praktisch aus?

2.2 Binäre Legierungssysteme

Lernziele

Der Lernende kann ...

- binäre Kristallarten beschreiben,
- Mischkristalle von Kristallgemischen unterscheiden,
- Arten und Eigenschaften von Mischkristallen erläutern,
- Zweck und Aufbau von Zustandsdiagrammen erläutern,
- die Entstehung der Zustandsdiagramme aus den Ergebnissen thermischer Analysen herleiten,
- die Hauptarten von Zustandsdiagrammen nennen und skizzieren,
- für die Hauptarten von Diagrammen praktische Beispiele nennen.

2.2.0 Übersicht

Die bisher beschriebenen Kristalle bestanden aus einem Element. In diesem Abschnitt lernen Sie Kristalle kennen, die aus Schmelzen mit zwei Komponenten erstarren; man nennt sie binäre oder Zweistofflegierungen.

Schon in grauer Vorzeit bedienten sich die Menschen im Haushalt, bei der Jagd und im Kampf metallischer Gegenstände. Reine Metalle waren dafür zu weich und nachgiebig. So erfanden sie ohne wissenschaftliche Vorkenntnisse auch heute noch benutzte Legierungen von großer Härte und Widerstandskraft.

In der E-Technik werden reine Metalle nur für Leitzwecke benutzt. Für Widerstände und konstruktiv belastete Werkstoffe verwendet man Legierungen, die aus Kombinationen von zwei oder mehreren Grundstoffen hergestellt werden; dies ist eine Hauptaufgabe der Metallfachleute.

Metalle
- reine: weich, umformbar, hoher Leitwert
- legierte: für Spezialaufgaben

Der weit überwiegende Anteil technischer Legierungen wird zunächst *geschmolzen* und dann in Formen gegossen, in denen sie erstarren (*Schmelzlegierungen*).

- *Gußwerkstoffe* erhalten hierbei bereits ihre endgültige Form, während
- *Knetlegierungen* zunächst zu runden oder eckigen Barren vergossen und anschließend spanlos zu Blechen, Bändern, Stangen, Profilen und Drähten, Preß- und Schmiedestücken verarbeitet werden.

Reinmetalle und Legierungen
- Knetwerkstoffe
- Gußwerkstoffe

- Man kann auch Legierungen aus *Metallpulver* herstellen und den Mischungen nichtmetallische Stoffe (z. B. Graphit) zufügen, und sie zu Fertigteilen verpressen (heterogene *Pulvermetalle*).
- *Sintermetalle*: Eine dritte Möglichkeit besteht darin, verdichtete Pulvergemische zu erhitzen (sintern). Beim Sinterprozeß schmelzen die Metallkörner an den Korngrenzen zusammen, ohne daß die ganze Mischung schmilzt.

Metallische Werkstoffe
1. aus der Schmelze erstarrt: Reinmetalle, Legierungen
2. aus Pulver gepreßt: Pulvermetalle, Pulverlegierungen
3. wie 2, anschließend erhitzt = gebacken = gesintert: Sintermetalle = Metallkeramik, z. B. Hartmetalle, Ferrite

2.2.1 Chemische Zusammensetzung

Aus einer binären Legierung mit A- und B-Atomen d. h. den Komponenten A + B, können folgende drei Kristallarten entstehen:

1. *Reine Kristalle* aus A- oder B-Atomen,
2. *Mischkristalle* aus A- und B-Atomen,
3. Kristalle aus einer *intermetallischen Verbindung* A_xB_y.

Zu 1: In diesem Falle können die A-Kristalle keine B-Atome aufnehmen (im festen Zustand lösen) und umgekehrt die B-Kristalle keine A-Atome. Aus solchen Schmelzen entsteht ein Gemisch aus A- und B-Kristallen nach Bild 2.2−1.

Homogene Schmelze aus A-Atomen und B-Atomen
↓
erstarrt
↓
Kristalle aus A-Atomen | Kristalle aus B-Atomen
↓
Die Legierung enthält ein Gemisch aus zwei Kristallarten, heterogen.

Zu 2: In diesem Fall können A-Kristalle in ihrem Gitter B-Atome aufnehmen und B-

Kristalle A-Atome. Je nach dem Grad der Aufnahmefähigkeit ist das *Lösungsvermögen* „unbeschränkt" oder „beschränkt". Man unterscheidet zwei Mischkristallarten:

- *Austausch*-(Substitutions-)Kristalle, in denen gleich große oder nahezu gleich große Atomkugeln gegenseitig ihre Plätze ersetzen (Bild 2.2–2) und
- *Einlagerungskristalle*, nach Bild 2.2–3, in denen kleinere Atome sich in das Gitter einlagern und es dabei notwendigerweise verzerren (Bild 1.2–5).

Zu 3: Die Gitterstrukturen sind kompliziert und ohne Gleitebenen, infolgedessen extrem hart und nicht verformbar. Eisenkarbid Fe_3C ist die bekannteste intermetallische Verbindung; sie verleiht einigen Eisensorten ihre guten konstruktiven Eigenschaften.

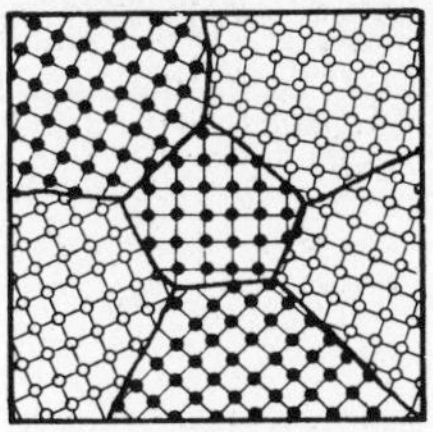

Bild 2.2–1
Kristallgemisch aus
○ A-Atomen, z. B. Cu
und
● B-Atomen, z. B. Pb

Ergebnis: eine CuPb-Legierung mit zwei Kristallarten ≙ heterogenes Gemisch ≙ zwei Phasen

Homogene Schmelze aus A- und B-Atomen ↓ erstarrt ↓ (A + B)-Mischkristalle, (eine Kristallart mit zwei Komponenten, *feste Lösung*!)

Zusammenfassung

In binären Legierungen können folgende Kristallarten vorhanden sein.

1. A-Kristalle und B-Kristalle in einem heterogenen Gemisch aus zwei Phasen.
2. (A + B)-Mischkristalle gleicher Zusammensetzung; einphasig-homogen.
3. (A + B)-Mischkristalle von unterschiedlicher Zusammensetzung, zwei Kristallarten, zwei Phasen, heterogen.
4. a) Reine A-Kristalle + (A + B)-Mischkristalle, zwei Phasen, heterogen.
   b) reine B-Kristalle + (A + B)-Mischkristalle, zwei Kristallarten, zwei Phasen.
5. intermetallische Verbindung mit
   a) Reinkristallen, zwei Phasen,
   b) Mischkristallen, zwei Phasen,
   c) Rein- und Mischkristallen, drei Phasen.

Hierüber geben die Zustandsdiagramme der binären Legierungen einen Überblick.

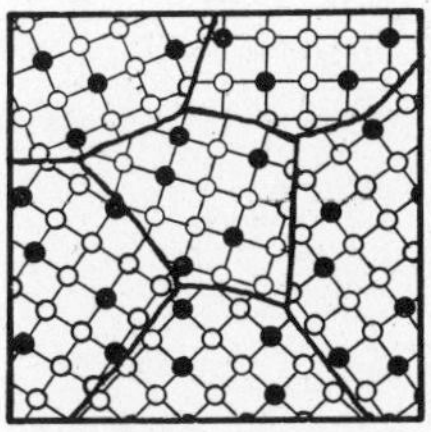

○ A-Atome
● B-Atome

Bild 2.2–2 A- und B-Atome in einem Kristall.
A- und B-Atome fast gleich groß. Austauschatome ergeben Substitutions-Mischkristalle z. B. (Cu+Ni).

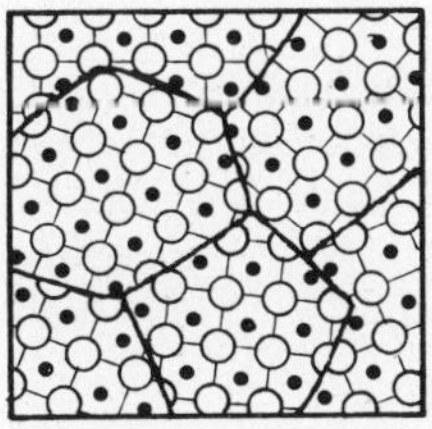

○ A-Atome
● B-Atome

Bild 2.2–3 A-Atome ≫ B-Atome, Einlagerungsatome ergeben Mischkristalle, z. B. C-Atome im γ-Fe → Gitterverzerrung

Übung 2.2–1

Erklären Sie den Unterschied zwischen einem Kristallgemisch und einem Mischkristall (Phasenzahl und Eigenschaften)!

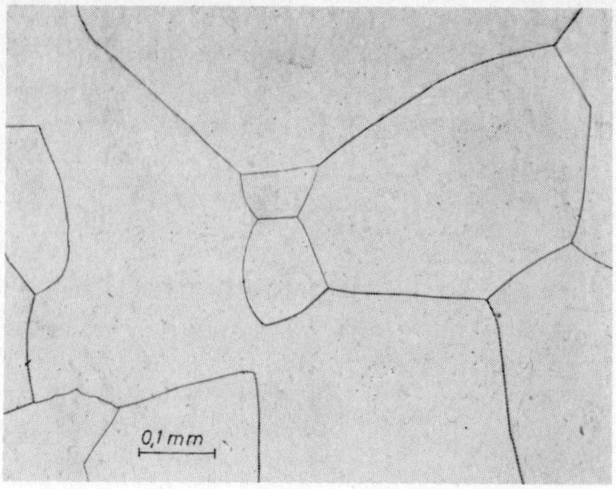

Bild 2.2–4 Homogene Mischkristalle. Man erkennt die Korngrenzen. Vergrößerung 75fach.
Die Kristalle bestehen aus 97% Al und 3% Mg
Leg.: Al Mg 3
Norm-Bezeichnung nach DIN 1700

Übung 2.2–2

Was ist eine intermetallische Verbindung? Wodurch zeichnet sie sich aus?

2.2.2 Zustandsdiagramme

2.2.2.1 Entstehung

In binären Zustandsdiagrammen (-Schaubildern) sind nach Bild 2.2–5 die Temperatur als Ordinate, die Zusammensetzung in Massenprozent (selten in Atom-%) aufgetragen. Wie die Bezeichnung „Schaubild" besagt, kann man mit einem Blick aus den Linien, Kurven und Schnittpunkten alle Legierungskriterien für jede Zusammensetzung und technisch auftretende Temperatur ablesen. Wissenswert für Hersteller und Benutzer sind folgende Fragen:

- Aus welchen Kristallarten und Mengenanteilen besteht die Legierung bei Gebrauchstemperatur?
- Ändern sich bei erhöhter oder erniedrigter Temperatur die Kristallarten und ihre Massenanteile?
- Wann beginnt die Legierung zu schmelzen?

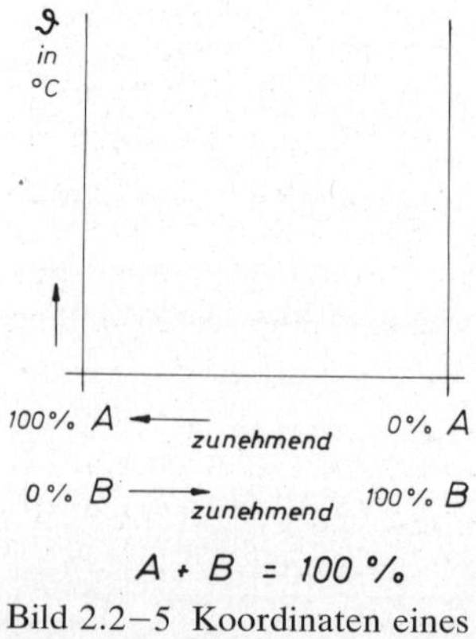

Bild 2.2–5 Koordinaten eines Zustandsdiagramms

- Besitzt die Legierung einen fixen Schmelzpunkt (Erstarrungspunkt)? Wo liegt er? Oder
- hat die Legierung keinen festen Schmelz-(Erstarrungs-)punkt, sondern ein Schmelz-(Erstarrungs-)Intervall mit je einem oberen und unteren Fixpunkt?

Diese für Elektrotechniker wichtigen Fragen – denken Sie neben den Konstruktionswerkstoffen an metallische Leiter, Kontakte und Widerstände! – werden Ihnen an vier Grundtypen von Schaubildern (Legierungstypen) verdeutlicht, wobei zum besseren Verständnis auch ihr Zustandekommen erklärt wird.

Herstellung

Die Linien und Schnittpunkte binärer Zustandsdiagramme ergeben sich aus der Zusammenstellung von Abkühlungs- und Erhitzungskurven nach Bild 2.1–24.

Man erhält sie durch die Ergebnisse von *thermischen Analysen* der Komponenten A und B und einigen Mischungen (Legierungen), deren Halte- oder Knickpunkte beim Abkühlen oder Schmelzen mittels Thermometer und Chronometer bestimmt werden. Man erhält so typische Kurven nach Bild 2.2–6. (Der Begriff *eutektisch* wird im nächsten Abschnitt erklärt.)

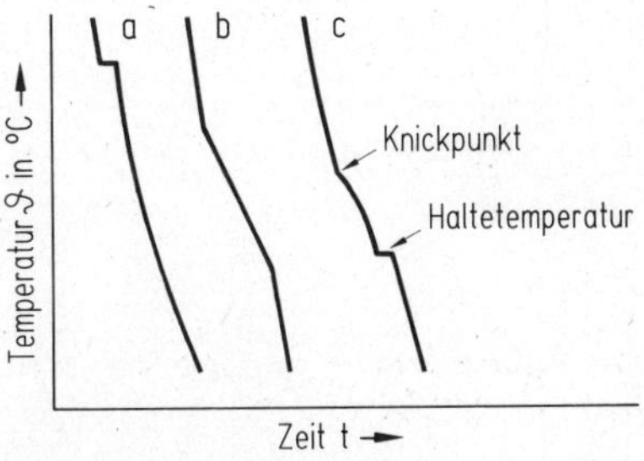

Bild 2.2–6 Erstarrungskurven von Legierungen (thermische Analyse)

a reine Kristalle und eutektische Legierungen
b Mischkristalle
c über- oder untereutektische Legierungen

2.2.2.2 V-Diagramm, Unlöslichkeit

Erster Legierungstyp

Dieses Diagramm hat seinen Namen von dem typischen Kurvenverlauf beim Erstarrungsbeginn der Schmelze, bzw. beim Einschmelzen der Legierung an den oberen Schmelzpunkten. Dieses Diagramm für völlige gegenseitige Unlöslichkeit der beiden Komponenten im festen Zustand wird am Beispiel des Legierungssystemes Bi-Cd (Wismut-Cadmium) erläutert (Bild 2.2–7).

Im Bild 2.2–8 sind zur besseren Übersicht einige Kurven und Punkte verdeutlicht und mit ihrem Namen beschriftet. *Liquidus* heißt flüssig, *solidus* fest (lateinisch), *eutektos* gut strukturiert (griechisch).

Eutektikum:
- heterogenes Gemisch aus zwei Kristallarten mit
- einem festen Schmelz-(Erstarrungs-)punkt,
- einer bestimmten Zusammensetzung

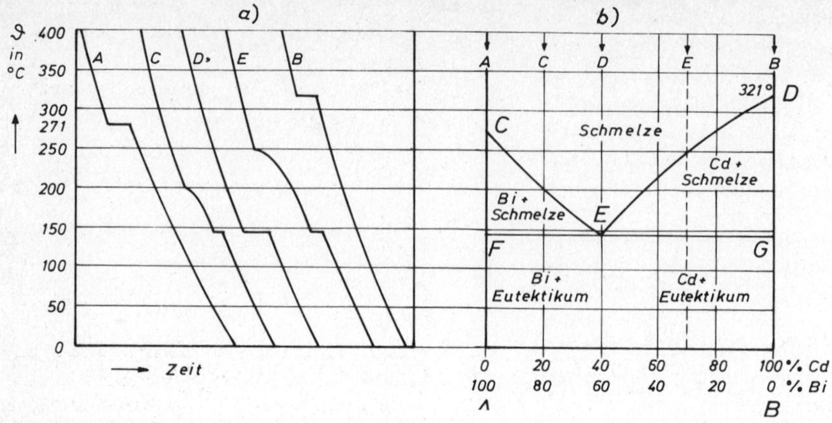

Bild 2.2–7 Entstehung eines Zustandsdiagrammes mit völliger Unlöslichkeit beider Legierungskomponenten im festen Zustand
a) Abkühlungskurven der Reinmetalle A und B und der homogenen Schmelze aus A und B mit 80/20; 60/40; 30/70 Masseprozenten
b) Zustandsdiagramm, hergestellt nach den Punkten und Linien in a)
Erklärung zu Bild 2.2–7b

Gebiet	Zahl der Phasen	Namen der Phasen
oberhalb CED	1	binäre Bi-Cd-Schmelze
CFE	2	Bi-Kristalle + Schmelze
DEG	2	Cd-Kristalle + Schmelze
unterhalb FE	2	Bi- und Cd-Kristalle
unterhalb EG	2	Bi- und Cd-Kristalle

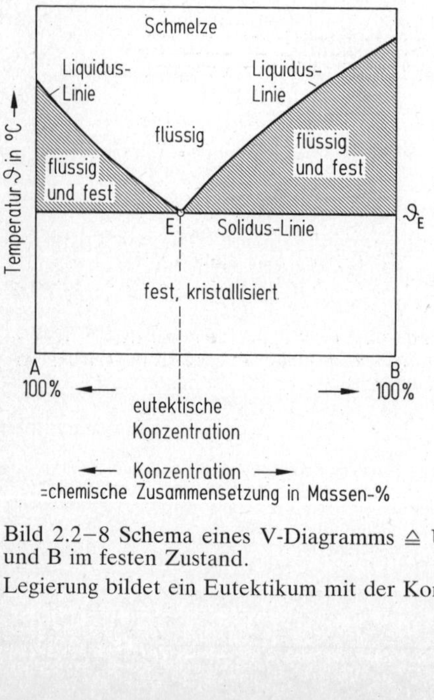

Bild 2.2–8 Schema eines V-Diagramms ≙ Unlöslichkeit beider Komponenten A und B im festen Zustand.
Legierung bildet ein Eutektikum mit der Konzentration K_E bei der Temperatur ϑ_E.

Nach diesem Diagramm kristallisieren die Blei-Zinnlegierungen (Weichlote) nach Bild 2.2–9. Hat man aus DIN 1707 die Zusammensetzung eines Lotes entnommen, dann kann man aus dem Schaubild seinen oberen und unteren Schmelzpunkt entnehmen. Dabei müssen Sie die Verarbeitungs- und die maximale Gebrauchstemperatur des Lotes unterscheiden (warum?). Nur das eutektische Sickerlot L Sn 62 Pb ist von diesem Hinweis ausgenommen. (Warum?).

Bei den Al-Si-Legierungen nach Bild 2.2–10 erkennt man bei höheren Temperaturen eine kleine Lösungsfähigkeit der kfz-Kristalle des Aluminiums für Si-Atome (vgl. 2.2.2.4). Die bei 577°C erstarrende (= schmelzende) eutektische Gußlegierung G Al Si 13 wird häufig für Motoren und andere Gußteile benutzt, bei denen Kunststoffe bei höheren Temperaturen (noch) nicht, aber Keramikteile manchmal schon eingesetzt werden können.

Praktisch verwendbar sind Al-Si-Legierungen bis max. 20% Si; darum begnügt man sich hier, wie in analogen Fällen, mit einem Teildiagramm.

Liquidus-Temperatur = obere Schmelz- und Erstarrungstemperatur
Solidus-Temperatur = untere Schmelz- und Erstarrungstemperatur

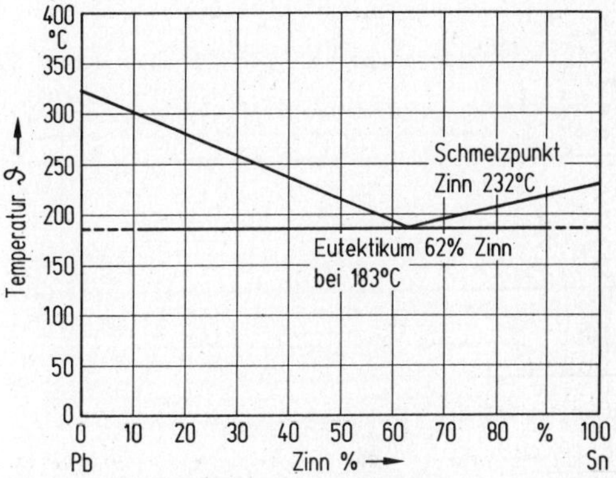

Bild 2.2–9 Zustandsschaubild Pb-Sn
Weichlote: L Sn 50 Pb
L Sn 60 Pb
für El.-Industrie, für gedruckte Schaltungen. Niedriger Schmelzpunkt! Sickerlot!

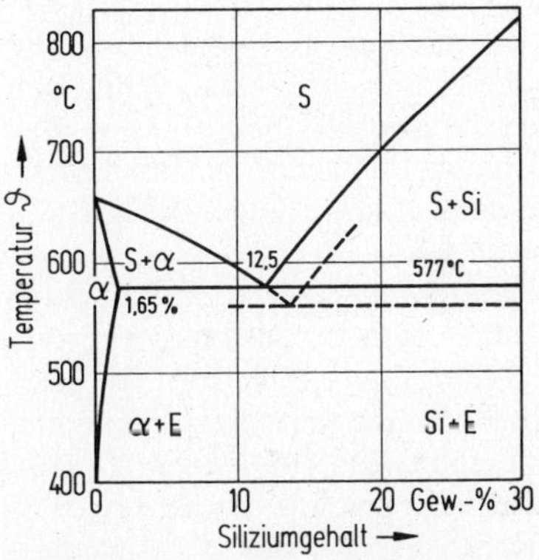

Bild 2.2–10 Zustandsschaubild Al-Si.
E = Eutektikum, S = Schmelze, α = feste Lösung von Si in Al.

Die gestrichelten Linien zeigen den durch Na-Zusatz veredelten und unterkühlten Zustand von Al-Si-Schmelzen

Übung 2.2–3

Unter welchen Bedingungen bildet sich ein Eutektikum?

Übung 2.2–4

Erklären Sie anhand einer Skizze die Begriffe untereutektisch, eutektisch, übereutektisch!

2.2.2.3 Linsendiagramm, unbeschränkte Löslichkeit

Zweiter Legierungstyp

Bei diesem Erstarrungstyp bilden sich aus der Schmelze Mischkristalle der gleichen Zusammensetzung, wie sie die Schmelze hat.

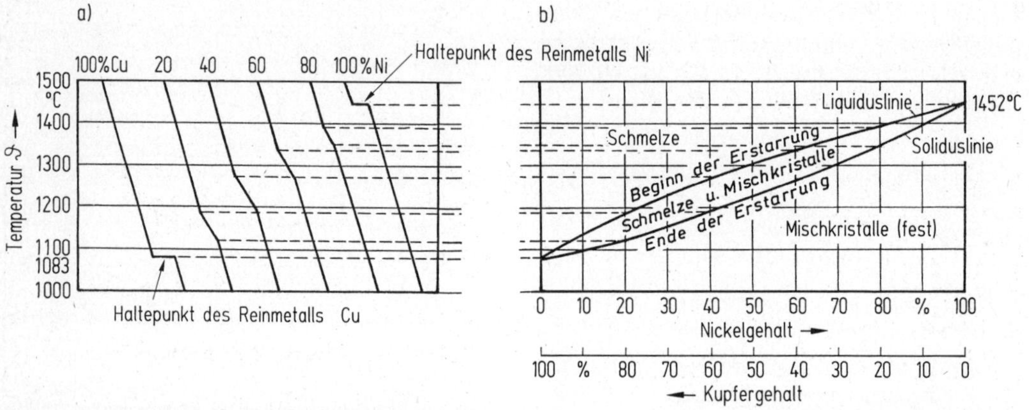

Bild 2.2−11 Entstehung eines Zustandsdiagrammes mit völliger Löslichkeit beider Komponenten ineinander im festen Zustand, Beispiel Cu-Ni

Das Zustandekommen dieses Schaubildtyps, das in seiner Form einer Linse, Zigarre oder einem Zeppelin ähnelt, soll am Beispiel der in der Elektrotechnik viel benutzten Cu-Ni-Legierungen veranschaulicht werden, Bild 2.2−11. Im Betrieb werden die Schmelzen meistens rasch abgekühlt, besonders in den modernen Stranggußanlagen; bei der Erstarrung durchlaufen sie ein Temperaturintervall vom oberen bis zum unteren Erstarrungspunkt, die man aus dem Verlauf der Liquidus- und Soliduslinien entnehmen kann. Bei diesen beiden Temperaturen ist die Schmelze unterschiedlich zusammengesetzt. Die zuerst erstarrende Schmelze hat eine andere Zusammensetzung als die spätere erstarrende; so entstehen „Zonen-Mischkristalle" von unterschiedlicher örtlicher Zusammensetzung. Man nennt diese Zonenbildung im Kristall *Kristallsaigerung*. Nur bei sehr langsamer Erstarrung oder nachträglicher Erwärmung kann sie behoben werden. Im heißen Kristall können sich die Konzentrationen der heftig schwingenden Atome wie in einer Flüssigkeit oder einem Gas ausgleichen; es findet eine *Diffusion* im festen, erwärmten Kristall statt. Sie spielt in der Halbleitertechnologie eine bedeutsame Rolle, auf die wir noch zu sprechen kommen.

> Der Abstand zwischen Solidus- und Liquiduslinie über der Konzentration ist das Erstarrungsintervall einer Legierung.

> Mischkristalle haben niedrige elektrische Leitfähigkeit (s. 4.5.1).
>
> Sie werden bevorzugt für metallische Widerstände gebraucht.
>
> Beispiele sind:
>
> | | |
> |---|---|
> | Cu Ni
Cu Ni Mn | Regeln
Messen
Anlassen |
> | Ag Mn Sn
Au Ag
Au Cr | genaueste Messungen |
> | Fe Cr
Fe Cr Ni | Heizen |

Wie sich unterschiedliche Kristallarten bei Legierungen gleicher chemischer Zusammensetzung auswirken können, soll am Beispiel des Legierungssystems Gold-Silber an der elektrischen Leitfähigkeit durch Bild 2.2–12 verdeutlicht werden. Darin wird ein

- Gemisch aus reinen Silber- und Goldkristallen mit
- Mischkristallen aus Au und Ag gleicher chemischer Zusammensetzung

verglichen.

In den Reinkristallen mit geordneten Atomreihen finden die Elektronen bei ihrer Driftbewegung im Gleichstrom oder ihren pulsierenden Schwingungen bei Potentialwechseln wenig Widerstand ($\varkappa$ = hoch); in Mischkristallen mit verschieden großen Gold- und Silberatomen ist das Gitter mehr oder weniger verzerrt und die Elektronen kollidieren häufiger mit den Atomen ($\varkappa$ = niedriger).

Metallatome mit unterschiedlichen Gitterarten lösen sich gegenseitig nur wenig oder gar nicht.

Mischkristalle haben immer ein verzerrtes Gitter, Bild 2.2–13. Darum sind die konstruktiven Eigenschaften der Mischkristalle in den Kupfer-Zink-Legierungen (Messing) besser als die der beiden Reinmetalle, aber die Leitfähigkeit aller Messingsorten liegt erheblich tiefer als die von Reinkupfer.

Unterschied der elektrischen Leitfähigkeit zwischen

Fall 1		*Fall 2*
Kristallgemenge Kristallgemisch	und	Mischkristallen

Beispiel:

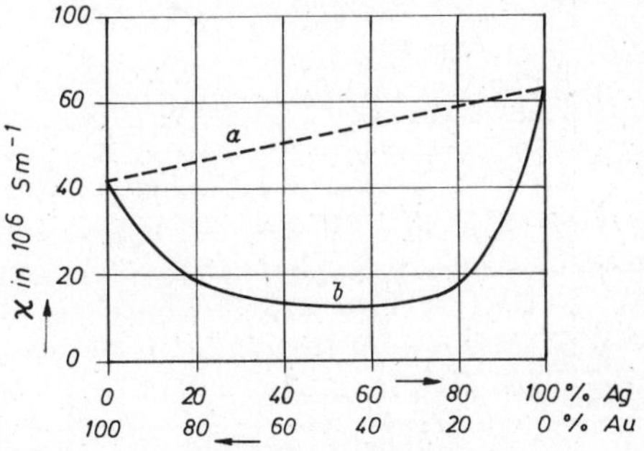

Bild 2.2–12 Elektrische Leitfähigkeit von Au-Ag-Legierungen
a Fall 1: aus Pulvergemisch verpreßt
b Fall 2: aus Schmelze kristallisiert

Beide Metalle bilden in jeder Konzentration Mischkristalle. Bereits kleine Zusätze von Silber in Gold bzw. von Gold in Silber setzen die Leitfähigkeit herab.

Wichtig für Widerstandslegierungen!

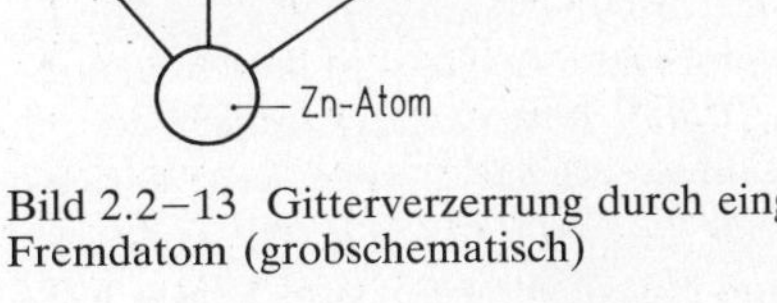

Bild 2.2–13 Gitterverzerrung durch eingebautes Fremdatom (grobschematisch)

Übung 2.2–5

Was versteht man unter Mischkristallsaigerung?

Wie kann man sie unterdrücken?

Übung 2.2–6

Nennen Sie eine in der Elektrotechnik oft benutzte eutektische Legierung! Warum wird sie gegenüber nichteutektischen bevorzugt?

2.2.2.4 Kombiniertes Diagramm, beschränkte Löslichkeit

Dritter Legierungstyp

Einige Legierungen gehören weder zum Typ 1 noch zum Typ 2, sondern zu einem Zwischentyp 3 mit „beschränkter Löslichkeit". Sein Zustandsschaubild (Bild 2.2–14) besitzt eine „Mischungslücke", die diesen Legierungstyp kennzeichnet. Beide Mischkristallarten – meistens als α- und β-Kristalle bezeichnet – bilden gemeinsam ein Eutektikum.

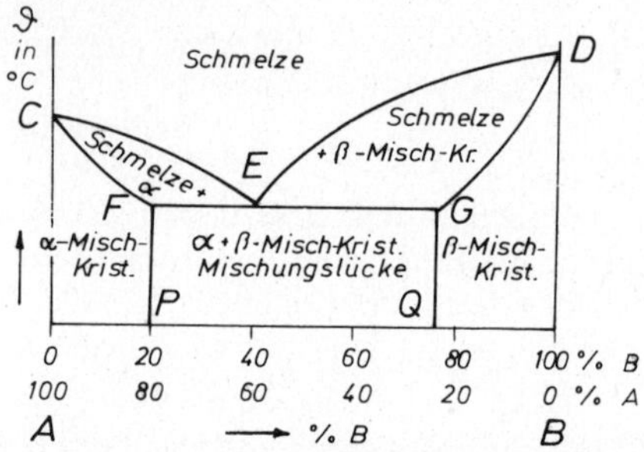

Bild 2.2–14 Beschränkte Löslichkeit der A-Kristalle für B-Atome (α-Kristalle mit maximal 20% B-Atomen) und der B-Kristalle für A-Atome (β-Kristalle mit max. 25% A-Atomen).

Das Diagramm zeigt eine Mischungslücke zwischen 80 und 25% A. Dieser Legierungstyp tritt oft auf, z. B. bei Cu Sn (Sn-Bronze)
Cu Al (Al-Bronze)
Cu Zn (Messing).

Im Fall 1 bestand das Eutektikum aus 2 Reinmetallen, im Fall 3 bildet es sich aus zwei Mischkristallarten, den α- und β-Kristallen.

Bei Mischkristallen mit beschränkter Löslichkeit tritt manchmal eine Erscheinung auf, die man zur *Härtesteigerung der Legierung* ausnutzt. Wie bei heißem Wasser, das mehr Salz als kaltes Wasser löst und beim Abkühlen Salzkristalle ausscheidet, steigt bisweilen die Aufnahmefähigkeit eines „beschränkt aufnahmefähigen" Mischkristalles für Fremdatome mit steigender und fällt mit abnehmender Temperatur (Bild 2.2–15, Linie AB).

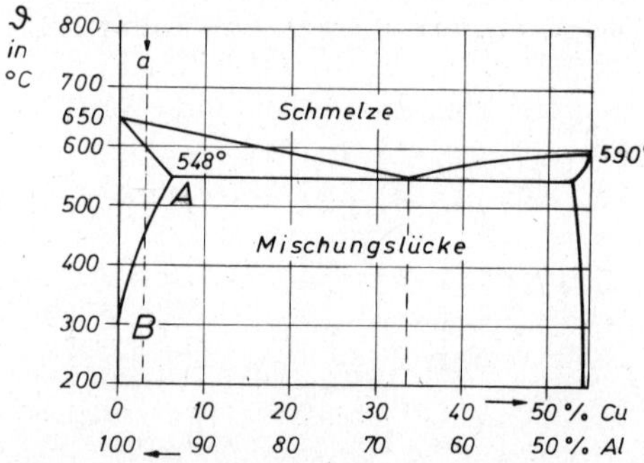

Bild 2.2–15 Teil-Zustandsschaubild mit beschränkter Löslichkeit im festen Zustand (Mischungslücke); abnehmende Löslichkeit mit fallender Temperatur (Linie AB) am Beispiel der Al-Cu-Legierungen. Solche Legierungen können ausgehärtet werden. Benutzt für federnde, harte Kontakte und Kontaktträger.

Schreckt man einen solchen Mischkristall von einer höheren Temperatur rasch in kaltem Wasser oder mit kalter Preßluft ab, dann werden eine Anzahl von Fremdatomen zwangsweise im Gitterverband festgehalten; sie können nicht so rasch aus dem Kristallgitter in die Korngrenzen entweichen (diffundieren); nur bei langsamerer Abkühlung ist dies möglich. Nach gewisser Zeit beenden manche eingefangenen Atome ihren Zwangsaufenthalt im Gitter, indem sie einzeln entweichen, daraufhin mit dem Basismetall oder einer dritten Komponente eine harte intermetallische Verbindung bilden und sich in feinster Verteilung in Fehlstellen der Körner plazieren. Manchen Atomarten gelingt dies bereits bei Zimmertemperatur, manchen erst bei größeren Schwingungen des Gitters, d. h. bei höherer Temperatur.

Beispiele:

Ag-Cu, Ag-Pt, Al-Cu, Al-Zn, Al-Mg, Cd-Zn, Ag-Zn, Cu-Fe, Cu-Mg

Die feinen, harten Materieausscheidungen in den Körnern – genaugenommen in den Gleitebenen – erschweren oder blockieren eine Verformung und verfestigen so das Metall (Bild 2.2–16).

Bei Raumtemperatur durch Ausscheidung verfestigte Legierungen bezeichnet man nach DIN als *kaltausgehärtete*, bei höherer Temperatur verfestigte als *warmausgehärtete* mit den Kurzzeichen ka bzw. wa.

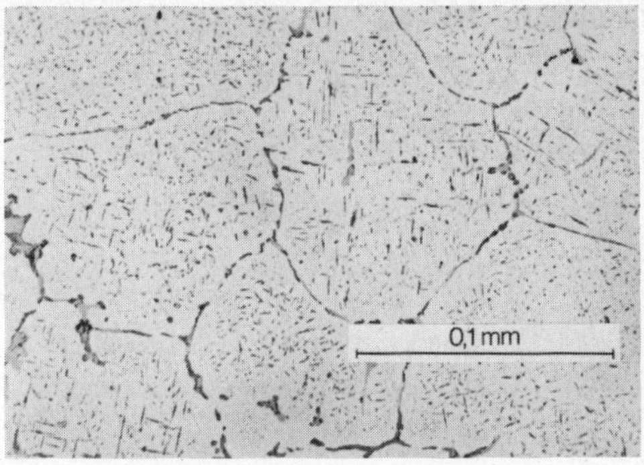

Bild 2.2–16 Mischkristalle, ≈250fach vergrößert
Basis: Al, Komponente: 5% Cu
Ausscheidung: intermetallische Verbindung Al_2Cu
Die feinen Ausscheidungen setzen sich an Fehlplätze im Kristall, verzerren das Gitter und die Gleitebenen und beeinträchtigen eine Verformung. Erhebliche Härte- und Festigkeitssteigerung!

Übung 2.2–7

a) Bei welchen Metallschmelzen ergeben sich auf der Abkühlungskurve Haltepunkte?
b) Warum treten sie auf?

Übung 2.2–8

a) Erklären Sie den Begriff Erstarrungsintervall!
b) Woran erkennt man es im Zustandsdiagramm?

2.2.2.5 Diagramm mit intermetallischer Verbindung

Vierter Legierungstyp

Man kann sich das Diagramm aus zwei Teildiagrammen nach Bild 2.2–17 zusammengesetzt denken, dann sieht es nicht mehr so kompliziert aus. Komponenten sind A, A_xB_y, B. Man erkennt es an einem absoluten oder relativen Maximum der Liquiduslinie. Folgende harte und feste intermetallische Verbindungen treten u. a. in elektrotechnischen Legierungen auf: $CuAl_2$, Al_2Mn, Cu_2Mg, Mg_2Si.

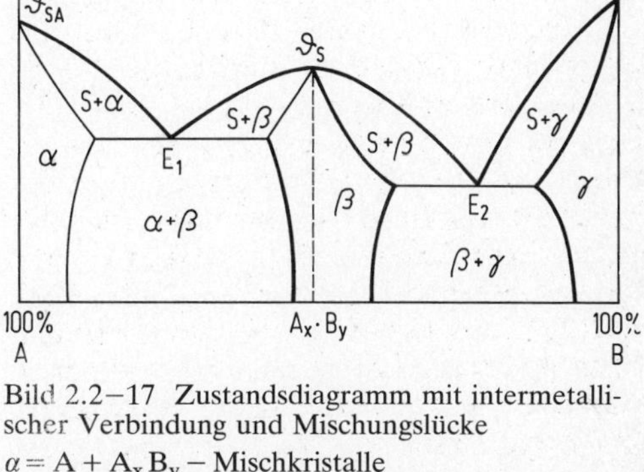

Bild 2.2–17 Zustandsdiagramm mit intermetallischer Verbindung und Mischungslücke
$\alpha = A + A_xB_y$ – Mischkristalle
$\beta = A_xB_y + A + B$ – Mischkristalle
$\gamma = B + A_xB_y$ – Mischkristalle

Übung 2.2−9

Kann in einem durch Linien abgegrenzten Phasengebiet mehr als eine Phase vorhanden sein?

2.2.3 Grob- und Feinkorn, Brucharten

Die Korngröße wird, wie bereits geschildert (s. 2.1.5), mit zunehmender Abkühlungsgeschwindigkeit kleiner. Man erstrebt für die Erzielung guter konstruktiver Eigenschaften ein feinkörniges Gefüge; die Bruchflächen sind größer und zackiger als bei Grobkorn.

Jeder Bruch geht, wie bei dem schwächsten Glied einer Kette, durch die Gefügeteile mit der kleinsten Festigkeit.

In kaltem Zustand verlaufen die Metallbrüche meistens entlang den Korngrenzen (*interkristalliner* Bruch), im warmen Zustand quer durch die Kristalle (*intrakristalliner* Bruch), (Bild 2.2−18 a, b).

Bisweilen sind die Zonen (Grenzen) zwischen den Körnern widerstandsfähiger als die Kristalle; manchmal ist es umgekehrt; dadurch entstehen die beiden genannten Brucharten.

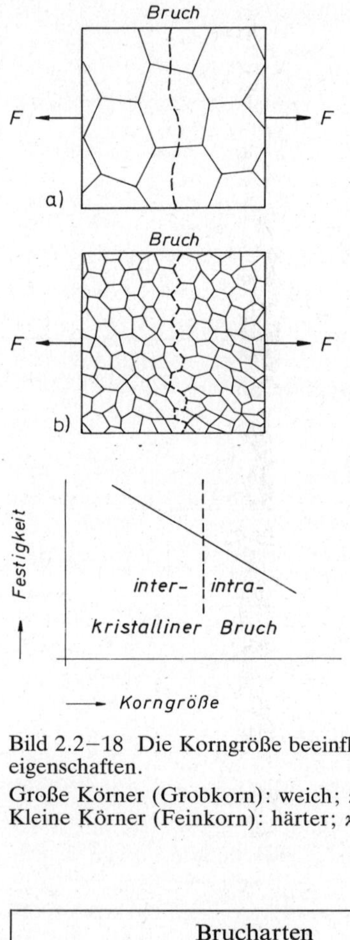

Bild 2.2−18 Die Korngröße beeinflußt die Metalleigenschaften.
Große Körner (Grobkorn): weich; $\varkappa$ = hoch
Kleine Körner (Feinkorn): härter; $\varkappa$ = niedriger.

Brucharten	
1	2
durch das Korn	*entlang* den Korngrenzen
≙ intrakristallin	≙ interkristallin

2.2.4 Zusammenstellung wichtiger Begriffe für metallische Kristalle

Elementarzelle:	Baustein der Kristalle	Gitterparameter in nm = 10^{-9} m:	Abstand der Mittelpunkte benachbarter Zellenatome
Feinstruktur:	Aufbauordnung im Inneren der Kristalle	Atomzahl:	Anzahl der Atome je Zelle
Netzebene:	Gedachtes System von Geraden in einer Ebene; die Netzknüpfpunkte liegen in den Atom-Mittelpunkten	Koordinationszahl:	Anzahl der nächstgelegenen Nachbarn eines Gitterbausteines.
Raumgitter:	Übereinander gelagerte, durch Geraden verknüpfte Netzebenen	Packungsdichte:	Verhältnis des Volumens der an der Zelle beteiligten Atome zum Zellvolumen

- *Gitterarten*
  - kfz
  - krz
  - hex
  - tetr. (nicht erklärt)
  - Diamant
  - kompliziert
- *Chemische Zusammensetzung*
  - reine Kristalle
  - Mischkristalle
  - intermetallische Verbindung
- *Entstehung*
  - primär aus Schmelze
  - sekundär aus Kristallen
    - rekristallisiert
    - geglüht
  - langsam erstarrt (grob)
  - schnell erstarrt (fein)
- *Form*
  - Platten
  - Streifen
  - Lamellen
  - Kugeln
  - Dendriten (Tannenbaumform)
  - unverformt
  - verformt
  - orientiert (Textur)
- *Größe*
  - grob ≙ groß
  - mittel
  - fein ≙ klein
  - hochfein
  - höchstfein ≙ dispers
- *Energieinhalt*
  - warm/kalt
  - verspannt/unverspannt
  - im Gleichgewicht/im Ungleichgewicht ≙
  - stabil/instabil
- *Letzte Behandlung*
  - Gußzustand
  - homogenisiert ≙ geglüht ≙ normalisiert ≙ stabilisiert
  - abgeschreckt ≙ verspannt ≙ instabil
  - ausgehärtet
    - warm wa
    - kalt ka
  - kaltverformt ≙ kaltverfestigt (instabil)
    - rekristallisiert
  - vergütet (bei Stahl)

Übung 2.2–10

Warum haben Mischkristalle einen höheren elektrischen Widerstand als das Basismetall (Komponente mit dem höchsten Massenanteil in %)?

Übung 2.2–11

Ein Metallteil zerbricht durch äußere Krafteinwirkung. Welche zwei Möglichkeiten des Bruchverlaufs bestehen?

2.3 Flüssigkristalle

Lernziel

Der Lernende kann das Prinzip einer Flüssigkristall-Anzeige erklären.

Nach der Definition des Begriffes „Kristall" (2.1.0) erscheint der für moderne Anzeigensysteme geläufige Ausdruck „Flüssigkristall" verwirrend, um nicht zu sagen paradox.

Doch bereits vor hundert Jahren entdeckte man in einigen organischen Flüssigkeiten physikalische Ordnungssysteme, die man bisher nur bei Kristallen kannte, wie:

- Polarisation des Lichtes (Schwingung in einer Ebene)
- richtungsabhängige elektrische Leitfähigkeit (Anisotropie)
- richtungsabhängige Viskosität (reziprokes Fließvermögen).

Dieser mit „Mesophase" bezeichnete Vorordnungszustand ähnelt einer unterkühlten Metallschmelze mit Eigenkeimen (Bild 2.1–25).

Man beobachtete drei Flüssigsysteme, das

- *nematische**, in dem Fadenmoleküle parallel zueinander ausgerichtet sind und sich leicht in dieser Richtung verschieben lassen (Bild 2.3–1), das
- *smektische***, das aus quer zu den parallelen Fadenmolekülen angeordneten Schichten besteht, wobei sich die Fadenmoleküle innerhalb einer Schicht gegeneinander bewegen, diese aber nicht verlassen können (Bild 2.3–2), und das
- *cholesterische*, angeordnet wie die Erstgenannten, aber in mehreren „Netzebenen" übereinander gelagert (Bild 2.3–3).

Technisch genutzt wird neben der letzten (z. B. als Temperaturindikatoren) die erste Gruppe. Ihre Lichtdurchlässigkeit läßt sich durch Ministröme bei kleiner Spannung nach folgendem Prinzip steuern:

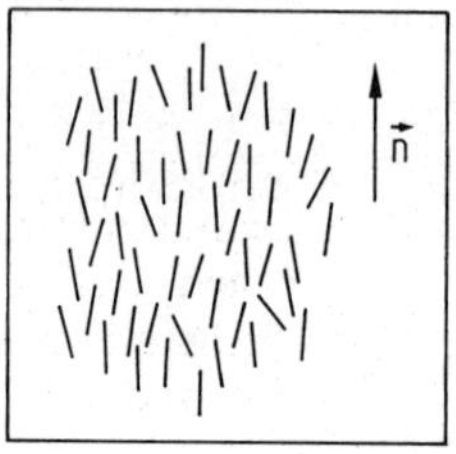

Bild 2.3–1 Nematische Flüssigkristalle
n Ausrichter, ↑ Ausrichtung

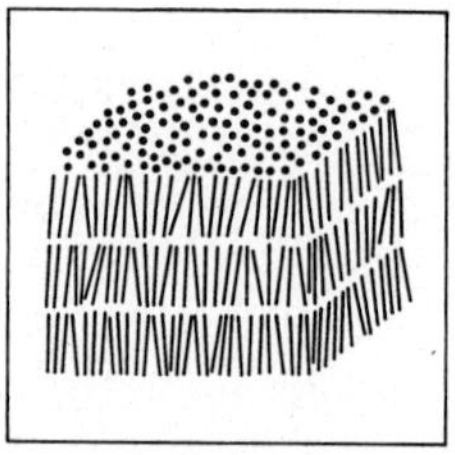

Bild 2.3–2 Smektische Flüssigkristalle

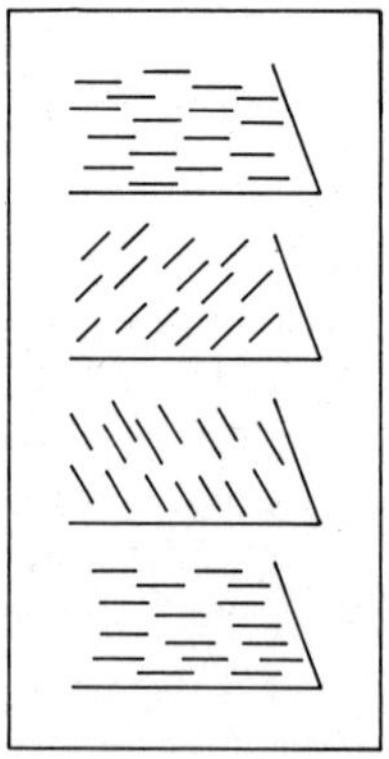

Bild 2.3–3 Cholesterische Flüssigkristalle

* (griechisch) fadenförmig
** seifig

Man tropft etwas Flüssigkeit zwischen zwei Glasplatten und richtet ihre Fadenmoleküle elektrisch aus; dann verdreht man beide Glasflächen um 90°C gegeneinander und erhält eine „Drehzelle“ als Baueinheit des Anzeigensystems. Man legt sie zwischen zwei Polarisationsfilter; durch das erste fällt polarisiertes Licht auf die Zelle; sie selber, optisch aktiv, dreht die Ebene des polarisierten Lichts so, daß es noch soeben das Filter 2 passieren kann, und die Drehzelle damit durchsichtig bleibt. Legt man an sie eine Spannung, dann werden die optisch verdrehten Flüssigkeitskristalle zurückgedreht und sie wird undurchsichtig (Bild 2.3–4).

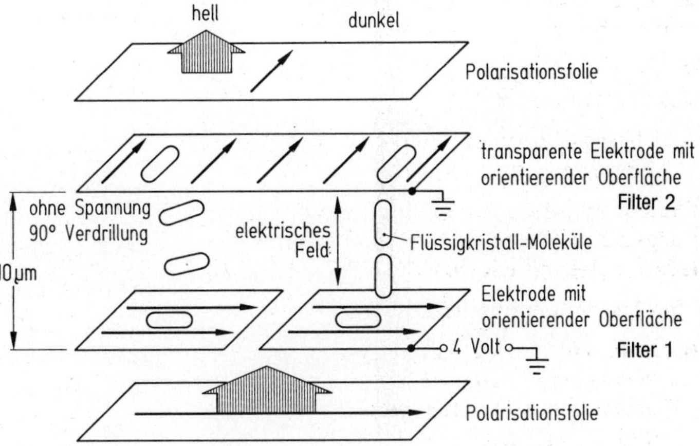

Bild 2.3–4 Wirkung einer Drehzelle

Der geringe Energieaufwand von wenigen µW/cm² Anzeigenfläche ist das entscheidende Kriterium für die breite Anwendung dieses Anzeigensystems, z. B. in Uhren, Rechnern, Tachos, Foto- und Filmgeräten, Fernsprechern, Tanksäulen u. a. Man beschäftigt sich mit der Entwicklung etwa 3 cm flacher FS-Bildschirme, wobei cholesterische Flüssigkristalle zum Zuge kommen. Denken Sie an die regenbogenfarbenen Ölfilme auf dem Wasser!

Übung 2.3–1

a) Was versteht man unter einem nematischen Flüssigkristall?

b) Worauf beruht seine technische Anwendung?

Lernzielorientierter Test zu Kapitel 2

1. Der Anzahl der Gleitsysteme ist direkt proportional
   - A die elektrische Leitfähigkeit
   - B die thermische Leitfähigkeit
   - C die Härte
   - D die Verformbarkeit
   - E der Schmelzpunkt

2. Ein rekristallisiertes Korn ist im Vergleich zu dem Primärkorn immer
   - A größer
   - B kleiner
   - C gleich groß
   - D mal größer, mal kleiner, mal gleich
   - E härter
   - F weicher
   - G mal härter, mal weicher, mal gleich

3. Die höchste elektrische und thermische Leitfähigkeit hat das gleiche Basismetall mit
   - A homogenen Mischkristallen
   - B Eutektikum
   - C einem Gemisch aus Reinkristallen und Eutektikum
   - D reinen, undeformierten Kristallen
   - E reinen, deformierten Kristallen

4. Ordnen Sie die Legierungen nach der steigenden Härte, wenn Sie folgende Kristalle haben:
   - A heterogenes Gemisch 50/50 aus zwei reinen Kristallen
   - B heterogenes Gemisch 50/50 aus Reinkristallen und einer intermetallischen Verbindung
   - C heterogenes Gemisch 50/50 aus zwei intermetallischen Verbindungen
   - D homogene Mischkristalle
   - E heterogenes Gemisch 50/50 aus Mischkristallen und Reinkristallen

5. Reine Kristalle haben höhere Werte als Mischkristalle für
   - A die elektrische Leitfähigkeit
   - B die thermische Leitfähigkeit
   - C den Korrosionsangriff
   - D die Härte
   - E die bleibende Deformation

6. Quasiisotrop ist
   - A ein Eutektikum
   - B ein heterogenes Gemisch
   - C ein Kupfer-Monokristall
   - D Fensterglas
   - E Aluminiumblech

7. Beim Erwärmen steigt die elektrische Leitfähigkeit von
   - A Glas
   - B Kohle
   - C Kupfer-Nickel-Legierung
   - D Diamant
   - E Platin
   - F Eisenkarbid

8. Für die Zn-Cd-Legierung der Konzentration x sind die Kristalle der Legierung
   - A übereutektisch
   - B übersättigte Mischkristalle
   - C homogen
   - D eutektisch
   - E heterogene Zn- und Cd-Kristalle

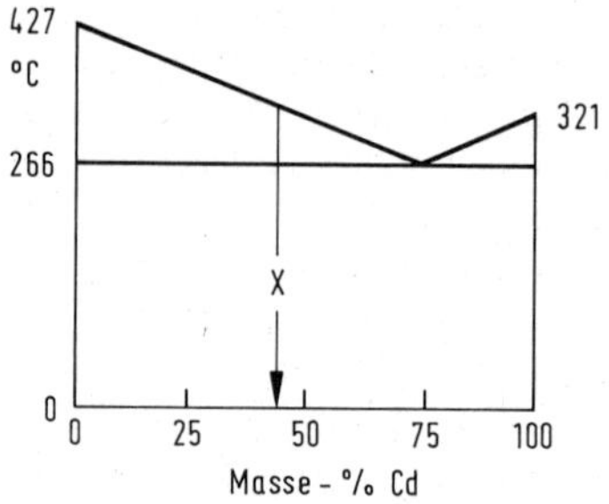

9. Schreiben Sie die folgenden Werkstoffe in die zugehörigen Spalten Ag, Al, Cu, α-Fe, γ-Fe, Ge, Glas, Graphit, Pt, Si, Zn
   - A hex
   - B Diamantgitter
   - C krz
   - D kfz
   - E amorph

10. Mischkristalle
    - A erwünscht für hohe Stromdichte
    - B unerwünscht für hohe Stromdichte
    - C erwünscht für hohe Festigkeit
    - D unerwünscht für hohe Festigkeit
    - E steigert Verformungsfähigkeit
    - F behindert Verformungsfähigkeit

3 Konstruktive Eigenschaften, Prüfverfahren, Legierungen

3.0 Überblick

Die Werkstoffe in der E-Technik erfüllen in erster Linie elektrische, elektronische und magnetische Aufgaben; sie werden im praktischen Einsatz aber auch konstruktiv, d. h. statisch und dynamisch belastet.

Im ersten Abschnitt des Kapitels erhält der Lernende einen Ein- und Überblick über die wichtigsten konstruktiven Belastungen und ihre Prüfverfahren, im zweiten Abschnitt werden die wichtigsten Konstruktionslegierungen in großen Zügen besprochen.

3.1 Eigenschaften und Prüfverfahren

Lernziele

Der Lernende kann ...

- die Entstehung des Spannungs-Dehnungsdiagramms durch den Zugversuch erklären,
- aus dem Spannungs-Dehnungsdiagramm die für die Belastungs- und Verformungsfähigkeit eines Werkstoffes erforderlichen Größenwerte entnehmen,
- die für elastische Verformungen maßgeblichen Begriffe: Elastizitätsgrenze und Elastizitätsmodul definieren,
- den Begriff Härte definieren,
- Härteprüfverfahren nach DIN beschreiben und auswerten,
- den Begriff Kriechfestigkeit erläutern,
- Ergebnisse von Lastwechsel-Dauerprüfungen anhand von Wöhlerkurven beurteilen,
- den Kerbschlagbiegeversuch und den Hauptgrund seiner Anwendung erklären,
- die Arbeitsweise des Ultraschall-Impuls-Echoverfahrens zur Aufdeckung verborgener Fehler in metallischen Werkstücken erklären.

3.1.0 Übersicht

Eine Übersicht über die mannigfachen Belastungen, denen Materialien in der Praxis ausgesetzt sind, gibt die Aufstellung Seite 114. Zur Ermittlung der Materialtauglichkeit dienen international anerkannte Prüfmethoden, die in Westdeutschland in DIN-Vorschriften niedergelegt sind und ständig auf den neuesten Stand gebracht werden. Die Grundvoraussetzung, daß ein Werkstoff die betrieblichen konstruktiven Belastungen unbeschadet erträgt, sind seine *Festigkeit* und *Härte*; mit ihren Prüfungen werden wir uns vor allem beschäftigen.

Neben den Maßkontrollen sind innerbetriebliche Qualitätskontrollen notwendig, wobei die Regel zu beachten ist:

Je dichter am Fertigungsplatz kontrolliert und geprüft wird, um so schneller wird der Ausschuß entdeckt, die Ursache abgestellt und um so geringer ist die Ausschußquote.

Die richtige Auswahl der Proben und die statistische Auswertung der Prüfungen obliegt der Qualitätsstelle oder Prüfabteilung. Sie muß garantieren, daß nicht nur ein Einzelteil, sondern jedes Teil einer Großserie den gestellten Anforderungen genügt; verdeckte Mängel müssen aufgedeckt und ausgeschaltet werden.

Über die Prüfungen werden DIN-Protokolle ausgestellt (rechts).

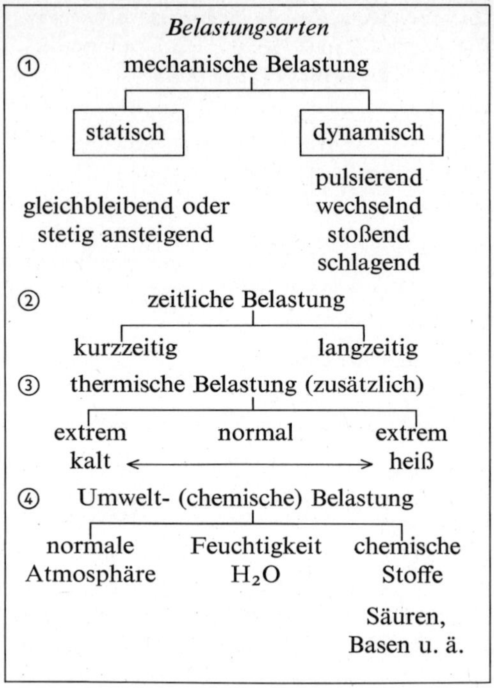

Prüfprotokolle nach DIN

- Werksbescheinigungen (A)
  über die Einhaltung der Bestellvorschriften,
- Werkszeugnisse (B)
  über die Ergebnisse der Prüfung nach Bestellung,
- Abnahmezeugnisse einer amtlichen Prüfstelle (C)
  über die Einhaltung der Bestellvorschriften.

3.1.1 Zugversuch, DIN 50145/46

3.1.1.1 Proben, Maschine

Der Zugversuch ist die wichtigste Prüfung für Metalle und Kunststoffe; einfach und zuverlässig lassen sich mit ihm Werte für die Festigkeit und Formbarkeit ermitteln. Als Proben für Metalle dienen meistens Rundstäbe mit verdickten Enden zum Einspannen in die Halterung der Maschine; ihre Abmessungen sind genormt (Bild 3.1−1). Für kleinere Werkstücke oder Bleche benutzt man kleinere Stäbe oder Flachproben (DIN 50114).

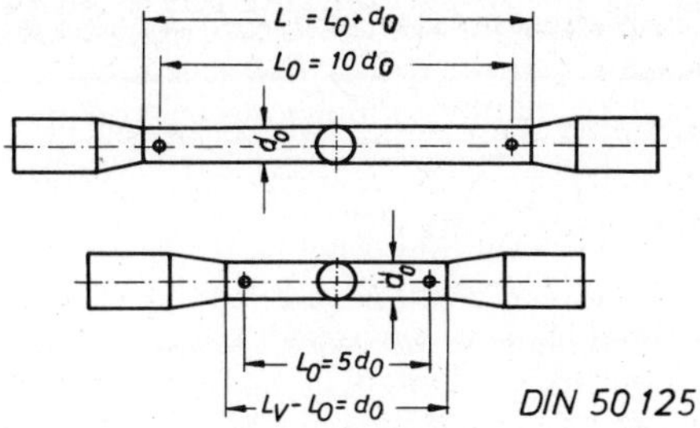

Bild 3.1−1 Zugstäbe, Zerreißstäbe nach DIN 50125
oben: langer Proportionalstab
unten: kurzer Proportionalstab
d_0 meistens 10 mm

Allgemein bezeichnet man Ausgangswerte als Nullwerte und indiziert sie mit Null. Für Zerreißstäbe gelten die Bezeichnungen:

Meßlänge L in mm
Durchmesser d in mm
Querschnitt S in mm²
Ausgangs-Meßlänge L_0
Ausgangs-Durchmesser d_0
Ausgangs-Querschnitt S_0

Die Zugkraft F in N wird durch Auseinanderfahren der Spannköpfe stoßfrei und gleichmäßig steigend in axialer Richtung auf den Stab übertragen.

Der Maschinenantrieb erfolgt mechanisch über Zahn- oder Reibräder oder über ölhydraulische Zylinder. An Meßvorrichtungen werden die jeweilige Kraft F und die zugehörige Längung ΔL des Stabes festgestellt. Die Wertepaare werden abgelesen oder automatisch registriert.

3.1.1.2 Versuchsablauf

Bild 3.1−2 zeigt grobschematisch den Zerreißvorgang an einem plastisch verformbaren Stab. Bei steigender Krafteinwirkung von F_0 bis F_6 längt sich der Stab zunächst elastisch, dann plastisch; manche Stäbe „schnüren ein“ an einer Stelle, an der sie schließlich brechen. Im *Kraft-Längungsdiagramm* nach Bild 3.1−3 folgt der Linienzug zunächst dem linearen *Hooke'schen Gesetz* (S. 116) bis zum Punkt E, der *Elastizitätsgrenze*. Unterhalb E federt der Stab bei Entlastung wieder bis zur Ausgangslänge L_0 zurück; dieses Be- und Entlastungsspiel kann beliebig oft wiederholt werden, natürlich auch im Betrieb.

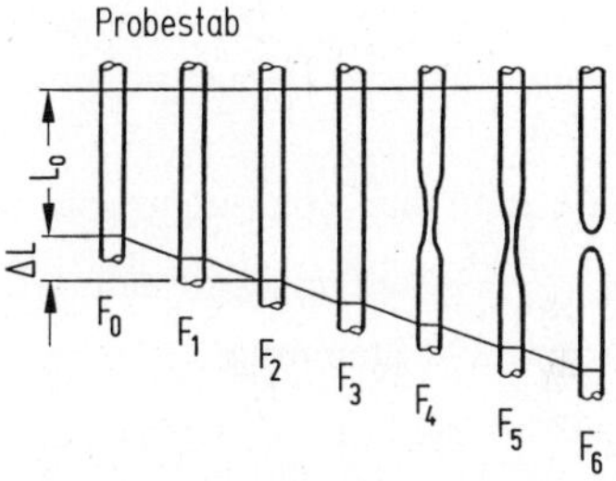

Bild 3.1−2 Entstehung eines Kraft-Längungs-Diagramms (grobschematisch)

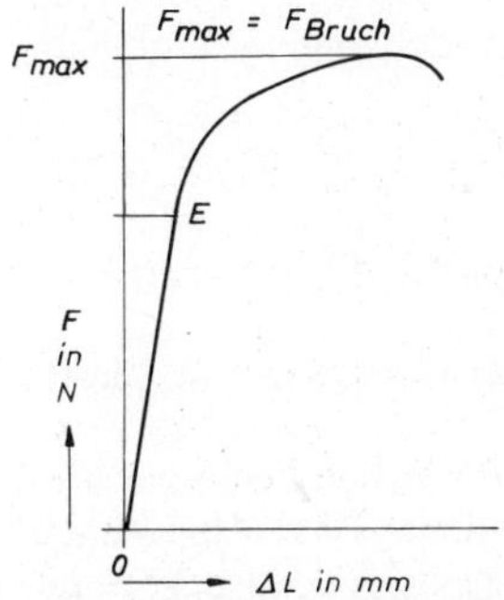

Bild 3.1−3 Kraft-Längungs-Diagramm
E Grenzpunkt zwischen elastisch und plastisch

Erst nach dem Überschreiten des E-Punktes, der nur mit genauen Meßgeräten unter beträchtlichem Zeitaufwand exakt ermittelt werden kann, biegt die Kurve nach rechts ab, d. h. die Längung ΔL wächst bei weiter ansteigender Kraft stärker und folgt nicht mehr dem Hooke'schen Gesetz. In den Kristallen verschieben sich dabei auf den Gleitebenen nach Bild 3.1−4 die Atompakete irreversibel gegeneinander, wobei sich der Stab infolge der Gitterverzerrungen zunehmend kaltverfestigt und der weiteren Längung (Dehnung) einen steigenden Widerstand entgegensetzt. Bei der Stablängung wird der Querschnitt S_0 kleiner, da das Stabvolumen konstant bleibt. Die Dichte des Stabes bleibt bei Zug- und Druckbelastung konstant.

Der oberste Punkt des Diagramms ist die Höchstkraft F_{max}, die die Probe aufnimmt; die Kurve neigt sich nun abwärts, weil der Stab sich bereits bei geringerer Kraftaufnahme weiter längt; er beginnt zu „fließen", bis er schließlich bricht.

Im elastischen Bereich gilt das Hooke'sche Gesetz:
ΔL in mm $\sim F$ in N

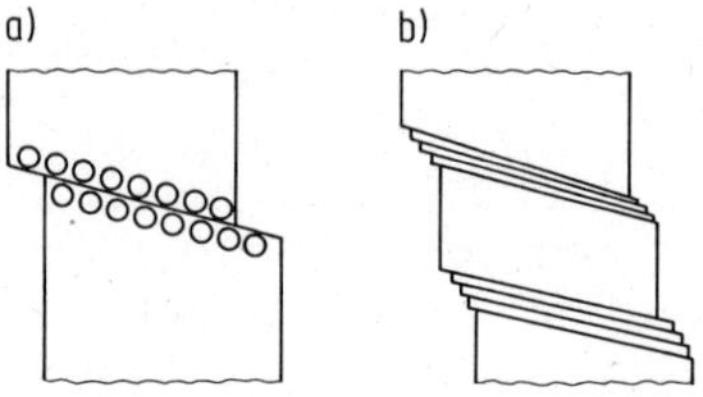

Bild 3.1−4 Verformungsmechanismus; die plastische Verformung erfolgt auf den intrakristallinen Gleitflächen in bestimmter Richtung nach Bild 2.1−14.

3.1.1.3 Auswertung

Die Meßwerte des Kraft-Längungs-Diagramms (Bild 3.1−3) werden in das *Spannungs-Dehnungsdiagramm* übertragen, das eine allgemein gültige Aussage über das Materialverhalten bei zügiger Beanspruchung macht (Bild 3.1−5).

Auf der Ordinate sind die Spannungskräfte im Stab $\sigma_z = \frac{F}{S}$ in $\frac{N}{mm^2}$ aufgetragen, auf der Abszisse die prozentuale Dehnung $\varepsilon = \frac{L - L_0}{L_0} \cdot 100\%$. Der obere Kurvenzug zeigt die vom Stab wirklich aufgenommenen Spannungen bei sich verkleinernden Querschnitten; der Konstrukteur legt seinen Berechnungen immer den Ausgangsquerschnitt S_0 der Konstruktionen nach dem unteren Kurvenzug zugrunde.

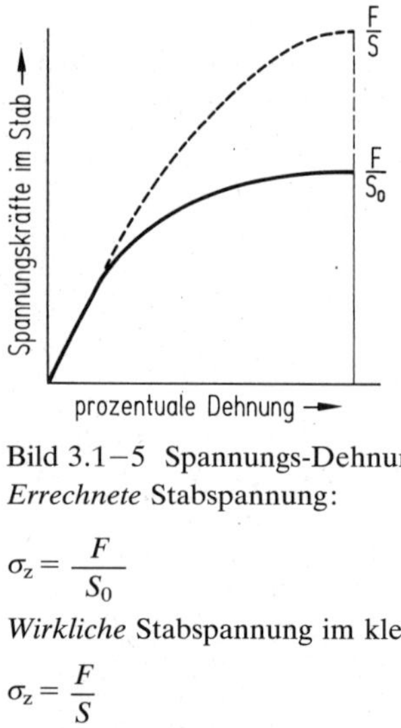

Bild 3.1−5 Spannungs-Dehnungsdiagramm
Errechnete Stabspannung:

$$\sigma_z = \frac{F}{S_0}$$

Wirkliche Stabspannung im kleinsten Querschnitt:

$$\sigma_z = \frac{F}{S}$$

Prozentuale Dehnung

$$\varepsilon = \frac{\Delta L}{L_0} \cdot 100\% = \frac{L - L_0}{L_0} \cdot 100\%$$

3.1.1.4 0,2-Dehngrenze, Streckgrenze

Die im Probestab beim Übergang vom elastischen in das plastische Gebiet vorhandene Spannung, nämlich die Elastizitätsgrenze E in $N \cdot mm^{-2}$, läßt sich beim DIN-Zugversuch nicht ohne großen Zeitaufwand ermitteln; dieser Grenzwert ist aber konstruktiv wichtig, gibt er doch die Belastungsgrenze an, bei

Die 0,2-Dehngrenze ($R_{p0,2}$) gibt die Spannung in N/mm^2 an, unter der sich ein Probestab bei zügiger Belastung um 0,2% bleibend längt.

deren Überschreiten der Stab unwiderruflich seine Gestalt bleibend verändert. Man schließt daher einen Kompromiß und bestimmt *die* Spannung im Stab, bei der er sich um 0,1 oder 0,2% längt. Dieses Dehnungsmaß von 0,05 bis 0,2 mm läßt sich bei Meßlängen von 50 bzw. 100 mm mit entsprechenden Meßgeräten einwandfrei bestimmen.

Man tastet sich durch Be- und Entlasten des Stabes an den betreffenden Dehnungswert heran oder bestimmt ihn durch grafisches Interpolieren nach Bild 3.1−6 und legt die zugehörige Spannung als Konstruktionswert namens 0,2-(Dehn)-Grenze $R_{p0,2}$ fest.

Dieser Wert ist eine wichtige Normgröße und wird für alle konstruktiv belasteten Werkstoffe bestimmt. Bei weichen Stählen wird er durch die „Streckgrenze" (Bild 3.1−7) ersetzt, die aus dem σ-ε-Diagramm entnommen werden kann. *Die Höchstbelastungen einer Konstruktion müssen deutlich unter der $R_{p0,2}$-Grenze bzw. der Streckgrenze liegen.*

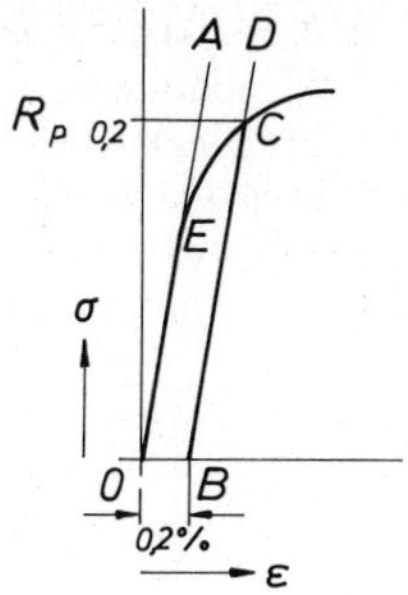

Bild 3.1−6 Ermittlung der $R_{p0,2}$-Grenze aus dem σ-ε-Schaubild

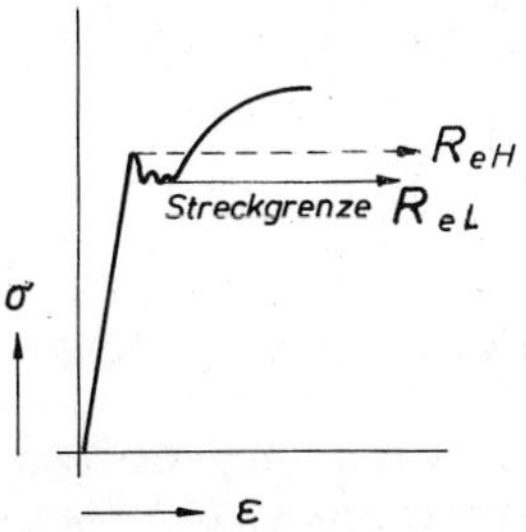

Bild 3.1−7 σ-ε-Diagramm eines weichen Stahls mit oberer und unterer Streckgrenze
Streckgrenze R_e: bei weichen Stählen
0,2-Dehngrenze $R_{p0,2}$: bei allen anderen Metallen

3.1.1.5 Dehnung, Bruchdehnung

Bei der dem Stab aufgezwungenen Längung muß man den elastischen und den plastischen Anteil unterscheiden. Es interessiert nicht das absolute Maß der Längung ΔL in mm des Stabes, sondern seine prozentuale Längung $(\Delta L/L_0) \cdot 100$; dieses Verhältnis bezeichnet man mit Dehnung ε in % (Bild 3.1−8).

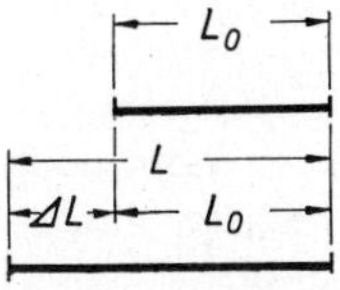

$$L = L_0 + \Delta L$$
$$\Delta L = L - L_0$$

$$\varepsilon\,\% = \frac{\Delta L}{L_0} \cdot 100\,\% = \frac{L - L_0}{L_0} \cdot 100\,\%$$

Bild 3.1−8 Ermittlung der prozentualen Längenänderung

Solange der Stab belastet wird, kann ε elastisch oder nach Überschreiten der elastischen Grenze E elastisch und plastisch sein. Nach dem Bruch verbleibt in den Stabbruchstücken nur die plastische Dehnung; man bezeichnet sie als Bruchdehnung A in %; sie wird mit 5 oder 10 indiziert, je nach der Probenlänge $L_0 = 5\,d_0$ oder $10\,d_0$; man mißt sie durch Aneinanderlegen der beiden Bruchstücke.

Dehnung

- *vor* dem Bruch: ε %
  - elastisch + plastisch
- *nach* dem Bruch: A% – nur plastisch
  - $L_0 = 5\,d_0$; $= 10\,d_0$
  - A_5 bzw. A_{10}

3.1.1.6 Einschnürung

Der Begriff wurde bereits erwähnt. Nach Bild 3.1−9 ist die Einschnürung Z die prozentuale Querschnittsabnahme des Probestabes an der Bruchstelle.

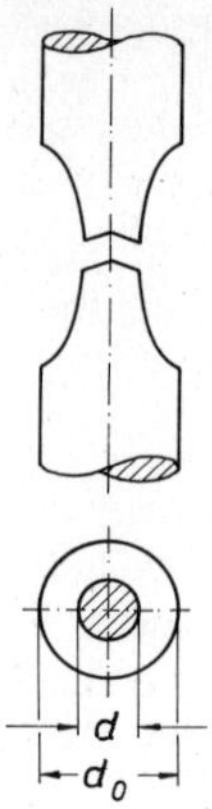

$$S_0 = \frac{\pi}{4} d_0^2$$

$$S = \frac{\pi}{4} d^2$$

$$Z\% = \frac{S_0 - S}{S_0} \cdot 100\%$$

$$= \left(1 - \frac{S}{S_0}\right) \cdot 100\%$$

$$\boxed{Z\% = \left(1 - \frac{d^2}{d_0^2}\right) \cdot 100\%}$$

Bild 3.1−9 Einschnürung Z

> Dehnung und Einschnürung sind Maße für die Verformungsfähigkeit eines Werkstoffes.

3.1.1.7 Spannungs-Dehnungsdiagramm

Die σ-ε-Schaubilder geben einen Überblick über die Festigkeits- und Verformbarkeitswerte eines Werkstoffes vom kleinsten Belastungsgrad bis zum Bruch.

Für fünf in der E-Technik häufig benutzte Werkstoffe sind in Bild 3.1−11 die typischen σ-ε-Diagramme gezeichnet.

Manche Stäbe brechen ohne Einschnürung; sie dehnen sich plastisch bis zum Bruch über ihre Gesamtlänge gleichmäßig (Gleichmaßdehnung in Bild 3.1−10). Die vor oder nach dem Bruch aufgenommene Höchstspannung ist seine Zugfestigkeit R_m in N/mm^2.

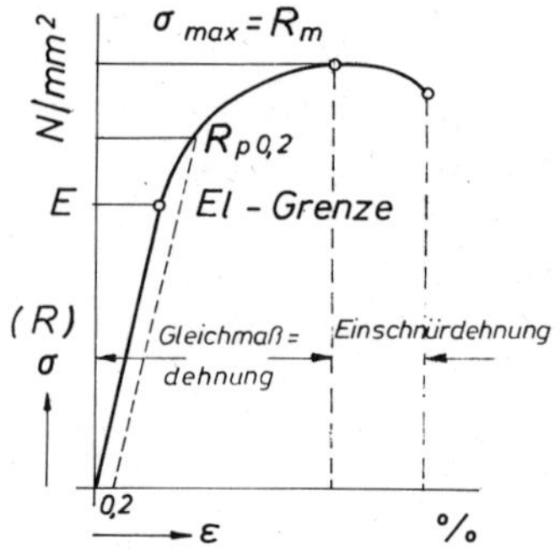

Bild 3.1−10 Spannungs-Dehnungs-Schaubild

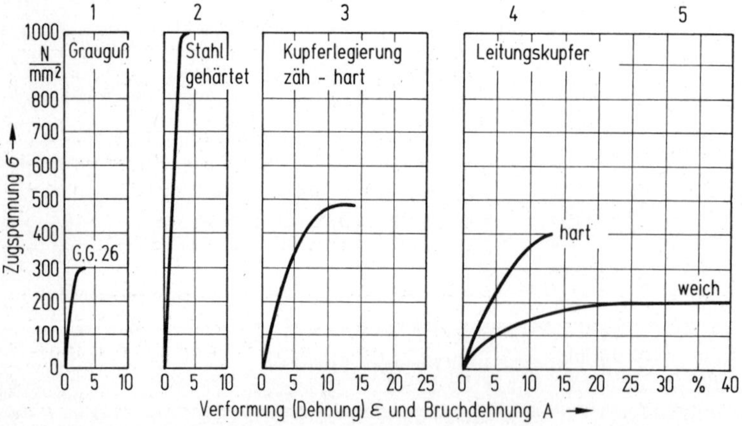

Bild 3.1−11 Spannungs(σ)-Dehnungs(ε)-Diagramme einiger Metalle

3.1.1.8 Elastizitätsmodul

Verwechseln Sie nicht die Elastizitätsgrenze mit dem Elastizitätsmodul! Es sind gänzlich verschiedene Größen, obwohl beide für das elastische Gebiet gelten und in gleichen Maßeinheiten (N/mm^2) ausgedrückt werden.

Der E-Modul läßt sich mathematisch und grafisch interpretieren (erklären).

Jede Proportion (3–1) läßt sich durch Einfügen des Proportionalitätsfaktors (P.-Konstante) in eine Gleichung umwandeln; dies wurde mit der Proportion nach *Hooke* in den Gln. (3–2 und 3–3) gemacht. Auch die Einheiten müssen auf beiden Seiten einer Gleichung gleich sein. Für den E-Modul ergibt sich die Einheit N/mm^2, für die Dehnzahl a deren Kehrwert mm^2/N. Nach Gl. (3–4) ist der E-Modul das Verhältnis der Spannung σ zu der elastischen Dehnung ε und nach Bild 3.1–12 grafisch und rechnerisch zu ermitteln:

$\frac{\sigma}{\varepsilon} = \tan\alpha$, wobei α der Winkel zwischen der ansteigenden Geraden und der Abszisse im σ-ε-Diagramm ist.

Hookesches Gesetz: ε in %	$\sim$	σ in N · mm^{-2}	(3–1)
$\varepsilon\ E$ in N mm^{-2}	$=$	σ in N · mm^{-2}	(3–2)
ε in % oder Zahlenwert	$=$	$a\,\sigma$ in % oder Zahlenwert	(3–3)
E E-Modul	$=$	$\frac{\sigma}{\varepsilon}$ in N · mm^{-2}	(3–4)
a Dehnungsmodul oder Dehnzahl	$=$	$\frac{\varepsilon}{\sigma}$ in mm^2 · N^{-1}	(3–5)

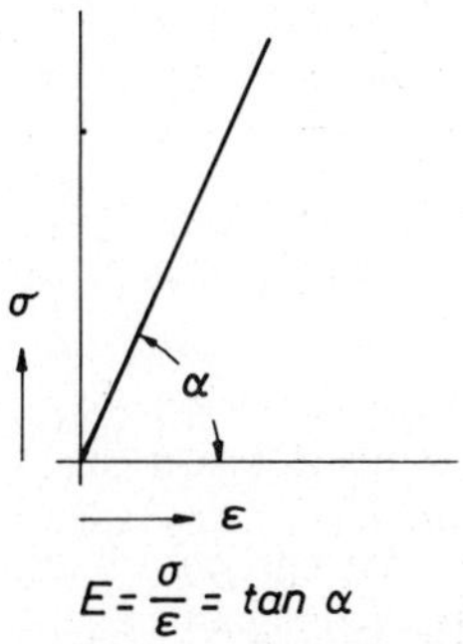

Bild 3.1–12 Grafische Bestimmung des E-Moduls aus dem σ-ε-Diagramm

> Mit Worten läßt sich der Elastizitätsmodul so formulieren:
> Der E-Modul ist die nur errechenbare, praktisch nicht erreichbare Zugspannung im Stab, bei der er sich elastisch auf die doppelte Länge dehnen würde.

> Je höher der E-Modul, desto größer der Widerstand gegen elastische Formänderung.

Je größer der E-Modul eines Werkstoffes ist, um so höher ist sein Widerstand gegen eine elastische Verformung. Daher ist Eisen ein wichtiger Konstruktionswerkstoff; sein Widerstand gegen eine elastische Formänderung liegt etwa dreimal so hoch wie der von Aluminium und zweimal so hoch wie der von Kupfer (Tabelle 3.1–1).

Praktisch heißt das, daß Konstruktionen aus Eisen zwei- bzw. dreimal so hoch elastisch belastbar sind wie solche aus Kupfer oder Aluminium, wenn eine bestimmte elastische Formänderung zulässig ist (Bild 3.1–13). Eine Al-Stoßstange federt dreimal so weit zurück wie eine gleichdimensionierte Fe-Stange, bevor sie sich einbeult. Sie ist aber weniger kratzfest, trotz gehärteter Oberfläche, weil die harte Schutzschicht eingedrückt wird, wie eine Eisschicht auf dem Wasser.

Tabelle 3.1–1 Zahlenwerte für E-Modul in $10^3\,\mathrm{N\,mm^{-2}}$

Fe und Fe-Legierungen	≈ 210
Cu und Cu-Legierungen	≈ 120
Al und Al-Legierungen	≈ 65
Pb und Pb-Legierungen	≈ 15
Kunststoffe	≈ 0,5 bis 4
Kunststoffe mit Glasfasern	≈ 10 bis 40
Glas	≈ 70

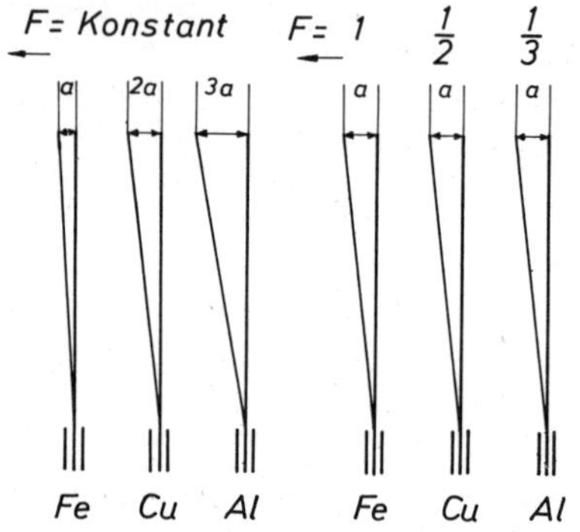

Bild 3.1–13 Einfluß des E-Moduls auf elastische Formänderung

> Je größer der E-Modul, um so größer die Formsteifigkeit!

3.1.1.9 Zusammenstellung konstruktiver Größen

Tabelle 3.1–2 gibt eine Zusammenstellung der wichtigsten konstruktiven Größen mit Formelzeichen und Einheiten, die mit dem Zugversuch ermittelt werden; in der Tabelle sind die alten Formelzeichen mitaufgeführt, die 1975 der internationalen Norm ISO angepaßt wurden; sie werden noch manchmal benutzt.

Prägen Sie sich diese Norm-Größen mit Formelzeichen und Einheiten ein! Sie finden sie in allen DIN-Tabellen, Druckschriften und Berechnungsunterlagen für Werkstoffe, und zwar als *Mindestwerte*, die bei der Werkstoffprüfung erreicht werden müssen und der Konstrukteur in seine Berechnungen einsetzt. In der Tabelle 3.1–3 finden Sie für einige elektrotechnisch wichtige Werkstoffe Anhaltszahlen.

Tabelle 3.1–2 Durch den Zugversuch zu ermittelnde konstruktive Werkstoffgrößen

Größe	FZ		Einheit
	neu	alt	
Zugfestigkeit	R_m	σ_B	N/mm²
Streckgrenze	R_e	σ_s	N/mm²
0,2-Dehngrenze	$R_{p0,2}$	$\sigma_{0,2}$	N/mm²
Bruchdehnung	A_5	δ_5	%
Bruchdehnung	A_{10}	δ_{10}	%
Brucheinschnürung	Z	ψ	%
Elastizitätsmodul	E	E	N/mm²
Dehnzahl	a	a	mm²/N

Bezeichnet man einen Werkstoff mit hochfest, fest oder weniger fest, so kann dies ein absoluter Begriff sein. Oft ist es aber auch ein werkstoffbezogener, also ein relativer Begriff; eine hochfeste Pb-Legierung z. B. kann niemals die Zugfestigkeit eines mittelfesten Stahles erreichen.

Tabelle 3.1−3 Anhaltszahlen für konstruktive = mechanische Werkstoffgrößen

Werkstoff	$R_{p0,2}$ [N/mm²]	R_m [N/mm²]	A_{10} [%]
E-Al weich	60	100	>20
E-Al hart	130	180	< 1
E-Cu weich	50	200	>60
E-Cu hart	400	500	< 6
CuZn 37 weich	100	300	>60
CuZn 37 hart	500	600	< 8
Stahl weich	200	300	>25
Stahl hart	800	1000	< 6

Tabelle 3.1−4 Anhaltswerte für metallische Werkstoffe

Zugfestigkeit R_m [$N \cdot mm^{-2}$]		Umformbarkeit A [%]	
höchste	>1200	höchste	>100
sehr hohe	>1000	sehr hohe	> 60
hoch	> 800	hoch	30 bis 60
mittlere	400 bis 800	mittlere	10 bis 30
geringe	200 bis 400	geringe	1 bis 10
sehr geringe	< 200	sehr geringe	< 1

Übung 3.1−1

Erläutern Sie den Punkt E in Bild 3.1−3!

Übung 3.1−2

Warum ist in Bild 3.1−5 die Spannung $F/S > F/S_0$?

Übung 3.1−3

Füllen Sie die nebenstehenden Spalten aus, indem Sie die einzutragenden Werte dem Bild 3.1−11 entnehmen!

Nr.	R_m N/mm²	A %
1.		
2.		
3.		
4.		
5.		

Übung 3.1−4

Darf ein zügig belastetes Aluminiumprofil von 500 mm² Querschnitt zeitweise mit 0,15 MN belastet werden, wenn seine 0,2-Dehngrenze 280 $N \cdot mm^{-2}$ beträgt?

Übung 3.1–5

Zeichnen Sie schematisch die σ-ε-Diagramme für

1. einen hochfesten, schlecht verformbaren,
2. einen weichen, gut verformbaren Werkstoff!

Übung 3.1–6

Für die Bestimmung des E-Moduls wurde an einem Stab bei einer Zugbelastung von $120\,\mathrm{N\,mm^{-2}}$ eine elastische Dehnung von 0,057% gemessen.

a) Wie groß ist der E-Modul?
b) Wie groß ist die Dehnzahl?
c) Welcher Werkstoff liegt vor?

Übung 3.1–7

Bei einem Zugversuch mit einem Probestab nach DIN mit $d_0 = 10\,\mathrm{mm}$, $L_0 = 100\,\mathrm{mm}$, Werkstoff Cu Zn 40, wurden folgende Werte gemessen:

$L = 117{,}4\,\mathrm{mm}$
$d = 7{,}3\,\mathrm{mm}$
0,2-Dehnkraft = 28,4 kN
Höchstkraft = 38,2 kN

Errechnen Sie die Werte von $R_{p0,2}$, R_m, A_{10} und Z!

Übung 3.1–8

Wie bezeichnen Sie den geprüften Werkstoff nach Übung 3.1–7: sehr fest, fest, mittelfest, wenig fest; spröde, wenig verformbar, mittelmäßig verformbar, gut verformbar, sehr gut verformbar?

Übung 3.1–9

Sie sollen eine zäh-harte Stahlwelle bestellen; welche konstruktiven Werte schreiben Sie vor?

Übung 3.1–10

Schreiben Sie in die nebenstehenden Spalten die fünf wichtigsten Kennwerte, die durch den Zugversuch ermittelt werden, mit Formelzeichen und Einheiten!

Nr.	Name	FZ	Einheit
1			
2			
3			
4			
5			

Übung 3.1–11

a) Erklären Sie den Begriff „Streckgrenze“!

b) Wie wird die Streckgrenze R_e von weichen Stählen ermittelt?

Übung 3.1–12

Zwei Maste gleicher Abmessung aus Stahl und Aluminium stehen nebeneinander und werden von Sturmböen hin und her geschwenkt. Wie verhalten sich die federnden Ausschläge zueinander?

Übung 3.1–13

Ein Zugseil mit 15 mm ∅ soll eine Dauerlast von 0,1 MN aufnehmen. Welcher Mindestwert der maßgeblichen Meßgröße ist hierfür erforderlich?

Übung 3.1–14

Tragen Sie die ungefähren Zahlenwerte in die nebenstehende Spalte! (w = weich)

	R_m [Nmm^{-2}]	$R_{p0,2}$ (R_e) [Nmm^{-2}]	S_{10} [%]
Stahl, w			
E-Cu, w			
Ms, w			

3.1.2 Härte und Härteprüfung

3.1.2.1 Begriff und Prüfarten

Härte ist der Widerstand eines Werkstoffes gegen das Eindringen eines Fremdkörpers.

Härte = Widerstand gegen Eindringen von Fremdkörpern

Dabei setzen wir voraus, daß der Fremdkörper hart, spitz und klein oder kantig ist. Wesentlich ist auch, daß der Prüfling Eindrücke hinterläßt und nicht gummi-elastisch ist.

Beim Einpressen eines härteren Prüfwerkzeuges in einen weicheren Stoff gibt dieser zunächst elastisch nach; erst bei größerem Flächendruck verformt er sich plastisch. Im Werkstück spielen hierbei Kohäsionskräfte und Gleitvorgänge in und zwischen den Kristallen die gleiche Rolle wie beim Zugversuch; damit ist der Zusammenhang zwischen Härte- und Festigkeitswerten erklärt: Je fester ein Werkstoff ist, um so härter ist er auch!

Härte ~ Festigkeit

Für die Härtebestimmung von Werkstoffen bieten sich drei verschiedene Prüfarten an:

1. *Rückprallhärte* (elast. Körper), Shorehärte, DIN 53505

Man läßt einen kleinen, harten Prüfkörper (Kugel, Zylinder, Kegel) aus bestimmter Höhe auf die Probe fallen und schließt aus der Rückprallhöhe auf die Härte. Diese Methode wird bei gummielastischen Stoffen angewandt (Bild 3.1–14).

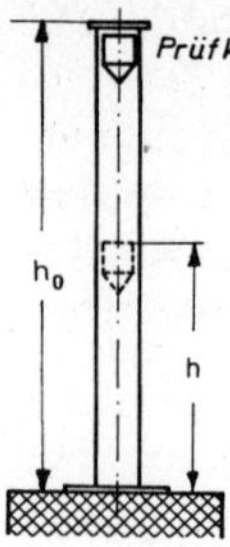

Bild 3.1–14 Shorehärte für elastische Werkstoffe
h_0 = Fallhöhe, h = Rückprallhöhe

2. *Ritzhärte* – Mohs'sche Härteskala

Sie ist die älteste Härtebestimmung. Als Härtevergleich dienen Mineralien mit unterschiedlicher Härte: Diamant hat als härtestes Mineral die Zahl 10, Korund 9, u. s. f., bis zum weichen Talkum mit 1.

> Mohs'sche Härteskala
> 1 ··· 10
> ältester Härtevergleich (für Werkstoffe nicht mehr angewandt)!

3. *Eindringhärte* mittels statischer Pressung

Für die Härtebestimmung von Metallen und einigen Kunststoffarten gibt es drei DIN-Prüfverfahren, die nebeneinander benutzt werden. Bei ihnen wird ein kleines, hartes Werkzeug stoßfrei in den Prüfling gepreßt und der bleibende Eindruck vermessen. Man erhält gut vergleichbare Härtezahlen.

Die drei Eindringverfahren werden in den folgenden Abschnitten erläutert.

> Für Metalle gibt es drei DIN-Eindring-Härten:
> HV, HR, HB!
> Sie werden in Zahlen angegeben; je höher der Zahlenwert, um so härter ist der Werkstoff.

3.1.2.2 Vickershärte HV, DIN 50133

Bild 3.1–15 zeigt das Meßprinzip. Eine rechteckige Diamantpyramide mit Öffnungswinkeln von 136° zwischen den gegenüberliegenden Flächen wird stoßfrei mit einer bestimmten Kraft (20 bis 1000 N) so lange in die Probe gepreßt, bis sie nicht mehr tiefer eindringt.

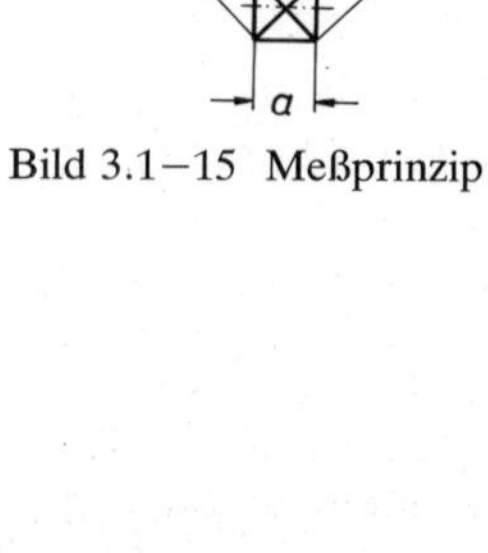

Bild 3.1–15 Meßprinzip der Vickershärteprüfung

Die Einpreßkraft muß einen auswertbaren Eindruck hinterlassen. Sie richtet sich nach der Härte des Prüflings, die in etwa entweder bekannt sein oder durch einen Vorversuch festgestellt werden muß. Die auszuwählende Einpreßkraft wird danach aus einer Tabelle entnommen.

Die Eindringtiefe und der hinterlassene Eindruck sind sehr klein und betragen manchmal nur wenige µm. Man mißt mit einem Meßmikroskop die beiden Diagonalen des rechteckigen Eindruckes und benutzt den arithmetischen Mittelwert für die Berechnung der Härtezahl. Aus Härtetabellen kann man sie entnehmen, wenn die Einpreßkraft F in N und die Diagonale in mm bekannt sind. Der Rechengang ergibt sich aus der nebenstehenden Ableitung.

Die Zahlenwerte HV nach Vickers sind zuverlässig und genau, mit sehr geringen Fehlerabweichungen für alle Härtegrade von weichen bis zu extrem harten Werkstoffen und für alle Schichtstärken.

Bei der Wertangabe wird der Zahlenwert vor-, die Prüfkraft nachgesetzt.

290 HV 100 bedeutet: Härtezahl 290 nach Vickers bei einer Einpreßkraft von (100/0,102) N = 980 N. (Rechengang rechts)

$$\mathrm{HV} = \frac{0{,}102 \cdot F}{A}\,; \qquad (3-6)$$

F Prüfkraft in N
A Oberfläche des Eindrucks in mm²

$$A = 2\,a\,h \qquad (3-7)$$

a Seite der Pyramidenfläche in mm
h Höhe der Pyramide in mm

$$h = \frac{a}{2 \sin \frac{136°}{2}} \qquad (3-8)$$

$$\sin \frac{136°}{2} = \sin 68° = \cos (90° - 68°)$$

$$= \cos 22° \approx 0{,}927 \qquad (3-9)$$

$$h = \frac{a}{1{,}854} \qquad (3-10)$$

$$A = \frac{2\,a^2}{1{,}854} = \frac{D^2}{1{,}854} \qquad (3-11)$$

$$\mathrm{HV} = \frac{0{,}102\,F}{A} = \frac{1{,}854 \cdot 0{,}102 \cdot F}{D^2} =$$

$$= \frac{0{,}189\,F}{D^2} \qquad (3-12)$$

In der Praxis:

Hat man F und D ermittelt, entnimmt man aus Tabellen die HV-Zahl.

Der Faktor 0,102 dient zur Umrechnung der Härtezahlen in die früheren Härtewerte mit den veralteten Krafteinheiten kp bzw. kg; so konnten die alteingeführten Härtewerte, allerdings ohne Einheiten, beibehalten werden.
1 N = 0,102 kp ≙ 0,102 kg.

3.1.2.3 Brinell-(Kugeldruck)Härte HB, DIN 50351

Bei weicheren Werkstoffen wird vorzugsweise das Kugeldruckverfahren, nach dem Erfinder auch Brinell-Verfahren genannt, angewandt. Hierbei wird eine Kugel von 2,5, 5 oder 10 mm ∅ mit einer bestimmten Kraft so lange stoßfrei in das Prüfstück eingepreßt, bis sie nicht tiefer eindringt (Bild 3.1–16). Dies dauert gewöhnlich 10 s; bei weichen Metallen, deren Rekristallisationstemperatur (Tab. 2.1–5) unterhalb der Raumtemperatur liegt,

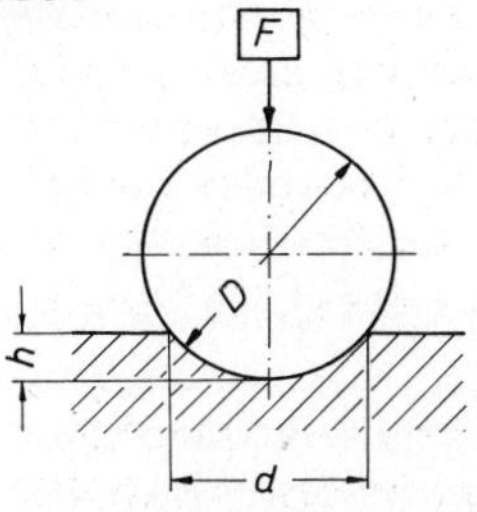

Bild 3.1–16 Schema der Härteprüfung nach Brinell HB (Kugeldruckprobe)

z. B. bei Blei und Zink, sind 30 s vorgeschrieben. Die Prüfkraft richtet sich nach der Härte des Werkstoffes, muß aber ein Vielfaches des Quadrates vom Kugeldurchmesser betragen.

Nach dem Entlasten wird mit einem Meßmikroskop der Durchmesser der hinterlassenen Kalottenfläche ausgemessen.

Nach nebenstehenden Gleichungen läßt sich die Härtezahl HB aus der Prüfkraft F (N), dem Durchmesser der Kugel D (mm) und der Eindruck-Kalotte d (mm) errechnen.

In der Praxis entnimmt man den Härtewert, wenn F, D und d bekannt sind, aus Tabellen. Die HB-Zahlenwerte liegen zwischen 5 und 400.

Bei exakten Bestimmungen und Prüfattesten müssen Prüfkraft, Prüfzeit und Kugeldurchmesser mit den HB-Zahlen angeführt werden; 150 HB 10/100/30 bedeutet: Härtezahl 150, ermittelt mit einer Kugel von 10 mm Durchmesser, einer Druckkraft von (100/0,102) N und 30 s Einwirkdauer.

Zum Verstehen, nicht zum Lernen!

$$\mathrm{HB} = \frac{0{,}102 \cdot F}{A} \qquad (3-13)$$

F Prüfkraft (N)

A Oberfläche der eingedrückten Kugelkappe (mm)

$$A = \pi D \cdot h \qquad (3-14)$$

h Kalottenhöhe (mm)

umgeformt:

$$A = \frac{\pi}{4} (d^2 + 4h^2) \qquad (3-15)$$

umgeformt:

$$A = \frac{\pi}{2} D (D - \sqrt{D^2 - d^2}) \qquad (3-16)$$

eingesetzt in (3–13)

$$\boxed{\mathrm{HB} = \frac{0{,}204 \cdot F}{\pi D(D - \sqrt{D^2 - d^2})}} \qquad (3-17)$$

Gleichung für die Errechnung der Härtewerte in Härtetabellen aus F, D und d

3.1.2.4 Rockwellhärte HRC und HRB, DIN 50103

Bei der Rockwellhärteprüfung HR wird (meist) ein kleiner Kegel (C) oder (selten) eine kleine Kugel (B) in zwei Laststufen mit einer Prüfvorkraft von 98 N und der Prüfkraft von zusätzlich 1373 N in die Probe eingedrückt und die bleibende Eindring*tiefe* gemessen. Das Prüf- und Meßprinzip sind in Bild 3.1–17 veranschaulicht.

Zunächst wird die Prüfvorkraft von 98 N aufgebracht, dann auf die tiefste Eindruckstelle eine Tiefenmeßuhr gesetzt und ihre Skala auf Null gestellt. Danach wird die Prüfkraft von 1373 N stoßfrei in 3 bis 6 Sekunden aufgebracht.

Wenn der Tiefenzeiger der Meßskala zum Stillstand gekommen ist, d. h., wenn die Prüfspitze nicht weiter eindringt, wird die Probe bis auf die Prüfvorkraft von 98 N entlastet und die dann verbleibende Eindringtiefe als der für die Härte maßgebliche Wert ausgemessen.

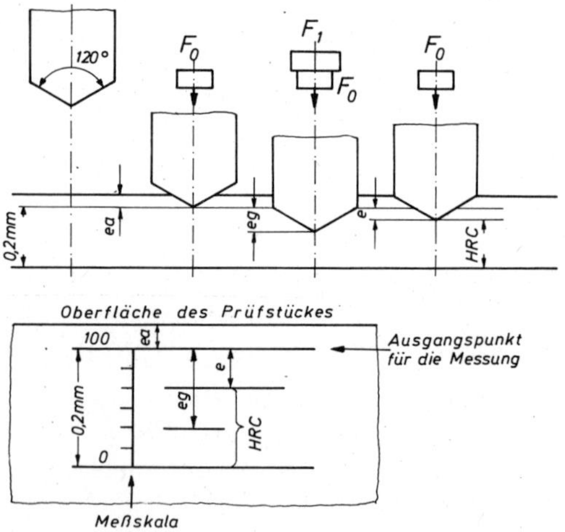

Bild 3.1–17

Meßprinzip der Rockwell-Härteprüfung

ed Eindringtiefe nach Aufbringen der Prüfvorkraft F_0

eg Eindringtiefe nach Aufbringen der Prüfkraft F_1

e Eindringtiefe nach der Entlastung

Wie aus Bild 3.1–17 ersichtlich ist, beginnt die Meßskala am tiefsten Punkt der Eindringstelle durch die Prüfvorkraft ($e = 0$) mit dem Zahlenwert HRC bzw. HRB = 100, dem Höchstwert der Härte. Sehr harte Werkstoffe hinterlassen sehr kleine, kaum meßbare Eindrücke. Für dünne harte Schichten ist diese Prüfung bestens geeignet.

Wie bei den beiden anderen Härteprüfverfahren haben bei der Rockwellhärte die weichen Werkstoffe niedrige, die harten Werkstoffe hohe Zahlen bis max. 100. Die Härtezahlen nach Rockwell sind rasch und zuverlässig feststellbar (Bild 3.1–18).

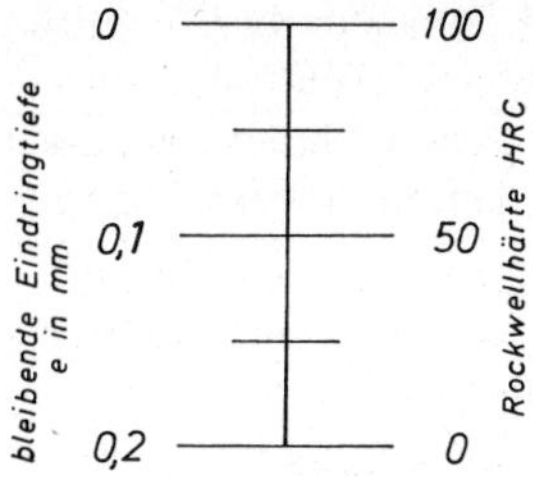

Bild 3.1–18 Beziehung zwischen Eindringtiefe und Rockwellhärte HRC

3.1.2.5 Anwendbarkeit und Vergleich der drei DIN-Prüfverfahren

Anwendbarkeit

Es erhebt sich die Frage:

Warum drei Prüfmethoden? Genügt nicht eine?

Die Antwort lautet: nein,

denn kein Härteprüfverfahren ist für alle Werkstoffe ausreichend.

HV: *anwendbar* für alle Härtegrade und alle Schichtstärken;

nicht anwendbar für stark plastische und grobe Kristalle;

nachteilig: sorgfältige, zeitaufwendige Vorbereitung der Probe.

HR: *anwendbar* für alle Härtegrade und Schichtstärken;

nicht anwendbar für grobe Kristalle;

nachteilig: stoßempfindliche Diamantspitze.

HB: *anwendbar* bis zu Werten ≈ 400;

schlecht anwendbar über 400; Kugel plattet sich ab; Eindrücke zu klein und nicht genau meßbar.

Vergleich der drei Härtezahlen

Die drei Härtewerte lassen sich miteinander vergleichen, jedoch geben Umrechnungstabellen und Diagramme (Bild 3.1–19) nur Anhalts- und keine exakten Werte. Da Härte

Tabelle 3.1–5 Übersicht über Eindring-Härteprüfverfahren nach DIN

Verfahren	Werkzeug	Eindringkraft [N]
Vickers HV	Viereck-Pyramide	20 bis 1000
Rockwell HR		
C	Diamantkonus	98 + 1373
B	Kugel	98 + 1373
Brinell HB	Kugel 2,5 bis 10 mm ∅	30 bis 30000

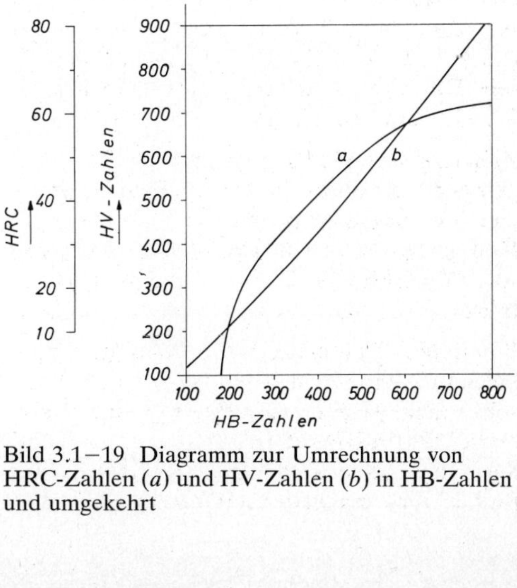

Bild 3.1–19 Diagramm zur Umrechnung von HRC-Zahlen (*a*) und HV-Zahlen (*b*) in HB-Zahlen und umgekehrt

und Festigkeit proportional verlaufen, erhält man aus den Härtezahlen auch Anhaltswerte für die Zugfestigkeit; am besten eignen sich hierfür die HB-Zahlen nach Tabelle 3.1–6.

Tabelle 3.1–6 Umrechnung von Härtezahlen HV und HB in Zugfestigkeit R_m in N/mm²

$R_m \approx a \cdot \text{HB}$ bzw. $R_m \approx a \cdot \text{HV}$

Werkstoff	*a* (Faktor)
Fe – weich	3,5
Cu – weich	4,0
Cu – hart	5,5
Al – weich	3,5
Al – hart	2,5

Übung 3.1–15

Was bedeutet 50 HB 2,5/1875/30?

Übung 3.1–16

Bei einem Eisenwerkstoff wurde die Härte mit 120 HB gemessen; wie groß ist ungefähr die Zugfestigkeit R_m in N mm^{-2}?

Übung 3.1–17

Wann ist die HV- und die HR-Prüfung gut anwendbar, die HB-Probe aber nicht?

Übung 3.1–18

Mit einer 10-mm-Kugel wurde bei einer Druckkraft von 2941 N ein Eindruck von 4 mm ∅ erzielt. HB 10/300/10 = ?

Übung 3.1–19

Geben Sie Anhaltszahlen für die nachstehende Tabelle an!

	HB	HV	RC
Fe – weich			
Cu – mittel			
Al – hart			

3.1.3 Kerbschlagbiegeversuch, DIN 50155

3.1.3.1 Zweck

Im Betrieb werden Werkstoffe ungewollt oder gewollt Stößen und Schlägen ausgesetzt; diese Belastung fällt unter den Begriff „dynamische Beanspruchung" im Gegensatz zu einer „statischen Beanspruchung", die konstant bleibt oder nur langsam zu- und abnimmt. Die klassischen, mit dem Zugversuch ermittelten konstruktiven Werte wie $R_{p\,0,2}$, R_m, $A_{5,10}$ und die Härtewerte bilden keinen Maßstab für die dynamische Haltbarkeit.

Die Schlagzähigkeit einiger Werkstoffe wird von der Temperatur stark beeinflußt; es gibt kritische Temperaturen bei Kältegraden, bei denen Werkstoffe, die normalerweise zäh sind, spröde wie Glas werden.

3.1.3.2 Versuchseinrichtung und -ausführung

Am meisten verwendet man eine kleine gekerbte Probe mit quadratischem Querschnitt, die sog. DVM*-Probe nach Bild 3.1−20; sie wird auf einem Pendelschlagwerk nach Bild 3.1−21 entweder mit einem Schlag durchschlagen oder durch die Widerlager (verbogen) durchgedrückt.

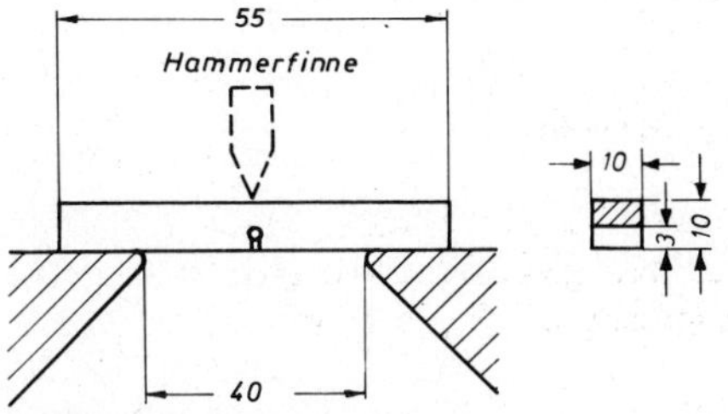

Bild 3.1−20 DVM-Normalprobe (Beanspruchung angedeutet)

Ein in seiner Ausgangshöhe h_0 eingerasteter Schlaghammer schlägt nach dem Ausklinken am tiefsten Punkt der Pendelkreisbahn mit seiner höchsten Bewegungsenergie auf die ungekerbte Probenseite. Ein Teil der Fallarbeit wird durch die Trennarbeit verbraucht; die Steighöhe h ist also kleiner als die Ausgangshöhe h_0.

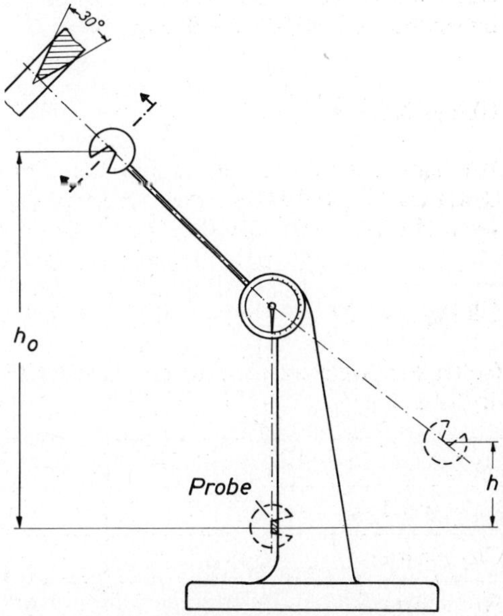

Bild 3.1−21 Pendelschlagwerk (Schema)

* DVM = Deutscher Verband f. Materialprüfung.

3.1.3.3 Auswertung

Aus h_0,h in m und der Hammergewichtskraft F_G in N errechnet man nach Gl. (3–18) die Durchschlagarbeit A_v in N · m = J.

$$A_v = F_G (h_0 - h) \quad (3-18)$$

$$Nm = Ws = J$$

A_v Schlagarbeit
F_G Hammergewichtskraft
h_0 Ausgangshöhe (meist 1 m)
h Steighöhe

Besonders wertvoll ist die Kerbschlagprobe für die Prüfung der Einsatzfähigkeit der Werkstoffe bei Kälte, z. B. bei Berührung mit Flüssiggasen, in der Raumfahrt u. a.; hierbei versagen alle Metalle mit einer krz-Gitterstruktur, besonders die unlegierten Eisensorten (Bild 3.1–22), während alle Metalle und Legierungen mit kfz-Gittern, wie Cu, Al, Ag, Au und das unmagnetische γ-Fe (Austenit), ihre Zähigkeit selbst bei extremer Kälte behalten. (Kältefeste Kunststoffe sind in der Entwicklung.)

Gerade diese Schlagprobe eignet sich vorzüglich für diese Untersuchung; man legt sie z. B. in flüssigen Stickstoff von 77 K (−196 °C) und zerschlägt sie.

Anhaltswerte für die Trennarbeit an der DVM-Probe mit 70 mm² Trennquerschnitt und ihre Beurteilung gibt Tabelle 3.1–7.

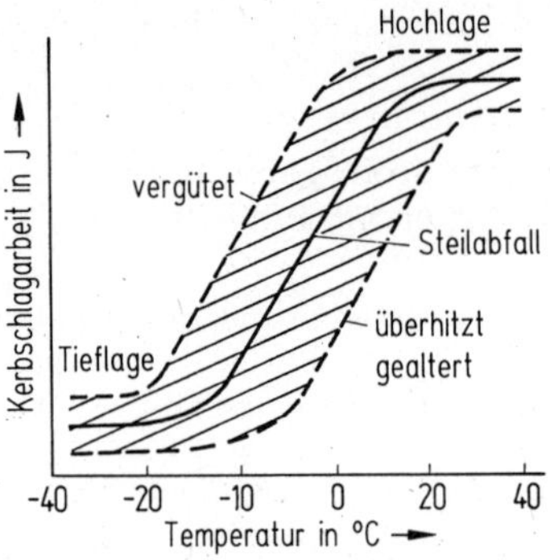

Bild 3.1–22 Kerbschlagarbeit-Temperaturkurve von Fe-C-Legierungen, schematisch

Tabelle 3.1–7 Schlagarbeit an der DVM-Probe

Spitzenwerte	> 100 J
gute Werte	≈ 35 J
mittlere Werte	≈ 15 J
schlechte Werte	< 4 J

Bei Kältegraden
Vorsicht bei krz-Metallen
Einsatzfähig: kfz-Metalle!

In veralteten Werkstoffblättern wird die *Kerbschlagzähigkeit* α_k in J/cm² angegeben;
sehr gute Werte: > 150 J/cm²
sehr schlechte Werte: < 5 J/cm²

Übung 3.1–20

Welche metallischen Werkstoffe können bedenkenlos auch bei Tiefsttemperaturen dynamisch beansprucht werden, und welche nicht?

Übung 3.1–21

Was bedeutet bei einer Schlagbiegeprobe Hoch- und Tieflage?

Übung 3.1–22

Welche Probe wird in Deutschland allgemein für Schlagbiegeversuche eingesetzt?

Übung 3.1–23

Nennen Sie für diese Probe gute und schlechte Ergebnisse in Zahlen mit Einheit!

3.1.4 Dauerprüfungen

Dauerprüfungen dienen zur Ermittlung der Werkstoffeignung für langzeitige, meist extreme Belastungen, bei denen ein Versagen unabsehbare Schäden verursachen kann. Die üblichen Zug- und Härteprüfungen geben über die bei Langzeitwirkung auftretenden Materialermüdungen keinen Aufschluß. Die nebenstehende Zusammenstellung gibt einen Überblick über die prinzipiellen Prüfmöglichkeiten.

Dauerprüfungen

Standversuche bei Wechselbeanspruchung

Raumtemperatur / Erwärmung — Zug/Druck / Biegewechsel

Mit *Kriechen* bezeichnet man eine langsame plastische Verformung unter langzeitiger Belastung; sie kann zum Stillstand kommen (Verfestigung) oder zum Bruch führen.

3.1.4.1 Standversuche

Sie imittieren betriebliche Anforderungen, wozu auch erhöhte Temperaturen und Umwelteinflüsse zählen; bei Dauerbelastungen nahe der E-Grenze beginnt sich das Material ganz allmählich plastisch zu verformen, es beginnt zu „kriechen". Die zulässige Verformung liegt im allgemeinen bei 0,001% bei einer Zeitdauer von 10 000 h. Man tastet sich durch entsprechende Versuche an diese *Kriechgrenze* heran.

Bild 3.1–23 zeigt die Zeitstandfestigkeit eines thermoplastischen Kunststoffes bei Raumtemperatur und bei Temperaturen bis zu 80°C bei einer Prüfdauer bis zu 50 Jahren.

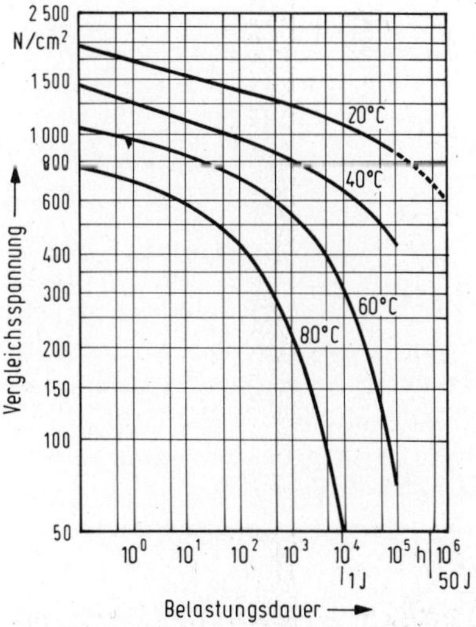

Bild 3.1–23 Zeitstandfestigkeit eines harten Thermoplastes (PE hart)

3.1.4.2 Dynamische Versuche

mit pulsierenden Zug-Druck- oder Biegewechselspannungen lösen *Materialermüdungen* aus. Unter den dauernden stoß- und ruckartigen Belastungen verformen sich in oder zwischen den Kristallen kleine Partikel, wodurch das Gefüge gelockert und die Kohäsionskraft abgebaut wird, bis der Werkstoff bricht. Unter solcher Dauerbelastung entsteht ein Trennungsbruch ohne eine Deformation des Werkstoffes (Bild 3.1−24). Bei Schadensfällen kann man an der Bruchfläche kristalliner Werkstoffe Gewalt- von Dauerbrüchen unterscheiden.

Bild 3.1−24 Dauerbruch infolge häufig wechselnder Beanspruchung

Die Ergebnisse von Lastwechselprüfungen werden in *Wöhlerkurven* nach Bild 3.1−25 aufgetragen; bei Kunststoffen mit geringerer Belastbarkeit als bei Metallen bezieht man die Kräfte auf 1 cm^2 Querschnitt.

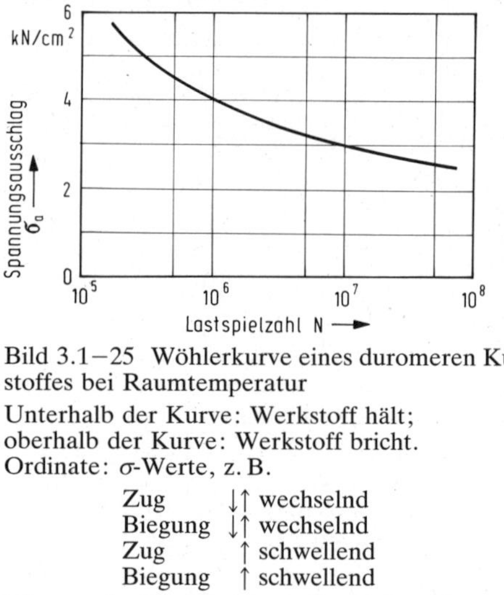

Bild 3.1−25 Wöhlerkurve eines duromeren Kunststoffes bei Raumtemperatur

Unterhalb der Kurve: Werkstoff hält;
oberhalb der Kurve: Werkstoff bricht.
Ordinate: σ-Werte, z. B.

Zug ↓↑ wechselnd
Biegung ↓↑ wechselnd
Zug ↑ schwellend
Biegung ↑ schwellend

Biegewechselfestigkeit σ_{bw}, Druck-Zug-Wechselfestigkeit σ_{dzW}

Übung 3.1−24

Ihr Abnehmer verlangt von einem stromführenden Metallteil unbedingte „Kriechfestigkeit“. Was bedeutet diese Anforderung?

Übung 3.1−25

Was erkennen Sie aus dem Bild 3.1−24?

Übung 3.1−26

Interpretieren Sie die Grenzwerte von Bild 3.1−23!

3.1.5 Zerstörungsfreie Prüfung mit US-Wellen

Mit zerstörungsfreien Prüfungen sollen verborgene Fehlstellen im Werkstoff oder feinste Haarrisse auf der Oberfläche aufgedeckt werden (Übersicht rechts). Die Prüfmethoden bedienen sich physikalischer Gesetze, die gerade für den E-Techniker interessant sind. Als Beispiel wird hier die Prüfung mit *Ultraschallwellen nach dem Impuls-Echoverfahren* vorgestellt, das bei leichter Handhabung gute Ergebnisse bringt.

Werkstoffprüfung
Stichproben → Probe (zerstört); Stichproben → zerstörungsfrei
jedes Teil → zerstörungsfrei

Zerstörungsfreie Prüfungen (Übersicht)

a) Oberflächenfehler
Einfärben | Magnetisieren

b) Innenfehler
Durchstrahlen → Röntgen, Neutronen
Beschallen → Ultraschall
Induktion → elektrisch, magnetisch

3.1.5.1 Grundlagen

Zersprungene Gläser und Glocken tönen nicht mehr! Achslager und Bremsgestänge werden auch heute noch bei der Eisenbahn auf Risse abgeklopft! Durch den Schlag wird ein Schallstoß (Impuls) in den Werkstoff geleitet, der sich als geradlinige Welle im Werkstoff fortpflanzt und zwar um so schneller, je dichter und homogener der beschallte Stoff ist; bei Feststoffen wirkt sich dabei der E-Modul aus. An den Begrenzungsflächen des Feststoffes wird die Welle reflektiert; das gleiche geschieht auch bei Spalten, Rissen und Poren, die selbst in kleinsten Abmessungen auf diese Weise entdeckt werden. Technisch genutzte Schallwellen haben höhere als vom menschlichen Ohr wahrnehmbare Frequenzen und werden deshalb Ultra-Schall (ultra- = jenseits) genannt. Sie sind ungefährlich und lassen sich auf einfache Weise durch zwei physikalische Effekte erzeugen:

a) *magnetostriktiv* (6.3.3.3), wobei ferromagnetische Metalle sich im Magnetfeld längen oder kürzen und dadurch im Wechselfeld im Takt der angelegten magnetischen Durchflutungsfrequenz mechanische Schwingungen ausführen.

b) *piezoelektrisch**; hierbei entstehen bei elastischen Formänderungen, die durch Zug- oder Druckkräfte hervorgerufen werden, auf den Außenflächen bestimmter Ionenkristalle elektrische Potentialunterschiede. Der Piezo-

Tabelle 3.1–8 Grundbegriffe und Werte aus der Schalltechnik

1. *Schallwellen*, Frequenzen

Menschliches Ohr	< 20 kHz
Ultraschall (US)	> 20 kHz
technische US-Prüfverf.	0,5 bis 20 MHz

2. *Schallgeschwindigkeit* in m/s

Stoff	Dichte [g/cm³]	m/s
Luft	0,0012	330
Öl	0,95	1250
Wasser	1	1480
Metalle	von 1,7 bis ≈ 20	≈1300 ≈5700

3. *US-Erzeugung*, Prinzip

magnetostriktiv	piezoelektrisch
Längenänderung des magnetischen Werkstoffes (Fe, Ni) im magnetischen Feld	Potentialerzeugung bei Kristallen [SiO_2(Quarz) und BaO TiO_2] durch Druck; Vorgang ist umkehrbar!

* piezein (griech.): drücken.

effekt (7.1.4.6) ist umkehrbar; legt man außen an die Flächen eines Kristalls unterschiedliche Potentiale an, so gerät er im Takt der Potentialänderung in Schwingungen. Der gleiche Kristall kann daher zugleich als Geber und Empfänger dienen.

Am meisten wird das Impuls-Echo-Verfahren angewandt (Bild 3.1–26). Im Prüfkopf sind Geber- und Empfängerkristall untergebracht. Der Geber ist an eine HF-Leitung angeschlossen und schwingt bei geschlossenem Stromkreis. Die Kristalle schwingen am besten bei Resonanz, d. h., wenn die von den Abmessungen abhängige Eigenfrequenz des Kristalles mit der Stromfrequenz übereinstimmt.

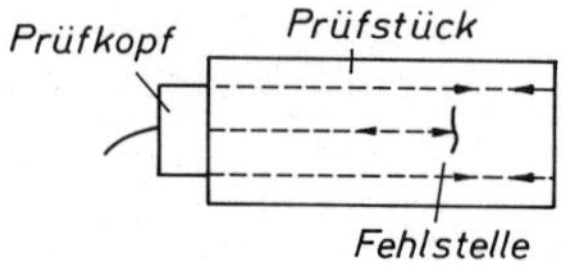

Bild 3.1–26 Impuls-Echo-Verfahren (Schema)

Um kurzzeitige Schallimpulse von 2 bis 10 µs Dauer gut in das Werkstück einzuleiten, benetzt man den Kristall oder die Kontaktstelle des Prüfstückes mit Wasser oder Öl.

3.1.5.2 Auswertung

a) *Werkstoffehler*

Die Schallimpulse durchlaufen geradlinig das Prüfstück und werden an der Wand, also beim Übergang fest → gasförmig, zurückgeworfen und kehren zum Empfänger zurück, wobei der Schallstoß vom Kristall in einen Stromimpuls verwandelt wird; dieser wird über einen Verstärker einem Elektronen-Oszilloskop zugeleitet. Auf dem Schirmbild erscheinen die im Prüfstück zurückgelegte Schallstrecke als waagrechte Linie, der Sendeimpuls und der als Echo bezeichnete reflektierte Schallstoß auf der Ordinate als zackenförmige Lichtabweichungen (Bild 3.1–27a)

Stoßen die Schallwellen, bevor sie auf die Rückwand treffen, auf Unterbrechungen im Gefüge, z. B. Risse, Poren, Blasen, dann werden sie an ihnen reflektiert und erscheinen auf dem Schirm als Zwischenzacken zwischen Sende- und Echozacken. (Bild 3.1–27b). Aus ihrer Lage und Größe kann man bei genügender Erfahrung auf die Lage und Größe der Fehlstellen schließen. Kleinste Fehlstellen bis herab zu einer linearen Ausdehnung von 10^{-6} mm können auf diese Weise gefunden werden.

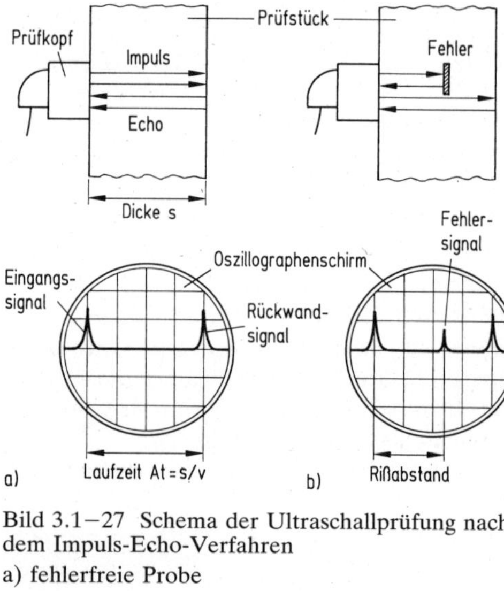

Bild 3.1–27 Schema der Ultraschallprüfung nach dem Impuls-Echo-Verfahren
a) fehlerfreie Probe
b) Risse in der Probe

b) *Wandstärke*

In der gleichen Weise, wie Wassertiefen mittels Schallecho ausgelotet werden, können auch Wandstärken an schwer zugänglichen Stellen, z. B. von Behältern oder Rohrteilen, gemessen werden; die Schallgeschwindigkeit in dem Stoff muß hierbei bekannt sein (s. Tabelle 3.1–8).

Übung 3.1–27

a) Wie erzeugt und empfängt man US-Wellen?
b) Bis zu welcher Tiefe und bis zu welchen Abmessungen der Fehlstellen lassen sich verborgene Fehler durch US-Beschallung in metallischen Konstruktionsteilen aufdecken?

3.2 Metallische Konstruktionswerkstoffe

3.2.0 Übersicht

Die Vielzahl der konstruktiven Zwecken dienenden Metalle kann nach zwei Gesichtspunkten aufgegliedert werden:

1. Nach der Metallart in:
   - Eisenwerkstoffe und
   - NE-(**N**ichteisen) Metalle.
2. Nach der Verarbeitungsweise in:
   - Knetlegierungen (verformbar durch Walzen, Pressen, Schmieden u. a.) und
   - Gußlegierungen.

Reinmetalle sind für konstruktive Aufgaben zu weich und zu leicht verformbar, auch wenn durch eine Kaltverformung Härte und Festigkeit erheblich erhöht werden.

1. Einteilung (Metallart)

Eisenlegierungen: ungehärtet / gehärtet → vergütet

NE-Legierungen: unbehandelt / warmbehandelt

2. Einteilung (Verarbeitungsweise)

Knetlegierungen / **Guß**legierungen DIN-Bezeichnung „G"

Tabelle 3.2–1 Bedeutung der vorgesetzten Kurzzeichen

G	= Guß, allgemein
GS	= Guß in Sandform
GD	= Druck-Guß
GK	= Kokillen-Guß
GZ	= Zentrifugal-Guß (Schleuder-Guß)
GC	= Strang-Guß (continues)
GL	= Gleitlagermetall
L	= Lotmetall
S	= Schweißmetall

3.2.1 Eisen-Kohlenstoff-Legierungen (binär)

Lernziele

Der Lernende kann ...

- den Aufbau des Eisen-Kohlenstoff-Diagramms und seine Linienzüge erklären.
- Namen, Eigenschaften und Phasengebiete der Kristallarten nennen.
- Stahlsorten nach C-Gehalt und Hauptverwendung unterteilen.
- die wichtigsten Gußsorten an ihren Kristallen und Eigenschaften unterscheiden.
- den Vorgang der Abschreckhärtung durch die Bildung von Martensit erklären.

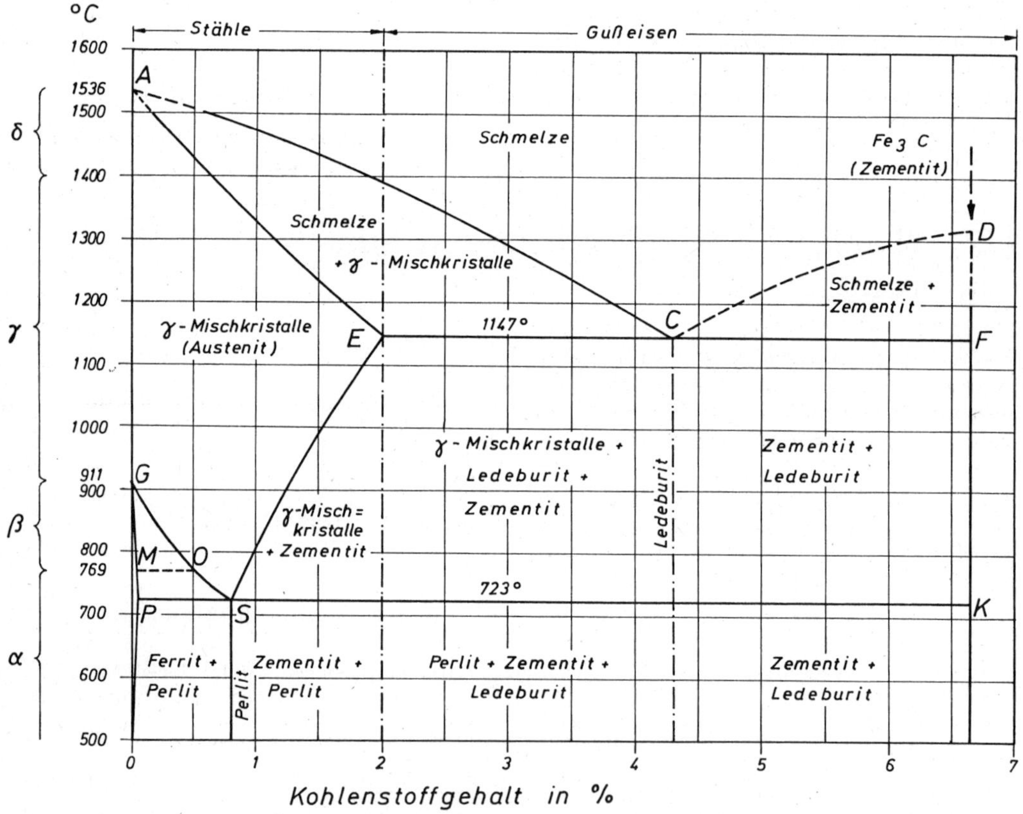

Bild 3.2–1 Eisen-Kohlenstoff-Zustandsschaubild

Man unterscheidet: 1. Fe-C-Schaubild (stabil),

2. $Fe\text{-}Fe_3C$-Schaubild (metastabil).

Beide Diagramme unterscheiden sich kaum voneinander; dieses eine Diagramm gilt daher für den stabilen und den metastabilen Zustand.

Im allgemeinen enthalten Stähle Fe_3C (metastabil), die Gußeisen-Werkstoffe teils Fe_3C, teils C, d. h. sie sind teils im stabilen, teils im metastabilen Zustand, je nach der Abkühlungsgeschwindigkeit und den Legierungsgehalten.

Mn, Cr fördern den metastabilen, Si den stabilen Zustand

3.2.1.1 Zustandsdiagramm

Die Vielzahl der Eisensorten – es gibt über 500! – können bezüglich ihres Gefüges (Kristallarten und deren Mengenanteile) am Zustandsdiagramm nach Bild 3.2–1 unterschieden und beurteilt werden. Das Schaubild erscheint zunächst etwas kompliziert.

Der Grund liegt in der Polymorphie des Eisens; nach Bild 3.2–2 wandeln sich bei der Abkühlung der binären Legierung (und des reinen Eisens) die rotglühenden kfz- in krz-Kristalle um; die ersteren können in ihrem „leeren Kubus" C-Atome aufnehmen; die krz-Zelle dagegen ist innen durch ein Fe-Atom besetzt und kann das nicht. Der Kohlenstoff kann aus den binären, homogenen Fe-C-Schmelzen in zwei Kristallarten kristallisieren: als

1. Graphit, den Sie bereits kennen, oder
2. Eisenkarbid Fe_3C, einer harten intermetallischen Verbindung, die man mit *Zementit* (hart wie Zement!) bezeichnet.

Der Metallurge kann gezielt die gewünschte Erstarrungsart bestimmen. Da beide Erstarrungsarten in ihren Phasenumwandlungen nahezu übereinstimmen, begnügen wir uns mit dem häufiger auftretendem Fe-Fe_3C-Diagramm. Es ist ein „Teildiagramm", da oberhalb 5% C keine brauchbaren Legierungen entstehen. Zum besseren Verständnis zerlegen wir das Diagramm in drei Teildiagramme nach Bild 3.2–3 a), b), c).

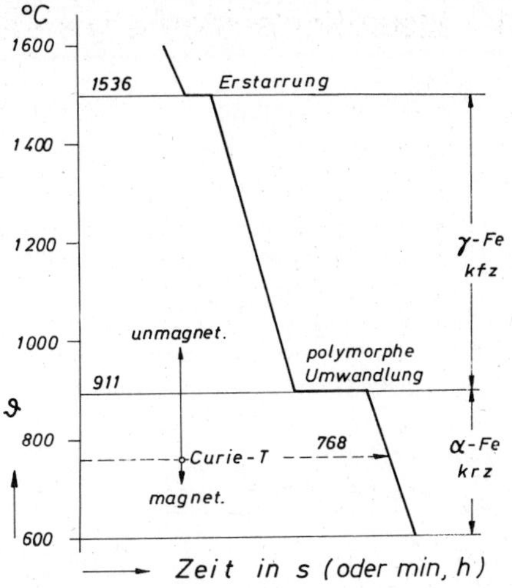

Bild 3.2–2 Abkühlungskurve von Reineisen (vereinfacht), *thermische Analyse*

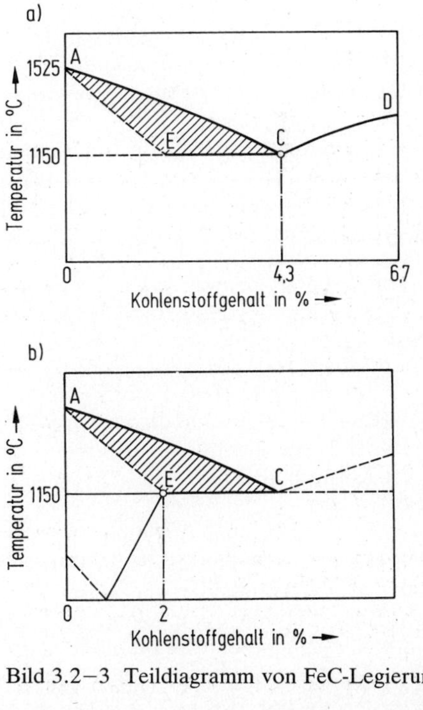

Bild 3.2–3 Teildiagramm von FeC-Legierungen

a) ist ein „kombiniertes Diagramm" nach Bild 2.2–15 mit beschränkter Löslichkeit. Der eutektische Punkt *C* liegt bei 4,3% C und 1150°C.
b) Am Punkt E auf der eutektischen Horizontalen haben die γ- Kristalle (kfz) infolge der thermischen Gitteraufweitung die größte Aufnahmefähigkeit für C-Atome mit 2%. Mit sinkender Temperatur fällt ihr Lösungsvermögen bis zum

c) Punkt *S* bei 0,8% C und 723°C, er ist der Schnittpunkt der GS- und ES-Linien; sie ähneln den Liquiduslinien eines V-Diagramms mit Eutektikum, das aus der Schmelze entsteht. Die GS- und ES-Linien sind Entmischungslinien der sich abkühlenden γ-Mischkristalle (*Austenit*), aus denen sich reine Eisenkristalle (*Ferrit*) und Fe_3C-Kristalle (*Zementit*) bilden.
Man bezeichnet dies als „Zerfall des Austenits" in Ferrit und Zementit.
Die Horizontale PSK ist die „eutektoide" Horizontale, *S* der „eutektoide" Punkt, bei dem das „Eutektoid" namens *Perlit* aus Ferrit und Zementit entsteht.

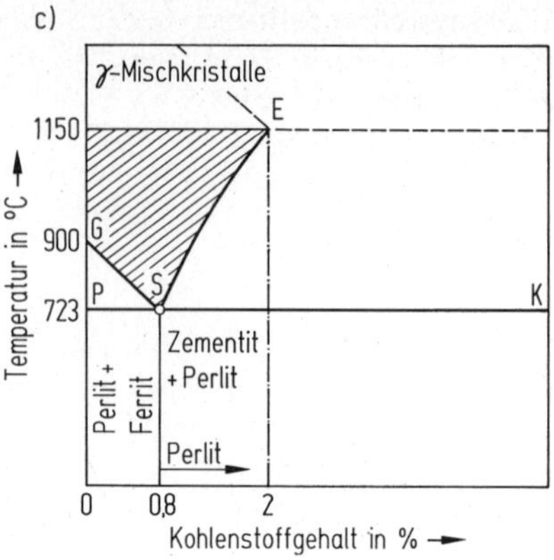

Bild 3.2–3 Teildiagramm von FeC-Legierungen

3.2.1.2 Kristalle

Alle Eisenkristalle führen einen bereits genannten Namen, mit dem sie allgemein bezeichnet werden. Die wichtigsten sind:

1. Ferrit = α-Fe, krz, magnetisch (Bild 3.2–4), nicht zu verwechseln mit den nichtmetallischen Ferrit-Magneten!

2. Austenit = γ-Fe, kfz, unmagnetisch (Bild 3.2–5). Diese Kristalle sind nach den vorigen Diagrammen eigentlich nur oberhalb des Linienzuges GSE, d. h. oberhalb 723°C beständig, können aber durch einen legierungstechnischen Kunstgriff auf niedrigere Temperaturen abgekühlt und stabil gehalten werden.

3. Zementit = Fe_3C, kompliziertes Gitter, allein wegen seiner Sprödigkeit nicht verwendungsfähig.

4. Perlit = Mischung aus Ferrit und Zementit, zäh-hartes Gefüge, normal erstarrt in Streifen (Bild 3.2–6), nachträglich getempert zu runden Körnern (Bild 3.2–7).

Mikroskopische Gefügeaufnahmen werden an geschliffenen und polierten Proben vorgenommen; um das Gefüge der einzelnen Körner deutlicher sichtbar zu machen, wird es manchmal mit geeigneten Chemikalien geätzt (Bild 3.2–8).

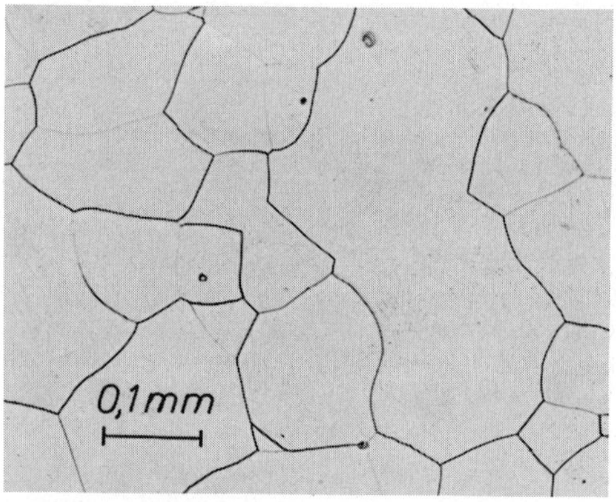

Bild 3.2–4 Ferrit; reines α-Eisen. Vergr. × 100
weich, gut verformbar

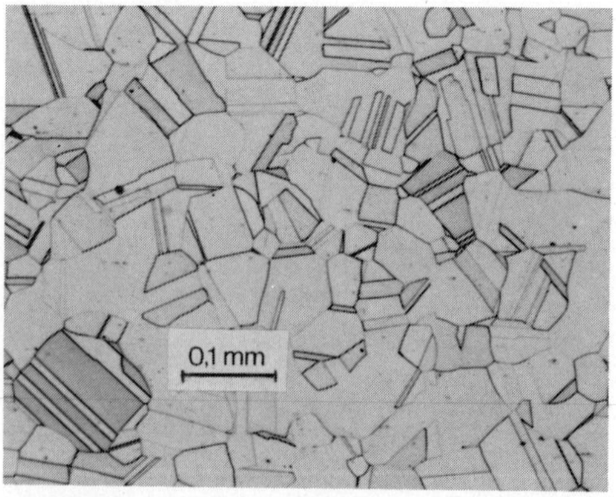

Bild 3.2–5 Austenit; γ-Eisen. Vergr. × 100
Zwillingsbildung; nur legiert bei Raumtemperatur erhaltbar; weich, gut verformbar

Härte und Festigkeit der Kristallarten sind sehr unterschiedlich (rechts). Darum ist das Gefüge der Eisensorten je nach Art und Menge ihrer Kristalle unterschiedlich hart und fest.

Kohlenstoff im Eisen als Fe_3C steigert Härte und Festigkeit, vermindert die Formbarkeit!

Ferrit: HV ≈ 100
Zementit: HV ≈ 1 100
Perlit: HV 200 bis 300
Je feiner die Schichten oder Körner aus Ferrit und Zementit, desto härter ist der Perlit.
feinkörnig → härter
grobkörnig → weicher

Bild 3.2–6 Perlit, streifig. Vergr. × 500
zäh-hart, schwer verformbar

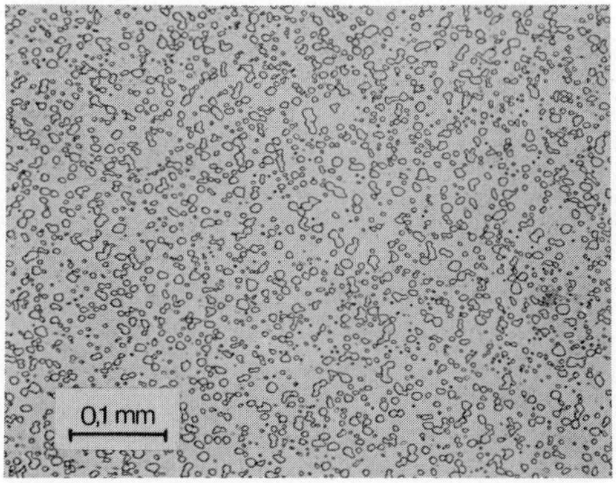

Bild 3.2–7 Perlit, körnig geglüht. Vergr. × 100
zäh-hart, verformbar

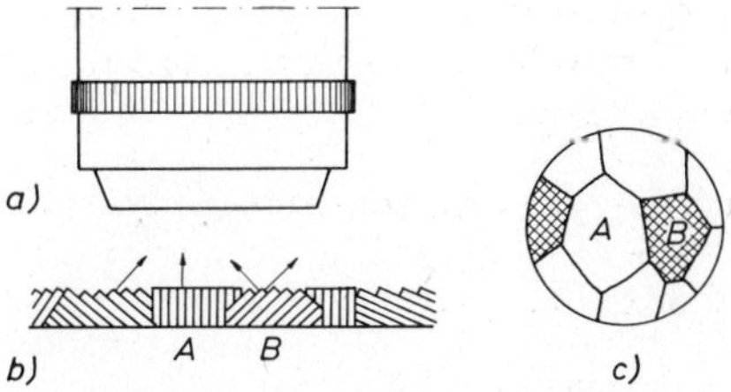

Bild 3.2–8
a) Mikroskop (Schema)
b) geätzter Schliff; metallische Kristalle A und B
c) Kristallkörner hell/dunkel, Kristallgrenzen

Übung 3.2–1

a) Bei welcher Temperatur wandelt sich reines Eisen polymorph um?
b) Wie ändert sich die Gitterstruktur?
c) Wie bezeichnet man die beiden Kristallarten metallographisch?

Übung 3.2–2

Was bedeuten bei Fe-C-Legierungen stabiles und metastabiles Gefüge (Kristallisation)?

Übung 3.2–3

Kann man Zementit in Graphit und Ferrit umwandeln? Wenn ja, wie?

Übung 3.2–4

Der Bruch eines Eisenteiles hat eine graue Farbe. Um welche Eisensorten könnte es sich handeln?

Übung 3.2–5

Erklären Sie, warum man Eisen einmal als Bindedraht, ein anderes Mal als Meißel benutzen kann!

Übung 3.2–6

Welche Kristallart(en) hat ein eutektoider Stahl?

Übung 3.2–7

Vor Ihnen liegen drei verschiedene Stahlsorten; sie sollen als Werkzeuge benutzt werden. Wie stellen Sie schnell und zuverlässig die Verwendungsfähigkeit fest?

3.2.1.3 Stahlsorten

Die Stahlsorten unterteilt man nach C-Gehalt in

- untereutektoide,
- eutektoide und
- übereutektoide,

nach Verwendung in

- Baustähle in Form von Draht, Band, Blech, Profil u. a. und
- Werkzeugstähle für die Bearbeitung oder Formgestaltung, Bild 3.2–9.

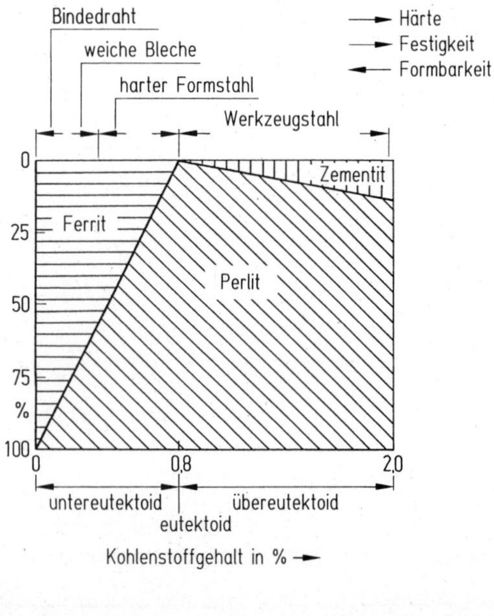

Bild 3.2–9 Einfluß des C-Gehaltes auf die Kristallsorten (Gefüge) und konstruktiven Eigenschaften von Stählen

3.2.1.4 Thermische Behandlung, Härten

Die konstruktiven Eigenschaften von Stählen lassen sich durch thermische Verfahren verbessern (Tabelle 3.2–2). Nach Durcharbeitung von Kapitel 2 werden Ihnen die Gründe für eine einfache nachträgliche Glühung einleuchten.

Die *Abschreckhärtung* beruht auf der raschen Umwandlung der γ- in α-Kristalle bei Temperaturen, die auf der GSE-Linie liegen (Bild 3.2–3 c). Man erhitzt den Stahl je nach seinem C-Gehalt auf eine Temperatur oberhalb dieser Linien in das Gebiet der Austenitphase und schreckt ihn in kaltem Wasser ab. (Diesen Vorgang haben Sie sicherlich schon in einer Werkzeugmacherei gesehen.) Dabei können nicht alle im γ-Eisen gelösten C-Atome so rasch aus dem Kristall diffundieren; einige bleiben zwangsweise im α-Kristall zurück, wo sie keinen angemessenen Platz finden und daher das Gitter „tetragonal" aufweiten und verzerren; man nennt dieses Gefüge *Martensit* (Bild 3.2–10). Durch „Stahlveredler", d. h. Zusätze von Ni, Cr, Mo, V u. a., lassen sich die Ergebnisse der Härteverfahren erheblich steigern.

Hartmagnete hatten früher ein martensitisches Gefüge. Seine extreme Härte (HV > 700!) läßt sich durch „Anlassen" mildern; bei einer Anlaßtemperatur von ca. 250°C diffundieren die zwangsweise gelösten C-Atome z. T. aus dem Gitter, verbinden sich mit Fe-Atomen zu Fe_3C und entlasten die Gitterverspannungen.

Tabelle 3.2–2 Wärmebehandlung von Stahl

1	*Glühen:*
1.1	Homogenisierung zum Ausgleich der Konzentration durch Diffusion von Atomen im Kristall.
1.2	Weichglühen ≙ Normalisieren zur besseren Bearbeitbarkeit.
1.3	Rekristallisations-Glühen zur Entfestigung durch Kornneubildung.
1.4	Entspannungs-Glühen zum Abbau innerer Spannungen, die beim Abkühlen auftreten.
2	*Härten:*
2.1	Abschreck-Härtung zur Erzielung höherer Festigkeit und Härte.
2.2	Vergüten = Anlaß-Härtung zur Erzielung gleichmäßiger Härte in großen Querschnitten.
2.3	Oberflächen-Härtung zur Erzielung harter Oberflächen bei zähem Gesamtverhalten des Werkstückes; Verschleißwiderstand wird erhöht.

Härten heißt:

- Erhitzen des C-Stahles bis in das Austenitgebiet,
- anschließende rasche Abkühlung, wobei ein hartes Gefüge, meistens Martensit, erzielt wird.
- Anlassen zur Milderung der Härte und Sprödigkeit.

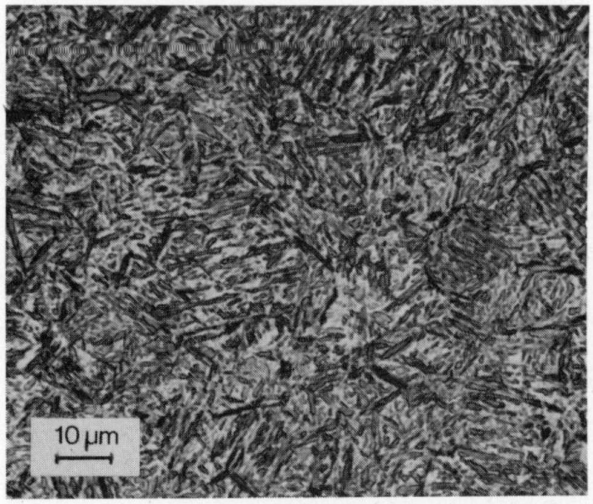

Bild 3.2–10 Martensit. Vergr. × 500
nadelförmige, verspannte α-Kristalle

Zur Erhöhung des Verschleißwiderstands werden öfters die Oberflächen von Stahlstükken gehärtet, wobei die Kernzonen zäh bleiben. Hierfür bieten sich Verfahren an, die rechts aufgelistet sind.

Oberflächenhärtung durch:
- örtliche Kaltverformung
- Induktionsspule, kurzzeitige Erhitzung/Abschreckung
- Einsatzhärtung in bei Hitze Kohlenstoff abgebenden Stoffen
- Nitrierung durch Nitride bildende Stoffe
- Carbo-Nitrierung (Kombination der letzten beiden Verfahren)

Übung 3.2–8

Sie prüfen mit einem Magneten ein Stahlstück und stellen fest, daß es unmagnetisch ist.

a) Welches Gefüge hat es?
b) Handelt es sich um eine binäre Fe-C-Legierung?

Übung 3.2–9

Sie stellen an einem Stahlstück einen Härtewert von 50 HB/10/100/30 fest.

a) Ist es als Werkzeugstahl verwendungsfähig?
b) Welche Kristalle sind überwiegend vorhanden?

Übung 3.2–10

a) Wie erzielt man ein martensitisches Stahlgefüge?
b) Wodurch zeichnet es sich aus?

Übung 3.2–11

Erklären Sie den Begriff und den Zweck des „Anlassens" von Stahl!

3.2.1.5 Gußwerkstoffe

Die Gußwerkstoffe unterteilt man nach dem C-Gehalt (Bild 3.2–11) in
- Stahlguß und
- Eisenguß,

nach der Kristallisation des Graphits in die Gußsorten nach Bild 3.2–11; sie werden kurz besprochen.

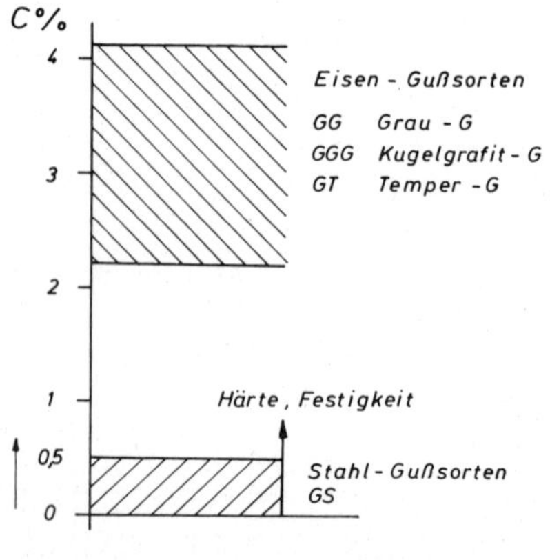

Bild 3.2–11 Gußwerkstoffe aus Fe mit C-Gehalten (schematisch)

1. *Stahlformguß* GS, DIN 1681

Die Gußteile müssen nach Entnahme aus der Form zur Umwandlung des grob-spröden Primärgefüges (Bild 3.2−12) in ein feines, zähes Sekundärgefüge (Bild 3.2−13) oberhalb der GSE-Linien geglüht werden.

GS-Teile sind gut schweißbar und konkurrieren mit geschweißten Stahlkonstruktionen.

Anhaltswerte für die konstruktiven Werte finden Sie in Tabelle 3.2−3. (α_k ist die Kerbschlagzähigkeit, HB die Brinellhärte, die übrigen Formelzeichen wurden in Tabelle 3.1−2 erklärt).

Fe-C-Gußwerkstoffe

ohne → Graphit → mit

GS	Stahl-G.	GG	Grau-G. (Lamellengraphit)
GTW	Temper-G.weiß	GGG	Sphäro-G. (Kugelgraphit)
		GTS	Temper-G. schwarz

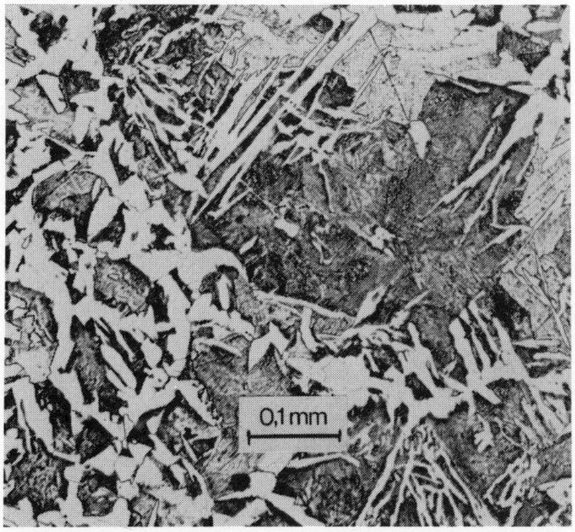

Bild 3.2−12 Stahlformguß GS ungeglüht, grobe Primärkristalle. Vergr. × 100

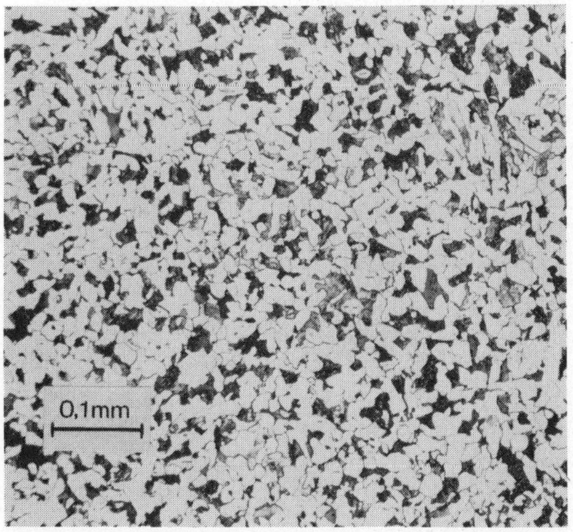

Bild 3.2−13 Stahlformguß geglüht, feine Sekundärkristalle. Vergr. × 100

Tabelle 3.2−3 Stahlguß GS, DIN 1681. Mindestwerte der Sorten 1 und 6

FZ	Einheit	(380) GS-38	(700) GS-70
R_e	N/mm^2	190	410
R_m	N/mm^2	380	700
A_5	%	25	12
α_K*	J/mm^2	0,5	−
HB	−	170	−

* In Zukunft nur noch Schlagarbeit in J mit Angabe der Probenart

GS ist gut schweißbar − ein wesentlicher Vorzug gegenüber anderen Gußwerkstoffen!

2. *Grauguß* GG mit Lamellengraphit,
DIN 1691

Dies ist der in aller Welt am meisten benutzte Gußwerkstoff für kleinste und größte Gußstücke für viele Verwendungszwecke (preisgünstig). Der von Eisenkristallen umschlossene Graphit kann große Druckkräfte (denken Sie an Wasser oder Öl in hydraulischen Anlagen!), aber kaum Zugkräfte aufnehmen; der blätter- oder lamellenförmige Graphit unterbricht die Linien der Zugkräfte und schwächt das Gefüge (Bild 3.2–14).

Ein großer technischer Fortschritt war deshalb die Erzeugung von

Tabelle 3.2–4 Gußeisen mit Lamellengraphit, DIN 1691 (Auszug)

Kurzzeichen	R_m (mindestens) [$N \cdot mm^{-2}$]
GG-10	100
GG-15	150
GG-20	200
GG-25	250
GG-30	300
GG-35	350
GG-40	400

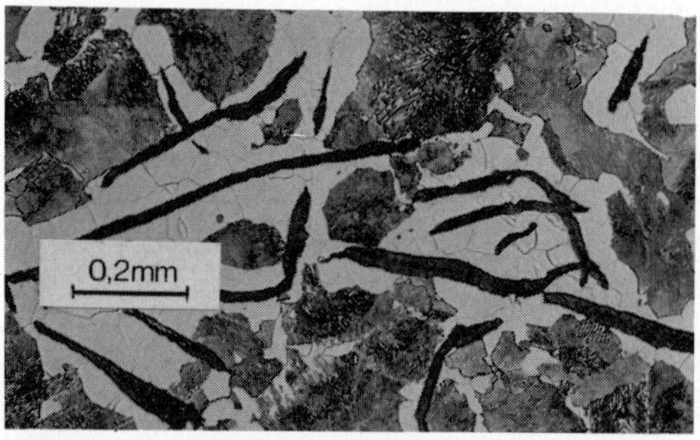

Bild 3.2–14 Grauguß-Gefüge, Vergr. × 200
Perlit in Streifen, Graphit-„Adern", Blätter-Kristalle. Dunkel getönt: Perlit; hell: Ferrit
So sehen Motoren- und andere GG-Gehäuse in 200facher Vergrößerung aus.

3. *Kugelgraphitguß* GGG, DIN 1693

mit größerer Belastbarkeit für hochbeanspruchte, auch große Gußstücke (Turbinengehäuse u. a.).

Das Gefüge zeigt Bild 3.2–15. Konstruktive Angaben finden Sie in Tabelle 3.2–5.

Tabelle 3.2–5 GGG-Kugelgraphitguß DIN 1691 (Grenzwerte)

Werkstoff	R_m [N/mm²]	$R_{p0,2}$	A_5 [%]	HB-Bereich	E-Modul [$10^3 N/mm^2$]
GGG-35	340	220	22	130 bis 160	15
GGG-80	720	500	2	230 bis 320	18,5

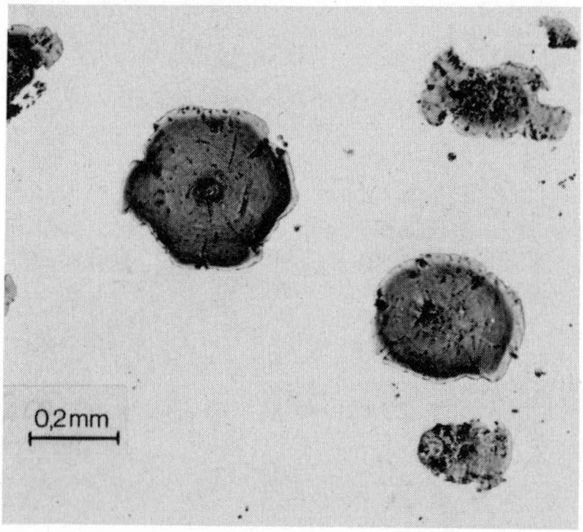

Bild 3.2–15 Kugelgraphitguß GGG, Vergr. × 200.

Der Graphit ist kugelförmig ausgeschieden.
Ferrit und Perlit nehmen die Zugspannungen auf.
Der Werkstoff läßt sich gut vergießen; er hat etwa 3,5% C.

Eine Gegenüberstellung des Kraftlinienverlaufes von GG und GGG gibt Bild 3.2−16.

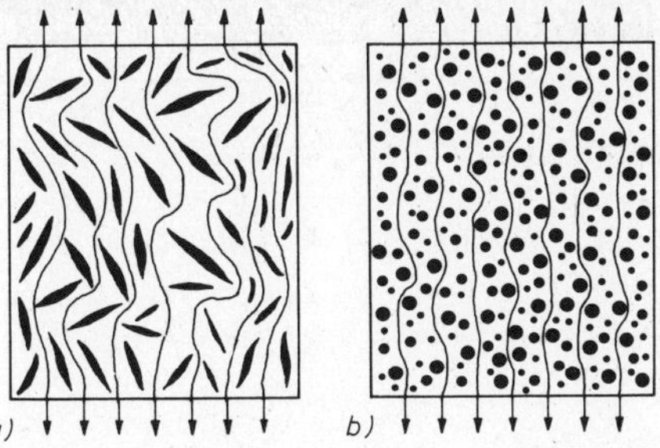

Bild 3.2−16 Zug-Kraftlinien im Gußwerkstoff
a) Lamellengrauguß GG
b) Kugelgraphitguß GGG

Bei Druckbeanspruchung verhalten sich beide Gußsorten gleich:

$\sigma_{Druck} \approx 3 \times \sigma_{Zug}$

4. *Temperguß* GTS, GTW, DIN 1692

Tempergußstücke erstarren nach dem metastabilen System, wobei sich der im Eisen gelöste Kohlenstoff von ca. 4% in großen, hartspröden Zementitkristallen ausscheidet, die die Gußteile in diesem Zustand unbrauchbar machen.

Sie werden nachträglich nach zwei Verfahren geglüht (getempert).

- GTS (= schwarz) entsteht bei längerer Glühung in neutraler Atmosphäre oberhalb des GSE-Linienzuges, wobei nach der Gleichung $Fe_3C + \text{Wärme} \rightarrow 3\,Fe + C$ der Zementit in Ferrit und Graphit zerfällt (Bild 3.2−17).
- GTW (= weiß) entsteht bei Glühung in Sauerstoff-Atmosphäre, wobei der entstandene Graphit nach der Formel $C + O_2 \rightarrow CO_2 \uparrow$ vergast wird. (Bild 3.2−18).

Anhaltswerte für die Festigkeitseigenschaften gibt Tabelle 3.2−6.

Tabelle 3.2−6 Temperguß GT, Auszug aus DIN 1692 (Grenzwerte)

Werkstoff	R_m [N/mm²]	$R_{p0,2}$ [N/mm²]	A_5 [%]	HB
GTW 35	350	–	4	220
GTS 35	350	200	12	150
GTW 65	620	430	3	270
GTS 70	630	550	2	240

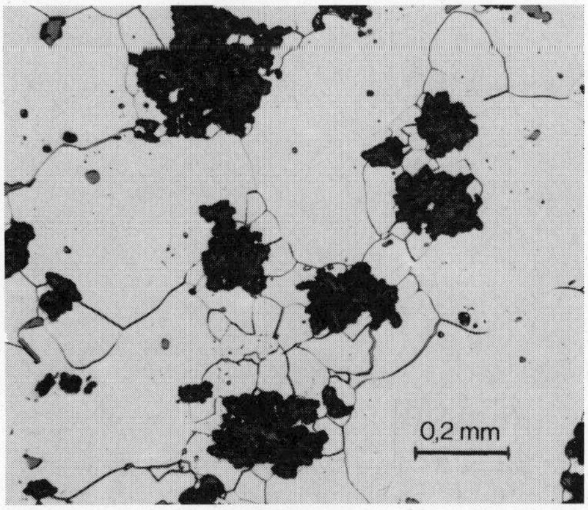

Bild 3.2−17 Gefüge von GTS, Vergr. × 200. Ferrit + Graphit (schwarz)

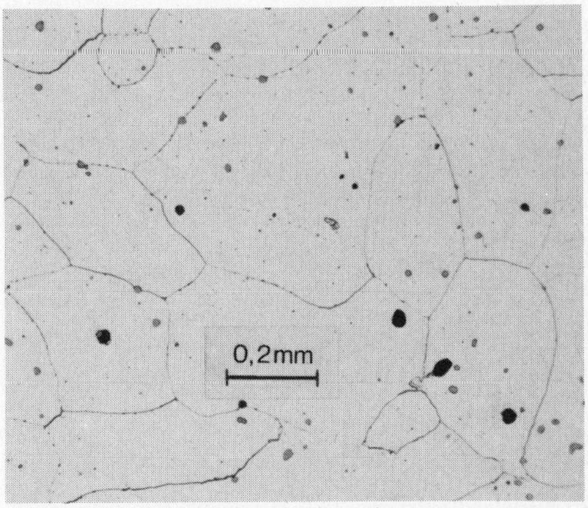

Bild 3.2−18 Gefüge von GTW, Vergr. × 200. Ferrit

Übung 3.2–12

Warum ist ein Turbinengehäuse aus GGG bruchfester als das aus GG?

Übung 3.2–13

Woraus bestehen die meisten E-Motorengehäuse? Warum?

Übung 3.2–14

Warum lassen sich GGG und GG besser und preiswerter als GS herstellen?

3.2.2 Kupferlegierungen

Lernziele

Der Lernende kann ...

- das binäre Zustandsschaubild CuZn erläutern.
- die guten Eigenschaften und die Festigkeitszustände von CuZn-Legierungen benennen.
- die Glühtemperaturen zur Entfestigung von CuZn-Legierungen angeben.
- die Bezeichnung und den Einsatz von Sondermessing erklären.
- CuSn- und CuAl-Legierungen in ihrer Bedeutung als Konstruktionsbronzen beurteilen.

3.2.2.0 Übersicht

Durch einige Legierungszusätze werden die unzureichenden konstruktiven Eigenschaften von Reinkupfer verbessert, dagegen die Leitfähigkeit gesenkt (Bild 4.2–5). Trotzdem übernehmen oft Kupferlegierungen neben konstruktiven auch elektrische Aufgaben.

Die Verbesserungen bestehen
bei der Herstellung durch

- spanlose und
- spanabhebende Verformung und
- Gießen,

bei der Verwendung bezüglich der

- konstruktiven Eigenschaften,
- Warmfestigkeit,
- Gleitfähigkeit (Lager, Schnecken- und Zahnräder) und
- Korrosionsbeständigkeit (Seewasser, Säuren, Laugen) in Konkurrenz zum Edelstahl.

Einteilung nach Herstellung:

- Knetlegierungen
- Gußlegierungen

Einteilung nach Zusatzmenge:

- niedrig-legiert, < 1% (s. 4.2.2)
- hoch-legiert, > 2%.

Die wichtigsten hochlegierten Sorten

Zusatzelement	Bezeichnung
Zn	Cu Zn, Messing (Ms)
Zn + Zusätze	Sondermessing
Sn	Cu Sn, Zinnbronze
Sn + Pb	Cu Sn Pb, Bleibronzen
Sn + Zn + Pb	Cu Sn Zn Pb, Rotguß
Al	Cu Al, Aluminium bronzen
Al + Fe + andere	Aluminium-Mehrstoffbronzen

Man unterscheidet

- niedrig- und hochlegierte Kupfersorten und
- aushärtbare und nichtaushärtbare Legierungen.

Insgesamt decken mehr als 100 DIN-Legierungen ein breitgefächertes Programm ab.

In diesem Abschnitt werden ausschließlich die wichtigsten hochlegierten Sorten besprochen, da geringe Zusätze nur für leitfähiges Kupfer gemacht werden.

Mit „Bronzen" (Bz) bezeichnet man Legierungen aus mindestens 60% Cu und einem oder mehreren Hauptlegierungszusätzen, von denen Zink nicht überwiegen darf.

3.2.2.1 CuZn-Legierungen, Messing (Ms), DIN 1709, 1718, 17660

Das Zustandsdiagramm (Bild 3.2–19) zeigt, daß sich Zn-Atome bis zu 37 Massen-% in kfz-Kristallen des Cu unter Bildung von α-Mischkristallen lösen. Sie deformieren zwar das Gitter, wie in Bild 2.2–13 gezeigt wurde, wobei Härte- und Festigkeitswerte ansteigen, beeinträchtigen aber nicht die Verformungsfähigkeit. Ms 37 (so lautet trotz neuer DIN-Vorschriften die altvertraute Betriebsbezeichnung!) läßt sich genauso gut kalt- und warmumformen wie Reinkupfer.

Bei 37% Zn ist die Aufnahmefähigkeit erschöpft; darüber hinausgehende Zn-Gehalte bilden bei der Erstarrung der Legierung kompliziert strukturierte Kristallgitter, die härter und fester als die α-Kristalle sind. Das sog. α-β-Messing (heterogen!) ist daher zähhart und für konstruktive Zwecke geeignet.

Bei >50% Zn entstehen so harte, spröde Kristalle, daß solche Legierungen unbrauchbar sind.

Das weite Anwendungsgebiet der CuZn-Legierungen basiert neben der Preisfrage auf der Qualität.

Messing wird in Halbzeugwerken zu Drähten, Bändern, Blechen und Profilen warm- oder kaltverformt; meistens wird es zum Schluß kaltverformt, um gute konstruktive Werte zu erzeugen (Bild 3.2–20 und Tabelle 3.2–7).

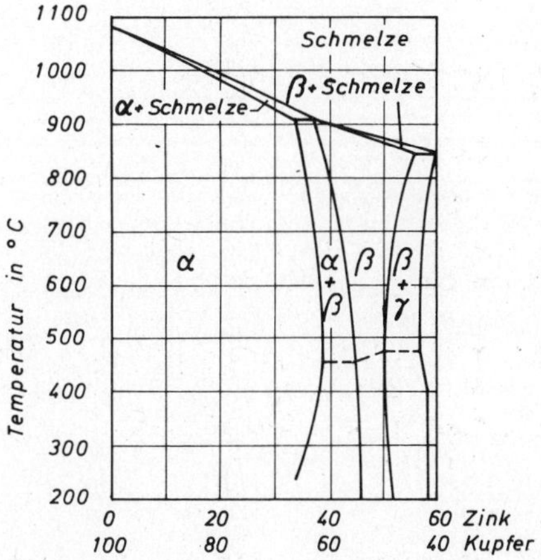

Bild 3.2–19 Teil-Zustandsschaubild CuZn-Legierungen

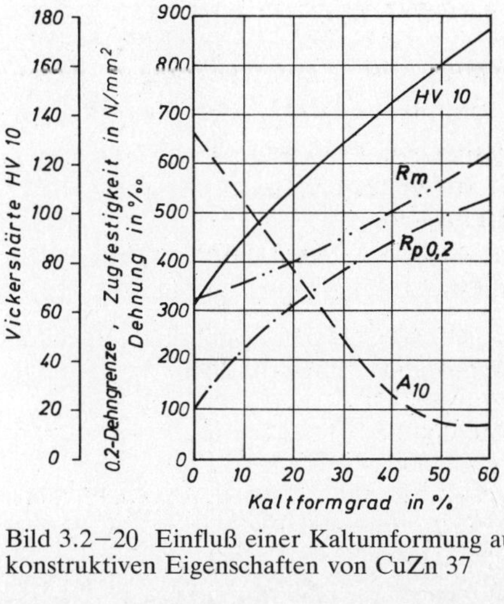

Bild 3.2–20 Einfluß einer Kaltumformung auf die konstruktiven Eigenschaften von CuZn 37

CuZn (Messing, Ms)

Knet-Legierungen	Guß-Legierungen
DIN 1718, 17660	DIN 1709
gut umformbar	sehr gut gießbar
Bleche	GS (Sand-Guß)
Bänder	GK (Kokillen-Guß)
Stangen	GZ (Zentrifugal-Guß)
Drähte	GC (Strang-Guß)
Profile	GD (Druck-Guß)

gut bearbeitbar und zerspanbar, hart-weich lötbar, galvanisierbar, weich → hart → sehr hart →

≈ 100 DIN-Sorten!

gute thermische und elektrische Leitfähigkeit; preisgünstiger als Cu.

Denken Sie an Glühlampenfassungen!

Tabelle 3.2−7 Festigkeitszustände von CuZn 37

Für CuZn 37 gibt es fünf *F*-Zustände. Bleche, Drähte, Stangen sind in folgenden Qualitäten lieferbar:

F 300 $R_m = 300$ N mm^{-2} = weich
F 380 $R_m = 380$ N mm^{-2} = halbhart
F 450 $R_m = 450$ N mm^{-2} = hart
F 550 $R_m = 550$ N mm^{-2} = federhart
F 620 $R_m = 620$ N mm^{-2} = doppelfederhart

Durch Prüfatteste sind diese Werte zu belegen.

Die Verformungsfähigkeit der α-Kristalle ist wegen ihrer Verfestigung nicht unbegrenzt.

Darum müssen bei starken Verformungsgraden, die nach Bild 3.2−21 verformten, erhärteten Kristalle zur Neuorientierung oder Rekristallisation geglüht werden (Bild 3.2−22).

Die Ergebnisse einer thermischen Nachbehandlung auf die konstruktiven Werte zeigt Bild 3.2−23.

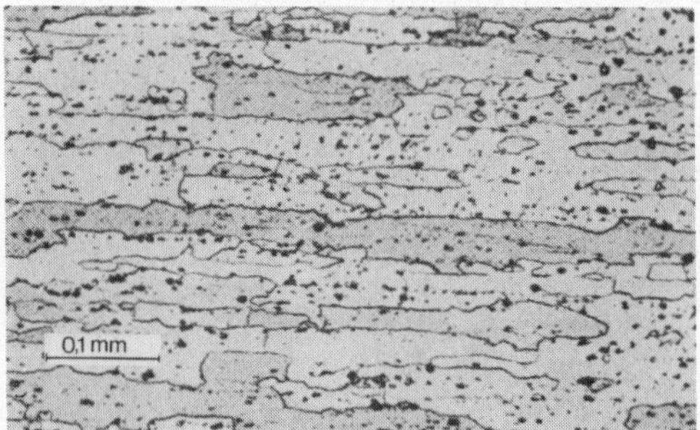

Bild 3.2−21 Messingblech CuZn 37 um 30% kaltgewalzt, verfestigt, mit Gleitlinien in den Kristallen; nicht mehr weiter walzbar, da zu hart. Es muß jetzt entfestigt werden (Vergr. × 100)

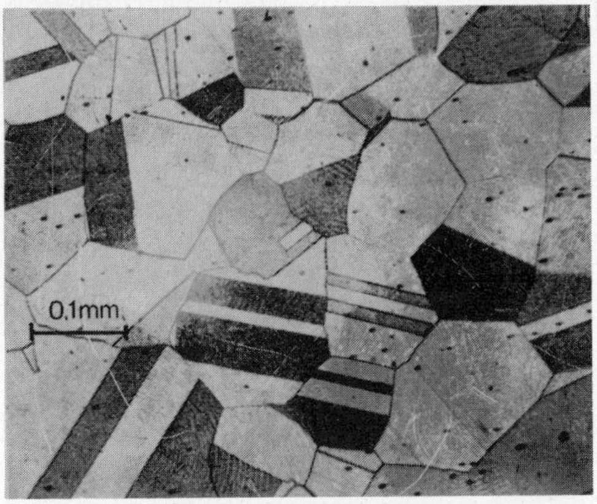

Bild 3.2−22 Das gleiche Messingblech wie Bild 3.2−21, aber bei 550°C 30 min normalisiert.
Rekristallisiertes ≙ normalisiertes ≙ weiches Ausgangsgefüge.
Dieser Werkstoff läßt sich weiter walzen.

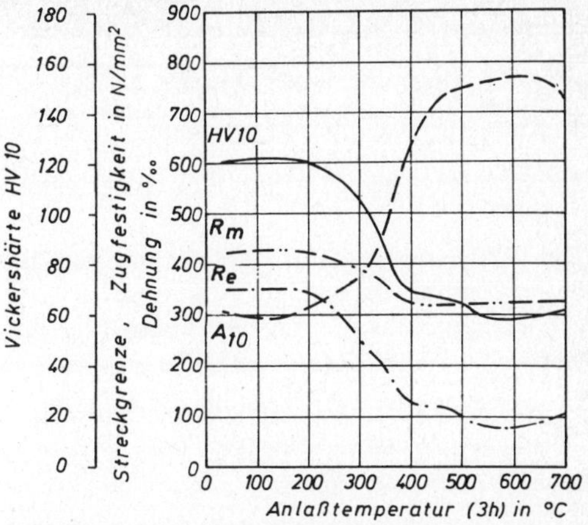

Bild 3.2−23 Entfestigung von CuZn 37 mit einem Kaltumformgrad von 25%. Das Diagramm zeigt die mit steigender Glühtemperatur abnehmenden Härte- und Festigkeitswerte und die zunehmende Dehnung

Zusatzelemente

Um die Warmfestigkeit, Zähigkeit und Korrosionsbeständigkeit binärer CuZn-Legierungen zu verbessern, fügt man ihnen bestimmte Komponenten zu; man bezeichnet diese Legierungen als Sondermessinge (SoMs). Zusatzelemente sind:

Al, Sn, Ni, Fe, Si, Mn.

> Binäre CuZn-Legierungen werden durch Zusätze von Al, Sn, Ni, Fe, Si, Mn für Spezialaufgaben verbessert.

Besondere Aufmerksamkeit verlangt die chemische Beständigkeit. Bei gewöhnlichem Messing mit >20 Zn tritt in feuchter Luft mitunter eine *„Entzinkung"* auf, bei der sich zunächst beide Metalle elektrolytisch auflösen und in dem entstandenen „Loch" sich das edlere Cu als schwammiger Pfropfen wieder ausscheidet. Kleine Zusätze von As verhindern diese unangenehme Erscheinung.

> In feuchter Luft tritt mitunter eine elektrolytische „Entzinkung" auf;
> sie wird durch As-Zusatz verhindert.

In feuchter NH_3- oder SO_2-haltiger Atmosphäre bekommen Messingteile, die konstruktiv belastet sind, Risse an den Korngrenzen; diese als *„Spannungsriß-Korrosion"* bezeichnete Erscheinung läßt sich durch gewisse Legierungszusätze vermeiden. Besser ist es aber, dort, wo Fäulnisprozesse (NH_3) oder starke Industrieabgase (SO_2) auftreten, Messing nicht zu verwenden. Innere Spannungen lassen sich durch Erwärmen abbauen, äußere natürlich nicht!

> In SO_2- und NH_3-haltiger Atmosphäre tritt eine „Spannungsriß-Korrosion" auf; sie läßt sich durch Legierungszusätze vermeiden.

3.2.2.2 CuSn- und CuAl-Legierungen

Beide Legierungsgruppen werden als

- Knet- (DIN 17662, 17665) und
- Gußwerkstoffe (DIN 1705, 1714) eingesetzt.

Bei der Erstarrung von Kupferschmelzen mit einem Zusatz von max. 10% Sn oder 10% Al erhält man ein einheitliches Metallgefüge aus CuSn- bzw. CuAl-Mischkristallen.

Diese Kristalle sind zähhart, verschleißfest und gegen Wasser, Seewasser und Chemikalien korrosionsbeständig.

In der Elektrotechnik werden beide Bronzearten für konstruktiv hochbelastete, stromführende Teile eingesetzt (Bleche, Bänder, Profile), (Bild 3.2−24/25). Pb verleiht wegen seiner niedrigen Rekristallisationstemperatur (Tab. 2.1−5) Gleitlagern aus CuSn-Legierungen bei Schmierstoffmangel die sog. „Notlaufeigenschaften".

Durch Zusatzelemente wie Fe, Al, Mn, Cr lassen sich die konstruktiven Eigenschaften der „Mehrstoffbronzen" gegenüber den binären Legierungen noch erheblich steigern.

Sn	härtet das Kupfer, Zusatz max. 12%
Al	macht Kupfer zähhart, Zusatz bis 10%
Cu	Al-Legierungen heißen Aluminiumbronzen (Al-Bz)
Cu Al Fe	Ni-Legierungen heißen Al-Mehrstoff-Bronzen (fest und korrosionsbeständig)

Rotguß (Rg) ist eine CuZnSnPb-Legierung; Pb = Schmiermittel für Gleitlager.

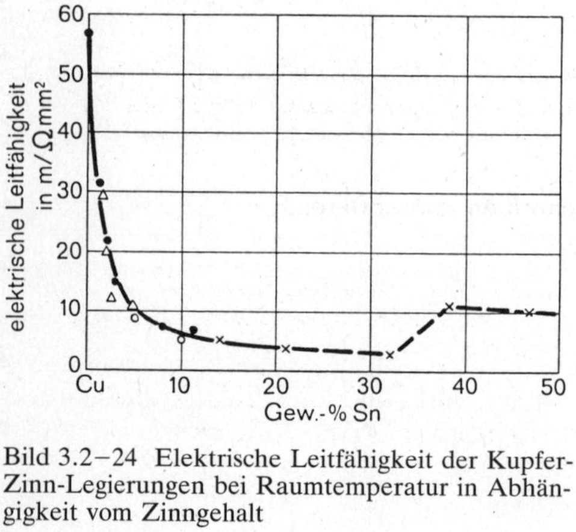

Bild 3.2−24 Elektrische Leitfähigkeit der Kupfer-Zinn-Legierungen bei Raumtemperatur in Abhängigkeit vom Zinngehalt

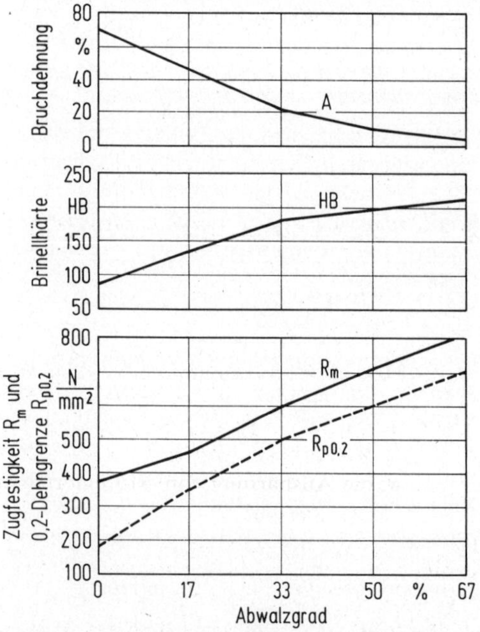

Bild 3.2−25 Festigkeitseigenschaften von CuSn6 in Abhängigkeit vom Kaltumformungsgrad. Man erkennt die gute Verformbarkeit mit dem Ergebnis einer beträchtlichen Steigerung der Härte und Festigkeit.

Übung 3.2−15

a) Wozu dienen Bleibronzen?
b) Worauf beruht ihre Wirkung?

Übung 3.2–16

a) Welchen max. Zn%-Anteil besitzen CuZn-Legierungen?
b) Warum ist er begrenzt?

Übung 3.2–17

a) Gibt es homogene Ms-Legierungen?
b) Gibt es heterogene Ms-Legierungen?

Übung 3.2–18

Bei welchen Temperaturen glüht man verfestigtes Messing zur Entfestigung aus?

Übung 3.2–19

a) Wozu dienen in der Elektrotechnik Al-Bronzen?
b) Lassen sie sich umformen?
c) Werden sie auch als Gußlegierungen benutzt?

3.2.3 Aluminiumlegierungen, DIN 1725

Lernziele

Der Lernende kann ...

- die breite Anwendung von Aluminium mit seinen guten Eigenschaften begründen.
- die wichtigsten Zusatzelemente für die Herstellung von Al-Legierungen nennen.
- die Nichtverwendbarkeit kupferhaltiger Al-Legierungen bei Feuchtigkeit mit der Bildung von interkristallinen Minielementen erklären.
- die Aushärtung von Al-Legierungen beschreiben und erklären.

Nach Eisen ist Aluminium wegen seiner guten Eigenschaften und Verarbeitungsfähigkeit durch Knet- und Gießverfahren das meist benutzte Metall. Seine chemische Beständigkeit und Oberflächenhärte kann durch eine elektrochemisch erzielte Al_2O_3-Schicht verbessert werden. Sein gegenüber Eisen und Kupfer niedriges Gewicht trägt zu seiner Verwendung bei. Allerdings ist der Herstellungspreis wegen des großen Energiebedarfes (Übung 1.6–3) ziemlich hoch.

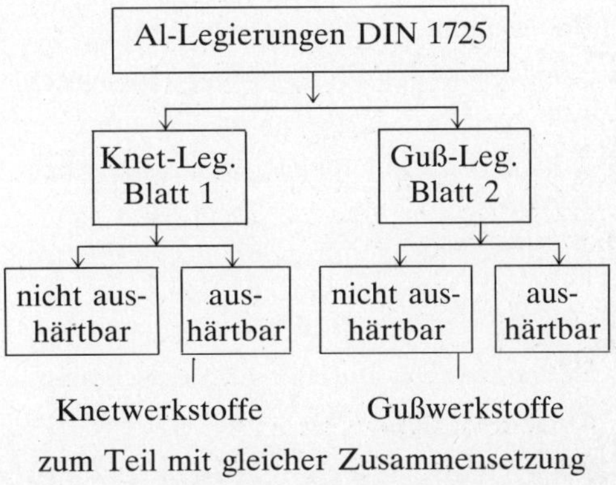

Hauptanwendungsgebiete als Konstruktionswerkstoff in der Elektrotechnik sind:

- *Anlagen*
  Verschalungen großer Motoren, Generatoren und Trafos, Lüfter, Motoren-Lagerdeckel, Gehäuse, E-Werkzeuge, E-Maschinen.
- *Meßtechnik*
  Montageplatten, -rahmen, Gehäuse, Zeiger, Zählerteile, Rollen.
- *Nachrichtentechnik*
  Teile zur Abschirmung, Abstimmkoppelspulen, Stabantennen, Rundfunkantennen, Maste, Gehäuse und Chassis, Platten in Apparaturen.
- *Beleuchtung*
  Lampengehäuse, Gestänge, Rohre, Reflektoren (besser als Ag!).
- *Elektronik*
  aufgedampfte Leiterbahnen.

Sie beruhen auf den guten Eigenschaften wie

- Dichte: sehr gering (Leichtmetall!), $\varrho_D = 2{,}7$ kg dm^{-3}, nur von Magnesium (Mg) mit 1,7 kg dm^{-3} übertroffen.
- *elektrische Leitfähigkeit:* sehr gut, nur von Ag und Cu übertroffen.
- *thermische Leitfähigkeit:* sehr gut
- *Umformbarkeit:* sehr gut, feinste Drähte, Blattaluminium (kfz).
- *Legierbarkeit:* sehr gut, hierdurch hervorragende Gießbarkeit.
- *Korrosionsbeständigkeit:* ausreichend und durch bestimmte Maßnahmen sehr gut.
- *Schweißbarkeit:* mit modernen Hilfsmitteln sehr gut.
- *Lötfähigkeit:* gut möglich bei Sondermaßnahmen.
- *Elektrische Isolierfähigkeit:* durch elektrolytische Oxidation im galvanischen Bad (Eloxal) hervorragend und einzigartig.
- *Amagnetismus:* geringe magnetische Suszeptibilität.
- *Wärmedehnung:* groß.

Dichtevergleich		
	$g \cdot cm^{-3}$	Vergleich
Al	2,7	1
Fe	7,9	2,9
Cu	8,9	3,3

Tabelle 3.2–8 Physikalische Eigenschaften von Reinaluminium

Eigenschaft	Einheit	Wert
Atommasse (relativ)	–	26,9
Atom-Durchmesser	10^{-10} m	2,86
Gitter	–	kfz
Dichte	$kg \cdot dm^{-3}$	2,7
Schmelzpunkt	°C	658
Rekristallisations-Temperatur	°C	250/300
Temperaturkoeffizient der linearen Wärmeausdehnung, 0 bis 100°C	$10^{-6} K^{-1}$	24
spezif. Wärmeleitfähigkeit	$W \cdot m^{-1} K^{-1}$	222
spezif. elektrische Leitfähigkeit	$10^6 Sm^{-1}$	37,3
Temperaturkoeffizient des elektrischen Widerstandes bei 20°C	$10^{-3} K^{-1}$	4,6
mittlere spezif. Wärme zwischen 0 und 100°C	$J \cdot g^{-1} K^{-1}$	0,896

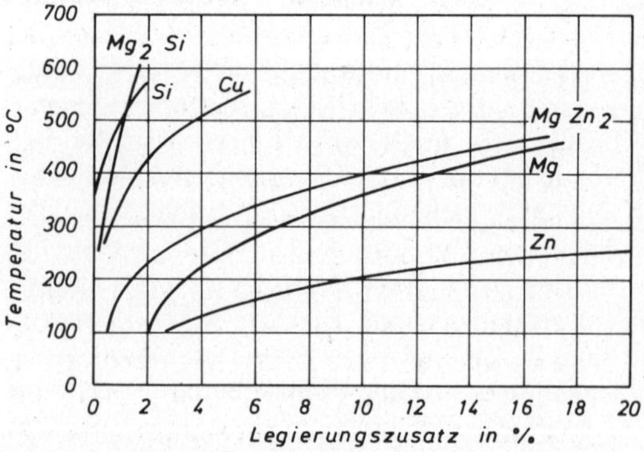

Bild 3.2–28 Mit steigender Temperatur lösen sich mehr Metallatome und intermetallische Verbindungen in Al-Kristallen

Tabelle 3.2−9 Anhaltswerte für einige gebräuchliche Al-Legierungen (* = aushärtbar)

Legierung	Zustand	$R_{p0,2}$ [N · mm^{-2}]	R_m [N · mm^{-2}]	$A_{5/10}$ [%]	HB
Al Mg 3 Al Mg 5 (G)	F 180 bis 320	80 bis 300	180 bis 400	4 bis 25	45 bis 100
*Al Mg Si (G)	F 200 bis 400	100 bis 300	200 bis 360	9 bis 25	60 bis 100
*Al Cu Mg	F 440	≈ 320	> 440	14 bis 25	≈ 115
*G Al Si 12	Sand Kokille	> 100	≈ 220	3 bis 10	≈ 60
*GK Al Cu4 Ti		≈ 250	≈ 350	≈ 5	≈ 100

In Tabelle 3.2−9 sind „aushärtbare" Legierungen mit einem * markiert. Der Begriff „Aushärten" wurde bereits in Bild 2.2−16 erklärt; er beruht auf der größeren Lösungsfähigkeit eines Kristalls für Fremdatome bei erhöhter Temperatur nach Bild 3.2−28.

Der Aushärtungsvorgang (Schema rechts) vollzieht sich in drei Arbeitsstufen:

1. Das auszuhärtende Werkstück mit heterogenem Gefüge wird, je nach Legierungsart, bei einer Temperatur zwischen 450°C und 525°C ein bis zwei Stunden geglüht, wobei sich aus den beiden Kristallarten homogene Mischkristalle bilden.
2. Das heiße Werkstück wird in kaltem Wasser abgeschreckt; die Fremdatome (-moleküle) können nicht so rasch aus dem Mischkristall diffundieren und bleiben zwangsweise im Kristallgitter gelöst.
3. Nach einer gewissen „Auslagerungszeit" scheiden sich die im Gitter festgehaltenen Fremdatome im Kristall in kleinen Atom- oder Molekülgruppen an Gitterfehlstellen aus und blockieren bei Belastungen die Gleitebenen gegen eine plastische Deformation. Einigen Atomen gelingt dies bereits bei Raumtemperatur, allerdings erst während vieler Stunden oder sogar Tagen, (Kaltaushärtung, ka). Andere Atome können erst bei erhöhter Gitterbewegung, d. h. bei Temperaturen von 150°C bis 200°C aus dem Gitter entweichen und sich in hochdisperser Form ausscheiden.
   Härte und Festigkeit steigen hierbei um das Zwei- bis Dreifache an.

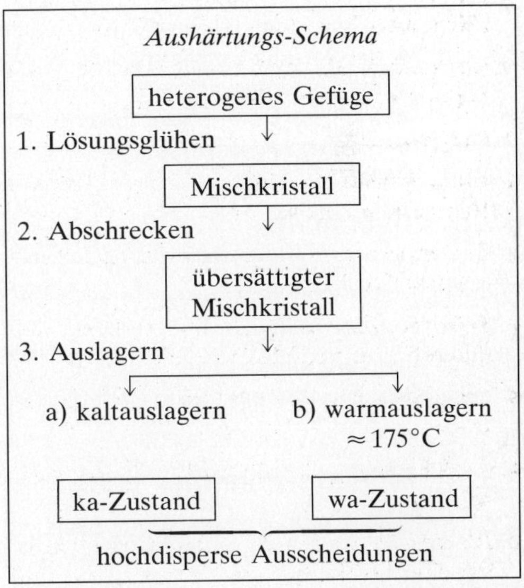

HB, HV: 2- bis 3fach des Ausgangszustandes

R_m: 1- bis 2fach des Ausgangszustandes

Übung 3.2–20

Durch welche Legierungselemente erhält Aluminium seine guten konstruktiven Werte?

Übung 3.2–21

Warum soll man Cu-haltige Al-Legierungen nicht im Freien verwenden?

Übung 3.2–22

Was versteht man unter einer warmausgehärteten (wa) Legierung?

Übung 3.2–23

Welches ist die bekannteste G-Al-Legierung? Warum?

3.3 Werkstoffbezeichnung nach DIN

Lernziele

Der Lernende kann ...

- mit dem Werkstoff-Schlüsselverzeichnis umgehen.
- die Sortenbezeichnung von Fe-Werkstoffen erklären.
- die Sortenbezeichnung von NE-Metallen erklären.
- wichtige DIN-Kurzbezeichnungen nennen.
- die Legierungszusammensetzung aus den DIN-Kurzbezeichnungen erkennen.

3.3.0 Übersicht

Die Kennzeichnung der Werkstoffe nach DIN erfolgt auf zweierlei Weise:
1. nach Werkstoffnummern,
2. nach Kurzbezeichnung.

3.3.1 Werkstoffnummer nach DIN 17007

Jeder genormte Werkstoff besitzt außer seiner DIN-Bezeichnung eine siebenstellige Nummer, die nach Bild 3.3–1 codiert ist.

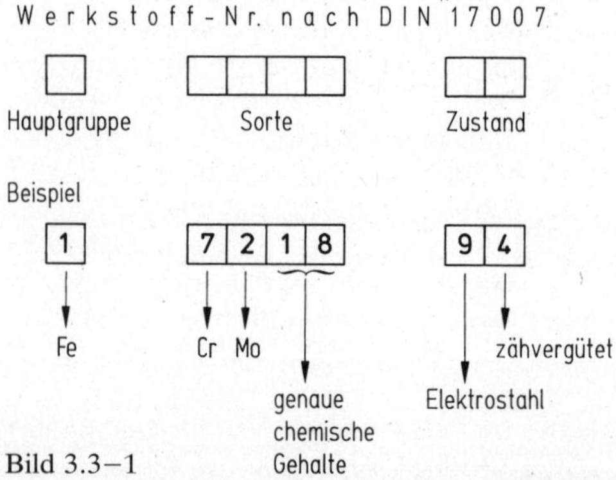

Bild 3.3–1

In der Werkstoff-Hauptgruppe haben die Ziffern folgende Bedeutung: *0* Roheisen und

Ferrolegierungen, *1* Stahl, *2* Schwermetalle, *3* Leichtmetalle, *4* Pulvermetallurgische Werkstoffe, *5–8* Nichtmetalle, *9* frei. Die siebte (letzte) Ziffer bedeutet:

0 unbehandelt, *1* weich, *2* kaltverfestigt (Zwischenhärten), *3* kaltverfestigt (hart und darüber), *4* lösungsgeglüht, ohne mechanische Nacharbeit, *5* lösungsgeglüht, kalt nachgearbeitet, *6* warmausgehärtet, ohne mechanische Nacharbeit, *7* warm ausgehärtet, kalt nachgearbeitet, *8* entspannt ohne vorherige Kaltverfestigung, *9* Sonderbehandlungen. (Dies nur zur Kenntnisnahme!)

3.3.2 Kurzbezeichnung nach DIN

3.3.2.1 Eisensorten, DIN 17006

Die Bezeichnung erfolgt nach

- Zugfestigkeit oder
- Zusammensetzung und
- Herstellung

Die *Festigkeitszahlen* (*F*) beziehen sich (leider) noch auf die veraltete Krafteinheit kp (1 kp = 9,81 N).

Beispiel: St 52 ≙ Stahl mit R_m = mindestens 510 N/mm². Die *chemischen* Gehalte werden

- bei unlegierten Eisensorten (Höchstgehalte: 0,5 Si, 0,8 Mn, 0,1 Al oder/und Ti) mit dem C-Gehalt gekennzeichnet, wobei dieser mit dem Faktor 100 multipliziert wird.

Beispiel: C 45 = Stahl mit 0,45 C,

- bei niedriglegierten Eisensorten:

Faktor 4 für Co, Cr, Mn, Ni, Si, W.

Faktor 10 für Al, Be, Cu, Mo, Nb, Ta, Ti, V, Zr.

Faktor 100 für N, P, S (siehe Beispiel 1).

- Hochlegierte Stähle werden mit einem vorgesetzten X gekennzeichnet (siehe Beispiel 2).

Beispiele für DIN-Bezeichnung nach *F*

1. GS 38 ≙ Stahlformguß mit einer Mindestzugfestigkeit von 38 kp/mm² ≈ 380 N/mm² (genau 372,8 N/mm²)
2. GTS 42 ≙ Schwarz-Temperguß mit R_m mind. 42 kp/mm² ≈ 420 N/mm²

Tabelle 3.3–1 Multiplikatoren für Legierungs-Komponenten

4	10	100
Co	Al	C
Cr	Cu	P
Mn	Mo	S
Ni	Ti	N
Si	V	

Beispiel 1

15 CrNiMo 10 4 ≙
niedriglegierter Stahl mit
0,15 C (15/100)
2,5 Cr (10/4)
1,0 Ni (4/4)

Spuren Mo

Beispiel 2

X 4 CrNiMo 18 8 ≙
X = hochlegierter Edelstahl mit
0,04 C (4/100)
18 Cr 18%
8 Ni 8%

Spuren Mo –

3.3.2.2 NE-Metalle, DIN 1700

Sie sind in Knet- und Gußmetalle (G) eingeteilt.

Hinter das „G“ gesetzte Buchstaben kennzeichnen das Gießverfahren nach Tabelle 3.2–1.

Die Zusammensetzung wird durch das chemische Symbol und in Massenprozentzahlen angegeben (siehe Beispiel 3).

Die Festigkeit bzw. der Festigkeitszustand (F) wird durch das 0,1fache der Zahlenwerte der Zugfestigkeit R_m in N/mm^2 ausgedrückt (siehe Beispiel 4).

Zugesetzte Buchstaben nach Tabelle 3.3–2 geben Aufschluß über den Behandlungszustand (Festigkeitszustand).

Beispiel 3

Cu Ni44 Mn2Cr bedeutet:
Cu = Basismetall
Ni = Haupt-Komponente = 44%
Mn = 1. Zusatz-Komponente = 2%
Cr = 2. Zusatz-Komponente < 1%

Beispiel 4

CuZn F 22 bedeutet:
CuZn mit Zugfestigkeit
R_m = mind. 220 N/mm^2

Tabelle 3.3–2 Festigkeitszustände und Bezeichnungen nach DIN 1700

F	Festigkeitszustand
F-Zahl	R_m in N/mm^2
w	weich ≙ geglüht ≙ normalisiert ≙ 1fach
hh	halbhart ≈ 1,2fach
h	hart ≈ 1,4fach
fh	federhart ≈ 1,8fach
a	ausgehärtet
ka	kalt-ausgehärtet
wa	warm-ausgehärtet
wh	walz-hart
zh	zieh-hart
ho	homogenisiert
p	plattiert
L	Lötmetall
S	Schweißmetall
GL	Gleitlagermetall

Die kleinen Buchstaben werden der Legierungs-Bezeichnung angehängt, z. B. AlSi10Mg wa

Übung 3.3–1

Was bedeuten die Kurzbezeichnungen nach DIN 17006?

a) Cu Ni 30 Mn F45
b) G Al Si 12 Mg wa
c) GL Sn Pb 20
d) Al 99 F 80
e) L Sn Pb 40.
(Bei Zusätzen < 1% wird der %-Gehalt nicht aufgeführt.)

Übung 3.3–2

Geben Sie die Bedeutung für nachfolgende Buchstaben an, die bei DIN-Kurzbezeichnungen an erster oder letzter Stelle stehen!

a) GS, b) GC, c) GL, d) ho, f) a, g) F.

Lernzielorientierter Test zu Kapitel 3

1. Das maßgebliche Formelzeichen für Kaltumformbarkeit ist

   A σ
   B α
   C Z
   D A
   E E-Modul

2. Das Formelzeichen für $\frac{L-L_0}{L_0} \cdot 100\%$ lautet

   A σ
   B A_5
   C A_{10}
   D Z
   E ε

3. Das Formelzeichen mit Bezeichnung für $\frac{\sigma}{\varepsilon}$ im elastischen Bereich lautet

   A α Dehnzahl
   B σ_E Elastizitätsgrenze
   C $R_{p0,2}$ 0,2-Dehngrenze
   D E E-Modul
   E R_m Bruchfestigkeit

4. $R_{p0,2}$ ist eine Größe für

   A Wärmespannung
   B Temperaturgrenze
   C elastische Formänderung
   D Zugspannung, bei der sich ein Stab bleibend um 0,2% dehnt
   E die Kraft, die einen Stab elastisch um 0,2% dehnt

5. In welcher Reihenfolge steigt der E-Modul?

   A Cu–Al–Fe–Kunststoff (unverstärkt)
   B Al–Cu–Fe–Kunststoff (unverstärkt)
   C Kunststoff (unverstärkt) – Al–Cu–Fe
   D Kunststoff (unverstärkt) – Cu–Al–Fe
   E Cu – Kunststoff (unverstärkt) – Fe–Al

6. Die Kerbschlagarbeit beim Durchschlagen einer DVM-Probe betrug 110 J.

   Dieser Wert ist

   A sehr hoch
   B hoch
   C mittel
   D niedrig
   E sehr niedrig

7. Magnetostriktion bedeutet

   A Temperaturänderung im Magnetfeld
   B elastische Spannungen im Magnetfeld
   C Änderung des Magnetflusses
   D reversible Formänderung im Magnetfeld
   E irreversible Formänderung im Magnetfeld

8. Die praktisch benutzte Frequenz im US-Prüfverfahren ist

   A 2 bis 4 kHz
   B 2 bis 20 kHz
   C 20 bis 200 kHz
   D 0,5 bis 20 MHz
   E 5 bis 50 MHz

9. Der $R_{p0,2}$-Grenzbereich in N/mm² für einen weichen Al-Draht ist

   A 10 bis 20
   B 20 bis 50
   C 50 bis 100
   D 100 bis 150
   E 150 bis 200

10. Der A_5-Wert in % für eine weiche E-Cu-Stange ist

   A < 5
   B < 10
   C < 25
   D > 25
   E > 50

11. Der R_m-Wert in $N \cdot mm^{-2}$ für hochfesten Baustahl ist

   A < 100
   B < 200
   C < 400
   D > 400
   E > 500

12. Rockwell-Härteprüfung HRC:
    A Eindringhärte
    B Rückprallhärte
    C runder Eindruck
    D für weiche Stoffe anwendbar
    E für sehr harte Stoffe anwendbar

13. Welche Werkstoffgrößen erhält man durch den Zugversuch?
    A HB-Zahl
    B HRC-Zahl
    C Dauerschwingfestigkeit
    D A
    E $R_{p0,2}$

14. α-Fe ist
    A kfz
    B krz
    C magnetisch
    D hex
    E unmagnetisch

15. α-Fe ist
    A im Perlit vorhanden
    B Ferrit
    C Martensit
    D Austenit
    E lösungsfähig für C-Atome

16. α-Fe ist
    A bei Tiefsttemperatur beständig
    B bei 373 K beständig
    C bei 900 K beständig
    D im weichen Bindedraht vorhanden
    E im unmagnetischen Stahl vorhanden

17. Kohlenstoff C ist in einem harten Werkzeug vorhanden
    A gar nicht
    B als Graphit
    C als Fe_3C
    D als Zementit
    E als Perlit

18. Eisenkarbid wird auch bezeichnet als
    A Zementit
    B Ferrit
    C Austenit
    D Martensit
    E Perlit

19. Eisenkarbid ist
    A härter als Ferrit
    B härter als Austenit
    C härter als Martensit
    D härter als γ-Mischkristall
    E härter als Graphit

20. Normaler Baustahl, unlegiert, enthält/ist
    A $= 0,6$ C
    B $> 0,6$ C
    C $< 0,6$ C
    D übereutektoid
    E ferritisch-perlitisch

21. Normaler Werkzeugstahl, unlegiert, enthält/ist
    A $> 0,6$ C
    B $< 0,6$ C
    C ferritisch
    D martensitisch
    E perlitisch

22. GG ist
    A härtbar
    B legierbar
    C walzbar
    D für Motorgehäuse verwendbar
    E unmagnetisch

23. GGG ist
    A Name für Kugelgraphitguß
    B umformbar
    C legierbar
    D vergütbar
    E als Turbinengehäuse anwendbar

24. Fe-Werkstoff mit > 500 HV könnte sein
    A GG
    B GGG
    C Dynamoblech
    D Brückenstahl
    E Rasierklingenstahl

25. wa bedeutet
    A Walzmaterial
    B warmfest
    C widerstandsfähig
    D warmausgehärtet
    E wiederholt Ausschuß

26. Ms bedeutet

A martensitisch
B mit Magnesium behandelt
C Messing
D CuZn
E CuSn

27. CuSnPb wird benutzt für

A Gleitlager
B Federstahl
C Verschleißplatten
D Motorgehäuse
E Bearbeitungswerkzeuge

28. Der Zn-Gehalt in CuZn-Leg ist begrenzt auf

A 5%
B 10%
C 20%
D 40%
E 60%
F 80%

4 Metallische Leiter, Kontakte, Widerstände

4.0 Überblick

Leiter und Kontakte sollen den elektrischen Strom möglichst widerstandslos weiterleiten.

Widerstände regeln und messen den Strom und verwandeln ihn in thermische Energie.

Die spezifische elektrische Leitfähigkeit bzw. ihr Kehrwert, der spezifische elektrische Widerstand, stehen im Mittelpunkt unserer Betrachtungen. Sie lernen in diesem Kapitel die theoretischen Kenntnisse und die wichtigsten Werkstoffe für die Erfüllung dieser Aufgaben und die Gründe für ihre Störanfälligkeit kennen.

4.1 Der elektrische Leitungsvorgang

Lernziele

Der Lernende kann ...

- die Elektronendichte(-konzentration) erklären,
- die Fließgeschwindigkeit der Elektronen erklären,
- die Stromdichte als Produkt der Dichte und der Fließgeschwindigkeit der Elektronen erklären,
- die spezifische elektrische Leitfähigkeit als Produkt der Konzentration und der Beweglichkeit der Elektronen erklären,
- Einflüsse auf die Beweglichkeit der Elektronen nennen,
- den Temperaturkoeffizienten des elektrischen Widerstandes für Reinmetalle angeben,
- das Entstehen der Supraleitfähigkeit erläutern.

4.1.1 Spezifische elektrische Leitfähigkeit

Die beste Leitfähigkeit besitzen die unlegierten Reinmetalle ohne eingebaute Fremdatome; sie ist bei den Metallen nach Tabelle 4.1–1 sehr unterschiedlich. Neben der Leitfähigkeit spielt der Preis für die Anwendung eine entscheidende Rolle. Aus diesem Grund werden die chemisch beständigen und gut leitenden Edelmetalle Au und Ag nur in kleinen Abmessungen oder dünnen Schichten angewandt.

Zum theoretischen Verständnis der Leitungsvorgänge wandeln wir das Ohmsche Gesetz in der üblichen Fassung nach Gl. (4–1) über Gl. (4–2) bis (4–5) in die allgemeine Fassung nach Gl. (4–6) um.

Tabelle 4.1–1 Leitfähigkeit $\varkappa$ in 10^6 S/m von reinen Metallen

Metall	$\varkappa$	Metall	$\varkappa$
Ag	64	Zn	17
Cu	59	Ni	15
Au	46	Fe	10
Al	37	Pt	10
Mg	22	Pb	5
Mo	19	Hg	1
W	18		

Beachten:
A = Fläche in m^2 *und*
A = Ampère (Stromstärke)

$$U = RI \tag{4-1}$$

oder

$$I = GU \qquad (4-2)$$

$$G = \frac{1}{R}$$

$$\varkappa = G \cdot \frac{L}{A} \qquad (4-3)$$

$$\frac{I}{A} = \frac{G}{A} \cdot U \qquad (4-4)$$

$$\frac{I}{A} = \frac{GL}{A} \cdot \frac{U}{L} \qquad (4-5)$$

$$S = \varkappa \cdot E \qquad (4-6)$$

L	Leiterlänge	in m
A	Leiterquerschnitt	in m²
U	Spannung	in V
R	Widerstand	in Ω
I	Stromstärke	in A
G	elektrischer Leitwert	in S
$\varkappa$	spezif. elektrische Leitfähigkeit	in Sm^{-1}
S	Stromdichte	in Am^{-2}
E	elektrische Feldstärke	in Vm^{-1}

Geraten Elektronen unter den Einfluß eines elektrischen Feldes E in Vm^{-1}, dann wird ihre willkürliche Bewegung durch eine gerichtete Bewegung (Fließ- oder Driftbewegung) u_{e^-} überlagert. Bei gleicher Feldrichtung, d. h. bei Gleichspannung, bewegen sich die Elektronen in gleicher Richtung; wechselt die Feldrichtung (Wechselspannung), dann ändert sich die Fließbewegung der Elektronen im Takte (Frequenz) des Spannungswechsels; sie bewegen sich (schwingen) hin und her. *Die Fließgeschwindigkeit u_{e^-} in* $m \cdot s^{-1}$ *ist der angelegten Feldstärke E proportional.* Jede Proportion läßt sich durch Einsetzen des Proportionalitätsfaktors in eine Gleichung umwandeln, in der dann auf beiden Seiten gleiche Einheiten stehen.

Geraten Leitungselektronen unter den Einfluß eines elektrischen Feldes, dann wird aus ihren ungeordneten Bewegungen eine Fließbewegung.

$$u_{e^-} \sim E$$
$$ms^{-1} \sim Vm^{-1}$$

In Gl. (4.−7) hat der Proportionalitätsfaktor das Formelzeichen b_{e^-}; er wird die „*Elektronenbeweglichkeit*" genannt; die Elektronenbeweglichkeit b_{e^-} ist die auf Einheit der Feldstärke E in $V \cdot m^{-1}$ bezogene Fließgeschwindigkeit u_{e^-} der Elektronen in $m \cdot s^{-1}$.

$$u_e = b_{e^-} \cdot E \qquad (4-7)$$
$$m/s = (m^2/Vs) \cdot (V/m)$$

$$b_{e^-} = \frac{u_{e^-}}{E} \qquad (4-8)$$

$$\frac{m^2}{Vs} = \frac{m/s}{V/m}$$

b_{e^-} ist eine meßbare Werkstoffgröße, wie wir gleich noch sehen werden; sie ist bei allen kristallinen Stoffen, also Metallen und Halbleitern, keine Werkstoffkonstante, sondern ändert sich, wenn sich das Kristallgitter unter einem physikalischen Einfluß ändert.

Der Proportionalitätsfaktor b_{e^-} heißt die Elektronenbeweglichkeit; er ist die auf die Feldstärke E bezogene Geschwindigkeit der Elektronen v_{e^-}.

Aus Bild 4.1−1 ist erkennbar, daß die Stromdichte S in A/m^2 das Produkt zweier Werkstoffgrößen nach Gl. (4−9) ist:

1. der Elektronen-Konzentration ne^- in As/m^3 und
2. der Elektronen-Driftgeschwindigkeit u_{e^-} in m/s.

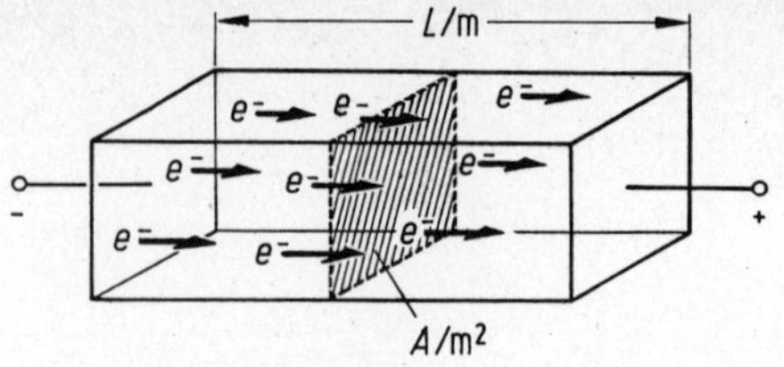

Bild 4.1−1 Fließbewegung der Elektronen unter Einwirkung eines elektrischen Feldes (Schema)
$u_{e^-} \triangleq$ Fließgeschwindigkeit $\bar{u}$ der Elektronen e^-

$$S = ne^- \cdot u_{e^-} \quad (4-9)$$

$$\frac{A}{m^2} = \frac{As}{m^3} \cdot \frac{m}{s}$$

Wir werden nun schrittweise durch elementare Umformungen und Anwendung des Ohmschen Gesetzes die Gl. (4−9) in Gl. (4−14) umwandeln, die eine wichtige Beziehung von drei Werkstoffgrößen darstellt.

> Die Stromdichte S ist das Produkt der Konzentration und der Fließgeschwindigkeit der Elektronen.

Gl. (4−9) mit dem Leiterquerschnitt A in m^2 multipliziert ergibt Gl. (4−10).

$$I = ne^- \cdot u_{e^-} \cdot A \quad (4-10)$$

$$A = \frac{As}{m^3} \cdot \frac{m}{s} \cdot m^2$$

Gl. (4−8) in Gl. (4−10) eingesetzt ergibt Gl. (4−11).

$$I = ne^- \cdot b_{e^-} \cdot E \cdot A \quad (4-11)$$

$E = \frac{U}{L}$ in $\frac{V}{m}$ eingesetzt in Gl. (4−11) ergibt Gl. (4−12).

$$I = ne^- \cdot b_{e^-} \cdot \frac{U}{L} \cdot A \quad (4-12)$$

Gl. (4−12) umgestellt ergibt Gl. (4−13).

$$ne^- \cdot b_{e^-} = \frac{I}{U} \cdot \frac{L}{A} \quad (4-13)$$

Durch Umformung und Kürzen erhalten wir Gl. (4−14).

$$\frac{I}{U} = G \text{ in } \frac{A}{V} = S$$

$$\frac{L}{A} \text{ in } \frac{m}{m^2} = \frac{1}{m}$$

$$ne^- \cdot b_{e^-} = \varkappa \quad (4-14)$$

$$\frac{As}{m^3} \cdot \frac{m^2}{Vs} = \frac{S}{m}$$

Die spezifische elektrische Leitfähigkeit $\varkappa$ hat die Einheit $S \cdot m^{-1}$; damit ist nachgewiesen, daß sie sich aus zwei Werkstoffgrößen, der Dichte und der Beweglichkeit der Elektronen, zusammensetzt.

> Die spezifische elektrische Leitfähigkeit ist das Produkt der Dichte und der Beweglichkeit der Elektronen.

Von diesen drei Größen können $\varkappa$ meßtechnisch und die Elektronendichte ne^- mittels der Avogadrokonstanten N_A rechnerisch bestimmt werden (siehe Beispiel 4.1−1). In einem Übungsbeispiel wurde im Abschnitt 1.5.2 die Zahl der Atome in 1 kg Cu mit ca. 10^{25} ermittelt.

Beispiel 4.1–1 Errechnung von ne^- für Cu

Dichte $\varrho_D = 9\ \text{kg} \cdot \text{dm}^{-3}$
Atommasse = 63,5
9 kg Cu ≙ 1 dm³ Cu

$$1\ \text{dm}^3\ \text{Cu} \mathrel{\hat{=}} \frac{6 \cdot 10^{26} \cdot 9}{63{,}5}\ \text{Atome}$$

$1\ \text{dm}^3\ \text{Cu} \mathrel{\hat{=}} 8{,}5 \cdot 10^{25}$ Atome
$1\ \text{m}^3\ \text{Cu} \mathrel{\hat{=}} 8{,}5 \cdot 10^{28}$ Atome
$1\ \text{m}^3\ \text{Cu} \mathrel{\hat{=}} 8{,}5 \cdot 10^{28}$ Elektronen
$1\ \text{m}^3\ \text{Cu} \mathrel{\hat{=}} 8{,}5 \cdot 10^{28} \cdot 1{,}6 \cdot 10^{-19}$ As
$1\ \text{m}^3\ \text{Cu} \mathrel{\hat{=}} 1{,}36 \cdot 10^{10}$ As

$$ne^-{}_{\text{Cu}} = 1{,}36 \cdot 10^{10}\ \text{As/m}^3 \qquad (4-15)$$

Übung 4.1–1

Führen Sie diese Rechnung für Ag und Al aus und tragen Sie die errechneten Werte in die nebenstehende Tabelle ein (Anhaltswerte)!

(Nach den Untersuchungen der Leitfähigkeit stellt das dreiwertige Al nur ein Valenzelektron für Leitzwecke zur Verfügung.)

	ne^- in As/m³
Ag	errechnet:
Cu	$1{,}36 \cdot 10^{10}$
Al	errechnet:

Die Elektronenkonzentration ne^- ist bei metallischen Werkstoffen eine *konstante* Werkstoffgröße; sie ändert sich nicht beim Erhitzen, beim Schmelzen, unter Bestrahlung und bei elastischer oder bleibender Verformung. Zahlenwerte der spezifischen Anzahl der Elektronen und ihrer Beweglichkeit gibt Tabelle 4.1–1. Es sind Mittelwerte bei Raumtemperatur.

Tabelle 4.1–1

Metall	Elektronen- Zahl/m³ $1 \cdot \text{m}^{-3}$	Elektronen- Beweglichkeit b_{e^-} in $\text{m}^2 \cdot \text{V}^{-1} \cdot \text{s}^{-1}$
Ag	$\approx 5{,}8 \cdot 10^{28}$	$6{,}6 \cdot 10^{-3}$
Cu	$\approx 8{,}5 \cdot 10^{28}$	$4{,}3 \cdot 10^{-3}$
Al	$\approx 8{,}3 \cdot 10^{28}$	$2{,}7 \cdot 10^{-3}$

Die *Fließ- oder Driftgeschwindigkeit* der Elektronen läßt sich nach nebenstehender Rechnung ermitteln.

Man kann Cu bedenkenlos mit $5\ \text{A} \cdot \text{mm}^{-2} = 5 \cdot 10^6\ \text{A} \cdot \text{m}^{-2}$ belasten, ohne daß es sich erwärmt. Setzt man diesen Wert und die nach Gl. (4–15) errechnete Elektronenkonzentration im Kupfer in die Gl. (4–9) ein, so ergibt sich nach nebenstehender Rechnung aus Gl. (4–17) eine Fließgeschwindigkeit von $\approx 0{,}4\ \text{mm} \cdot \text{s}^{-1}$; dies ist wirklich ein Schneckentempo! Die Stromwirkung beruht demnach nicht auf der kinetischen Energie der Elektronen, sondern auf ihrer astronomischen Zahl. Fände keine Wechselwirkung zwischen den negativen Elektronen und den positiven Metallionen statt, würden erstere im

Für Kupfer gilt

$$S = ne^- \cdot u_{e^-}$$
$$S = 5 \cdot 10^6\ \text{A} \cdot \text{m}^{-2} \qquad (4-16)$$
$$ne^- = 1{,}36 \cdot 10^{10}\ \text{As} \cdot \text{m}^{-3}$$
$$u_{e^-} = \frac{S}{ne^-} = \frac{5 \cdot 10^6\ \text{A} \cdot \text{m}^{-2}}{1{,}36 \cdot 10^{10}\ \text{As} \cdot \text{m}^{-3}} \qquad (4-17)$$
$$u_{e^-} = 3{,}7 \cdot 10^{-4}\ \text{m} \cdot \text{s}^{-1}$$
$$u_{e^-} \approx 0{,}4\ \text{mm} \cdot \text{s}^{-1}$$

Die Wirkung des elektrischen Stromes beruht auf der großen Anzahl und *nicht* auf der kinetischen Energie der Leitungselektronen!

Gleichfeld ständig beschleunigt werden wie ein fallender Stein im luftleeren Gravitationsfeld der Erde. Aber nach Erfahrung und Experiment stehen Spannung und Stromfluß nach dem ohmschen Gesetz nicht in quadratischer, sondern in linearer Beziehung.

Im Wechselfeld pulsieren (oszillieren) die Elektronen im Werkstoff je nach der Frequenz nur wenige µm hin und her; dabei „fließt" kein Strom, sondern es entstehen und verschwinden elektrische Felder in wechselnder Richtung.

Übung 4.1–2

Wodurch werden die Elektronen zu einer Driftbewegung oder Schwingung in bestimmter Frequenz angeregt?

Übung 4.1–3

Drücken Sie den spezifischen elektrischen Widerstand ϱ durch zwei Werkstoffgrößen aus!

Übung 4.1–4

Mit welcher Geschwindigkeit u_{e^-}, in mm · s^{-1} gemessen, bewegen sich die Elektronen in einem metallischen Leiter im Gleichfeld?

4.1.2 Einflüsse auf die spezifische elektrische Leitfähigkeit

Es wurde gezeigt:

Die spezifische elektrische Leitfähigkeit ist das Produkt der spezifischen Anzahl der Elektronen und ihrer Beweglichkeit. Physikalische Untersuchungen ergaben, daß die Zahl der Elektronen in Metallen unter allen physikalischen Bedingungen konstant bleibt. Unsere Betrachtungen hinsichtlich der Veränderung der Leitfähigkeit von Metallen, können sich demnach auf Einflüsse auf die Beweglichkeit beschränken.

Für Metalle gilt:
spez. Zahl der Elektronen ne^- = konstant
Beweglichkeit der Elektronen b_{e^-} = variabel

Die Beweglichkeit der Elektronen beruht auf der Fein- und Grobstruktur der Metalle (rechts), d. h. auf der Natur des betreffenden Metalles, seiner Herstellung und seinem physikalischen Zustand.

Mechanische und thermische Einflüsse verändern den Ordnungszustand im Kristallgitter, wodurch die Beweglichkeit der Elektronen erhöht oder erniedrigt wird.

Für die Leitfähigkeit wäre ein grobkörniges Gefüge optimal; für den praktischen Einsatz ist es aber zu weich und duktil, so daß ein Kompromiß gesucht wird (4.2.2 und 4.2.3).

$\varkappa$ steigt, wenn Metall-Ionen sind: 1.	2.
am richtigen Platz ≙ geordneter Struktur	in geringer Schwingung ≙ niedrige Temperatur
• Ideal-Kristall • reiner Kristall • unverzerrter Kristall • großer Kristall (grob) • ausgeglüht (normalisiert)	• je tiefer, desto besser • extrem niedrig ≙ supraleitend

ϱ steigt, wenn Metall-Ionen sind: 1.	2.
am unrichtigen Platz ≙ ungeordnete Struktur	in Bewegung ≙ höhere Temperatur
• viele Kristalle • feinkörnig • unreine Kristalle (Mischkristalle) • Gitter, – deformiert – kaltverformt – kaltverfestigt • elastisch verspannt (ausgenutzt bei DMS = **D**ehnungs**m**eß**s**treifen)	• mit steigender Temperatur • beim Schmelzen

Der Einfluß der Temperatur auf einen Werkstoff wird durch den Temperaturkoeffizienten des elektr. Widerstands $TC\varrho$ angegeben.

> [$TC\varrho$] Temperatur-Koeffizient des elektrischen Widerstandes

Man bezieht den spezifischen elektrischen Widerstand ϱ auf 0 °C (ϱ_0) oder auf die Raumtemperatur von 20 bis 25 °C (ϱ_{20} bis ϱ_{25}). Ändert sich die Bezugstemperatur um 1 K,

> R in $\Omega \sim \varrho$ in Ωm,
> daher $TC\varrho$-Einfluß auf R und ϱ gleich!

dann erhöht oder erniedrigt sich der ϱ-Wert um einen bestimmten Faktor; man bezeichnet ihn als Temperaturkoeffizienten des elektrischen Widerstandes TC_ϱ oder α. Er beträgt bei Reinmetallen ca. $0{,}004\ \mathrm{K}^{-1}$, d. h., bei einem Temperaturunterschied von $\pm 1°\mathrm{C} = \pm 1\ \mathrm{K}$ ändert sich der spezifische elektrische Widerstand ϱ um $\pm 0{,}4\%$. Das ist eine ganz erhebliche Änderung! Wenn z. B. Kupfer um 125°C erwärmt wird, steigt der Widerstand R bzw. ϱ auf das 1½fache. Der auf 2500°C erhitzte Wolframdraht einer Glühbirne hat den mehr als 19fachen Widerstand des kalten Fadens (Achtung beim Einschalten!).

Bei so extrem hohen Temperaturdifferenzen muß Gl. (4–21) nach Gl. (4–22) um das quadratische Glied erweitert werden; nach der Rechnung beträgt sein Anteil in diesem Fall etwa ein Drittel der Widerstandszunahme.

Der $TC\varrho$ selber ist nicht konstant, sondern temperaturabhängig; man muß ihn daher für ein bestimmtes Temperaturgebiet, meistens für 0 bis 100°C oder 100 bis 200°C, angeben (Tabelle 4.1–2).

alt: $$\varrho_\vartheta = \varrho_{20}(1 + \alpha\,\Delta\vartheta) \qquad \Delta\vartheta = \vartheta - 20°\mathrm{C} \tag{4–18}$$

alt: $$R_\vartheta = R_{20}(1 + \alpha \cdot \Delta\vartheta) \tag{4–19}$$

neu: $$\varrho_\mathrm{T} = \varrho_{293}(1 + \alpha\,\Delta T) \qquad \Delta T = T - 293\ \mathrm{K} \tag{4–20}$$

neu: $$R_\mathrm{T} = R_{293}[(1 + \alpha(T - 293\ \mathrm{K})] \tag{4–21}$$

$$R_\mathrm{T} = R_{293}[1 + \alpha(T - 293) + \beta(T - 293)^2] \tag{4–22}$$

$$R_{2773\,\mathrm{W}} = R_{293}[1 + 0{,}0048\,(2500 - 20) + 10^{-6}\,(2500 - 20)^2]$$

$$R_{2773\,\mathrm{W}} = 18\,R_{293}$$

Tabelle 4.1–2 $TC\varrho = \alpha$ von Reinmetallen bei Raumtemperatur ±50 K

	$10^{-3}\ \mathrm{K}^{-1}$		$10^{-3}\ \mathrm{K}^{-1}$
Al	4.6	Pt	3.9
Pb	4.2	Ag	4.1
Fe	6.6	Wo	4.8
Au	4.0	Zn	4.2
Cu	4.3	Sn	4.6

4.1.3 Supraleitfähigkeit

Damit bezeichnet man das nahezu völlige Verschwinden des Widerstandes in einigen Leitern bei extremer Kälte.

Mit zunehmender Kälte verringern sich die Gitterschwingungen, wobei ϱ ständig fällt. Reinste Kristalle müßten am absoluten Nullpunkt (K = 0) einen ϱ-Wert von Null Ωm haben.

Einige Metalle und Legierungen zeigen bei tiefen Kältegraden zwischen 3 und 20 K einen sprunghaften Steilabfall des Widerstandes (Bild 4.1–2), wobei sie in das Gebiet der „Supraleitfähigkeit" kommen.

Sie beruht auf der Kopplung von je zwei Elektronen mit entgegengesetztem Spin zu einem nach dem Entdecker genanntem *Cooperpaar*. In diesem Zustand gehorchen die

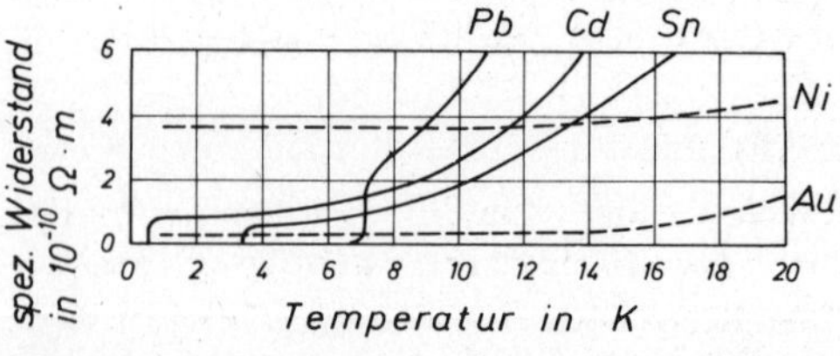

Bild 4.1–2 Der spezifische elektrische Widerstand einiger Metalle bei Tiefsttemperaturen (Supraleitfähigkeit)

Elektronen nicht mehr dem „Pauliprinzip“ und können jeden beliebigen energetischen Qantenzustand annehmen und sich völlig ungestört mit einer Beweglichkeit $b_{e^-} \to \infty$ durch das Atomgitter bewegen.

Supraleiter
weich, einsetzbar bis 1 T (Magnetfeldstärke); hart, einsetzbar bis 20 T (Niob-Legierungen)

Bereits durch kleine Magnetfelder von 1 T wird die Supraleitfähigkeit der meisten Werkstoffe aufgehoben; erst in jüngster Zeit wurden „harte“ Supraleiter, vorwiegend auf Niob-Basis, entwickelt, die selbst gegen höchste Magnetfelder von 20 T unempfindlich sind.

Die extreme Kälte erzielt man durch Kühlung mit flüssigem Helium (Siedepunkt 6 K).

Durch neue Forschungsergebnisse erhält die Anwendung supraleitender Metalle zunehmend Bedeutung, da es jüngst gelang, den Steilabfall des Widerstands, die sog. *Sprungtemperatur*, auf ca. 20 K heraufzusetzen und flüssigen H_2 anstelle von teurem He zu benutzen (Tabelle 4.1−3). Im Jahre 1987 sollen Legierungen mit hohem T_s entwickelt worden sein, für die ungefährlicher flüssiger Stickstoff als Kühlmittel verwendet werden könnte.

Tabelle 4.1−3 Sprungtemperatur von Metallen und Legierungen

Werkstoff	Ga	Al	Sn	Hg	Pb	Nb
T_s [K]	1,1	1,2	3,7	4,1	7,3	9,2

Werkstoff	Nb Ti	Nb_3Sn	Nb_3Ga	Nb Al Ge
T_s [K]	10	18	20,3	21

Übung 4.1−5

Quecksilber wird durch Abkühlung unter −39°C zum Erstarren gebracht. Wie ändert sich die spez. Anzahl der Elektronen?

Übung 4.1−6

Ein Leitermetall wird elastisch beansprucht. Ändert sich sein elektrischer Leitwert? (Begründung!)

Übung 4.1−7

Aus der gleichen Schmelze werden Al-Drähte mit Grob- und Feinkorn hergestellt. Wie verhalten sich die Leitwerte zueinander?

Übung 4.1−8

Errechnen Sie anhand der Zahlen in Tabelle 4.1−2 die prozentuale Erniedrigung bzw. Erhöhung von $R(\varrho)$ von Cu, Al und Ag, wenn T von 293 K auf 213 K fällt, bzw. auf 413 K steigt! Tragen Sie Ihr Ergebnis in die Tabelle ein!

T in K	$\frac{R_T}{R_{293}} \cdot 100$ in %		
	Cu	Al	Ag
213			
413			

4.2 Leiterwerkstoffe

Lernziele

Der Lernende kann ...

- die Verwendung von E-Kupfer als Leiterwerkstoff begründen,
- die Verwendung von E-Aluminium als Leiterwerkstoff begründen,
- die Verwendung von SE-Kupfer begründen,
- Anwendungsmöglichkeiten für E-AlMgSi anführen,
- die Anwendung von niedrig legierten Kupferlegierungen begründen,
- Vergleichskriterien zwischen E-Cu und E-Al anführen,
- Aufbau und Herstellung gedruckter Schaltungen beschreiben.

4.2.0 Übersicht

Für Leitungszwecke in Form von Draht, Blech, Band, Profil u. a. werden reine und niedrig legierte Metalle benutzt. Es sind vornehmlich

- E-Cu und niedrig legiertes Cu,
- E-Al und AlMgSi (Aldrey),
- Gold (Elektronik),
- Silber (Nachrichten)

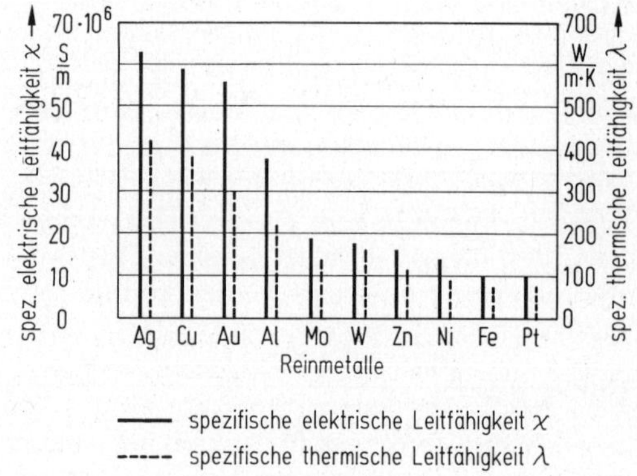

Bild 4.2–1 Spezifische elektrische und thermische Leitfähigkeit einiger Reinmetalle

4.2.1 Reinkupfer E-Cu, DIN 40500

Reinkupfer wird wegen seiner vorzüglichen Verarbeitungs- und Gebrauchseigenschaften in großen Mengen und mannigfaltiger Form in der Elektroindustrie eingesetzt; darum gibt es auch besondere E-Kupfersorten (E ≙ Elektro) nach Tabelle 4.2–1.

Hälfte der Kupfer-Erzeugung für E-Technik!

Tabelle 4.2–1 Kupfer für die Elektrotechnik nach DIN 40500, Blatt 1 bis 4 (1970)

Kurzzeichen	Werkstoffnummer	Legierungsbestandteile	Halbzeugarten
E-Cu	2.0060	99,90% Cu, sauerstoffhaltig	Bleche, Bänder
E-CuAg	2.1203	0,09 bis 0,11% Ag, Rest Cu, sauerstoffhaltig	Rohre, Profile
SE-Cu	2.0070	99,90% Cu, sauerstofffrei	Drähte, Stangen

Die wichtigsten physikalischen Werte sind in der Tabelle 4.2–2 zusammengestellt.

Tabelle 4.2–2 Physikalische Eigenschaften von Reinkupfer

Eigenschaft	FZ	Zahlenwert	Einheit
Atommasse	m_a	63,54	–
Schmelzpunkt	ϑ_s	1083	°C
Dichte bei 20°C	ϱ_{D20}	8,94	$g \cdot cm^{-3}$
Temperatur-Koeffizient der linearen Ausdehnung	α	17,6	$10^{-6} K^{-1}$
spezifische elektrische Leitfähigkeit bei 20°C spezifische thermische Leitfähigkeit bei 20°C	$\varkappa$ λ	57 (61) 390	$10^6 \, Sm^{-1}$ $W \cdot m^{-1} \cdot K^{-1}$
Temperatur-Koeffizient des elektrischen Widerstandes zwischen 20 und 100°C	α	3,93	$10^{-3} K^{-1}$
E-Modul	E	115	$kN \cdot mm^{-2}$

In der Tabelle 4.2–1 befindet sich eine Spalte **SE-Cu**.

SE-Cu ≙ Sauerstofffreies Cu!

Weshalb benötigt die Elektroindustrie sauerstofffreies Leitkupfer?

Normales Reinkupfer enthält immer ein wenig Sauerstoff in Form kleiner, fester Cu_2O-Einschlüsse. Der Luftsauerstoff kommt beim Schmelzvorgang mit der Oberfläche des Kupferbades in Berührung. Dies ist sogar erwünscht, damit die unedleren Begleitelemente wie z. B. Silizium (Si), Eisen (Fe), Phosphor (P) oxidiert und als nichtmetallische, chemische Verbindungen in Form einer auf dem Schmelzbad schwimmenden Schlacke entfernt werden können. Da Cu immer im Überschuß, d. h. in großer Konzentration vorhanden ist, wird eine gewisse Menge ebenfalls zu Cu_2O oxidiert (MWG!). Cu_2O hat fast die gleiche Dichte wie Cu und erstarrt mit dem Metall. Die Cu_2O-Einschlüsse führen bei einer nachträglichen Erwärmung des Kupfers in einer H_2-haltigen Atmosphäre zu der gefürchteten „*Wasserstoff-Krankheit*“. Schweißt man z. B. Kupfer mit H_2-haltigen Gasen (H_2 oder C_2H_4) oder erwärmt man es in einer H_2-haltigen Schutzgas-Atmosphäre, dann diffundieren die winzigen H_2-Moleküle in das rotwarme Kupfer; treffen sie dort auf Cu_2O-Einschlüsse, so reagieren sie mit ihnen nach der Gleichung

$$Cu_2O + H_2 \rightarrow 2\,Cu + H_2O \uparrow$$

> **Vorsicht**
> beim Glühen und Schweißen von Kupfer in H_2-haltiger Atmosphäre:
> Nur SE-Cu verwenden!
> Sonst entstehen Blasen und Risse.

> Normales E-Cu (ist O_2-haltig)
> $Cu_2O + H_2 \rightarrow 2Cu + H_2O$ (> 250°C)
> ↓
> Wasserdampf mit hohem Druck sprengt das Kupfergefüge.

zu Kupfer und Wasserdampf. Die größeren H_2O-Gasmoleküle können nicht aus dem Metall diffundieren und verbleiben im Metall, das unter dem großen Dampfdruck Risse und Blasen erhält und unbrauchbar wird. Enthält das Kupfer keinen Sauerstoff (SE-Cu), dann tritt dieser Effekt nicht auf.

Die konstruktiven Eigenschaften aller Metalle werden durch den „Kaltverformungsgrad“ beeinflußt, der den *Festigkeitszustand* (F) bestimmt. Jeder Elektriker hat selber schon einmal beobachtet, daß weiches Kupfer beim Verformen z. B. beim Hämmern, Biegen oder Abkanten versprödet. Die sich in den Kristallen bei plastischen Deformationen abspielenden Vorgänge kennen Sie aus Abschnitt 2.1.3.

In Tabelle 4.2–3 und in Bild 4.2–2 sind Betriebswerte über die Verfestigung von E-Cu aufgeführt; danach sind die Unterschiede erheblich:

die Härtewerte verhalten sich wie 1:3,
die 0,2-Dehngrenzen wie 1:7,
die Zugfestigkeiten wie 1:2,
die Bruchdehnungen wie 1:0,1.

Tabelle 4.2–3 Einfluß des Abwalzgrades auf konstruktive Werte von Cu-Blechen

Verformungsgrad in %		0	20	50
$A_{5,10}$	%	42	8	4
HB	–	40	90	120
$R_{p0,2}$	$N \cdot mm^{-2}$	50	250	350
R_m	$N \cdot mm^{-2}$	220	280	380

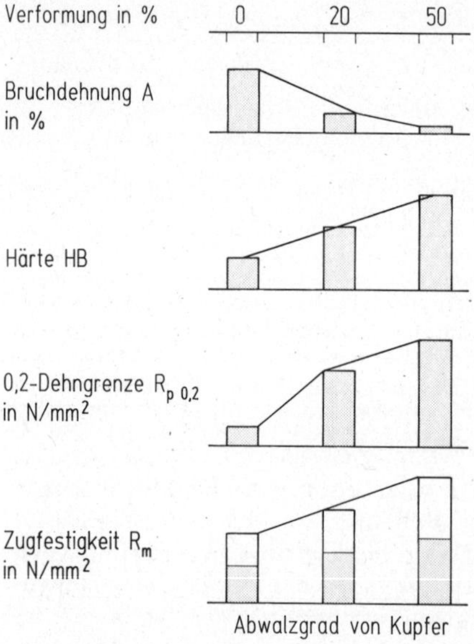

Bild 4.2–2 Beachten Sie Härte, Festigkeits- und Dehnungsunterschiede von weichem und hartem E-Cu!

Der *Temperatureinfluß* auf die Umformbarkeit wird bei allen Metallen in den Warmverarbeitungsbetrieben ausgenutzt.

Aus Bild 4.2–3 ist der Einfluß von Wärme, aus Bild 4.2–4 der von Kälte auf die konstruktiven Eigenschaften von SE-Cu ersichtlich.

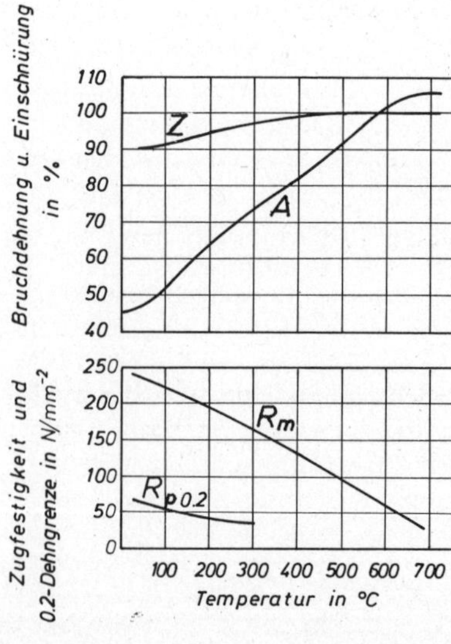

Bild 4.2–3 Einfluß der Temperatur auf die konstruktiven Eigenschaften von SE-Cu

Im Abschnitt 3.1.3 wurde betont, daß die Schlagfestigkeit von krz-Metallen bei Kälte sinkt (diese Werkstoffe verspröden), dagegen bei kfz-Metallen konstant bleibt, ja manchmal noch steigt.

Zu hohe Glühtemperaturen und zu lange Glühdauer machen das Metall grobkörnig und sehr weich.

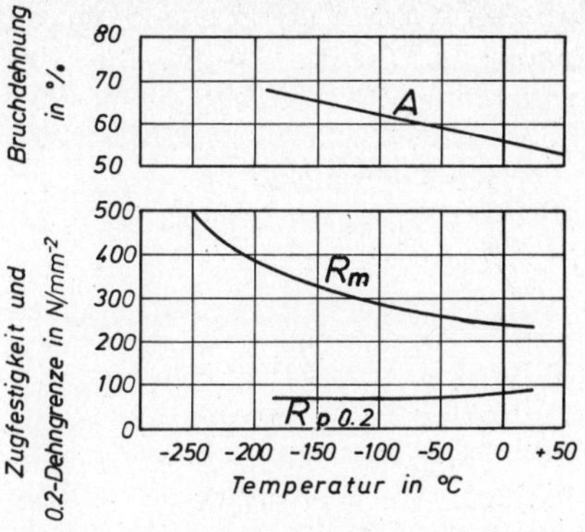

Bild 4.2−4 Einfluß der Kälte auf die konstruktiven Eigenschaften von SE-Cu

In Kaltziehereien und Kaltwalzwerken muß das Halbzeug „zwischengeglüht" werden, damit das kaltgeformte, verfestigte Metall sich weiterverarbeiten läßt. Für elektrische Leitungen ist eine *Entfestigung* meistens unerwünscht. Für stromführende Teile, wie z. B. Kontakte und Federn, die im Betrieb warm werden, aber hart und fest bleiben müssen, wurden warmfeste Cu-Legierungen entwikkelt; sie können weit über 150°C ohne Festigkeitsverlust erhitzt werden (s. Tab. 4.2−5).

> Kupfer und Aluminium und ihre Legierungen bleiben auch bei extremen Kältegraden schlagfest; kfz-Gitter!

> Vorsicht:
> Kaltverfestigtes E-Cu wird bereits bei Temperaturen dicht oberhalb 100°C entfestigt!
> In diesen Fällen warmbeständiges Kupfer einsetzen!

Übung 4.2−1

Geben Sie Richtwerte für die spezifische Leitfähigkeit der nebenstehenden Metalle an! (Reinste Qualität)

	$\varkappa$ in 10^6 S · m^{-1}
Au	
Ag	
Cu	
Al	

Übung 4.2−2

Was bedeutet SE-Cu und weshalb wird es gebraucht?

Übung 4.2−3

Nennen Sie die konstruktiven Grenzwerte für E-Cu, indem Sie die nebenstehenden Spalten mit Zahlenwerten und Einheiten ausfüllen!

	Cu weich	Cu stark verfestigt
Härte HB		
Zugfestigkeit R_m		
0,2-Dehngrenze		
Bruchdehnung		

Übung 4.2–4

Bei welchen Temperaturen wird E-Cu nach einer Kaltverformung wieder in den weichen Zustand zurückgeführt?

4.2.2 Leitkupfer, niedrig legiert, DIN 17666

Bereits geringe Prozentsätze von Begleitelementen beeinträchtigen das elektrische Leitvermögen von E-Cu z. T. erheblich, wie Bild 4.2–5 zeigt.

Dabei muß man unerwünschte und erwünschte Zusätze streng auseinanderhalten. Erstere gelangen bei der Herstellung durch das Erz, den Schrott oder die Heizgase in das Metall, (darum werden elektrische Öfen trotz höherer Energiekosten benutzt), letztere werden der Schmelze absichtlich zur Verbesserung von bestimmten Eigenschaften zulegiert (Tabelle 4.2–4).

Nähere Angaben finden Sie in Tabelle 4.2–5.

Der Effekt der *Ausscheidungshärtung* wurde bereits in 2.2.4 erklärt; er beruht auf dem abnehmenden Lösungsvermögen des Mutterkristalles – in diesem Falle von Cu – für einen Zusatzstoff mit sinkender Temperatur und einer hochdispersen Ausscheidung der Zusatzkomponente in Form einer harten intermetallischen Verbindung.

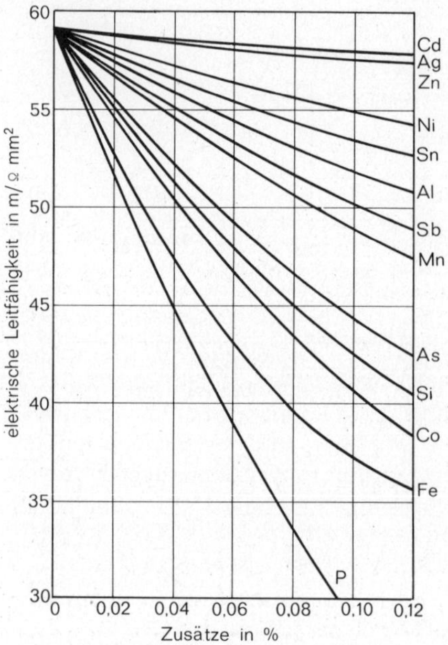

Bild 4.2–5 Fremdzusätze erniedrigen die elektrische Leitfähigkeit von E-Cu
Beachte: $1\,m/(\Omega\,mm^2) = 10^6\,Sm^{-1}$!

Tabelle 4.2–4 Übersicht über die durch kleine Zusätze bewirkte Verbesserung der Eigenschaften von Reinkupfer; die Leitfähigkeit wird dabei kaum verschlechtert!

Verbesserte Eigenschaft	Zusatz
Zerspanbarkeit	Te
konstruktiv höher belastbar	Ag, Cd, Cr, Zr, Be, Be + Co
nicht aushärtbar	Ag, Cd, Cd + Sn
aushärtbar	Cr, Zr, Be, Be + Co
erhöhte Entfestigungstemperatur	Si, As, Te, Cr, Ag, Sn, Cd

Tabelle 4.2–5 Leitfähiges Kupfer und niedrig-legierte Kupferlegierungen (Leitwert, Zugfestigkeit und Anwendungsfälle)

Werkstoff	$\varkappa$ in 10^6 Sm^{-1} bei 20°C	R_m in Nmm^{-2} bei °C: 20	250	500	Verwendung
1. E-Cu weichgeglüht	57	210	150	80	Leiterwerkstoff Schienen
2. E-Cu hartgezogen	56	340	250	80	Drähte Kabel
3. CuAg (≈0,05) hartgezogen	56	370	besser als 1. und 2.		Kommutatorlamellen
4. Cu Cd 0,75 hartgezogen	≈48	470	verschleißfest ≈wie 3.		Fahrleitungen Freileitungen (große Spannweite)
5. Cu Cr 0,6 warm u. kalt-verfestigt	≈47	480	gute Warmfestigkeit ≈400°C		Kommutatorlamellen stromführende Federn Schweißelektroden
6. Cu Zr 0,2	≈50	490	sehr warmfest ≈550°C		hoch wärmebeanspruchte Teile Reaktoren Raketen
7. Cu Zr Cr	≈45	490			
8. Cu Be 2	8 bis 18	420 bis 1500	warmfest bis >350		hoch beanspruchte Federn, Hebel, Buchsen u. a.

Am Beispiel des oft benutzten Chromkupfers CuCr1 wird der Aushärtungsvorgang nochmals erläutert. In Bild 4.2–6 zeigt die Linie *BC* das von 0,5% bis auf 0% sinkende Lösungsvermögen der Kupferkristalle für Chrom bei fallender Temperatur von ≈1000°C auf 200°C. Erwärmt man CuCr von Raumtemperatur auf 900°C, dann lösen sich ≈0,25% Cr im Cu; schreckt man die heiße Legierung mit Mischkristallen von dieser Temperatur in kaltem Wasser ab, dann können die Cr-Atome nicht so rasch aus dem Cu-Kristall entweichen (diffundieren) und sich in den Korngrenzen absondern, sondern sie bleiben dispers (feinst) verteilt im Cu-Kristall und blockieren bei einer Belastung die Gleitebenen gegen eine Verschiebung. Durch diese „Ausscheidung" werden die „Härte" von 50 auf 380 HV (Federhärte), $R_{p0,2}$ von 70 auf 440 N/mm² und R_m von 120 auf >1000 N/mm², also alle Werte um ein Vielfaches erhöht.

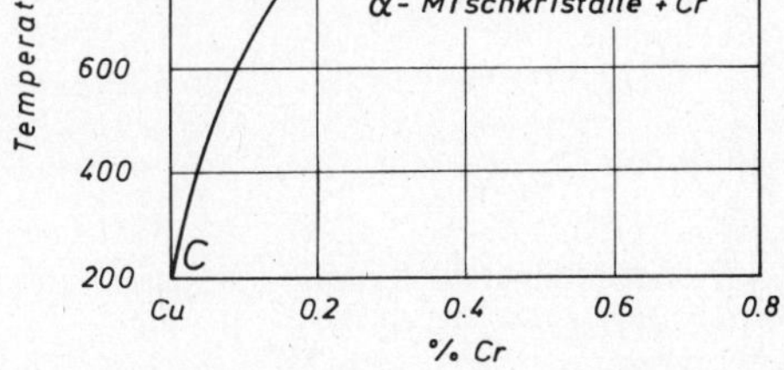

Bild 4.2–6 Erklärung des Aushärtungseffektes am Teil-Zustandsschaubild Cu-Cr. Abnehmende Löslichkeit für Cr-Atome im Cu-Kristall mit fallender Temperatur nach der Linie *BC* (vgl. Bild 2.2–15)

Übung 4.2–5

Nennen Sie geeignete Zusatzstoffe für E-Cu zur Erzielung

a) hoher Festigkeit,
b) guter Zerspanbarkeit,
c) guter Warmfestigkeit,
d) erhöhter Entfestigkeitstemperatur!

4.2.3 Leitaluminium

4.2.3.1 E-Al, DIN 1745, 40 501

Leitaluminium E-Al hat einen Al-Gehalt von mindestens 99,5%. Es wird wie E-Cu in Form von Halbzeug in Festigkeitsstufen F 65 bis F 170 geliefert.

F 65 bis F 170 ≙ $R_m = 65$ bis $170\,N \cdot mm^{-2}$

Durch chemische Zusätze (Bild 4.2–7) und Kaltverformung (Bild 4.2–8) wird die elektrische Leitfähigkeit beeinträchtigt. Die an sich bereits gute chemische Beständigkeit gegen verschiedene Stoffe kann durch Oberflächenverfahren nach Bild 4.2–9 verbessert werden.

Die elektrischen Leitwerte von Al_2O_3:Al verhalten sich wie $1:10^{20}$; zum Vergleich: eine 1 mm dicke Scheibe aus Al_2O_3 hat den gleichen Widerstand wie ein Al-Draht mit einer Länge von der Erde zum Mond und fast wieder zurück (gleicher Querschnitt).

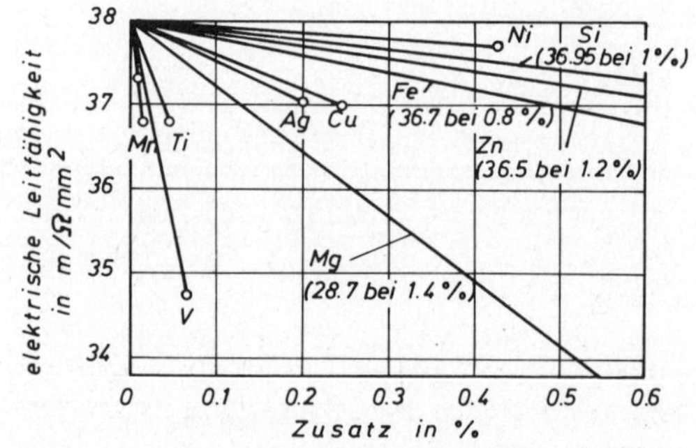

Bild 4.2–7 Einfluß von Zusätzen auf die elektrische Leitfähigkeit von Reinstaluminium

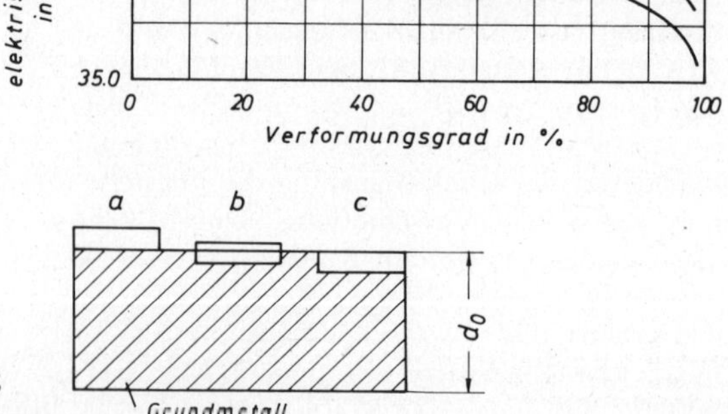

Bild 4.2–8 Einfluß einer Kaltumformung auf die elektrische Leitfähigkeit von E-Al.

Bild 4.2–9 Schichten auf Al

a galvanische Schicht; *b* Eloxalschicht, + 1/3, – 2/3; *c* anodisches Sonderverfahren

4.2.3.2 E-AlMgSi, Aldrey, DIN 1725

Dies ist eine aushärtbare Leiterlegierung für konstruktiv hohe Belastung, bei der das feste E-Al F130 nach Tabelle 4.2–6 nicht mehr ausreicht.

Der Aushärtungseffekt beruht auf der Ausscheidung hochdisperser, intermetallischer Mg_2Si-Kristalle, welche in der erwähnten Weise die Gleitebenen blockieren.

Die Leitwerte der Legierungen gleichen denen von E-Al F130.

Tabelle 4.2–6 Konstruktive und elektrische Werte von E-Al 99,5

FZ	Einheit	F70 weich	F130 hart
$R_{p0,2}$	Nmm^{-2}	20/40	100/150
R_m	Nmm^{-2}	70/90	130/180
A_{10}	%	30/35	4/8
HB	–	18/23	33/40
E-Modul	$kNmm^{-2}$	70/75	70/75
$\varkappa$	$10^6 Sm^{-1}$	35,7	34,5

„Aldrey“, E-Al Mg Si ist eine konstruktiv und elektrisch hochbelastbare aushärtbare Al-Legierung mit Mg- und Si-Gehalten; sie wird in der E-Technik häufig verwendet.
E-Al Mg Si F340!
$\varkappa \approx 33 \cdot 10^6 Sm^{-1}$
Korrosionsbeständigkeit wie E-Al, da kupferfreie Legierung!

Übung 4.2–6

Durch welche Elemente wird die Leitfähigkeit von Reinaluminium besonders stark herabgesetzt?

Übung 4.2–7

Läßt sich Aluminium hartlöten (Begründung)?

Übung 4.2–8

Ein Band aus E-Al F170 soll auf F70 gebracht werden. Was ist zu tun?

4.2.4 Gedruckte Schaltungen

Gedruckte Schaltungen nach Bild 4.2−10 werden wegen ihrer einfachen Serienfertigung häufig in der Nachrichtentechnik benutzt. Man versteht darunter eine auf einer ebenen Isolierplatte aufgebrachte Schaltung für verschiedene Bauelemente. Die Leiterbahnen werden zunächst mit säurefestem Lack (meist) nach dem Siebdruckverfahren auf einer kupferkaschierten Isolierplatte abgedeckt; dann wird das nicht abgedeckte Kupfer im Säurebad abgelöst und schließlich die Lackschicht von den Leiterbahnen entfernt. Die Anschlußdrähte werden durch Stanzlöcher gezogen und im Tauchverfahren gemeinsam verlötet. Bei beidseitig gedruckten Schaltungen werden die Stanzlöcher nachträglich verkupfert.

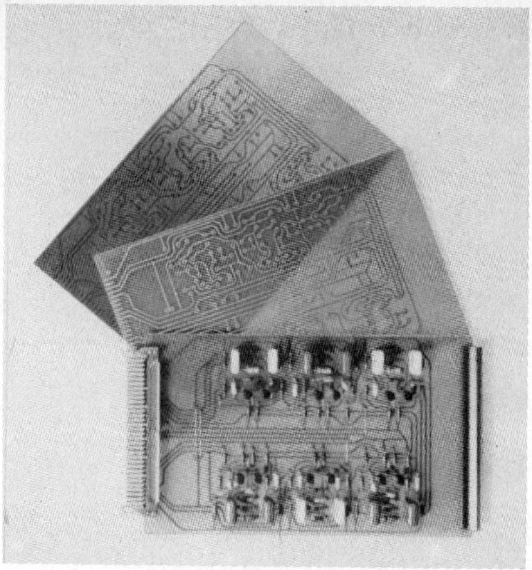

Bild 4.2−10 Gedruckte Schaltung

4.3 Vergleich der Leiterwerkstoffe Cu und Al

Für Leitzwecke stehen Kupfer und Aluminium miteinander im Wettbewerb. Es gibt keine Formel für die Wahl des besser geeigneten Werkstoffes für Freileitungen, Kabel, Stromschienen und Wicklungen; man muß vielmehr für jeden Verwendungsfall technische und wirtschaftliche Gesichtspunkte prüfen und dann entscheiden.

Tabelle 4.3−1 gibt eine Übersicht über Leitungen mit

1. gleichem Querschnitt,
2. gleichem Leitwert,
3. gleicher Temperaturerhöhung bei Stromfluß.

(In der Nachrichtentechnik werden jetzt die Cu-Kabel gegen Glasfaserkabel ausgetauscht.)

Tabelle 4.3−1 Vergleichszahlen für E-Cu (= 1) mit E-Al

	Cu : Al
1. *querschnittsgleich*	
Gewicht	1:0,37
Leitwert	1:0,63
Stromstärke bei gleicher Erwärmung	1:0,8
2. *leitwertgleich*	
Querschnitt	1:1,6
Durchmesser u. Oberfläche	1:1,27
Gewicht	1:0,49
Therm. Grenzstromdichte*	1:1,06
Schmelzstrom	1:1
3. *erwärmungsgleich*	
Querschnitt	1:1,37
Durchmesser u. Oberfläche	1:1,17
Gewicht	1:0,42
Therm. Grenzstromdichte	1:0,93
Schmelzstrom	1:0,87

* Thermische Grenzstromdichte ist die Stromdichte S in $A \cdot mm^{-2}$, bei der nach 1 s Belastung die Leitertemperatur von 35°C auf 200°C steigt (Wärmeableitung vernachlässigt).

Übung 4.3−1

Nach welchen Gesichtspunkten entscheiden Sie, ob Cu oder Al als Leiterwerkstoff (in größerer Menge) in Betracht kommt?

4.4 Kontaktwerkstoffe

Lernziele

Der Lernende kann ...

- Kontakte nach der Mechanik in Gruppen einteilen,
- Beanspruchungen der Kontakte nennen,
- die Entstehung von Kontaktwiderständen erklären,
- die Formänderung von Kontaktflächen erklären,
- den Einfluß des Lichtbogens erläutern,
- geeignete Werkstoffpaarungen für die verschiedenen Beanspruchungsarten von Kontakten nennen.

4.4.0 Übersicht

Kontakte sollen den Stromfluß öffnen und schließen. Diese einfach klingende und zu definierende Aufgabe birgt wegen der Vielseitigkeit der betrieblichen Anforderungen einige Probleme. Sie lassen sich (vorerst) auch nur zum Teil von den bewegungslosen elektronischen Schaltern lösen, so daß weiterhin auch die altbewährten „Öffnungs- und Schließkontakte" mit geeigneten Werkstoffpaarungen eingesetzt werden müssen. Sie erhalten nacheinander eine Übersicht über die wesentlichen Kontaktarten, ihre Beanspruchung, ihren Verschleiß und über geeignete Werkstoffpaarungen. Fast alle Metalle des PSE wurden hierfür schon einmal vorgeschlagen; einige davon, darunter auch der Kohlenstoff als Nichtmetall haben sich durchgesetzt.

4.4.1 Kontaktarten, Beanspruchungen

Hinsichtlich der Konstruktion kann man die Kontakte nach Tabelle 4.4–1 in Gruppen einteilen. Ihre Hauptbeanspruchung ist aus den Tabellen 4.4–2 und 4.4–3 ersichtlich.

Tabelle 4.4–1 Kontaktarten

Fest-Kontakte		Bewegliche Kontakte
unlöslich Niet-, Schweiß-, Löt-, Klemm-, Wickel-Kontakte	löslich Schraub-, Steck-, Klemm- Kontakte	Schleif-, Wälz-, Druck-, Abhebe-, Flüssig (Hg)- Kontakte

Tabelle 4.4–2 Beanspruchungsarten

1. Mechanisch-statisch:	Zug, Druck, Biegung.
2. Mechanisch-dynamisch:	Erschütterung, Schwingung, Lastwechsel.
3. Verschleiß:	thermisch, mechanisch, chemisch, durch Lichtbogeneinfluß: Verschweißen, Verbrennen, Verspritzen u. a.

Tabelle 4.4–3 Beanspruchungs-Unterschiede

Schaltspiel-Summe	1 bis $>10^9$
Kontakt-Druck	10^{-2} bis 10^3 N
Kontakt-Spannung	10^{-6} bis 10^6 V
Kontakt-Strom	10^{-6} bis 10^6 A
Schalt-Häufigkeit	Jahr^{-1} bis $>200\,s^{-1}$
Schalt-Geschwindigkeit	schleichend bis sehr hoch
Schalt-Widerstand	klein bis groß
Kontakt-Temperatur	niedrig bis hoch

4.4.2 Kontaktwiderstand

Kontaktwiderstand	R_K	in Ω
geschlossen	→ 0	in Ω
geöffnet	→ ∞	in Ω

Bei idealen Kontakten geht der Widerstand im geschlossenen Zustand gegen den Wert null, im geöffneten Zustand gegen unendlich; praktisch läßt sich das nicht erzielen.

Im geöffneten Zustand bilden sich als *Kriechströme* bezeichnete Ministröme; geschlossen entsteht ein Kontaktwiderstand R_K, der sich aus den beiden Teilwiderständen, dem *Engewiderstand* R_E und dem *Hautwiderstand* R_H nach Bild 4.4−1, zusammensetzt.

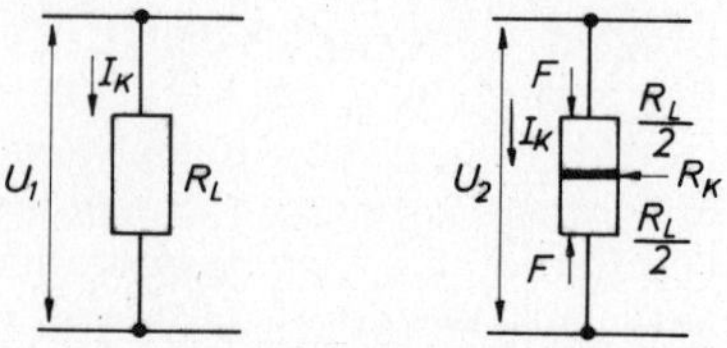

Bild 4.4−1. Erklärung des Kontaktwiderstandes
Leiter-Widerstand R_L
Kontakt-Widerstand R_K
Gesamt-Widerstand $R_L + R_K$
$U_1 = I \cdot R_L$
$U_2 = I(R_L + R_K)$

Der *Engewiderstand* R_E läßt sich unter bestimmten Voraussetzungen berechnen; man geht von zwei Kreisflächen aus, die sich beim Zusammenpressen von zwei Kugeln bei elastischer oder plastischer Verformung bilden.

Der *Hautwiderstand* R_H entsteht durch Oxidation; manchmal lösen sich die Oxidfilme beim Schließen von den Kontaktflächen ab.

$$R_K = R_E + R_H$$

E = Enge; H = Haut.

Auch absolut glatte und plane Flächen lassen sich nicht völlig luftdicht gegeneinander abdichten. So kommt es bei längeren Stillständen durch Gaszutritt zu chemischen Oberflächenreaktionen, die den Widerstand erhöhen. Ein eindrucksvolles Versuchsergebnis in dieser Richtung zeigt Tabelle 4.4−4; bei einem Anpreßdruck von 1 Nmm^{-2} wuchs der Kontaktwiderstand um ein Vielfaches.

Tabelle 4.4−4

Metall/Metall	Kontaktwiderstand R_K in Ω	
	Beginn	nach 6 Mon.
Au/Pt	0,001	0,005
Au/Ag	0,001	0,01
Au/Cu	0,05	20,0
Au/W	1,0	10,0

$\sigma_D \approx 1\,N\,mm^{-2}$

4.4.3 Verschleiß

Verschleiß kann auftreten durch

- Abrieb bei *mechanischer* Beanspruchung besonders in Schleif- und Wälzkontakten.
- Materialverlust bei *elektrothermischer* Beanspruchung in Druckkontakten infolge Erwärmung, Erweichung, örtlichen Verbrennungen, Oxidation u. a.
- *Funkenbildung* = *Lichtbogen*; sein Ablauf ist (s. nächste Seite):

Verschleißart
mechanisch — elektrothermisch

Einfluß durch
konstruktive — physikalische und chemische
Eigenschaften

Der Lichtbogen ist eine ionisierte Gasstrecke mit freien Elektronen zwischen geöffneten Kontakten

1. Kontaktöffnung →
2. → Spannung steigt bis zum Leerlaufwert →
3. → Metall siedet an letzter Brücke bei > 10 V > 1 A →
4. → Stromwärme ($I^2 \cdot R \cdot t$) →
5. → Brennfleck infolge hoher Stromdichte →
6. → Metallerhitzung →
7. → Elektronenaustritt →
8. → Elektronenbeschleunigung durch elektrische Feldstärke →
9. → Stoßionisation des Kontaktspaltes →
10. → positive Ionen werden zur Katode getrieben →
11. → Ionenaufprall erhitzt Katode →
12. → Ionen werden zu Atomen (Molekülen) neutralisiert →
13. → Ionenaufprall → Elektronenemission (Kreis ist geschlossen)

Bei Wechselspannung erlöscht der Lichtbogen beim Durchlauf des Nullwertes

Wirkung des Lichtbogens

1. Abbrand – Oxidation = Verbrennung; Verdampfung
2. *Grobwanderung** bei Gleich- und Wechselspannung
3. *Feinwanderung** meist bei Gleichstrom

* s. Spezialliteratur

Mildern und Löschen von Lichtbögen

1. Lichtbögen sind kontaktschädlich
2. Lichtbogen-Strecke kühlen
   2.1 Langziehen durch Hörner
   2.2 Unterteilen durch *Deionkammern*
   2.3 Ausblasen (Druckluft, Magnet, Dynamitpatrone bei Kurzschluß)
   2.4 Öl
   2.5 Gas: SF_6 (Schwefelhexafluorid)

4.4.4 Werkstoffe

Man unterscheidet drei Werkstoffgruppen:

1. Reinmetalle und Legierungen,
2. Sinterwerkstoffe,
3. Werkstoff mit Überzügen (Schichtwerkstoffe).

Werkstoffgruppen

1. Reinmetalle, Legierungen
2. Sinterwerkstoffe
3. Schichtwerkstoffe

Sinterwerkstoffe

Ausgangsmaterial ist eine Pulvermischung aus Metallen, Metallen + Oxiden oder + Sulfiden oder + Graphit.

Die vorverdichtete Mischung wird bei geeigneter Temperatur „gesintert", d. h. an den Berührungsstellen punktuell miteinander verschweißt.

Diese Sintermasse wird durch Walzen oder Strangpressen verdichtet.

Gut bewährt haben sich bei Lichtbögen faserförmige Einschlüsse nach Bild 4.4–2, wobei die Einbaurichtung und -form (Zeile oder Punkt) sich auswirken; entscheiden hierüber kann nur der Versuch.

Ein Sinter-*Tränkprozeß* wird angewandt, wenn man Metalle mit unterschiedlichem Schmelzpunkt, z. B. Kupfer 1083 °C und Wolfram > 2000 °C miteinander zu einem Festkörper verbinden will. Das höherschmelzende Wolframpulver wird vorverdichtet und vorgesintert; in diesen porösen Werkstoff läßt man durch Kapillarwirkung oder im Vakuum schmelzflüssiges Kupfer einsickern. Nach der Abkühlung hat man einen heterogenen Körper aus hochschmelzendem Wolfram, durchzogen von weichem, gut leitendem Kupfer.

Reinmetalle und Legierungen

werden für alle Schaltvorgänge eingesetzt und zwar für große Abmessungen E-Cu und niedrig legiertes E-Cu (Preis!), für kleinere Abmessungen die Edelmetalle:

- Feinsilber Ag 99,95,
- Hartsilber mit Cu, Ni, Mg legiert, z. T. mit hochdispersen Einschlüssen zur Festigkeitssteigerung,
- Feingold Au 99,95–99,999 in der Nachrichtentechnik z. B. für Relais mit niedrigen Anpreßdrücken von ≈ 0,1 N und in der Elektronik; 1 cm^3 Au läßt sich zu einem Feinstdraht von einigen Kilometern Länge ausziehen!
- Hartgold legiert mit Ag, AgCu, AgNi, AgPt u. a.,
- Platin wird wegen des hohen Preises nur für absolute chemische Beständigkeit bei gleichzeitig hoher Abbrandfestigkeit eingesetzt,
- Palladium hat ähnliche Eigenschaften wie Platin.

Graphit (Kontaktkohle)

wird wegen der bereits beschriebenen guten Gleit- und Schmiereigenschaften in Schleifkontakten für Groß- und Kleinmotoren in verschiedenen Qualitäten benutzt. Kohlenstoff bildet keine Oxidhaut, sondern vergast spurlos zu CO oder CO_2.

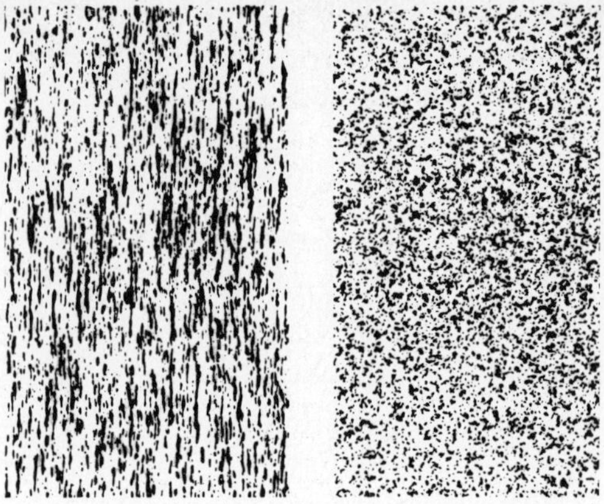

Bild 4.4–2 Ag/C3 (Gew.-%) pulvermetallisiert, stranggepreßt

Druckkontakte	
Abmessung groß	klein-mittelgroß
E-Cu E-Cu-Legierung	Edelmetalle und -Leg. Au, Ag, Pt, Pd

Kohlearten:

hart < 20 $m \cdot s^{-1}$ Schleifgeschwindigkeit
weich bis 50 $m \cdot s^{-1}$ Schleifgeschwindigkeit

Energietechnik:

Bei Abreißfunken-Lichtbögen bevorzugt heterogenes Gefüge von Sinterwerkstoffen auf

- W-Basis, W/Cu
- Ag-Basis, Ag/C, Ag/CdO
  bevorzugt Faserform der Nichtmetalle.

Maßnahmen in Schaltanlagen

Neben geeigneten Werkstoffen greift man in modernen Schaltanlagen zu folgenden Maßnahmen:

- Schwefelhexafluorid SF_6 – ein Stoff von hoher dielektrischer Festigkeit (7.1.4) – wird zum Löschen des Lichtbogens und zur Isolierung der Schaltanlagen bis 800 kV eingesetzt.
- Vakuumschalter sind prädestiniert für häufiges Schalten von großen Strömen bei Motoren, Kondensatoren u. a.
- Eine geeignete Kontaktgeometrie kann die Lebensdauer der Werkstoffe verlängern.

Übung 4.4–1

Füllen Sie die nebenstehenden Spalten für druckbelastete Kontaktflächen aus!

Einflüsse auf die Kontaktverformung

Nr.	physikalische Größen der Belastung	Werkstoffgrößen	
		FZ	Einheit
1			
2			
3			
4			
5			
6			

Übung 4.4–2

Was bedeutet R_H?

Durch welche Maßnahmen kann man ihn niedrig halten?

Übung 4.4–3

Kontaktverschleiß ohne Lichtbogen

a) Nennen Sie Ursachen!
b) Nennen Sie Maßnahmen zur Begrenzung!

Übung 4.4–4

Heterogene Kontaktwerkstoffe.

a) Warum benutzt man sie?
b) Wie stellt man sie her?
c) Nennen Sie Werkstoffbeispiele!

Übung 4.4–5

Nennen sie Arten und Verwendung von Kontaktkohle!

Übung 4.4–6

Welche Kontaktwerkstoffe benutzt man vorteilhaft für Kontakte mit Bildung von Abreißfunken und Lichtbögen?

4.4.5 Werkstoffe für Spezialkontakte

1. Quecksilberschalter

Quecksilber (Hg) ist das einzige bei Raumtemperatur flüssige Metall mit einem Schmelzpunkt von −39 °C. In gläsernen Kippschaltern befinden sich Kontakte aus Fe oder W; alle anderen Metalle bilden mit dem flüssigen Hg Amalgame genannte Legierungen (HgAgSn diente zur Zahnfüllung). Man kann mit diesen lageabhängigen und erschütterungs-empfindlichen Schaltern kleine Leistungen äußerst betriebssicher übertragen.

2. Dry-Reed-Schalter

werden von außen magnetisch geschaltet. Die beiden Kontaktzungen aus FeNi, z. T. mit plattiertem oder eindiffundiertem Edelmetall, sind druck- und vakuumdicht in einem Glaskolben eingeschlossen; diese Schalter ermöglichen hohe Schaltfrequenzen und werden in der Nachrichtentechnik eingesetzt.

3. Bimetallkontakte, siehe 4.7.

4. Lötwerkstoffe, siehe Tabelle 4.4–5

Tabelle 4.4–4 Eigenschaften von Quecksilber

Eigenschaft	Zahl	Einheit
Ordnungszahl	80	–
Massenzahl	200,6	–
Dichte	13,6	$g \cdot cm^{-3}$
Schmelztemperatur	234	K
Schmelztemperatur	−39	°C
Siedetemperatur	630	K
Siedetemperatur	357	°C
elektr. Leitfähigkeit	≈ 1	$10^6 S \cdot m^{-1}$
therm. Leitfähigkeit	9	$W \cdot m^{-1} \cdot K^{-1}$
$TC\varrho$	9	$10^{-4} K^{-1}$

Tabelle 4.4–5 Lote DIN 1707, 8513

Bezeichnung	Schmelzbereich °C	
L Sn 50 Pb	183 bis 215	W-Lote
L Sn Sb 5	230 bis 240	
L Pb Ag 3	303 bis 315	
L Cu P 8	710 bis 770	H-Lote
L Ag 15 P 5	640 bis 800	
L Ag 25	680 bis 795	
L Ag 40 Cd	595 bis 630	

4.5 Widerstände

Lernziele

Der Lernende kann ...

- Anforderungen an Widerstände nach ihren Aufgaben nennen.
- die Bedeutung von Mischkristallen für Widerstände erklären.
- den Zusammenhang zwischen dem elektrischen Widerstand und seinem Temperaturkoeffizienten nennen.
- Entstehung und Bedeutung von Zunderschichten für Heizwiderstände beschreiben.
- Anforderungen an Präzisionswiderstände nennen.

4.5.0 Übersicht

Der Begriff „Widerstand" wird für die Größe R in Ω und das Bauelement benutzt.

Die metallischen Widerstände sind PTC-Werkstoffe mit linearer Abhängigkeit von Strom und Spannung.

Nach ihrem Aufgabengebiet lassen sie sich in drei Gruppen einteilen:

Aufgaben:

- Präzisions-Messen und Regeln
- Steuern, Regeln, Messen

} z. B.: Temperatur, Spannung, Strom

- Heizen

1. Präzisionsmeß-Widerstände, schwach belastbar;
2. Steuer-, Regel- und Meß-Widerstände, veränderlich, mäßig belastbar;
3. Brems- und Heiz-Widerstände, hoch belastbar.

Nach der *Bauform* unterscheidet man Widerstände aus Draht, glatten oder gewelltem Blech, Profil und Schichten, die aufgewalzt, aufgedampft oder galvanisiert werden.

Kennzeichnende Größen von metallischen Widerständen:	
ϱ	in $\Omega \cdot m$
$TC\varrho = \alpha$	in K^{-1}
$TC_L = \alpha$ (lineare Ausdehnung)	in K^{-1}
T_{max}	in K

Hauptanforderungen an das Material sind:

1. *elektrische*, z. B. hoher spezifischer elektrischer Widerstand ϱ, niedriger $TC\varrho$, ausreichende Strombelastbarkeit S, gute Zeit-(Dauer)belastbarkeit;
2. *thermische*, z. B. geringer TC der linearen Ausdehnung, gute Dauerbelastbarkeit bei erhöhter Temperatur, keine Veränderung des Gefüges durch die Temperatur (Wärmealterung);
3. *chemische*, z. B. geringe Oxidationsneigung, gute Korrosionseigenschaften;

Anforderungen:

1. hoher ϱ-Wert
2. gleichbleibender ϱ-Wert = niedriger $TC\varrho$
3. niedrige Wärmeausdehnung = niedriger TC_L
4. chemisch beständig = korrosionsbeständig
5. geringe Neigung zum „Altern" (Veränderung des Gefüges und damit der Eigenschaften)
6. konstruktiv ausreichend

4.5.1 Widerstand und Temperaturkoeffizient von Legierungen

Bei der Besprechung binärer Legierungen wurde am Beispiel des Systems Au-Ag die Leitfähigkeit von Mischkristallen über der chemischen Zusammensetzung in Bild 2.2–12 (S. 105) gezeigt. Sie hatten sich gemerkt: „Die Leitfähigkeit von Mischkristallen ist niedriger als die ihrer reinen Komponenten". Der Widerstand eines Metalles setzt sich aus zwei Teilwiderständen zusammen, dem:

1. Strukturwiderstand R_S bzw. ϱ_S und
2. Temperaturwiderstand R_T bzw. ϱ_T.

Zu 1. ϱ_S: Bleibt konstant, so lange die Struktur sich nicht verändert. Bei einer elastischen oder plastischen Deformation ändert sich ϱ_S. Durch die chemische Zusammensetzung und Technologie wird ϱ_S bei Metallen festgelegt.

$$R = R_S + R_T \qquad (4-23)$$

Zu 2. ϱ_T: Bei diesem durch die Temperatur beeinflußbaren Widerstand handelt es sich um die mehrfach erörterten Schwingbewe-

$$\varrho = \varrho_S + \varrho_T \qquad (4-24)$$

gungen der Ionen, die mit fallender Temperatur ab-, mit steigender Temperatur zunehmen.

Man hat die Leitfähigkeit von reinen und von Mischkristallen der gleichen Basis-Metalle bei verschiedenen Temperaturen bestimmt und aus den Meßwerten folgende Beziehung erhalten:

„Das Produkt aus dem spezifischen elektrischen Widerstand ϱ und dem Temperaturkoeffizienten des Widerstandes α bleibt für Reinmetalle und Mischkristalle des gleichen Metalles konstant." (Siehe Bild 4.5–1 für Cu!)

$$\underbrace{\varrho_M \cdot \alpha_M}_{\text{Reinmetalle}} = \underbrace{\varrho_L \cdot \alpha_L}_{\text{Legierung}}$$

Anders gefaßt lautet die Regel:

Reines Metall: kleiner Widerstand und hoher Temperatur-Koeffizient;

Legierungen: hoher Widerstand und kleiner Temperatur-Koeffizient.

Das Produkt beider Größen ist gleich.

Beträgt der Widerstand einer Legierung aus Mischkristallen (Linsendiagramm!) etwa das 50fache des Grundmetalles (Basismetalles), dann fällt $TC\varrho$ auf etwa 1/50 des Wertes des Basismetalles.

In Mischkristallen ist der Strukturwiderstand $R_S(\varrho_S)$ bereits so groß, daß sich der Einfluß von Wärmeschwingungen zwar absolut, aber prozentual kaum mehr auswirkt.

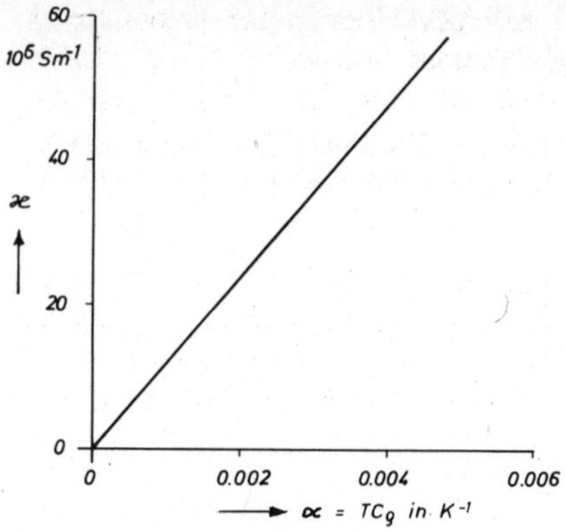

Bild 4.5–1 Zusammenhang zwischen der spezifischen elektrischen Leitfähigkeit $\varkappa$ und dem Temperatur-Koeffizienten des elektrischen Widerstandes α von Cu und Cu-Mischkristallen.

Es besteht die lineare Funktionsgleichung:

$$y = mx$$

Daraus folgt:

$$m = \frac{\Delta y}{\Delta x} = \frac{\Delta \varkappa}{\Delta \alpha} = \text{konstant}$$

$$\frac{\varkappa}{\alpha} = \text{konstant}$$

$$\varkappa = \frac{1}{\varrho}$$

$$\alpha \cdot \varrho = \text{konstant}$$

$$\boxed{\underbrace{\alpha_M \cdot \varrho_M}_{\substack{\text{Cu}\\ \text{Reinkupfer}}} = \underbrace{\alpha_L \cdot \varrho_L}_{\substack{\text{Cu-Mischkristall}\\ \text{Kupferlegierung}}}} \qquad (4\text{–}25)$$

Dies ist die mathematische Fassung der Regel von *Mathiessen*.

Einige Widerstandslegierungen haben sehr niedrige $TC\varrho$-Werte bis zu $0{,}000001\,\text{K}^{-1} = 10^{-6}\,\text{K}^{-1}$ (s. Tabelle 4.5–2). Bestimmte ferritische FeNi-Legierungen erhalten in der Nähe der *Curietemperatur* sogar negative Werte.

Früher wurden die Widerstandswerkstoffe nach ihrem spezifischen elektrischen Widerstand ϱ nach DIN in Gruppen eingeteilt; der Kurzbezeichnung WM (Widerstands-Material) folgte der ϱ-Wert in $10^{-2}\,\Omega \cdot \text{mm}^2 \cdot \text{m}^{-1}$

Tabelle 4.5–1 Widerstands-Bezeichnung nach DIN 1700, Beispiele

Bezeichnung früher	jetzt	ϱ-Wert in $10^{-6}\,\Omega \cdot \text{m}$	Verwendung
WM 13	CuMn2	0,130	Stell-, Anlaß-, Belastungs-Widerstand
WM 50	CuNi44	0,50	
WM 110	NiCr8020	1,10	El. Öfen, Lötkolben

($10^{-8}\,\Omega \cdot m$); WM 50 entsprach einem spezifischen Widerstand von $0{,}5\,\Omega \cdot mm^2 \cdot m^{-1} = 0{,}5 \cdot 10^{-6}\,\Omega \cdot m$

Heute wird nur die chemische Zusammensetzung in Kurzbezeichnung nach DIN 1700 benutzt. (Leider!)

Bild 4.5−2 zeigt den elektrischen Widerstand und den Temperaturkoeffizienten des elektrischen Widerstands für die unter dem Namen *Konstantan* viel benutzten CuNi-Legierungen, die die obengenannte Regel bestätigen.

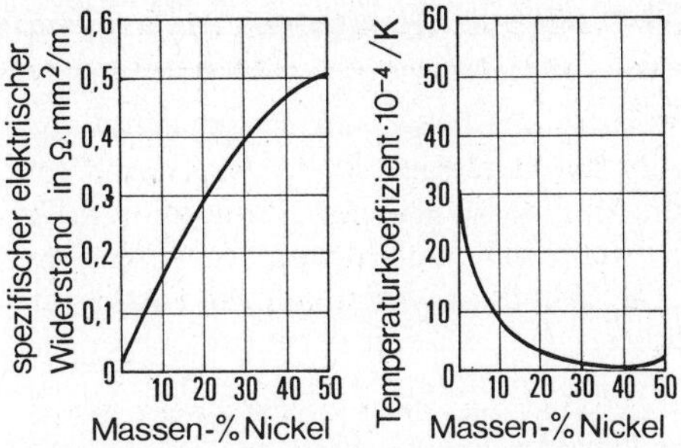

Bild 4.5−2 Elektrischer Widerstand und Temperaturkoeffizient des elektrischen Widerstandes von Kupfer-Nickel-Legierungen in Abhängigkeit vom Nickelgehalt

4.5.2 Regel- und Meßwiderstände, DIN 17471 u. a.

Je präziser die Instrumente arbeiten sollen, um so höher sind die Anforderungen an sie:

- Niedriger $TC\varrho$, für Präzision: $< 2 \cdot 10^{-5}\,K^{-1}$.
- Geringe Thermokraft (siehe 4.6) gegen Cu; Präzision: $< 10\,\mu V \cdot K^{-1}$.
- Geringe Alterungsneigung, d. h. Beständigkeit des Gefüges bei Beibehaltung der ursprünglichen Eigenschaften; Präzision: ΔR/Jahr $< 5 \cdot 10^{-5}\,\Omega$/a.

Tabelle 4.5−2 Regel- und Meßwiderstände

Verwendung	Zusammensetzung (Name)	ϑ_{max} [°C]	ϱ_{20} [$10^{-6}\,\Omega \cdot m$]	$TC\varrho$ [$10^{-6}\,K^{-1}$]	Thermospannung gegen Cu [$\mu V \cdot K^{-1}$]
Technisches Messen, Regeln, Steuern DIN 17471 u. a.	Cu Ni45 Mn1 (Konstantan)	400	0,50	±30	−40
	Cu Mn13 Al3 (Isabellin)	400	0,50	±20	–
	Ni Cr20	1000	1,10	±60	–
Präzisions-Messen, Regeln, Steuern DIN 17471 u. a.	Cu Mn12 Ni2 (Manganin)	400	0,43	±10	1
	Cu Mn12 Al4 Fe1 (Novokonstant)	400	0,43	±1 bis 2	0,3
	Au Cr2	>400	0,30	±1	7

4.5.3 Heizwiderstände, DIN 17470

Fe wird zunderbeständig durch Zusatz von
Cr
Cr + Al
Cr + Ni
Heizwiderstände.
Bleche, Wendeln, Drähte

Die wichtigste Eigenschaft ist die Zunderbeständigkeit. Unlegiertes Eisen verzundert (oxidiert) in der Wärme. Mit bestimmten Zusätzen kann man durch atomare Diffusionsvorgänge dünne, festhaftende und gasdichte Oxidfilme auf Eisenlegierungen erzeugen. Besonders vorteilhaft sind ternäre FeCrAl- und FeCrNi-Legierungen nach Tabelle 4.5–3.

Heizleiter-Legierungen bilden beim Erwärmen in der Luft eine dichte, festhaftende Oxid-Schutzschicht.

Tabelle 4.5–3 Heizleiter DIN 17470

Zusammensetzung (Name)	ϑ_{max} in °C	ϱ_{20} in 10^{-6} Ωm	$TC\varrho$ in 10^{-6} K^{-1}	Thermospannung gegen Cu in μVK^{-1}
FeCr25 Al5	≈1000	1,4	10^2 bis 10^3	−2
Ni Fe30	≈1000	0,3	$3 \cdot 10^3$	–
Ni Cr mit Fe/ohne Fe in verschiedener Zusammensetzung	≈1000	1 bis 1,2	$\approx 10^3$	≈2

Übung 4.5–1

Welche Kristallarten werden für Widerstände eingesetzt? Warum?

Übung 4.5–2

Welche Anforderungen stellt man an Präzisionswiderstände?

Übung 4.5–3

Ag hat bei 300 K ein $\varkappa$ von $64 \cdot 10^6\,Sm^{-1}$ und einen $TC\varrho$ von $4{,}3 \cdot 10^{-3}\,K^{-1}$. Eine AgCu-Legierung mit Mischkristallen hat einen $\varkappa$-Wert von $14 \cdot 10^6\,Sm^{-1}$ bei 300 K. Wie groß ist der $TC\varrho$ dieser Legierung?

Übung 4.5–4

Berechnen Sie die Differenz der Widerstände eines 1 m langen Drahtes von 0,05 mm ∅ aus Au Cr2 bei Temperaturen von −20°C und +120°C!

Übung 4.5–5

Warum ist der $TC\varrho$ von Konstantan kleiner als der von E-Cu?

Übung 4.5−6

Wieso kann man durch elastische Deformation eines Metalldrahtes mechanische Spannungen in einem Konstruktionsteil messen? Wie heißt das Verfahren?

Übung 4.5−7

Wie macht man Eisen für Heizwiderstände einsatzfähig?

4.6 Thermospannungen

Der bessere Leiter hat eine höhere Elektronendichte ne^- und/oder eine höhere Elektronenbeweglichkeit b_{e^-} als der schlechtere. Stehen zwei unterschiedlich leitende Werkstoffe – es können auch Halbleiter sein – miteinander im Kontakt, dann diffundieren (fließen) so lange Elektronen mit höherer Eigenenergie in den Werkstoff mit kleinerer Elektronen-Energiestufe, bis ein weiterer Zustrom durch das aufgeladene Potential gebremst und ein Gleichgewichtszustand zwischen Zufluß und Rückstoß der Elektronen hergestellt ist. Bei der Erwärmung einer Kontaktstelle wird das Energiegefälle der Elektronen erhöht, und es fließen um so mehr Elektronen durch die Nahtstelle, je heißer sie wird.

Thermospannung
(Seebeck-Effekt)

erwünscht, genutzt:	unerwünscht:
Temperaturmessung	Regel-Widerstände, Steuer-Widerstände

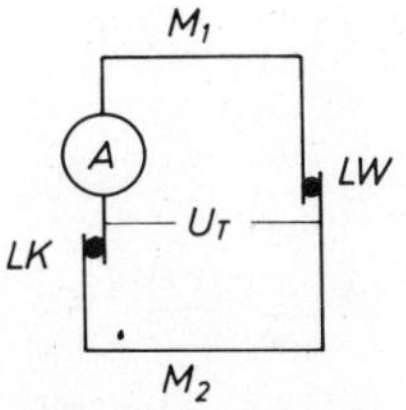

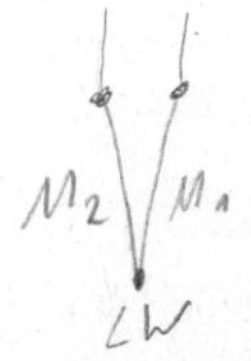

Bild 4.6−1 Thermoelement (Schema)

M_1 Metall 1
M_2 Metall 2
LK Kalt-Lötstelle
LW Warm-Lötstelle
U_T Thermospannung

Befinden sich im Stromkreis zwei Kontaktstellen mit unterschiedlicher Temperatur, dann entsteht ein vom Temperaturgefälle ΔT abhängiges Potentialgefälle U_T, das bei Stromschluß einen Thermostrom erzeugt (Bild 4.6−1). Diese als *Seebeck-Effekt* bezeichnete thermoelektrische Spannungserzeugung wird für Temperaturmessungen in einem Bereich von −250°C bis 3000°C ausgenutzt.

$$U_T \sim \Delta T$$
$$U_T = \alpha (T_{LW} - T_{LK}) \qquad (4-26)$$
$$\Delta T = T_{LW} - T_{LK}$$

Der in Gl. (4−26) eingesetzte Proportionsfaktor α wird als differentielle Thermokraft oder *Seebeckkoeffizient* bezeichnet; er hat die Einheit V/K oder µV/K.
Die elektrochemische Spannungsreihe der Elemente steht in losem Zusammenhang mit dem (*viel komplizierteren*) thermoelektrischen *Seebeck-Effekt*. Wichtige, für Thermoelemente benutzte Metallpaarungen enthält Tabelle 4.6−1.

Bei Meß-, Steuer- und Regelvorgängen, die nichts mit der Temperatur zu tun haben, ist der Seebeck-Effekt unerwünscht; darum wählt man nach Möglichkeit Metallpaarungen (Kontakte) mit geringer Thermokraft, oder muß diese berücksichtigen. Der Seebeck-Effekt kann umgekehrt werden (*Peltier-Effekt*), indem man entgegengesetzt zum Thermostrom durch ein angelegtes elektrisches Feld (Spannung) zwangsweise Elektronen durch die Kontaktstellen drückt; dies bewirkt eine erhöhte Energiestufe der Elektronen an der Kontaktfläche, die sich durch die Energieabgabe abkühlt. Ist die Kontaktfläche groß, dann wird auch der Umgebung Wärme entzogen und sie kühlt sich ab. Dieser Kühleffekt wird durch die *Peltierelemente* (meistens aus Halbleitern) ausgenutzt.

In Tabelle 4.6–2 sind die wichtigsten, ca. 95% aller Anwendungsfälle deckenden Thermopaare aufgeführt.

Die Thermospannung ist legierungsabhängig; bei Platin/Rhodium gibt es verschiedene genormte Legierungen mit 10%, 18% Rh u. a. Neben binären benutzt man auch ternäre Legierungen.

Übung 4.6–1

Zeichnen Sie anhand der Werte von Tabelle 4.6–1 das U_T-T-Diagramm der thermoelektrischen Metallpaarung Pt-PtRh für den Temperaturbereich von 250 bis 1200 K bei einer eisgekühlten Kaltlötstelle von 273 K. Die spezifische Thermospannung in μVK^{-1} soll in diesem Temperaturgebiet als konstant vorausgesetzt werden.

Tabelle 4.6–1 Wichtige thermoelektrische Metallpaarungen nach DIN 43732/3

Metallpaar	Thermospannung U_T in μVK^{-1} (0 bis 100) °C	Gebrauchstemp. in °C Langzeit	Gebrauchstemp. in °C Kurzzeit
Fe–CuNi 45	≈45	≈ 150	350
NiCr–Ni	≈41	≈ 650	950
PtRh–Pt	≈10	≈1000	1250

Tabelle 4.6–2 Thermokraft α einiger Metalle gegen Pt = 0

Metall	α in $\mu V K^{-1}$
Bi	−65
Cu Ni44	−35
Ni	−15
Pt	± 0
Pt Rh; Cu	+10
Fe	+18
Sb	+48

Anwendungsbeispiel:

Ni–Fe hat ein thermoelektrisches Spannungsgefälle von 33 $\mu V K^{-1}$;
bei $\Delta T = 100\,K$ ist
$U_T = 3{,}3\,mV$

4.7 Thermobimetalle

Man nutzt die unterschiedlichen TC_L-Werte der Metalle (Tabelle 2.1–3) für Bimetallkontakte aus, indem man sie warm zusammenwalzt und zur Festigkeitssteigerung kalt nachverformt. Die Wirkungsweise dieser Bimetallstreifen ersehen Sie aus Bild 4.7–1. Einige geeignete Werkstoffpaarungen enthält Tabelle 4.7–1. Die Durchbiegung bezieht sich auf Streifen von $100 \times 1\,mm^2$ bei einer Temperaturdifferenz von 1 K.

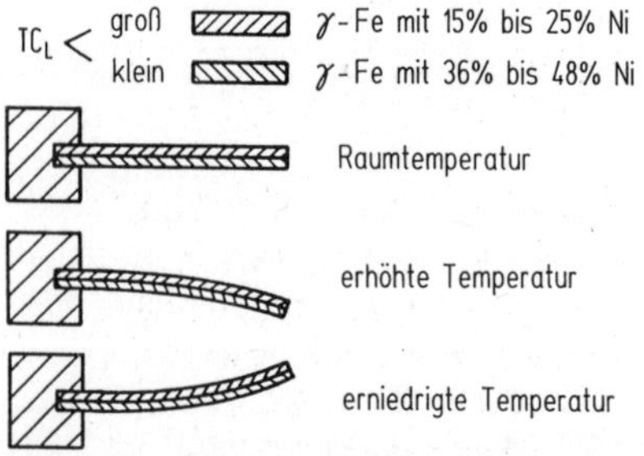

Bild 4.7–1 Wirkung von Thermobimetall

Übung 4.7–1

Ein Bimetallkontakt soll bei etwa 400°C kleine Durchbiegungen bei ±5 K zum Öffnen und Schließen des Stromes ausführen. Welche Metallpaarung ist hierfür geeignet?

Tabelle 4.7–1 Bimetall-Kombinationen und ihre Wirkung

TC_L hoch	TC_L niedrig	Temp. [°C]	Biegung [mm]
Cu Zn 37	X Fe Ni 34	150	0,14
Ni	X Fe Ni 34	250	0,09
X Fe Ni 20 Mn 6	X Fe Ni 40	450	0,11

Lernzielorientierter Test zu Kapitel 4

1. Die DIN-Bezeichnung für eine Al-Legierung mit 3% Si und 1% Mg, die warm ausgehärtet wurde (werden soll) und in Druckguß hergestellt ist, lautet:
   - A Al Mg3 Si GD wa
   - B GD Al Si 3 Mg wa
   - C GD wa Al Mg Si
   - D wa GD Al Mg3 Si
   - E DG Al Mg3 Si wa

2. G Cu L 52 bedeutet
   - A Lötlegierung mit 52% Cu
   - B Lötlegierung mit R_m 520 N · mm^{-2}
   - C Gußlagerlegierung mit 52% Cu
   - D Kupferguß mit 52 · 10^6 Sm^{-1}
   - E Kupfer geglüht mit HV 52

3. SE-Cu F150 bedeutet
   - A Elektrolyt-Kupfer, Sandguß, R_m = 150 N · mm^{-2}
   - B Sauerstofffreies Elektro-Kupfer, R_m = 150 N · mm^{-2}
   - C Einsatzgehärtetes Kupfer, R_m = 150 N · mm^{-2}
   - D Extra sauberes Kupfer mit HV 15
   - E Kupfer extra stark (= fest), $\varkappa$ = 15 · 10^6 Sm^{-1}

4. $\varkappa$-Werte steigen in der Reihenfolge
   - A Ag–Cu w–Cu h–Al w–Al h
   - B Al h–Al w–Cu h–Cu w–Ag
   - C Al w–Al h–Cu w–Cu h–Ag
   - D Al h–Cu h–Al w–Cu w–Ag
   - E Al h–Al w–Ag–Cu h–Cu w

   (w = weich, h = hart)

5. Temperaturkoeffizient des Widerstandes von E-Cu (20–100°C), α in K^{-1}:
   - A 0,001
   - B 0,01
   - C 0,4
   - D 0,04
   - E 0,004

6. $\varkappa$ von Cu wird durch das angegebene Element stark herabgesetzt:
   - A Ag
   - B Zn
   - C P
   - D Fe
   - E Si

7. Weiches E-Cu wird durch Walzen, Pressen, Ziehen im kalten Zustand härter und fester und weniger umformbar.

   Kreuzen Sie den Faktor an, durch den die HB-Zahlen und die A₅-Werte maximal verändert werden können (abgerundet):

	HB	A_5
A	3	0,1
B	10	0,01
C	2	0,2
D	1,5	0,5
E	20	0,001

8. Bei extremer Kälte versprödet
   - A Cu Zn 40
   - B E-Cu Ag
   - C C60
   - D Elektroblech
   - E E-Al

9. Kaltverfestigtes E-Cu wird entfestigt bei einer Mindesttemperatur von etwa
A 100°C
B 150°C
C 200°C
D 300°C
E 500°C

10. E-Cu wird erheblich besser zerspanbar durch kleine Zusätze von
A Ag
B Sn
C Al
D Te
E Cr

11. Die Entfestigungstemperatur von E-Cu wird durch Zr-Zusätze erhöht auf etwa
A 150°C
B 250°C
C 350°C
D 450°C
E 550°C

12. Cu bildet Widerstandslegierungen mit Austausch-Mischkristallen von hohem spezifischem elektrischem Widerstand durch Zusatz von
A Si
B Cr
C Al
D Zn
E Ni

13. Die Thermospannung U_T zwischen CuNi 44 und Fe beträgt bei $\Delta T = 500$ K etwa
A 3000 mV
B 300 mV
C 30 mV
D 3 mV
E 0,3 mV

14. Ein Al-Draht von 100 m Länge verlängert sich bei einer Erwärmung um 100 K um etwa
A 10 mm
B 25 mm
C 100 mm
D 250 mm
E 500 mm

15. Bei der Erwärmung nach 14 steigt der ϱ-Wert in der Leitung um etwa
A 0,5%
B 1 %
C 10 %
D 50 %
E 100 %

16. Zusatzelemente zur Erzielung von zunderfestem Eisen für Heizdrähte bzw. Heizbleche, allein oder gemeinsam, sind
A Si
B Cr
C Mn
D Al
E Cu
F Ni

17. Der Temperatur-Koeffizient des elektrischen Widerstandes $TC\varrho = (\alpha)$ in K^{-1} bei Reinmetallen beträgt etwa
A 0,4
B 0,04
C 0,004
D 0,002
E 0,001

18. Die Regel von *Mathiessen* gibt Aufschluß über den Zusammenhang von
A Temperatur und elektrischem Widerstand
B Zusatzstoffen auf die elektrische Leitfähigkeit
C Wärmedehnung und Wärmeleitfähigkeit
D elektrischem Widerstand und Temperatur-Koeffizient des elektrischen Widerstandes von Reinmetallen und ihren Mischkristallen
E Wärmedehnung und elektrischem Widerstand von Reinmetallen und ihren Mischkristallen

19. Eisen-Konstantan-Thermoelemente (Fe-Cu Ni44) haben eine spezifische Thermospannung in $\mu V \cdot K^{-1}$ von etwa
A 0,10
B 0,50
C 1,00
D 50
E 100

20. Die obere Grenze für Pt-PtRh-Thermoelemente in °C ist
    A 700
    B 900
    C 1100
    D 1300
    E 1500

21. Was geschieht bei der „Sprungtemperatur“?
    A Erniedrigung des elektrischen Widerstandes
    B Verschwinden magnetischer Kräfte
    C Änderung der Hallkonstante
    D Gitterumwandlung
    E Änderung der Thermospannung

22. Für Widerstandslegierungen bevorzugte Kristallart:
    A eutektisch
    B Kristallgemisch
    C kfz
    D Mischkristall
    E krz

23. DMS dienen zur Messung von
    A Temperaturen
    B plastischer Verformbarkeit
    C elastischen Spannungen
    D elastischen Verformungen
    E Thermospannungen

24. Für Heizleiter werden als Basismetalle benutzt:
    A Cr
    B Al
    C Fe
    D Ni
    E Mn

25. Welcher Sinter-Verbundwerkstoff ist für Mittel- und Hochspannungskontakte mit Lichtbögen der am besten geeignete?
    A Ag Cu
    B Cu Graphit
    C Ag Graphit
    D WCu
    E Ag CdO

26. Für Gleichspannungskontakte mittlerer Schaltleistung eignen sich sehr gut
    A AgCu-Legierungen
    B Ag
    C CuAl-Legierungen
    D W Cu-Sinterwerkstoff
    E W Ag-Sinterwerkstoff

27. Welches Metall, unlegiert oder leichtlegiert, eignet sich am besten für Druckkontakte?
    A Cu
    B Al
    C Ag
    D W
    E Mo

28. Für Schleifkontakte eignet sich am besten, allein oder kombiniert,
    A Pb
    B Al
    C Graphit
    D W
    E Ag

29. Die spezifische elektrische Leitfähigkeit ist
    A der Quotient der Dichte und Beweglichkeit der Elektronen
    B das Produkt der Beweglichkeit und Konzentration der Elektronen
    C der Quotient der Fließgeschwindigkeit und Konzentration der Elektronen
    D der Quotient der Fließgeschwindigkeit und Beweglichkeit der Elektronen
    E das Produkt der Fließgeschwindigkeit und Beweglichkeit der Elektronen

30. Die Stromdichte ist
    A der Quotient der Fließgeschwindigkeit und Konzentration der Elektronen
    B der Quotient der spezifischen elektrischen Leitfähigkeit und der Spannung
    C das Produkt der Konzentration und Beweglichkeit der Elektronen
    D der Quotient der Konzentration und Beweglichkeit der Elektronen
    E das Produkt der Konzentration und Fließgeschwindigkeit der Elektronen

5 Halbleiter

5.0 Überblick

Kein Gebiet der Wissenschaft und Technik hat sich neben der Gentechnik in den letzten drei Jahrzehnten so stürmisch, man darf sagen so revolutionierend entwickelt wie die Elektronik. Man beobachtete an Halbleiterkristallen Besonderheiten und nutzte ihre Effekte aus, bevor man sie wissenschaftlich erklären konnte. So hatten vor dem zweiten Weltkrieg Amateurbastler unerklärliche, aber gezielt nicht wiederholbare Signalverstärkungen entdeckt. Überall in der Welt, besonders in den USA arbeiteten ab 1945 Physiker an dem Problem eines einfachen Verstärkungseffektes für Stromsignale, um die teueren Apparaturen mit beweglichen Teilen oder die komplizierten, beheizten Hochspannungsröhren zu ersetzen.

Versuche mit unterschiedlich stark angepreßten Kohlekontakten schlugen fehl. Im Jahr 1948 wurde in den USA der erste brauchbare *Transistor* auf der Basis von Silizium bzw. Germanium hergestellt. Obgleich man sofort die große zivile und militärische Bedeutung dieser Erfindung erkannte, blockierte man sie nicht durch Geheimpatente, sondern veröffentlichte die Ergebnisse dieser mit *Elektronik* bezeichneten Entdeckung. Überall wurde nun gefahrlos auf diesen Grundlagen weiter experimentiert, denn es waren dazu nur geringe Kosten und kleine Ströme nötig, im Gegensatz zu den Hochenergieanlagen für die Erforschung der Elementarteilchen und der Atomspaltung.

Der technische Durchbruch mit der Massenerzeugung elektronischer Bauteile setzte 1956 ein, als durch die Erfindung des *Zonenschmelzens* Si- und Ge-Kristalle in bisher nie erzieltem Reinheitsgrad hergestellt werden konnten.

Jetzt konnten Wechselströme in Gleichströme bestimmter Stärke durch *Dioden* umgewandelt, genaue Verstärkungs- und Schalteffekte von *Transistoren* und *Thyristoren* erzielt und ganze Komplexe von Einzelbauteilen auf einem monolithischen Einkristall, dem *Chip*, in *integrierten Schaltungen* zusammengefaßt werden.

In diesem Kapitel lernen Sie die Halbleiterwerkstoffe und die physikalischen Vorgänge, die sich in ihnen abspielen, kennen. Die wichtigsten Technologien werden dargestellt.

5.1 Zusammensetzung, Struktur

Lernziele

Der Lernende kann ...

- die Zusammensetzung von elementaren und Verbindungshalbleitern aus der Gruppenzugehörigkeit ableiten.
- die Gitterstruktur von Halbleitern und ihre Bindungen angeben und erläutern.

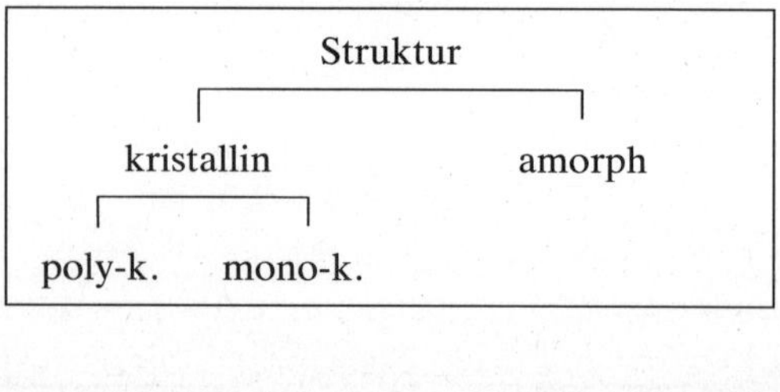

Man unterscheidet kristalline (meistens) und amorphe (selten) Halbleiterstrukturen. Die Mehrzahl der elektronischen Bauteile einschließlich der Chips bestehen aus *Monokristallen*, d. h. aus einem Einkristall. Man erstrebt dabei einen hohen Reinheitsgrad und wenige Gitterfehler, um durch genau dosierte

Dotierung (Zusatz) gewünschte Effekte zu erzielen. Die wichtigsten Grundelemente sind Si und Ge aus Gruppe IV und Se aus Gruppe VI. Außerdem stehen eine Reihe von Stoffkombinationen mit intermetallischen Kristallgittern (dia, hexa, tetra) zur Verfügung, deren Valenzelektronen gemeinsam ein Vielfaches der Zahl 4 haben (Bild 5.1–1).

1) IV mit IV:	SiC, GeSi
2) III mit V:	Al, Ga In mit P, As, Sb,
3) II mit VI:	Zn, Cd, Hg mit S, Se, Te,
4) 2 II mit IV:	Mg_2Si, Mg_2Ge
5) 3 II mit 2 V:	Zn_3As_2, Cd_3As_2
6) 2 V mit 3 VI:	Sb_2Te_3, Bi_2Te_3.

In diesen Stoffkombinationen stehen je vier Elektronenpaare wie im dia-Gitter für Bindungsaufgaben zur Verfügung. Bei den Gruppen-Elementen IV sind die Bindungen kovalent (Atombindung), bei den anderen Gruppenkombinationen ebenfalls, mit einem kleinen ionischen Anteil. Silizium und Germanium kristallisieren nach dem Diamantgitter, dessen tetragonale Elementarzelle in Bild 2.1–12 dargestellt ist. Das Raumgitter (Bild 5.1–2) besteht aus zwei ineinander gestellten kfz-Gittern, die gegeneinander um ein Viertel der Raumdiagonale in den drei Achsen verschoben sind. Die Kristalle haben keine Gleitflächen und sind daher spröde und hart wie Diamant. Zur Vereinfachung dieses komplizierten Gitters stellt man es üblicherweise zweidimensional nach Bild 5.1–3 dar; jedes Atom ist elektronisch abgesättigt, wenn es von 8 Elektronen umgeben wird (≙ 8 Striche). In Wirklichkeit werden die Bindungslinien durch die gleichgeladenen Elektronen bekanntlich elliptisch auseinandergedrängt.

II	III	IV	V	VI
Be	B	C	N	O
Mg	Al	Si	P	S
Zn	Ga	Ge	As	Se
Cd	Jn	Sn	Sb	Te
Hg	Tl	Pb	Bi	Po

Bild 5.1–1 Für Halbleiter benutzte Elemente; Ausschnitt aus dem PSE

> Si- und Ge-Halbleiter bestehen aus einem einzigen Kristall; sie sind immer *mono*kristallin im Gegensatz zu den *poly*kristallinen Metallen.
> Man erreicht hierdurch treffsichere Eigenschaftswerte.

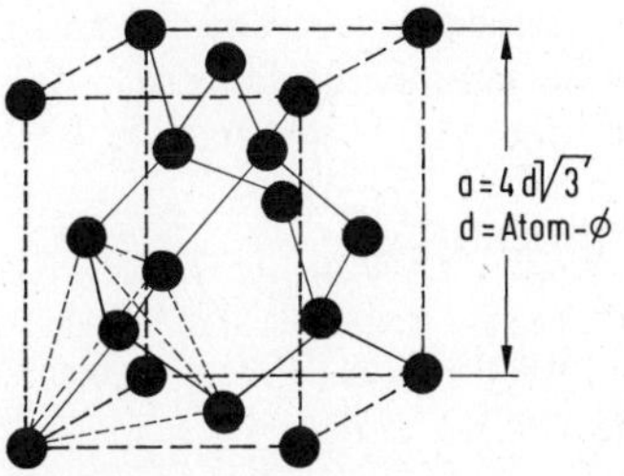

Bild 5.1–2 Raumgitter des Diamantkristalles:
C im Diamant
Ge im Halbleiterkristall
Si im Halbleiterkristall
Harte, feste Struktur mit Elektronenpaar-Bindung, keine Gleitflächen

Bild 5.1–3 Strukturschema von Ge- und Si-Kristallen in sehr vereinfachter Darstellung. Die beiden Striche zwischen den Atomkugeln bedeuten 2 Elektronen = 1 Einfachbindung (s. a. Bilder 5.3–4 und 5.3–6)

Übung 5.1–1

a) Woraus bestehen elementare elektronische Halbleiter?
b) Wie sind diese strukturiert?
c) Warum sind sie so hart wie Diamanten?

Übung 5.1–2

Inwiefern sind Element- und Verbindungshalbleiter gleich strukturiert?

5.2 Energiebändermodell

Lernziele

Der Lernende kann ...

- den Aufbau des Energiebändermodells erläutern,
- die Bändermodelle von Leitern, Halbleitern und Nichtleitern zeichnen und erläutern,
- die Bedeutung des Grund- und Leitungsbandes der Halbleiter erklären,
- das Ferminiveau erläutern.

5.2.1 Energiebänder

Im Abschnitt 1.4 wurden die Energiezustände von Einzelelektronen beschrieben. In Feststoffen lagern die Atome so dicht aneinandern, daß sich zumindest die Elektronen benachbarter Atome gegenseitig beeinflussen. Man nennt dies „Wechselwirkung", wie sie auch bei der Kopplung von Schwingkreisen gleicher Frequenz auftritt.

Auch bei Festkörpern gibt es Energiebereiche („Bänder"), die mit Elektronen besetzt sind, und „verbotene" Bereiche, die unbesetzt bleiben (Bild 5.2–1).

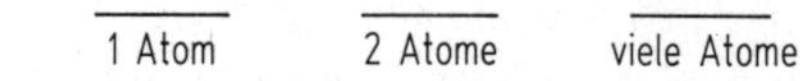

Bild 5.2–1 Energiestufen und -bänder

Die Energiebänder werden, von unten beginnend, nacheinander mit Elektronen aufgefüllt, im Bänderschema dargestellt also zuerst das *Grundband* (G), manchmal auch mit *Valenzband* bezeichnet, dann oberhalb der *verbotenen Zone* (V) das *Leitungsband* (L). Innerhalb der gefüllten Bänder ist auch beim Anlegen einer äußeren Potentialdifferenz keine Verschiebung der Elektronen möglich, da alle Energieniveaus besetzt sind.

Die Energiebänder von Leitern, Halbleitern und Nichtleitern unterscheiden sich so grundsätzlich, daß man die Klassifizierung der Werkstoffe nach ihnen vornehmen kann (Bild 5.2–2).

In Leitern befinden sich im Leitungsband (L) immer freie Valenzelektronen; L- und G-Band überlappen sich energetisch. In Halbleitern sind Grund- und Leitungsband durch eine verbotene Zone (V) getrennt; bei Energieaufnahme durch Wärme, Licht oder elektrisches Feld erhalten sie bisweilen eine genügende Eigenenergie, um durch Übersprung der verbotenen Zone (V) in das Leitungsband zu gelangen; dort können sie sich wie freie Elektronen bewegen. Nichtleiter haben eine große Energielücke (V) zwischen Grund- und Leitungsband, die nur bei großer Energieaufnahme mit den Folgen eines Durchschlags von e^- überquert werden kann.

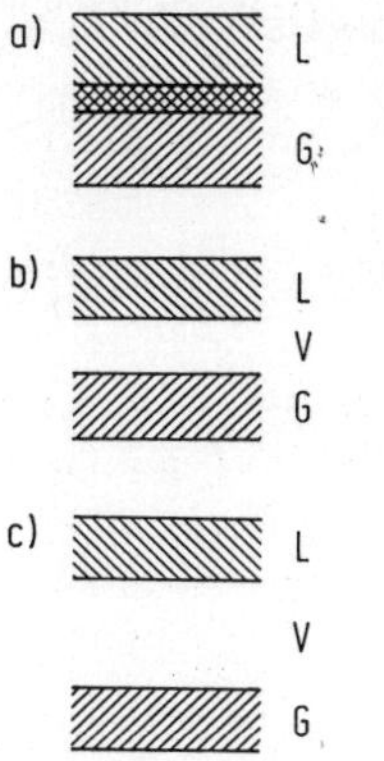

Bild 5.2–2 Energiebänder
a) Leiter, b) Halbleiter, c) Nichtleiter.
Unterscheidung durch Breite des verbotenen Bereiches

5.2.2 Ferminiveau

Frei bewegliche Elektronen können sich wie erwähnt nur im L-Band aufhalten. Zur Errechnung der spezifischen Leitfähigkeit muß die Elektronendichte ne^- bekannt sein. Statistische Angaben hierüber erhält man durch die Fermi-Dirac'sche Verteilungsfunktion, auch kurz Fermifunktion benannt, nach Gl. 5–1.

Die Ableitung und die Errechnung von Zahlenwerten mit dieser Gleichung überlassen wir der Spezialliteratur. Uns interessiert nur ein besonderer Zahlenwert: Setzt man in der Gleichung $W = W_F$ und $T \neq 0\,K$, dann wird $f(W) = 1/2$.

Die nach dieser Gleichung für $f(W)$ errechneten Werte sind im Bild 5.2–3 graphisch aufgetragen. Der Kurvenverlauf zeigt die Besetzungswahrscheinlichlichkeit für die „erlaubten" und „verbotenen" Zustände der Elektronen bei 0 K und darüber von reinen Halbleiterkristallen.

> Das Ferminiveau ist die Energie, bei der die Besetzungswahrscheinlichkeit der Elektronen im Leitungsband = 1/2, d. h. 50%, beträgt
>
> oder:
>
> Das Ferminiveau bezeichnet die Energie, welche Elektronen bei 0 K haben

$$f(W) = \frac{1}{1 + e\,\mathrm{Exp.}\ (W - W_F)/(k \cdot T)} \qquad (5\text{–}1)$$

W = Energie, für welche die Wahrscheinlichkeit $f(W)$ in eV ermittelt werden soll

W_F = Ferminiveau in eV

k = Boltzmannkonstante $= 1{,}38 \cdot 10^{-23}\,W \cdot s/K$

T = Temperatur in K

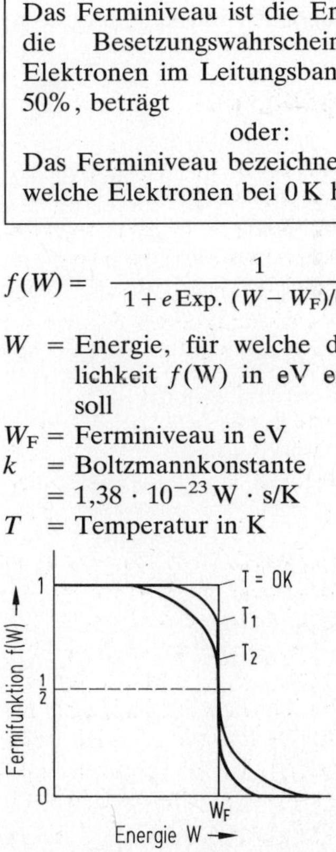

Bild 5.2–3 Verlauf der Fermifunktion $f(W)$ für drei Temperaturen, $T = 0$, $T_2 > T_1 > 0$

Dreht man das Koordinatenkreuz in Bild 5.2−3 um 90°, dann erhält man das Bändermodell in üblicher Darstellung mit eingezeichnetem Ferminiveau nach Bild 5.2−4; es wird uns bei der Erörterung dotierter Halbleiter wiederbegegnen.

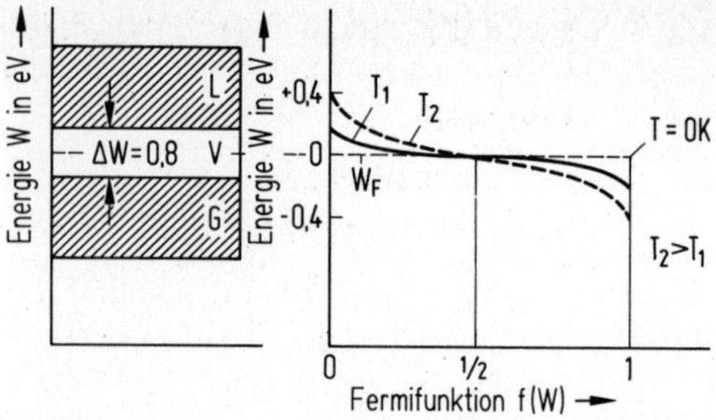

Bild 5.2−4 Ferminiveau und -funktion von reinen Halbleiterkristallen. W_F liegt in der Mitte der verbotenen Zone V, deren Bandabstand (willkürlich) mit $\Delta W = 0{,}8\,eV$ eingesetzt wurde

Übung 5.2−1

Nennen Sie Namen und Abkürzungen der drei Energiebänder!

Übung 5.2−2

Nennen Sie Größe und Einheit der Ordinate und die Größe der Abszisse im Energiebändermodell!

Übung 5.2−3

In welchen Werkstoffen überlappen sich L- und G-Band energetisch!

Übung 5.2−4

Definieren Sie den Begriff „Fermistufe“ in reinen (undotierten) Halbleitern!

5.3 Elektrischer Leitungsmechanismus

Lernziele

Der Lernende kann ...

- die unterschiedliche Elektrizitätsleitung von Metallen und Halbleitern erläutern,
- positive und negative bewegliche Ladungsträger definieren,
- die Begriffe Eigen- und Störstellenhalbleiter definieren,
- Generation und Rekombination erklären,
- Majoritäts- und Minoritätsträger unterscheiden,
- den Temperatureinfluß auf den Widerstand abschätzen.

5.3.0 Übersicht

Die elektrischen Leitungsvorgänge sind in Halbleitern komplizierter als in Metallen; dies hat zwei Gründe:

- In Metallen sind die Elektronen e^- mit ihrer negativen Ladungseinheit die alleinigen Stromträger. In den Halbleitern dagegen stoßen wir erstmalig auf positive, bewegliche Ladungsträger e^+; man bezeichnet sie auch als Defektelektronen oder Löcher.
- Außerdem besitzt der Halbleiter zwei Arten von elektrischer Leitfähigkeit: die Eigenleitfähigkeit, i-Leitung, Intrinsic genannt, und die Stör(stellen)leitfähigkeit, Extrinsic genannt.

Bewegliche Ladungsträger in Halbleitern

- Elektronen e^-
- Defektelektronen = Löcher e^+

Elektrische Leitung in Halbleitern

- Eigenleitung (Intrinsic)
- Störstellenleitung (Extrinsic)

5.3.1 Eigenleitung

Mit Eigenleitung (intrinsic = i-) bezeichnet man den Anteil, den der reine Halbleiterkristall zur Leitfähigkeit beiträgt. Am thermischen Nullpunkt, bei völliger Dunkelheit und ohne Feldeinfluß sind im reinen Halbleiterkristall keine freien Elektronen vorhanden; sie sind alle fest an ihre und die vier Nachbaratome gebunden. Erst bei Energieaufnahme ($+\Delta W$) werden Bindungen aufgebrochen.

Dieser mit „Generation" bezeichnete Vorgang ist schematisch am Bändermodell in Bild 5.3–1 dargestellt. Beim Absprung aus dem G-Band hinterläßt das Elektron e^- eine positiv geladene Leerstelle, die man Loch e^+ nennt. Je größer der Energiezuwachs ΔW ist, desto häufiger kommt es zur Generation, d. h., um so mehr freie Ladungsträger e^- und

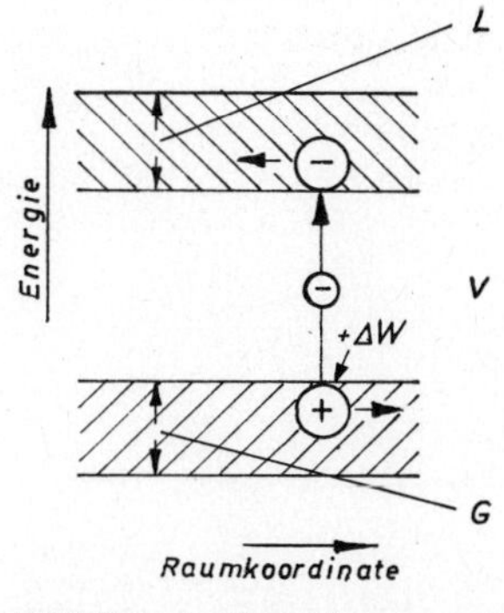

Bild 5.3–1 Entstehung von Elektronen e^- und Löchern e^+ (Generation)
Die Pfeile an ⊖ und ⊕ deuten die entgegengesetzte Driftrichtung von e^- und e^+ unter Feldeinfluß E an.

e^+ sind vorhanden und desto mehr steigt die elektrische Leitfähigkeit; der Halbleiter wird niedrigerohmig.

Der umgekehrte Vorgang heißt *Rekombination*; bei ihr rutscht ein Elektron e^- in ein Loch e^+, wobei beide Ladungsträger sich gegenseitig auslöschen und verschwinden.

Löcher verbleiben immer im Grundband G und können sich nur dort von Atom zu Atom unter dem Einfluß eines elektrischen Feldes fortbewegen, und zwar langsamer als die Elektronen im störungsarmen L-Band: $b_{e+} < b_{e-}$!

In Bild 5.3−2 wird versucht, die Löcher- und Elektronenbewegung, d. h. einen Löcher- und Elektronenstrom zu veranschaulichen. Unter Feldeinfluß E rutscht ein Loch e^+ von Atom zu Atom, wie ein leerer Sitz einer langen Sitzreihe, der von seinem Nachbar besetzt wird, dessen Stuhl dadurch leer wird und nun von dessen Nachbar eingenommen wird, und so fort. Der freie Stuhl (≙ Loch) bewegt sich dabei durch die ganze Sitzreihe, entgegen der Bewegungsrichtung der einzelnen Menschen (≙ Elektronen).

Generation: Energie wird aufgenommen = verbraucht

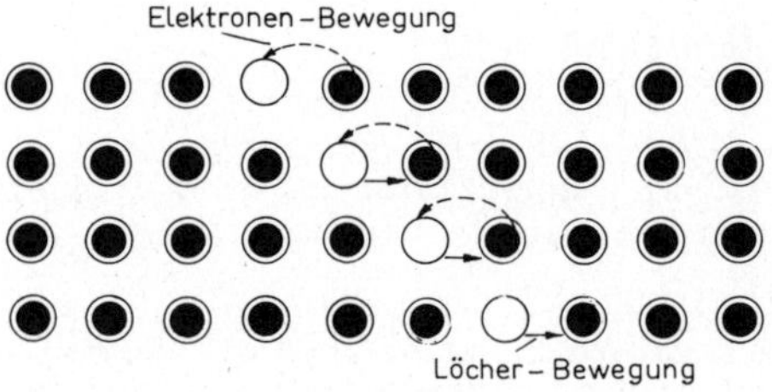

Bild 5.3−2 Wanderung von e^- und e^+ unter Feldeinfluß (Elektronen- und Löcherstrom)
● = e^-; ○ = e^+
Bewegungsrichtung → Löcher
Bewegungsrichtung ← Elektronen

Übung 5.3−1

Zeichnen Sie nebenstehendes Bild 5.3−3!

Vom Schüler zu zeichnen!

Bild 5.3−3 Rekombination: e^- fallen vom L-Band in das G-Band in ein e^+ (Loch), Energie (Wärme, Fotonen) wird frei. (Entspricht Bild 5.3−1 in umgekehrter Richtung der Elektronen.)

Übung 5.3–2

Erläutern Sie den Begriff „i-Leitung"!

Übung 5.3–3

a) Was versteht man unter einem Ladungsträgerpaar?
b) Wie entsteht es?
c) Wie kann es verschwinden?
d) Erklären Sie Ihre Antworten zu a) und b) am Bändermodell!

Übung 5.3–4

a) In welcher Einheit mißt man ΔW?
b) Erläutern Sie die Entstehung der Einheit!

5.3.2 Störstellenleitung

„Störstellen" – sie würden besser „Wirkstellen" heißen – sind absichtlich in den Reinkristall eingebaute Fremdatome, die entweder freie Elektronen oder Defektelektronen (Löcher) erzeugen und dadurch den Halbleiter leitfähiger machen.

Störstellen werden durch Dotieratome erzeugt.
Gruppe V → freie Elektronen e^-
Gruppe III → Löcher e^+

5.3.2.1 n-Leiter

Die Atome der V. Gruppe – As, Sb, P – haben auf ihren Außenschalen jeweils fünf Valenzelektronen; vier finden immer ihren energetischen Festplatz im Verband mit je vier Si- oder Ge-Nachbaratomen; das fünfte Elektron findet aber keinen Freiplatz, kein Loch, in das es schlüpfen könnte; es ist überzählig und bereits bei Raumtemperatur energetisch so schwach an sein Mutteratom gebunden, daß es abwandert und sein im Gitter verankertes Mutteratom als positives Ion zurückläßt (Bild 5.3–4). Es steht als freies e^- für den Stromtransport zur Verfügung. Diese Elektronen spendenden Atome nennt man Donatoren A_D (= e^--Spender).

Donatoren ≙ Elektronenspender erzeugen n-Leitung = e^--Leitung.
As, Sb, P;
V. Gruppe im PSE.

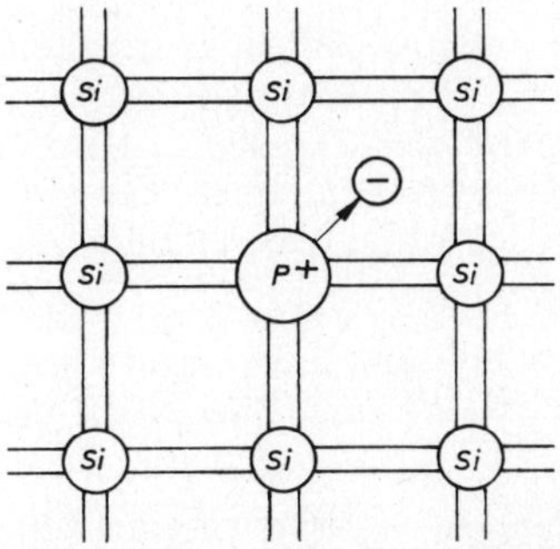

Bild 5.3–4 n-Halbleiter im Strukturbild

Im Energiebändermodell stellt sich ihre Wirkung nach Bild 5.3–5 dar.

Die Donator-Elektronen überspringen bereits bei kleinster Energieaufnahme ΔW_D die V-Zone und gelangen als freie e^- in das L-Band; n-dotierte Halbleiter verfügen bereits bei Kältegraden und Dunkelheit über freie e^- und sind dabei beschränkt leitfähig. ΔW_D in eV ist die *Ionisationsenergie*. Die bei Reinkristallen in der Mitte der Energielücke V liegende Fermistufe ist in n-Leitern zum L-Band hochgehoben.

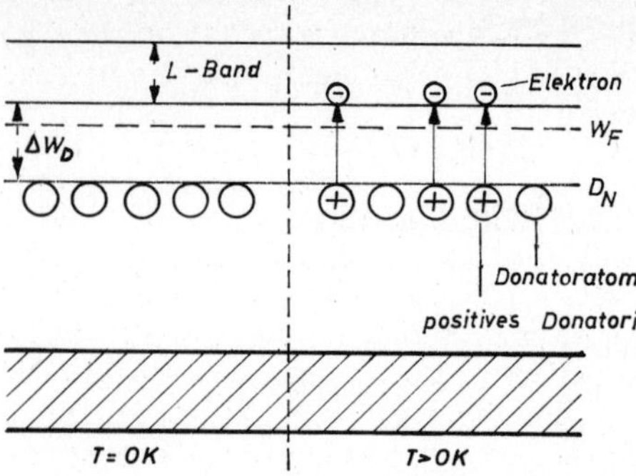

Bild 5.3–5 n-Halbleiter. Die Donatoratome befinden sich näher am L-Band als die Halbleiteratome. Bereits eine kleine Energieaufnahme ΔW_D genügt, um e^- in das L-Band zu heben, wobei ein positiv geladenes Donatorion zurückbleibt.
W_F = Fermi-Energiestufe

5.3.2.2 p-Leiter

Atome der III-Gruppe wie Indium (In), Bor (B) und Aluminium (Al) haben auf der Aussenschale drei Valenzelektronen. Wird ein III-Atom in ein Si- oder Ge-Gitter eingebaut (Bild 5.3–6), dann können dieses und die in der Tetraederzelle benachbarten vier Halbleiteratome insgesamt nur drei und vier = sieben Elektronen zur Verfügung stellen. Nach der Oktettregel (8er-Regel) muß jedes Atom auf der Außenbahn (Valenzbahn) von acht Elektronen umgeben sein. Bei sieben Elektronen besteht also eine Leerstelle, eine positive Defektstelle e^+ (= Defektelektron oder Loch), in das bei nächster Gelegenheit ein freies e^- schlüpfen wird. Das Loch e^+ kann sich nur im Grundband als positives elektrisches Teilchen unter Feldeinfluß E fortbewegen; die Energielücke V vermag es nicht zu überspringen.

Mit III-Atomen dotierte Halbleiter erhalten demnach positive Löcher e^+; man nennt sie daher *p-Leiter*. Weil die Löcher e^+ Elektronen e^- aufnehmen (akzeptieren) können, nennt man die IIIer-Atome Akzeptoren A_A (Elektronen-Aufnehmer).

In den Bildern 5.3–6 und 5.3–7 sind diese Vorgänge im Struktur- und Bänderschema dargestellt.

Bei Energieaufnahme $+\Delta W_A$ werden die Akzeptoratome A_A ionisiert und als Anionen

In, B, Al: III-Gruppe; $3e^-$ auf der Außenbahn.
Akzeptoren ≙ e^--Aufnehmer, erzeugen *p*-Leitung (Löcher, Defektelektronen)

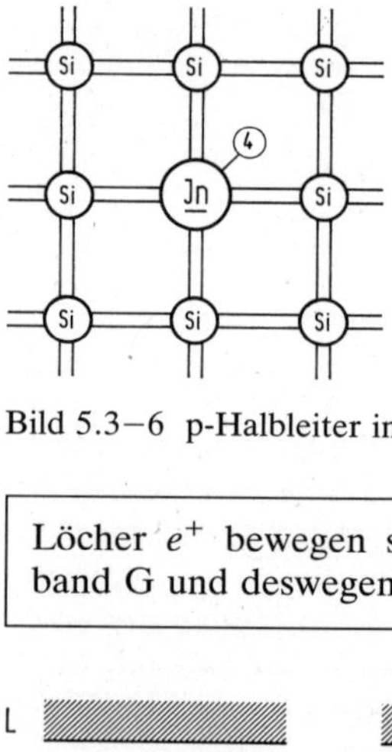

Bild 5.3–6 p-Halbleiter im Strukturbild

Löcher e^+ bewegen sich nur im Grundband G und deswegen langsamer als e^-.

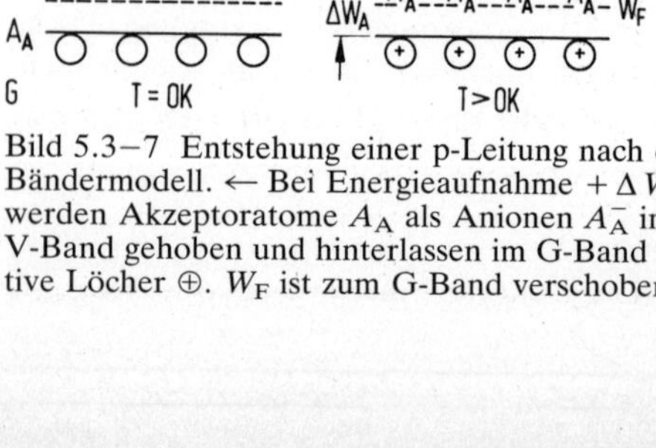

Bild 5.3–7 Entstehung einer p-Leitung nach dem Bändermodell. ← Bei Energieaufnahme $+\Delta W_A$ werden Akzeptoratome A_A als Anionen A_A^- in das V-Band gehoben und hinterlassen im G-Band positive Löcher ⊕. W_F ist zum G-Band verschoben.

A_A^- in die Energielücke (= verbotene Zone V) gehoben; im G-Band hinterlassen sie positive Löcher $e^+(\oplus)$.

5.3.2.3 Rekombination

Befinden sich in einem Halbleiterkristall gleichzeitig freie Elektronen und Löcher, dann ist ihre Lebensdauer beschränkt. Bei einem Zusammenstoß nach Bild 5.3–8 löschen sie sich unter Energieabgabe gegenseitig aus. Das Elektron „schlüpft" in das Loch; bei unzähligen Zusammenstößen erwärmt sich der Kristall.

Die Rekombinationsrate läßt sich errechnen; uns genügt der Ansatz zum Verständnis dieser Differentialgleichung nach nebenstehender Proportion und Gleichung.

$n_r \sim n_p \cdot n_n$ (Proportion)

$n_r = r \cdot n_p \cdot n_n$

darin bedeuten:

n_r = Anzahl der Rekombinationen
n_p = Anzahl der Löcher
n_n = Anzahl der Elektronen
r = Rekombinationskoeffizienten

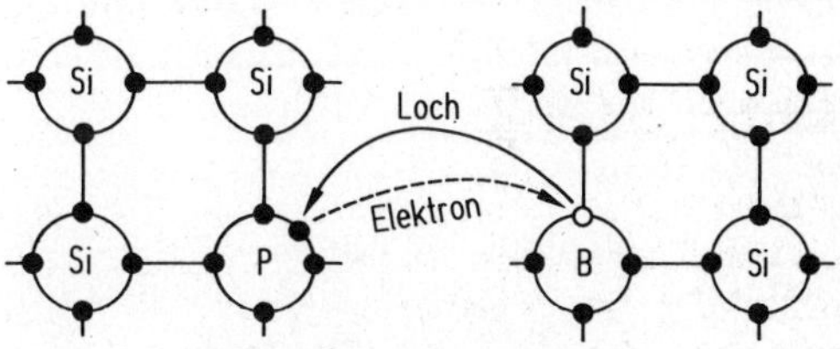

Bild 5.3–8 Rekombination (Schema)
links: ein Phosphor-(P) Atom, V-Gruppe n-dotiert (n-leitend); e^--Überschuß
rechts: ein Bor-(B) Atom, III-Gruppe p-dotiert (p-leitend); e^--Mangel $\triangleq e^+$
Rekombination: e^- und e^+ treten zusammen (rekombinieren), indem das Elektron e^- in das Loch e^+ schlüpft, wobei Energie in Form von Wärme frei wird (umgekehrt wie Bild 5.3–1)

Übung 5.3–5

Was versteht man unter Störstellenleitung?

Übung 5.3–6

Rekombination.

a) Was versteht man unter diesem Begriff?
b) Verbraucht oder erzeugt sie Energie?

Übung 5.3–7

Dotieratome.

a) Steigt oder fällt die Leitfähigkeit eines Halbleiters bei ihrem Zusatz?
b) Welche Dotierelemente erzeugen Elektronen?
c) Welche Dotierelemente erzeugen Löcher?

5.4 Elektrische Leitfähigkeit

5.4.1 Elektronische Begriffe

Bei der Elektrizitätsleitung treten bei Halbleitern einige Begriffe auf, die man bei Metallen nicht kennt; die wichtigsten werden hier erklärt.

- *Diffusionsstrom*

In Halbleitern befinden sich als frei bewegliche Ladungsträger e^- und e^+. Besteht in einem Kristall ein Konzentrationsunterschied, d. h. ein Potentialgefälle zwischen den Ladungsträgern, dann diffundieren diese wie Gase von den Stellen höherer Konzentration zu denen mit niedrigerer Konzentration und erzeugen einen Diffusionsstrom.

- *Feldstrom*

Im Gegensatz dazu nennt man den durch ein äußeres Feld E entstehenden Strom Feldstrom.

- *Raumladung*

Ortsfeste Ionen im Kristallverband erzeugen eine in V meßbare Raumladung.

- *Injektion*

nennt man das Einführen (Injizieren) von beweglichen Ladungsträgern in den Kristall oder einen Kristallbereich.

- *Diffusionslänge*

ist der Weg in µm, den ein e^- oder ein e^+ bis zur Rekombination zurücklegt.

- *Lebensdauer*

eines Ladungsträgers ist die Zeit zwischen Injektion oder Generation und Rekombination in µs.

- *Majorität, Minorität*

nennt man (wie bei Abstimmungen) die überwiegende oder die geringere Zahl der Ladungsträgerart.

Fall 1:

Ne^-	$> Ne^+$
Majorität	> Minorität
Elektronen	= Majorität
Löcher	= Minoritätsträger

Fall 2:

Ne^-	$< Ne^+$
Minorität	< Majorität
Elektronen	= Minoritätsträger
Löcher	= Majoritätsträger

Achtung: N = Anzahl!

In n-Leitern haben die Elektronen, in p-Leitern die Löcher die Majorität.

Übung 5.4−1

Erklären Sie den Unterschied zwischen Feld- und Diffusionsstrom!

Übung 5.4−2

Erläutern Sie den Begriff „Minorität" in einem p-Leiter!

Übung 5.4−3

Was versteht man unter Diffusionslänge?

5.4.2 Konzentration der Ladungsträger

Halbleiter unterscheiden sich prinzipiell dadurch von Leitern, daß sie außer Elektronen Löcher als bewegliche Ladungsträger haben; ihre Leitfähigkeit hängt also von der Konzentration und Beweglichkeit beider Ladungsträger ab, Gl. (5−4).

Sind von diesen drei Größen zwei bekannt, dann läßt sich die dritte errechnen.

Wir erörtern die Konzentration der Elektronen und Löcher (ne^- und ne^+), d. h. die Zahl N je m^3 in Eigenleitern und Störstellenleitern.

für Metalle:

$$\varkappa^- = ne^- \cdot b^- \qquad (5-2)$$

das hochgestellte Minuszeichen bedeutet die negative Ladung der Elektronen e^-

für Halbleiter:

$$\varkappa = \varkappa^- + \varkappa^+ \qquad (5-3)$$

$\varkappa^-$ Elektronen-Leitfähigkeit
$\varkappa^+$ Löcher-Leitfähigkeit

$$\varkappa = ne^- \cdot b^- + ne^+ \cdot b^+ \qquad (5-4)$$

5.4.2.1 Eigenleiter (Intrinsic)

Nach dem Massenwirkungsgesetz läßt sich die Zahl der Ladungsträger nach Gl. (5−6/7) formulieren, da sie nur durch Energieaufnahme paarweise durch Generation entstehen.

Bei Generation ist:

$$Ne^- = Ne^+ \qquad (5-5)$$

also auch $ne^- = ne^+$

Nach MWG $ne^- \cdot ne^+ = K_i^2$ (5−6)

$$K_i = ne^- = ne^+ \qquad (5-7)$$

K_i = Inversionskonstante

In Worten:

(5−6) Das Quadrat der Intrinsiczahl (-dichte) ist gleich dem Produkt von Elektronen- und Löcherdichte.

(5−7) Die Intrinsiczahlen der Elektronen und der Defektelektronen sind gleich.

Man bezeichnet die Konstante K_i als Inversionskonzentration (I-Konstante oder I-Dichte). Für die Raumtemperatur von 293 K sind die K_i-Werte von Ge und Si nebenstehend aufgeführt.

K_i	in $1 \cdot m^{-3}$ bei 293 K für
Ge	$1{,}7 \cdot 10^{19} \cdots 2{,}4 \cdot 10^{19}$
Si	$\approx 1{,}5 \cdot 10^{16}$

(Die Zahlen sind die Anzahl der freien Ladungsträger in 1 m³ eines i-Halbleiters bei Raumtemperatur.)
Astronomische Zahlen!

K_i von Ge ist $\approx 10^3$fach größer als von Si, d. h. die Generation von Ge erfolgt bei geringerem Energiezuwachs $+\Delta W$ in eV, weil die verbotene Zone V schmaler als die von Si ist (Tabelle 5.4–2).

5.4.2.2 Störstellenleiter (Extrinsic)

In n-Leitern besitzen bekanntlich die Elektronen e^- die Majorität (Gl. 5–8). Bereits bei Raumtemperatur sind alle Donator-Atome A_D ionisiert; die Anzahl der Donator-Atome NA_D entspricht damit der Anzahl der freien Elektronen Ne^- (Gl. 5–9).

$$Ne^- \gg Ne^+ \quad \text{in} \pm \text{As} \qquad (5-8)$$
$$ne^- \gg ne^+ \quad \text{in} \pm \text{As/m}^3$$

$$NA_D = Ne^- \qquad (5-9)$$
$$nA_D = ne^- \qquad (5-10)$$

Anstelle der Zahl Ne^- kann man auch die spezifische Anzahl $ne^- = Ne^- \cdot m^{-3}$ einsetzen (Gl. 5–10), d. h. die Anzahl der Elektronen je m³. Bei Raumtemperatur (und auch bei nicht zu großer Kälte) ist die Zahl der Donatorelektronen Ne_D^- einige Potenzen größer als die durch Generation entstandene Zahl von Elektronen Ne_i^- ($i \triangleq$ Intrinsic!), Gl. (5–11) und (5–12).

$$Ne_D^- \gg Ne_i^- \qquad (5-11)$$
$$ne_D^- \gg ne_i^- \qquad (5-12)$$

e_i^- durch Generation entstandene e^-
i intrinsic

Die Summe der durch Generation und Donator-Atome entstandenen Elektronen bildet die Gesamtzahl der im n-Kristall befindlichen Elektronen, wobei die i-Elektronen (Generator-Elektronen) wegen ihrer verschwindend kleinen Zahl bei Raumtemperatur noch keine Rolle spielen (Gl. 5–13).

$$ne^- = ne_D^- + ne_i^- \qquad (5-13)$$

Die Konzentration der durch Generation entstandenen Löcher ne^+ ist ebenfalls verschwindend klein gegenüber der Elektronenkonzentration ne^- (Gl. 5–14). Nach unseren früheren Betrachtungen kann man die Löcherkonzentration auch durch Umstellung von Gl. (5–6) nach Gl. (5–15) formulieren; diese besagt: Bei den meistens vorhandenen Temperaturbereichen von ±25°C (≈250 bis 300 K) wird die elektrische Leitfähigkeit (und damit auch der elektrische Widerstand) allein durch die Anzahl der Donator-Atome NA_D beeinflußt; die i-Leitung (Eigenleitung) wirkt sich nur ganz wenig aus.

$$ne^+ \ll ne^- \qquad (5-14)$$

$$ne^+ = \frac{K_i^2}{ne_D^-} \qquad (5-15)$$

Für p-Leiter gilt das gleiche mit umgekehrten Vorzeichen; hier sind die Akzeptoratome A_A bei gewöhnlicher Temperatur völlig ionisiert und bilden Löcher e^+; die p-Leitung ist daher so groß, daß die i-Leitung praktisch nicht ins Gewicht fällt (Gl. 5–16 bis 5–18). Daraus ergibt sich:

Die Anzahl N der Störstellen, d. h. der Dotierungsgrad, bestimmt den Widerstand des Halbleiters!

Über die Beweglichkeit der Elektronen und Löcher erfahren Sie näheres im nächsten Abschnitt.

$$ne^+ \gg ne^- \quad (5-16)$$
$$ne^+ = ne_A^+ + ne_i^+ \approx ne_A^+ \quad (5-17)$$
$$n_i \ll n_A \quad (5-18)$$

n_i Konzentration der Intrinsic-Ladungsträger
n_A Konzentration der Akzeptoratome

Bei Raumtemperatur bestimmt der Dotierungsgrad den Halbleiterwiderstand.

Übung 5.4–4

Aus welchen Größen ist die Leitfähigkeit der Halbleiter rechnerisch zu ermitteln?

Übung 5.4–5

Inversionskonstante.

a) Erläutern Sie den Begriff!
b) Nennen Sie ihre Einheitszeichen!
c) Wodurch wird ihr Zahlenwert beeinflußt?

Übung 5.4–6

Wird die Leitfähigkeit dotierter Halbleiter durch Eigenleitung beeinflußt?

5.4.3 Temperatureinfluß

5.4.3.1 Eigenleiter (Intrinsic)

Wie erörtert geraten bei Wärmeaufnahme die Atome in allen Kristallen in lebhaftere Schwingungen und behindern bei Halbleitern die Beweglichkeit der Elektronen und in geringerer Weise auch die der Löcher. Der thermisch bedingte Widerstand R_T steigt also bei Metallen und Halbleitern.

Bei Metallen ändert sich die Elektronenkonzentration bei Temperaturschwankungen nicht, selbst nicht bei dem Übergang fest → flüssig. Anders bei Halbleitern; hier brechen die elektronischen Bindungskräfte auf

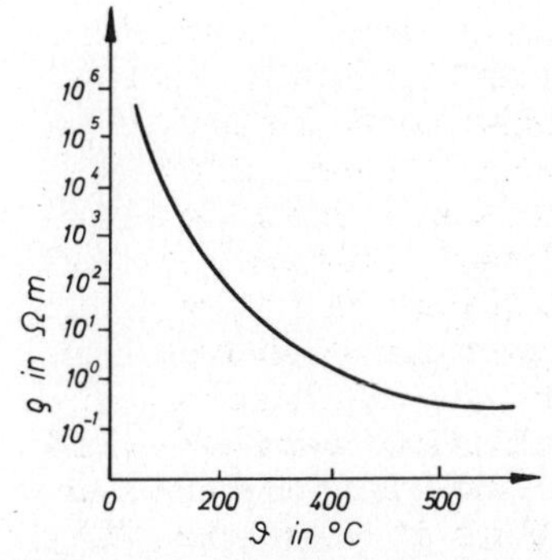

Bild 5.4–1 Einfluß der Temperatur auf den Widerstand von Halbleitern, i-Leitung

und durch Generation wächst die Zahl von e^- und e^+ nach einem Exponentialgesetz. Der Generationseffekt wirkt sich viel stärker aus als der die Leitfähigkeit behindernde Effekt von thermischen Gitterschwingungen.

Im Gegensatz zu den Metallen mit positiven Temperaturkoeffizienten (PTC!) sind Halbleiter daher NTC-Werkstoffe (Bild 5.4–1). Tabelle 5.4–1 gibt eine Gegenüberstellung elektrischer Werkstoffgrößen von Metallen und Halbleitern. Danach verfügen Metalle über eine viel größere spezifische Anzahl von Elektronen, aber deren Beweglichkeit ist viel geringer.

Tabelle 5.4–2 gibt Zahlenwerte für die Beweglichkeit der Elektronen und Löcher b^- und b^+ in Si- und Ge-Kristallen bei Raumtemperatur. Die Beweglichkeit b ergibt sich aus der freien Weglänge in m, d. h. aus der Strecke, in der sich die Ladungsträger frei bewegen können, ohne mit Ionen zusammenzustoßen; sie ist bei Metallen 10^2- bis 10^3fach kleiner als in Halbleitern, daraus ergeben sich die Zahlenwerte der Tabellen 5.4–1 und 5.4–2. Gleichzeitig finden Sie Anhaltswerte für die Größe der Energielücke (verbotene Zonen), d. h. für den von den Elektronen aufzunehmenden Energiezuwachs ΔW in eV, um die verbotene Zone V zu überspringen. Sie ist bei Si größer als bei Ge, weil die e^--Eigenenergie in der 3. Schale (Si) kleiner als in der 4. Schale (Ge) ist.

Metalle: PTC-Werkstoffe Halbleiter: NTC-Werkstoffe

Tabelle 5.4–1 Vergleich elektrischer Werkstoffeigenschaften von Halbleitern und Leitern bei Raumtemperatur (Anhaltswerte)

Eigenschaft FZ	Einheit	Metalle	Halbleiter
Ne^-	m^{-3}	10^{28} bis 10^{29}	10^{18} bis 10^{24}
b^-	$m^2 \cdot V^{-1} \cdot s^{-1}$	10^{-3}	10^{-2} bis 10^1
$\varkappa$	Sm^{-1}	$(0,5$ bis $64) \cdot 10^6$	10^{-7} bis 10^4

Tabelle 5.4–2 Werkstoffgrößen von reinen Halbleiterkristallen Si, Ge bei Raumtemperatur

Eigenschaft FZ	Einheit	Ge	Si
b^-	$m^2V^{-1}s^{-1}$	4	1,4
b^+	$m^2V^{-1}s^{-1}$	1,9	0,5
ϱ	Ωm	$6,5 \cdot 10^3$	$2 \cdot 10^7$
V-Band, ΔW	eV	0,7	1,1

5.4.3.2 Dotierte Leiter (Extrinsic)

Bei Störstellenleitern, d. h. p- und n-Leitern, wirken sich Temperaturänderungen komplizierter auf die Änderung des Widerstandes aus als bei i-Leitern. Die in Bild 5.4–2 dargestellte Widerstands-Temperaturkurve durchläuft drei Abschnitte:

Abschnitt 1 zeigt den Verlauf bei Tiefsttemperaturen bis zur Raumtemperatur; bei extremer Kälte sind die Dotieratome, Donatoren oder Akzeptoren, noch nicht oder nur in kleiner Zahl ionisiert, und es sind daher auch keine bzw. nur wenige durch Generation entstandene e^- und e^+ vorhanden; die spezifische

Leitfähigkeit $\varkappa$ ist daher klein, ϱ also groß; man sagt, die Dotieratome befinden sich im „Reservezustand".

Mit zunehmender Erwärmung des Halbleiters erhalten die Atome einen Energiezuwachs $+\Delta W$, wobei zunächst die Dotieratome ionisiert werden und dabei ständig e^- bzw. e^+ entstehen, bis bei etwa 273 K (0°C) alle eingebauten Störstellen ionisiert sind und der sogenannte „Erschöpfungszustand" erreicht ist.

Der *Abschnitt 2* verläuft von etwa 273 bis 420 K (0...150°C). Die Dotieratome haben nun ihre Aufgabe erfüllt und ihre Ladungsträger e^- bzw. e^+ restlos dem Halbleiter zur Verfügung gestellt. Infolge Energieaufnahme ΔW brechen nun Elektronenpaar-Bindungen auf (Generation $\rightarrow e^- + e^+$); zunächst entstehen aber nur so wenige neue Ladungsträger, daß die Beweglichkeit b der Elektronen und Löcher die zunehmenden Gitterschwingungen nicht auszugleichen vermag und die Leitfähigkeit $\varkappa$ fällt bzw. ϱ steigt.

Im höheren *Temperaturgebiet 3* bilden sich dann so viele neue Ladungsträgerpaare, daß die ebenfalls vergrößerten Gitteramplituden weitaus kompensiert werden.

Die Leitfähigkeit $\varkappa$ wächst dadurch steil an, d.h., der Widerstand des Halbleiters bricht zusammen, und dieser funktioniert nicht mehr! Der Widerstand läßt sich aus dem Dotiergrad für jede Temperatur nach Gleichungen errechnen; in der Praxis wird aber trotz Computer R (ϱ) meistens gemessen.

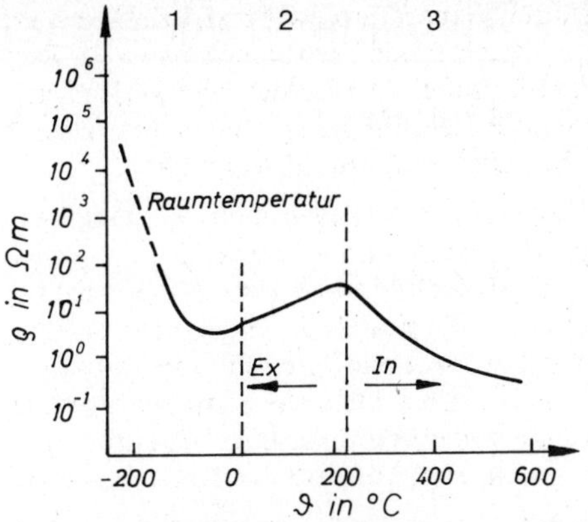

Bild 5.4–2 Einfluß der Temperatur auf die elektrische Leitfähigkeit dotierter Halbleiter
Ex ≙ Extrinsic-Leitung
In ≙ Intrinsic-Leitung

Beachten Sie $\varkappa = \frac{1}{\varrho}$! In dem Diagramm wurde der

Kehrwert von $\varkappa = \frac{1}{\varrho}$ dargestellt.

Übung 5.4–7

Bandlücke V.

a) Ist sie bei Si oder Ge größer?
b) Begründen Sie Ihre Antwort!

Übung 5.4–8

Worin unterscheiden sich die Widerstands-Temperatur-Kurven von reinen und dotierten Halbleitern?

5.5 Vorgänge in der Grenzschicht (pn-Übergang)

Lernziele

Der Lernende kann ...

- die physikalischen Vorgänge in unbelasteten (= ohne äußere Spannung) Grenzschichten erklären,
- die physikalischen Vorgänge in belasteten (= mit äußerer Spannung) Grenzschichten erklären,
- die Diodenkennlinie erläutern,
- den Einfluß von Temperaturänderungen auf Grenzschichten erklären,
- die Wirkung des Lichteinfalles erläutern,
- Vorgänge bei Licht emittierenden Halbleitern erläutern.

5.5.0 Übersicht

Unter der Grenzschicht eines Halbleiterkristalles versteht man den nahtlosen Übergang eines p- in einen n-dotierten Raumbezirk.

Man benutzt in der Elektronik Werkstoffe aus

- einem Monokristall des Siliziums oder Germaniums mit
  - einem Übergang – Diode,
  - zwei Übergängen – Transistor,
  - drei Übergängen – Thyristor

  oder
- Polykristallen chemischer Verbindungen nach S. 193 mit zahllosen Übergängen, den sogenannten Kompakt-Halbleitern.

In diesem Kapitel werden Sie lernen, wie sich die beweglichen Elektrizitätsträger in der Nähe und beim Überqueren einer pn-Grenzschicht verhalten. Zunächst werden die Vorgänge an einem unbelasteten Übergang erklärt, d. h. an einem Übergang, an dem keine Fremdspannung anliegt.

Zahl der pn-Übergänge	Name des Bauteiles
1	Dioden
2	Transistoren
3	Thyristoren
∞	Kompakt-Werkstoffe in: • Thermistoren • Varistoren • Fotowiderständen • Hallgeneratoren • Peltierelementen

5.5.1 Unbelasteter Übergang (ohne Außenspannung)

Betrachten wir zunächst den einfachsten Fall, wenn der Halbleiterkristall auf der einen Seite p-, auf der anderen Seite n-dotiert ist, und unbelastet bleibt (Bild 5.5−1).

Sofort werden zum Ausgleich des Konzentrationsgefälles Elektronen von links nach rechts und Löcher von rechts nach links über die Grenze diffundieren; sie erzeugen dabei unter der Diffusionsspannung U_{Diff} einen Diffusionsstrom I_{Diff}. Beim Abwandern der beweglichen Ladungsträger e^+ bzw. e^- entstehen auf den verlassenen Ionen Raumladungen Q^- bzw. Q^+. Sie bilden für einen weiteren völligen Diffusionsausgleich eine elektrostatische Barriere, von der die gleichgeladenen e^+ bzw. e^- zurückgestoßen werden. Es kann daher nur eine beschränkte Zahl beweglicher Ladungsträger die np-Grenzschicht überqueren.

Es entsteht alsbald ein Gleichgewichtszustand zwischen dem Diffusionsstrom I_{Diff} und dem Rückstoß- oder Feldstrom I_{E}.

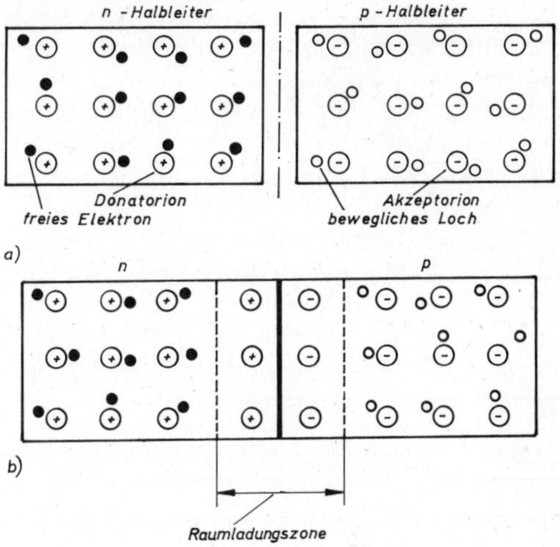

Bild 5.5−1 Unbelasteter np-Übergang

a) n- und p-Halbleiter getrennt. Jede Hälfte ist ungeladen, links e^-, rechts e^+

b) n- und p-Halbleiter mit nahtlosem Übergang

● Elektronen e^-

○ Löcher e^+

⊖ ortsfeste Anionen

⊕ ortsfeste Kationen

e^- wandern → (zu den »Nahtzonen«),
e^+ wandern ← (rekombinieren mit e^-)

Die Raumladungszone wird frei von beweglichen Ladungsträgern e^- und e^+, daher wird sie eine hochohmige »Sperrzone«.

> Im Gleichgewichtszustand ist der Diffusionsstrom I_{Diff} genau so groß wie der entgegengerichtete Feldstrom I_{E}.
>
> $I_{\mathrm{Diff}} = I_{\mathrm{E}}$

Der Konzentrationsverlauf der beweglichen Ladungsträger e^- und e^+ und der dadurch entstehende Potentialverlauf im Halbleiterkristall ist in der Mitte von Bild 5.5−2 dargestellt.

Darunter ist der Verlauf des Raumladungspotentiales, also das durch die unbeweglichen Ionen entstandene Potential, aufgezeichnet.

Beim Anblick der Potentialkurve der beweglichen Ladungsträger glaubt man unwillkürlich, man habe hier endlich das „perpetuum mobile“; noch etwas Anschlußdraht für den Verbraucher und ein Strom müßte fließen! Dem ist aber leider nicht so, weil an den Nahtstellen des Halbleiters mit dem Leitungsdraht (Kontaktstellen) ähnliche Potentiale wie an der pn-Grenzfläche entstehen, und zwar in Größe und Richtung so, daß kein Strom fließen kann. Nur bei unterschiedlichen Kontakttemperaturen fließt ein thermoelektrischer Strom wie bei den durch Thermospannungen in Thermoelementen hervorgerufenen Thermoströmen (4.6).

Links und rechts des Grenzüberganges bilden sich die beiden mehrfach erwähnten Raumladungszonen mit entgegengesetztem Potential (⊕, ⊖); in ihnen befinden sich keine oder nur sehr wenig bewegliche Ladungsträger e^- und e^+. Es entsteht dadurch ein hochohmiges Grenzgebiet, das zu Recht „Sperrzone“ genannt wird.

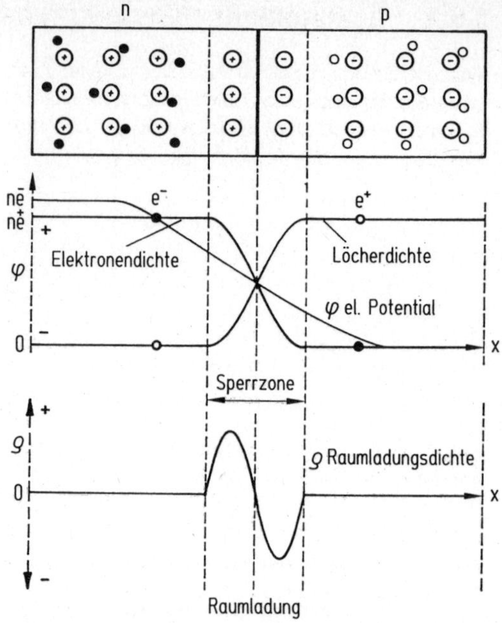

Bild 5.5–2 Unbelasteter np-Übergang
oben: Strukturbild
Mitte: Potentialverlauf verursacht durch ne^- und ne^+
unten: Potentialkurve der Raumladungen (ortsfeste Ionen)

Übung 5.5–1

Erklären Sie den Begriff pn-Übergang!

Übung 5.5–2

Wie entsteht ein Diffusionsstrom?

Übung 5.5–3

Wie entsteht eine ortsfeste Raumladung?

Übung 5.5–4

Warum gleichen sich die Konzentrationen der beweglichen Ladungsträger in einem unbelasteten pn-Schichtstoff-Halbleiter nicht völlig aus?

Erklären Sie Ihre Antwort anhand einer Skizze!

Übung 5.5–5

Begründen Sie die Abhängigkeit der Diffusionsspannung von der Konzentration der Ladungsträger und der Temperatur!

5.5.2 In Durchlaßrichtung belasteter Übergang

Wir verbinden jetzt die p- und n-Zone mit einer Spannungsquelle und zwar zunächst so, daß die Anode (+) der p-Schicht und die Katode (−) der n-Schicht anliegt (Bild 5.5−3).

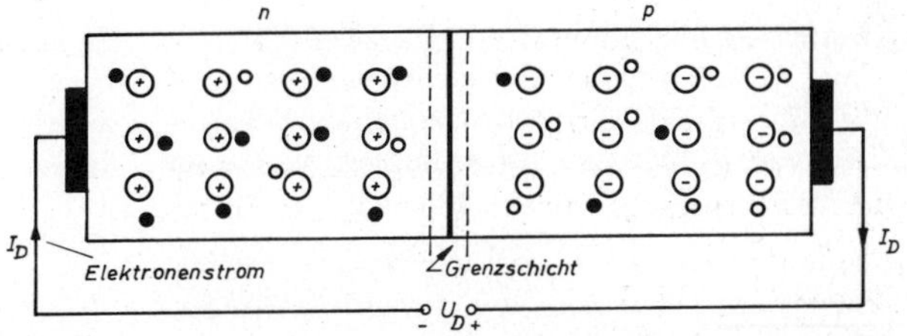

Bild 5.5−3 Konzentration der Löcher ○ und Elektronen ● in einer Diode (pn-Übergang) in Durchlaßrichtung; *Sperrzone* verschwindet (grob-schematisch)

Nach dem elektrostatischen Grundgesetz wandern die Löcher e^+ von rechts, die Elektronen e^- von links auf die Grenzschicht zu; hier werden von ihnen die Donator- und Akzeptorionen neutralisiert und dadurch Raumladungen abgebaut. Zunächst bleibt der Feldstrom I_E konstant; bei erhöhter Feldspannung U_E bzw. erhöhtem Feldstrom I_E wird die Raumladungs-Potentialschwelle ständig kleiner, bis sich schließlich e^+ und e^- fast unbehelligt als Minoritäten durch das Grenzgebiet bewegen können. Ein solcher Strom heißt Durchlaßstrom I_D und die anliegende Spannung Durchlaßspannung U_D.

> In der Durchlaßrichtung ist das äußere Feld dem inneren Feld entgegengerichtet!

Übung 5.5−6

Tragen Sie unter Bild 5.5−4 den Potentialverlauf im Halbleiter ein!

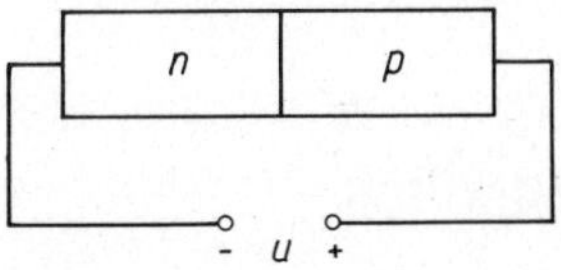

Bild 5.5−4 Potentialverlauf in einer Diode in Durchlaßrichtung (vom Lernenden zu zeichnen)

5.5.3 In Sperrichtung belasteter Übergang

Wird im Unterschied zu Bild 5.5−3 die Katode an den p-Bezirk und die Anode an den n-Bezirk angeschlossen, dann werden Elektronen und Löcher von dem Grenzbezirk (Übergang) zu den Elektroden abgesaugt (Bild 5.5−5).

Die hochohmige Sperrschicht wird dadurch verbreitert, und ihre erhöhten Raumladungspotentiale bilden eine größere Barriere für die Ladungsträger gleichen Potentiales.

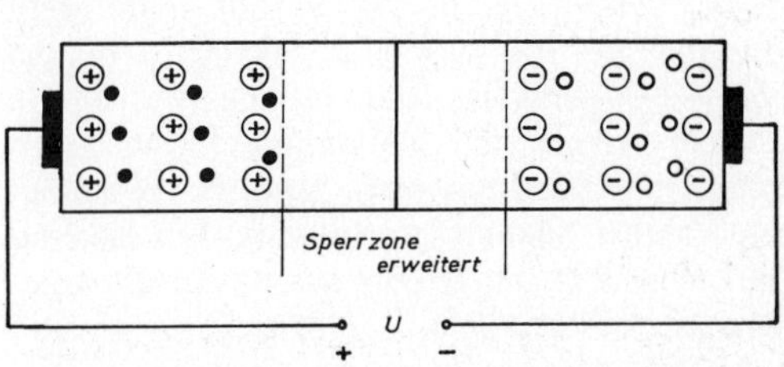

Bild 5.5−5 Konzentration der Löcher ○ und Elektronen ● in einer Diode (pn-Übergang) in Sperrichtung. Ionen in der Sperrzone nicht gezeichnet.

Praktisch genügt bereits eine kleine Sperrspannung, um eine Diffusion der Majoritätsträger und damit einen Stromfluß zu unterbinden.

Die Konzentration der Minoritätsträger im Sperrbezirk hängt von der thermischen Paarbildung (Generation), also von der Temperatur ab.

Man nennt den Minoritätenstrom Sperrstrom; bei Raumtemperatur liegt er bei Ge im µA-Bereich, bei Si im nA-Bereich.

Ein pn-Halbleiter in Sperrspannung verhält sich wie ein *Kondensator*. Links und rechts neben der als Dielektrikum wirkenden hochohmigen Sperrzone befinden sich bewegliche Ladungsträger unterschiedlichen Potentials e^- und e^+, die wie geladene Kondensatorplatten wirken (Bild 5.5–6).

Die Breite der Sperrschicht bildet den Plattenabstand; sie wird mit zunehmender Spannung breiter, beträgt aber im Höchstfall wenige µm.

In der Sperrichtung ist das äußere Feld dem inneren Feld gleichgerichtet!

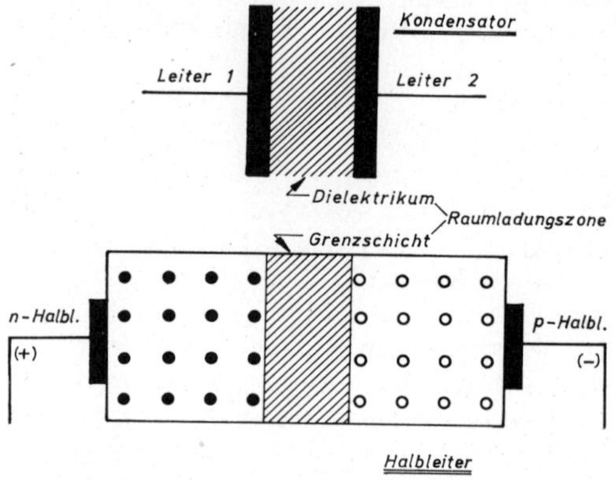

Bild 5.5–6 Der gesperrte pn-Übergang wirkt als Kondensator (Schema)

Raumladungszone ≙ Sperrzone (Raumladungen nicht gezeichnet)

links ≙ – geladen
rechts ≙ + geladen

Übung 5.5–7

Erklären Sie die Erweiterung der Sperrschicht durch eine angelegte Sperrspannung!

5.5.4 Diodenkennlinie

In den vorigen Abschnitten wurden die Durchlaß- und Sperreigenschaften des pn-Überganges beschrieben. Jetzt soll die vollständige Kennlinie des pn-Überganges, d. h. einer Diode, erörtert werden (Bild 5.5–7).

Wird die *Durchlaßspannung* U_D vom Nullpunkt ausgehend langsam erhöht, dann fließt so lange nur ein schwacher Strom I_D, bis die von selbst gebildete Raumladungs-Barriere in der Sperrzone, die sogenannte *Schwellspannung*, überschritten wird. Von da an genügt eine kleine Spannungserhöhung, um die Majoritäten über die Barriere in das Nachbargebiet zu stoßen.

In *Sperrichtung* fließt ein kleiner Minoritätenstrom I_s; er bleibt konstant klein, weil das hochohmige Sperrgebiet einen konstanten

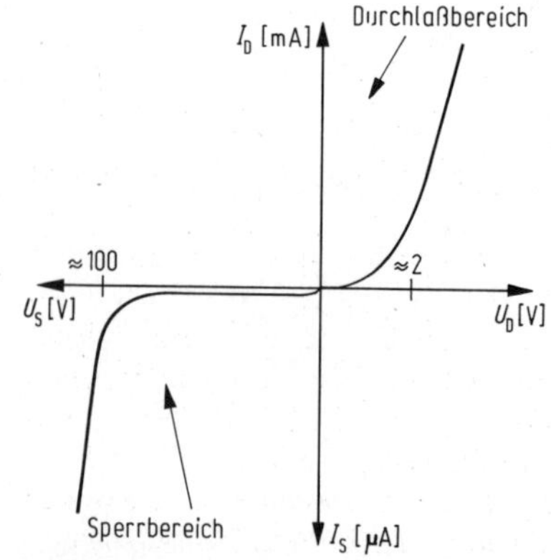

Bild 5.5–7 Kennlinie einer Si-Diode bei Raumtemperatur

Widerstand bietet. Erst wenn die Spannung zu groß wird, entsteht ein „reversibler Durchbruch"; hierbei erhalten die Minoritätsträger beim Durchlaufen der Sperrzone eine erhöhte Geschwindigkeit und dadurch einen so starken Impuls, daß sie beim Zusammenprall mit Halbleiteratomen deren Valenzelektronenpaare auseinanderschlagen; die freigesetzten Elektronen werden sofort wieder von dem Feld in Bewegung gesetzt und auch so stark beschleunigt, daß abermals neue, noch zahlreichere Zusammenstöße mit ihren Folgen entstehen. Man nennt diese Erscheinung „Lawineneffekt" und den dadurch entstehenden Durchbruch durch die Sperr-Barriere nach seinem Entdecker „Avalanche-Durchbruch". Er zerstört die Diode durch die entstehende Erwärmung, wenn der Durchbruchstrom nicht durch einen in Reihe geschalteten Widerstand (wie bei der Z-Diode) begrenzt wird.

In diesem Falle sind Zener- und Avalanche-Effekte reversible Vorgänge und schaden dem Werkstoff nicht.

Bei thermischer Überlastung werden pn-Übergänge unbrauchbar, weil die Ionen ihre ursprünglichen Plätze unkontrolliert verlassen (Ionenwanderung im Kristall!).

Unterscheiden Sie:
1.1 Vor- oder Durchlaßstrom I_D bzw. I_F
1.2 Durchlaßspannung U_D bzw. U_F
1.3 Durchlaßbereich
2.1 Rück- oder Sperrstrom I_S bzw. I_R
2.2 Sperrspannung U_S bzw. U_R
2.3 Sperrbereich

Beachten Sie den unterschiedlichen Maßstab der Einheiten µA−mA, im Durchlaß- und Sperrbereich!

Energiezuwachs durch elektrische Feldstärke bewirkt Übertritt der e^- vom G- in das L-Band = Zenereffekt.

Die Z-Diode ist eine in Sperrichtung parallel zum Verbraucher geschaltete Diode mit bestimmtem R in Ω, um diese gegen Überlastung zu schützen.

Übung 5.5−8

Erklären Sie den Begriff „Avalanche-Durchbruch"!

Übung 5.5−9

Wie vermeidet man den „Avalanche-Durchbruch"?

5.5.5 Doppelübergang, Transistor (pnp, npn)

Eine elegante Möglichkeit, den Sperrwiderstand eines pn-Überganges zu verändern, oder wie man sagt, zu steuern, ergibt sich, wenn man in ganz kleiner Entfernung einen zweiten, in Durchlaßrichtung gepolten, pn-Übergang anordnet. Man benötigt hierfür einen dreischichtigen Kristallaufbau, entweder mit pnp- oder mit npn-Zonen. Einen solchen Halbleiterkristall nennt man Transistor (Bild 5.5−8).

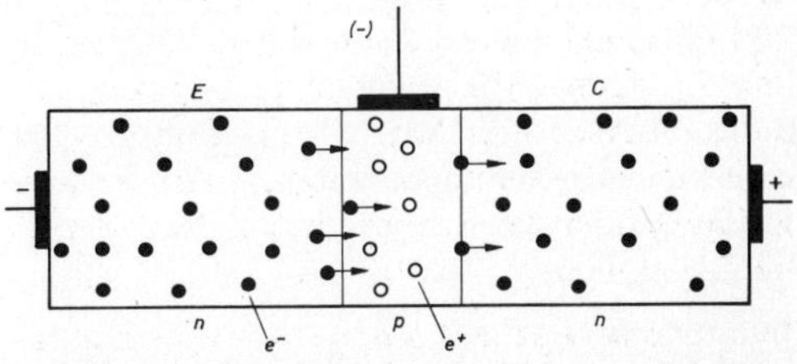

Bild 5.5−8 Prinzip eines npn-Flächentransistors
E Emitter, *B* Basis, *C* Collektor

Die erste (linke) Schicht nennt man *Emitter*, weil sie Ladungsträger emittiert (aussendet); die Mittelschicht ist die *Basis**;

die dritte (rechte) Schicht ist der *Kollektor*, der die emittierten Ladungsträger sammelt (Kollekte!).

Seine prinzipielle Wirkungsweise soll an einem Flächentransistor erörtert werden (genauere Darstellung siehe Spezial-Literatur).

In Bild 5.5–9 ist der Basis-Kollektor (pn)-Übergang in Sperrichtung gepolt, so daß in dem Basis-Kollektor-Stromkreis nur ein kleiner Sperrstrom fließt. Wird aber an die linke Emitter-Basis-Sperrschicht in Durchlaßrichtung eine Spannung gelegt, dann fließen Defektelektronen e^+ in die Mittelzone (Basis). Ein erheblicher Anteil von ihnen kann in der schmalen Basiszone mit der geringen Breite von wenigen µm nicht rekombinieren, sondern durchquert die Basis-Kollektor-Sperrschicht und wird zum Kollektoranschluß (−Pol) abgesaugt; es fließt somit auch ein Kollektorstrom I_C.

Zwischen Basis und Emitter besteht nur eine geringe Spannung von wenigen Zehnteln Volt des in Durchlaßrichtung gepolten Überganges, zwischen Basis und Kollektor aber eine Spannung > 60 V (Sperrichtung!). Da der Basisstrom I_B im Verhältnis zu dem vom Emitter zum Kollektor abfließenden Hauptstrom sehr klein ist, bedeutet dies, daß eine kleine Steuerleistung im Emitter-Basis-Stromkreis eine viel höhere Leistung im Emitter-Kollektor-Stromkreis steuert.

Ähnlich wirken auch npn-Übergänge, nur daß statt Defektelektronen e^+ Elektronen e^- vom Emitter durch die Anode emittiert und von der am Kollektor anliegenden Katode abgesaugt werden.

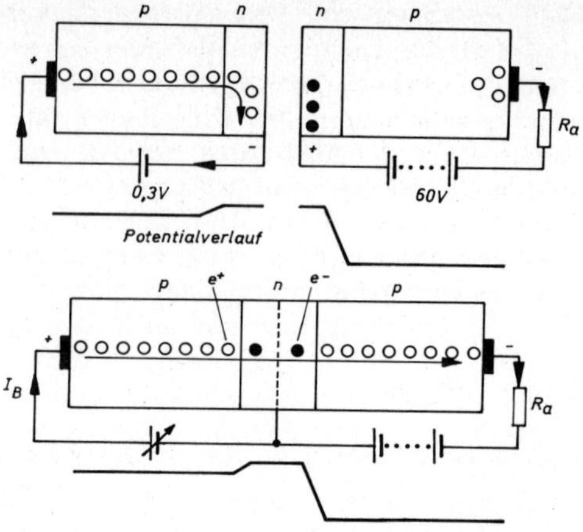

Bild 5.5–9 Wirkungsweise eines pnp-Transistors
Zum besseren Verständnis der Wirkungsweise wurde der Transistor (in Gedanken) durch einen Schnitt durch die Basis in 2 Teile zerlegt.
Die linke Diode ist in Durchlaßrichtung geschaltet, wobei e^+ als Minoritäten die schmale n-Basis überschwemmen und z. T. mit e^- rekombinieren; die Spannung ist klein.
Die rechte Diode ist in Sperrichtung gepolt; zwischen Emitter und Kollektor fließt ein großer Strom mit hoher Spannung U_{CE}.

* Auf dieser Schicht als Basis wurden bei den ersten Transistoren die beiden anderen Schichten aufgebaut und der Name beibehalten.

Jede Änderung des Basisstromes I_B verschiebt den festgelegten Arbeitspunkt *A* eines Transistors auf der Arbeitsgeraden nach Bild 5.5–10. So kann man den Kollektorstrom I_C im Rhythmus der Schwankungen des Basisstromes I_B steuern. Anwendung findet der Transistoreffekt z. B. in Verstärkerschaltungen, wobei ein kleiner Strom I_B einen großen Strom I_C hervorruft.

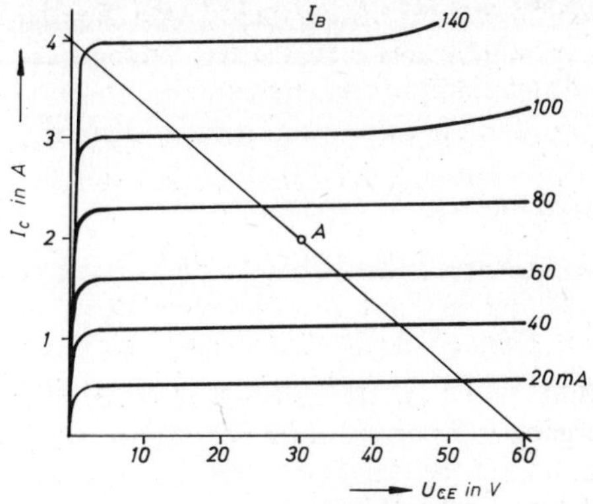

Bild 5.5–10 Arbeitskennlinie eines Leistungstransistors. U_{CE} = Spannung zwischen Emitter und Kollektor. Dieses sog. „Ausgangskennlinienfeld" zeigt, daß jede Änderung des Basisstromes I_B eine große Änderung des Kollektorstromes I_C hervorruft.

Gewöhnlich arbeitet der Transistor in einem Gleichstromkreis. Ist er gesperrt, so liegt die volle Gleichspannung an der Kollektor-Emitter-Strecke; die Durchbruchspannung muß also größer als die Quellenspannung *U* sein. Arbeitet der Transistor im Wechselstromkreis, so muß die Durchbruchspannung größer als der Scheitelwert sein, da bereits kurzzeitige Überschreitungen der zulässigen Kollektor-Emitter-Spannung die Sperrschicht zerstören. Der Effektivwert ist also nicht maßgeblich.

Übung 5.5–10

Wie heißen die Schichten eines Transistors?

Übung 5.5–11

Erklären Sie den in Bild 5.5–10 eingetragenen Punkt *A* auf der Arbeitskennlinie des Transistors!

5.5.6 Temperatureinfluß

Störend ist die Wärmeempfindlichkeit der Halbleiterübergänge. Mit zunehmender Temperatur sinkt der Widerstand der Sperrschicht, bis er schließlich völlig zusammenbricht. Diesen Temperatureinfluß auf die Durchlaß- und Sperrkennlinie zeigen die Bilder 5.5–11 und 5.5–12.

Im logarithmischen Maßstab ist der Temperatureinfluß auf die Durchlaßkennlinie nahezu linear. Aus den Meßwerten lassen sich wichtige Werkstoffdaten entnehmen, z. B. der Temperatur-Koeffizient der Spannung TC_U für die Durchlaßrichtung und die Abhängigkeit des Sperrstromes I_R von der Sperrschichttemperatur. (Warum? Begründen Sie dies!)

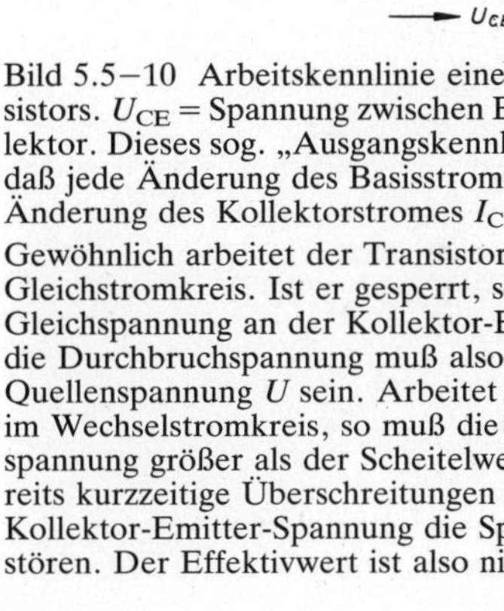

Bild 5.5–11 Einfluß der Temperatur auf die Durchlaßkennlinie einer Si-Diode. Man erkennt einen viel höheren Durchlaßstrom I_D bei 140°C als bei 25°C.

Beachten Sie den logarithmischen Maßstab der Ordinate!

Erwähnenswert ist auch die Änderung der Sperrschichtkapazität durch die Temperatur nach Bild 5.5−12. (Auch für diese Erscheinung sollten Sie selber eine Begründung finden, wenn Sie 7.1.4.1 erarbeitet haben! Stichwort: Elektrische Polarisation.)

Die Sperrschichttemperaturen, d. h. die Gebrauchstemperaturen von Halbleitern, sollen bei Ge max. 80°C, bei Si max. 150°C betragen.

Die Effektivwerte der Sperrspannung betragen bei Ge ≃ 120 V, bei Si ≃ 325 V.

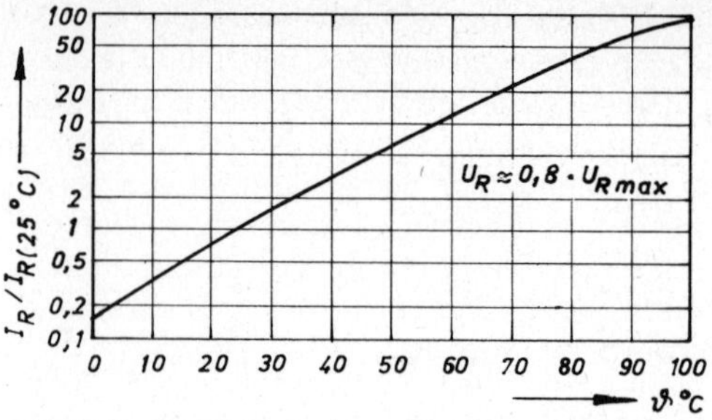

Bild 5.5−12 Einfluß der Sperrschicht-Temperatur auf den Sperrstrom I_R; Relativwerte bezogen auf Raumtemperatur

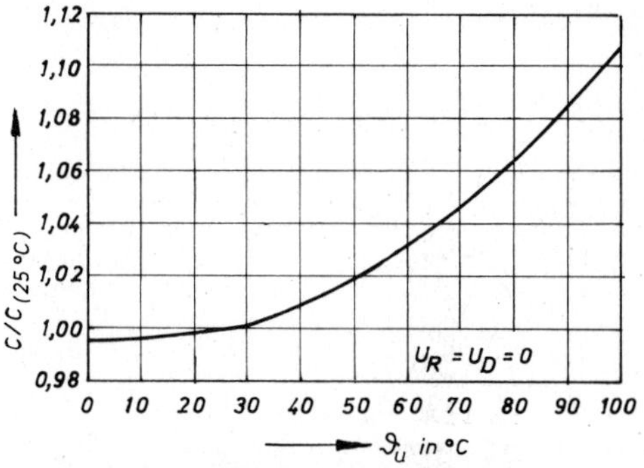

Bild 5.5−13 Einfluß der Temperatur auf die Kapazität der Sperrschicht; Relativwerte bezogen auf die Kapazität bei Raumtemperatur

U_R Sperrspannung

U_D Durchlaßspannung

Übung 5.5−12

Erläutern Sie den Temperatur-Einfluß auf eine Diodenkennlinie!

	Ge	Si
Max. Temperatur °C	≃ 80	≃ 150
Max. Sperrspannung V	≃ 120	≃ 325

5.5.7 Lichteinfluß

5.5.7.1 Photonen

Licht besteht aus Photonen; sie entstehen aus Rücksprüngen der Elektronen von einem höheren zu einem niedrigeren Energieniveau. Je größer der Rücksprung, desto höher die Photonenenergie! Wie ihre Erzeuger besitzen auch die Photonen die Doppelnatur als Welle und Korpuskel. Salopp formuliert: Unterwegs sind Photonen Wellen, bei der Ankunft am Halbleiter Materie. Mit steigender Energie wird die Wellenlänge kürzer, ihre Frequenz höher.

Lichtquant = Photon

Energie eines Photons E_F

$E_F = h \cdot \nu$ in eV (5−19)

h = Naturkonstante (Plancksches Wirkungsquantum)
= $6{,}625\ 10^{-34}\ \text{Ws}^2$
= $4{,}13 \cdot 10^{-15}$ eVs

ν = Strahlungsfrequenz in s^{-1}

In den Gln. (5−19 bis 5−21) ist dieser Text mathematisch formuliert.

Beim Aufprall der Photonen auf bestimmte Arten von Materie beginnen diese zu leuchten (Leuchtstoffe).

Größere anwendungstechnische Bedeutung erhielten die optoelektrischen Effekte erst mit der Entwicklung von Halbleitern. Verbleibt die eingestrahlte Energie oder ein Teil davon, in der Materie, dann wird ein innerer lichtelektrischer Effekt in ihr ausgelöst. Wird sie wieder nach außen abgestrahlt, so handelt es sich um einen äußeren lichtelektrischen Effekt. Beide Arten werden kurz besprochen.

Masse eines Photons m_P:

$$m_P = \frac{E}{c^2} = \frac{h \cdot \nu}{c^2} \text{ in g} \qquad (5-20)$$

c Photonengeschwindigkeit $\approx 300\,000\,\text{km} \cdot \text{s}^{-1} = 3 \cdot 10^8\,\text{m} \cdot \text{s}^{-1}$

Impuls eines Photons p_P:

$$p_P = \frac{h}{\lambda} \qquad (5-21)$$

λ Wellenlänge in nm

$$\lambda = \frac{c}{\nu} \text{ in } \frac{\text{km} \cdot \text{s}^{-1}}{\text{s}^{-1}} = \text{km} \qquad (5-22)$$

$$= 10^9\,\mu\text{m}$$

Aufprallenergie der Photonen

bleibt in der Materie	wird von der Materie abgestrahlt
↓	↓
innerer Fotoeffekt	äußerer Fotoeffekt

5.5.7.2 Innerer Fotoeffekt

Bei Lichteinfall brechen Bindungen auf und durch die aufgenommene Energie $+\Delta W$ (ΔE) werden e^- unter Zurücklassung von e^+ aus dem G- in das L-Band katapultiert, vorausgesetzt, daß die eingestrahlte Energie dafür ausreicht. Wenn ja, dann fällt der hochohmige „Dunkelwiderstand" des Halbleiters und wird, wie am Beispiel einer Fotodiode in Bild 5.5−14 gezeigt, mit zunehmender Lichtintensität niedrigerohmig; (I_p steigt).

Je nach Aufgabenstellung braucht man *optoelektronische* Halbleiter für längere, kurze, ganz kurze und intermittierende (unterbrochene) Belichtungszeiten.

Dementsprechend muß das Bauelement nach chemischer Zusammensetzung und Struktur vorgesehen sein.

Fotodioden und Transistoren können diese Aufgaben abdecken.

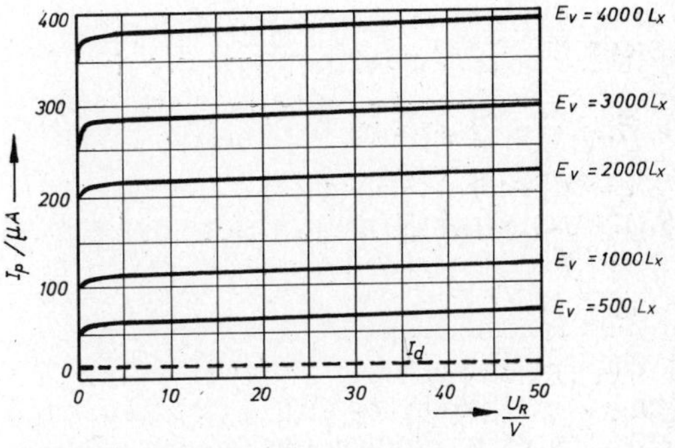

Bild 5.5−14 Kennlinie einer Fotodiode
Fotostrom $I_p = f(U_R)$
Dunkelstrom I_d bei $\vartheta = 25\,°C$

Anwendungsgebiete sind Lichtschranken und Überwachung von Feuerungsanlagen, Brandwarnungen u. a.

Bevorzugte Werkstoffe sind CdS und CdSe.

Lebensdauer der Ladungsträger:	lang	kurz
Lichtempfindlichkeit:	groß	klein
Reaktion auf Lichtschwankung und -Unterbrechung:	schlecht	gut

Anwendung: Lichtschranken, Flammenüberwachung, Werkstoffe: CdS, CdSe.

5.5.7.3 Äußerer Fotoeffekt

Der äußere Lichteffekt findet Anwendung bei

- Leuchtdioden (LED),
- Lasern,
- Solarzellen.

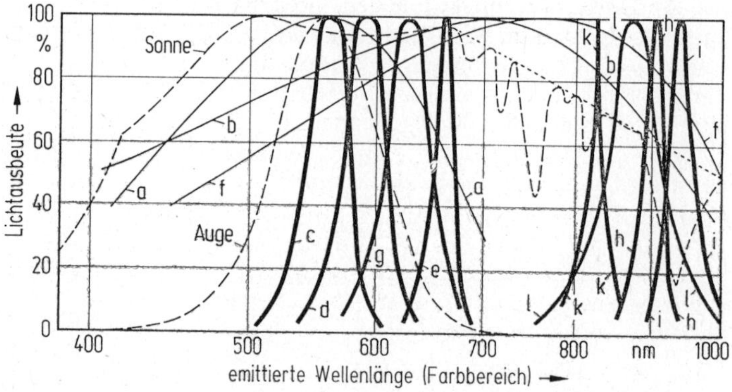

Bild 5.5–15 Relative spektrale Verteilung
a Sensorzelle mit Filter; *b* Sensorzelle ohne Filter; *c* GaP/grün; *d* GaAsP/gelb; *e* GaAsP/rot; *f* Solarzelle; *g* GaAsP auf GaP/orangenrot; *h* GaAs: Zn/infrarot; *i* GaAs: Si/infrarot; *k* GaAlAs/Laserdiode; *l* GaAlAs/infrarot

Bild 5.5–15 gibt eine Übersicht über die optoelektronischen Halbleiter und ihre emittierten Wellenlängenbereiche. In Tabelle 5.5–1 sind diese Werte nochmals aufgeführt.

Tabelle 5.5–1 Wellenlängen von Farbbereichen

Farbbereich	in nm	Farbbereich	in nm
UV	390	Gelb	600
Violett	430	Orange	610
Blau	490	Rot	770
Grün	570	Infrarot	>800

Leuchtdiode

Das Wirkungsprinzip einer Leuchtdiode zeigt Bild 5.5–16.

Zum Senden und Empfangen von Lichtleiter-Signalen (Glasfasern, 7.3) werden für den optimalen Wellenbereich von 1,3 μm bis 1,6 μm neue Halbleitermaterialien erprobt, von denen z. B. InGaAsP aussichtsreich erscheint.

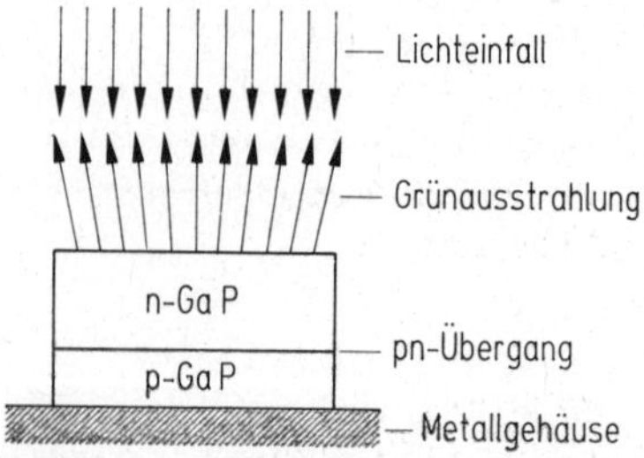

Bild 5.5–16 Schema einer Grünlicht-Leuchtdiode (Led)

Laser

Der Laser ist die konsequente Weiterentwicklung der Leuchtdiode. Senkrecht zur pn-Grenzschicht sind zwei gegenüberliegende Kristallflächen angeschliffen und mit einer spiegelnden, halbdurchlässigen dünnen Metallschicht belegt. Ein Rubinkristall (Al_2O_3) ist mit Cr^{+++} im Verhältnis von 1:1000 dotiert. Man erreicht in dem Kristall (Resonator) eine lichtelektrische Schwingung durch eine Xe-Blitzlampe (optisches Pumpen) wenn die Abstände der reflektierenden Grenzflächen den Kristall zu Schwingungen anregen; diese werden durch die freigesetzte Rekombinationsenergie noch verstärkt. Die Lichtwelle tritt durch die halbdurchlässige Schicht als kohärenter, einfarbiger, in einer Ebene oszillierender Laserstrahl ins Freie. Er dient zur Nachrichtenübermittlung und zur Abstandsmessung von Objekten. Hochleistungslaser haben zwei transparente Spiegel, einen für den Eintritt der Signalfrequenz, den anderen für den verstärkten Austritt.

Bänderabstand bei der Emission von Photonen

rot: $\Delta W \approx 2$ eV
grün: $\Delta W \approx 2{,}5$ eV
blau: $\Delta W \approx 3$ eV

Damit ist die Laserdiode das geeignete Bauelement für die direkte Umwandlung von elektrischen Signalen in Lichtimpulse und umgekehrt. Man glaubt, demnächst 10^9 Lichtsignale/s in großer Frequenzreinheit aussenden zu können. Ebenso sollen geringe Lichtimpulse von 1000 Photonen in 10^{-9} s von Detektoren nach dem Durchlauf von kilometerlangen Lichtfasern noch fehlerfrei entschlüsselt werden. Eine Datenrate von 6 G Bit/s ist labormäßig bereits erreicht worden (1985).

Solarzellen

wandeln Licht in elektrische Energie um; sog. „sanfte" Energie ohne Umweltbelastung. Das Prinzip einer Solarzelle zeigt Bild 5.5–17.
Als Material dienen

- monokristallines (Kleinzellen) und
- polykristallines Silizium (Großanlagen).

Anwendungsgebiete sind

- Kleingeräte,
- Raumfahrt,
- integrierte Anlagen,
- Großanlagen mit ständig höheren Leistungen; z. Z. werden Zellen von 1000 m^2 aktiver Fläche und 300 kW Leistung betrieben.

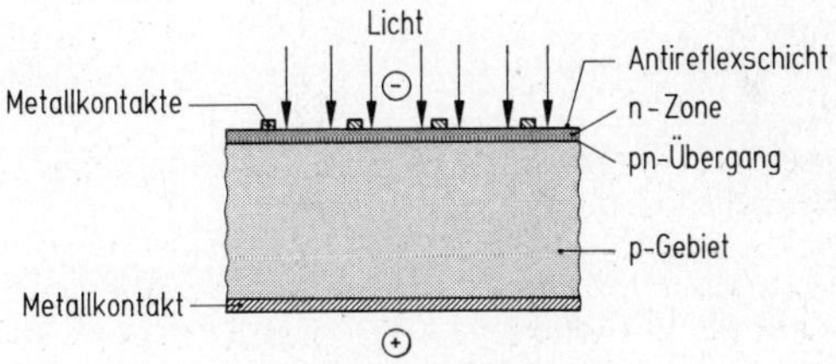

Bild 5.5–17 Aufbau einer Solarzelle

Der Preis für die Matten aus polykristallinem Si ist mitentscheidend für die Nutzung. Richtwerte für Raumfahrt-Zellen gibt Tabelle 5.5−2.

Tabelle 5.5−2 Richtwerte für Solarzellen für die Raumfahrt (zur Übersicht)

Absorptionskoeffizient bezogen auf die eingestrahlte Sonnenenergie	[−]	0,7 bis 0,8
spezifischer Widerstand	[Ω cm]	1 bis 10
Zellendicke	[mm]	0,15 bis 0,25
Zellenabmessung	[mm^2]	21 × 40 18 × 62
Leerlaufspannung	[mV]	600
Kurzschlußstrom	[mA]	350
Arbeitsspannung	[mV]	450
Arbeitsstrom	[mA]	300
Stromgewinn mit Deckglas	[mA]	1,1
Leistungsabgabe	[mW]	150
Wirkungsgrad	[%]	12

Übung 5.5−13

Photonen

a) Haben Photonen stets die gleiche Energie?
b) Begründen Sie Ihre Antwort!
c) Was versteht man unter dem Impuls eines Photons (Lichtquantums)?

Übung 5.5−14

Fotoeffekt

a) Welche zwei Effektarten unterscheidet man?
b) Definieren Sie die zwei Arten!

Übung 5.5−15

Nennen Sie optoelektronische Anwendungsgebiete!

Übung 5.5−16

Leuchtdioden

a) Wie entstehen die unterschiedlichen Emissionsfarben?
b) Welche chemischen Elemente werden bevorzugt benutzt?

Übung 5.5−17

Definieren Sie den Begriff Infrarot-Strahler!

Übung 5.5–18

Erstrebt man in Leuchtdioden eine kurze oder lange Lebensdauer von e^- und e^+? (Begründung!)

Übung 5.5–19

In welcher Zeitfolge kann man Lasersignale zur Nachrichtenübermittlung senden und empfangen?

5.6 Physikalische Einflüsse

5.6.0 Übersicht

Die wichtigsten Einflüsse sind Druck, Temperatur und Magnetfeld. Elektronische Bauelemente für diese Einflüsse werden als „Sensoren" in steigendem Umfang weiterentwickelt und eingesetzt. Nur der Spezialist kann dieses Anwendungsgebiet überschauen. Hier sollen die wichtigsten Funktionen angesprochen werden.

Lernziele

Der Lernende kann ...

- das Prinzip eines Drucksensors beschreiben,
- Aufbau und Wirkungsweise eines Heißleiters beschreiben,
- Aufbau und Wirkungsweise eines Varistors beschreiben,
- den Halleffekt erläutern,
- das Prinzip eines Hallgenerators erläutern,
- das Prinzip einer Feldplatte beschreiben.

5.6.1 Drucksensoren

Das Meßprinzip aller kristallinen Sensoren beruht auf der Widerstandserhöhung bei elastischer Verformung ihrer Kristalle. Solche Sensoren – bei Spannungsmessungen spricht man von metallischen oder halbleitenden Dehnungsmeßstreifen – werden in modernen Bauteilen

- aus einem Monokristall nach Bild 5.6–1 oder
- polykristallin in Dünnschichten nach Bild 5.6–2

hergestellt; der Druck wird bei den Monolithen (Einkristallen) als absoluter Druck bis 1,2 bar, bei Dünnschichten als Referenz- (= bezogener)druck von –1 bis 10 bar gemessen.

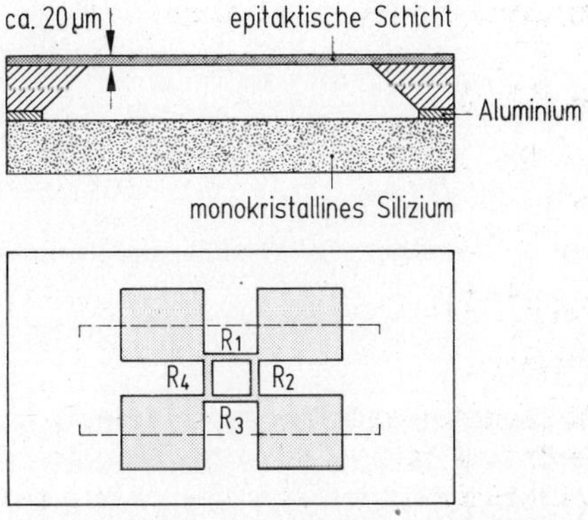

Bild 5.6–1 Monokristalliner Drucksensor
Bei monolithischen Drucksensoren wird eine Membran in eine monokristalline Siliziumscheibe geätzt. *Implantierte* Widerstände (R) bilden eine Wheatstonesche Brücke.

Übung 5.6–1

Warum benutzt man als Federbrücke nicht E-Cu, sondern Cu Be 1?

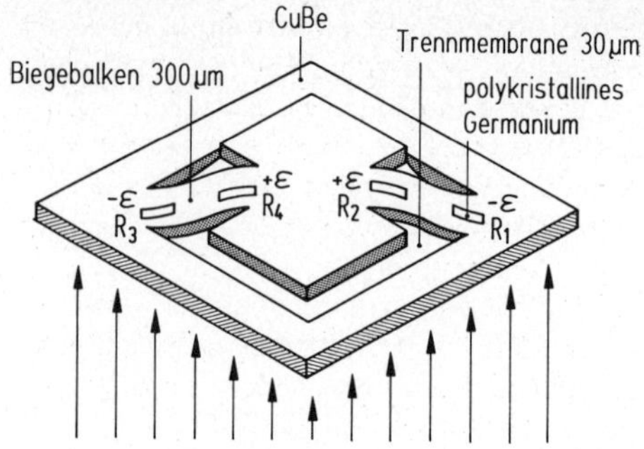

Bild 5.6–2 Dünnfilm-Drucksensor
Der Dünnfilm-Drucksensor besteht aus einem planaren Federelement aus Kupfer-Beryllium (CuBe) und aufgedampften Widerständen (R) als Dehnmeßstreifen, die bei Druck an der Trennmembrane eine Dehnung (+ ε) oder Stauchung (− ε) erfahren.

Ähnliche Konstruktionen dienen auch zur Messung von Kräften bis etwa 10 N, wobei die CuBe-Membran von 20 × 20 mm um etwa 50 µm ausfedert.

In Standardtastenfeldern nach Bild 5.6–3 wird dieses Drucksystem in Folienform für verschiedene Anwendungen benutzt.

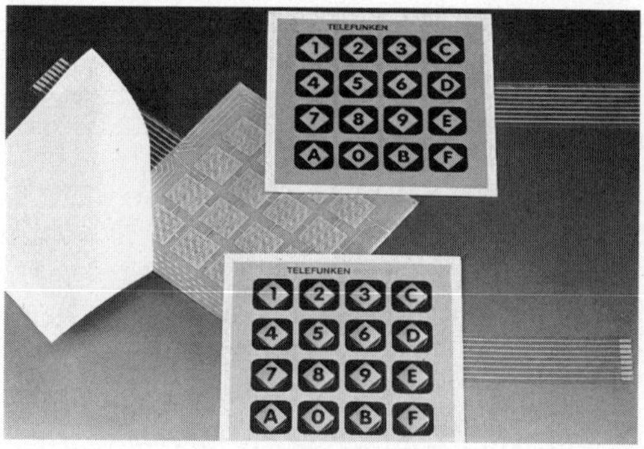

Bild 5.6–3 Folien-Drucktastenfeld

5.6.2 Heißleiter

Heißleiter sind nicht monokristallin mit ausgeprägten p- und n-Schichten, sondern bestehen aus polykristallinen Metalloxiden mit zahllosen Übergängen.

Aus den U-I-Kennlinien werden die prinzipiellen Unterschiede zwischen diesen „Kompakt“- und Schichtwiderständen deutlich (Bild 5.6–4).

Der Werkstoff besteht (jetzt) meistens aus $FeOTiO_2$, einer Mischung aus Eisen- und Titanoxid (Rutil).

Die gepulverten Oxide werden gesintert oder geschmolzen. Man erhält um so mehr Übergänge, je feinkörniger das heterogene Kristallgemisch ist.

Bild 5.6–4 Symmetrische Kennlinie eines Kompakt-Halbleiters (1), im Gegensatz zur unsymmetrischen Kennlinie eines Schicht-Halbleiters (Diode) (2)

Heißleiter, auch Thermistoren genannt, sind stromabhängige Widerstände mit einem negativen Temperaturkoeffizienten nach Bild 5.6–5. Man kann nach (hier nicht behandelten) Näherungsgleichungen aus den Abmessungen und Widerstandswerten TC_ϱ errechnen. Im allgemeinen fällt der Widerstand eines Halbleiters um etwa 5%/K ($TC_\varrho = -0{,}05\,K^{-1}$); er ist damit etwa 12fach in umgekehrter Richtung größer, als der von Leitermetallen mit ca. $+0{,}004\,K^{-1}$.

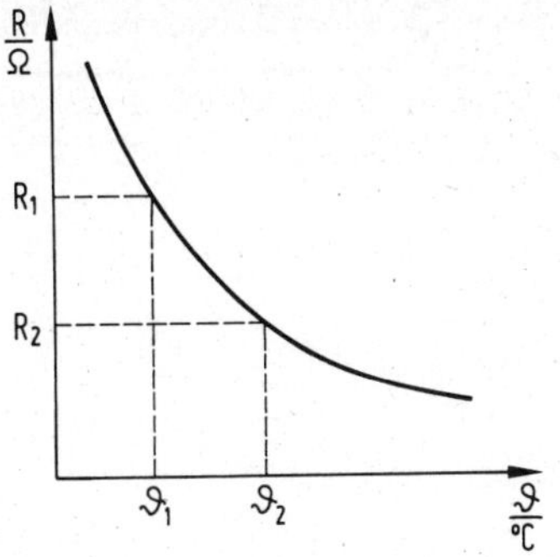

Bild 5.6–5 Kennlinie eines Heißleiters (Schema)

Die Temperatur des Thermistors kann sich ändern durch

- Änderung der Umgebungstemperatur (Fremderwärmung) und/oder
- Stromzufluß (Eigenerwärmung).

Hierbei erwärmen sich die Kristalle und es kommt zu thermisch ausgelösten Generationen, wodurch der Widerstand fällt; so entstehen die für Heißleiter charakteristischen U-I-Kennlinien nach Bild 5.6–6.

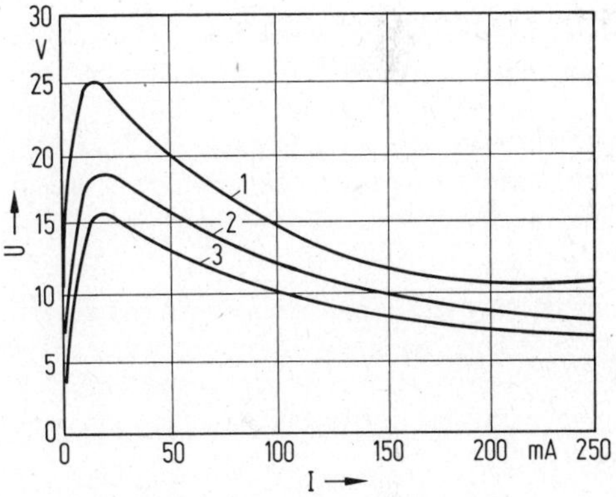

Bild 5.6–6 Charakteristische Kennlinien von drei Thermistoren (Heißleitern). (pn-Übergänge = Feinkörnigkeit 1 > 2 > 3). Schon bei kleinem Stromdurchgang erwärmt sich der Halbleiter, zunächst aber so wenig, daß R kaum beeinflußt wird (steil ansteigender Kurvenast). Erreicht der Strom aber eine gewisse Stärke von etwa 20 mA, dann fällt der Widerstand stark, mit dem Effekt, daß trotz steigendem Stromdurchfluß die Spannung fällt.

Übung 5.6–2

Aus welchem Werkstoff besteht ein Heißleiter?

Übung 5.6–3

Erklären Sie werkstofflich den typischen Verlauf einer Heißleiterkennlinie!

Heißleiter ≙ Thermistoren
NTC-Widerstände

1 ΔR – *verursacht* durch:
1.1 *Fremd*erwärmung (Umgebung)
1.2 *Eigen*erwärmung (Stromdurchfluß)

2 Aufgaben:
2.1 Temperaturgeber in Meß-, Regel- und Steuertechnik
2.2 T-Konstanthaltung (Stabilisieren)
2.3 Relais-Verzögerung
2.4 Wicklungsschutz

Werkstoff: $FeOTiO_2$ (Titanferrit)
(meistens) heterogenes Kristallgemisch

5.6.3 Spannungsabhängiger Widerstand

Spannungsabhängige Widerstände benutzt man in Stark- und Schwachstromkreisen; im letztgenannten Fall nennt man sie Varistoren. Den typischen *U-I*-Kennlinienverlauf eines Varistors zeigt Bild 5.6–7.

Im doppeltlogarithmischen Achsenkreuz erhält man für einen verhältnismäßig großen Spannungsbereich eine Gerade, deren Steigungswinkel α in Annäherungsgleichungen bestimmt werden kann (hier nicht gebracht) und für die Errechnung von *U*- und *I*-Werten benutzt wird (Bild 5.6–8).

Meistens wird Siliziumkarbid SiC, ein durch Sintern hergestellter keramischer kristalliner Werkstoff (Handelsname ®Silit) als Widerstandsmaterial benutzt. Reines SiC hat bei Raumtemperatur den hohen ϱ-Wert von $\approx 10^{14}\,\Omega$m, zwischen 500 und 1000°C von $\approx 10^{9}\,\Omega$m; d. h. R ist um 10^5 gefallen! Überwiegen Si-Atome das genaue stöchiometrische Verhältnis, dann entsteht eine n-Leitung; überwiegen die C-Atome, entsteht eine p-Leitung. (Warum?)

Der Effekt der Spannungsabhängigkeit beruht auf dem Widerstand der Kristalle, die in Reihe oder parallel oder vermascht miteinander liegen, und der Größe ihrer Berührungsflächen.

Sind die Kristalle kugelig und mit einer Oxidschicht behaftet, dann fließt bei kleinen Spannungen zunächst nur ein kleiner Strom; bei höheren Spannungen werden mehr Strompfade geöffnet; der Strom steigt, bzw. der Widerstand fällt.

Die *I-U*-Kennlinie wird demnach durch die Art und Größe der Kristallberührungsflächen bestimmt. Nach längerem Gebrauch bei erhöhter Temperatur ändern sie sich und somit auch die Kennlinien (Alterungseffekt!). Zur Kontaktierung werden keramische Widerstände zunächst metallisiert (durch Aufdampfen) und dann mit einem Leiterdraht verlötet.

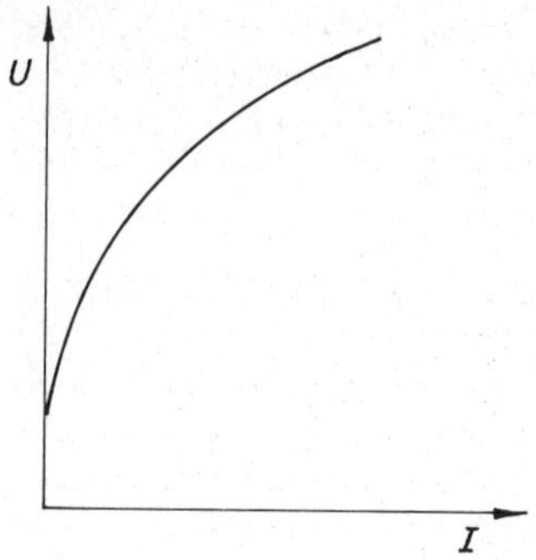

Bild 5.6–7 Spannungsabhängigkeit eines Varistors aus SiC; Schema in linearen Maßstäben

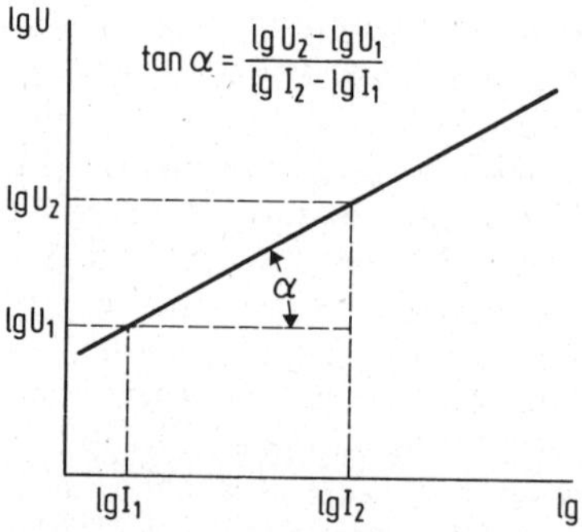

Bild 5.6–8 wie Bild 5.6–7, im doppeltlogarithmischen Maßstab

> Spannungsabhängiger Widerstand
> ≙ Voltage Dependent Resistor
> VDR-Widerstand
>
> *nicht* richtungsabhängig, bei höheren Spannungen fällt der Widerstand.

> Werkstoff:
>
> gesinterte SiC-Kristalle in Form von Stäben, Scheiben oder Kugeln mit vielen, wahllos plazierten pn-Übergängen.

Übung 5.6–4

Fällt Ihnen an der Kurve in Bild 5.6–7 etwas auf, was prinzipiell unrichtig dargestellt ist?

5.6.4 Halleffekt

Weltweites Aufsehen erlangte der Halleffekt 1985 dadurch, daß der deutsche Physiker *v. Klitzing* mit ihm erstmalig den ohmschen Widerstand eichmäßig bestimmte und dafür den Nobelpreis erhielt.

Worauf beruht dieser Effekt? Leitet man einen elektrischen Strom durch ein Metallplättchen und durchflutet es gleichzeitig senkrecht zur Stromrichtung mit einem Magnetfeld, dann werden die Elektronen senkrecht zu ihrer Driftbewegung abgelenkt (Bild 5.6−9). In der nebenstehenden Skizze fließen die Elektronen durch das Metallplättchen (Breite b) von rechts nach links; das Plättchen wird von unten nach oben magnetisch durchflutet, wodurch die Elektronen nach links (in der Skizze nach vorne) abgelenkt werden. Die auf die Elektronen wirkende magnetische Ablenkkraft wird nach ihrem Entdecker *Lorentzkraft* F_L genannt; ihre Größe in N läßt sich nach Gl. (5−23) errechnen. Auf der Seite des Plättchens, nach der die Elektronen abgelenkt werden, entsteht ein Elektronenüberschuß, auf der Gegenseite ein Elektronenmangel. Zwischen den mit *1* und *2* bezeichneten Meßpunkten herrscht ein meßbares Potential, das als Hallspannung U_H bezeichnet wird. Sie erzeugt ein elektrisches Feld $E_H = U_H \cdot b^{-1}$, das auf jedes Elektron eine Kraft $\frac{U_H}{b} \cdot e$ in N ausübt, die mit der Lorentz-Ablenkkraft F_L im Gleichgewicht steht. In den Gln. (5−24) bis (5−28) ist dies mathematisch formuliert (b = Plättchenbreite!).

F_L beeinflußt nicht die Driftgeschwindigkeit, sondern allein die Driftrichtung der Elektronen; das vom Strom durchflossene „Hallplättchen“ (Sonde) erhält durch das Magnetfeld keine Energiezufuhr.

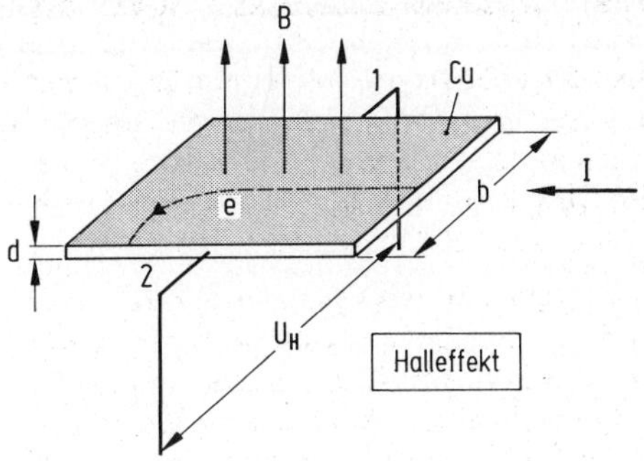

Bild 5.6−9

$$F_L = e \cdot u_{e^-} \cdot B \qquad (5-23)$$
$$\mathrm{N} = \mathrm{As} \cdot \mathrm{m} \cdot \mathrm{s}^{-1} \cdot \mathrm{V} \cdot \mathrm{s} \cdot \mathrm{m}^{-2}$$

F_L	Lorentzkraft	in N
e	Elementarladung	in A · s
u_{e}-	Driftgeschwindigkeit	in m · s^{-1}
B	magnetische Flußdichte	in V · s · m^{-2}

$$1\,\mathrm{N} = 1\,\mathrm{A} \cdot \mathrm{s} \cdot \mathrm{m} \cdot \mathrm{s}^{-1}\,\mathrm{V} \cdot \mathrm{s} \cdot \mathrm{m}^{-2} = 1\,\mathrm{W} \cdot \mathrm{s} \cdot \mathrm{m}^{-1} = \mathrm{N}$$

$$E_H = \frac{U_H}{b} \qquad (5-24)$$

$$\mathrm{Vm}^{-1} = \mathrm{Vm}^{-1}$$

E_H Hallfeldstärke
U_H Hallspannung

$$\frac{U_H}{b} \cdot e = e \cdot u_{e^-} \cdot B \qquad (5-25)$$

$$\frac{U_H}{b} = u_{e^-} \cdot B \qquad (5-26)$$

Für $u_{e^-} = b_{e^-} \cdot E$ nach (4−7) erhält man:

$$\frac{U_H}{b} = b_{e^-} \cdot E \cdot B \text{ in } \frac{\mathrm{V}}{\mathrm{m}} \qquad (5-27)$$

$$U_H = b_{e^-} \cdot E \cdot B \cdot b \qquad (5-28)$$

In einfachen Rechengängen, unter Benutzung Ohmscher Gleichungen, erhält man schließlich die drei Gleichungen (5–29) bis (5–31). Mit ihnen lassen sich aus Werkstoff- oder Meßgrößen die Konzentration ne^- oder die Beweglichkeit b_{e^-} der Elektronen berechnen.

Zum besseren Verständnis dieser ausführlichen Ableitung sei wiederholt: führt man mit einer metallischen Hallsonde Messungen durch, dann kann man z. B. bei bekannter Stromdichte S in $A \cdot m^{-2}$, magnetischer Flußdichte B in $V \cdot s \cdot m^{-2}$ und Plättchenbreite b in m, die spezifische elektrische Leitfähigkeit $\varkappa$ in $S \cdot m^{-1}$ und die Elektronenbeweglichkeit b_{e^-} in $m^2 \cdot V^{-1} \cdot s^{-1}$ aus Gl. (5–31) errechnen.

Der Quotient $\frac{b_{e^-}}{\varkappa} = \frac{1}{ne^-}$ ist eine wichtige Werkstoffgröße und wird als Hallwiderstand oder besser als Hallkonstante R_H bezeichnet (Gl. 5–32). Setzt man R_H in Gl. (5–31) ein, so erhält man die Größe der Hallspannung U_H (Gl. 5–33).

Setzt man in Gl. (5–33) $S = \frac{I}{d \cdot b}$ ein, dann erhält man Gl. (5–34).

Bei den Leitern Ag, Au, Cu ist R_H mit $\approx 10^{-10} m^3/C$ sehr klein; Bi hat mit $\approx 500 \cdot 10^{-6} m^3/C$ den höchsten R_H-Wert aller metallischen Werkstoffe ($C = A \cdot s$).

Beispiel 5.6–1

Ein 0,02 m breites Cu-Plättchen mit einer Elektronendichte $ne^- = 8{,}9 \cdot 10^9 A \cdot s \cdot m^{-3}$ wird von einem Strom der Dichte $S = 0{,}5 \cdot 10^6 Am^{-2}$ ($\approx 0{,}1$ der Normalbelastung) durchflossen; gleichzeitig wird es senkrecht dazu magnetisch mit $1 T = 1 Vs\, m^{-2}$ durchflutet.

Welche Hallspannung wird erzeugt?

Das Ohmsche Gesetz läßt sich nach (4–16) schreiben:

$$S = \varkappa \cdot E \qquad (5\text{–}29)$$
$$Am^{-2} = Sm^{-1} \cdot Vm^{-1} \quad \text{oder}$$

$$E = \frac{S}{\varkappa} \qquad (5\text{–}30)$$

Setzt man (5–30) in (5–28) ein, erhält man:

$$U_H = \frac{b_{e^-}}{\varkappa} \cdot S \cdot B \cdot b \qquad (5\text{–}31)$$

$$\frac{b_{e^-}}{\varkappa} = \frac{1}{ne^-} = R_H = \text{Hallkonstante} \qquad (5\text{–}32)$$

$$\frac{m^2 \cdot V^{-1} \cdot s^{-1}}{A \cdot V^{-1} \cdot m^{-1}} = m^3 \cdot A^{-1} \cdot s^{-1}$$

(Kehrwert von ne^-)

Die Hallkonstante R_H ist eine Werkstoff-Kenngröße, die sich aus dem Quotienten zweier Werkstoffwerte, $b_{e^-}/\varkappa$, ergibt; sie ist der Kehrwert der Elektronendichte.

$$U_H = R_H \cdot S \cdot B \cdot b \qquad (5\text{–}33)$$
$$V = m^3 \cdot A^{-1} \cdot s^{-1} \cdot A \cdot m^{-2} \cdot V \cdot s \cdot m^{-2} \cdot m$$
$$V = V$$

$$U_H = R_H \cdot \frac{I}{d} \cdot B \qquad (5\text{–}34)$$

Lösung:

$U_H =$	R_H	$\cdot$	S	$\cdot$	B	$\cdot$	b
$U_H = \frac{1}{8{,}9 \cdot 10^9} \cdot \frac{1}{\mathrm{As} \cdot \mathrm{m}^{-3}} \cdot 0{,}5 \cdot 10^6\,\mathrm{Am}^{-2} \cdot 1\,\mathrm{V} \cdot \mathrm{s} \cdot \mathrm{m}^{-2} \cdot 0{,}02\,\mathrm{m}$							
$U_H = 1{,}12 \cdot 10^{-6}\,\mathrm{V}$							

In *Halbleitern* befinden sich neben e^- auch e^+; sie werden in Hallsonden in entgegengesetzter Richtung nach Bild 5.6–10 abgelenkt. Die größte Beweglichkeit für Elektronen und Löcher besitzen InAs und InSb; sie werden für magnetische Felder und elektrisch verkoppelt für *Hallgeneratoren* benutzt.

Für seine Versuche benutzte *v. Klitzing*

- eine Halbleiterdünnschicht von 2 bis 10 nm,
- eine durch flüssiges He erzielte Tiefstkühlung von 4,2 K und
- eine magnetische Flußdichte nahe 20 T.

Bei steigender Energieaufnahme der Ladungsträger konnte er nach zweifacher Differenzierung der $B - R_H$-Kurve eine „Quantelung" der R_H-Werte entdecken und zwar für jeden Sprung eine konstante Widerstandserhöhung von 6453,198 Ω.

Tabelle 5.6–1 Elektronenbeweglichkeit b^-, Hallkonstante R_H und spezifischer elektrischer Widerstand ϱ von Metallen und Werkstoffen für Hallsonden (zur Übersicht)

Werkstoff	b^- $[\mathrm{m}^2 \cdot \mathrm{V}^{-1} \cdot \mathrm{s}^{-1}]$	R_H $[\mathrm{m}^3 \cdot \mathrm{A}^{-1} \cdot \mathrm{s}^{-1}]$	ϱ $[\Omega\mathrm{m}]$
Au	$\approx 3 \cdot 10^{-3}$	$\approx 6{,}7 \cdot 10^{-5}$	$2{,}2 \cdot 10^{-8}$
Cu	$\approx 6 \cdot 10^{-3}$	$\approx 10^{-10}$	$1{,}7 \cdot 10^{-8}$
InAs	≈ 3	$\approx 7{,}7 \cdot 10^{-4}$	$2{,}5 \cdot 10^{-4}$
InSb	≈ 7	$\approx 5 \cdot 10^{-5}$	$7 \cdot 10^{-4}$

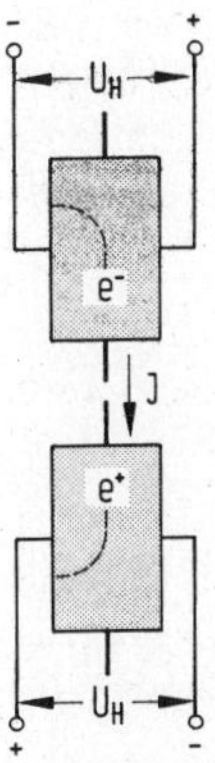

Bild 5.6–10 Halleffekt bei Halbleitern

Hallsonde zur:
- Messung magnetischer Größen
- Steuer-, Regel- und Meßtechnik unter Ausnutzung magnetischer Felder
- Bestimmung der Ladungsträgerart und -dichte

Hallgenerator:
Zur Spannungserzeugung: 0,1 bis 1 V quer zum Gleichstrom und senkrecht zum Magnetfeld bis etwa 1 T

Übung 5.6–5

v. Klitzing-Versuch

a) Warum bestand seine Hallsonde aus einer extrem dünnen Schicht?
b) Warum kühlte er die Sonde extrem ab?
c) Wie erzeugte er die extrem hohe Stromdichte für die hohe magnetische Flußdichte?

5.6.5 Feldplatte

Auch die Feldplatte reagiert in einem Magnetfeld; sie erzeugt aber keine Spannung, sondern ihr Widerstand steigt mit wachsender magnetischer Flußdichte B. Technische Ausgangswiderstände liegen zwischen 50 bis 500 Ω.

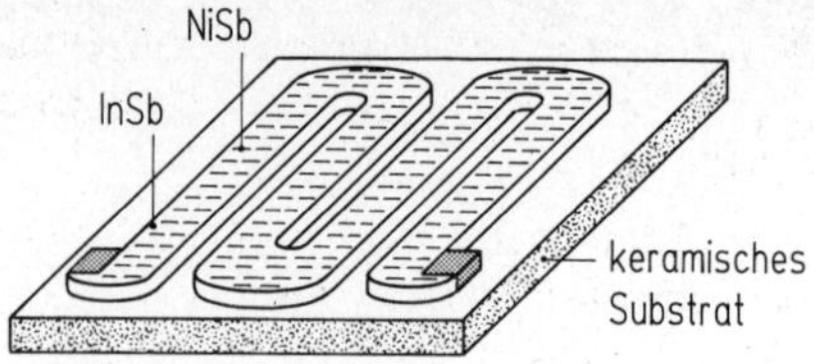

Bild 5.6–11 Feldplatte (Schema)

Die Ladungsträger müssen über Umwegschleifen größere Strecken durchlaufen, mit dem Resultat einer Widerstandserhöhung. Der Werkstoff besteht aus InSb, in den senkrecht zur Stromrichtung gut leitende NiSb-Kristallnadeln eingelagert sind; sie bewirken einen gleichmäßigen Stromfluß und verhindern den Aufbau eines Potentialgefälles. Dieses Material erhält man durch gerichtete Kristallisation aus einer homogenen Schmelze (V-Diagramm!).

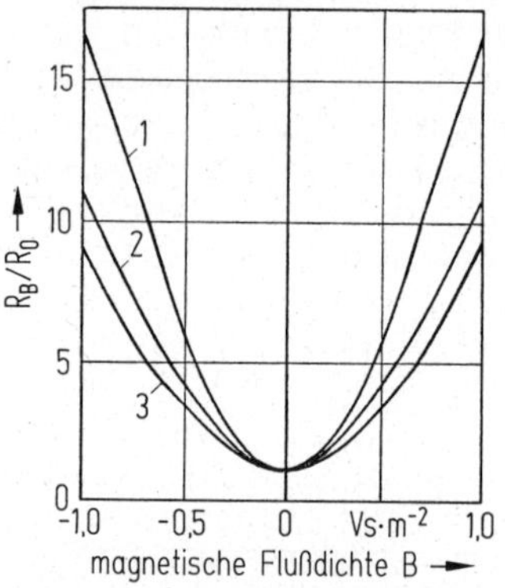

Bild 5.6–12 R-B-Kennlinien von drei Feldplatten

B magnetische Flußdichte in Vs · m^{-2}

R_0 Ausgangswiderstand ohne Magnetfeld in Ω

R_B Widerstand im Magnetfeld in Ω

Kurve 1: $\varkappa = 2 \cdot 10^4\,\mathrm{S \cdot m^{-1}}$

Kurve 2: $\varkappa = 5 \cdot 10^4\,\mathrm{S \cdot m^{-1}}$

Kurve 3: $\varkappa = 8 \cdot 10^4\,\mathrm{S \cdot m^{-1}}$

Aus kleinen Gießblöckchen werden durch Sägen und Ätzen kleine, schlangenförmig gewundene Plättchen in mm-Größe herausgearbeitet und auf einen keramischen Isolator (Substrat) aufgeklebt (Bild 5.6–11).

Bild 5.6–12 zeigt die Kennlinien von drei unterschiedlich dotierten Halbleitern; aus ihnen erkennt man die etwa quadratische Erhöhung des Widerstandes mit wachsender Feldstärke.

Übung 5.6–6

Erklären Sie den unterschiedlichen Verlauf der drei R-B-Kennlinien im Bild 5.6–12!

5.6.6 Kaltleiter

Kaltleiter sind PTC-Werkstoffe mit einem charakteristischen thermoelektrischen Effekt, den man für Steuer- und Regelvorgänge benutzt.

Werkstoff:
dotierte Ferroelektrika (7.4.3) mit Halbleiter-Eigenschaften.

Bild 5.6–13 zeigt den typischen Verlauf der Temperatur-Widerstands-Kennlinie dieses oft benutzten Bauteiles.

Charakteristik:
Steilanstieg von R auf $\approx 10^4$fachen Betrag in engem Temperaturbereich ($\approx$ 125 bis 175 °C).

Unterhalb ≈ 125 °C ist R nahezu konstant klein; dann steigt R aber bereits bei einer geringen Temperaturerhöhung steil an und erreicht bei etwa 180°C mit einem 10^4fach gestiegenen Widerstand seinen maximalen Endwert R_E.

Steigt die Temperatur über ≈ 180°C, dann fällt der Widerstand wieder stark ab.

Dieser Kurvenverlauf erklärt sich so:

Der Kaltleiterwerkstoff besteht aus Kristallen des Bariumtitanats $BaTiO_3$ mit *ferroelektrischen* Eigenschaften (Erklärung 7.4.3); die Kristalle sind von Natur aus keramische Nichtleiter (*Ferroelektrika*) und werden erst durch Dotieren mit Sb zu n-Leitern. Beim Erreichen der *ferroelektrischen Curietemperatur*, d. h. der maximalen Gebrauchstemperatur ϑ_E (= Endtemperatur), bricht die elektrische Polarisation zusammen, und der extrem hohe ε_r-Wert von 10^3 bis 10^4 fällt auf einen Bruchteil ab; die relative Dielektrizitätszahl ε_r steht aber mit dem Widerstand ϱ in unmittelbarem Zusammenhang (die Gleichung wird hier nicht gebracht), was bedeutet, daß R fällt.

Oberhalb der niedrigen Ausgangstemperatur ϑ_N von etwa 125°C verhält sich der Kaltleiter zugleich wie ein spannungsabhängiger Widerstand (Varistor), was bei der Benutzung zu beachten ist. Manchmal benutzt man einen Stromdurchfluß für die Erwärmung des Halbleiters (eigenerwärmt). Hat sich hierbei ein Gleichgewichtszustand zwischen der durch den Strom erzeugten und der an die Umgebung abgegebenen Wärmemenge eingependelt, dann erniedrigt ein Temperaturabfall den Widerstand.

Zum Abtasten von Niveaus gegenüber der Luft wärmerer oder kälterer Flüssigkeiten, z. B. in Öltanks, werden Kaltleiter als Wärmefühler (Thermosensoren) eingesetzt; je nach der Temperatur der Flüssigkeit steigt oder fällt R deutlich meßbar. Weitere Anwendungsgebiete sind Verzögerungen beim Ein- oder Ausschalten von Relais und bei Zündungen von Leuchtröhren (siehe Tabelle 5.6–2).

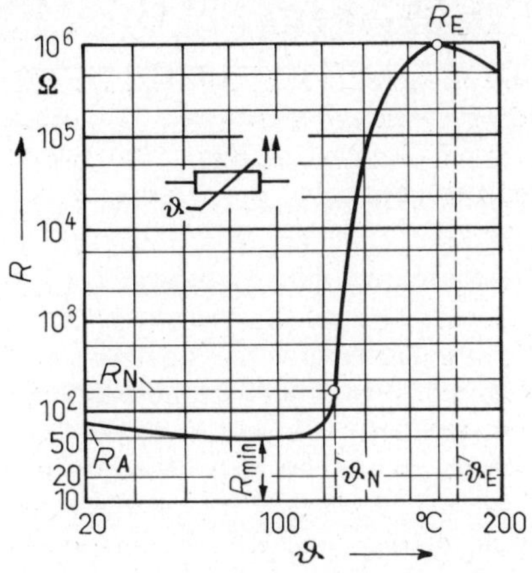

Bild 5.6–13 *R*-*ϑ*-Kennlinie eines keramischen Kaltleiters

Kaltleiter werden	
eigenerwärmt durch einen Stromdurchgang	fremderwärmt durch die Umgebung

Tabelle 5.6–2 Anwendung von Kaltleitern

● Temperaturfühler (fremderwärmt) ● Schutz vor Übertemperatur (fremderwärmt)	Motoren Trafos Verschiedenes
● Niveauanzeige von Flüssigkeiten (z. T. fremderwärmt)	Tanks Behälter
● Verzögerung von Schaltungen (eigenerwärmt)	Relais
● Ein- und Ausschalten (eigenerwärmt)	Leuchtröhren

Übung 5.6–7

Zeichnen Sie nebeneinander die Kennlinien eines Heißleiters, eines Kaltleiters und eines spannungsabhängigen Widerstandes!

5.7 Technologie

Lernziele

Der Lernende kann ...

- die Herstellung von reinen Siliziumkristallen beschreiben,
- die Herstellung von Si-Einkristallen beschreiben,
- Dotiertechniken beschreiben,
- die bipolare Planartechnik beschreiben,
- die MOS-Technik beschreiben,
- Schichttechniken beschreiben,
- monolithisch integrierte Schaltungen beschreiben,
- die MOS-Technik für die Großintegration beschreiben.

5.7.0 Übersicht

Die zahlreichen Technologien für elektronische Bauelemente und integrierte Schaltungen können in diesem Buch nicht vollständig aufgezählt, geschweige denn zum Verständnis ausreichend beschrieben werden; wir beschränken uns auf das Grundsätzliche, zumal die Entwicklung noch in vollem Gang ist.

Bauteile auf Si-Basis – Ge verliert immer mehr an Bedeutung – verlangen ein höchst reines Ausgangsmaterial und eine monokristalline Struktur. In die Kristalle werden gezielt Fremdatome als Wirkstellen (Störstellen genannt) eingebaut. Die Dotiertechniken hierfür und der systematische Aufbau von pn-Übergängen werden kurz beschrieben. Der Elektroniker muß sich durch Fachbücher näheres Wissen verschaffen.

Eine Übersicht über die Technologien der Halbleiterbauelemente sehen Sie nebenstehend.

1. Ausgangsstoff: Quarz, SiO_2

   ↓

2. Chemische Umwandlung: polykristallines Si

   ↓

3. Polykristalle → Monokristalle durch Ziehverfahren

   ↓

4. Herstellung von Reinstsilizium durch Zonen-Ziehverfahren

   ↓

5. Dotieren:
   - Neutronenbestrahlung
   - Legieren
   - Diffundieren
   - Implantieren
   - Selektivverfahren
6. Montieren-Kontaktieren: einzeln bzw. integriert
   - Gleichrichter-Dioden
   - Zener-Dioden
   - Kapazitäts-Dioden
   - Schotty-Dioden
   - Mikrowellen-Dioden
   - Tunnel-Dioden
   - IMPATT-Dioden
   - Gunn-Elemente
   - Speicher-Elemente
   - Foto-Elemente
7. bipolare Transistoren, Thyristoren, Triacs:
   - Legierungs-Transistoren
   - Mesa-Transistoren
   - Planar-Transistoren

- Epibasis-Transistoren ein- und dreifach
- Feldeffekt-Transistoren
- Sperrschicht-Feldeffekt-Transistoren
- MOS-Feldeffekt-Transistoren

8. Schichtschaltungen:
   - Dickschicht auf Keramik- oder Glassubstrat
   - Dünnschicht auf Keramik- oder Glassubstrat
9. Schaltungssysteme:
   - Hybrid-Schaltungssysteme
   - monolithische integrierte Schaltungssysteme
   - bipolare integrierte Schaltungssysteme
   - bipolare integrierte Schaltungssysteme, analog
   - bipolare integrierte Schaltungssysteme, digital
10. Großintegration:
    - bipolare Techniken
    - MOS-Techniken
11. Gates:
    - p-MOS mit Al-Gates
    - p-MOS mit Si-Gates
    - n-MOS mit Al-Gates
    - n-MOS mit Si-Gates
    - n-MOS mit Verarmungs- und Anreicherungs-Transistoren
    - D-MOS
    - SIPMOS
    - V-MOS
    - MNOS,SIMOS
    - ESFI
    - SOS
12. Ladungsgekoppelte Schaltungen (CCD, BBD)
13. Speicher
14. Mikroprozessoren
15. Mikrocomputer

5.7.1 Chemische Vorreinigung

Der Weltjahresbedarf an höchstreinem Silizium für elektronische Bauteile beträgt z. Zt. über 2000 t. Für diesen im Vergleich zu Metallen geringen Bedarf steht der Rohstoff in Form von Quarzsanden in unbegrenzter Menge zur Verfügung. Für den kleinen Marktanteil des Germaniums reicht das Mineral Germanit GeO_2 aus.

Silizium hat sich wegen seiner höheren Temperaturfestigkeit von 170°C gegenüber Germanium mit 75°C bis auf einige Spezialtransistoren völlig durchgesetzt.

90% aller Bauteile auf Si-Basis werden aus monokristallinem Reinstsilizium gefertigt, dessen Herstellungsverfahren 1953 bis 1956 von Siemens entwickelt und seitdem ständig verfeinert und modifiziert wurden.

Das Ausgangsmaterial mit einem Reinheitsgrad von 99,99% Si wird nach chemischen Verfahren gewonnen. Die Formeln dieser Reaktionen stehen nebenan; mit Ihren Kenntnissen aus Kapitel 1 bedürfen sie keiner weiteren Erklärung.

- Ausgangsmaterial:
  SiO_2, Siliziumoxid, Quarz
  GeO_2, Germaniumoxid, Germanit
- 1. Reduktion → verunreinigtes Si bzw. Ge:
  $SiO_2 + C \rightarrow Si + CO_2 \uparrow$
  (El.-Ofen, ca. 1800°C)
  $GeO_2 + 2\,H_2 \rightarrow Ge + 2\,H_2O \uparrow$
- Oxidation (Chlorierung):
  $Si + 2\,Cl_2 \rightarrow SiCl_4$
  (Siliziumtetrachlorid)
  $Ge + 2\,Cl_2 \rightarrow GeCl_4$
- 2. Reduktion:
  $SiCl_4 + 2\,H_2 \rightarrow Si\ (\approx 99{,}99\%) + 4\,HCl \uparrow$
  $GeCl_4 + 2\,H_2 \rightarrow Ge\ (\approx 99{,}99\%) + 4\,HCl \uparrow$

5.7.2 Herstellung höchstreiner Si-Einkristalle

Die Siemenstechnologie besteht aus zwei Verfahrensgängen:

1. Stufe

Im ersten Arbeitsgang wird hochreines polykristallines Silizium in Stäben von 100 mm ∅ und 1000 mm Länge nach Bild 5.7–1 hergestellt. An drei in Galgenform angeordneten, dünnen Reinsiliziumstäben, die elektrisch auf ca. 1000°C erhitzt werden, scheiden sich aus der Gasphase nach der Reaktionsgleichung $SiHCl_3 + H_2 \rightarrow Si + 3\,HCl$ Siliziumatome ab. Den Vorgang nennt man „Epitaxie", die aufgetragenen Schichten „epitaktische" Schichten. Man kann in der Quarzglocke auch Dotierstoffe vergasen lassen und erhält auf diese Weise *dotierte epitaktische* Schichten.

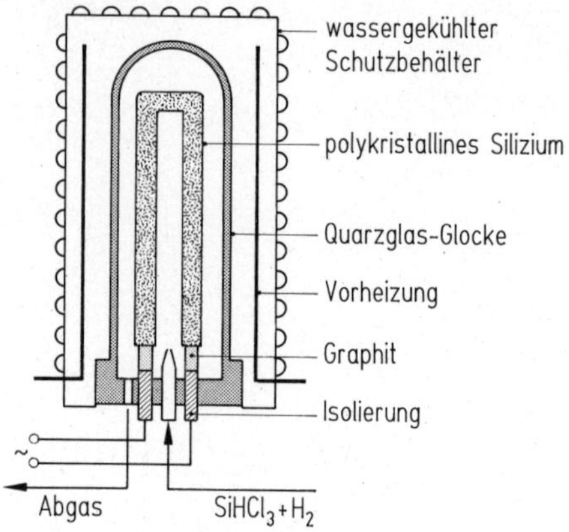

Bild 5.7–1 Erzeugung reiner polykristalliner Si-Stäbe durch Gasphasen-Epitaxie

Gasphasen-Epitaxie ist die Abscheidung einer Kristallart aus der Gasphase auf einen gleichartigen Kristall.

2. Stufe

Im zweiten Arbeitsgang werden die polykristallinen Stäbe im „tiegellosen Zonenschmelzverfahren" nach Bild 5.7–2 zu extrem reinen Stäben aus einem einzigen Kristall umgewandelt. Dieses Verfahren beruht auf der Kombination von zwei metallurgischen (chemisch-physikalischen) Vorgängen:

- der „Züchtung" von Einkristallen nach dem Zieh-Dreh-Verfahren (Bild 5.7–3) von *Czochralski* (1928) und dem
- Zonenreinigungs-Schmelzverfahren von *Pfann* (1953).

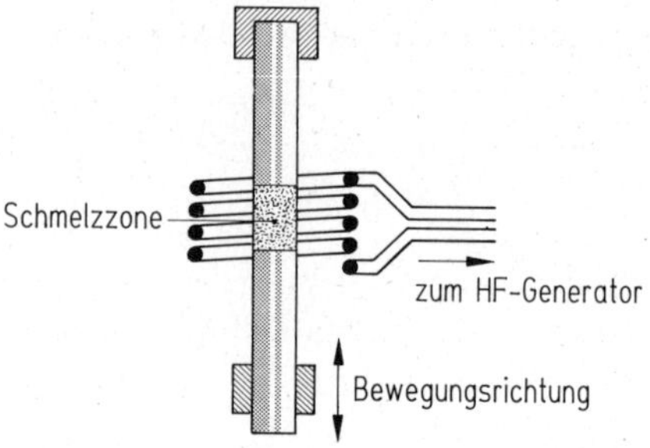

Bild 5.7–2 Herstellung eines höchstreinen Einkristallstabes

Einkristallzüchtung

Czochralski tauchte einen Einkristall in die Oberfläche einer Metallschmelze. Beim langsamen Herausziehen mit Drehung setzten sich die erstarrenden Metallatome in regelmäßiger Gitterstruktur am Impfkristall fest und bildeten einen kleinen Einkristall von wenigen Millimetern Dicke und Länge. Ohne dieses Verfahren gäbe es keine Elektronik und keine Computer!

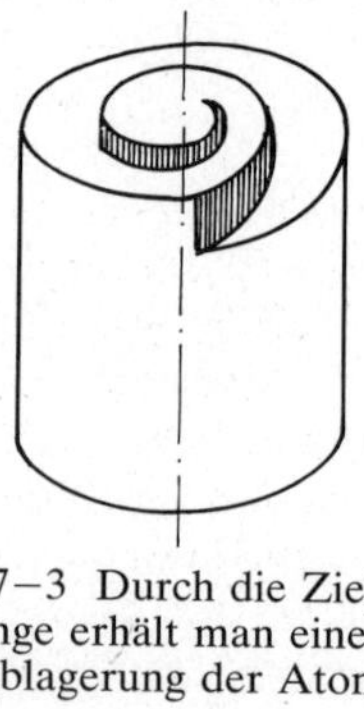

Bild 5.7–3 Durch die Zieh-Drehbewegung der Zugstange erhält man eine nahtlose, schraubenförmige Ablagerung der Atome in einem einzigen Kristall.

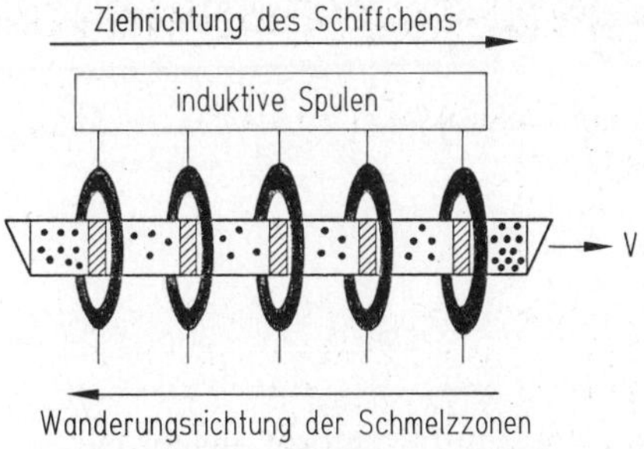

Bild 5.7–4 Zonenschmelzen (Schema)
Ge: waagerecht im Graphitschiffchen
Si: senkrecht, tiegelfrei.

Zonenschmelzen

Das Verfahren beruht auf einem genialen metallurgischem Trick. In einen Schiffchentiegel wird vorgewärmtes Metall oder Germanium eingesetzt, durch Induktionsspulen in schmalen Zonen geschmolzen und fortbewegt (Bild 5.7–4).

Die Schmelzzonen wandern von rechts nach links ←: dabei werden

1. niedrig schmelzende Atome und Moleküle nach links ← gedrängt; sie bleiben flüssig, wandern mit der Schmelzzone und erstarren zuletzt am linken Ende;
2. höher schmelzende Bestandteile, d. h. Atome oder/und Moleküle werden nach rechts → verschoben, da sie zuerst erstarren, d. h. dicht rechts an der Schmelzzone.

Beide verunreinigte Stabenden werden abgeschnitten; der größere Mittelteil ist von Fremdatomen gereinigt!
Geschmolzenes Si reagiert bei der hohen Temperatur ($T_S = 1444°C$) mit jedem Tiegelmaterial; es kann aber wegen seiner großen Oberflächenspannung im flüssigen Zustand auch ohne Tiegel senkrecht zonengereinigt werden (Bild 5.7–5).
Für diesen Verfahrensschritt (und andere Technologien) werden dünne, höchstreine Si-Einkristallstäbe nach Bild 5.7–6 hergestellt. Alle genannten Techniken werden laufend überwacht; die Fehlerquote liegt trotz aller Sorgfalt über 50% der später hergestellten Si-Bauteile. Die Bauteile wurden mit der Zeit so verfeinert, daß sie auch für Höchstleistungen bei 5000 V und 1000 A eingesetzt werden können.

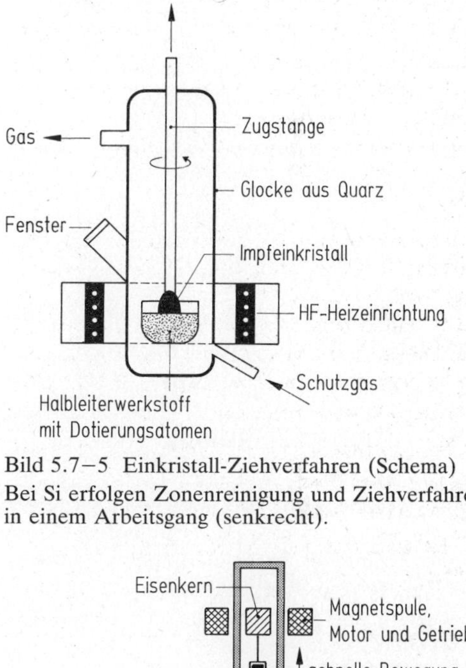

Bild 5.7–5 Einkristall-Ziehverfahren (Schema)
Bei Si erfolgen Zonenreinigung und Ziehverfahren in einem Arbeitsgang (senkrecht).

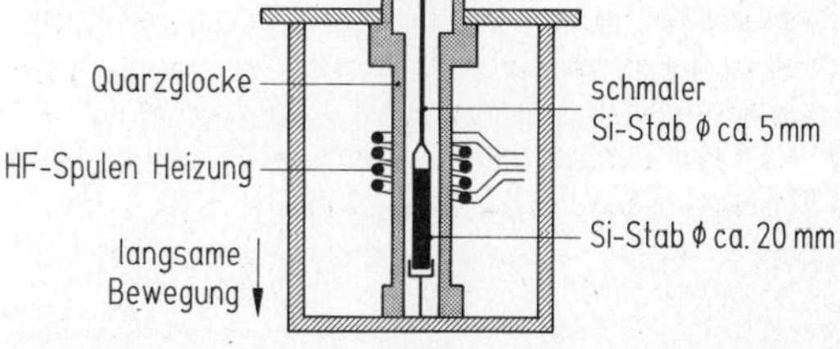

Bild 5.7–6 Herstellung dünner, höchstreiner Einkristallstäbe

Die Halbleiterelektronik benötigt Einkristalle mit einem Reinheitsgrad von 99,99999%

Übung 5.7−1

Warum ist ein extrem hoher Reinheitsgrad des Ausgangsmaterials für elektronische Bauelemente erforderlich?

Übung 5.7−2

Wie wird er erzielt?

Übung 5.7−3

Warum benutzt man monokristallines Material für elektronische Zwecke?

Übung 5.7−4

Warum benötigt man Argon bei den Siemensprozessen für Halbleitersilizium?

5.7.3 Dotiertechniken

Man versteht unter Dotieren den gezielten Einbau von Donator- oder Akzeptoratomen in den Halbleiter zur Erzeugung p- oder n-leitender Kristalle oder Kristallbereiche.

Atomumwandlung

$$^{30}_{14}Si + n \rightarrow {}^{31}_{15}P \qquad (5-36)$$

Neutronenbestrahlung

Hierbei wandeln sich Si-Atome des Isotops $^{30}_{14}Si$(Anteil 3%) durch Neutronenbeschuß in P-Atome um. Die Bestrahlung wird im Neutronenfluß eines Kernreaktors vorgenommen. Die Dotierung ist homogen und genau lokalisiert. Das Verfahren wird besonders für Feldeffekt-Transistoren angewandt.

Legieren in der Schmelze

Der Dotierstoff (z. B. Sb, As) wird der Schmelze zugesetzt. Beim Einkristallziehen bauen sich die Dotieratome in das Kristallgitter ein.

Legieren beim Phasenübergang flüssig/fest

Diese Technik dient zur Herstellung von Ge-Transistoren nach Bild 5.7–7.

Auf den n-leitenden Ge-Kristall wird nacheinander auf beide Seiten flüssiges Indium ($T_S = 156°C$) aufgetropft (Oberflächenspannung!). Ge ($T_s = 936°C$) bildet mit In zwar keine Mischkristalle, aber vor und bei der Erstarrung diffundieren einige In-Atome in den Ge-Kristall und bilden dort p-leitende Bereiche mit abgegrenzten Übergängen.

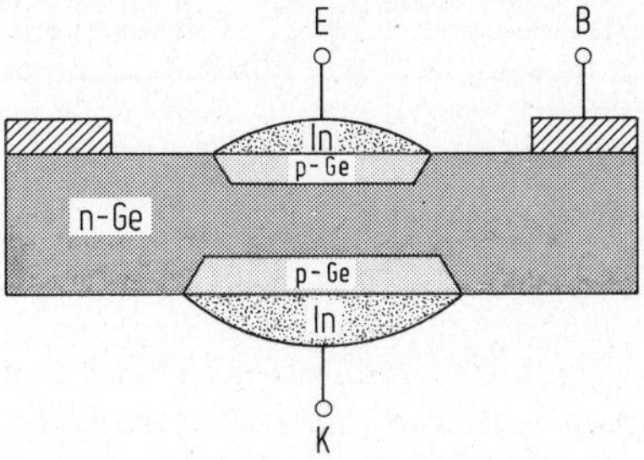

Bild 5.7–7 Ge-Transistor mit In dotiert nach nebenstehender Beschreibung

Ionenimplantation

Bei diesem Verfahren nach Bild 5.7–8 werden gasförmige Dotierstoffe im Vakuum durch ein elektrisches Feld ionisiert (die e^- werden in ein höheres Niveau versetzt!), beschleunigt und mit einem hohen Impuls in den Kristall katapultiert. Es lassen sich so nahe an der Kristalloberfläche scharf abgegrenzte, sehr dünne p-n-Schichten in jeder Richtung im Kristall erzielen, die die modernen MOS-Techniken ermöglichen.

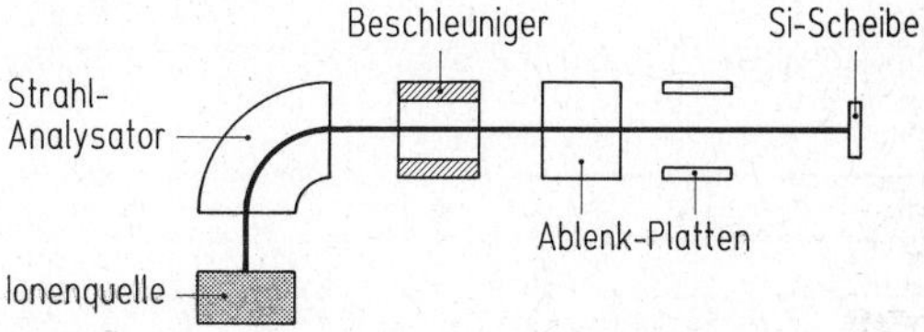

Bild 5.7–8 Schema der Ionenimplantation

Epitaxie

- Aus der Gasphase wurde sie im Bild 5.7–1 an polykristallinen Si-Stäben gezeigt; sie kann auch an Scheiben vorgenommen werden.

- Aus der flüssigen Phase entspricht sie einem Kristallziehen (nach Bild 5.7–5). So werden z. B. (polykristalline) GaAs-Schichten auf Substraten aus Si oder Keramik erzeugt.

Diffusion

Die Si-Scheiben werden bei $> 1000°C$ gasförmigen Dotierstoffen, z. B. Bor, ausgesetzt; dabei diffundieren B-Atome in den n-leitenden Kristall. Es entsteht ein „Dotierprofil", das gleich besprochen und erklärt wird.

Das Diffusionsprofil zeigt die Konzentration der Ladungsträger von der Oberfläche des Kristalls ausgehend in seine inneren Bezirke.

Wesentlich für den Dotierverlauf ist das Konzentrationsgefälle zwischen Gas- und Festphase des Dotierstoffes. Wenn keines mehr besteht, können keine weiteren Dotieratome in den Kristall eindiffundieren. Im obengenannten Fall ist dieser Zustand nach etwa 160 s erreicht. Hier nicht erwähnte thermodynamische Gleichungen ermöglichen dem Spezialisten genaue Einstellungen der Dotierungsgrade in den verschiedenen Schichten der Bauelemente.

Dotierprofile

Das Ergebnis der Dotierungen läßt sich übersichtlich in Diagrammen, den sog. Dotierprofilen, darstellen. Man erkennt aus ihnen den Konzentrationsverlauf im Kristall. Stark oder schwach dotierte n- und p-Zonen, scharf oder unscharf ausgeprägte Übergänge lassen sich so darstellen.

Die Bilder 5.7–9 und 5.7–10 und die darunter stehenden Texte geben hiervon einen Einblick.

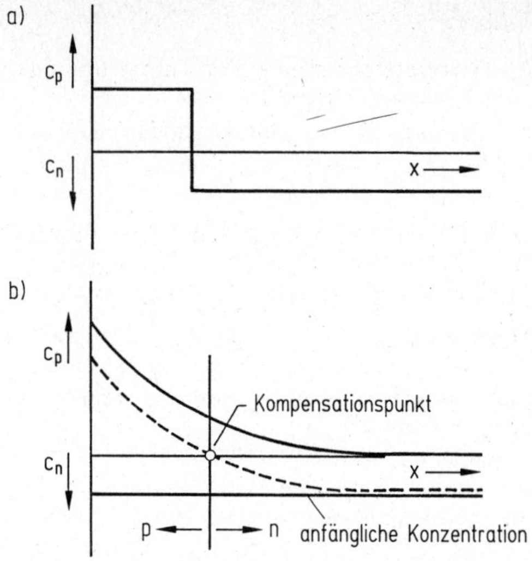

Bild 5.7–9 a) Legierter Transistor mit scharfem „Treppenübergang" von p → n

b) Diffusionsprofil. Der p → n-Übergang erfolgt langsam, je nach der Diffusionsdauer verändert sich die Konzentration der Ladungsträger. In diesem Beispiel wurden in einen n-haltigen Kristall Akzeptoratome (p) eindiffundiert; am Kristallrand (links) traten diese p-erzeugenden Atome in den Kristall ein. Durchgezogene Kurve ≙ längere Diffusionszeit als gebrochene Kurve.

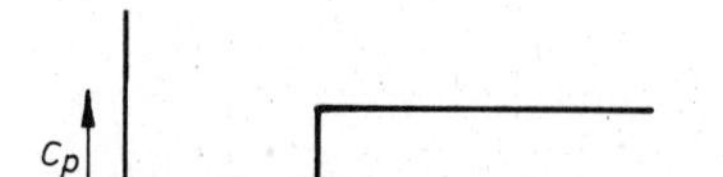

Bild 5.7–10

Bild 5.7–10 Dotierprofile von Kristallen mit epitaktischer Schicht

c_p $= ne^+$; Konzentration der Löcher
c_n $= ne^-$; Konzentration der Elektronen
M = Mutterkristall; p-dotiert
S = Schicht, aufgedampft; epitaktisch

a) epitaktische Schicht schwach p-dotiert

b) zunächst wurde eine n-Schicht aufgedampft mit abnehmender Konzentration; (V. Gr.), dann wurde ein anderer Stoff der III. Gr. (p-leitend) zusammen mit den Si-Atomen auf den Mutterkristall aufgedampft und zwar anfänglich in stärkerer und dann in zunehmend schwächerer Konzentration.

Übung 5.7–5

Erklären Sie mit Worten Gl. (5–36)!

Übung 5.7–6

Lassen sich nach Bild 5.7–7 auch Transistoren auf Si-Basis herstellen? (Begründung!).

Übung 5.7–7

a) Was versteht man unter einem homogen n-dotierten Kristall?
b) Zeichnen Sie sein Dotierprofil!

5.7.4 Selektive Dotierung, Planartechnik

Mit der *Planartechnik* lassen sich einzelne Bauelemente und Chips mit integrierter Schaltung herstellen. Einige der beschriebenen Dotierverfahren werden angewandt, um abgegrenzte Kristallbezirke in gewünschter Konzentration zu dotieren. Nach diesem Prinzip wird die überwiegende Mehrzahl aller elektronischen Bauelemente mit Übergängen gefertigt. Es wird anhand der folgenden Bilder mit danebenstehenden Texten erklärt.

> Die Planartechnik ist die bedeutendste Technologie zur Herstellung bipolarer Transistoren (Schichtübergänge!), anderer Halbleiter-Bauelemente und Chips.

1. Oxidieren der Siliziumscheibe. Bei 1200 °C bildet sich in feuchter Atmosphäre eine dünne Oxidschicht (Bild 5.7–11).

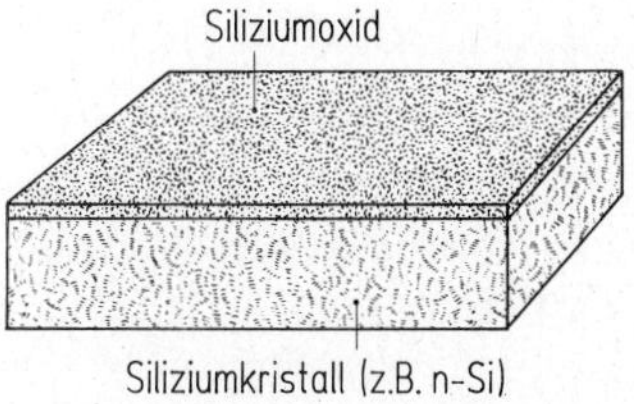

Bild 5.7–11

Auf diesem ersten Schritt, der Bildung einer festhaftenden, gasdichten und hervorragend isolierenden Oxidschicht, basiert die Planartechnologie.

2. Aufbringen eines lichtempfindlichen Lakkes auf das Oxid (Bild 5.7–12).

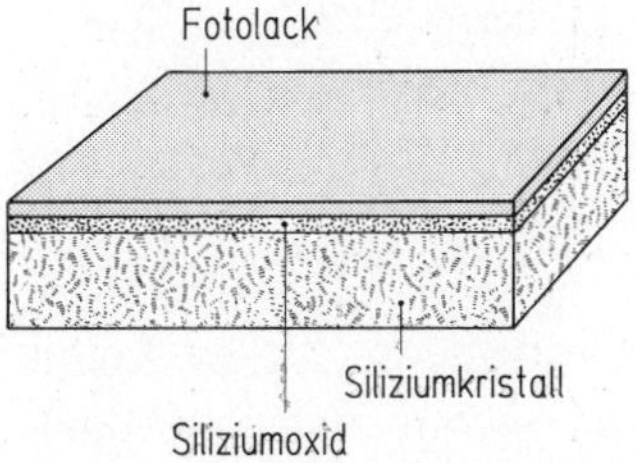

Bild 5.7–12

3. Belichten der Lackschicht unter Verwendung einer Maske, die die Struktur des Transistors oder der Integrierten Schaltung aufweist (Bild 5.7–13).

Die Maske besteht aus einer Glasplatte mit einer dünnen Metallschicht, in die die mikroskopisch kleinen Strukturen der einzelnen Schaltungselemente eingeätzt sind. Masken sind „Fotonegative“, die zur Übertragung der Schaltungsstrukturen auf das HL-Material dienen. Durch die Maskenöffnungen wird ein Fotolack auf dem Si-Kristall belichtet.

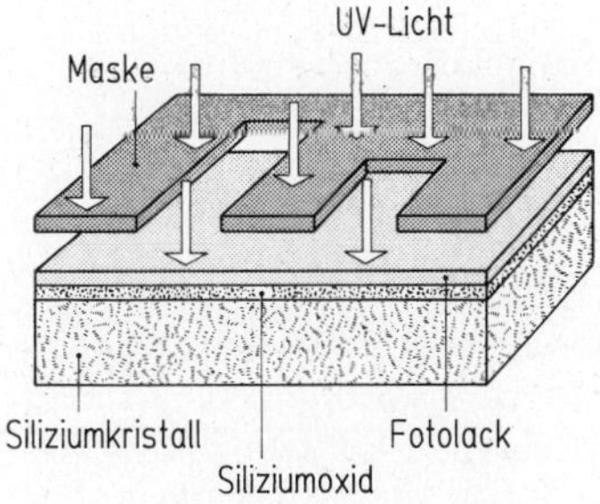

Bild 5.7–13

4. Fotolack entwickeln und belichteten Teil chemisch entfernen. Der unbelichtete Fotolack bleibt als Schutz gegen die anschließende Ätzung auf dem Oxid zurück (Bild 5.7–14).

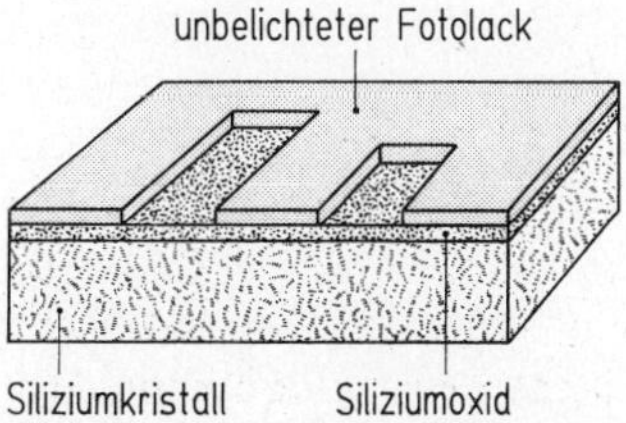

Bild 5.7–14

5. Das Oxid wird an den fotolackfreien Stellen weggeätzt (Bild 5.7–15).

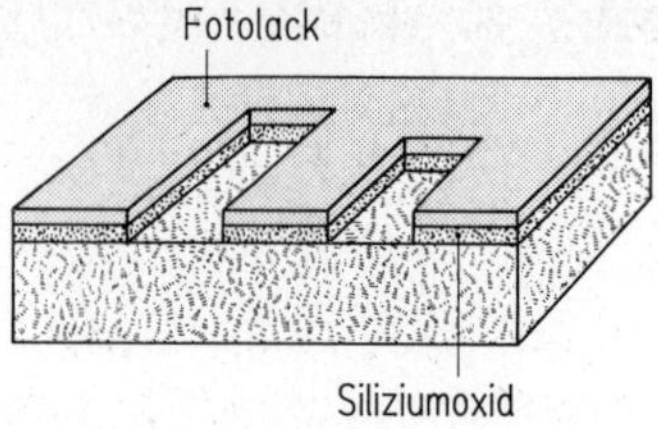

Bild 5.7–15

6. Der restliche Fotolack wird mit Lösungsmitteln entfernt. Das verbleibende Oxid wirkt als Maske (Abdeckung) für die nachfolgende Diffusion (Bild 5.7–16).

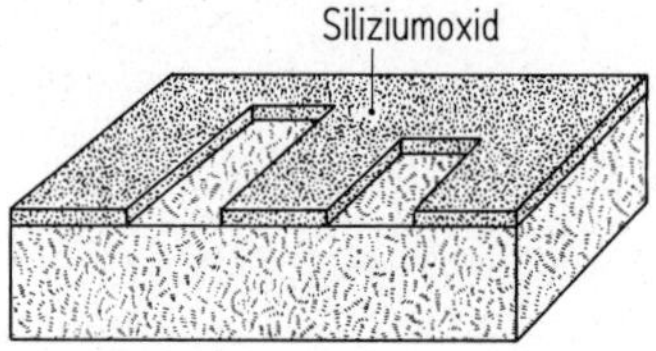

Bild 5.7–16

7. Die oxidmaskierte Siliziumscheibe kommt zur Diffusion. Dotieratome (z. B. Bor) diffundieren an den oxidfreien Stellen in den Kristall und erzeugen p-leitende Zonen. Bei Transistoren wird die Fototechnik 2- bis 3mal mit verschiedenen Masken wiederholt, bei Integrierten Schaltungen bis zu 10mal (Bild 5.7–17).

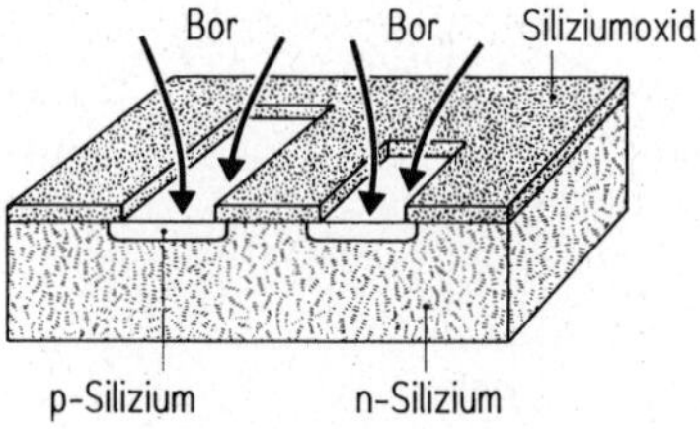

Bild 5.7–17

8. Ganzflächiges Aufdampfen von Aluminium zur Metallisierung der Leitbahnen und Kontaktstellen (Bild 5.7–18).

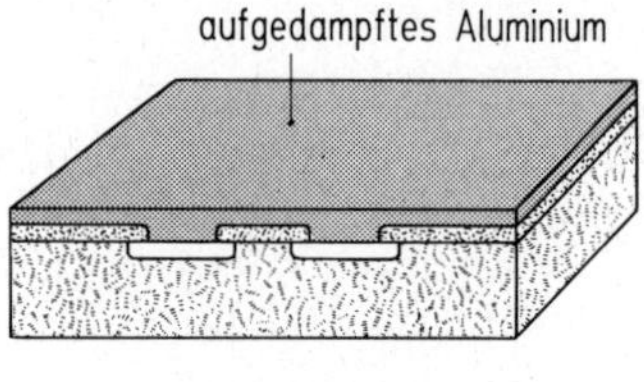

Bild 5.7–18

9. Entfernung des nicht benötigten Aluminiums, wiederum mit Hilfe der Fototechnik. Bei Integrierten Schaltungen entstehen dabei die metallischen Leitbahnen, die die einzelnen Elemente einer Schaltung verbinden (Bild 5.7–19).

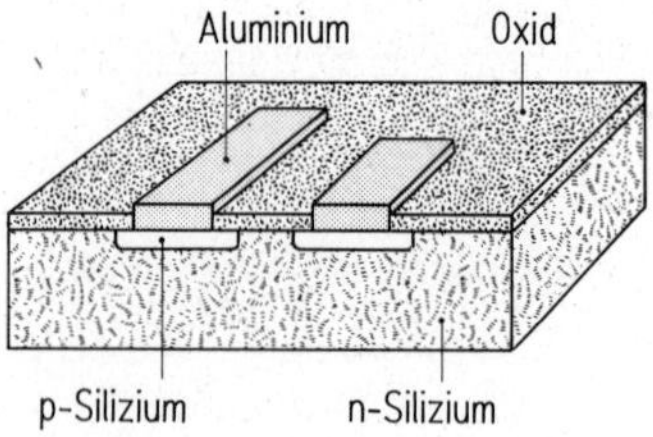

Bild 5.7–19

5.7.5 Montage, Kontaktieren

Die Siliziumscheiben mit 7 bis 10 cm ∅ benötigen noch zwei Arbeitsgänge zur Fertigstellung der Bauteile.

1. Auf den Scheiben befinden sich Tausende von Einzeltransistoren oder Hunderte von integrierten Schaltungen. Durch Ritzen mit einem Diamant und Brechen werden sie voneinander getrennt. Die hierbei entstehenden Bauteile und Chips werden in Gehäuse aus Metall, Kunststoff oder Keramik eingebaut (Bilder 5.7–20 und 5.7–21).

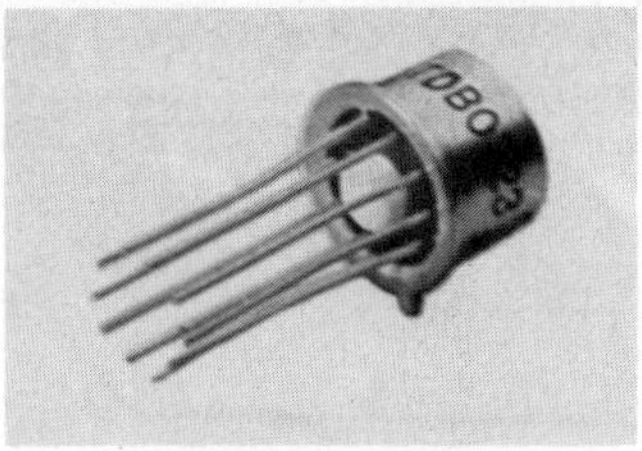

Bild 5.7–20 Metallgehäuse

Bild 5.7–21 Kunststoffgehäuse

2. Die elektrischen Verbindungen zwischen den metallisierten Kristallflächen der Chips und den Außenanschlüssen des Gehäuses vollziehen dünnste Golddrähte von 10 bis 20 µm ∅. (Bilder 5.7–22 und 5.7–23).

Bild 5.7–22 Offenes Keramikgehäuse mit Chip und Golddrähtchen

Die Kontaktierung nach Bild 5.7–23 nennt man das *Nail-head-bonding-Verfahren* nach der Nagelkopfform der Drahtenden.

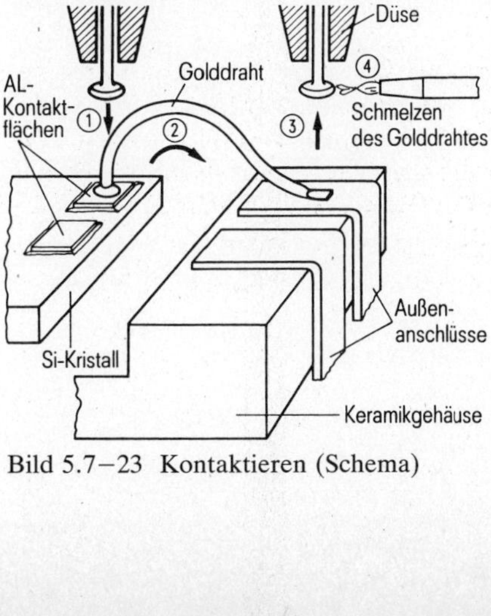

Bild 5.7–23 Kontaktieren (Schema)

5.7.6 Zusammenfassung, Ausblick

Auf der Basis dieser Technologien werden heute unzählige elektronische Bauteile vieler Systeme fabriziert, die im einzelnen nur Spezialisten kennen müssen.

Sie erbringen erstaunliche Leistungen:

- Verlustleistungen von 0,01 mW/Stufe,
- Schaltzeiten von 0,2 ns.
- Speicherkapazität von > 250 kBit/Chip,

  oder 140 000 Transistoren $\triangleq 4 \cdot 10^9$ Byte/Disc von 30 cm ∅.

Die Entwicklung geht weiter; angestrebt werden:

- kleinere Strukturen auf Chips mit 5 bis 20 MBit,
- höhere Arbeitsgeschwindigkeiten,
- geringere Verluste,
- längere Wortbreiten von 32 Bit bei Mikroprozessoren,
- größere Kompatibilität bei Rechnern und Terminals.
- größere Speicherfähigkeit, 1987 wurden 4 M-Chips entwickelt.

Übung 5.7–8

Auf welchen chemischen und physikalischen Maßnahmen beruht die Planartechnik?

Einteilung der Transistoren nach Wirkungsweise

- bipolare (erklärt)
- Feldeffekt, spannungsgesteuert (nicht erklärt)

Einteilung der Transistoren nach Technologien

- Legierungs-Transistoren
- Mesa-Transistoren
- Planar-Transistoren
- Epibasis-Transistoren
- Feldeffekt (FET)-Transistoren
- Sperrschicht-Feldeffekt(MES FET)-Transistoren
- MOS (*M*etallic-*O*xid-*S*ilizium)-Transistoren

Lernzielorientierter Test zu Kapitel 5

1. Störstelle im Halbleiter:
   - A Deformation des Kristalles
   - B natürliche Fehlstelle
   - C unabsichtliche Verunreinigung
   - D absichtlicher, gezielter Zusatz im Halbleiter
   - E magnetischer Störeffekt

2. Si-Kristall für elektrische Bauteile:
   - A verformbar
   - B Elektronenpaar-Bindung
   - C Korngrenzen im Kristall
   - D Ionenkristall
   - E heterogenes Kristallgemisch

3. Löcherleitung:
   - A in Phase mit e^--Leitung
   - B um 90° versetzt gegen e^--Leitung
   - C antiparallel zum e^--Fluß
   - D wird durch Energieaufnahme des Kristalles verstärkt
   - E ist ausschließlich extrinsic-Leitung

4. Raumladung
   - A durch E im Kristall beweglich
   - B an Atome gebunden
   - C erzeugt Diffusionsstrom
   - D ist im pn-Übergang in Sperrrichtung > Durchlaßrichtung
   - E ist an Si- bzw- Ge-Atome gebunden

5. Rekombination
   - A erfordert Energieaufnahme
   - B Elektronen springen aus G- in das L-Band
   - C Elektronen fallen vom L- in das G-Band
   - D bewirkt erhöhtes R
   - E wird durch Photonenabsorption verstärkt

6. Akzeptoratom
   - A gibt e^- ab
   - B ist ein Fe-Atom
   - C ist ein Cu-Atom
   - D ist ein Si-Atom
   - E ist ein B-Atom

7. As-Zusatz im Ge-Kristall:
   - A e^- werden Minoritätsträger
   - B erhöht i-Leitfähigkeit
   - C erniedrigt extrinsic-Leitfähigkeit
   - D $ne^- > ne^+$
   - E bewirkt p-Leitung

8. Für Halbleiter-Kompaktwerkstoffe anwendbar:
   - A Rutil-Eisenoxid-Gemisch
   - B reinste Ge-Kristalle
   - C p-Leiter
   - D n-Leiter
   - E III-Gruppe – V-Gruppe – Kombination

9. Übliche Einheit der Aktivierungsenergie der Elektronen:
   - A µV
   - B µWs
   - C µJ
   - D eV
   - E µNm

10. Die gesperrte pn-Übergangszone im p-dotierten Gebiet:
    - A arm an e^+
    - B arm an e^-
    - C arm an Kationen
    - D arm an Anionen
    - E wird durch Photonenabsorption hochohmiger

11. Avalanche-Lawineneffekt erfolgt durch
    - A Temperatursteigerung
    - B Photoneneinfall
    - C Magnetfeld
    - D elektrisches Feld
    - E mechanische Spannung

12. Laserstrahl
    - A Innerer Fotoeffekt
    - B Werkstoff Halbleiter ohne Übergang
    - C Werkstoff Halbleiter mit einem Übergang
    - D Werkstoff Halbleiter mit vielen Übergängen
    - E äußerer fotoelektrischer Effekt

13. Heißleiter – Werkstoff
   - A ist homogener Kristall
   - B ist Einkristall
   - C hat pn-Übergänge
   - D *R* steigt mit $T(\vartheta)$
   - E *I* fällt linear mit $T(\vartheta)$

14. VDR-Widerstand ist
   - A ein homogener Werkstoff
   - B ein dotierter Halbleiterkristall
   - C eine chemische Verbindung mit Element der IV-Gruppe
   - D ein NTC-Werkstoff
   - E thermoelektrisch verwendbar

15. Photonen – Photonenenergie:
   - A Entstehung aus Rekombination
   - B Entstehung aus Energieabgabe von e^-
   - C Auftreffimpuls beim Einfall in $W \cdot s^2/nm$
   - D Auftreffimpuls beim Einfall in $eV \cdot s/nm$
   - E Photonenimpuls beim Einfall ist konstant

16. Photonenimpuls-(= Lichtintensitäts-) Messung durch
   - A Kompakt-Halbleiter
   - B 1 Übergangs-Halbleiter
   - C 2 Übergangs-Halbleiter
   - D III-V-Kombinations-Halbleiter
   - E II–VI-Kombinations-Halbleiter

17. Hallkonstante
   - A ist die Werkstoffkenngröße R_H in Ω
   - B ist die Werkstoffkenngröße R_H in Ωm
   - C ist die Werkstoffkenngröße R_H in m^3/As
   - D dient für die Messung der Löcherkonzentration
   - E dient für die Messung der Photonenzahl

18. Neutronenbestrahlung von Si bewirkt:
   - A Generation
   - B Rekombination
   - C Kernspaltung
   - D Atomumwandlung
   - E Epitaxie

19. Ionenimplantation bewirkt bei Si:
   - A Zerstörung von Störstellen
   - B Einbau von Störstellen
   - C Rekombination
   - D Erhöhung von ϱ
   - E Erniedrigung von ϱ
   - F P-Atome

20. Epitaxie heißt:
   - A Metallisieren des Kristalls
   - B Kontaktieren von Si
   - C Herstellung von Einkristallen
   - D Erzeugung von Störstellen
   - E Aufdampfen einer Si-Schicht
   - F Zonenschmelzen

21. Die Lorentzkraft F_L ist das Produkt aus den Größen
   - A $ne^- \cdot b_{e^-} \cdot B$
   - B $e \cdot u_{e^-} \cdot B$
   - C $\varkappa \cdot S \cdot H$
   - D $H \cdot b_e \cdot ne^-$
   - E $S \cdot B \cdot \varrho$

6 Magnetwerkstoffe

6.0 Überblick

Die meisten Werkstoffe verhalten sich in einem Magnetfeld neutral; man nennt sie un- oder amagnetisch. Einige metallische und nichtmetallische Werkstoffe dagegen erhalten unter dem Einfluß eines Magnetfeldes magnetische Eigenschaften, d. h. sie werden selber zu einem Magneten; diese Eigenschaften nennt man ferro- bzw. ferrimagnetisch, je nachdem, ob die Elektronenspins parallel oder antiparallel ausgerichtet sind (Erklärung später). Nach der Magnetisierung bleiben im Werkstoff außerhalb des Magnetfeldes magnetische Kräfte unterschiedlicher Größe zurück (Remanenz); nach dem Arbeitsaufwand, sie wieder zu vernichten, unterscheidet man weich- und hartmagnetische Eigenschaften (Werkstoffe).

Ursachen, Wirkungen und Prüfungen magnetischer Eigenschaften erlernen Sie in diesem Kapitel. Ihre Bedeutung ist groß: kein Elektromotor, kein Generator würde sich drehen, kein Transformator, kein Relais würde ansprechen, kein Nachrichtendienst würde ohne magnetische Werkstoffe funktionieren.

6.1 Magnetische Größen

Lernziele

Der Lernende kann ...

- die magnetischen Größen in Formelzeichen und Einheiten benennen,
- dia-, para-, ferro- und ferrimagnetische Polarisation unterscheiden,
- die Ursachen ferro- und ferrimagnetischer Stoffeigenschaften erklären.

Das elektrische und das magnetische Feld stehen miteinander in Wechselwirkung; darum gibt es für beide Felder „korrespondierende“ (gleichartige, analoge) Größen, die man einander gegenüberstellen kann (Tabelle 6.1–1). Man sieht, daß für korrespondierende Größen die Einheiten der Länge (m) und der Zeit (s) gleich, die Einheiten für die elektrische Stromstärke (A) und die Spannung (V) jeweils vertauscht sind.

Felder

elektrisch ~ magnetisch

korrespondierende Größen
mit
Ursache ⇌ Wirkung

Prägen Sie sich alle Größen der Tabelle ein; sie sind für das Verständnis der weiteren Lernziele notwendig!

Die früher benutzten Einheiten für die Feldstärke Oersted (Oe) und für die Flußdichte Gauß (G) sind ungesetzlich und werden nur noch für wissenschaftliche Zwecke benutzt.

$$1\,\mathrm{G} = 10^{-4}\,\mathrm{T}$$

$$1\,\mathrm{Oe} = \frac{10^3}{4\pi}\,\mathrm{A}\cdot\mathrm{m}^{-1} = 79{,}58\,\mathrm{A}\cdot\mathrm{m}^{-1} \approx 80\,\mathrm{A}\cdot\mathrm{m}^{-1}$$

Tabelle 6.1–1 Größen des magnetischen und elektrischen Feldes

Lfd. Nr.	Bezeichnung	magnetisches Feld FZ	Einheit	elektrisches Feld FZ	Einheit
1	Feldstärke	H	$A \cdot m^{-1}$	E	$V m^{-1}$
2	Flußdichte	B	$V \cdot s \cdot m^{-2}$ $= T$	D	①
3	Feldkonstante	μ_0	$4\pi \cdot 10^{-7}$ $V \cdot s \cdot A^{-1} m^{-1}$ $= 1{,}257 \cdot 10^{-6}$ $H \cdot m^{-1}$	ε_0	$8{,}85 \cdot 10^{-12}$ $A \cdot s \cdot V^{-1} m^{-1}$ $= 8{,}85\, pF \cdot m^{-1}$
4.1 4.2	Permeabilitätszahl Permittivitätszahl (Dielektrizitätszahl)	μ_r	–	ε_r	–
5.1 5.2	Permeabilität Permittivität	$\mu = \mu_r \cdot \mu_0$	②	– $\varepsilon = \varepsilon_r \varepsilon_0$	– $A \cdot s \cdot V^{-1} \cdot m^{-1}$
2.1	Flußdichte (allgemein) Flußdichte im Vakuum	$B = \mu_r \cdot \mu_0 H$ $B_0 = \mu_0 H$	$V \cdot s \cdot m^{-2}$ $= T$	$D = \varepsilon_r \cdot \varepsilon_0 \cdot E$ $D_0 = \varepsilon_0 E$	$A \cdot s \cdot m^{-2}$
6	Polarisation	$J = B - B_0$ $= (\mu_r - 1) \cdot \mu_0 H$ $= \chi_m \cdot B_0$	$V \cdot s \cdot m^{-2}$ $= T$	$P = D - D_0$ $= (\varepsilon_r - 1) \cdot \varepsilon_0 E$ $= \chi_e \cdot D_0$	③
7	Suszeptibilitätszahl	④		$\chi_e = \varepsilon_r - 1$	
8.1 8.2	Magnetisierung Elektrisierung	$M = J/\mu_0$ $= \chi_m \cdot H$	$A \cdot m^{-1}$	$E_i = P/\varepsilon_0$ $= \chi_\varepsilon \cdot E$	$V \cdot m^{-1}$

Übung 6.1–1

Füllen Sie in Tabelle 6.1–1 die leerstehenden Felder ① bis ④ aus!

Übung 6.1–2

Errechnen Sie aus den Größen ε_0 und μ_0 die Gleichung

$c = (\varepsilon_0 \cdot \mu_0)^{-1/2}$

c = Lichtgeschwindigkeit.

In Tabelle 6.1–1 sind die wichtigsten magnetischen Werkstoffgrößen aufgeführt:

1. die magnetische *Feldstärke H*; sie wird auch *magnetische Quellenspannung* genannt, weil sie das magnetische Feld erzeugt;

$$H = \frac{I \cdot N}{L} \qquad (6-1)$$

I Stromstärke in A
N Windungszahl
L Länge (der Kraftlinien) in m
H in $A \cdot m^{-1}$

2. die magnetische *Flußdichte* B; sie wurde früher auch magnetische Induktion genannt.
Beachten Sie stets: in Feldern fließt nichts; es entstehen nur Feldzustände; sie werden geschwächt, verstärkt, vernichtet oder umgepolt!

B in $V \cdot s \cdot m^{-2}$; $1\,V \cdot s \cdot m^{-2} = 1\,T$
T = Tesla
1 Vs = 1 Wb (Weber)

3. die magnetische *Feldkonstante* μ_0 ist eine Meßgröße, die man überall auf der Erde im Vakuum und in nahezu gleicher Größe in trockener Luft bestimmen kann.

$$\mu_0 = 1{,}257 \cdot 10^{-6} \cdot V \cdot s \cdot A^{-1} \cdot m^{-1}$$

4. Die *Permeabilitätszahl* μ_r; sie ist ein Zahlenwert, der den Verstärkungsfaktor (bei einigen unmagnetischen Stoffen den Schwächungsfaktor) gegenüber dem Vakuum angibt.
Permeabilität heißt wörtlich Hindurchgehfähigkeit (gemeint für magnetische Feldlinien); noch besser ist der Begriff Saug- oder Ansaugfähigkeit! Man kann sich dabei vorstellen, daß magnetische Feldlinien aus der Luft in den Werkstoff hineingesogen werden.

μ_r = Zahlenwert

5. Die *Permeabilität* μ ist das Produkt aus der magnetischen Feldkonstante μ_0 und der Permeabilitätszahl μ_r, also eine Größe (Zahlenwert und Einheit).

$$\mu = \mu_0 \cdot \mu_r \text{ in } V \cdot s \cdot A^{-1} m^{-1} \quad (6-2)$$

$$\mu_r = \frac{\mu}{\mu_0} \quad \text{(Zahlenwert)}$$

Für das Vakuum ≙ Luft gilt (6–3)

$$B_0 = \mu_0 \cdot H. \quad (6-3)$$

5.1 $B = \mu \cdot H$ ist die *Hauptgleichung* für das Magnetfeld; sie stellt die Beziehung zwischen der Feldstärke H und der Flußdichte B her; μ ist der Verknüpfungsfaktor zwischen den beiden Größen; man könnte auch sagen der Proportionalitätsfaktor (siehe nebenstehende Formulierung, wie aus der Proportion die Gleichung entsteht!).

$$B = \mu \cdot H \quad (6-4)$$

$$B = \mu_0 \cdot \mu_r \cdot H$$

Durch die einfache Umstellung

$\mu = \dfrac{B}{H}$ (Gl. 6–5) ersieht man: die Permeabilität ist das Verhältnis der Flußdichte B zur Feldstärke H; in einem Koordinatenkreuz läßt μ sich durch ein Streckenverhältnis, nämlich durch den Tangens des Steigungswinkels ausdrücken, Bild 6.4–11, μ ist aber kein konstanter Wert für einen Werkstoff!

$$\mu = \frac{B}{H} \quad (6-5)$$

$B \sim H$	$B = \mu \cdot H$
$\dfrac{V \cdot s}{m^2} \sim \dfrac{A}{m}$	$\dfrac{V \cdot s}{m^2} = \dfrac{V \cdot s}{A \cdot m} \cdot \dfrac{A}{m}$ (6–6)

6. Die magnetische *Polarisation* J bezieht sich allein auf den Werkstoff; die Polarisation der Luft bleibt unberücksichtigt.

   Die Polarisation J ist demnach die Differenz aus der Gesamtflußdichte B und der Flußdichte im Vakuum B_0, Gl. (6–7) bis (6–9).

$$J = B - B_0 \text{ in V} \cdot \text{s} \cdot \text{m}^{-2}\ (= \text{T}) \quad (6\text{–}7)$$

$$J = \mu_r \cdot \mu_0 \cdot H - \mu_0 H \quad (6\text{–}8)$$

$$J = (\mu_r - 1) \cdot \mu_0 \cdot H \quad (6\text{–}9)$$

$$B = B_0 + J \quad (6\text{–}10)$$

$$B = \mu_0 H + J \quad (6\text{–}11)$$

7. Die magnetische *Suszeptibilitätszahl* χ_m eines Stoffes ist die Zahl, die um 1 kleiner als die Permeabilitätszahl μ_r ist, Gl. (6–12). Aus den Werkstoffgrößen μ_r und χ_m ist die Magnetart eines Stoffes ersichtlich, wie Sie im nächsten Abschnitt lernen werden

$$\chi_m = \mu_r - 1 \quad (6\text{–}12)$$

8. Die Polarisation J wird durch eine bestimmte Feldstärke erzeugt; sie trägt die Bezeichnung *Magnetisierung* M, Gl. (6–15) und (6–16). M ist demnach die Feldstärke, um die man nach Entfernen des Spulenkernes die Feldstärke erhöhen müßte, um die Flußdichte B zu erhalten.

   Man kann auch definieren: Mit der Magnetisierungsfeldstärke erzielt man die magnetische Flußdichte im Werkstoff.

$$B = \mu_0(H + M) \quad (6\text{–}13)$$

$$J = \mu_0 \cdot M \quad (6\text{–}14)$$

$$M = \chi_m \cdot H \quad (6\text{–}15)$$

$$M = J/\mu_0 \quad (6\text{–}16)$$

$$\frac{\text{A}}{\text{m}} = \left(\frac{\text{V} \cdot \text{s}}{\text{m}^2}\right) \Big/ \left(\frac{\text{V} \cdot \text{s}}{\text{A} \cdot \text{m}}\right) = \frac{\text{A}}{\text{m}}$$

Beispiel 6.1–1

für die Errechnung magnetischer Größen aus gegebenen Größen:

Ein Weichmagnet hat eine Permeabilitätszahl $\mu_r = 100$.

Berechnet werden sollen für eine Feldstärke $H = 100\,\text{A} \cdot \text{m}^{-1}$:

1. Magnetisierung M
2. Flußdichte B
3. Polarisation J

$\mu_0 = 1{,}26 \cdot 10^{-6}\,\text{V} \cdot \text{s} \cdot \text{A}^{-1}\text{m}^{-1}$

$B = \mu_0 \cdot H + J = \mu_0 H + \mu_0 M,$ (6–11); (6–13)

also:

1. $M = (\mu_r - 1)\,H = 0{,}99 \cdot 10^4\,\text{A} \cdot \text{m}^{-1}\,(9{,}9\,\text{kA} \cdot \text{m}^{-1})$ (6–12); (6–15)
2. $B = \mu_0 \mu_r \cdot H = 1{,}26 \cdot 10^{-6}\,\text{V} \cdot \text{s} \cdot \text{A}^{-1}\text{m}^{-1} \cdot 100 \cdot 100\,\text{A} \cdot \text{m}^{-1} =$
   $= 1{,}26 \cdot 10^{-2}\,\text{V} \cdot \text{s} \cdot \text{m}^{-2} = 1{,}26 \cdot 10^{-2}\,\text{T}$ (6–4)
3. $J = (\mu_r - 1) \cdot \mu_0 \cdot H = 99 \cdot 1{,}26 \cdot 10^{-6}\,\text{V} \cdot \text{s} \cdot \text{A}^{-1}\text{m}^{-1} \cdot 100\,\text{A} \cdot \text{m}^{-1} =$
   $= 1{,}247 \cdot 10^{-2}\,\text{V} \cdot \text{s} \cdot \text{m}^{-2} = 1{,}247 \cdot 10^{-2}\,\text{T}$ (6–9)

6.2 Materie im Magnetfeld*

6.2.0 Übersicht

Die Wirkung eines Magnetfeldes auf einen Werkstoff läßt sich durch die Permeabilitätszahl μ_r oder die magnetische Suszeptibilitätszahl χ_m genau angeben. Nach diesen Zahlen teilt man alle Stoffe in vier Magnetklassen ein (Tabelle 6.2–1):

1. dia-magnetische
2. neutral-magnetische
3. para-magnetische
4. ferro-magnetische und ferri-magnetische

Die amagnetischen Gruppen 1, 2, 3 sind zwar praktisch wichtig; in den folgenden Abschnitten wird aber vornehmlich die Gruppe 4 der Ferro- und Ferrimagnetika besprochen; es sind die unter der Bezeichnung „Magnetwerkstoffe" in der E-Technik benutzten Werkstoffe.

Tabelle 6.2–1 Einteilung der Stoffe nach ihrem magnetischen Verhalten

Nr.	Name	μ_r	χ_m
1	diamagnetisch	<1	<0
2	neutralmagnetisch	1	0
3	paramagnetisch	>1	>0
4	ferro-(ferri-)magnetisch	$\gg 1$	$\gg 1$

6.2.1 Ursachen des Magnetismus

Bewegt sich eine elektrische Ladung Q (in As = C), dann entsteht um sie ein elektrisches Feld.

Aus Kapitel 1 wissen Sie, daß die Elektronen ihre Energie in Kreisbahnen und Kreiselbewegungen (Spins) in gequantelten Beträgen besitzen. Bild 6.2–1 verdeutlicht dies schematisch. Das Magnetmoment eines e^- ist das kleinste Magnetmoment μ_{e^-}**.

Elektronenbewegungen:
1. Kreiselbewegung, Spin, Gegenspin → magnetisches Spinmoment
2. Umlauf (Bahn), Bewegung um den Atomkern → magnetisches Umlaufmoment

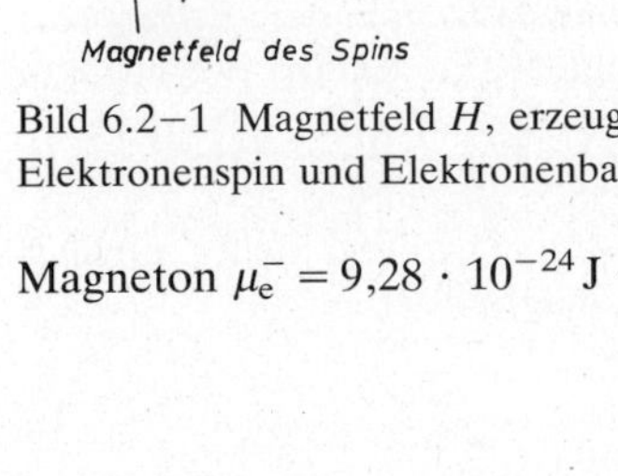

Bild 6.2–1 Magnetfeld H, erzeugt durch Elektronenspin und Elektronenbahn

Magneton $\mu_e^- = 9{,}28 \cdot 10^{-24}\,\mathrm{J} \cdot \mathrm{T}^{-1}$

* Für die wissenschaftliche Erklärung benutzen Sie die Spezialliteratur!
** Nicht verwechseln mit μ = Permeabilität!

6.2.2 Dia- und Paramagnetismus

Kompensieren sich die Spin- und Bahnmomente von Atomen oder Molekülen gegenseitig, dann tritt kein elektrisches Feld nach außen. Wirkt ein elektrisches Außenfeld auf ein Material, so wird dieses Primärfeld nach der Lenz'schen Regel durch ein sekundäres Gegenfeld geschwächt. Nun bestehen drei Möglichkeiten:

- Tritt trotz dieser Schwächung noch ein kleines Feld in Form von magnetischen Feldlinien aus dem Stoff, dann bezeichnet man ihn als diamagnetisch (Bild 6.2–2a).
- Kompensieren sich die beiden Felder völlig, dann treten keine Feldlinien nach außen; der Stoff ist magnetisch neutral.
- Kompensieren sich die Feldstärken, d. h. die magnetischen Momente, nicht ganz, verbleiben gewissermaßen einige „Minimagnete" im Stoff zurück mit einer dem Außenfeld entgegengesetzter Polarisation, dann ist er paramagnetisch (Bild 6.2–2b).

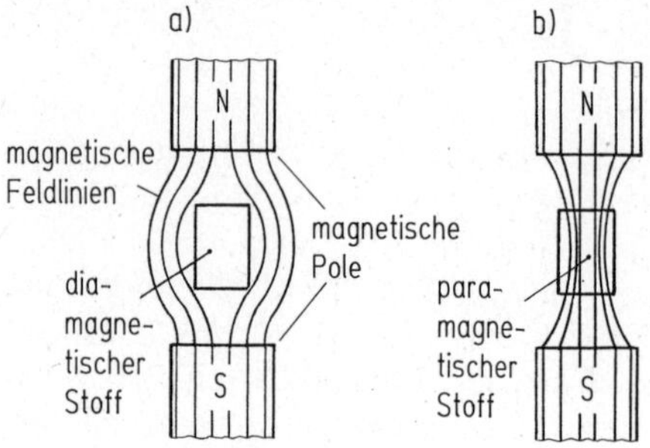

Bild 6.2–2 Feldlinienverlauf
a) Diamagnet, b) Paramagnet

a) H_2, C, N_2, Si
Cu, Zn, Ge, Ag
Au, Pb, Bi
H_2O, NaCl

b) O_2Na, Mg, Al
Cr, Mn, Pt
Luft

6.2.3 Ferro- und Ferrimagnetismus

In einigen Stoffen richten sich die atomaren magnetischen Momente durch Kopplungskräfte spontan (= von selbst) aus; dies geschieht in bestimmten kleinen Raumbezirken, die nach ihrem Entdecker als *Weiß'sche* Bezirke bezeichnet werden. Für die Entstehung dieser Bezirke sind zwei Voraussetzungen notwendig:

1. Die Atome müssen Elektronen mit einer nicht vollbesetzten 3d- oder 4f-Schale haben.
2. Im Werkstoff muß ein bestimmtes Abstandsverhältnis zwischen den benachbarten Atomen und dem Radius der Außenelektronen um den Atomkern vorhanden sein (reziproke *Slaterzahl*).

Gase oder Flüssigkeiten sind daher niemals ferro- bzw. ferrimagnetisch.

Tabelle 6.2–2 Elektronenkonfiguration der Übergangs-Elemente 22 bis 30

Element		Schale und Elektronenzahl						
		K	L	M			N	
OZ	Symbol			3s	3p	3d	4s	$\frac{a}{r_{3d}}$
22	Ti	2	8	2	6	2	2	1,1
23	V	2	8	2	6	3	2	1,19
24	Cr	2	8	2	6	5	1	1,3
25	Mn	2	8	2	6	5	2	1,49
26	Fe	2	8	2	6	6	2	1,59
27	Co	2	8	2	6	7	2	1,79
28	Ni	2	8	2	6	8	2	2,0
29	Cu	2	8	2	6	10	1	>2
30	Zn	2	8	2	6	10	2	>2

Bedingungen für den Ferromagnetismus:

1. nicht aufgefüllte 3d- oder 4f-Schale,
2. bestimmtes Verhältnis der Atomabstände zum 3d- oder 4f-Elektronenbahnradius (Slaterzahl).

Gase und Flüssigkeiten lassen sich nicht magnetisieren; amorphe Feststoffe nur, wenn die beiden vorstehenden Bedingungen erfüllt sind (selten!).

Zu 2. Der Abstand a benachbarter Atome und der Radius der Umlaufbahn der 3 d-Elektronen r_{3d} müssen im Verhältnis von 1,5 bis 2,0 zueinander stehen (Tabelle 6.2–2). Dieses Abstandsverhältnis haben die Metalle Fe, Co, Ni. Wenn man Mn und Cu miteinander in ein Gitter bringt (zusammenlegiert), dann ist dieses Abstandsverhältnis ebenfalls vorhanden und die Legierung daher ferromagnetisch. Werden Fe, Co oder Ni erhitzt, dann verändert sich das Abstandsverhältnis bei den größeren Schwingungsamplituden zunehmend; am *Curiepunkt* liegt es außerhalb von 1,5 bis 2,0, und der Stoff wird paramagnetisch.

Einige Mischungen von Metalloxiden besitzen wegen ihrer ungekoppelten Spinmomente magnetische Eigenschaften; im Gegensatz zu den ferr*o*magnetischen Metallen nennt man sie ferr*i*magnetisch.

Tabelle 6.2–3 Spinmomente der Übergangs-Elemente 25 bis 29 in den 3d- und 4g-Unterschalen

	3d		4s	
Mn	5	↑ ↑ ↑ ↑ ↑	2	↑↓
Fe	6	↑↓ ↑ ↑ ↑ ↑	2	↑↓
Co	7	↑↓ ↑↓ ↑ ↑ ↑	2	↑↓
Ni	8	↑↓ ↑↓ ↑↓ ↑ ↑	2	↑↓
Cu	10	↑↓ ↑↓ ↑↓ ↑↓ ↑↓	1	↑

↑ ungekoppeltes Einzelspinmoment, magnetisch
↑↓ gekoppeltes Spinmomentenpaar, unmagnetisch (s. a. Bild 1.4–5, S. 33)

Übung 6.2–1

Erklären Sie die Einheit A · m^2 für ein magnetisches Moment!

Übung 6.2–2

Sind Gase magnetisierbar? (Begründung der Antwort.)

Übung 6.2–3

Nach dem unterschiedlichen Verhalten im Magnetfeld unterscheidet man dia-, neutral-, para- und ferro- bzw- ferrimagnetische Stoffe.

Geben Sie die beiden hierfür maßgeblichen Eigenschaften mit Namen, FZ (Formelzeichen) und Zahlen an!

Übung 6.2–4

Wodurch unterscheiden sich Ferro- und Ferrimagnetismus?

Übung 6.2–5

Welche Flüssigkeiten zeigen Ferromagnetische Eigenschaften?

Übung 6.2–6

Nennen Sie die Hauptgleichung für das magnetische Feld mit FZ und Einheiten!

Übung 6.2–7

Nennen Sie die Gleichungen für die elektrische und magnetische Polarisation eines Werkstoffes mit FZ und Einheiten!

6.2.4 Antiferro- und Ferrimagnetismus

Anti heißt entgegengesetzt; demnach ist *Antiferromagnetismus* ein Ferromagnetismus mit antiparallelen atomaren Magneten, deren magnetische Momente sich völlig kompensieren. Ihn besitzen Stoffe mit ineinandergeschachteltem kubischen Gitter nach Bild 6.2–3 (2).

Antiferromagnetische Stoffe, z. B. Mangandioxid MnO_2, sind ohne weitere Zusätze magnetisch nicht brauchbar.

Dagegen ist der *Ferrimagnetismus* praktisch bedeutungsvoll; ferrimagnetische Stoffe bestehen aus nichtmetallischen Kristallen mit ineinander geschachtelten Kuben des sogenannten Spinelltyps (kubisch, oktaedrische Minerale).

Bild 6.2–3 (3) zeigt vereinfacht das Schema; die antiparallel nach den Würfelkanten ausgerichteten Atommagnete kompensieren sich nicht vollständig; es bleibt ein Differenzbetrag der Summe aller magnetischen Einzelmomente.

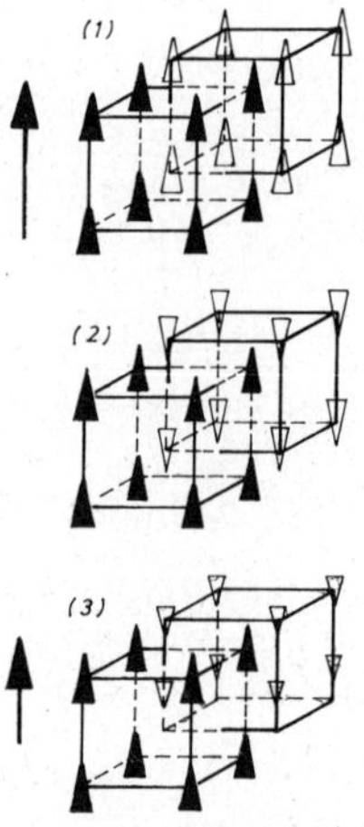

Bild 6.2–3 Schema der magnetischen Polarisationen. Man erkennt deutlich:

(*1*) ferromagnetisch:	große Polarisation
(*2*) antiferromagnetisch:	keine Polarisation
(*3*) ferrimagnetisch:	kleine Polarisation

Ferromagnetika:	Metalle
Ferrimagnetika:	Nichtmetalle (= Oxide)

Übung 6.2–8

Welche Magnete verfügen über eine größere Flußdichte, Ferro- oder Ferrimagnetika?

Begründung!

6.3 Polarisation

Lernziele

Der Lernende kann ...

- Weiß'sche Bezirke erklären,
- Polarisations-Vorgänge in ferromagnetischen Kristallen durch Wandverschiebungen und Drehvorgänge erläutern,
- die magnetische Sättigung in einem Magnetwerkstoff erläutern,
- reversible und irreversible Vorgänge unterscheiden,
- die Magnetostriktion erklären.

6.3.1 Weiß'sche Bezirke (Domänen)

Alle nach außen wirksamen magnetischen Erscheinungen werden durch Vorgänge innerhalb der Weiß'schen Bezirke hervorgerufen; mit ihnen müssen wir uns näher befassen.

Eisen, Nickel und andere ferro- oder ferrimagnetische Stoffe haben kubische, Kobalt ein hexagonales Gitter. Seit einigen Jahren werden durch rasche Abkühlung auch metallische „Amorphmagnete" hergestellt.

Jeder Einzelkristall ist in magnetisch einheitlich ausgerichtete Raumbezirke (Weiß) aufgeteilt; sie haben die Form kleiner Platten, Quader oder Würfel mit Kantenlängen von 0,1 bis zu einigen mm.

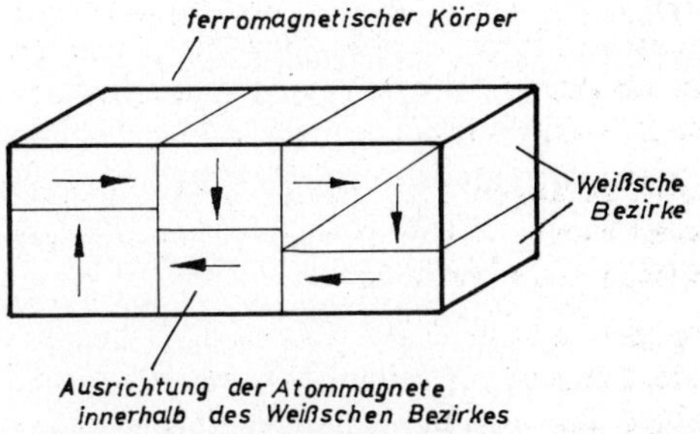

Bild 6.3–1 Weiß'sche Bezirke in einem Magnetwerkstoff mit ausgerichteten Elementarmagneten

In jedem Bezirk sind die Elementarmagnete in gleicher Richtung orientiert; sie verläuft parallel zu einer Kristallachse; demnach also bei kubischen Kristallen im Winkel von 90° oder 180° zur Richtung des Nachbarbezirkes (Bild 6.3–1).

Magnetwerkstoffe sind (allgemein) polykristallin. Jeder Monokristall setzt sich aus einer kleinen Zahl, etwa 2 bis 8, von Weiß'schen Bezirken zusammen, deren magnetische Momente sich gegenseitig aufheben und deshalb nicht nach außen wirksam werden, wenn sie nicht zuvor schon einmal einem äußeren Magnetfeld, dies kann unter Umständen auch das Erdfeld sein, ausgesetzt waren. Von „Geburt an" ist kein Magnetwerkstoff bereits ein Magnet; er besitzt verborgene Magneteigenschaften, die erst in einem Magnetfeld wirksam werden.

> Die im mikroskopischen Bereich befindlichen, unsichtbaren, ferro(ferri)magnetischen Eigenschaften eines Stoffes werden erst unter dem Einfluß eines äußeren Magnetfeldes sichtbar und wirksam!

(Erdmassen mit ferrimagnetischen Eigenschaften wurden bei der Abkühlung durch das Erdfeld zu Dauermagneten magnetisiert. Aus der Richtung der Pole von Oxidmagneten läßt sich das Magnetfeld der Erde zur Zeit der Magnetisierung bestimmen.)

6.3.2 Blochwand

Die in Bild 6.2–1 gezeichneten dünnen Trennstriche zwischen Weiß'schen Bezirken sind in Wirklichkeit Übergangsschichten aus etwa 100 bis 1000 Atomschichten; nach ihrem Entdecker nennt man sie *Blochwände*. Innerhalb einer Blochwand sind die atomaren Magnetmomente einzeln wie bei einem Uhrzeiger max. um 180° gegeneinander verdreht (Bild 6.3–2).

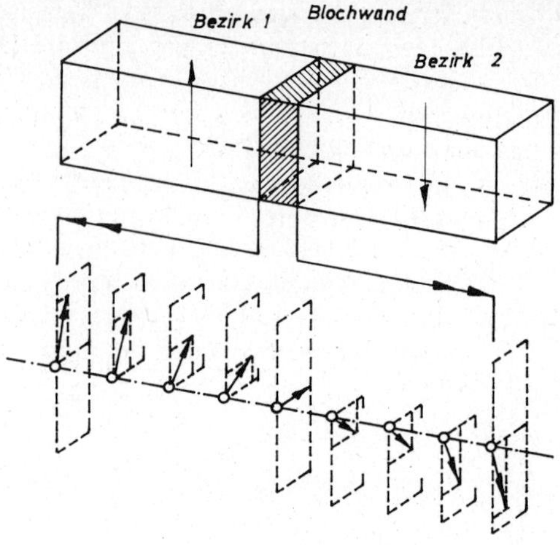

Bild 6.3–2 180°-Drehung des magnetischen Momentes innerhalb einer Blochwand
Infolge dieser Drehung verschiebt sich die Wand von links nach rechts, bzw. von rechts nach links, je nach der Feldrichtung.

In aufgedampften, magnetischen Dünnschichten mit wenigen Atomschichten wird die Blochwand zur (zunächst) nur wissenschaftlich bedeutsamen „Neelwand".

6.3.3 Vorgänge im Kristall

Unter dem Einfluß eines äußeren Magnetfeldes *H* spielen sich in einem magnetischen Kristall nacheinander zwei Einzelvorgänge ab, die reversibel oder irreversibel ablaufen. Sie werden getrennt in den beiden nächsten Abschnitten erläutert.

> Unter einem äußeren Magnetfeld spielen sich in magnetischen Kristallen nacheinander zwei Polarisations-Vorgänge ab:
> 1. Wandverschiebung ≙ Klappvorgänge um 180°
> 2. Drehungen um < 90°

6.3.3.1 Verschiebung der Blochwand

Vor einer Magnetisierung, d. h. bei einer Feldstärke $H = 0\,\text{A} \cdot \text{m}^{-1}$ befinden sich die magnetischen Momente im Weiß'schen Bezirk, in jedem Fall in jedem Einzelkristall, im Gleichgewicht; sie kompensieren sich völlig im Werkstoffinneren.

Diese willkürlichen, nach den Kristallachsen ausgerichteten magnetischen Momente der Weiß'schen Bezirke zeigt Bild 6.3–3.

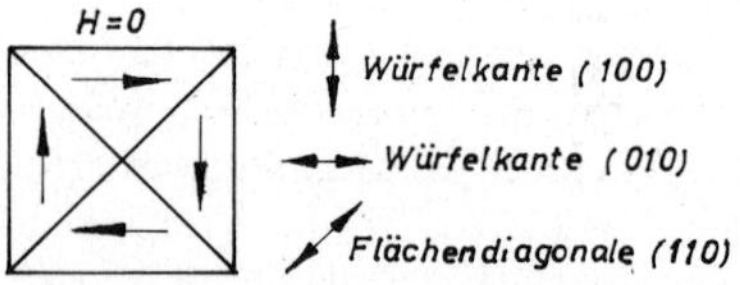

Bild 6.3–3 Magnet-Kristall mit Weiß'schen Bezirken ohne äußeres *H*, Aufsicht auf eine Kubusfläche. Im Kristall befindet sich ein geschlossener Magnetkreis, in dem die Magnetmomente achsenparallel ausgerichtet und nach außen unwirksam sind.

Unter dem Einfluß eines sich langsam verstärkenden Magnetfeldes verschiebt sich eine Blochwand in der in Bild 6.3–4 angedeuteten Weise. Anfangs werden die magnetischen Momente des linken Bezirkes nicht belastet, im Gegensatz zu denen im rechten Bezirk; diese klappen nacheinander um 180° in die der äußeren Feldrichtung näherstehende Richtung um, wodurch sich die Blochwand so lange nach rechts verschiebt, bis sie – am Ende des Kristalls angelangt – verschwindet; der ganze Kristall bildet nun einen einzigen Weiß'schen Bezirk. Nimmt man die äußere Feldstärke weg, dann kann die Wand wieder erscheinen und sich wieder in ihre Ausgangslage schieben. Bei schwankenden oder entgegengerichteten Feldern wird die Wand hin und her verschoben.

Die Verschiebung verläuft um so glatter und reibungsloser, je geordneter der Gitteraufbau des Kristalls ist. Alle Störfaktoren für einen fehlerfreien Gitteraufbau, d. h. Versetzungen, Deformationen und Fremdatome, behindern die Verschiebungsvorgänge. Zuweilen bleibt die Wand gewissermaßen an einer Stelle hängen und verschiebt sich dann in ruckartigen Sprüngen, den sogenannten *Barkhausensprüngen*.

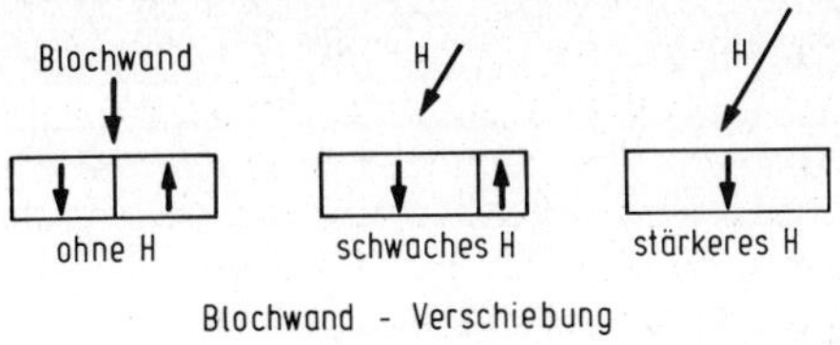

Bild 6.3–4 Blochwand-Verschiebung
Unter dem Einfluß von $H\downarrow$ verschiebt sich die Blochwand von links nach rechts, bis sie schließlich ganz verschwunden ist.

> Die Blochwand wandert bei wechselndem H hin und her.

> Gitterstörungen erschweren die Wandverschiebung!

6.3.3.2 Drehvorgänge der Magnetmomente

Sind die Klappvorgänge beendet und alle Kristalle jeweils ein einziger Weiß'scher Bezirk mit nur nach *einer* Kristallachse ausgerichteten magnetischen Orientierung geworden (Bild 6.3–5b), dann beginnt bei weiter ansteigendem H der Drehvorgang. In jedem Kristall beginnen sich die magnetischen Momente gleichzeitig in die Richtung des erregenden Feldes zu drehen, bis sie schließlich alle in diese Richtung ausgerichtet sind (Bild 6.3–5c). Darüber hinaus kann im Werkstoff nichts weiter geschehen; die Probe ist magnetisch gesättigt und die Sättigungspolarisation J_S erreicht.

Wandverschiebungen und Drehvorgänge können in Magnetstoffen leicht und reversibel oder schwer und irreversibel verlaufen.

In 6.5 werden diese Werkstoffe als weich- bzw. hartmagnetische näher besprochen.

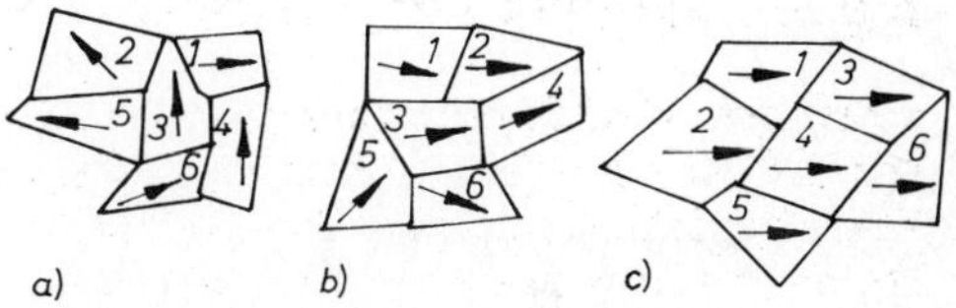

Bild 6.3–5 Klapp- und Drehvorgänge bis zur magnetischen Sättigung in sechs Kristallen
a) ohne H: ungeordnete Momente
b) schwaches H: Blochwandverschiebung beendet
c) starkes H: Drehvorgänge beendet ≙ magnetisch gesättigt.

Wandverschiebung und Drehvorgang:

1. leicht und reversibel } bei ungestörtem Gitter
2. schwer und irreversibel } bei gestörtem Gitter

> Ob Wandverschiebungen und Drehvorgänge leicht oder schwer verlaufen, hängt von der „anisotropen Energie" ab. Darunter versteht man die Textur der Kristalle (6.5.2.3).

Übung 6.3–1

Welche beiden Vorgänge spielen sich in einem Weiß'schen Bezirk nacheinander ab?

Übung 6.3–2

Gibt es auf der Erde natürliche Magnete? Wenn ja, wie entstanden sie?

Übung 6.3–3

Erklären Sie das Formelzeichen J_S! Wie ist seine Einheit?

Übung 6.3–4

Welche Magnetwerkstoffe lassen sich leicht und welche schwer polarisieren?

Übung 6.3–5

Was versteht man unter reversibler und unter irreversibler Polarisation?

Wann treten sie auf?

6.3.3.3 Magnetostriktion

Bei der Polarisierung ändert sich die Gestalt des Magnetwerkstoffes; man nennt diese Erscheinung Magnetostriktion. Die magnetostriktive Längenänderung $\lambda = \Delta L/L_0$ ist ein Faktor; bei der magnetischen Sättigung erreicht er seinen Höchstwert, die Sättigungsmagnetostriktion λ_S (Tabelle 6.3–1). Aus den Vorzeichen für λ_S erkennt man, ob sich ein Magnetstab bei der Magnetisierung längt oder kürzt. Die Längenmagnetostriktion ist keine Konstante, sondern eine Funktion von H.

Die lästigen Brummgeräusche der Transformatoren beruhen auf der Magnetostriktion; im Takte der Frequenz, meistens also mit 100 Hz, schwingen die Elektrobleche und erzeugen Luftschwingungen. Technisch wird die Magnetostriktion für elektroakustische Schallstöße, magnetostriktive Filter und bei Schnelldruckern genutzt.

Tabelle 6.3–1 Sättigungsmagnetostriktion λ_S bei Raumtemperatur und 1 T

Fe	$-8 \cdot 10^{-6}$
Co	$+55 \cdot 10^{-6}$
Ni	$-35 \cdot 10^{-6}$
Ferrite	$(-100 \text{ bis } +40) \cdot 10^{-6}$

Das Vorzeichen gibt an, ob sich ein Stabmagnet längt oder kürzt.

$$\lambda_s = \frac{L - L_0}{L_0} = \frac{\Delta L}{L_0}$$

$$\lambda_S = f(H) \qquad (6-17)$$

Magnetostriktive Stäbe bestehen oft aus Fe 49 Co 49 V 2

6.4 Magnetisierungs- und Hysteresekurve, DIN 50462

Lernziele

Der Lernende kann ...

- die Aufnahme von Magnetisierungskurven erläutern.
- die Neukurve werkstofflich erläutern.
- die Hysteresekurve werkstofflich erläutern.
- die gescherte Kurve erläutern.
- die verschiedenen Arten von Permeabilitätszahlen erläutern.

6.4.0 Übersicht

Alle magnetischen Größen können gemessen werden. Hierzu bringt man die Probe in ein langsam stärker werdendes Magnetfeld H und mißt die jeweils in der Probe erzeugte Flußdichte B bei der zugehörigen Feldstärke H. Man nennt eine Gleichfelderregung statisch; im Gegensatz dazu steht die dynamische Meßmethode in einem magnetischen Wechselfeld. Bei der statischen Messung erhält man Kurvenzüge auf einem Diagramm mit H als Abszisse und B (oder J) als Ordinate:

1. die *Neukurve* der erstmalig einem Magnetfeld ausgesetzten Probe, auch *Magnetisierungskurve* genannt,
2. die *Hysteresekurve*, die sich dann anschließend mit der bereits magnetisierten Probe ergibt.

Beide Kurven werden jetzt eingehend besprochen.

6.4.1 Neukurve

Eine Neukurve kann, wie gesagt, nur statisch, d. h. in einem Gleichfeld an einer noch nicht magnetisierten oder einer oberhalb des Curie-punktes ausgeglühten oder im Wechselfeld entmagnetisierten Probe ermittelt werden. Sie ist entweder ein geschlossener Ring, damit keine induzierten Feldlinien austreten können, oder ein nahezu fugenloser Rahmen (*Eppstein-Rahmen*); die Meßschaltung zeigt Bild 6.4–1.

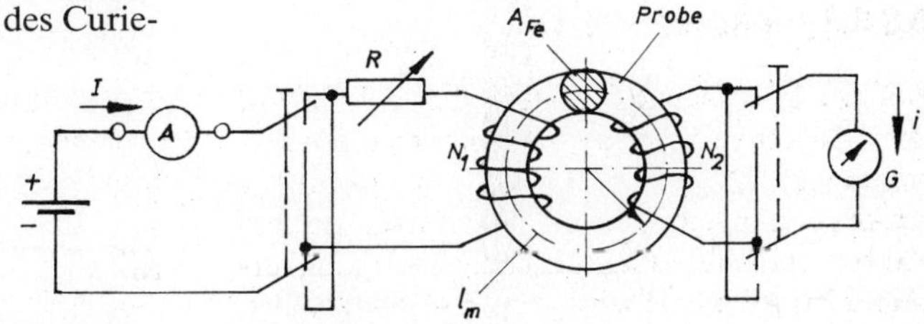

Bild 6.4–1 Meßschaltung für magnetische Neukurve und Hysteresekurve (statisch)

- A Strommesser für die Erregung des Magnetfeldes
- R Potentiometer
- l_m mittlere Feldlinienlänge
- N_1 Erregerwicklungszahl
- N_2 Meßwicklungszahl
- G ballistisches Galvanometer
- A_{Fe} Eisenquerschnitt

Die theoretische Grundlage für die Erstellung der Neukurve sind die Gleichungen (6–4) und (6–9). Man benötigt dazu ein ballistisches Galvanometer sowie Flußmesser und Längenmaßstab. Das erregende Magnetfeld wird stufenweise um den Feldstärkehub ΔH

$$B = \mu_r \cdot \mu_0 \cdot H \qquad (6-4)$$

$$J = \chi \mu_0 \cdot H \qquad (6-9)$$

verstärkt, und man mißt dabei den Induktionshub ΔB. Die ermittelten Werte ergeben in einem Diagramm mit H als Abszisse und $B(J)$ als Ordinate die Neukurve nach Bild 6.4–2, deren typischer Verlauf folgendermaßen zustande kommt:

Am Punkt 0 ist $H = 0$
und $B = 0$
und damit auch das magnetische Gesamtmoment = 0.

Am Punkt 1 ist H_0 auf H_1
und B_0 auf B_1
gestiegen;
die magnetischen Momente sind durch Wandverschiebungen gestiegen.

Am Punkt 2 ist H_1 um ΔH_2 auf H_2
und B_1 um ΔB_2 auf B_2
gestiegen;
die Wandverschiebungen sind fast beendet.

Am Punkt 3 ist H_2 um ΔH_3 auf H_3
und B_2 um ΔB_3 auf B_3
gestiegen;
die Wandverschiebungs-, d. h. die Klappvorgänge, sind beendet.

Am Punkt 4 ist H_3 um ΔH_4 auf H_4
und B_3 um ΔB_4 auf B_4
gestiegen;
im Kristall finden jetzt Drehvorgänge statt.

Am Punkt 5 ist H_4 um ΔH_5 auf H_5
und B_4 um ΔB_5 auf B_5
gestiegen;
die Drehvorgänge sind beendet; die Sättigung ist erreicht.

Man nennt den Punkt 5 den magnetischen Sättigungspunkt und bezeichnet ihn mit J_S oder B_S in T.

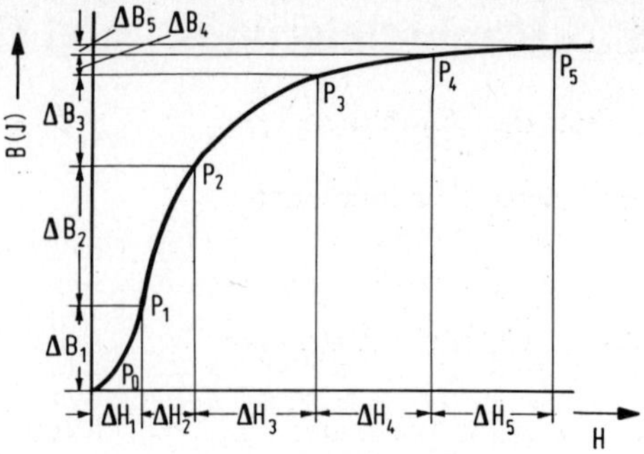

Bild 6.4–2 Magnetisierungs(Neu)-Kurve

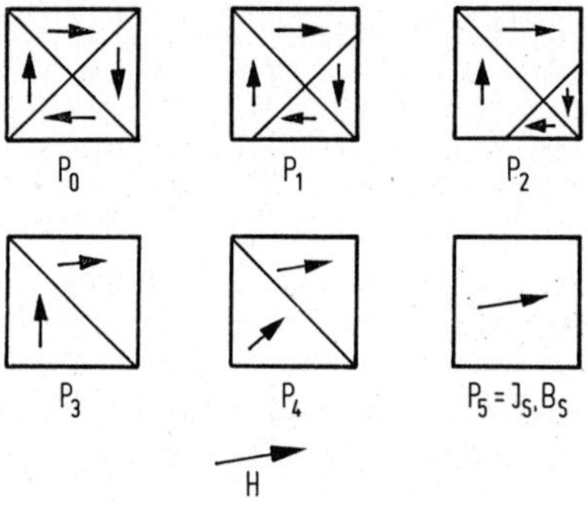

Bild 6.4–3 Ausrichtung der magnetischen Momente unter einer wachsenden Feldstärke H (zu Bild 6.4–2)

(Die Erklärung der Bilder finden Sie nebenstehend.)

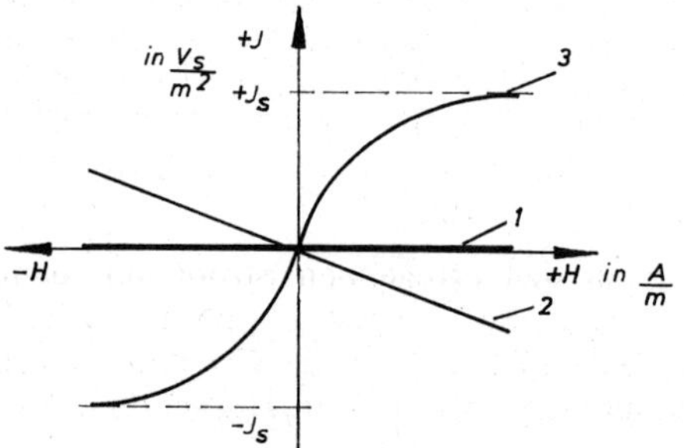

Bild 6.4–4 Magnetische Polarisation J von Vakuum (*1*), diamagnetischem Stoff (*2*) und ferromagnetischem Stoff (*3*)

Übung 6.4–1

Interpretieren Sie Bild 6.4–4!

Übung 6.4–2

Ist $\frac{\Delta B}{\Delta H}$ eine Konstante?

Übung 6.4–3

Wie heißt das Verhältnis $\frac{\Delta B}{\Delta H}$?

Formelzeichen und Einheiten?

6.4.2 Hysteresekurve

Hysterese heißt Fortdauer einer Einwirkung nach Aufhören der Ursache. In unserem Falle bedeutet Hysterese die Fortdauer der magnetischen Polarisierung J ohne magnetische Erregung H. Mit anderen Worten: die bei steigender Feldstärke H in Magnetwerkstoffen vor sich gehenden Klapp- und Drehprozesse sind nicht völlig reversibel, sondern es bleibt eine Polarisation in der Probe zurück. Wäre dies nicht der Fall, so müßte die Flußdichte B bei abnehmendem H die gleichen Werte wie bei zunehmendem H in der Neukurve haben, und man erhielte bei der Auf- und Abmagnetisierung deckungsgleiche B-H-Linien nach Bild 6.4–5.

In Wirklichkeit verbleiben aber bei der Abmagnetisierung höhere J-(B-) Werte in der Probe, wie Bild 6.4–6 zeigt.

Ist die erregende Feldstärke H auf Null zurückgegangen, dann nennt man die im Werkstoff zurückgebliebene (remanente) Polarisation J_r bzw. B_r „Remanenz", oder besser „Remanenzpolarisation" bzw. „Remanenzflußdichte".

Polt man den erregenden Strom um, dann erhält man eine entgegengesetzte magnetische Feldstärke $-H$, welche eine entgegengesetzte Polarisation der Probe bewirkt.

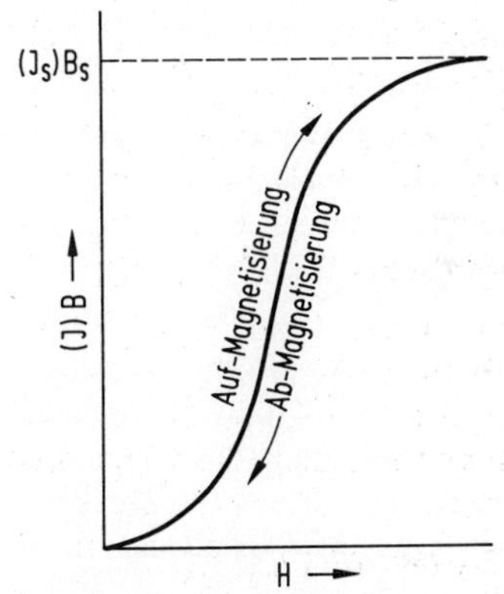

Bild 6.4–5 Deckungsgleiche Auf- und Abmagnetisierung im Idealfall völlig reversibler Klapp- und Drehvorgänge

Die Zahlenwerte für J und B, beide in T, unterscheiden sich in Magnetwerkstoffen nicht; sie können miteinander vertauscht werden.

$J_r = B_r$
$J_S = B_S$

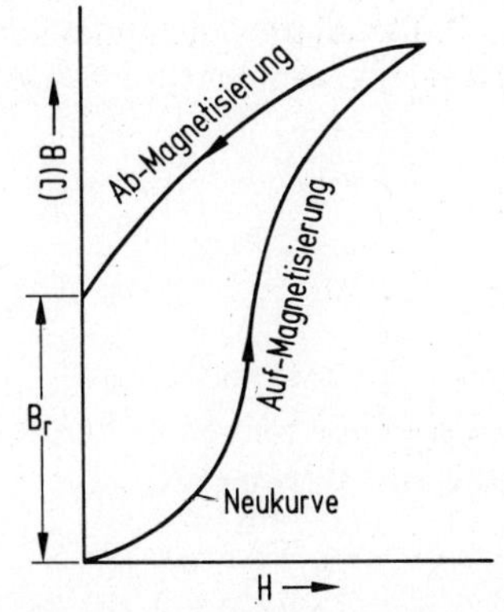

Bild 6.4–6 Auf- und Abmagnetisierung; $H = 0 \rightarrow H_{max} \rightarrow 0$

Bild 6.4–7 ist dieser Vorgang verdeutlicht. Die zur Beseitigung der Remanenz B_r (J_r) erforderliche negative Feldstärke heißt *Koerzitivfeldstärke* $-H_c$. Erhöht man $-H$ über $-H_c$ hinaus, dann erhält man den absteigenden Kurvenabschnitt im III. Quadranten bis zum Sättigungspunkt *2* ($-J_S$); er liegt punktsymmetrisch zum Punkt *1*, d. h. 180° um den Nullpunkt (Schnittpunkt) des Achsenkreuzes gedreht. Mit sinkendem H fällt B (J). Am Nullwert von H (Punkt *3*) verbleibt im Werkstoff eine negative Remanenz $-B_r$ in gleicher Stärke wie $+B_r$ mit entgegengesetzter Polarisation. Zu ihrer Auslöschung benötigt man die gleiche Koerzitivfeldstärke mit umgekehrtem Vorzeichen $+H_c$ (Feldrichtung). Bei zunehmendem H über H_c hinaus wiederholen sich die Vorgänge im Werkstoff ähnlich wie bei der Erstmagnetisierung. Am Punkt *1* ist wiederum die Sättigung B_S (J_S) erreicht und die Hysteresekurve (Schleife) geschlossen.

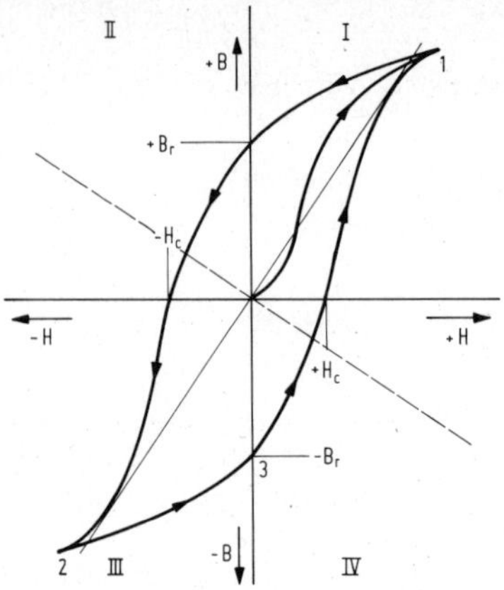

Bild 6.4–7 Hysterese-Kurve
B_r in T
J_r in T
H_c in A · m^{-1}

Statische, mit Gleichstrom erstellte Neu- und Hysteresekurven sind zeit- und kostenaufwendig. Einfacher erhält man Hysteresekurven im Wechselfeld auf einem Oszilloskop-Schirmbild durch eine Meßschaltung nach Bild 6.4–8.

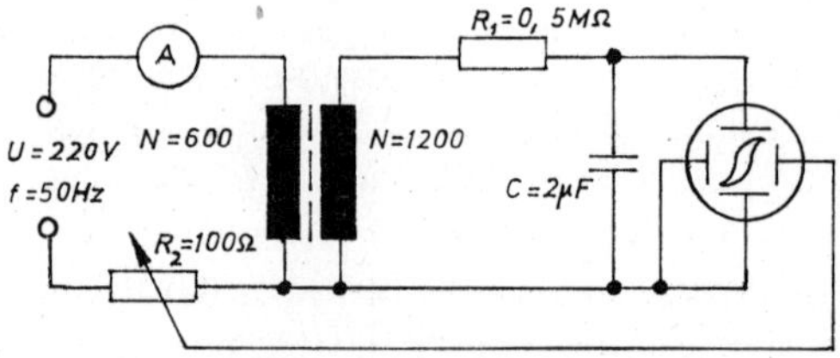

Bild 6.4–8 Meßvorrichtung für eine Hysteresekurve an einem Oszilloskopschirm (dynamisch) (Schaltung geeignet für Übungen)

Sie unterscheiden sich von der statischen Kurve durch den Einfluß von Wirbelströmen (6.5.2.4).

Die Probenform – kurz/dick oder lang/dünn – beeinflußt die Hysteresekurve.

Die Neukurve 0–1 ist praktisch mit der „Kommutierungskurve“ identisch, der Verbindungslinie der Endpunkte aller Hystereseschleifen, die sich mit zunehmender Aussteuerung ergeben (Bild 6.4–9).

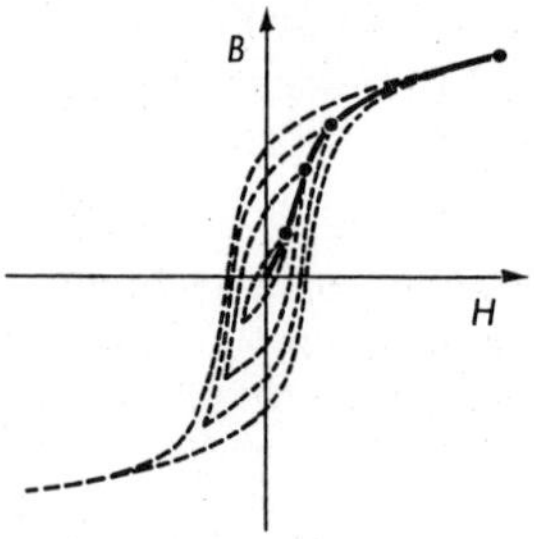

Bild 6.4–9 Konstruktion der Neukurve als Kommutierungskurve

Übung 6.4–4

Nennen Sie Formelzeichen und Einheiten für Koerzitivfeldstärke und Remanenz!

Übung 6.4–5

Was bedeutet J_S? Einheit?

Übung 6.4.–6

Ist in allen Hysteresekurven $+H_c = -H_c$?

Übung 6.4–7

Was bewirkt H_c werkstofflich?

6.4.3 Scherung

Die besprochene Hysteresekurve wurde an geschlossenen Ringen oder spaltlosen Rahmen ermittelt. Man muß aber auch den Einfluß eines Luftspaltes auf die Magnetisierung eines Werkstoffes untersuchen, denn auch bei Weichmagneten, denken wir z. B. an Relais, treten mitunter Feldlinien aus und wieder in den Werkstoff hinein. Sie sind dem erregenden Feld H entgegengesetzt und schwächen es; die induzierte Flußdichte wird durch Widerstände im magnetischen Kreis kleiner. Die Unterschiede der Hysteresekurven einer geschlossenen und einer „gespaltenen" Probe ergeben die typische, der Form einer Schere ähnelnde Kurve; man nennt sie deshalb Scherungskurve (Bild 6.4–10) und das Untersuchungsverfahren „Scherung".

Die Scherung berücksichtigt den Luftspalt im Magnetkreis!

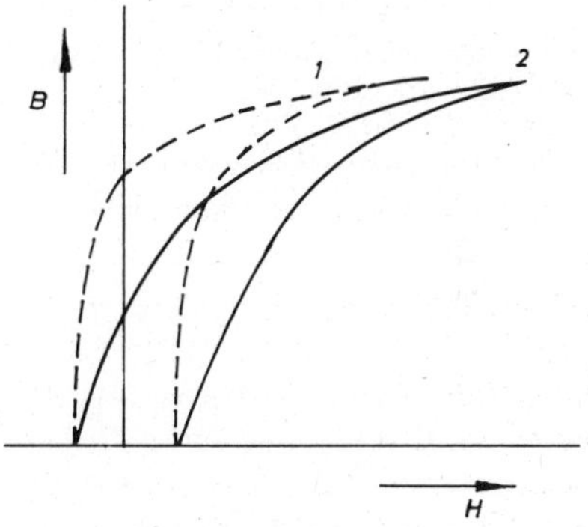

Bild 6.4–10 Scherungskurve
1 ohne Luftspalt, *2* mit Luftspalt

Übung 6.4–8

Wann benötigen Sie Scherungskurven?

6.4.4 Permeabilität

Die *Permeabilität* $\mu = B/H$ ist eine wichtige Werkstoffgröße; man könnte sie gut „magnetische Saugkraft" oder „magnetische Leitfähigkeit" nennen.

Je größer μ ist, um so stärker werden magnetische Feldlinien aus der Probenumgebung in die Probe hineingesogen und dort verdichtet (= verstärkt). Weichmagnete haben viel höhere Permeabilitäten μ, genau gesagt Permeabilitätszahlen μ_r, als Hartmagnete.

Bei Dauermagneten ist μ_r niedrig und beträgt manchmal nur 1 und selten 5; Weichmagnete haben dagegen Höchstwerte bis zu 10^6.

Permeabilität ≙ magnetische Saugkraft oder magnetische Leitfähigkeit.

Technisch gilt:

$$B = \mu \cdot H \qquad (6\text{–}4)$$

$$B = \mu_0 \mu_r \cdot H$$

$$\mu_0 \approx 1{,}26 \cdot 10^{-6}\,\mathrm{V \cdot s \cdot A^{-1} \cdot m^{-1}}$$

$$B \approx 1{,}26 \cdot 10^{-6}\,\mathrm{V \cdot s \cdot A^{-1} \cdot m^{-1}}\,\mu_r \cdot H$$

B in µT
H in $\mathrm{A \cdot m^{-1}}$

Spricht man in der Praxis von der „Permeabilität", so meint man meistens die Permeabilitätszahl μ_r.

> $\mu = f(H)!$ (6–18)
>
> Weil μ_r von H abhängt, muß bei μ_r-Werten H immer angegeben werden!

> Bereits kleine Feldstärken induzieren Permeabilitäten;
> $\mu_4 \triangleq$ gemessen bei $0{,}4\,\mathrm{A \cdot m^{-1}}$

Die Permeabilität μ ist keine Konstante wie μ_0, sondern von der Feldstärke H abhängig. Deutlich sieht man dies an der Neu- und der Hysteresekurve.

Wäre $\mu = B/H$ konstant, dann müßten nach Bild 6.4–11 beide Kurven Geraden sein.

Berechnungsbeispiel für B bei $\mu_4 = 3500$:

B	μ_0	μ_4	H
1,764	$1{,}26 \cdot 10^{-6}$	3500	0,4
mT	$\mathrm{V \cdot s \cdot A^{-1} \cdot m^{-1}}$	–	$\mathrm{A \cdot m^{-1}}$

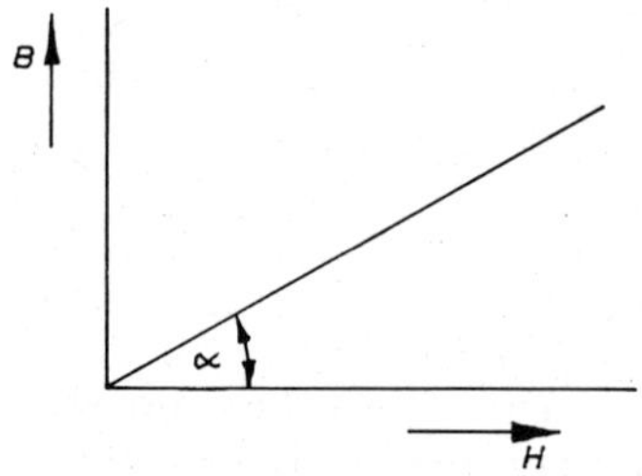

Bild 6.4–11 Neukurve für $\mu = \frac{B}{H}$ = konstant
$\tan\alpha$ = konstant; dies gilt für Luft und andere Gase, aber nicht für Magnetwerkstoffe.

Das Verhältnis $B{:}H$ ändert sich aber ständig. Für jeden Punkt auf der Kurve läßt sich das Differenzenverhältnis $\Delta B{:}\Delta H$ durch den tan des Steigungswinkels α (Tangentenwinkel des Kurvenpunktes mit der Abszisse) angeben (Bild 6.4–12).

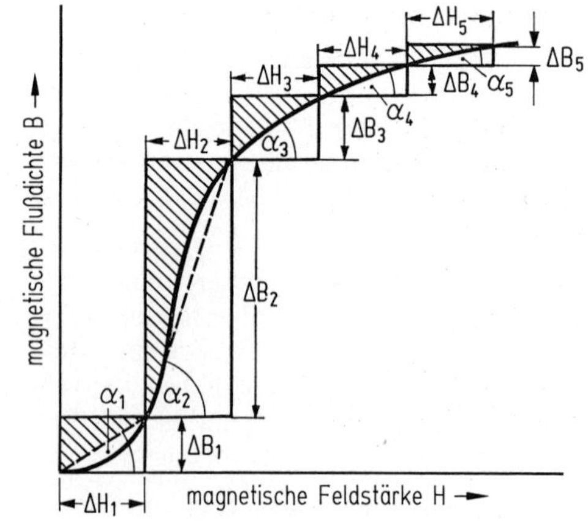

Bild 6.4–12 Steigung der Neukurve

$\mu = \frac{\Delta B}{\Delta H}$ nicht konstant; ΔH konstant

Trägt man $\mu = \tan\alpha$ über H auf (Bild 6.4–13) und extrapoliert den erhaltenen Kurvenzug auf $H = 0$, dann erhält man die Anfangspermeabilität μ_a, eine wichtige weichmagnetische Werkstoffgröße. Bisweilen gibt man μ auch für sehr kleine, wirklich gemessene H-Werte an; z. B. heißt μ_4, daß dieser Wert bei $H = 0{,}4\ \mathrm{A \cdot m^{-1}}$ gemessen wurde.

Nach Bild 6.4–13 erhält man die maximale Permeabilität μ_{max}, bei der der Magnetwerkstoff gewissermaßen die größte Anzichungs-(Saug-)Kraft für Magnetfelder besitzt; er liegt oft über der Koerzitivfeldstärke.

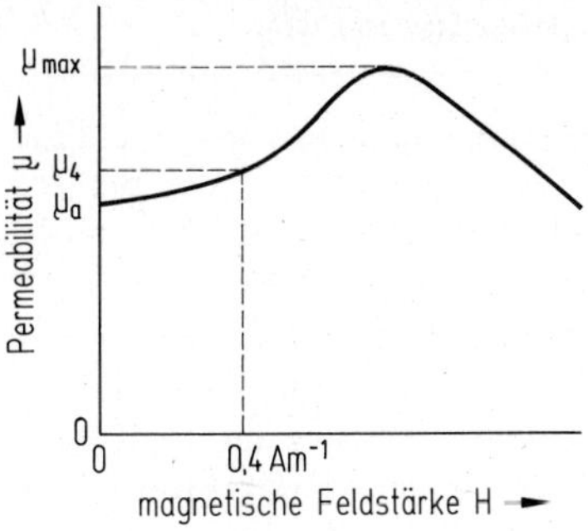

Bild 6.4–13 Definition von μ_a, μ_4 und μ_{max}

Einen ähnlichen Kurvenverlauf wie Bild 6.4–13 zeigt Bild 6.4–14; hier erkennt man noch besser die Werte von μ bei kleinen Magnetisierungs-Werten; sie wurden an Blechen von 0,1 und 0,2 mm Stärke gemessen.

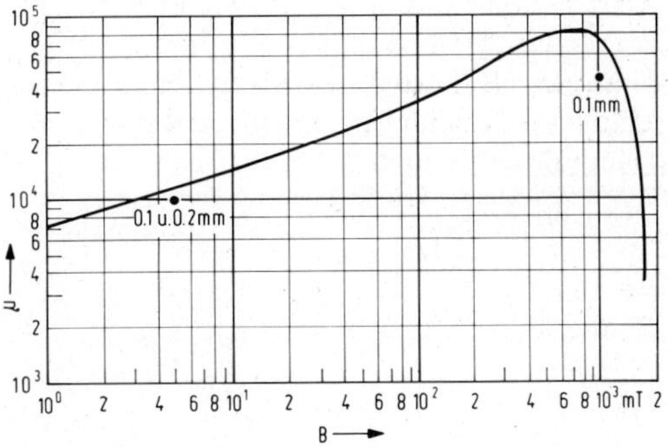

Bild 6.4–14 Abhängigkeit der Permeabilität von der Flußdichte im doppelt-logarithmischen Maßstab (Meßwerte).

Übung 6.4–9

Warum erkennt man in Bild 6.4–14 die Werte von μ bei kleiner Magnetisierung besser als in Bild 6.4–13?

Eine graphische Übersicht über das Verhalten der Stoffe im Magnetfeld gibt Bild 6.4–15.

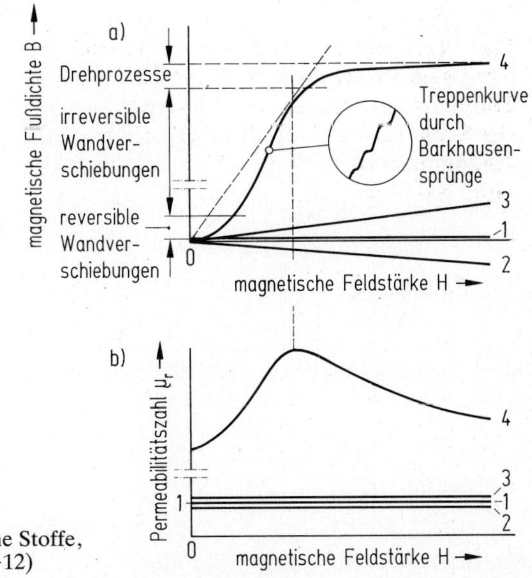

Bild 6.4–15 a) $B = f(H)$, b) $\mu_r = f(H)$
1 Vakuum, *2* diamagnetische Stoffe, *3* paramagnetische Stoffe, *4* ferromagnetische Stoffe (Neukurve, nach Bild 6.4–12)

6.4.5 Rechteckschleife

Man kann Weichmagnete mit vorgegebener Ausrichtung (Textur) der Weiß'schen Bezirke herstellen; bei ihrer Magnetisierung fallen Drehprozesse aus, und es finden nur noch Bloch'sche Wandverschiebungen statt.

Dadurch erhält man bei kleinen Feldstärken bereits einen steilen Anstieg der Flußdichte und nahezu rechteckige Hystereseschleifen nach Bild 6.4–16. Während bei Normalmagneten der Quotient B_r/B_S zwischen 0,5 und 0,8 liegt, beträgt er bei Rechteckkurven nahezu 1. Hiermit lassen sich im binären Zahlensystem der Datenverarbeitung $+B_r$ und $-B_r$ eindeutig als 0 bzw. 1 ausweisen. Solche Texturen werden für verlustarme Bleche in der Energietechnik und (früher) bei Oxidmagneten für Speicherkerne benutzt.

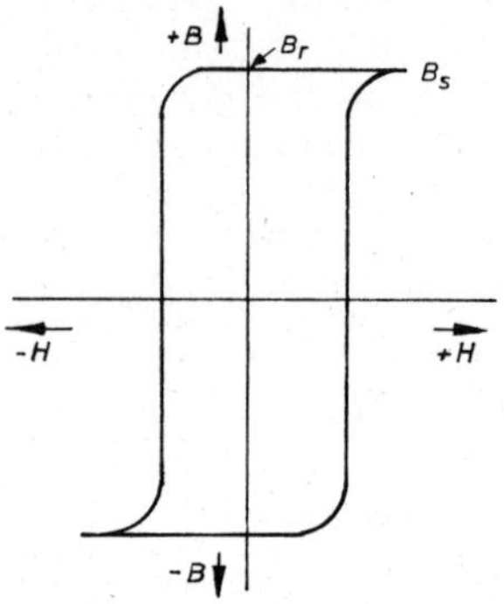

Bild 6.4–16 Rechteckige Hysteresekurve von anisotropen Texturblechen

B_r/B_S	
0,5 bis 0,8	normale, quasiisotrope Metall- und Oxidmagnete
≈1	Speichermagnete, anisotrop, metallisch, oxidisch. Wichtig für EDV, M-Bänder, Computer

Übung 6.4–10

Welche Einheit hat μ_r?

Übung 6.4–11

Ist μ_r eine Konstante?

Übung 6.4–12

Wovon ist μ_r abhängig?

Übung 6.4–13

Welche Arten von Permeabilitätszahlen finden Sie in Tabellenwerten für Weichmagnete?

Übung 6.4–14

Errechnen Sie aus Bild 6.3–14 die H-Werte für die beiden Prüfwerte! (Punkte)

Übung 6.4–15

Wie entnehmen Sie die Größe μ_{max} aus der Hysteresekurve?

Übung 6.4–16

Was besagt 1. ein hoher, 2. ein niedriger μ_r-Wert des Werkstoffes für die Polarisationsfähigkeit?

Übung 6.4–17

Geben Sie Grenzwerte für μ_r von Weich-Magnetwerkstoffen an!

Übung 6.4–18

Zeichnen Sie die Kurve $\mu = f(H)$

a) für einen Weichmagneten und
b) für Luft!

Übung 6.4–19

Errechnen Sie die Flußdichte eines Magneten, wenn μ_4 zu 3,5 bestimmt wurde!

Übung 6.4–20

Rechteckschleife

a) Definieren Sie den Begriff!
b) Wofür wird diese Charakteristik in der Magnettechnik benutzt?

6.5 Anforderungen an Weich- und Hartmagnete

Lernziele

Der Lernende kann ...

- Weichmagnete von Hartmagneten unterscheiden,
- Anforderungen an Weichmagnete nennen,
- Anforderungen an Hartmagnete nennen,
- Verlustarten von Weichmagneten angeben,
- Maßnahmen zur Herabsetzung magnetischer Verluste nennen,
- Einfluß von Temperatur und Frequenz auf Weichmagnete nennen,
- den Begriff Energieprodukt für Hartmagnete erläutern,
- den Arbeitspunkt eines Hartmagneten definieren.

6.5.1 Unterscheidungsmerkmale

Die Begriffe hart- und weichmagnetisch dekken sich nicht mit den konstruktiven Härtezahlen, sondern beziehen sich auf die zum Entpolarisieren benötigte Feldstärke. Die maßgebliche Unterscheidungs-Kenngröße ist die Koerzitivfeldstärke H_c; sie ist bei Hartmagneten einige Zehnerpotenzen höher als bei Weichmagneten. Dementsprechend sind die Hystereseschleifen in Weichmagneten schmal und bei Dauermagneten breit Bild 6.5−1. (Achten Sie dabei auf den Maßstab für H!)

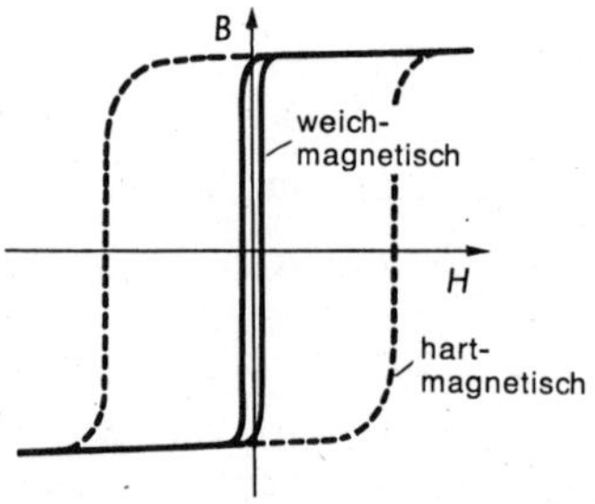

Bild 6.5−1 Einteilung der Magnetwerkstoffe

$H_c < 1$ kA/m:	weichmagnetisch
$H_c > 10$ kA/m:	hartmagnetisch (Dauermagnete)

Die leicht polarisierbaren *Weich*magnete werden vornehmlich in Wechselfeldern eingesetzt; die einmal bei bzw. nach ihrer Herstellung polarisierten *Hart*magnete behalten ihre Polarisation zum großen Teil und werden als Dauer-(*Permanent*-)Magnete benutzt.

Die Anforderungen an Weich- und Hartmagnete sind völlig verschieden. Sie werden in den nächsten Abschnitten beschrieben.

6.5.2 Anforderungen an Weichmagnete

6.5.2.1 Verluste, allgemein

Weichmagnete werden vornehmlich in Wechselfeldern eingesetzt, wobei sie im Takt der Frequenz ummagnetisiert werden. Hierbei entstehen Verluste, die bei hohen Leistungen Kosten verursachen und daher möglichst niedrig gehalten werden müssen.

Energietechnik:

$$V_G = V_H + V_W + V_R \text{ in W} \cdot \text{kg}^{-1} \quad (6-19)$$

V_G Gesamt-Verlust
V_H Hysterese-Verlust
V_W Wirbelstrom-Verlust
V_R Rest-Verlust

Die Verluste entstehen durch

- irreversible Wandverschiebungen (= Hysterese-Verlust),
- induzierte Wirbelströme und
- Nachwirkung.

Die in der Nachrichtentechnik üblichen hohen Frequenzen verursachen ebenfalls Verluste; sie ließen sich wirtschaftlich erst durch die Verwendung hochohmiger Oxidmagnete (Ferrite) und *Amorphmetalle* (Metallgläser) verringern.

Nachrichtentechnik:

$$R_K = R_H + R_W + R_R \qquad (6-20)$$

R_K Verluste eines Spulenkernes

Verluste in Ω!

(nur zur Kenntnis!
ohne Ableitung und nähere Erklärung!)

6.5.2.2 Hystereseverlust
(= Ummagnetisierungs-Verlust)

Für die Auf- und Abmagnetisierung in beiden Richtungen wird elektrische Arbeit in Ws = J (Joule) benötigt, und zwar um so mehr, je mehr sich die atomaren magnetischen Momente gegen ihre Polarisation und Entpolarisation sträuben.

Es läßt sich nachweisen, daß die von der Hysteresekurve umschlossene Fläche das Maß für die Polarisierungs- und Entpolarisierungsarbeit darstellt. Sie kann durch die Summe der kleinen Quadrate $\Delta H \cdot \Delta B$ nach Bild 6.5–2 berechnet oder ausplanimetriert werden. Setzt man H und B in Einheiten ein, so erhält man das *Energieprodukt* $H \cdot B$ der nebenstehenden Gl. (6–21); es ist die auf das Volumen von 1 m³ bezogene Ummagnetisierungsarbeit in J = W · s *einer* Periode bei 50 Hz. Sie wird im Eisenblech gewissermaßen als „Reibungsarbeit" in Wärme umgesetzt; deshalb müssen Leistungstransformatoren mit Spezialölen gekühlt werden.

Metalle handelt man nach Massen, d. h. nach kg. Setzt man in Gl. (6–21) die Werkstoffdichte ϱ_D in kg · m^{-3} ein, dann erhält man nach Gl. (6–22) die Ummagnetisierungsarbeit für eine Periode in W · s · kg^{-1}, die in Wärme umgesetzt wird.

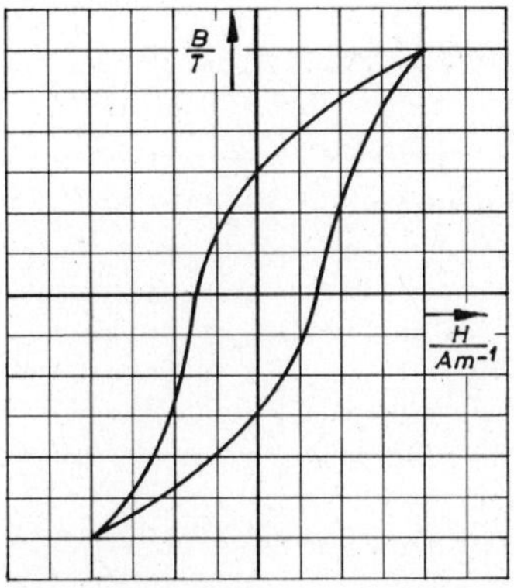

Bild 6.5–2 Hysteresekurve zur Bestimmung des Inhaltes $B \cdot H$

Energieprodukt:

$$B \cdot H \text{ in } \frac{\text{V} \cdot \text{s}}{\text{m}^2} \cdot \frac{\text{A}}{\text{m}} = \frac{\text{W} \cdot \text{s}}{\text{m}^3} = \frac{\text{J}}{\text{m}^3} \qquad (6-21)$$

Die von der Hysteresekurve eingeschlossene Fläche ist die Größe der Ummagnetisierungsarbeit je Volumeneinheit und Perioden in W · s · m^{-3} = J · m^{-3}.
Je schmaler die Kurve, um so geringer die Ummagnetisierungsverluste!

Ummagnetisierungsarbeit für eine Periode je kg Masse:

$$\frac{B \cdot H}{\varrho_D} \text{ in } \frac{\text{W} \cdot \text{s}}{\text{m}^3 \cdot \frac{\text{kg}}{\text{m}^3}} = \frac{\text{W} \cdot \text{s}}{\text{kg}} \qquad (6-22)$$

Berücksichtigt man noch die Frequenz f in s^{-1}, dann erhält man den auf die Masse bezogenen Hysterese-Leistungsverlust V_H in $W \cdot kg^{-1}$, Gl. (6–23).

$$\frac{\mathrm{Ws}}{\mathrm{kg}} \cdot \frac{1}{\mathrm{s}} = \frac{\mathrm{W}}{\mathrm{kg}} \qquad (6-23)$$

Hysterese-Leistungsverlust
V_H in $W \cdot kg^{-1}$

Eine Näherungsgleichung zur Errechnung von Hystereseverlusten bei 50 Hz gibt die Gl. (6–24). B_{max} ist die im Betrieb effektiv erreichte höchste Flußdichte und nicht die Sättigungs-Flußdichte B_S.

$$V_H \approx \frac{2 \cdot 10^{-4} \cdot H_c \cdot B_{max}}{\varrho_D \cdot t} \qquad (6-24)$$

V_H in $W \cdot kg^{-1}$
H_c in $A \cdot m^{-1}$
B_{max} in $V \cdot s \cdot m^{-2}$
ϱ_D in $kg \cdot m^{-3}$
t in s

Tabelle 6.5–1 Ummagnetisierungsverluste von Blechen bei 1 Tesla und 50 Hz (Blechdicke 0,2 bis 0,5 mm)

Material	Verluste in W/kg
techn. Eisen	5 bis 10
SiFe, warmgewalzt (6.6.1)	1 bis 3
SiFe, kaltgewalzt kornorientiert (6.5.2.3)	0,3 bis 0,6
50% NiFe (6.6.2)	0,2
ca. 65% NiFe, magnetfeldgeglüht	0,06

Beispiel 6.5–1

für Gl. (6–24):

Ein Elektroblech mit der Dichte $\varrho_D = 7{,}5\ kg \cdot dm^{-3}$ wird mit $B_{max} = 0{,}9\ V \cdot s \cdot m^{-2}$ bei einer Koerzitivfeldstärke $H_c = 20\ A \cdot m^{-1}$ und bei einer Frequenz von 50 Hz magnetisiert.

Wie hoch ist der Ummagnetisierungsverlust V_H?

Lösung:

$$V_H \approx \frac{2 \cdot 10^{-4} \cdot 20\ A \cdot m^{-1} \cdot 0{,}9\ V \cdot s \cdot m^{-2}}{0{,}0075 \cdot kg \cdot m^{-3} \cdot s}$$

$V_H = 0{,}480\ W \cdot kg^{-1}$

V_H = Leistungsverlust durch Ummagnetisierungsarbeit

Alle Maßnahmen, Hystereseverluste niedrig zu halten, bestehen darin, bei kleinen Feldstärken große Flußdichten zu erhalten und die Polarisationen hochgradig reversibel zu machen. (Technische Werte siehe 6.6.)

Die Magnethersteller bewerkstelligen dies durch

- reine Kristalle ohne unerwünschte Nebenbestandteile (saubere Einsatzstoffe, elektrisch beheizte Öfen),

- Gitter mit möglichst wenig Störstellen (Walz- und Glühvorschriften),
- einheitliche Ausrichtung der Kristalle in Texturblechen (Rekristallisation),
- geeignete Zusammensetzung von Metallen (z. B. Nickellegierungen, s. 6.6.2) und Ferriten (s., 6.6.3 und 6.7.2)

V_H gering bei
1. hohem μ_a
2. hohem μ_{max}
3. J leicht reversibel

Geeignete Maßnahmen
- reiner Werkstoff
- wenig Fehlstellen
- Kornorientierung
- Nickelzusätze im Fe
- Ferrite

6.5.2.3 Kornausrichtung (Textur)

Magnetisierungskurven an Fe-Einkristallen nach Bild 6.5–3 zeigen, daß diese sich besonders gut in Richtung der Würfelkanten magnetisieren lassen; es brauchen nur noch Wandverschiebungen und keine Drehungen im Kristall vorgenommen zu werden.

Durch Walzen, Rekristallisieren und Glühen im Magnetfeld erreichte *Goß* an silizierten Fe-Blechen eine gekantete Würfelstruktur nach Bild 6.5–4a. Diese „Goßbleche" lassen sich bevorzugt nur in Walzrichtung magnetisieren. Erst seit es gelang, eine Kubusstruktur nach Bild 6.5–4b herzustellen, können Si- und Ni-legierte Eisenbleche längs und quer zur Walzrichtung mit sehr geringen Hystereseverlusten magnetisiert werden (Bild 6.5–5).

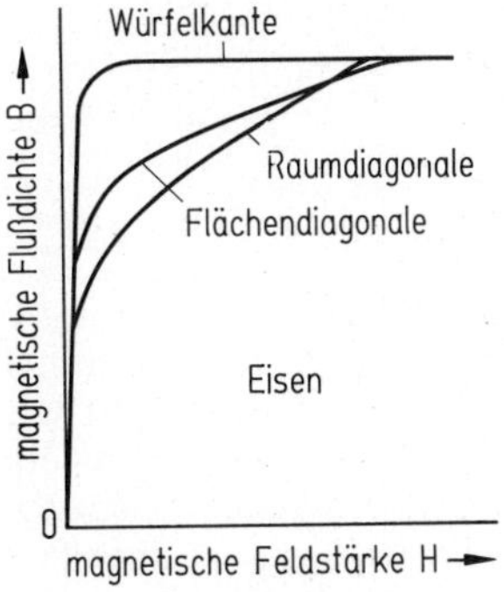

Bild 6.5–3 Magnetisierung eines Fe-Einkristalls

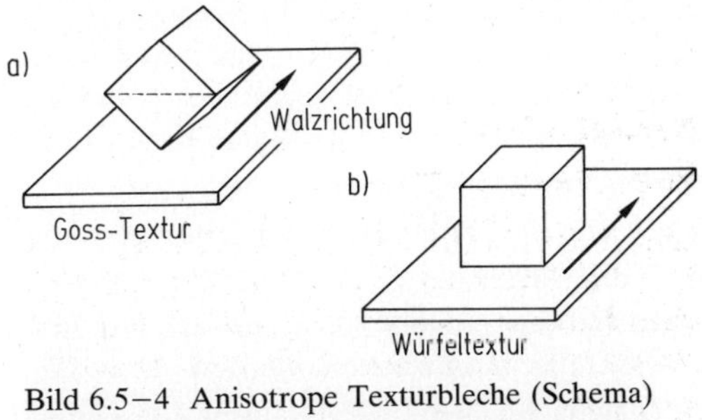

Bild 6.5–4 Anisotrope Texturbleche (Schema)

Bild 6.5–5 Kristallausrichtung in Würfellage (1000:1)

Übung 6.5–1

Welche magnetische Größe ist für die Unterscheidung von weich- und hartmagnetischem Verhalten eines Magnetwerkstoffes entscheidend? Geben Sie Namen, Formelzeichen, Einheit und Maßzahlen an!

Übung 6.5–2

Bei der Aufnahme einer Hysteresekurve wurde gemessen:

$H_c = 15\,A \cdot m^{-1}$; $B_S = 0{,}8\,T$;
$\varrho_D = 7{,}5\,kg \cdot dm^{-3}$.
Wie groß ist V_H in $W \cdot kg^{-1}$ bei einer Frequenz von 50 Hz?

6.5.2.4 Wirbelstromverlust

Nach den bekannten Induktionsgesetzen erzeugt jede Änderung einer magnetischen Flußdichte in ihrer Umgebung eine Spannung U, die in elektrischen Leitern, in unserem Falle in metallischen Magnetwerkstoffen, unerwünschte Ströme, die sogenannten Wirbelströme, erzeugt. Nach der Lenz'schen Regel ist der induzierte Strom dem erregenden Wechselfeld entgegengerichtet; er schwächt es, womit sich auch die wirksame Permeabilität $\mu = B/H$ verkleinert.

Nach Gl. (6–25) lassen sich Wirbelstromverluste berechnen.

Wirbelströme müssen durch eine erhöhte Primärleistung ausgeglichen werden. Aus der hier nicht abgeleiteten Gleichung (6–25) ist ersichtlich, daß der Wirbelstromverlust V_w dem Quadrate der Flußdichte B, dem Quadrate der Frequenz f, dem Quadrate der Blechdichte d und der spezifischen elektrischen Leitfähigkeit $\varkappa$ proportional ist.

Wirbelströme entstehen im Magnetwerkstoff bei Änderung der Flußdichte B.

Wirbelstromverlust V_W in $W\,kg^{-1}$:

$$V_W = \hat{B}^2 \cdot f^2 \cdot d^2 \cdot \varkappa \cdot \frac{1}{\varrho_D} \qquad (6–25)$$

$\hat{B}$ Scheitelwert d. Flußdichte in T
f Frequenz in s^{-1}
d Magnetdicke (Blech) in m
$\varkappa$ spezifische elektrische Leitfähigkeit in Sm^{-1}
ϱ_D Dichte in $kg\,m^{-3}$
$\varrho = \frac{1}{\varkappa}$ (ϱ würde im Nenner stehen)

Bei Wechselströmen ist das Energieprodukt $= \frac{1}{2} B \cdot H$; darum muß $(B/2)^2$ eingesetzt werden. Leider wird ϱ als Formelzeichen für

1. die Dichte in $kg \cdot dm^{-3}$ und
2. den spezifischen Durchgangswiderstand in Ωm benutzt.

Nicht verwechseln!!

Bei Verlustangaben für Weichmagnete, insbesondere für Trafo- und Elektrobleche, müssen daher die Prüfdaten für B und f angegeben werden.

V_1 bedeutet Verlust bei 1 T 50 Hz
$V_{1,5}$ bedeutet Verlust bei 1,5 T 50 Hz

Aus der Gl. (6–25) folgt, daß man zur Erzielung geringer Wirbelstromverluste folgende Maßnahmen ergreifen sollte:

- möglichst kleine Flußdichte B, durch Einsatz von Werkstoffen mit flacher Hysteresekurve (theoretisch, da mit einem bestimmten Fluß gearbeitet werden muß);
- niedrige Frequenz;
- kleine Wandstärke durch Aufteilung des Kernes in dünne Metallstreifen (Lamellen); die einzelnen Blechlagen müssen gegeneinander isoliert sein;
- niedrige elektrische Leitfähigkeit, bzw. hoher spezifischer elektrischer Widerstand ϱ; man erreicht dies durch Verwendung von:
  - FeSi-Legierungen (Mischkristalle!)
  - FeNi-Legierungen (Mischkristalle!)
  - Masseeisen (Metall in Kunststoff eingebettet!)
  - Oxidmagnete = Ferrite (Nichtleiter)

Bei V_w muß B in T immer angegeben werden!

$V_1 \triangleq$ Verlust bei 1 T 50 Hz
$V_2 \triangleq$ Verlust bei 2 T 50 Hz

Wirbelstromverluste werden verringert durch:

1. Lamellierung (kleines d)
2. Widerstandserhöhende Zusätze (kleines $\varkappa \triangleq$ hohes ϱ)
3. Isolierende Zwischenschichten
4. Verwendung von Masseeisenkernen (kleines $\varkappa$)
5. Verwendung von Ferriten (kleines $\varkappa$)

Beispiel 6.5.–2

für die Errechnung von V_w nach Gl. (6–25):

$B = 1{,}1\,\text{T} = 1{,}1\,\text{V} \cdot \text{s} \cdot \text{m}^{-2}$
$f = 50\,\text{Hz} = 0{,}02\,\text{s}^{-1}$
$d = 0{,}5\,\text{mm} = 0{,}5 \cdot 10^{-3}\,\text{m}$
$\varkappa = 5 \cdot 10^6\,\text{S} \cdot \text{m}^{-1} = 5 \cdot 10^6\,\text{A} \cdot \text{V}^{-1} \cdot \text{m}^{-1}$
$\varrho_D = 7{,}5\,\text{g} \cdot \text{cm}^{-3} = 0{,}75 \cdot 10^{-2}\,\text{kg} \cdot \text{m}^{-3}$

$$V_w = \frac{1{,}21 \cdot \text{V}^2 \cdot \text{s}^2 \cdot \text{m}^{-4} \cdot 4 \cdot 10^{-4}\,\text{s}^{-2} \cdot 0{,}25 \cdot 10^{-6}\,\text{m}^2 \cdot 5 \cdot 10^6\,\text{A} \cdot \text{V}^{-1} \cdot \text{m}^{-1}}{0{,}75 \cdot 10^{-4}\,\text{kg} \cdot \text{m}^{-3}}$$

$V_w = 8{,}6\,\text{W} \cdot \text{kg}^{-1}$

Übung 6.5–3

Ist Reineisen für Trafobleche günstig? Begründung!

Übung 6.5–4

Warum isolieren Sie die Paketbleche in Motoren?

Übung 6.5–5

Was bedeutet V_1? Worin wird V_1 gemessen?

Übung 6.5–6

Warum brummt ein Trafo?

Übung 6.5–7

Geben Sie die Einflüsse an, die sich auf die Höhe von V_w auswirken!

Übung 6.5–8

Was können Sie tun, um V_w niedrig zu halten?

6.5.2.5 Temperatureinfluß

Durch die thermischen Gitterschwingungen verlieren die ferromagnetischen Metalle das nach *Slater* benannte Abstandsverhältnis und sie werden bei einer bestimmten Temperatur T_C, der Curietemperatur, reversibel diamagnetisch (Tabelle 6.5–2).

Eine Erwärmung unterhalb der Curietemperatur beeinflußt die magnetischen Eigenschaften der Metalle nicht nennenswert.

Bei den Ferriten als NTC-Werkstoffen fällt der elektrische Widerstand mit steigender Temperatur; bei Temperaturdifferenzen von 50 K treten daher nach Bild 6.5–6 bereits erhebliche Unterschiede in der Permeabilität auf.

Tabelle 6.5–2 Magnetische Eigenschaften

Element	max. Polarisation in T	T_c in °C	μ_{max}
Fe	2,16	769	6000
Ni	0,61	360	2500
Co	1,81	1120	250

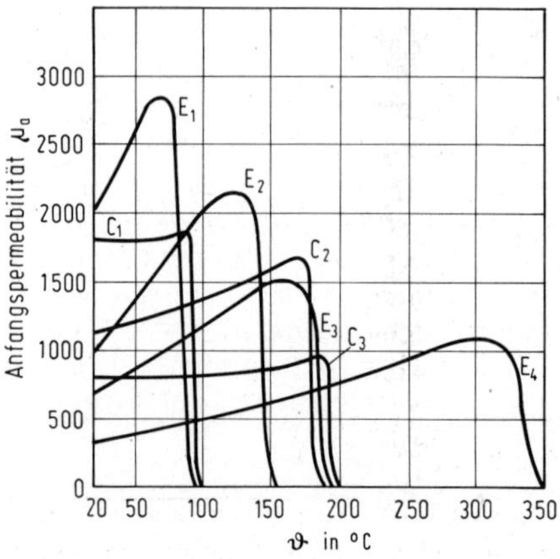

Bild 6.5–6 Temperaturabhängigkeit der Anfangspermeabilität μ_a von Weichferriten
E = MnZn-Ferrite
C = NiZn-Ferrite

Übung 6.5–9

Betrachten Sie die Kurvenverläufe in Bild 6.5–6!

Erhalten Sie bei Trafoblechen ähnliche Kurven? Begründung?

6.5.2.6 Frequenzeinfluß

Sie haben aus der Gleichung (6−25) bereits den Einfluß der Frequenz f auf

- die Verluste ersehen können (f^2!!).
- Auf die Permeabilität (magnetische Ansaugkraft) wirkt sie sich erst oberhalb einer Frequenz von 1 kHz aus, und zwar um so mehr, je größer die Blechwandstärke d in mm ist, und
- je höher die Anfangspermeabilität μ_a ist.

Bild 6.5−7 zeigt diese Zusammenhänge. Wichtig ist die sog. „Grenzfrequenz", bei der die Permeabilität so stark abfällt, daß die magnetischen Eigenschaften praktisch zum Erliegen kommen. Sie wird durch Resonanzeffekte der Elektronen (*gyromagnetischer Effekt*) verursacht.

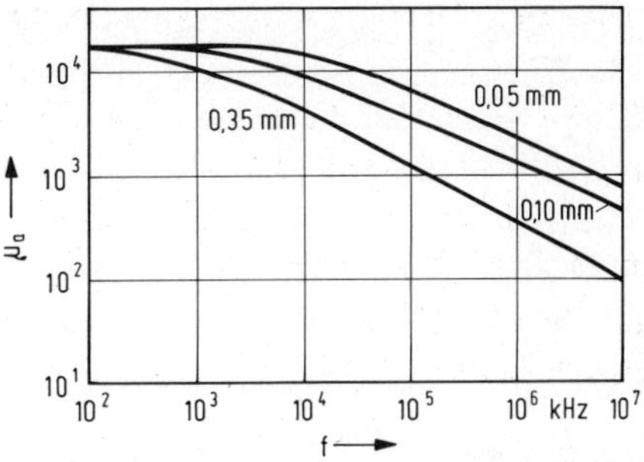

Bild 6.5−7 Zusammenhang von f und μ_a (Frequenz und Anfangspermeabilität) mit der Blechdicke als Parameter am Beispiel einer FeNi-Legierung. Beachten Sie: Jeder Magnetwerkstoff hat eine Höchstfrequenz. Wird sie überschritten, so fällt μ stark; schließlich wird der ferro- bzw. ferrimagnetische Werkstoff diamagnetisch, d. h. praktisch unmagnetisch!

Übung 6.5−10

Warum benutzt man in der Hochfrequenzmagnetik

1. möglichst dünne Bleche oder
2. Ferrite?

6.5.2.7 Güteziffer von Spulen

In Kernspulen treten magnetische, ohm'sche und induktive Verluste auf; die erst- und letztgenannten sind stark frequenzabhängig, d. h., sie steigen mit zunehmender Frequenz stark.

Hohe Frequenzen werden vornehmlich in der Nachrichtentechnik benutzt.

Die Kernverluste V_K hatten wir bereits erwähnt; sie setzen sich aus den Hysterese- (V_H), Wirbelstrom- (V_w) und Restverlusten (V_R) zusammen. Im Reihenersatzschaltbild (Bild 6.5−8) und dem Widerstandsdiagramm = Zeigerbild (Bild 6.5−9) ist dies verdeutlicht. In einer idealen, verlustfreien Spule ist der Verlustwinkel $\tan \delta = 0$ und der Winkel $\varphi = 90°$. Der $\tan \delta (= d)$ stellt den Spulenverlust und sein reziproker Wert $1/\tan \delta$ die Güteziffer Q einer Spule dar. Die Spulengüte

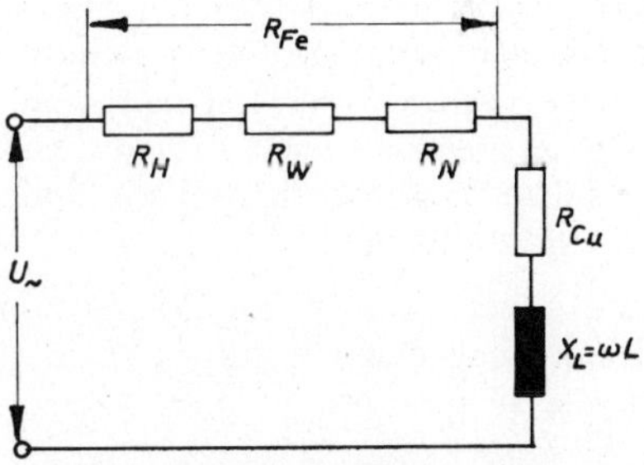

Bild 6.5−8 Reihenersatzbild einer Spule

R_H Hysterese-Widerstand in Ω
R_w Wirbelstrom-Widerstand in Ω
R_N Nachwirk-Widerstand in Ω
x_L induktiver Blindwiderstand in Ω
ω Winkelgeschwindigkeit in rad/s
L Selbstinduktivität in H = Wb/A

hängt in erster Linie von den Wicklungs- und magnetischen Verlusten ab, wobei die magnetischen Verluste in der Regel höher sind; beide Verluste stehen miteinander in Wechselwirkung. (Rechnungsbeispiele werden hier nicht angeführt.)

Die Güte einer Spule hat bei einer bestimmten Frequenz ihren Höchstwert.

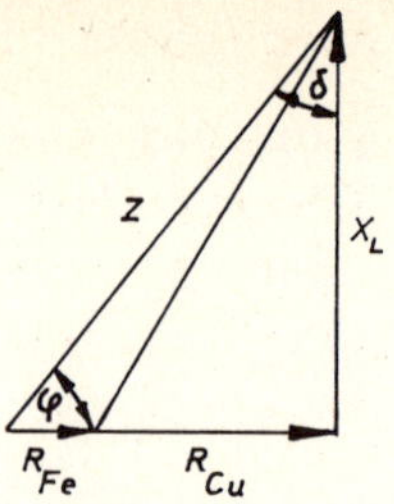

$$d = \tan\delta = \frac{R_{Fe} + R_{Cu}}{X_L}$$

$$d = \tan\delta = \frac{R_{Fe} + R_{Cu}}{\omega L}$$

Bild 6.5–9 Widerstandsdiagramm einer Spule mit Kern

Z Scheinwiderstand in Ω (Ohm)

Die Güteziffer Q einer Spule ist der Kehrwert des Tangens ihres Verlustwinkels δ.

$$Q = \frac{1}{\tan\delta} = \frac{1}{\tan(90° - \varphi)}$$

Q_{max} bei bestimmter Frequenz!

Übung 6.5–11

In einer Spule ist $R{:}X_L = 1{:}50$.

Welchen Zahlenwert hat die Spulengüte Q?

Übung 6.5–12

Erklären Sie R_{Fe} und R_{Cu} in Bild 6.5–8!

6.5.3 Anforderungen an Hartmagnete, DIN 50470/71

6.5.3.1 Das Energieprodukt

Dauermagnete müssen ohne zusätzliche Energieaufnahme ein Magnetfeld erzeugen, d. h., die hierfür notwendige Energie muß in dem hartmagnetischen Werkstoff permanent (auf Dauer) gespeichert sein. Fremde Magnetfelder sollen nach Möglichkeit die Speicherenergie nicht abbauen.

Alle Dauermagnete werden zur Polarisation bei der Herstellung einem starkem Magnetfeld H ausgesetzt, das etwa $5 \cdot H_c$ beträgt.

Ein feinkristallines Gefüge mit starken Gitterverspannungen, erzielt durch Abschreckhärtung (Martensit!), sorgte früher für irreversible Wandverschiebungs- und Drehvorgänge. Heute erzielt man dies durch Zusätze von Co, Ni und Al zum Eisen und durch gelenkte Walz- und Glühprozesse.

Hartmagnete	= Dauermagnete = Permanentmagnete
maßgeblich:	Energie-Speicherfähigkeit = max. Energieprodukt $(B \cdot H)_{max}$ in $Ws\,m^{-3}$
notwendig:	einmal eingetretene Wandverschiebungen und Drehprozesse in Weiß-Bezirken zu stabilisieren.
Werkstoff:	Gitter-Verspannungen; Gitter-Störungen; Gitter mit Ausscheidungen in orientierter Richtung, d. h. Legierungen, die rekristallisiert sind; Ferrite.
Stichwort:	möglichst irreversible Polarisation!

6.5.3.2 Energieprodukt, Arbeitspunkt

Die gespeicherte magnetische Energie wird zahlenmäßig durch das „Energieprodukt“ $B \cdot H$ ausgedrückt.

Das Kriterium für einen Hartmagneten ist die Entmagnetisierungskurve, also der Hysteresekurvenzug im II. Quadranten. In Bild 6.5–10 ist die Entmagnetisierungslinie eines Hartmagneten dargestellt.

Aus einem geschlossenen Ringmagnet treten keine Feldlinien aus (Bild 6.5–10a); um magnetische Kräfte nach außen wirken zu lassen, muß ein Luftspalt vorhanden sein (Bild 6.5–10b); oft werden die Feldlinien über ein weichmagnetisches Poleisen weitergeleitet, um teuren Magnetwerkstoff zu sparen.

Nach den magnetischen Gesetzen schwächen die in Luft austretenden Feldlinien die Flußdichte des Magnetwerkstoffes, und zwar um so mehr, je größer die Spaltweite ist. Die maximale Spaltweite besitzt der Stabmagnet (Bild 6.5–10c). Nach den Gesetzen des Magnetkreises werden die Abmessungen des Magneten, Länge und Querschnitt, als maßgebliche Größen in die Gleichung einbezogen. Hierdurch erhält man für jeden Magnetwerkstoff auf der Entmagnetisierungslinie bei gegebenen Arbeitsbedingungen, d. h. Spaltweite und Abmessungen, einen „Arbeitspunkt“ A für die maximale Speicherfähigkeit (Bild 6.5–10b).

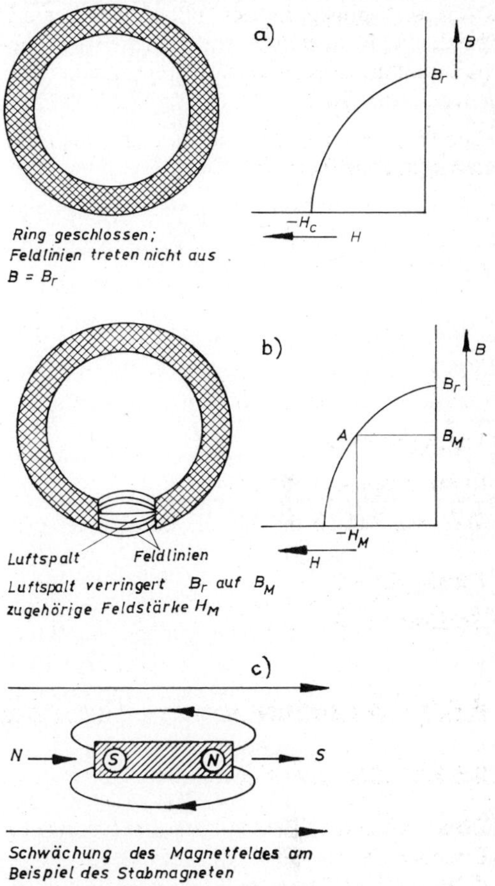

Bild 6.5–10 Erklärung physikalischer Gesetze von Hartmagneten

Über die Entmagnetisierungslinie läßt sich das Energieprodukt $B \cdot H$ nach Bild 6.5–11 grafisch auftragen. Man sieht, daß es für die beiden Punkte *1* und *5* mit Nullwerten für H bzw. B zu Null wird und beim größten eingeschriebenen Rechteck $B \cdot H$ sein Maximum hat.

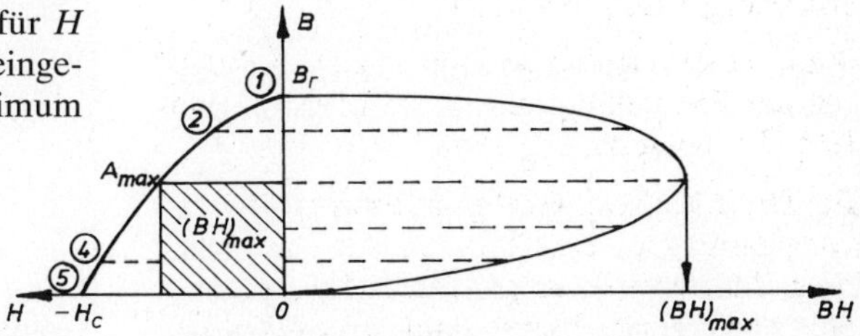

Bild 6.5–11 Zusammenhang zwischen Entmagnetisierungslinie und Energieprodukt $B \cdot H$.
Der Arbeitspunkt A hat das größte Energieprodukt $(B \cdot H)_{max}$ (schraffierte Fläche, Punkt $(B \cdot H)_{max}$)

Der Punkt A teilt die Entmagnetisierungskurve in zwei Abschnitte; oberhalb finden reversible, unterhalb irreversible Vorgänge statt.

Bei konstantem Luftspalt bleibt das Energieprodukt $(BH)_{max}$ konstant; wird der Luftspalt

größer, verschiebt sich der Punkt A auf der Kurve nach unten, wodurch sich das Energieprodukt verkleinert.
Außerdem beeinflussen Größe und Form des Magneten die Lage von A. Gleichungen und Kurven enthalten die Arbeitsblätter.

> Die Speicherfähigkeit eines Dauermagneten wird durch sein maximales Energieprodukt $(BH)_{max}$ in W · s/m³ = J/m³ ausgedrückt.

Übung 6.5–13

Ein Dauermagnet besitzt einen Arbeitspunkt bei 400 mT und 480 kA/m. Wie groß ist sein Energieprodukt an diesem Punkt?

Übung 6.5–14

Finden Sie in Druckschriften von Hartmagneten Angaben über μ-Werte? (Begründung!)

6.6 Weichmagnete

Lernziele

Der Lernende kann ...

- die Hauptanwendungen für Weichmagnete anführen,
- die Normbezeichnungen von Elektroblechen erklären,
- die drei wichtigsten Legierungselemente für Fe-Weichmagnete angeben,
- den Begriff und die Eigenschaften von Amorphmagneten erläutern,
- Zusammensetzung und Eigenschaften von Ferriten angeben.

6.6.0 Übersicht

Weichmagnete werden in der Energie- und Nachrichtentechnik benutzt; sie sind metallischer und nichtmetallischer Art.

Die metallischen Werkstoffe werden zu Blechen und Bändern, die oxidischen Ferrite zu Formlingen verarbeitet, von den Herstellern geliefert.

Einsatzgebiet

Energietechnik	Nachrichtentechnik
Dynamos, Motoren	Übertrager
Transformatoren	Relais
	Spulen
	Abschirmer
	Speicher

Werkstoffe

Metalle	Nichtmetalle
Fe	Metalloxide (Ferrite)
Fe Si (bis 4,5%)	
Fe Ni (20–85 Ni)	
Fe Co	
Amorphmetalle	

6.6.1 Metalle in der Energietechnik

Elektrobleche werden in der Energietechnik für Motoren und Transformatoren benutzt.

Einen Auszug aus dem Normblatt gibt Tabelle 6.6–1.

Die Sortenbezeichnung in der ersten Spalte gibt Aufschluß über

- die Blechstärke,
- die Verluste (hier mit P bezeichnet) bei den verschiedenen Blechstärken und Flußstärken von 1; 1,5; 1,7 T und
- den Kristallisationszustand, ob nicht- oder kornorientiert.

Nach den Tabellenwerten besitzen kornorientierte Bleche (Goßstruktur) etwa den doppelten Wirkungsgrad wie Normalbleche; sie leisten also das Doppelte.

Diese Zahlenangaben reichen dem Konstrukteur für den breitgefächerten Einsatzbedarf nicht aus; er muß sich anhand von Kennlinien aus Informationsschriften die optimalen Bleche heraussuchen.

Anwendung in Energie- und Nachrichtentechnik

Tabelle 6.6–1 Elektrobleche DIN 46600 (1985), Auszug

Sorte	Dicke mm	Verlustleistung in W/kg $P_{1.0.}$	$P_{1,5}$	$P_{1,7}$
V110–35A	0,35	1,1	2,7	–
V360–50A	0,50	3,6	8,1	–
V90 –35B	0,35	0,9	2,3	–
V330–50B	0,50	2,3	5,4	–
VM89 –27	0,27	–	0,89	1,40
VM111–35	0,35	–	1,11	1,65

Sortenbezeichnung:
V = nicht kornorientiert
VM = kornorientiert
1. Ziffernrgruppe = Verlustleistung bei 1 T in W/kg × 100
2. Zifferngruppe = Blechstärke in mm × 100
A = kaltgewalzt
B = warmgewalzt.

Neben den elektromagnetischen Werten benötigt der Konstrukteur Angaben über die konstruktiven Eigenschaften der Bleche. Da die Si-legierten Bleche mit zunehmendem Si-Gehalt (0,65 bis 4,3%) zunehmend verspröden, hat man für sie eine Biegeprobe nach Bild 6.6–1 ersonnen; ihr Ergebnis wird in den DIN-Blättern aufgeführt.

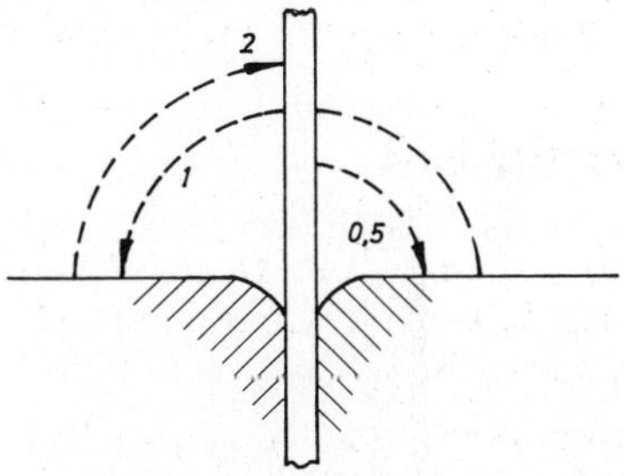

Bild 6.6–1 Prüfung von Elektroblechen auf Umformbarkeit bzw. ihren Kehrwert = Sprödigkeit durch eine einfache technologische Probe.
Als eine Hin- und Herbiegung gilt das Umlegen in die Waagrechte um 90° und das Zurückbiegen in die Senkrechte. Die Biegezahl N_b gibt die Anzahl der Hin- und Herbiegungen bis zum Bruch an.

Die Bleche werden von den Motoren- und Trafoherstellern auf Scheren und Stanzen maßgerecht verarbeitet und zur Verminderung der Wirbelstromverluste ein- oder doppelseitig gegeneinander mit 0,01 bis 0,03 mm dünnen Schichten aus Papier, Lack, Oxiden oder Phosphaten isoliert. Dadurch erhält der Kern einen „Füllfaktor", der je nach Blech- und Isolationsstärke zwischen 0,3 bis 0,95 liegt und somit auch den nichtmetallischen Anteil des Kernpaketes angibt.

Der Eiseninhalt eines Kernes wird durch den Füllfaktor von 0,3 bis 0,95 angegeben

Übung 6.6–1

Was bedeutet Elektroblech V270–50A?

Übung 6.6–2

a) Warum erhalten Elektrobleche einen Zusatz von Si?
b) Warum und wie hoch ist er begrenzt?

6.6.2 Metalle in der Nachrichtentechnik

Eine Übersicht über die Aufgabengebiete der Weichmagnete in der Nachrichtentechnik gibt die Tabelle 6.6–2.

Tabelle 6.6–2 Anwendung und Anforderungen an Weichmagnete in der Nachrichtentechnik

Verwendung	elektrische Anforderung							Bemerkung
	H	H_C	f	μ_r	μ_a	V_H	ϱ	
Übertrager	klein	klein	groß	hoch	klein	klein	hoch	
Relais		klein					hoch	
Abschirmer		klein		hoch				
Spulenkerne				konst.	hoch			Rechteck H-B-Kurve

Nickel

ist nach Si das häufigst benutzte Zusatzelement für Weichmagnete. DIN 41301 unterscheidet drei Hauptgruppen:

- D-Gruppe mit ca. 36% Ni, hoher elektrischer Widerstand, $\varrho \approx 7{,}5\,\mathrm{m}\Omega \cdot \mathrm{m}$,
- F-Gruppe mit ca. 50% Ni, geringer V_H von ca. 0,2 W/kg,
- E-Gruppe mit ca. 75% Ni, $J_S \approx 0{,}8\,\mathrm{T}$ (teuer, für hochwertige Übertrager).

Kobalteisen (35–50%)

wird durch Sintern als hochpermeables Material hergestellt. Man erzielt B_S-Werte bis 2,4 T, hohe Anfangspermeabilität und Rechteckschleifen.

Aluminiumeisen (ca. 16% Al)

verbindet gute magnetische Leitfähigkeit mit großer Härte durch intermetallische Kristalle; benutzt wird es für verschleißfeste Magnetknöpfe in Kommunikationsgeräten.

Tabelle 6.6–3 Einfluß von Ni auf die magnetischen Eigenschaften von Eisen

Werkstoff	μ_a	T_C/°C	B_S/T
Fe	1 000	768	ca. 2,1
Fe Ni 40	2 500	250	1,5
Fe Ni 50	50 000	470	1,6
Ni75 Fe	100 000	420	0,7

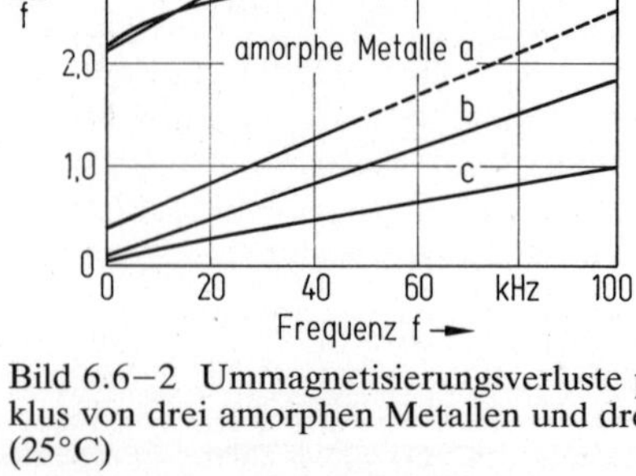

Bild 6.6–2 Ummagnetisierungsverluste pro Zyklus von drei amorphen Metallen und drei Ferriten (25°C)

Amorphmetalle

werden seit 1975 durch eine rapide Abschreckgeschwindigkeit (bis zu 10^6 K/s!) in Endlosbändern und -filmen von 20 bis 50 m Länge und 100 mm Breite hergestellt. Dabei finden die Legierungen auf Fe-, Ni- oder Co-Basis keine Zeit zu kristallisieren, sondern erhalten die glasartig, amorphe Struktur einer erhärteten Flüssigkeit.

Die magnetischen und mechanischen Eigenschaften eröffnen ihnen ein großes Anwendungsgebiet.

Beispiele sind

- induktive Bauelemente für Schaltnetzteile bei Frequenzen von 50–100 kHz infolge der niedrigen V_H-Werte nach Bild 6.6–2,
- flexible magnetische Schirme nach Bild 6.6–3,
- magneto-elastische Drucktasten und Endschalter nach Bild 6.6–4.

Werden amorphe Magnetringe durch Druck elastisch verformt, dann ändert sich analog dazu die Hystereseschleife; dies wird signaltechnisch genutzt.

Kleinrelais, magnetische Federn

wurden früher aus Stählen oder NE-Legierungen gefertigt; jetzt benutzt man in zunehmenden Mengen Amorphmagnete (Bild 6.6–5) mit niedrigeren H_C- und 10fach höheren Festigkeitswerten (R_m bis 2 000 N/mm²).

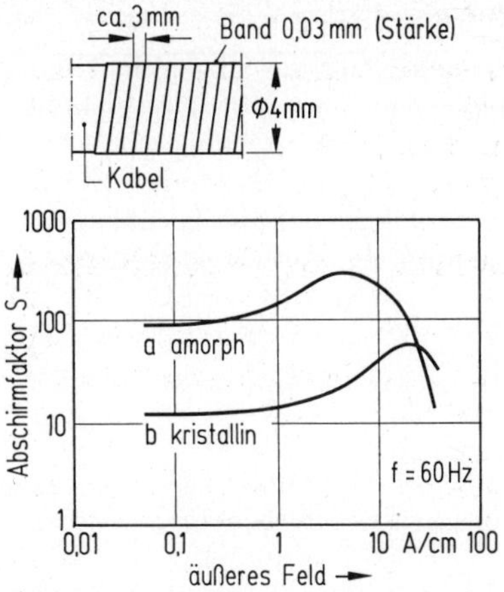

Bild 6.6–3 Abschirmfaktor einer amorphen Legierung auf Co-Basis und einer kristallinen Legierung

$$S = \frac{\text{äußeres Feld}}{\text{inneres Feld}}$$

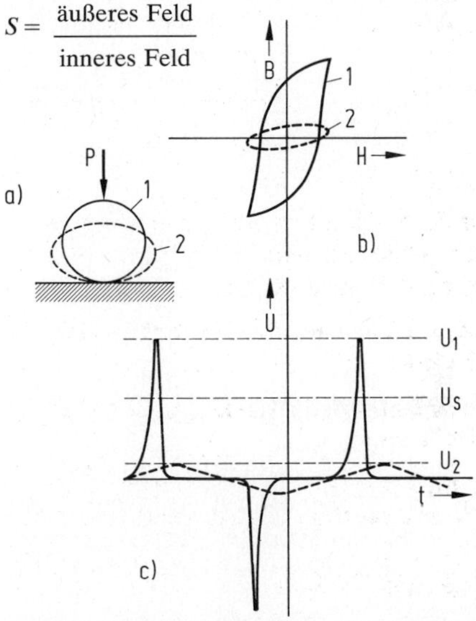

Bild 6.6–4 Funktionsprinzip einer magnetoelastischen Sensortaste

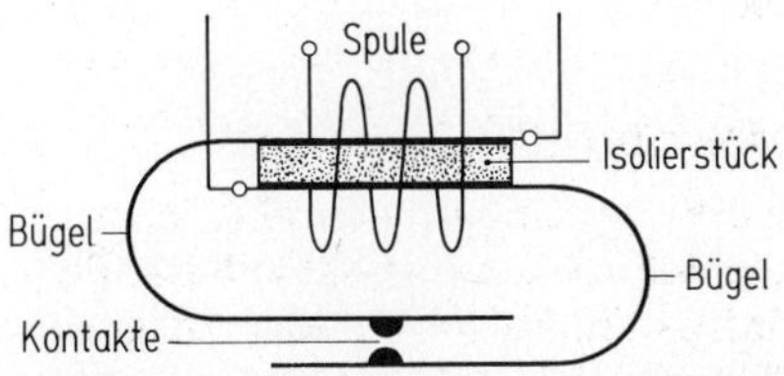

Bild 6.6–5 Modell eines Relais mit Bügeln aus amorphem Band

Verzögerungsglieder

in Signalanlagen werden aus amorphen Dünnschichten hergestellt. Das Prinzip ihrer Funktion beruht auf der Verkoppelung der Schallgeschwindigkeit mit dem E-Modul (3.1.5). Durch magnetostriktive, elastische Längenänderung im amorphen Film erreicht man Änderungen der Schallgeschwindigkeit bis zu 10% (Bild 6.6–6).

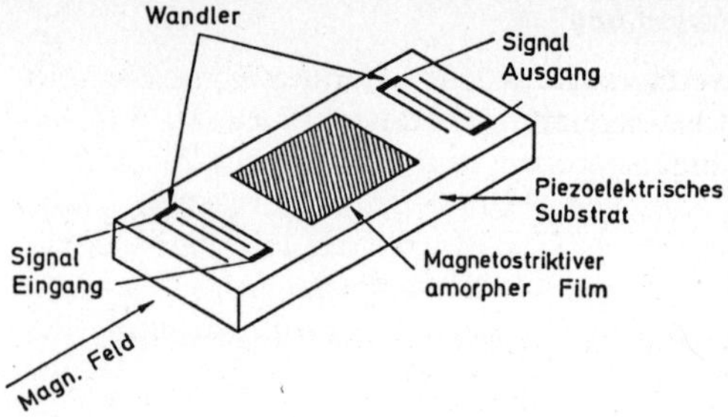

Bild 6.6–6 Magnetisch steuerbare Verzögerungsleitung

Übung 6.6–3

Wodurch zeichnen sich Fe Ni-Magnete aus?

Übung 6.6–4

Was bewirkt ein Kobaltzusatz bei Eisenmagneten?

Übung 6.6–5

Amorphmagnete

a) Wie stellt man sie her?
b) In welcher Form?
c) Wodurch zeichnen sie sich aus?
d) Wofür verwendet man sie?

6.6.3 Weichferrite

Selbst dünnste, hochohmige Metallbleche sind bei hohen Frequenzen zu verlustreich; erst die höchstohmigen Oxidmagnete ermöglichten die Entwicklung der HF-Technik, Tabelle 6.6–4.

Tabelle 6.6–4 Vergleich (grob) von weichmagnetischen Werkstoffen

	ϱ_D [g · cm^{-3}]	ϱ [Ω · m]	B_S [T]
Metall	8	10^{-7}	2
Ferrit	4,5	10^{-1} bis 10^6	0,3

Zusammensetzung

Ferrite bestehen aus einer Mischung von $Me^{++}O \cdot Fe_2O_3$ (wobei M^{++} für etliche Metalle steht).

Von den zahlreichen Ferritsorten haben sich zwei Gruppen besonders bewährt:

- Mn-Zn-Ferrite und
- Ni-Zn-Ferrite.

Bänder für Cassettenrecorder			
Schicht	γ-Fe_2O_3	CrO_2	Doppelschicht
H_C in kA/m	24	40	80
B_r in mT	140	150	340
bevorzugte Töne	tief	hoch	hoch-tief

Herstellung

Die Herstellung fällt unter den Sammelbegriff „Oxidkeramik" und besteht aus den Arbeitsgängen

- Zermahlen und Mischen der Metalloxide,
- Brikettieren und Glühen,
- nochmaliges Zermahlen der Briketts,
- Pressen in Formen,
- Brennen zwischen 1000 und 1400°C.

Magnetspeicher

- bewegt: Band, Platte
- ruhend: Ringkerne ersetzt durch „Blasenkerne" Blasen ≙ Weiß'sche Domänen

Eigenschaften

Der chemische Charakter der Oxidmagnete verhindert das Vorhandensein zahlreicher e^-, und die zwischen den Fe-Atomen befindlichen amagnetischen Sauerstoffatome schwächen die Polarisation der Ferritkristalle, sodaß die auf das Volumen bezogenen B_S-(J_S-) Werte kleiner als bei Fe sind (Tabelle 6.6–5).

Die in DIN 41280 (1965) stehenden Ferritsorten und Eigenschaften sind überholt.

Tabelle 6.6–5 Eigenschaften der beiden gebräuchlichen Ferritsorten

	Mn-Zn-Ferrite	Ni-Zn-Ferrite
ϱ_D in $g \cdot cm^{-3}$	4,7 bis 4,9	3,5 bis 4,8
TC_L in K^{-1}	6 bis $10 \cdot 10^{-6}$	
μ_r bei 1 kHz μ_r bei 10 kHz Gleichstrom, ϱ_D in $\Omega \cdot m$	150000 50000 0,05 bis 1	400 15 10^3 bis $>10^4$
ϱ_D in $\Omega \cdot m$ bei 1 kHz bei 10 kHz	1 0,1	$5 \cdot 10^4$ $0,2 \cdot 10^4$
μ_a (Ringkern)	1000 bis 10000	15 bis 500
Curie-Temperatur in °C	125 bis 190	135 bis >500
Anwendung	NF bis einige 100 kHz; Übertrager, FS-Zeilentrafos	HF Abgleichkerne, HF-Spulen, Antennenstäbe

6.7 Hartmagnete, DIN 17410

Lernziele

Der Lernende kann ...

- die hartmagnetischen Werkstoffe klassifizieren.
- die Komponenten der drei wichtigsten metallischen Dauermagnete und ihre Eigenschaften nennen.
- Unterschiede von Guß-, Walz- und Sintermetall-Magneten angeben.
- isotrope und anisotrope Magnete unterscheiden.
- die Eigenschaften von metallischen und keramischen Magneten voneinander abgrenzen.
- Magnete nach ihrem Energieprodukt beurteilen.

6.7.0 Übersicht, Verwendung

Hartmagnete werden aus

- metallischen und
- oxidischen

kristallinen Stoffen hergestellt; in ihnen werden irreversible Polarisationen erzeugt; der Bedarf ist groß.

In der Anwendung unterscheidet man

statisch: Arbeitsspalt konstant, z. B. Lautsprecher, Mikrofon,

dynamisch: Arbeitsspalt variabel, z. B. Haftmagnet, Kleinmotor, Lautsprecher.

In DIN 17410 (Tab. 6.7–1) wird hinter die Kurzbezeichnung des Werkstoffes, z. B. AlNiCo oder Hartferrit, ein durch Schrägstrich getrenntes Zahlenpaar eingesetzt. Vor dem Schrägstrich steht der Zahlenwert für $(BH)_{max}$ in kJ/m^3, hinter dem Strich 1/10 des H_C-Wertes in kA/m. Mit Plastik gebundene Magnete erhalten eine Kennzeichnung durch das nachgesetzte „p“.

Dauer- = Hart- = Permanent-
Magnetwerkstoffe

Metalle	Oxide
● gegossen	(= Keramik)
● gewalzt	(= Ferrite)
● gezogen	
● gesintert	

ohne magnetische Vorzugsrichtung ≙ isotrop

mit magnetischer Vorzugsrichtung ≙ anisotrop

6.7.1 Metalle

Chemische Zusammensetzung

Die früheren Hartmagnete aus martensitischen C-Stählen wurden restlos durch hochlegierte Fe-Werkstoffe ersetzt, in denen die Fe-Anteile z. T. nur noch wenige Prozente betragen. Man unterscheidet zwei Hauptgruppen:

- Fe Al Ni Co- und
- Fe Co V Cr-Magnete.

Herstellungsverfahren sind:

- Gießen für größere,
- Sintern bei „AlNiCo" für kleinere Abmessungen.
- Walzen, Ziehen bei „Fe CoV Cr" (verformbare Magnete)

Strukturen können

- isotrop (quasiisotrop) oder
- anisotrop sein;

letztere sind hochwertiger, aber teurer.

Tabelle 6.7–1 Eigenschaften einiger gesinterter, gegossener und kunststoffgebundener Dauermagnete, Auszug aus DIN 17410 (1977)

Sorte	$(BH)_{max}$ [kJ/m³]	H_C [kA/m]	μ_r [1]	Dichte [g/cm³]	Struktur
AlNiCo 9/5	9	47	4 bis 5	6,8	isotrop
AlNiCo 18/9	18	86	4 bis 5	7,2	isotrop
AlNiCo 44/5	44	53	2,5 bis 4	7,2	anisotrop
AlNiCo 30/10	30	104	2 bis 4	7,2	anisotrop
AlNiCo 60/11	60	112	1,5 bis 2,5	7,2	anisotrop
AlNiCo 5/6 p	5,2	56	2 bis 3	5,4	isotrop
FeCoVCr 11012	11	24	2 bis 8	8,2	isotrop
SECo 112/100	112	1 000	1,1	8,1	anisotrop

SE ≙ Seltene Erden.

Die Magnete mit 5% Co haben die höchste magnetische Speicherfähigkeit; bei Entwicklungsarbeiten wurden (BH)-Werte von 200 kJ/m³ erreicht, wodurch die Miniaturisierung gesteigert wird.

Gefügeaufnahmen einiger hochwertiger Dauermagnete zeigen die Bilder 6.7–1 bis 6.7–3.

- AlNiCo-Magnete sind hart und weder kalt noch warm umformbar.
- CoVCr-Magnete sind umformbar.

Gebrauchstemperatur bis zum Curiepunkt.

- *Sintermagnete* sind oberflächenglatt, kantenscharf, kantenbeständig, maßgenau.

Bild 6.7–1 ist das Bruchgefüge eines anisotropen AlNiCo-Magneten mit groben „Stengelkristallen", die bei gelenkter Erstarrung erzeugt wurden. Parallel zur Stengelrichtung erhält man die besten magnetischen Eigenschaften.

Bild 6.7–1 AlNiCo 60/11, grobe Stengelkristalle, gerichtetes, anisotropes Gefüge

Bild 6.7–2 ist eine elektronenmikroskopische Aufnahme von AlNiCo 35/5 in 10^4-facher Vergrößerung. Die beiden Teilkristalle auf der rechten und linken Seite haben unterschiedliche Kristallorientierungen; daher sind die Ausscheidungen rechts und links der Korngrenze unterschiedlich orientiert. Die einzelne Ausscheidung hat etwa die Form einer Zigarre und stellt einen winzigen Dauermagneten, einen Weiß'schen Bezirk, dar.

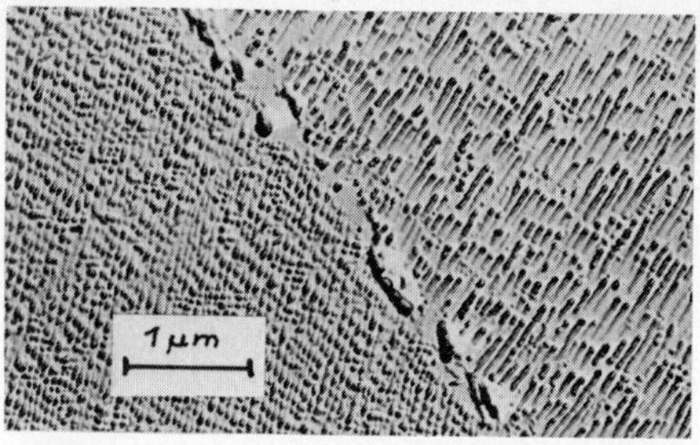

Bild 6.7–2 AlNiCo 35/5, Vergrößerung 10^4. Kristalle mit jeweils ausgerichteten Weiß'schen Bezirken

Bild 6.7–3 zeigt die elektronenmikroskopische Aufnahme in 20000facher Vergrößerung von AlNiCo 60/11, einem Hartmagneten mit besonders hohem H_c von etwa 112 kA · m^{-1}; dies beruht auf den besonders langgestreckten Ausscheidungen = je ein Weiß'scher Bezirk mit irreversibler Polarisation.

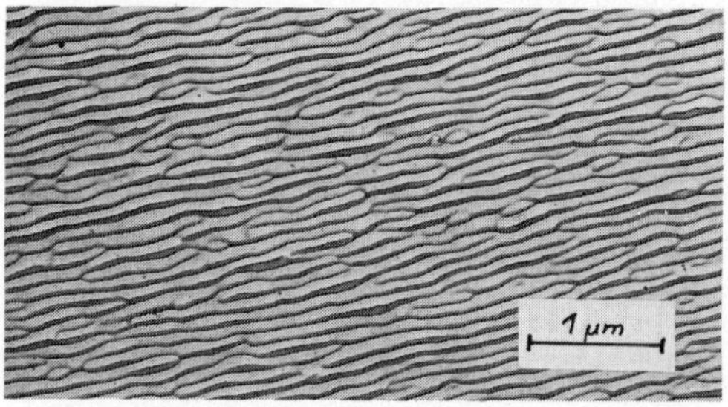

Bild 6.7–3 AlNiCo 60/11, Vergrößerung 2 · 10^4. Langgestreckte, ausgerichtete Weiß'sche Bezirke

Übung 6.7–1

a) Was bedeuten in der Sortenbezeichnung nach DIN die beiden durch Schrägstrich genannten Zahlen?
b) Warum werden die Permanentmagnete nach diesen Größen klassifiziert?

Übung 6.7–2

Lassen sich hartmagnetische Metalle umformen?

Übung 6.7–3

Sie wollen wissen, bis zu welcher Temperatur ein bestimmter Magnet benutzt werden kann. Welche physikalische Größe ist dafür maßgebend?

Übung 6.7–4

Sie benötigen kleinere sehr maßgenaue Dauermagnete. Welches Herstellungsverfahren ist hierfür geeignet?

6.7.2 Hartferrite, DIN 17410

Es gibt z. Z. neun genormte Hartferritsorten mit den gleichen Klassifizierungsdaten wie bei den Metallen.

Einen Auszug bringt die Tabelle 6.7–2.

Ferrite haben gegenüber den Metallen Vor- und Nachteile.

Vorteile:

- geringere Preise
- hohe H_C-Werte, das bedeutet Stabilität gegen Fremdfelder.

Nachteile:

- kleinere $(BH)_{max}$-Werte.

Chemische Zusammensetzung:

$MeO \cdot xFe_2O_3$, wobei Me = Ba, Sr und/oder Pb und x = 4,5 ... 6,5 bedeuten kann.

Struktur:

- isotrop
- anisotrop

Kunststoffgebundene (p) Ferrite lassen sich auch in flexiblen Sorten herstellen; sie lassen sich verformen und ihrer Auflage anpassen.

Von den vielen Einsatzgebieten der Permanentmagnete soll als Beispiel der magnetisch gesteuerte Reed-Schalter (reed = Röhrchen) genannt werden, dessen Funktion in Bild 6.7–4 erklärt ist.

Tabelle 6.7–2 Eigenschaften von Hartferriten, Auszug aus DIN 17410

Sorte	$(BH)_{max}$ [kJ/m³]	H_C [kA/m]	μ_r
Hartferrit 7/21	6,5	210	1,2
Hartferrit 25/25	25	250	1,1
Hartferrit 3/18p	3,2	175	1,1
Hartferrit 9/19p	9	190	1,1

Sorte	Dichte [g/cm³]	Struktur
Hartferrit 7/21	4,9	isotrop
Hartferrit 25/25	4,8	anisotrop
Hartferrit 3/18p	3,9	isotrop
Hartferrit 9/19p	3,4	anisotrop

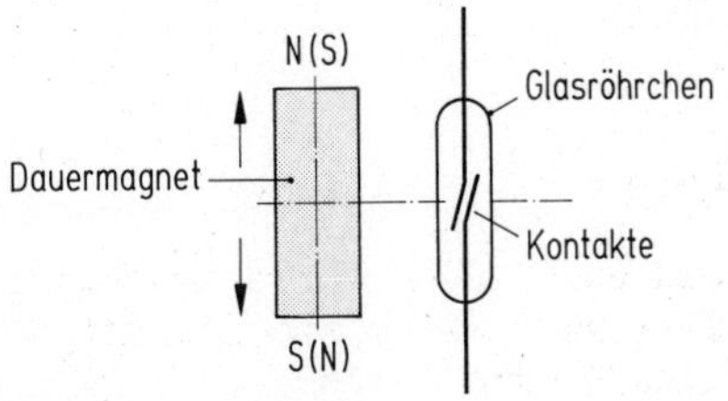

Bild 6.7–4 Reed-Relais mit einseitigem, drehbarem Dauermagneten

Übung 6.7–5

Welche Zusammensetzung haben die gebräuchlichsten Hart-Ferrite?

Übung 6.7–6

Bis zu welchen Temperaturen können Hart-Ferrite eingesetzt werden?

Übung 6.7–7

Nach welchen Kritieren lassen sich hartmagnetische Ferrite klassieren?

Übung 6.7–8

Welche Vorteile und welche Nachteile haben oxidische gegenüber metallischen Hartmagneten?

Übung 6.7–9

Welches Energieprodukt können hartmagnetische Werkstoffe erreichen?

Übung 6.7–10

Gibt es verformbare hartmagnetische Ferrite? Wenn ja, wie sind sie aufgebaut?

Übung 6.7–11

Sie benötigen ein hartmagnetisches Material, ca. 2 m lang, biegsam. Können Sie ein solches Material erhalten?

Lernzielorientierter Test zu Kapitel 6

1. Die magnetische Feldkonstante μ_0 hat die Einheit

   A $A \cdot m \cdot V^{-1} \cdot s^{-1}$
   B $V \cdot s \cdot A^{-1} \cdot m^{-1}$
   C $V^{-1} \cdot s^{-1} \cdot A^{-1} \cdot m^{-1}$
   D $A \cdot V^{-1} \cdot s \cdot m^{-1}$
   E $V \cdot s^{-1} \cdot A \cdot m^{-1}$

2. Die Gleichung für die magnetische Suszeptibilität lautet

   A $\chi_m = \mu + 1$
   B $\chi_m = \mu_0 - 1$
   C $\chi_m = \mu_r - 1$
   D $\chi_m = 1 - \mu_0$
   E $\chi_m = 1 + \mu_r$

3. Welche Magnetart hat ein Stoff mit $\chi_m < 0$?

   A dia-magnetisch
   B para-magnetisch
   C ferro-magnetisch
   D ferri-magnetisch
   E neutral-magnetisch

4. Weiß'sche Bezirke sind

   A Gebiete in verschiedenen Metallkörnern
   B Einkristalle
   C Raumgebiete in einem Einkristall
   D Raumbezirke mit magnetischer Ausrichtung
   E mechanisch deformierte Kristallbezirke

5. Wandverschiebung bei der Magnetisierung bedeutet

   A Verschiebung von Elementarladungen
   B Verschiebung von Materie
   C Verschiebung von mechanischen Spannungen
   D Verschiebung von thermoelektrischen Potentialen
   E Verschiebung von Grenzen mit einheitlicher magnetischer Ausrichtung

6. Die magnetostriktive Sättigung λ_s ist ein Faktor für

   A die maximale Längenänderung eines Magnetwerkstoffes unter dem Einfluß von H
   B die maximale Temperaturerhöhung durch H
   C die Verschiebung des Curiepunktes durch H
   D die maximale Frequenz für die Magnetisierung
   E die Änderung von B_s durch die Frequenz

7. Die Scherung gibt Aufschluß über die Beeinflussung der Hysteresekurve durch

   A Abmessungen der Probe
   B Temperatur der Probe
   C Luftspalt in der Probe
   D Frequenz
   E mechanische Spannung in der Probe

8. Welche μ_r-Zahlen sind bei Dauermagneten üblich?

   A 1 ... 5
   B 6 ... 10
   C 11 ... 50
   D 51 ... 100
   E 101 ... 500

9. Die maßgebliche Werkstoffgröße für die Unterteilung der Magnetwerkstoffe in weich- und hartmagnetisch ist

   A B_r
   B J_s
   C $H_c \cdot B_r$
   D B_s
   E H_c

10. Der Hystereseverlust von Weichmagneten für eine Periode wird ausgedrückt in

    A $J \cdot m^{-3}$
    B $J \cdot kg^{-1}$
    C $W \cdot kg^{-1}$
    D $W \cdot m^{-3}$
    E $Ws \cdot m^{-3}$

11. Der Hystereseverlust V_H ist klein bei
    A μ_a = groß
    B μ_a = klein
    C μ_{max} = groß
    D μ_{max} = klein
    E Blochwandverschiebung leicht reversibel

12. V_1 bedeutet
    A Verluste bei Spulenspannungen von 10 V
    B Verluste bei Spulenspannungen von 1 kV
    C Verluste bei 1 T und 50 Hz
    D Verluste bei $H = 100\,A \cdot m^{-1}$
    E Verluste bei $H \cdot B = 1\,kJ \cdot m^{-3}$

13. Wirbelstromverluste V_w sind niedrig bei
    A hoher spezifischer Leitfähigkeit $\varkappa$
    B großer Wandstärke bei Metallen
    C Massekernen
    D Ferriten
    E hohen Frequenzen

14. Die Güteziffer einer Spule Q ist
    A $1/\cos\varphi$
    B $1/\sin\varphi$
    C $1/\cos(90° - \varphi)$
    D $1/\tan(90° - \varphi)$
    E $\sin\varphi$

15. Amorphmetalle sind
    A isotrop
    B anisotrop
    C homogen
    D heterogen
    E einphasig

16. Die DIN-Bezeichnung lautet AlNiCo 26/6; 26 bedeutet
    A 26 A/m
    B 26 mT
    C 26 kJ/m^3
    D 26 J/cm^3
    E 260°C

17. Metallische Weichmagnete sind
    A FeAlNiCo-Legierungen
    B FeAlNi-Legierungen
    C FeSi-Legierungen
    D FeNi-Legierungen
    E FeCo-Legierungen

18. Die höchsterreichbaren μ_r-Werte metallischer Weichmagnete liegen in einem Zahlenbereich von
    A $n \cdot 10^2$
    B $n \cdot 10^3$
    C $n \cdot 10^4$
    D $n \cdot 10^5$
    E $n \cdot 10^6$

19. Die Verluste von Trafoblechen bei 50 Hz haben eine Größe von etwa
    A 0,01 $W \cdot kg^{-1}$
    B 0,1 $W \cdot kg^{-1}$
    C 1 $W \cdot kg^{-1}$
    D 10 $W \cdot kg^{-1}$
    E 100 $W \cdot kg^{-1}$

20. Der Spitzenwert der magnetischen Sättigung eines Magnetwerkstoffes J_s in T bei 25°C beträgt
    A 1 T
    B 2 T
    C 5 T
    D 10 T
    E 20 T

21. H_c in $A\,m^{-1}$ von Reineisen beträgt etwa
    A 0,1
    B 0,5
    C 1
    D 5
    E 50

22. Der Werkstoff moderner Übertragermagnete besteht in der Regel aus
    A Amorphmetall
    B Kombination Kunststoff/Metall
    C Reineisen
    D Oxiden
    E FeNi- bzw. NiFe-Legierungen

23. Vergleich weichmagnetischer Werkstoff Metall : Oxid. Bei Metallen ist
    A ϱ_D in $g \cdot cm^{-3}$ größer
    B ϱ in $\Omega \cdot m$ größer
    C B_s in T größer
    D Sprödigkeit größer
    E Curiepunkt in °C höher

7 Nichtleiter

7.0 Überblick

Nichtleiter haben keine freien Elektronen; darum können sie den Strom nicht fortleiten, sondern sie verhindern den Stromtransport. Sie dienen zur Isolation oder zum Aufbau eines Dielektrikums in einem elektrischen Feld. Beide Aufgabengebiete müssen streng gegeneinander abgegrenzt werden, denn sie erfordern unterschiedliche Eigenschaften.

Die Aufgaben von Nichtleitern sind vielseitig, darum werden viele Werkstoffe benötigt. Neben dem Preis sind die erforderlichen Eigenschaften für die richtige Werkstoffwahl maßgeblich. Außer konstruktiven und chemisch-physikalischen Belastungen spielen elektrische und thermische Beanspruchungen die entscheidende Rolle; sie können allein vom Elektriker beurteilt werden.

In diesem Kapitel erhält der Lernende einen Einblick in den Aufbau sowie einen Überblick über die Eigenschaften der technisch benutzten Isolierstoffe und Dielektrika. In Bedarfsfällen muß sich der Techniker, auf diesen Grundlagen aufbauend, durch Fachleute und Schrifttum, besonders durch DIN-Blätter und VDE-Richtlinien, näher unterrichten.

7.1 Anforderungen, Eigenschaften, Prüfung

Lernziele

Der Lernende kann ...

- den Begriff „Isolationswiderstand“ erläutern.
- Die Bezeichnung, Einheiten und Prüfverfahren für Isolationswiderstände beschreiben.
- den Begriff „Kriechstrom“, seine Wirkung und Prüfung erklären.
- Ursachen und Erscheinungen des elektrischen Durchschlages erklären.
- den Begriff „Durchschlagfestigkeit“ und sein Bestimmungsverfahren erläutern.
- die Polarisierung von Isolierstoffen durch Verschiebung und Drehung elektrischer Ladungen erklären.
- polare und unpolare Isolatoren und ihre Aufgabengebiete unterscheiden.
- den elektrischen Verlustfaktor und die elektrische Verlustzahl definieren.
- nach der Permittivitätszahl und dem Verlustfaktor den Isolierstoff für seine Aufgabe beurteilen.
- die Temperatur und die Frequenz für das dielektrische Verhalten mitbewerten.
- den Piezoeffekt als Kehrwert der Elektrostriktion erklären.
- den Einfluß der Temperatur auf das Isolationsvermögen und das dielektrische Verhalten eines Nichtleiters beurteilen.
- den Begriff „Glutfestigkeit“ erläutern.
- den Begriff „Formbeständigkeit“ erläutern.
- den Begriff „Wasseraufnahmefähigkeit“ erläutern.
- konstruktive Eigenschaften von Kunststoffen für Isolationszwecke berücksichtigen.

7.1.0 Übersicht

Die Nichtleiter haben verschiedene Aufgaben und werden unterschiedlich beansprucht; man kann die Arten der Beanspruchung unterteilen in

1. elektrische,
2. thermische,
3. konstruktive,
4. chemische und physikalische.

Jedes Aufgabengebiet läßt sich noch weiter untergliedern.

Eine Übersicht über die wichtigsten Beanspruchungen gibt Tabelle 7.1–1.

Tabelle 7.1–1 Übersicht über Eigenschaften und Beanspruchungen von Nichtleitern

1. elektrische	Widerstandsarten	(7.1.1)	Durchgangswiderstand	(7.1.1.1)
			Oberflächenwiderstand	(7.1.1.2)
			Widerstand zwischen Stöpseln	(7.1.1.3)
	Kriechstromfestigkeit (auch Lichtbogenfestigkeit)	(7.1.2)		
	Durchschlagfestigkeit	(7.1.3)		
	dielektrisches Verhalten	(7.1.4)	Polarisationsarten	(7.1.4.1)
			Permittivitätszahl	(7.1.4.2)
			dielektrischer Verlustfaktor	(7.1.4.3)
			dielektrische Verlustzahl	(7.1.4.4)
			Temperatur- und Frequenzeinfluß	(7.1.4.5)
			Elektrostriktion	(7.1.4.6)
2. thermische		(7.1.5)	Wärmedehnung	(7.1.5.1)
			Wärmeleitfähigkeit	(7.1.5.2)
			Formbeständigkeit	(7.1.5.3)
			Wärmebeständigkeit	(7.1.5.4)
			Glutbeständigkeit	(7.1.5.5)
3. konstruktive		(7.1.6)	Zug-, Druck-, Biege- und Schlagfestigkeit	
			Härte	
			Steifigkeit	
			Zeitfestigkeit	
4. chemisch-physikalische		(7.1.7)	Wasser	
			Chemikalien	

Jede Eigenschaft muß geprüft werden; dafür bestehen DIN-Prüfverfahren (DIN 53480 u. f.); sie stimmen mit den VDE-Vorschriften Gruppe 03,

0303 für elektrische Prüfungen,
0304 für thermische Prüfungen

überein bzw. ergänzen diese.

Wir werden der Reihe nach die in Tabelle 7.1−1 aufgeführten Eigenschaften und, sofern erforderlich, das Prinzip ihrer Prüfung besprechen.

Prüfung der Eigenschaften von Isolatoren nach DIN 53480 u. f. und nach VDE 03

0303	elektrisch	
0304	thermisch	
0310 bis 0360	Prüfvorschriften für bestimmte Werkstoffe wie	
	Holz	Preßstoffe
	Fiber	Hartgummi
	Preßspan	Glimmer
	Hartpapier	keramische Stoffe
	Hartgewebe	Vergußmassen

7.1.1 Elektrische Widerstandsarten

7.1.1.0 Thermischer und elektrischer Widerstand, Übersicht

Auch der beste Isolator hat keinen unbegrenzten (= ∞) Widerstand, ihn durchfließt bei einem Energiefälle zumindest noch eine kleine Energiemenge in Form von Elektrizität oder Wärme.

Die elektrische Leitfähigkeit beruht auf der Beweglichkeit freier Elektrizitätsträger (e^-, e^+, Ionen). Die thermische Leitung ist komplizierter, aber ebenfalls von der Beweglichkeit dieser Elementarteilchen abhängig. Darum stehen elektrischer und thermischer Transport miteinander im Zusammenhang; ein guter Wärmeisolator ist auch ein guter elektrischer Isolator und umgekehrt ein guter Wärmeleiter auch ein guter elektrischer Leiter.

Zum zahlenmäßigen Vergleich eines guten Leiters mit einem guten Isolator stellen wir die Leitwerte von E-Kupfer und Polystyrol nebeneinander (Tabelle 7.1−2).

Nach den Zahlenwerten für die spezifische elektrische Leitfähigkeit $\varkappa$ und die thermische Leitfähigkeit λ beider Stoffe verhält sich

$\lambda_{Cu}:\lambda_{PS}$ wie 3000:1.

Praktisch bedeutet das, daß die Wärmemenge, die in einer Stunde durch eine Kupferplatte strömt, beim Durchströmen einer gleichdimensionierten PS-Platte 3000 Stunden, das sind vier Monate, benötigt! Die Unterschiede in der elektrischen Leitfähigkeit sind noch um

Auch der beste Isolierstoff hat kein $\varrho = \infty$!

Isolatoren

anorganische → meist: Ionenverbindung → Ionenleitung

organisch → meist: Moleküle → Elektronenleitung

Tabelle 7.1−2 Leitfähigkeits-Vergleich zwischen Leitkupfer E-Cu und Polystyrol PS

	E-Cu	PS
λ $W \cdot m^{-1} \cdot K^{-1}$	370	0,12
$\varkappa$ $S \cdot m^{-1}$	$60 \cdot 10^6$	10^{-15}

Isolationsvermögen ist ein Sammelbegriff für mehrere Einzelgrößen.

viele Potenzen größer; sie verhalten sich ungefähr

$\varkappa_{PS} : \varkappa_{Cu}$ wie $1:10^{22}$.

Praktisch bedeutet dies: Bei gleichen Querschnitten hat 1 mm Kunststoff aus PS den gleichen Widerstand wie 10 Millionen hintereinandergereihte Drähte mit einer Einzellänge von 10^9 km.

Dies entspricht ungefähr der Entfernung Erde–Mond hin und zurück.

Der Begriff „Isolationswiderstand" ist nicht eindeutig, sondern komplex; man unterscheidet mehrere Arten von Widerständen, wie wir gleich erfahren werden.

spezifischer Widerstand:
bei Metallen: *ein* Begriff
bei Isolierstoffen: *komplexer* Begriff

7.1.1.1 Spezifischer Durchgangswiderstand (= Innenwiderstand), DIN 53482

Der spezifische *Durchgangs*widerstand ϱ_D ist der in $\Omega \cdot m$ gemessene Widerstand eines Würfels von 1 m Kantenlänge (Bild 7.1–1); oft wird ϱ_D auch in $\Omega \cdot cm$ angegeben, man bezieht ihn dann auf den Widerstand eines Würfels mit 1 cm Kantenlänge. Man kann den Durchgangswiderstand R_D in Ω auch als *Innen-* oder *Volumen*widerstand bezeichnen; er steht damit im Gegensatz zu dem noch zu besprechenden *Oberflächen*widerstand R_O.

Die Meßmethode nach DIN 53482 ist aus Bild 7.1–2 ersichtlich. An beiden Seiten einer planparallelen Probe von 120 mm × 120 mm Fläche werden kreisförmige Elektroden mit je 2000 mm² Meßflächen angelegt. Es darf nur der *durch* die Probe und nicht der etwa *über die Oberfläche* der Probe fließende Strom gemessen werden. Deshalb wird auf einer Probenseite eine ringförmige Schutzelektrode angebracht, die etwaige Oberflächenströme ableitet, ohne daß diese das Galvanometer durchfließen.

Unter dem spezifischen Widerstand ϱ versteht man in der Regel den spezifischen Durchgangswiderstand ϱ_D.

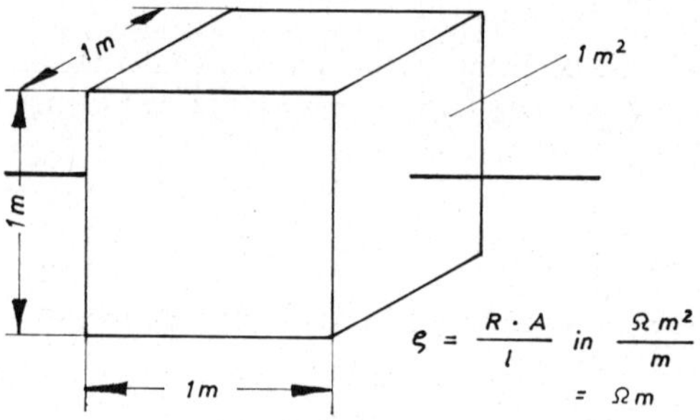

Bild 7.1–1 Definition des Durchgangswiderstandes ϱ_D in Ωm

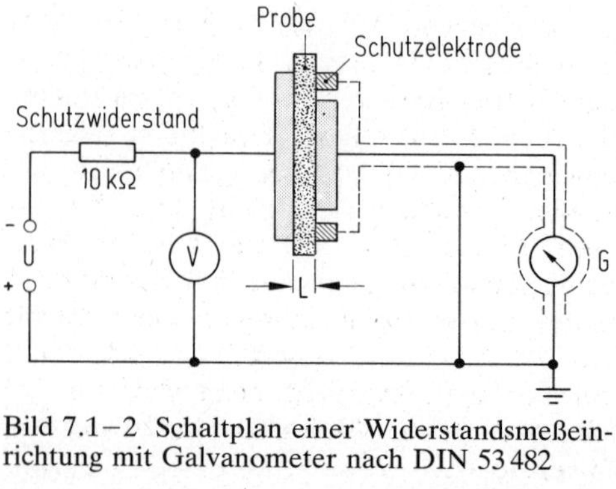

Bild 7.1–2 Schaltplan einer Widerstandsmeßeinrichtung mit Galvanometer nach DIN 53482

Der Quotient aus der angelegten Spannung U und dem durch die Probe fließenden Strom I ist der Durchgangswiderstand R_D (Gl. 7–1). Berücksichtigt man die Elektrodenfläche A und die Probenstärke L, so erhält man ϱ_D in $\Omega \cdot m$ (Gl. 7–2).

$$R_D = \frac{U}{I} \quad \text{in } \Omega \qquad (7\text{–}1)$$

$$\varrho_D = \frac{U}{I} \cdot \frac{A}{L} \quad \text{in } \Omega \cdot m \qquad (7\text{–}2)$$

$(\Omega \cdot cm)$, $(\Omega \cdot mm)$ früher

Bild 7.1–3 gibt eine Übersicht über die Durchgangswiderstände wichtiger Werkstoffe von Leitern, Halbleitern und Nichtleitern.

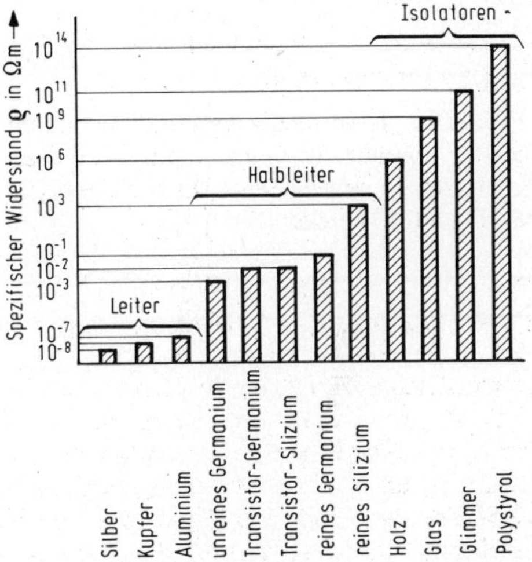

Bild 7.1–3 Durchgangswiderstand ϱ_D in $\Omega \cdot m$ bei Raumtemperatur von elektrischen Werkstoffen, (beachten Sie den logarithmischen Maßstab!)

Bemerkenswert ist folgendes:

- Anorganische, amorphe und kristalline Isolatoren wie Gläser, Keramika, Porzellane haben wegen ihrer unterschiedlichen chemischen Zusammensetzung auch unterschiedliche Widerstandswerte.
- Poröse und hygroskopische (wasseranziehende) Werkstoffe werden in feuchter Umgebung durch Wasseraufnahme leitfähiger.
- Die Temperatur beeinflußt den Widerstand dann, wenn sich die Struktur ändert; der Widerstand fällt dann.
- Bei hohen Frequenzen können die Widerstandswerte sinken.
- Bei „Alterung" (≙ Veränderung der Struktur durch langzeitige Einwirkung der Umgebung) sinkt ϱ_D.

Übung 7.1–1

Welche Einflüsse verändern den ϱ_D-Wert eines Isolators?

7.1.1.2 Oberflächenwiderstand, DIN 53482

Der Oberflächenwiderstand R_O gibt Aufschluß über das Isolationsvermögen der Oberfläche eines festen Isolierstoffes; er unterscheidet sich (meistens) beträchtlich vom Innenwiderstand R_D und beträgt oft nur $\approx 1\%$ desselben. An der Oberfläche eines Isolierstoffes bilden sich oft Fremdschichten von Schmutzablagerungen oder Zersetzungsprodukten infolge von Feuchtigkeit oder chemischer Reaktionen; dies setzt den Widerstand stark herab. Feuchtigkeit, auch wenn sie vertrocknet ist, hinterläßt immer Spuren von leitfähigen Ionen.

R_O in Ω zeigt den Isolationszustand an der Probenoberfläche an.

Rauhigkeit erhöht Verschmutzung!

Bei Freileitungen ist Vorsicht geboten.

Das Prinzip der Meßschaltung geht aus Bild 7.1–4 hervor (DIN 53482 bzw. VDE 0303 Teil 3/67). Geprüft wird eine Minute bei 1000 V-Gleichspannung an ebenen Proben von etwa 150 mm × 150 mm.

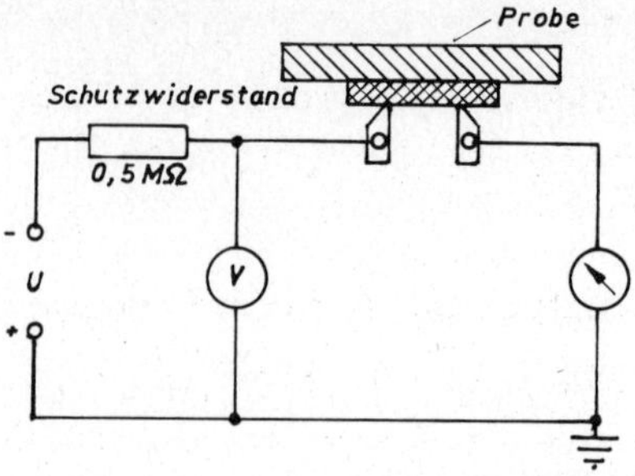

Bild 7.1–4 Schema der Meßschaltung für die Bestimmung des Oberflächenwiderstands

Die Meßwerte für R_O werden in Ω oder in Vergleichszahlen nach Tabelle 7.1–3 angegeben; ein spezifischer Oberflächenwiderstand läßt sich nicht ausrechnen, da sich der stromdurchflossene Querschnitt nicht ermitteln läßt.

Tabelle 7.1–3

Oberflächen-Isolationswiderstand [Ω]	Oberflächen-vergleichszahl
$\geqq 10^6 < 10^7$	6
$\geqq 10^7 < 10^8$	7
$\geqq 10^8 < 10^9$	9
usw.	

Einfluß von Wasser prüfen!

24 Stunden in Wasser lagern, dann prüfen!

Einfluß der Temperatur beachten; R_O darf sich bei Gebrauchstemperatur nicht verändern!

Einige Kunststoffe werden durch mechanische Einwirkung, insbesondere durch Reibung, elektrostatisch aufgeladen und ziehen dann Staubpartikel an. Bei gedruckten Leitungen ist daher besondere Vorsicht geboten; sie sollten gut lackiert und vor Gebrauch abgestaubt werden.

Vorsicht bei elektrostatischer Aufladung! Vorsicht bei gedruckten Schaltungen!

Für die Beurteilung des elektrostatischen Verhaltens eines Isolierstoffes gibt es Prüfverfahren nach DIN und VDE-Richtlinien. Der Verlauf der mit einem Reibegerät erzeugten Feldstärke wird beim Auf- und Entladen gemessen. Die Unterschiede der einzelnen Kunststoffe sind beachtlich.

Übung 7.1–2

In welchen Einheiten werden
1. der Durchgangswiderstand,
2. der Oberflächenwiderstand
eines Isolators gemessen?

Übung 7.1–3

Welcher Widerstand ist größer, der Durchgangs- oder der Oberflächenwiderstand? Begründung!

7.1.1.3 Widerstand zwischen Stöpseln, DIN 53 482

Ermöglichen Form und Abmessungen eines Prüflings nicht die Bestimmung des spezifischen Durchgangswiderstandes ϱ_D, dann bedient man sich der Prüfmethode nach DIN 53 482 Teil 3 für den Widerstand zwischen zwei kegeligen Stöpselelektroden nach Bild 7.1–5 im Gleichstromkreis.

Man muß dafür sorgen, daß die beiden Elektroden fest an den konischen Bohrungen anliegen. Der Stöpselwiderstand R_S wird in Ω angegeben; durch ihn werden gleichzeitig Innen- und Oberflächenwiderstand erfaßt.

Im allgemeinen liegen deshalb die R_S-Werte zwischen den R_D- und den R_O-Werten.

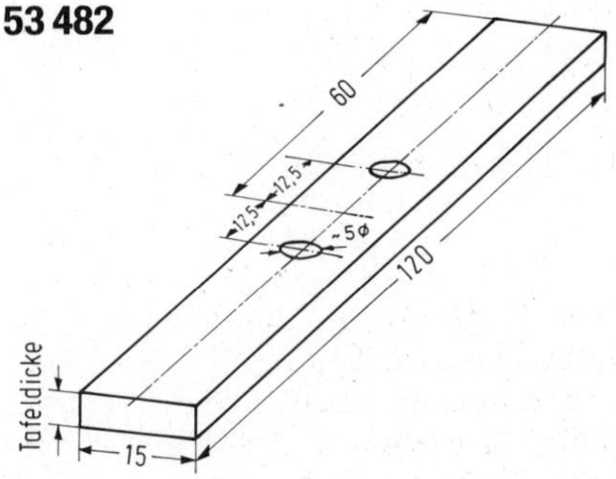

Bild 7.1–5 Schema der Anordnung zur Bestimmung des Widerstandes zwischen zwei Stöpseln nach DIN 53 482 und VDE 0303

R_S in Ω

Übung 7.1–4

Nennen Sie die Reihenfolge für R_D, R_O, R_S in steigenden Ohmzahlen.

7.1.2 Kriechstromfestigkeit

Nach der VDE-Bestimmung 0303 Teil 1 ist ein Kriechstrom „ein Strom, der sich auf der Oberfläche eines im trockenen und sauberen Zustand gut isolierenden Stoffes zwischen zwei spannungsführenden Teilen infolge von leitfähigen Verunreinigungen bildet“.

Unter idealen Verhältnissen bilden sich an der Oberfläche eines guten, sauberen Isolierstoffes keine unkontrollierten Kriechströme. In der Praxis sieht das aber oft anders aus, wie dies unter 7.1.1.2 erklärt wurde, und es entstehen durch Fremdstoffe an der Oberfläche vagabundierende, unkontrollierbare Kriechströme. Sie können durch Widerstandserwärmung oder Glimmentladungen die Oberfläche nicht wärmebeständiger Isolierstoffe chemisch so verändern, daß ihr elektrischer Widerstand nachläßt. Bei glutbeständigen, oxidi-

> Niederspannung!
> Kriechströme sind unerwünschte, unkontrollierbare Ströme auf Isolierstoffen zwischen stromführenden Leitern (Niederspannung).
> Sie können bei längerer Einwirkung den Isolierstoff zerstören.
> Den Widerstand gegen solche „Kriechstromspuren“-Bildung nennt man Kriechstromfestigkeit.

schen Isolierstoffen, den elektrokeramischen Werkstoffen, hinterlassen Kriechströme keine „Kriechstromspuren", aber Kunststoffe oder Kunststoff enthaltende Isolierstoffe sind weniger temperaturbeständig; sie zersetzen sich chemisch in der Wärme, wobei ihr Isolationswert sinkt; wenn bei der Zersetzung (wie häufig) freier Kohlenstoff entsteht, wird die Oberfläche sogar gut leitend.

Man hat deshalb Prüfverfahren entwickelt, um das Verhalten von Isolierstoffen gegenüber Kriechströmen festzustellen und zahlenmäßig zu bewerten.

Zu diesem Zweck erzeugt man zwischen Elektroden auf der Oberfläche des Prüflings künstlich einen Kriechstrom und ermittelt seine Folgen.

Die Prüfvorrichtung ist aus Bild 7.1–6 ersichtlich. In einem Abstand von 4 mm werden an den Prüfling zwei Elektroden mit 380 V Spannung gelegt; zwischen ihnen läßt man eine mit einem Netzmittel versehene Salzlösung abtropfen; sie verteilt sich gleichmäßig auf der Probenoberfläche und erzeugt beim Berühren beider Elektroden bei jedem Tropfen einen kleinen Lichtbogen, der die Lösung verdampft. Solange die Probenoberfläche unbeschädigt bleibt, erlischt der Lichtbogen sofort nach dem Verdampfen; nach 30 s fällt dann ein neuer Tropfen. Das Spiel wiederholt sich so lange, bis durch die Salzkruste und/oder die zerstörte Oberfläche ein ständiger Kriechstrom von > 0,5 A fließt und die Anlage ausschaltet.

Die Tropfenzahl und die auf der Oberfläche entstandenen Kriechspuren sind die Bewertungsmaße für die Kriechstromfestigkeit nach der sog. KA-Methode (Tabellen 7.1–4 und 7.1–5).

Nach einer zweiten B-Methode ermittelt man die höchste Spannung, bei der bis zum 50. Tropfen kein Kurzschluß entsteht.

An dieser Stelle soll die sogenannte *Lichtbogenfestigkeit* erwähnt werden.

Beim Entladen einer hohen Spannung zwischen zwei Elektroden kann ein Stromweg auf dem zwischen ihnen befindlichen Isolierstoff

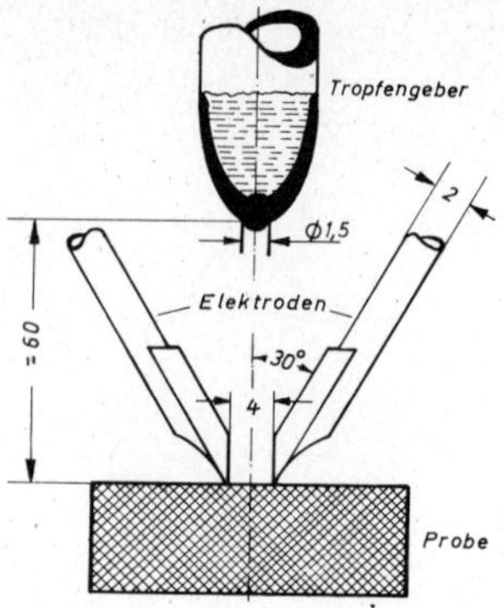

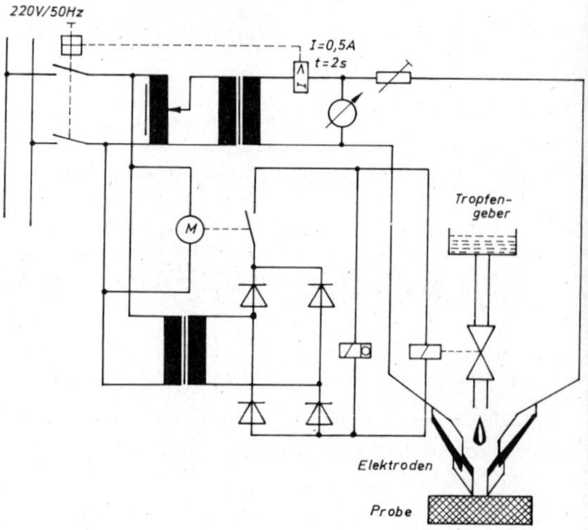

Bild 7.1–6 Prüfvorrichtung und Schaltung zur Bestimmung der Kriechstromfestigkeit (nach VDE)

Tabelle 7.1–4 Kriechstrom-Festigkeitsstufen nach Verfahren KA bei 380 V ~

Stufe	Tropfenzahl	max. Aushöhlung in mm	Beurteilung
KA 1	1 bis 10	–	schlecht
2	11 bis 100	–	ausreichend
3 a	101	> 2	mittel
3 b	101	1 bis 2	gut
3 c	101	< 1	sehr gut

Lichtbogenfestigkeit:
Einteilung in 6 Güteklassen. Brandgefahr!

entstehen. Man erzeugt bei der Prüfung auf Lichtbogenfestigkeit künstlich einen Lichtbogen und ordnet nach seiner Länge und dem Aussehen der Probenoberfläche den Isolierstoff in eine von sechs Güteklassen ein.

Tabelle 7.1–5 Preßmassen bieten ein gutes Beispiel für das unterschiedliche Verhalten gegen Kriechspurbildung

Tropfenzahl	Preßmassen
1 bis 3	organisch gefüllte Phenolharz-
4 bis 10	anorganisch gefüllte Phenolharz-
11 bis 30	Kalt-
31 bis 100	Harnstoffharz-
>100	Melamin- und Alkydharz-

Übung 7.1–5

Unterscheiden sich die einzelnen Kunststoffsorten bezüglich ihres Verhaltens gegen Kriechströme?

Übung 7.1–6

Wo bilden sich eher Kriechströme, auf glasierten oder auf unglasierten Keramika?

7.1.3 Durchschlagfestigkeit, DIN 53481

Bevor wir das Prüfverfahren für die Durchschlagfestigkeit E_D in $kV \cdot mm^{-1}$ nach VDE 0303 Teil 3/67 bzw. DIN 53481 erörtern, sollen einige werkstoffliche Betrachtungen vorangestellt werden.

Kein Werkstoff ist völlig homogen. Auch der beste Isolator hat kleine Stellen von lockerer Struktur oder mit kleinsten Hohlstellen (Miniporen). Legt man ein hohes Potentialgefälle an die beiden Seiten eines Isolators, dann suchen sich die Elektronen zum Spannungsausgleich den Weg des kleinsten Widerstandes; manchmal gelingt ihnen dies über die *Oberfläche* (Überschlag); manchmal bahnen sie sich aber auch einen Weg *durch* den Isolierstoff (Durchschlag). Bei ausreichender Spannung und kleinem Weg (dünner Isolierstoff oder kleiner Elektrodenabstand in Luft) erfolgt ein spontaner Durchschlag. Unter längerer Spannungsbelastung kann der Isolierstoff seine Struktur verändern; es finden z. B. kleine Glimmentladungen im Werkstoff statt, die den Werkstoff von innen zerstören und seinen Widerstand schwächen.

Hochspannung!
Die Durchschlagfestigkeit ist die höchste Feldstärke, mit der ein Werkstoff vor dem Durchschlag belastet werden kann.

E_D in $kV \cdot mm^{-1}$
ist keine Werkstoffkonstante!

E_D ist abhängig von

- Schichtstärke (Durchschlagstrecke)
- Stehzeit
- Frequenz
- Temperatur

Merkregel:

E_D nach einjähriger Belastung ≈ ½ des Ursprungswertes.

E_D-Werte streuen; darum Mittelwert aus mindestens drei Einzelwerten bestimmen!

Ist einmal ein Überschlagfunke *im* Isolator entstanden, dann sucht er sich weiter den Weg des geringsten Widerstandes, wie ein Blitz, der sich bei elektrischer Entladung auch nicht immer den kürzesten, sondern den widerstandsärmsten Weg sucht.

Steigt die Temperatur des Isolierstoffes unter dem Einfluß eines kleinen Elektronenflusses oder durch Glimmentladungen, dann kommt es zu einem *Wärmedurchschlag*.

Mit zunehmender Schichtdicke (bei Gasentladungen mit steigendem Elektrodenabstand) steigt naturgemäß die Durchschlagspannung U_D.

Die Durchschlagfestigkeit E_D ist eine Feldstärke, d. h. ein auf eine Strecke bezogenes Spannungsgefälle in $kV \cdot mm^{-1}$. Sie ist bei kleinen Schichtstärken größer als bei dicken; dies ist die Folge der bereits erwähnten Inhomogenitäten im Stoff, die naturgemäß bei dünnen Schichten weniger häufig als bei dickeren auftreten. Außerdem benötigen die Elektronen zur Beschleunigung auf ihre Höchstgeschwindigkeit eine gewisse Zeit, d. h. eine gewisse Strecke. Aus diesem Grunde fällt E_D mit zunehmender Schichtdicke s (Bilder 7.1–8 und 7.1–9).

Die Meßordnung zeigt Bild 7.1–7. Geprüft wird bei 50 Hz; die Spannung soll um etwa 1 kV in der Sekunde gesteigert werden und vor dem Durchschlag etwa 40 s stehen.

Es gibt verschiedene Elektrodenformen, wie Kugel/Kugel oder Kugel/Platte oder Platte/Platte und (selten) Spitze/Spitze; Vergleichswerte müssen mit gleichen Elektroden ermittelt werden.

Zwei typische Meßreihen der E_D sind in den Bildern 7.1–8 und 7.1–9 gezeigt*. Bei Überschlägen in der Luft muß die Luftfeuchtigkeit berücksichtigt werden; infolge Ionisierung erniedrigt sie die E_D-Werte, wie man bei Freileitungen leicht feststellen kann.

Tabelle 7.1–6 E_D-Anhaltswerte in $kV\,mm^{-1}$
Schichtstärke: ~1 mm, Prüfdauer: 1 min

E-Porzellan	30 bis 35
ölgetränktes Kabelpapier	bis 100
Trafoöl	bis 30
Polyesterharz (UP)	bis 30
Polyvinylchlorid (PVC)	bis 50
Polystyrol (PS)	bis 100
Polyethylen (PE)	bis 200

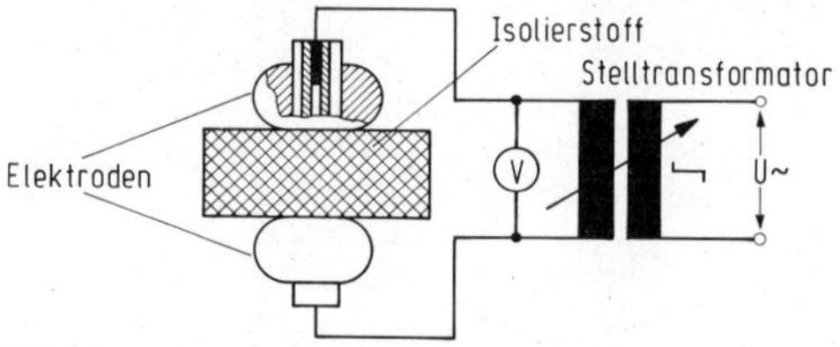

Bild 7.1–7 Meßvorrichtung für die Bestimmung der Durchschlagfestigkeit nach DIN 53 481 und VDE 0303 Teil 3/67

Prüfkörper: ebene Platten 150 mm × 150 mm
Elektrode: Kugeln oder Platten
Spannungserhöhung: $1\,kV \cdot s^{-1}$
Stehzeit vor dem Durchschlag: > 40 s
Meßergebnis: > 5 Einzelwerte wegen starker Streuung

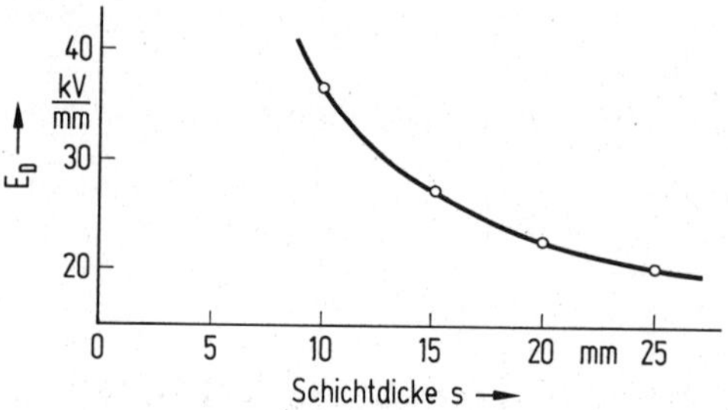

Bild 7.1–8 E_D von Öllackleinen in Abhängigkeit von der Schichtdicke

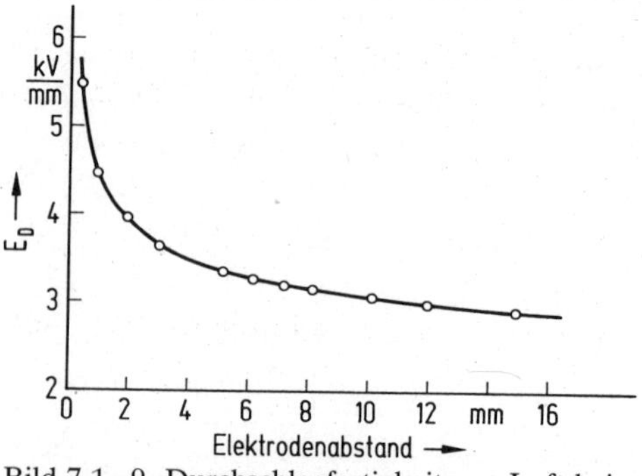

Bild 7.1–9 Durchschlagfestigkeit von Luft bei 58% Feuchtigkeit und 1005 mbar in Abhängigkeit vom Elektrodenabstand

* Übungsergebnisse von Technikerschülern an der Schule für Elektrotechnik in Essen.

Den Einfluß der Zeit auf E_D erkennt man an den Kurven von Bild 7.1–10.

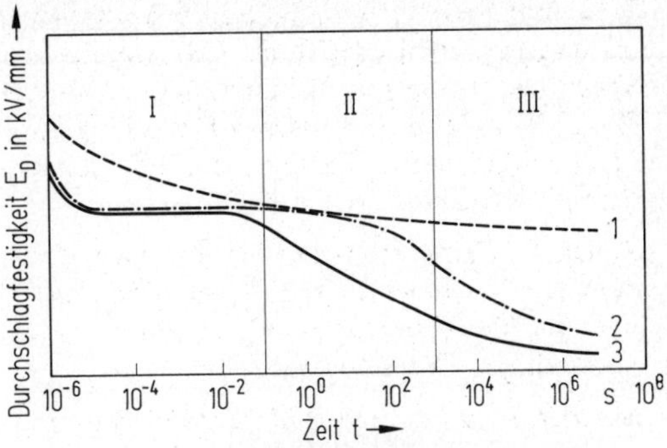

Bild 7.1–10 Durchschlagfestigkeit in Abhängigkeit von der Beanspruchungsdauer

1 organische Stoffe mit Elektronen- und vorwiegend Ionenpolarisation
Bereich I: elektrischer Durchschlag
Bereich II: Wärmedurchschlag
Bereich III: chemischer oder Erosionsdurchschlag

2 organische Stoffe mit Elektronen- und vorwiegend Orientierungspolarisation

3 organische Stoffe mit vorwiegend Elektronenpolarisation

Übung 7.1–7

Wodurch wird der E_D-Wert eines Werkstoffes beeinflußt?

Übung 7.1–8

In welcher Größenordnung liegt E_D,

a) für eine hoch durchschlagfeste Isolation,
b) für eine wenig durchschlagfeste Isolation?

7.1.4 Dielektrisches Verhalten

7.1.4.0 Größen im elektrischen Feld

Den folgenden Abschnitten werden einige Größen aus dem elektrischen Feld vorangestellt, die in DIN 1324 festgelegt sind und einzeln besprochen werden (siehe auch Tabelle 6.1–1).

1. D	in $As/m^2 = C/m^2$	elektrische Flußdichte (früher elektrische Verschiebung oder Verschiebungsdichte genannt).
2. $\Psi = D \cdot A$	in $C = A \cdot s$	elektrischer Fluß (A = Querschnitt in m^2).
3. $\varepsilon_0 = \frac{D_0}{E}$	in $F/m = A \cdot s/(V \cdot m)$	elektrische Feldkonstante (früher Dielektrizitätskonstante oder Verschiebungskonstante des leeren Raumes).
4. ε_r	–	Permittivitätszahl oder relative Permittivität (früher Dielektrizitätszahl oder relative Dielektrizität).

5. $\varepsilon = \varepsilon_0 \cdot \varepsilon_r$ in $F/m = A \cdot s/(V \cdot m)$ Permittivität (früher Dielektrizitätskonstante).

6. $P = D - \varepsilon_0 \cdot E = D - D_0$ in $A \cdot s/m^2$ Polarisation = elektrische Flußdichte minus elektrische Flußdichte im leeren Raum.

7. $E_i = \dfrac{D}{\varepsilon_0} - \dfrac{P}{\varepsilon_0}$ in V/m Elektrisierung = elektrische Polarisation durch elektrische Feldkonstante.

8. $\dfrac{P/\varepsilon_0}{E} = \chi_e = \varepsilon_r - 1$ elektrische Suszeptibilität(szahl).

7.1.4.1 Polarisationsarten

Befindet sich ein Isolator in einem elektrischen Feld zwischen zwei spannungsführenden Leitern, so verhält er sich wie das Dielektrikum eines geladenen Kondensators. Im Isolierstoff spielen sich dabei Polarisationsvorgänge ab, die näher beschrieben werden müssen. Je nach der Struktur des Stoffes treten drei Arten von Polarisationen auf:

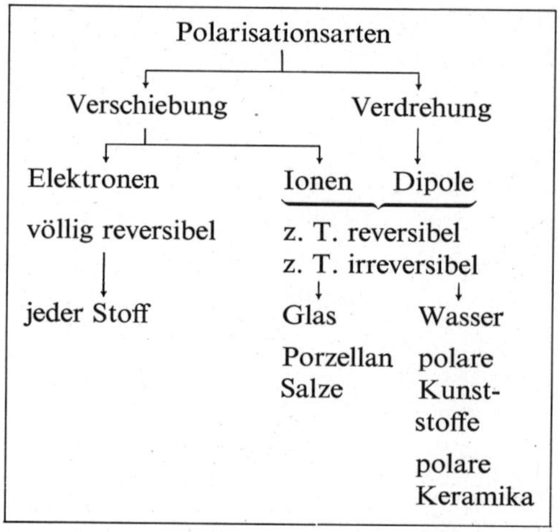

- *Elektronen-Polarisation* (alle Stoffe)

Sie tritt in jedem Stoff auf, da jeder Stoff Elektronen hat. Unter dem Feldeinfluß E verschieben sich die negativen Elektronenhüllen gegenüber den positiven Kernen, wie Bild 7.1–11 zeigt. Die Elektronen-Polarisation verläuft spontan, trägheitslos und ist völlig reversibel; d. h. wenn das elektr. Feld abgeschaltet wird, rutscht die Elektronenhülle sofort wieder in ihre Normallage.

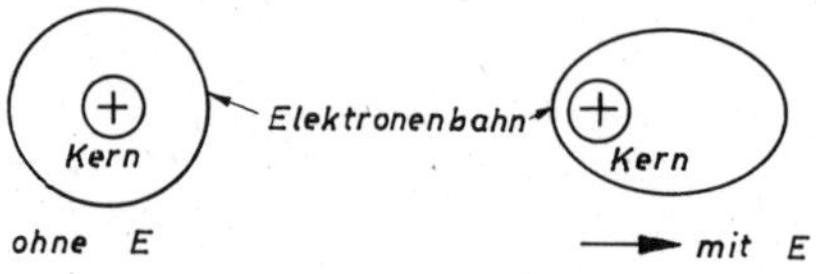

Bild 7.1–11 Elektronen-Polarisation

- *Ionen-Polarisation* (unpolare Stoffe)

Sie tritt auf, wenn der Werkstoff Ionen enthält, wie z. B. Porzellan, Keramik, Glas und Glimmer. Hierbei verschieben sich die Ionen als geladene Masseteilchen (Bild 7.1–12).

Die Ionenverschiebung verläuft nicht spontan, sondern benötigt eine gewisse Verschiebungszeit (Relaxation); der Vorgang ist reversibel.

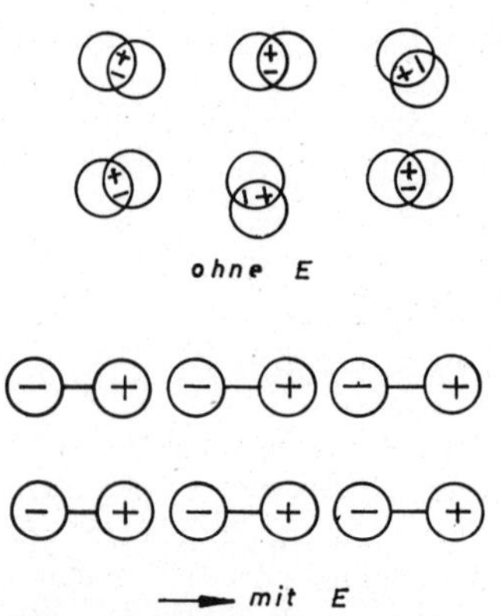

Bild 7.1–12 Ionen-Polarisation, Verschiebung (unpolare Stoffe)

- *Dipol-Polarisation* (polare Stoffe),

auch Orientierungs-Polarisation genannt, setzt die Anwesenheit von Dipolen, d. h. polarer Moleküle voraus. Das Wassermolekül ist bekanntlich ein Dipol-Molekül (1.5.3), ebenso einige organische Moleküle wie $H_2C = CHCl$, das Monomere des PVC.

Im elektrischen Feld *drehen* sich die Dipole nach der Feldrichtung (Bild 7.1–13 rechts). Nach Abschalten des Feldes drehen sich die meisten Dipole wieder in ihre Ausgangslage zurück; irreversible Dipolverdrehungen werden unter 7.4.3 erörtert.

Es gibt polare Flüssigkeiten und Feststoffe. Bevorzugt werden hochpolare, rutilhaltige (TiO_2) Keramiken zum Aufbau hoch polarisierbarer Dielektrika in Kondensatoren. (Für weiterführende Unterrichtung benötigen Sie Spezialliteratur.)

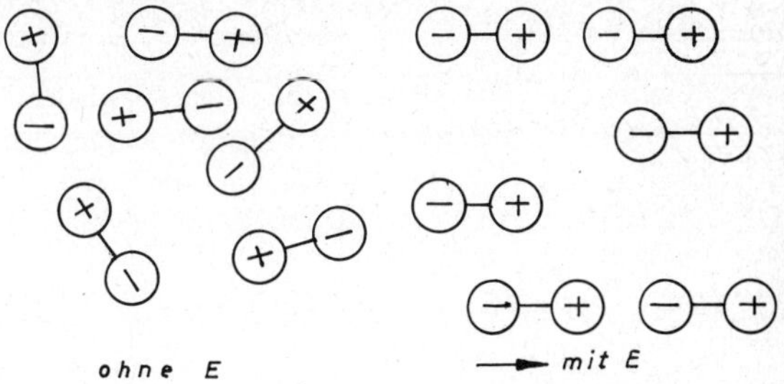

Bild 7.1–13 Dipol-Polarisation, Drehvorgang (polare Stoffe)

> Die Polarisation P eines Stoffes ist die Verschiebung oder Ausrichtung seiner elektrischen Ladungsträger durch ein elektrisches
>
> Feld E; P in $\frac{\text{A} \cdot \text{s}}{\text{m}^2}$

> Die Maßzahl für die Polarisation eines Stoffes ist die Permittivitätszahl ε_r (7.1.4.2).

> Von der elektrischen Polarisation P hängt der Verlustfaktor $d = \tan \delta$ ab (7.1.4.3).
> $P \sim d$

> Das Produkt $\varepsilon_r \cdot \tan \delta$ ergibt die dielektrische Verlustzahl ε'' (7.1.4.4).

> Die Polarisation ist
> erwünscht bei Kondensatoren (Effekt)
> unerwünscht bei Isolierungen (Verlust)

7.1.4.2 Permittivitätszahl (Dielektrizitätszahl) ε_r

Ein elektrisches Feld E erzeugt durch Polarisation eine elektrische Flußdichte D, die auch Verschiebungsdichte genannt wird; D_0 gilt für das Vakuum und trockene Luft. Die elektrische Flußdichte D ändert sich linear mit der Größe und der Richtung des elektrischen Fel-

$$D \sim P \qquad \text{(P. 7–1)}$$

$$\frac{\text{A} \cdot \text{s}}{\text{m}^2} \sim \frac{\text{A} \cdot \text{s}}{\text{m}^2}$$

des E (Proportion 7−2). Der Proportionalitätsfaktor, mit dem aus (P. 7−3) die Gleichung (7−3) entsteht, ist eine Naturkonstante und heißt *elektrische Feldkonstante* ε_0. Sie läßt sich messen und hat die Größe $8{,}9 \cdot 10^{-12}\,\mathrm{A \cdot s/(V \cdot m)}$; genau 8,8542 $\mathrm{pF \cdot m^{-1}}$.

$$P \sim E \qquad \frac{\mathrm{A \cdot s}}{\mathrm{m^2}} \sim \frac{\mathrm{V}}{\mathrm{m}} \tag{P. 7−2}$$

$$D_0 \sim E \qquad \frac{\mathrm{A \cdot s}}{\mathrm{m^2}} \sim \frac{\mathrm{V}}{\mathrm{m}} \tag{P. 7−3}$$

$$D_0 = \varepsilon_0 \cdot E \qquad \frac{\mathrm{A \cdot s}}{\mathrm{m^2}} = \frac{\mathrm{A \cdot s}}{\mathrm{V \cdot m}} \cdot \frac{\mathrm{V}}{\mathrm{m}} \tag{7−3}$$

Die elektrische Flußdichte in einem Stoff D_S ist stets größer als die Flußdichte in Luft oder im Vakuum D_0. Das Zahlenverhältnis D_S/D_0 heißt die Permittivitätszahl (auch Dielektrizitätszahl) ε_r (7−4); ε_r entspricht der Permeabilitätszahl μ_r im Magnetfeld.

$$\varepsilon_0 = 8{,}9 \cdot 10^{-12}\,\frac{\mathrm{A \cdot s}}{\mathrm{V \cdot m}}$$

$$\frac{D_s}{D_0} = \varepsilon_r > 1 \tag{7−4}$$

Beide Zahlen sind wichtige Werkstoffwerte; sie geben den Verstärkungsfaktor für die vom Felderreger erzeugte Flußdichte im Werkstoff gegenüber Luft (Vakuum) an. Aus der Übung 6.1−2 kennen Sie ihre Verknüpfung mit der Lichtgeschwindigkeit c!

Diese wichtigen Zusammenhänge sollen mit anderen Worten nochmals systematisch erklärt werden.

1. Unter einem Feldeinfluß E (Erreger, Ursache) wird der Werkstoff (Dielektrikum) polarisiert (Wirkung nach P. 7−2).
2. Die durch Coulombsche Kräfte im Dielektrikum erzeugte Ladungsverschiebung (Polarisation) ist dem Potential U in V der erregenden Feldstärke E in $\mathrm{V\,m^{-1}}$ entgegengerichtet; da der Plattenabstand d in m in einem Kondensator unverändert bleibt, muß die im Dielektrikum erzeugte Flußdichte D_S die Kondensatorspannung U_C herabsetzen. Die an den Kondensator angelegte, unveränderte Spannung lädt daher den Kondensator weiter auf und steigert seine Kapazität C_S im direkten Verhältnis zu der Permittivitätszahl ε_r (P. 7−4).

$$C_s \sim \varepsilon_r \tag{P. 7−4}$$

ε_r Permittivitätszahl

3. In den nebenstehenden Gleichungen (7–5) bis (7–7), die keiner weiteren Erklärung bedürfen, sind die Einflüsse der Polarisation des Dielektrikums auf die Kapazität eines Kondensators mathematisch formuliert.

$$\varepsilon_r = \frac{C_s}{C_0} = \frac{\text{Kapazität eines stoffgefüllten Kondensators}}{\text{Kapazität eines Luftkondensators}} \qquad (7-5)$$

$$C_0 = \varepsilon_0 \cdot \frac{A}{d} \text{ (Vakuum, Luft)} \qquad (7-6)$$

A Kondensatorfläche in m^2
d Plattenabstand in m

$$C_S = \varepsilon_0 \cdot \varepsilon_r \cdot \frac{A}{d} \text{ (Stoff)} \qquad (7-7)$$

$$= \varepsilon \cdot \frac{A}{d}$$

$$\frac{\mathrm{A \cdot s}}{\mathrm{V}} = \frac{\mathrm{A \cdot s}}{\mathrm{V \cdot m}} \cdot \frac{\mathrm{m^2}}{\mathrm{m}}$$

$$\mathrm{F} = \frac{\mathrm{F}}{\mathrm{m}} \cdot \mathrm{m}$$

Den Werkstoffer interessiert die Feldstärke E_i, welche im Werkstoff die Flußdichte $D - D_0$ erzeugt; sie heißt Elektrisierung und entspricht im Magnetfeld der Magnetisierung, die im Magnetstoff die Flußdichte $J = B - B_0$ hervorruft.

Die Gleichungen für die Elektrisierung sind nebenstehend aufgeführt (7–8 und 7–9).

$$P = D - D_0 = D - \varepsilon_0 E \qquad (7-8)$$

daraus

$$\frac{P}{\varepsilon_0} = \frac{D}{\varepsilon_0} - E \qquad (7-9)$$

E ist in dieser Gleichung die Elektrisierung!

Die elektrische Suszeptibilität χ_e ist das Verhältnis von $\frac{P}{\varepsilon_0}$ zu der Elektrisierung E_i (Gl. 7–10) und die um 1 verminderte Permittivitätszahl ε_r.

$$\frac{P/\varepsilon_0}{E_i} = \chi_e = \varepsilon_r - 1 \qquad (7-10)$$

E_i Elektrisierung

elektrische Polarisation P in $\mathrm{C \cdot m^{-2} = A \cdot s \cdot m^{-2}}$ ist die elektrische Flußdichte minus elektrische Flußdichte im leeren Raum; DIN 1324

Die Permittivitätszahl ε_r und damit auch die Suszeptibilität χ_e eines Werkstoffes sind nicht konstant; sie ändern sich mit der Temperatur und mit der Frequenz, wie Sie im Abschnitt 7.1.4.5 erfahren werden.

ε_r ist um so größer, je mehr polarisierte Teilchen die Volumeneinheit eines Stoffes enthält, und je größer die Dipolmomente sind.

Anhaltswerte für ε_r-Zahlen bei 50 Hz und Raumtemperatur, geordnet nach der elektrischen Struktur der Werkstoffe, gibt Tabelle 7.1–7.

Die Prüfung der dielektrischen Eigenschaften ist in DIN 53 483 festgelegt; sie wird bei 50 Hz, 1 kHz und 1 MHz mit verschiedenen Meßanordnungen vorgenommen, die hier unerörtert bleiben. Für Flüssigkeiten dienen Meßzellen, mit denen Frequenzen bis 100 MHz geprüft werden können.

Hochpolare kristalline Werkstoffe werden für den Aufbau starker Dielektrika unter der Bezeichnung „Ferroelektrika" benutzt (7.4.3).

Die Polarisierung und Entpolarisierung, d. h. die elektrischen Verschiebungs- und Drehvorgänge, benötigen eine gewisse, wenn auch sehr kleine Zeitspanne; diese Anlauf- bzw. Abklingzeit bei der Polarisation nennt man „Relaxationszeit" τ in s. Für Wasser z. B. beträgt $\tau = 10^{-11}$ s; bei Hochfrequenz ist τ eine wichtige Werkstoffgröße und muß bei der Berechnung dielektrischer Verluste berücksichtigt werden.

Tabelle 7.1–7 ε_r-Werte (ε_r immer > 1!) bei 20°C und 50 Hz

unpolare Stoffe	2 bis 10
Kunststoffe	2 bis 3
Öl	2 bis 2,5
Chlophen (7.5.4.6)	≈ 5
Porzellan	≈ 6
Asphalt	≈ 3
Kautschuk	2 bis 3
Glimmer	6 bis 8
polare Stoffe	80 bis 100
Wasser	≈ 80
Titanoxid (Rutil)	≈ 100
ferroelektrische Stoffe (7.4.3)	
Bariumtitanat	$\approx 10^3$
Barium-Strontiumtitanat	$\approx 10^4$ bis 10^5

Übung 7.1–9

Welche Polarisation entsteht in

a) reinen Halbleiterkristallen,
b) Salzen,
c) Isolatoren (polar),
d) Metallen,
e) Edelgasen?

Übung 7.1–10

Nennen Sie FZ und Einheit für

1. magnetische Polarisation,
2. elektrische Polarisation!

Übung 7.1–11

Was ist der grundlegende Unterschied zwischen

a) Elektronen- und Ionenpolarisation einerseits und
b) der Orientierungspolarisation andrerseits?

Übung 7.1–12

Wie heißt die korrespondierende Größe von ε im Magnetfeld mit Formelzeichen und Einheiten?

Beispiel 7.1–1

An einem luftgefüllten Plattenkondensator der Kapazität $C = 120\,\text{pF}$ wird eine Spannung U von 100 V angelegt; der Plattenabstand d beträgt 0,1 mm.

Berechnet soll werden

1. die Größe der Flußdichte in Luft D_0,
2. die Polarisation P, wenn zwischen die Platten ohne Luftspalt ein Dielektrikum mit $\varepsilon_r = 100$ eingelegt wird.

Lösung 1 (nach Gl. 7–3):

$$D_0 = \varepsilon_0 E = \varepsilon_0 \frac{U}{d} = 8{,}9 \cdot 10^{-12}\,\text{A} \cdot \text{s} \cdot \text{V}^{-1} \cdot \text{m}^{-1} \cdot 10^2\,\text{V} \cdot 10^4\,\text{m}^{-1} = 8{,}9 \cdot 10^{-6}\,\text{A} \cdot \text{s} \cdot \text{m}^{-2}$$

Lösung 2 (nach Gl. 7–8):

$$P = D_S - \varepsilon_0 \cdot E = \varepsilon_r \cdot \varepsilon_0 E - \varepsilon_0 E = (\varepsilon_r - 1) \cdot \varepsilon_0 E;$$
$$P = 99 \cdot 8{,}9 \cdot 10^{-6}\,\text{A} \cdot \text{s} \cdot \text{m}^{-2} = 8{,}8 \cdot 10^{-4}\,\text{A} \cdot \text{s} \cdot \text{m}^{-2}.$$

Sie erkennen, daß die Kapazität C des Kondensators nicht in die Rechnung eingeht. Warum? Weil P und D auf m^2 bezogene Größen sind und damit die Flächengröße nicht in die Rechnung einbezogen wird.

Beispiel 7.1–2 (nach Gl. 7–7)

Welche Kapazität hat ein Plattenkondensator mit den Plattenabmessungen $(50 \cdot 100)\,\text{mm}^2$, dem Plattenabstand von 0,1 mm, mit Polystyrolfüllung $\varepsilon_r = 2{,}5$?

Lösung:

$$C_S = \varepsilon_0 \cdot \varepsilon_r \cdot A \cdot d^{-1}$$
$$\varepsilon_0 = 8{,}9 \cdot 10^{-12}\,\text{A} \cdot \text{s} \cdot \text{V}^{-1} \cdot \text{m}^{-1}$$
$$\varepsilon_r = 2{,}5$$
$$A = 0{,}5 \cdot 10^{-2}\,\text{m}^2$$
$$d = 10^{-4}\,\text{m}$$
$$C_S = 8{,}9 \cdot 10^{-12}\,\text{A} \cdot \text{s} \cdot \text{V}^{-1} \cdot \text{m}^{-1} \cdot 2{,}5 \cdot 0{,}5 \cdot 10^{-2}\,\text{m}^2 \cdot 10^4\,\text{m}^{-1}$$
$$C_S = 1{,}11\,\text{nF}.$$

Übung 7.1–13

Wie ist die Bezeichnung der Dielektrika mit extrem hohen ε_r-Werten?

Übung 7.1–14

Welche Werkstoffgröße des Dielektrikums steht in unmittelbarem Zusammenhang mit der Kapazität eines Kondensators? Schreiben Sie Ihre Antwort in Form einer Gleichung oder Proportion!

Übung 7.1–15

Definieren Sie ε_r mit Worten und mit einer Gleichung!

Übung 7.1–16

Erläutern Sie die Begriffe der drei Stoffklassen:

a) unpolarer Stoff
b) polarer Stoff
c) ferroelektrischer Stoff

mit der Permittivitätszahl ε_r und geben Sie die (ungefähren) ε_r-Zahlen für diese Stoffklassen an!

Übung 7.1–17

Ein luftgefüllter Plattenkondensator wird auf eine Spannung $U_1 = 12\,\text{V}$ aufgeladen, danach wird er von der Spannungsquelle abgeschaltet. Dann wird ein Dielektrikum genau schließend zwischen die Platten gelegt. Jetzt beträgt die Spannung zwischen beiden Platten $U_2 = 4\,\text{V}$.

a) Wie groß ist ε_r des Dielektrikums?
b) Welcher Werkstoff könnte es sein?

7.1.4.3 Dielektrischer Verlustfaktor $d = \tan\delta$

Ändert sich die Richtung des elektrischen Feldes E, dann ändert sich auch im Dielektrikum die Verschiebungs- oder Drehrichtung der Ladungen. Im Takte der angelegten Frequenz ändert sich im Werkstoff die Polarisationsrichtung. Dies erfordert eine Arbeit durch einen Wirkstrom I_w, der sich bei den molekularen Dipoldrehungen z. T. in Reibungswärme umwandelt und einen Verlust bedeutet. Neben dem erwünschten Verschiebungs-Blindstrom I_b im Dielektrikum des Kondensators, der der angelegten Spannung um $\pi/2$ voreilt (verlustloser Idealkondensator!), fließt also ein zusätzlicher Wirkstrom $I_w (= I_R)$, der mit der angelegten Spannung phasengleich ist. Beide Ströme überlagern sich und bilden den Gesamtstrom I; sein Phasenwinkel φ liegt zwischen 0 und $\pi/2$ und wird durch den Komplementwinkel δ zu 90° ergänzt (Bild 7.1–14).

Der dielektrische Verlustfaktor tan δ ist das Verhältnis von Wirkstrom zu Blindstrom.

$$\tan\delta = \frac{I_w}{I_b}\left(= \frac{I_R}{I_{X_c}}\right) \quad (7-11)$$

$$\tan\delta = \frac{U/R}{U \cdot \omega \cdot C} \quad (7-12)$$

$$\tan\delta = \frac{1}{R \cdot \omega \cdot C} \quad (7-13)$$

Zur Erklärung von Gl. (7–11):

$\left.\begin{array}{l} I_w = I_R \\ I_b = I_{xc} \end{array}\right\}$ diese FZ werden nebeneinander benützt

Das Verhältnis von Wirkstrom zu Blindstrom $I_w : I_b$ nennt man den Verlustfaktor d, weil mit ansteigendem Wirkstrom der Stromverbrauch wächst (Gl. 7−11 bis 7−13).

Aus Bild 7.1−14 ist ersichtlich, daß $I_w : I_b$ der tan $\delta = d$ ist; man kann also den dielektrischen Verlust durch den Faktor $d = \tan\,\delta$, ausdrücken. Nach Gl. (7−14) ist tan δ frequenzabhängig und um so kleiner, je größer Frequenz, elektrischer Widerstand ϱ und Permittivitätszahl ε_r des Dielektrikums sind.

ϱ setzt sich aus zwei Widerständen zusammen, dem Innenwiderstand ϱ_D des Dielektrikums und dem Widerstand gegen die Polarisation ϱ_{pol}. Die Größe ϱ_{pol} ist frequenzabhängig, d.h., sie wächst zunächst mit $f(\omega)$; bei bestimmter Frequenz können die molekularen Dipole *Resonanzschwingungen* (7.1.4.5) erhalten, welche die Polarisation erleichtern. Darum ist der ϱ-Wert rechnerisch nicht zu erfassen, sondern muß fallweise bestimmt werden.

Zahlenwerte von ε_r und tan δ (d) bei Raumtemperatur und Frequenzen von 50 Hz und 1 MHz für einige Isolierstoffe finden Sie in Tabelle 7.1−8.

Bisweilen benutzt man auch den Kehrwert des tan δ und bezeichnet ihn als „Gütewert" Q des Dielektrikums, analog zur „Güteziffer" einer Spule (6.5.2.7).

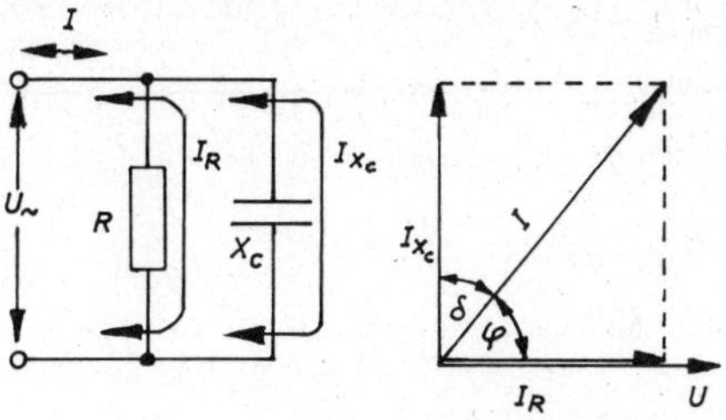

Bild 7.1−14 Ersatzschalt- und Zeigerbild eines Kondensators mit dielektrischen Verlusten

$$\tan\,\delta = \frac{\varkappa}{\omega \cdot \varepsilon_0 \cdot \varepsilon_r} = \frac{1}{\omega} \cdot \frac{1}{\varepsilon_0 \cdot \varepsilon_r \cdot \varrho} \quad (7-14)$$

$\varkappa$ spezifische Leitfähigkeit in $S \cdot m^{-1} = AV^{-1}\,m^{-1}$

ω Kreisfrequenz in s^{-1}

ε_0 elektrische Feldkonstante in $A \cdot s \cdot V^{-1} \cdot m^{-1}$

ε_r Permittivitätszahl

$$d = \tan\,\delta \text{ in } s \cdot \frac{V \cdot m}{A \cdot s} \cdot \frac{A}{V \cdot m}$$

$d = \tan\,\delta$ ist somit eine dimensionslose Größe

Tabelle 7.1−8 Anhaltszahlen für ε_r und tan δ (sie sind variabel)

Spalte 1 = ε_r, Raumtemperatur
Spalte 2 = tan $\delta \cdot 10^{-2}$, Raumtemperatur 50 Hz
Spalte 3 = tan $\delta \cdot 10^{-2}$, Raumtemperatur 1 MHz

Werkstoff	1	2	3
Glas	5 bis 15	50	
Porzellan	4 bis 7	2 bis 10	
Ölpapier	2 bis 6	10	
PE (7.5.4.2)	2,5	40	
PS (7.5.4.2)	2,5	100	
PVC (7.5.4.2)	2 bis 3	10	0,04
PTFE (7.5.4.2)	2	0,05	0,05

Gütewert (Gütefaktor) des Dielektrikums

$$Q = \frac{1}{\tan\,\delta} = \frac{1}{d}$$

Beispiel 7.1−3 (zu Gl. 7−14)

Ein Dielektrikum mit $\varrho_D = 10^{12}\,\Omega \cdot m$ und $\varepsilon_r = 2{,}5$ wird mit einer Frequenz von 50 Hz belastet. Wie groß ist sein Verlustfaktor?

Lösung:

$$d = \frac{1}{\omega \cdot \varepsilon_0 \cdot \varepsilon_r \cdot \varrho}$$

$$= \frac{1}{2\pi \cdot 50\,s^{-1} \cdot 8{,}9 \cdot 10^{-12}\,A \cdot s \cdot V^{-1} \cdot m^{-1} \cdot 2{,}5 \cdot 10^{12}\,\Omega \cdot m}$$

$$= 1{,}4 \cdot 10^{-4}$$

Ergebnis: $d = \tan\delta = 1{,}4 \cdot 10^{-4}$

Wie groß wäre der Verlustfaktor bei 50 MHz? Er verhielte sich wie $50:50 \cdot 10^6 = 1:10^6$ (!), wenn ϱ konstant bleibt.

Beispiel 7.1–4 (zu Gl. 7–14)

Ein keramischer Körper mit einer Oberfläche $A = 10\,cm^2$ und einer Dicke $d = 1\,cm$ hat nach Messung im Parallelersatzschaltbild nach Bild 7.1–14 bei 100 kHz einen ohmschen Widerstand R von $100\,k\Omega$ und einen Verlustfaktor $\tan\delta$ von 10^{-3}. Errechnen Sie

1. $\varkappa$ in $S \cdot m^{-1}$,
2. ε_r des keramischen Werkstoffs!

Lösung:

1. $\varkappa = \frac{1}{R} \cdot \frac{d}{A}$; $\varkappa = \frac{1}{10^5\,\Omega} \cdot \frac{1\,cm}{10\,cm^2}$

$\varkappa = 10^{-6}\,(\Omega \cdot cm)^{-1} = 10^{-8}\,S \cdot m^{-1}$; $\varrho = 10^8\,\Omega \cdot m$

2. $\tan\delta = \frac{1}{\varrho \cdot \omega \cdot \varepsilon_0 \cdot \varepsilon_r}$

$$\varepsilon_r = \frac{1}{\tan\delta \cdot \varrho \cdot \omega \cdot \varepsilon_0}$$

$$\varepsilon_r = \frac{1}{10^{-3} \cdot 10^8\,\Omega \cdot m \cdot 10^5\,s^{-1} \cdot 8{,}9 \cdot 10^{-12}\,A \cdot s \cdot V^{-1} \cdot m^{-1}}$$

Ergebnis: $\varepsilon_r = 11{,}2$

Übung 7.1–18

Definieren Sie den dielektrischen Verlustfaktor $\tan\delta = d$ durch Worte und eine Gleichung!

Übung 7.1–19

Was versteht man unter dem Gütewert Q eines Dielektrikums?

Übung 7.1–20

Welcher Werkstoff hat zur Zeit den höchsten dielektrischen Gütewert? Wie hoch ist er?

Übung 7.1–21

Sind die Zahlenwerte für ε_r und tan δ Werkstoffkonstanten? Wenn nein, wovon werden sie beeinflußt?

7.1.4.4 Dielektrische Verlustzahl ε''

$\varepsilon'' = \varepsilon_r \cdot \tan\delta$ = dielektrische Verlustzahl

Verluste kosten Geld, sie verbrauchen Leistung und müssen bei der Energieerzeugung und -verteilung möglichst niedrig gehalten werden. In der Hochfrequenztechnik sind sie besonders bedeutsam! Der je Sekunde auftretende Energieverlust Q_v in $W \cdot m^{-3}$ eines Isolators kann durch die Gleichung (7–15) ausgedrückt werden (hier nicht abgeleitet). Der lineare Einfluß der Frequenz auf den Verlust wird dadurch offensichtlich; bei 50 Hz und 10 MHz verhält er sich wie 1:200 000, allerdings vorausgesetzt, daß das Material frequenzunabhängige Werte für ε_r und tan δ hat.

Energieverlust eines Isolators je Sekunde:

$$Q_v = E^2 \cdot \omega \cdot \varepsilon_r \cdot \varepsilon_0 \cdot \tan\delta \qquad (7\text{–}15)$$

Q_v in $W \cdot m^{-3}$; Verlust je Volumeneinheit der Isolierung
E in $V \cdot m^{-1}$
ω in s^{-1}
ε_0 in $A \cdot s \cdot V^{-1} \cdot m^{-1}$

$$\frac{W}{m^3} = \frac{V^2}{m^2} \cdot \frac{1}{s} \cdot \frac{A \cdot s}{V \cdot m} = W \cdot m^{-3}$$

Wird ein Isolator mit hohem $\varepsilon_r \cdot \tan\delta$-Wert einer hohen Feldstärke ausgesetzt, dann treten so extrem hohe Verluste durch Erwärmung auf, daß sie den Isolator zerstören können. Andererseits benutzt man die Erwärmung des Dielektrikums in einem starken HF-Feld zum Schweißen und Kleben thermoplastischer Kunststoffe. (Schweißzahl!)

Das Produkt $\varepsilon_r \cdot \tan\delta$ wird „dielektrische Verlustzahl ε''“ genannt.

Dielektrische Verlustzahl
$\varepsilon'' = \varepsilon_r \cdot \tan\delta$

Sie wissen bereits: Bei dem Gebrauch von Isolatoren müssen unpolare und polare Stoffe streng gegeneinander abgegrenzt werden!

Erhitzen, Schweißen, Kleben im HF-Feld:
$\varepsilon'' \geq 10^{-2}$ (hoch!)

Bei Kabelisolierungen ist der Aufbau eines Dielektrikums unerwünscht; man benutzt für sie deswegen unpolare Werkstoffe mit niedrigen ε''-Werten.

Für Nachrichten- und Energiekabelisolierungen muß $\varepsilon_r \cdot \tan\delta$ möglichst klein sein ($< 10^{-2}$).
Man will Energie ohne Verluste übertragen.

Die hochfrequente Radartechnik wurde durch die Entwicklung unpolarer Kunststoffe, wie des HD-Polyethylens (High Density = hohe Dichte), ermöglicht; $\varepsilon_r \approx 2$.

PE ist für die Flugsicherung in der ganzen Welt unentbehrlich. PTFE ist noch geeigneter, aber teuer.

ε''-Werte
für Kabelisolierungen: niedrig
für Kondensatoren: hoch

Beispiel 7.1−5 (zu Gl. 7−15)

Ein Kupferdraht 1000 m lang, 10 mm Dmr., hat gegen den Außen-Nulleiter eine Spannung von 1 kV; $f = 1\,\text{MHz}$; die Isolierschicht ringsum ist 10 mm dick, $\varepsilon_r = 2{,}5$ und $d = \tan\delta = 10^{-2}$.

Berechnen Sie den Energieverlust der Isolierung,

1. Q_{V1} in W/m^3,
2. Q_{V2} in kWh und in J für die Dauer eines Tages!

Lösung:

1. $Q_{V1} = E^2 \cdot \omega \cdot \varepsilon_0 \cdot \varepsilon_r \cdot \tan\delta$ (nach Gl. 7−15)

$$E^2 = \left(\frac{10^3\,\text{V}}{10^{-2}\,\text{m}}\right)^2 = 10^{10}\,\text{V}^2 \cdot \text{m}^{-2}$$

$$\omega = 6{,}28 \cdot 10^6\,\text{s}^{-1}$$

$$\varepsilon_0 = 8{,}9 \cdot 10^{-12}\,\text{A} \cdot \text{s} \cdot \text{V}^{-1} \cdot \text{m}^{-1}$$

$$\varepsilon_r \cdot \tan\delta = 2{,}5 \cdot 10^{-2}$$

$$Q_{V1} = 10^{10}\,\text{V}^2 \cdot \text{m}^{-2} \cdot 6{,}28 \cdot 10^6 \cdot \text{s}^{-1} \cdot 8{,}9 \cdot 10^{-12}\,\text{A} \cdot \text{s} \cdot \text{V}^{-1} \cdot \text{m}^{-1} \cdot 2{,}5 \cdot 10^{-2}$$

$$Q_{V1} = 1{,}4 \cdot 10^4\,\text{W} \cdot \text{m}^{-3} = 14\,\text{kW} \cdot \text{m}^{-3}$$

2. $V \text{ in m}^3 = \dfrac{(D^2 - d^2)\,\pi}{4} \cdot L;$

$$D = 3 \cdot 10^{-2}\,\text{m}$$

$$d = 10^{-2}\,\text{m}$$

$$L = 10^3\,\text{m}$$

$$V = \frac{(9-1)}{4} \cdot \pi \cdot 10^{-4}\,\text{m}^2 \cdot 10^3\,\text{m} = 0{,}63\,\text{m}^3$$

$$Q_{V2} = Q_{V1} \cdot 24\,\text{h} \cdot 0{,}63\,\text{m}^3 = 14\,\text{kW} \cdot \text{m}^{-3} \cdot 24\,\text{h} \cdot 0{,}63\,\text{m}^3$$

$$Q_{V2} = 212\,\text{kWh} = 763\,\text{MJ}$$

Übung 7.1−22

Warum wirken sich dielektrische Verluste in der HF-Technik besonders stark aus?

7.1.4.5 Einfluß von Frequenz und Temperatur

a) *Frequenzabhängigkeit*

Mehrfach wurde darauf hingewiesen, daß die Temperatur des Werkstoffes und die Frequenz das dielektrische Verhalten der Nichtleiter beeinflussen; wie, das muß von Fall zu Fall geprüft werden.

In Bild 7.1−15 ist der Einfluß der Frequenz auf ε_r und $\tan\delta$ am Beispiel eines Kunststoffes dargestellt. (Achten Sie auf den logarithmischen Maßstab der Abszisse!)

Unter 7.1.4.1 wurde bereits vermerkt, daß die Polarisationsvorgänge eine gewisse Zeit (Relaxation) benötigen, die von der Größe und Art der molekularen Dipole abhängt.

Bei einer bestimmten Frequenzzahl, man spricht von der *Grenzfrequenz*, können die Dipole nicht mehr den erregenden Feldschwankungen folgen; ε_r sinkt und wird schließlich Null analog der Grenzfrequenz im Magnetfeld (6.5.2.6). In bestimmten Frequenzbereichen geraten die Dipol-Moleküle in Resonanzschwingungen, wobei die dielektrischen Verluste ansteigen und ein Maximum durchlaufen (Bild 7.1–15).

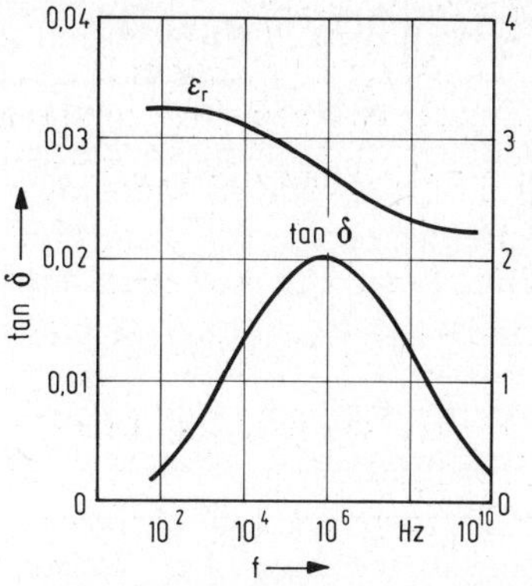

Bild 7.1–15 Einfluß der Frequenz auf ε_r und tan δ von Kunststoffen. Messungen an einem Thermoplasten, PE.

ε_r sinkt mit steigender Frequenz (Dispersion); tan δ durchläuft im Gebiet des Steilabfalls von ε_r ein Maximum.

b) *Temperaturabhängigkeit*

Unpolare Stoffe mit Atombindungen, zu ihnen gehören viele Kunststoffe, dehnen sich bei Temperaturerhöhung aus. Die Anzahl der polarisierten Teilchen bleibt dabei konstant, nicht aber die auf das Volumen bezogene Anzahl; sie nimmt ab. Das heißt, der Temperatur-Koeffizient von ε_r, $TC\,\varepsilon_r$, ist negativ, Rutil $BaOTiO_2$ ausgenommen.

Unpolare Stoffe mit ionischen Bindungsanteilen wie Glas, Keramik, haben positive oder negative $TC\,\varepsilon_r$. Die Werte des $TC\,\varepsilon_r$ richten sich nach der Stoffzusammensetzung; sie sind wichtig und müssen bei Kondensatorberechnungen berücksichtigt werden.

Wenn keramische Körper abgekühlt oder erwärmt werden, ändern sich die dielektrischen Eigenschaften, weil sich die sie beeinflussenden ϱ-Werte ändern.

Benutzen Sie Isolatoren und Dielektrika oberhalb der Raumtemperatur oder bei hohen Frequenzen, dann müssen Sie sich über ihren Einfluß auf die ε_r- und tan δ-Werte des betreffenden Werkstoffes unterrichten.

$TC\,\varepsilon_r$ ist stoffabhängig.

$TC\varepsilon_r$ in $10^{-6}\,K^{-1}$

Atombindung ← Werkstoff → Ionenbindung

Atombindung	Ionenbindung
negativ	negativ ... positiv
≈ −200 ... −20	−100 ... + 1600

Wenn ein Dielektrikum abgekühlt oder erwärmt wird, ändert sich sein dielektrisches Verhalten.

Übung 7.1–23

Wie groß ist die dielektrische Verlustzahl ε'' bei dem thermoplastischen Kunststoff Polyethylen (PE) bei 1 MHz nach Bild 7.1–15?

7.1.4.6 Elektrostriktion, Piezoeffekt

Analog der Magnetostriktion (6.3.3.3) bewirkt die elektrische Polarisation in einigen Kristallen, z. B. im Quarz und Bariumtitanat, eine elastische Formänderung, die man *Elektrostriktion* nennt. Praktisch bedeutet dies: durch eine Änderung der Stärke oder der Richtung eines elektrischen Feldes erhält der Kristall im Takt der Frequenz (Umpolarisation) eine Eigenschwingung.

Der Umkehreffekt, der *Piezoeffekt*, bewirkt die Piezoelektrizität; bei ihr wird der Kristall durch wechselnde Druck- oder Zugbelastung elastisch verformt, wobei gegenüberliegende Seiten durch eine Ladungsverschiebung Potentialunterschiede erhalten.

Die erzeugte Spannung kann so groß werden, daß sie durch einen Entladungsfunken ausgeglichen wird (Feuerzeug!). Hochpolare Stoffe werden *Ferroelektrika* genannt (7.4.3). Die für das piezoelektrische Verhalten maßgebliche Proportion und Gleichungen finden Sie nebenstehend.

$$S_K \sim E_K \qquad (P.7-5)$$

$$S_K = E_K \cdot d_{iK} \qquad (7-16)$$

$$E_K = S_K \cdot d_{iK}^{-1} \qquad (7-17)$$

S_K spezifische Verformung des Kristalles in $\% \left(\frac{mm}{mm}\right)$

E_K Feldstärke des Kristalles in $V \cdot mm^{-1}$

d_{iK} Piezomodul in $mm \cdot V^{-1}$

Quarz SiO_2 und Bariumtitanat $BaTiO_3$ haben elektrostriktive bzw. piezoelektrische Eigenschaften.

7.1.5 Thermischer Einfluß

7.1.5.1 Wärmedehnung

Die Maßbeständigkeit der Isolierstoffe bei Temperaturschwankungen spielt technisch eine wichtige Rolle. Im allgemeinen haben anorganische Isolatoren aus Glas, Keramik, Porzellan einen niedrigeren Temperatur-Koeffizienten der linearen Ausdehnung TC_L als die Metalle, und die organischen Kunststoffe einen höheren.

Eine Übersicht über die (stark abgerundeten) TC_L-Werte gibt Tabelle 7.1−9.

Tabelle 7.1−9 Temperatur-Koeffizient der linearen Ausdehnung TC_L in $10^{-5} K^{-1}$ (abgerundete Werte)

Metalle	Zn	3
	Al	2
	Cu	2
	Fe	1
anorganisch	Glas	1
	Quarzglas	0,1
	Porzellan	0,5
organisch	Polyethylen	20
	Polystyrol	7
	Polyamid	8
	Polyesterharz	2

Übung 7.1−24

Welche Werkstoffgruppe der Nichtleiter dehnt sich bei einer Temperatursteigerung am stärksten aus (hat den größten TC_L)?

Übung 7.1−25

Je ein 0,8 m langes Rohr aus Polyethylen PE und aus Quarzglas SiO_2 wurden von −15°C auf 150°C erwärmt.

a) Um wieviel mm haben sich die Rohre ausgedehnt?
b) Um welchen Faktor hat sich das PE-Rohr stärker als das SiO_2-Rohr gelängt?

7.1.5.2 Wärmeleitung

Unter spezifischer Wärmeleitfähigkeit λ versteht man die Wärmemenge in J = Ws = Nm, die in der Zeiteinheit von 1 s durch die Flächeneinheit von 1 m^2 bei einem Wärmegefälle von 1 K eine Strecke von 1 m durch einen Stoff strömt (7−18). Sie entspricht damit der spezifischen elektrischen Leitfähigkeit in entsprechenden (analogen) elektrischen Einheiten. (Leiten Sie das ab!)

Bei Metallen ist λ proportional $\varkappa$ (Gesetz von *Wiedemann-Franz*); die freien Elektronen sind hier die Überträger von elektrischer und thermischer Energie. In HL-Kristallen, in denen keine oder nur wenige Valenzelektronen vorhanden sind, wird die Wärme durch Gitterschwingungen von der angeregten (erwärmten) Stelle weitergeleitet; der Transport ist erschwert.

Bei den amorphen oder teilkristallinen Nichtleitern stehen nur Moleküle (teilweise Riesenmoleküle) zum Wärmetransport zur Verfügung, die sich nur sehr träge in Schwingungen versetzen lassen und dementsprechend den Wärmetransport erschweren oder verhindern.

In nichtmetallischen Flüssigkeiten befinden sich weder freie Elektronen noch Gitterbausteine; die kinetische Wärmeenergie kann sich nur durch Atom- oder Molekülstöße fortpflanzen, im Vakuum überhaupt nicht.

Niedrige λ-Werte sind für eine gute Wärmeisolation erforderlich; Isolatoren mit hohen λ-Werten können die entstehende Wärme besser abführen (z. B. Motorwicklung und pn-Übergänge!). Anhaltswerte für λ gibt Tabelle 7.1−10.

jetzt:

$$\lambda \text{ in } \frac{W \cdot s \cdot m}{s \cdot m^2 \cdot K} = \frac{W}{m \cdot K} = W \cdot m^{-1} \cdot K^{-1} \qquad (7-18)$$

früher (nicht mehr zugelassen):

$$\lambda \text{ in } \frac{kcal}{m \cdot h \cdot K} = \frac{4187\,W \cdot s}{m \cdot 3600\,s \cdot K} = 1.163\,\frac{W}{m \cdot K} = 1.163\,W \cdot m^{-1} \cdot K^{-1}$$

(zur Umrechnung!)

Tabelle 7.1−10 Wärmeleitfähigkeit λ in $W \cdot m^{-1} \cdot K^{-1}$ (abgerundet)

Metalle		*Isolatoren*	
Ag	430	Glas	0,6 bis 1
Cu	380	Porzellan	1
Al	220	Glimmer	0,4
Fe	50	Asbestersatz	0,2
Pb	35	Kunststoff dicht	0,5
		Kunststoff porös	0,02
Halbleiter		Luft	0,025
Diamant	120	Vakuum	0,0
Si	110		
Ge	80		
InSb	12		
PbTe	0,4		
Bi_2Te_3	0,2		

7.1.5.3 Formbeständigkeit, DIN 51 063, 53 460/61/62

Mit zunehmender Temperatur erweichen die metallischen Werkstoffe; das gleiche gilt für die meisten Nichtleiter.

Prüfung auf Formbeständigkeit bei erhöhter Temperatur

- Segerkegel (Keramik)
- Vicat (Stift) (Kunststoff)
- ISO/R 75 (Biegung) (Kunststoff)
- Martens (Biegung) (Kunststoff)

Segerkegel DIN 51 063

dienen zur Bestimmung des Erweichungsbereiches keramischer Stoffe, der im Bereich von 600°C bis 2000°C liegen kann. Am Absinken der Spitzen der 6 cm großen, schlanken Dreieckskegel kann man die Erweichungstemperatur im Bereich von etwa ±25°C erkennen.

Für die Prüfung der Formbeständigkeit von Kunststoffen bei erhöhter Temperatur gibt es drei DIN-Prüfverfahren, die jeder Techniker dem Namen und Prinzip nach kennen sollte:

Vicat-Verfahren

DIN 53460 (Bild 7.1−16), bei dem eine Probe langsam in einer Flüssigkeit erwärmt und dabei mit einer Nadel senkrecht belastet wird. Ausgewertet wird die Temperatur, bei der die Nadel 1 mm tief eingepreßt wurde.

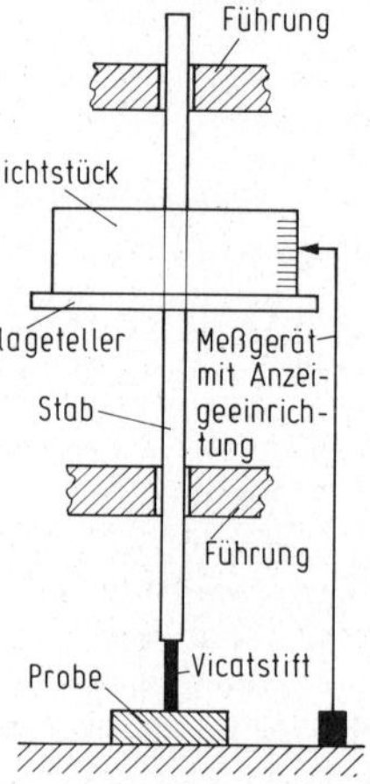

Bild 7.1−16 Schema der Vicatbestimmung, DIN 53460

ISO/R 75-Verfahren

DIN 53461, wobei eine Probe ebenfalls langsam in einer Flüssigkeit erwärmt und nach Bild 7.1−17 auf Biegung belastet wird. Das Bezugsmaß ist die Temperatur, bei der die Probe um ein bestimmtes Maß durchgebogen wird.

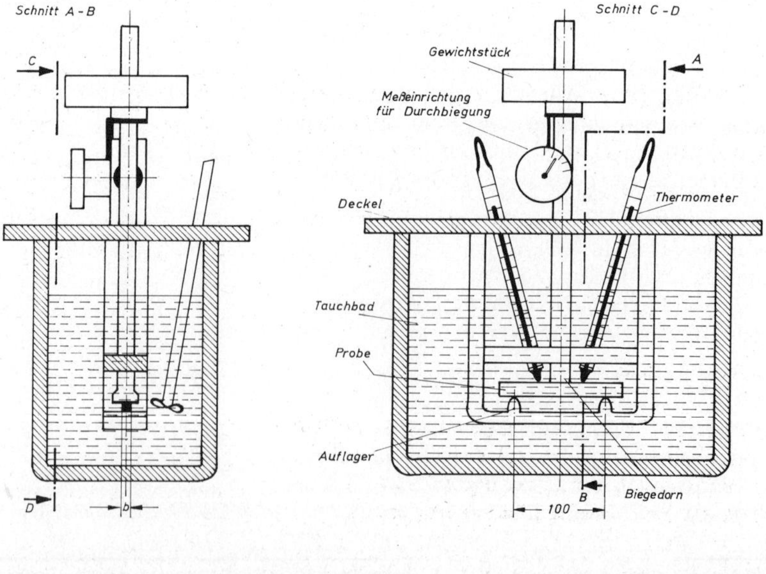

Bild 7.1−17 Prüfung auf Formbeständigkeit nach ISO/R 75 (DIN)

Martens-Verfahren

DIN 53462 und VDE 03. Hierbei werden Probestäbe nach Bild 7.1–18 eingespannt und belastet in einem Wärmeschrank erwärmt. Bewertungsmaß ist die Temperatur, bei der sich die Stäbe um ein bestimmtes Maß durchgebogen haben.

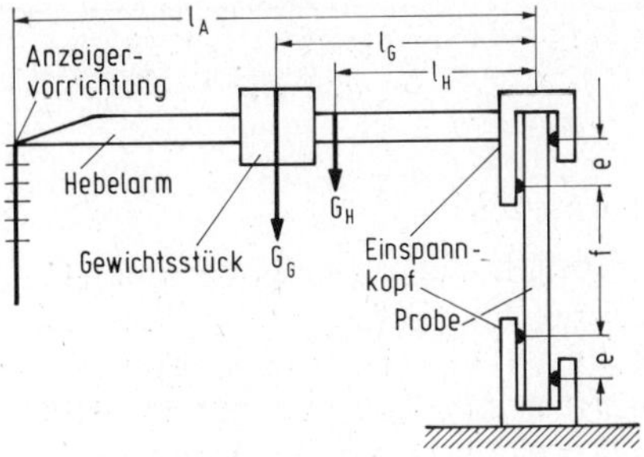

Bild 7.1–18 Prüfung auf Formbeständigkeit nach Martens (DIN und VDE)

7.1.5.4 Wärmebeständigkeit, VDE 0503

Bei zu großer Erwärmung reagieren im Laufe der Zeit die *Kunststoffe* mit dem Luftsauerstoff, oder die Moleküle zersetzen sich chemisch; dieser Alterungsvorgang wurde schon mehrfach erwähnt. Auch technische Laien haben schon erlebt, daß Gummi und Kunststoffe im Laufe der Zeit verspröden und dabei rissig und brüchig werden. Um diese Gefahr einer Wärmealterung auszuschließen, hat der VDE die Isolierstoffe in sieben Wärmeklassen mit Grenztemperaturen von 90° bis 180°C eingeteilt. Einen Auszug gibt Tabelle 7.1–11.

Sie erkennen, daß nur die Silikone (7.5.4.7) und PTFE (7.5.4.2) in die höchste Beständigkeitsgruppe $\vartheta > 180°C$ fallen. Die meisten Kunstharze fallen in die Klasse E $> 105°C <$ 120°C.

Die Abhängigkeit der Lebensdauer eines Isolators von der Einsatztemperatur erkennen Sie am Bild 7.1–19.

Die Kunststoffindustrie bemüht sich um eine erhöhte Wärmebeständigkeit von Spezialprodukten.

Tabelle 7.1–11 Wärmebeständigkeitsklassen (WBK) VDE 0503

Klasse	max. Temp. [°C]	Stoffe, Beispiele
Y	90	Papier und seine Erzeugnisse, Thermoplaste, PE, PVC u. a.
A	105	imprägniertes Papier
E	120	Hartpapier (Phenolharz), Schichtstoffe, Kunstharze (Lackdrähte)
B	130	Mikanit, Kombinationen: Faser-Kunststoffe
F	155	Kombination: Glimmer, Glasfaser, Kunststoffe
H	180	Silikone, Kombinationen: Silikone mit Glimmer oder Glasfasern, anorgan.
C	>180	PTFE, spezielle Silikonharze, Glas, Porzellan, Steatit, Keramik

Übung 7.1–26

a) Welche Werkstoffgruppe ist hinsichtlich der Formbeständigkeit bereits bei relativ niedrigen Wärmegraden gefährdet?
b) Wie wird diese Beständigkeit geprüft?

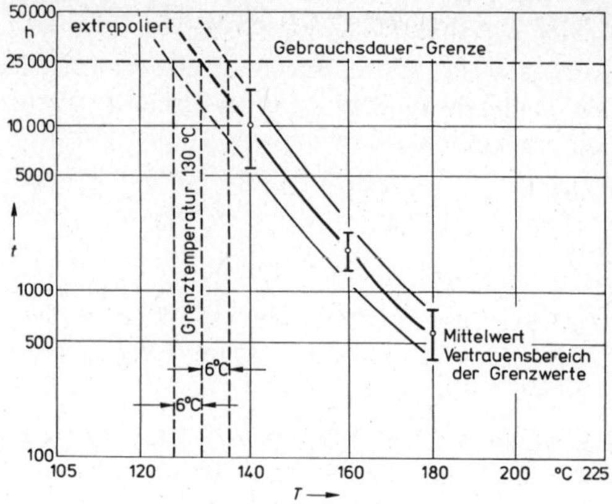

Bild 7.1−19 Lebensdauerdiagramm

7.1.5.5 Glutbeständigkeit, DIN 53459

Bei der Prüfung auf Glutbeständigkeit wird eine Kunststoffprobe von ungefähr 100 mm × 10 mm × 4 mm von der Stirnseite aus mit einem auf 950 °C erhitzten Glühstab mit einem Druck von 0,3 N drei Minuten lang berührt. Bewertet wird das Produkt aus dem Gewichtsverlust und der Länge des unbrauchbar gewordenen Teiles der Probe.

Die Brandgefahr muß bei Isolierstoffen berücksichtigt werden. Nichtoxidische Stoffe reagieren mit dem Luftsauerstoff um so stärker, je höher ihre Sauerstoffaffinität und Temperatur sind. Öle, Fette (außer Silikonen), Papier, Holz und alle Kunststoffe sind bei höherer Temperatur entflammbar und entzündbar.

Bei Brandausbruch ist die erste Regel:

Möglichst geringe Sauerstoffzufuhr! Türen und Fenster schließen! Durch neutrales Flaschengas wie CO_2 oder N_2 die Sauerstoffkonzentration erniedrigen!

Wasserspritzen setzt die Temperatur herab, bringt aber Schäden. Trockene Schaumstoffe verkrusten die Oberfläche.

Vorsicht ist geboten vor dem Entstehen gefährlicher Gase wie CO, Cl_2 und F_2 bei Kunststoffen.

Jeder Techniker prüfe seinen Raum auf Brandgefahr und vorhandene Schutzmaßnahmen (vor dem Brand).

Übung 7.1−27

Erklären Sie die Unterschiede der Begriffe „Glutbeständigkeit“ und „Wärmebeständigkeit“!

7.1.6 Konstruktive Eigenschaften

Die Isolierstoffe können in zwei Hauptgruppen eingeteilt werden:

1. die harten, spröden, *anorganischen* Werkstoffe wie Glas, Porzellan, Keramik,
2. die *organischen* Kunststoffe.

Wir lassen die anorganischen Werkstoffe hier außer Betracht, weil sie nicht für konstruktive Aufgaben eingesetzt werden.

Bei einem groben Vergleich der Kunststoffe mit den Metallen erhält man folgende Hauptunterschiede:

1. Die Festigkeitswerte der meisten Kunststoffe liegen tiefer.
2. Im Gegensatz zu den Metallen werden Kunststoffe selten auf Zug, sondern mehr auf Druck, Biegung und Schlag belastet.
3. Glasfaser- und kohleverstärkte Kunststoffe und moderne Kunststoffe erreichen nahezu die Festigkeitswerte von Metallen.
4. Der E-Modul der Kunststoffe liegt niedriger; das ergibt praktisch eine geringere Formsteifigkeit (Bild 3.1–12 und Tabelle 3.1–1).
5. Bei Dauerbelastungen erleiden Kunststoffe erhebliche Formänderungen durch Kriechen.
6. Der Temperatureinfluß ist viel größer. Abgesehen davon, daß die Mehrzahl der Kunststoffe nicht über 100°C bis 150°C erwärmt werden darf, erleiden die thermoplastischen Kunststoffe (7.5.4.2) bereits bei 50°C bis 80°C Festigkeitseinbußen.
7. Bei Kältegraden verspröden einige Kunststoffsorten bis zur Unbrauchbarkeit.

In Druckschriften über Kunststoffe finden Sie neben den elektrischen und thermischen Werten Angaben über konstruktive Werte nach Tabelle 7.1–12.

DIN-Prüfvorschriften für Metalle beginnen mit der Zahl 50, für Kunststoffe mit der Zahl 53.

Nichtleiter

Konstruktive Werkstoff-Merkmale

anorganische Stoffe	organische Stoffe
Glas, Keramik, Porzellan	Kunststoffe
↓	↓
hart, spröde, wenig schlagfest	sehr unterschiedlich

Kunststoffe sind:

- weniger zugfest
- weniger dauerfest
- weniger formbeständig
- weniger warmfest

als Metalle.

Einige Kunststoffe verspröden in der Kälte!

Durch „Einlagen" können die konstruktiven Eigenschaften der Kunststoffe erheblich verbessert werden; sie erreichen dadurch Festigkeitswerte von guten Stählen.

Tabelle 7.1–12 Konstruktive Prüfvorschriften für Kunststoffe

Reißfestigkeit σ_R	[MPa]*	ISO/R 527 DIN 53455	Schulterstab (4 mm)
Reißdehnung ε_R	[%]		
Streckspannung σ_S	[MPa]	ISO/R 527 DIN 53455	Schulterstab (4 mm)
Dehnung ε_S	[%]		
1% Dehnspannung σ_{S1}	[MPa]	ISO/R 527 DIN 53455	Schulterstab (4 mm)
Dehnung ε_{S1}	[%]		
3,5% Biegespannung $\sigma_{b\,3,5}$	[MPa]	ISO 178 DIN 53452	80 × 10 × 4 mm
Zug-E-Modul E_Z	[MPa]	DIN 53457	Schulterstab (4 mm)
Biege-E-Modul E_b	[MPa]	DIN 53457	120 × 10 × 4 mm
Schlagzähigkeit** a_k 23°C −40°C	[kJ/m²]	ISO/R 179 DIN 53453	Normkleinstab
Kerbschlagzähigkeit** a_k 23°C	[kJ/m²]	ISO/R 179 DIN 53453	Normkleinstab
Izod-Kerbschlagzähigkeit**	[J/m]	ISO/R 180 ASTM-D 256	63,5 × 12,7 × 3,2 mm
Kugeldruckhärte	[1]	ISO 2039 (Meth. B) DIN 53456	Normkleinstab

* 1 Pa = 1 N/m²; 1 MPa = 1 N/mm²
** auch Kerbschlagarbeit in J.

Übung 7.1–28

Wodurch unterscheiden sich die meisten Kunststoffe konstruktiv von den Metallen?

Übung 7.1–29

Wie werden Kunststoffe mit größerer konstruktiver Belastbarkeit hergestellt?

Übung 7.1–30

Sie haben Isolierungen für den Einsatz bei tiefen Frosttemperaturen vorzunehmen. Ist hierfür jeder bei Raumtemperatur benutzte Isolierstoff brauchbar? Antwort mit Begründung!

Übung 7.1–31

Sind die in Kapitel 3 erarbeiteten Lernziele bezüglich der konstruktiven Eigenschaften auch für Kunststoffe anwendbar?

7.1.7 Verhalten gegen Wasser und Chemikalien, DIN 53122/495

Nur ein trockener Isolierstoff kann seine Aufgabe erfüllen; jede wäßrige Feuchtigkeit hat freie Ionen und damit eine elektrische Leitfähigkeit.

Poröse und wasseraufnehmende Isolierstoffe dürfen nur in absolut trockener Umgebung eingesetzt werden. In allen anderen Fällen müssen sie (z. B. Papier, Gewebe, Keramika), imprägniert oder mit festhaftenden, dichten Überzügen versehen werden. Die absolut dichte Bleiummantelung erdverlegter Kabel z. B. wurde durch eine Kunststoffummantelung ersetzt; sie muß für Wasser, möglichst auch für Wasserdampf, undurchlässig sein. Kunststoffe aus reinen CH-Verbindungen (z. B. PE) sind verhältnismäßig wasserdicht; noch geeigneter sind Kunststoffe aus Kohlenstoff-Halogenverbindungen (z. B. PVC) und silikonhaltige Werkstoffe. Es empfiehlt sich aber in jedem Fall, sich vom Lieferanten Prüfteste vorlegen zu lassen. Es gibt mehrere Prüfverfahren auf Wasseraufnahmefähigkeit und -durchlässigkeit, die hier nicht erörtert werden.

Feuchtigkeitsgefährdet sind:

- poröse,
- wasseraufnehmende Stoffe.

Schutzmaßnahmen:

- Imprägnieren,
- Überzüge.

Prüfungen nach DIN auf:

- Wasseraufnahmefähigkeit,
- Wasserdurchlässigkeit.

Kommen Isolierungen mit chemischen Stoffen in Berührung – bei erdverlegten Isolierungen z. B. besteht diese Möglichkeit –, so muß der Elektriker sich vorher mit dem Hersteller für die Auswahl des bestgeeigneten Werkstoffes in Verbindung setzen.

Erdverlegte Kunststoffe (PVC) werden mancherorts von Ratten angefressen. Abhilfemaßnahmen sind: Verlegung über der Erde, Verwendung metallischer Werkstoffe oder „rattensicherer" Kunststoffe.

Übung 7.1–32

Worauf ist bei Isolierungen in feuchter Umgebung zu achten? Begründung!

7.2 Anorganische Isolierstoffe

Lernziele

Der Lernende kann ...

- natürliche und künstliche Isolierstoffe unterscheiden.
- die Haupteigenschaften von Glimmer nennen.
- die Haupteigenschaften von Glas nennen.

7.2.0 Übersicht

Die anorganischen Nichtleiter lassen sich nach zwei Gesichtspunkten klassifizieren,

nach der chemischen Zusammensetzung in
- natürliche (7.2.1./2) und
- künstliche Stoffe (7.4)

nach der Permittivitätszahl ε_r in
- Isolatoren,
- Dielektrika und
- Ferroelektrika.

7.2.1 Naturstoff Glimmer

Bis vor kurzer Zeit wurde neben Glimmer auch Asbest als Isolator benutzt; er mußte wegen gesundheitsschädlicher Staubentwicklung aus der Fabrikation gezogen werden.

Glimmer ist ein durchsichtiges, dünnes, plattenförmiges, bis zu 1 m^2 großes Mineral, von Vulkanauswürfen oder Meeresablagerungen stammend. Chemisch besteht er aus Oxiden des Siliziums, die an K_2O oder Na_2O oder MgO gebunden sind. Seine Haupteigenschaften finden Sie nebenstehend.

Anwendung findet Glimmer in Hochspannungs-Anlagen, elektrischen Maschinen und Wärmegeräten. Die Kombination Glimmer/Kunststoff bezeichnet man als Mikanit.

Glimmer Naturprodukt, Mineral, leicht, durchsichtig, gute Isolierfähigkeit gegen Hochspannung, dünnschichtig.		
Wärmebeständigkeit:	bis 500 °C	(gut)
ϱ_D in $\Omega \cdot m$:	$\approx 10^{18}$	(hoch)
E_D in $k \cdot V \cdot mm^{-1}$:	≈ 60	(hoch)
ε_r:	5 bis 8	(mittel)
$\tan \delta \cdot 10^{-4}$		
bei 50 Hz:	2 bis 15	(mittel)
bei 1 MHz:	1 bis 3	(mittel)

7.2.2 Glas als Isolator

Glas wird im Schmelzfluß aus Oxiden von Si (Quarz), B (Bor), K (Kalium) oder/und Na (Natrium) hergestellt.

E-Glas ≙ elektrotechnisches Glas.

Es gibt verschiedene Glassorten mit unterschiedlichen elektrischen Eigenschaften.

Verwendung:	Niederspannungs-Isolatoren, Glühbirnen, Kolben, Gehäuse.
Sonderglas:	Quarzglas (SiO_2), Wärmeausdehnung klein (7.1.5.1).
Glasseide:	Isolation von Drähten.
Glasfaser:	für Zugverstärkung von Kunststoffen; Name GVK: Glasfaser-verstärkte Kunststoffe
Glasuren:	Glasemaille

Glas

ist ein durchsichtiger harter, spröder Werkstoff.

E-Glas ist alkalifrei oder -arm.

Bis etwa 300°C guter Isolator.
NTC!

Dichte in $g \cdot cm^{-3}$:	2 bis 2,5	
ϱ_D in $\Omega \cdot m$ bei 20°C:	10^{10} bis 10^{17}	(mittel)
E_D in $k \cdot V \cdot mm^{-1}$:	16 bis 40	(mittel)
ε_r:	5 bis 11	(hoch)
$\tan \delta \cdot 10^{-4}$	3 bis 100	(hoch)

Quarzglas (SiO_2)

ist temperaturwechselfest!

Temperaturkoeffizient der linearen Ausdehnung sehr klein.

Übung 7.2–1

Warum unterscheidet man in der Isoliertechnik organische und anorganische Werkstoffe?

Übung 7.2–2

Welche Polarisationsart wird Glimmer vermutlich haben?

Übung 7.2–3

Welche Gläser sind gegen Wärmeschocks unempfindlich?

7.3 Glas als Lichtwellenleiter, LWL

Lernziele

Der Lernende kann ...

- die wichtigsten Vorzüge der LWL gegenüber metallischen Koaxialkabeln nennen.
- den Strahlengang in Stufen- und Gradientenfasern skizzieren.
- die Bedeutung der richtigen Einstellung des Akzeptanzwinkels erklären.
- die Herstellung einer kunststoffbeschichteten Glasfaser beschreiben.
- den Aufbau eines Kabels mit Glasfasern skizzieren.
- ein Spleißgerät beschreiben.

7.3.0 Übersicht

Die Nachrichtenübertragung mit Lichtsignalen stammt aus der Seefahrt des Altertums. Eine Renaissance bahnte sich in den 60er Jahren an, als man mit Hilfe der Halbleiter- und Lasertechnologien in Glasfasern eine Totalreflektion mit hoher Lichtausbeute erreichte. Sie wurde in der Zwischenzeit auf eine Dämpfungsrate von 0,16 dB/km gebracht und die Herstellungs- und Verbindungstechniken so fortentwickelt, daß die bisherigen kupfernen Nachrichtenkabel in Orts- und Fernnetzen systematisch durch LWL ersetzt werden; (Vorteile sind nebenstehend aufgeführt).

LWL-Kabel	
Sender:	Laser, LED; elektrisch → optisch (digital)
Empfänger:	(Avalanche-)Fotodiode; optisch → elektrisch
Zwischenverstärker:	Empfänger/Sender

LWL-Dielektrikum

- nicht elektromagnetisch
- strahlungsstörfrei
- potentialfrei
- kleiner Durchmesser
- kleine Masse
- nebensprechfrei
- abhörsicher
- explosionssicher

Übertragungskapazität

Ortsbereich: 35 bis 45 Mbit/s; $\lambda = 850$ nm
Fernbereich: 90 bis 565 Mbit/s: $\lambda = 1300$ nm

7.3.1 Strahlengang

Wir wollen mathematische Formulierungen vermeiden und die Strahlengänge bildhaft darstellen.

In Bild 7.3−1 tritt der Strahl *1* unter dem Winkel α_1 vom Medium *1* in das dichtere Medium *2* ein und wird an der Grenzfläche unter dem Winkel $\alpha_2 > \alpha_1$ herausgebrochen.

Strahl *2* ist der kaum realisierbare Idealfall, bei dem der Einfallswinkel so eingestellt ist, daß er parallel zur Grenzfläche reflektiert wird.

Der flacher eingestrahlte Strahl *3* wird an der Grenzfläche total reflektiert; diesen Fall wollen wir näher betrachten.

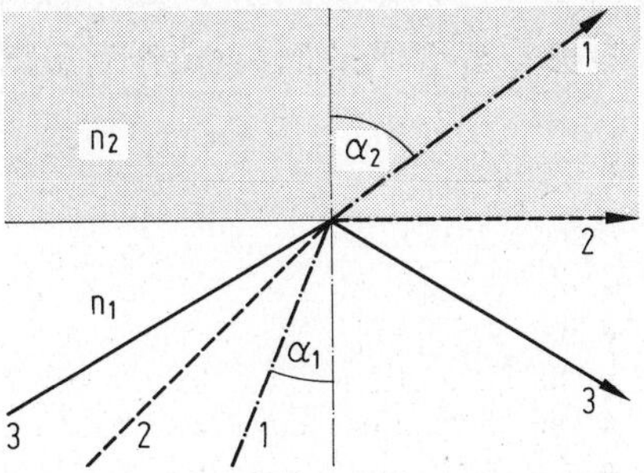

Bild 7.3−1 Brechung eines Lichtstrahles

Stufenfasern

Bild 7.3−2 zeigt einen Längsschnitt durch eine „Stufenfaser". Alle Lichtstrahlen, die innerhalb des *„Akzeptanzwinkels"* $\pm\Theta$ auf die Faserstirnfläche treffen, werden fortlaufend total reflektiert. Sinus Θ heißt die „numerische Apertur" A_N der Faser; sie ist eine Kennzahl für das Ankoppeln von *Multimodefasern* (Vielwellenfasern) an lichtemittierende Dioden. A_N-Werte von Stufenfasern liegen zwischen 0,2 bis 0,3, was einem Akzeptanzwinkel von 11,5° bis 17,5° entspricht.

Die beiden mit unterschiedlicher Akzeptanz angekoppelten Strahlen haben unterschiedliche Laufzeiten; sie sind dem Quadrat der numerischen Apertur proportional (ebenso dem Quadrat des Kerndurchmessers); dies führt zu einer Begrenzung der Übertragungs-Bandbreite von 10 bis 20 MHz · km.

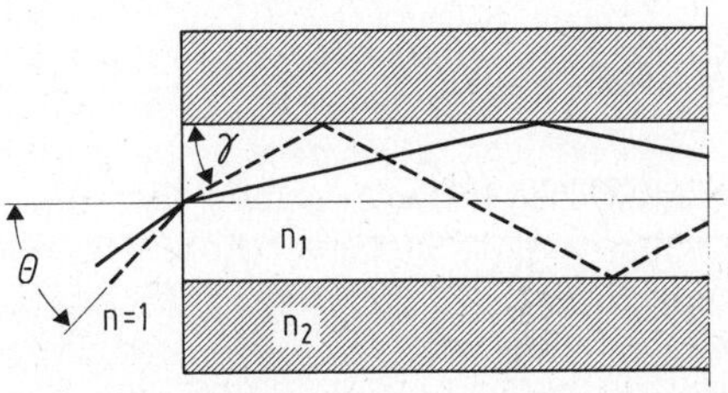

Bild 7.3−2 Strahlengang in einer Stufenfaser (nicht maßstäblich)

n_1 Kernbrechzahl
n_2 Mantelbrechzahl
θ Richtungswinkel im freien Raum
γ Richtungswinkel im Faserinnern

Gradientenfasern

Diese Bandbegrenzung durch Laufzeitunterschiede werden zum großen Teil in den „Gradientenfasern" ausgeschaltet. Wie in Bild 7.3−3 dargestellt, kann man die Glasfaser so dotieren, daß die Brechzahl parabelförmig im Kern abfällt. In solchen, zonenweise dotierten Fasern verläuft der Strahlengang nach Bild 7.3−4 nicht in Zickzack − sondern in Sinuskurven. Der größere Weg des Außenstrahls wird durch die außerhalb der Faserachse zunehmende Lichtgeschwindigkeit fast kompensiert. Man stellt Gradientenfasern her, die bei einer Laufzeit von 5 µs je km Faserlänge minimale Laufzeitunterschiede von $\pm$ 0,1 ns haben.

(Für eine weitere Unterrichtung über die Wellenausbreitung in „Monomodefasern" (Einwellenfasern) und der Einkopplungstechniken verweisen wir auf die Fachdruckschriften von Siemens und Felten & Guillaume.)

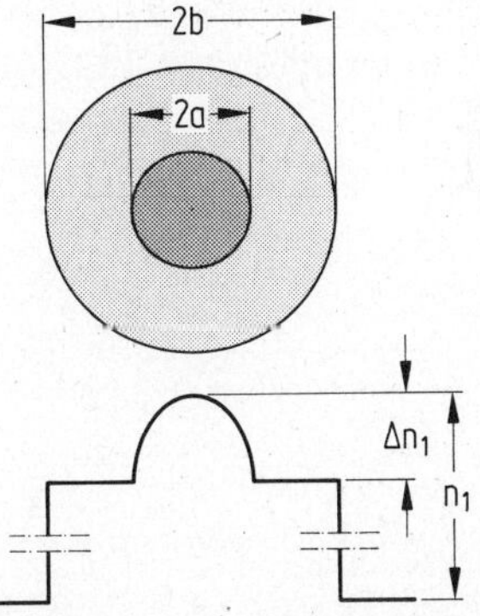

Bild 7.3−3 Querschnitt und Gradientenprofil einer Multimodefaser ohne Beschichtung. Die reale Faser hat stets noch eine Plastikbeschichtung mit einem Außendurchmesser von 250 µm und einem Brechungsindex von rund 1,52

Kerndurchmesser $2a = 50$ µm
Manteldurchmesser $2b = 125$ µm
Maximale Kernbrechzahl $n_1 \approx 1{,}45$
Brechzahldifferenz zwischen Kern- und Mantelglas $\Delta n_1 = 0{,}014$
Numerische Apertur $A_N = 0{,}2$

7.3.2 Technologie

Die hohe Lichtdurchlässigkeit der Glasfäden bis zu 0,16 dB*/km beruht auf ihrem hohen Reinheitsgrad und den genau abgestimmten Dotierraten in den verschiedenen Schichten. Ausgangsstoff ist das gleiche hochreine Si, wie es für Halbleiterchips benutzt wird; ohne diese Technologie gäbe es keine Lichtwellenleiter.

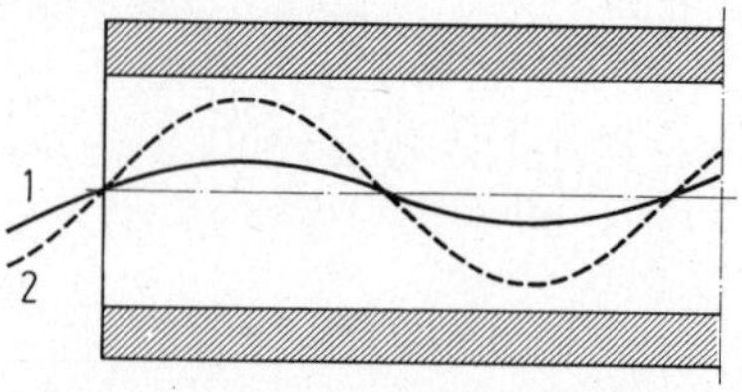

Bild 7.3–4 Prinzip einer Gradientenfaser
Strahl ①: kleiner Weg, kleine Geschwindigkeit
Strahl ②: großer Weg, große Geschwindigkeit
Beide Strahlen ① und ② haben gleiche Ausbreitungsgeschwindigkeit längs der Faser

Das Si wird bei 1 300 °C zu körnigem Quarz oxidiert und dieses bei 1 000 °C im Chlorstrom von den letzten H_2-Spuren befreit. (Was bildet sich dabei?). Dieses hochreine SiO_2 wird bei 1 200 °C verdampft und schichtweise unter Zusatz gasförmiger Dotierstoffe zu einem kompakten Substrat umgewandelt. Im letzten Arbeitsgang wird es in einem Rohrofen berührungslos unter Bildung einer „Ziehzwiebel" bei 2 000 °C zu feinen Glasfäden von etwa 0,02 mm ∅ ausgezogen, Bild 7.3–5.

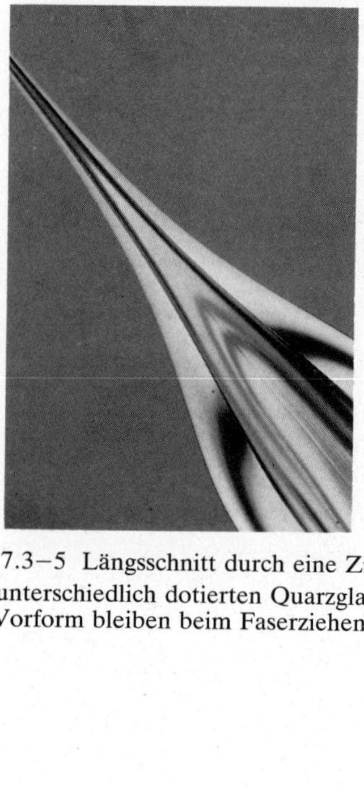

Bild 7.3–5 Längsschnitt durch eine Ziehzwiebel. Die unterschiedlich dotierten Quarzglasschichten der Vorform bleiben beim Faserziehen erhalten.

Auf den heißen Glasfaden wird eine 0,1 bis 0,2 mm dicke Acrylat-Kunststoffschicht aufgedampft und mit UV-Strahlen vernetzt. Sie bildet ein abriebfestes Polster auf dem sprödzerbrechlichen Glasfaden und schützt mit ihrem Brechungswinkel vor schädlichem Lichtein- und -ausfall.

Die Einzelfäden werden mit einem PE-Röhrchen umhüllt und nach Bild 7.3–6 zu einem Faserbündel vereinigt.

---

* In der Physik wird die Dämpfung M von Wellen in B(Bel) = 10 dB(Dezi*bel*) angegeben.
$M = \log\frac{P_1}{P_2}$ dB; P_1 = Leistung vor der Dämpfung, P_2 = Leistung nach der Dämpfung. Demnach entspricht einer Dämpfung von 10 dB ein Leistungsverhältnis $P_1/P_2 = 10/1$, einer Dämpfung von 20 dB ≙ 100/1. Spannungs- und Stromverhältnisse werden bei gleichen Impedanzen an den Meßstellen vor und nach der Dämpfung ebenfalls in dB angegeben; wegen der quadratischen Beziehung von Leistung und Spannung ($P \sim U^2$) ist $M = 20 \log \frac{U_1}{U_2}$ dB.
Die Dämpfung von *LWL* wird in dB/km, einer Schweißstelle von Glasfasern in dB angegeben.
Anschaulicher wird der Dämpfungsgrad, wenn man sich vorstellt, daß ein Teil des Lichts vom Glasfasermaterial absorbiert (verschluckt) wird und man diesen „Verschluckungsgrad" bzw. die Lichtausbeute in Prozent ausdrückt. Übungs-Beispiele:
$M = 3{,}5\,\text{dB} = 10^{-\frac{3{,}5}{20}} = 0{,}67 \triangleq 67\%$ Lichtausbeute. Oder $M = 1\,\text{dB} \simeq 10^{-\frac{1}{20}} = 0{,}89 \triangleq 89\%$.

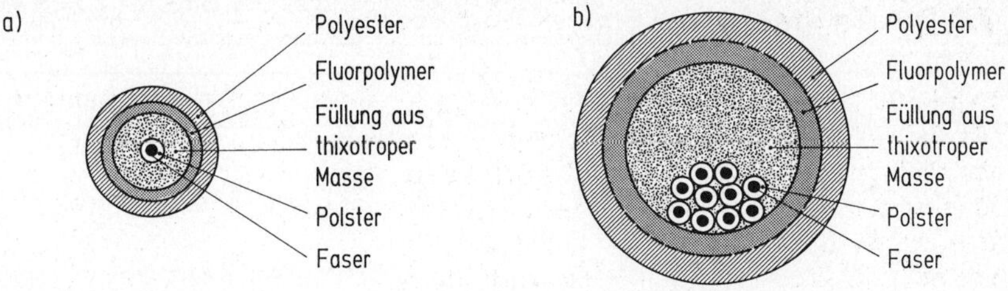

Bild 7.3–6 Aufbau der Grundelemente für Einzelfaser (a) und Faserbündel (b) (Maßstab 10:1)

7.3.3 Kabelaufbau und Verbindungstechnik

Man unterscheidet Kabel derzeit für

- Ortsnetze mit je 6 oder 12 Fasern und
- Fernnetze mit 60 und 120 Fasern; Beispiel in Bild 7.3–7.

Die Einzelstränge werden um ein vollisoliertes zentrales Stützelement aus harzgebundenem Glasfilament (Fäden) aufgeseilt, mit Kunststoff ummantelt und auf Rollen aufgespult. Ein genau abgestimmtes Kontrollsystem überwacht alle erforderlichen optischen und mechanischen Eigenschaften der LWL-Kabel. Die *Verbindung* der einige Kilometer langen Fäden miteinander und ihre Ankopplung an Sende- und Empfangsgeräte wird mit „thermischen Spleißgeräten" vorgenommen; sie werden als Einzelgeräte hergestellt, die sich zu Modulgruppen integrieren lassen. Jedes Gerät hat zur Steuerung eine zentrale Elektronik und neben dem notwendigen Handwerkszeug einen Bleiakku, der aufgeladen 150 Einzelfäden mit Lichtbogen verschweißen kann. Man erzielt bei $\lambda = 1\,300$ nm eine Dämpfung von etwa 0,4 dB bei rund 40 *Spleißen* je Stunde.

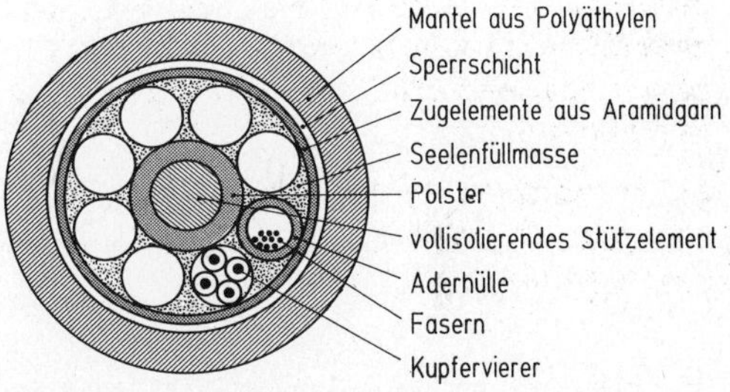

Bild 7.3–7 Kabel mit 60 Fasern für die obere Fernebene

Der vorgeschriebene Akzeptanzwinkel wird unter einem Mikroskop eingestellt und nach der Verschweißung optisch kontrolliert.

TAT-Kabel

Gegenüber Nachrichtensatelliten (Intersat) mit Zeitverschiebungen von 0,25 s bei 2 · 36 000 km Distanz und gegenüber Cu-Kabeln bieten LWL-*Tr*ans*at*lantik-(TAT)Kabel große Vorteile. Sie werden noch in den 80er Jahren eingesetzt. TAT-8 mit 21 mm Durchmesser kann zunächst analog 8 000, später digital 40 000 Gespräche gleichzeitig aufnehmen und braucht nur alle 50 km verstärkt zu werden. Das modernste TAT-Cu-Kabel wird alle 9,5 km verstärkt und nimmt bei 53 mm Durchmesser 4 200 Gespräche auf.

Man arbeitet an Fasern aus Schwermetallfluoriden mit Dämpfungen → 0,1 dB, die im TAT-Verkehr ohne Verstärkungsstationen auskommen werden.

Übung 7.3–1

Welche Vorzüge haben LWL-Kabel gegenüber den bisher üblichen Kupferkabeln?

Übung 7.3–2

Welche Laufzeit hat ein Lichtsignal in einer 1 km langen Glasfaser?

Übung 7.3–3

Wieviel Kommunikationseinheiten lassen sich in modernen LWL-Kabeln gleichzeitig übertragen?

Übung 7.3–4

Wie erzeugt man sinusförmige Strahlengänge in Glasfasern?

Übung 7.3–5

Wozu benötigt man in Spleißgeräten Mikroskope?

Übung 7.3–6

a) Man erzeugt heute Glasfasern von 0,14 dB/km.
b) Man wird demnächst LWL mit 0,1 dB/km herstellen.

Wie groß sind die Lichtausbeuten in Prozent ausgedrückt?

7.4 Elektrokeramika

Lernziele

Der Lernende kann ...

- die Eigenschaften und Anwendungsgebiete elektro-keramischer Stoffe erläutern.
- die Eigenschaften keramischer Isolierstoffe und der Dielektrika beschreiben.
- die Verwendung keramischer Isolatoren gegen Kunststoff-Isolatoren abgrenzen.
- die Eigenschaften ferroelektrischer Werkstoffe beschreiben.

7.4.0 Allgemeines

Das altgriechische Wort Keramik bedeutet Töpferei und ihre Erzeugnisse. Sie werden aus angefeuchteten, bildsamen Erden geformt und gebrannt. Hierbei schmelzen oder sintern die Mineralien. Beim Erkalten bilden sich Kristalle oder/und glasig-amorphe Bezirke. Mit steigender Temperatur fällt ϱ infolge von Ionenleitung und Aufbrechen von Doppelbindungen (wie bei Halbleitern).

Tabelle 7.4–1 Einteilung keramischer Erzeugnisse

1. nach Verwendung
   - Baustoffe
   - Geschirr, Geräte (E-Keramik)
2. nach Porosität
   - Irdengut
   - Sintergut (E-Keramik)
3. nach Lichtdurchlässigkeit (Sintergut)
   - nicht durchscheinende Scherbe (Isolatoren, Steatit, E-Keramika)
   - durchscheinende Scherbe (E-Porzellan, Hartporzellan, Sanitärporzellan)

7.4.1 Zusammensetzung, Eigenschaften

7.4.1.1 Herstellung (Tabelle 7.4–2)

Die Rohstoffe sind Mineralien, Steine, Erden, insbesondere Tone; chemisch sind sie Silikate und/oder Metalloxide.

Die Rohstoffe werden fein gepulvert, mit Wasser angerührt, wobei sie hochplastisch oder ein flüssiger Brei werden, und dann zu Formteilen verpreßt (Nudelpresse!) oder vergossen (in Gipsform, die das Wasser aufnimmt) oder von Hand bzw. maschinell geformt und anschließend in Öfen zu starren Festkörpern gebrannt. Dabei schwindet das Material erheblich (10 bis 20% linear), wodurch die Maßhaltigkeit (Toleranz) erschwert wird. Bei manchen Porzellanen wird eine dichte, festhaftende Glasur für den Feuchtigkeits- und Schmutzschutz beim ersten „Brand" oder in einem zweiten Sonderbrand durch einen dünnen Überzug aus ähnlicher Mischung erzeugt.

Tabelle 7.4–2 Technologie

Stufe	Beschreibung
1	Mahlen-Mischen der Rohstoffe: Kaolin, Ton, Lehm, Quarzsand
2	mit Wasser anrühren zur plastischen Masse
3	Formgebung: 1. Drehen (Töpferscheibe) 2. Strangpressen 3. Gießen
4	Trocknen
5	Brennen/Glasieren

Außer keramischen Kompaktteilen werden auch dünne Beschichtungen aus Keramik hergestellt. Dünnschichttechnik!

Keramische Träger nennt man Substrate (Halbleiter-Technologie!).

7.4.1.2 Haupteigenschaften

Vorteile

- hohe Temperaturbeständigkeit (mind. 500°C);
- hohe Temperaturwechsel-Beständigkeit (kleine Wärmedehnungszahl!);
- hohe Formbeständigkeit;
- gute elektrische Eigenschaften von ϱ_D, E_D, Kriechstrom- und Lichtbogenfestigkeit; NTC;
- keine Wasseraufnahme;
- chemische Beständigkeit (nur Flußsäure greift an).

Nachteile

- geringe Zugfestigkeit;
- Schlagempfindlichkeit.

Die elektrokeramischen Werkstoffe werden nach ihrer chemischen Zusammensetzung in Gruppen eingeteilt, die Sie im nächsten Abschnitt erlernen werden.

Tabelle 7.4–3 Übersicht über die Eigenschaften der E-Keramik bei Raumtemperatur

Eigenschaft	Einheit	Werte
Dichte ϱ	$g \cdot cm^{-3}$	2 bis 5
ϱ_D	$\Omega \cdot m$	10^{10} bis 10^{15}
R_m	$kN \cdot cm^{-2}$	2 bis 8
ε_r	–	2 bis 8
ε_r (Rutile)	–	≈ 100
$\tan \delta(d)$	–	4 bis $15 \cdot 10^{-4}$
E_D	$kV \cdot mm^{-1}$	10 bis 50

Beachten: Alle Eigenschaften sind temperaturabhängig! NTC!

E-Keramik (Sammelbegriff: E-Porzellan)
temperaturbeständig, unbrennbar, chemisch-beständig, gute Isolierfähigkeit;
aber: zerbrechlich-spröde, nicht klebfähig!

7.4.2 Klasseneinteilung nach DIN 40685

Nach DIN 40685 und VDE 0335 werden die elektrokeramischen Werkstoffe in sieben Hauptgruppen von 100 bis 700 eingeteilt; jede Hauptgruppe ist nochmals in Untergruppen unterteilt. Sie sollten sich folgendes merken:

- Hauptgruppeneinteilung nach der Zusammensetzung (Tabelle 7.4–4).
- besondere Eigenschaften (Tabelle 7.4–5),
- Hauptanwendung (Tabelle 7.4–5)

Wichtig ist bei elektronischen Bauteilen die Schichtstärke, die neuerdings sehr dünn (bei Gr. 500 z. B. bis 0,25 mm) hergestellt werden kann.

Tabelle 7.4–4 Hauptgruppen elektrokeramischer Werkstoffe nach Zusammensetzung

Gruppe	Rohstoffe Zusammensetzung
100	Al-Silikat (Al-Ton)
200	Mg-Silikat (Mg-Ton)
300	Ti-Oxid (Rutil)
400	Al-Mg-Silikat
500	Al-Mg-Silikat + Al_2O_3 (Tonerde)
600	Al-Oxid (Tonerde)
700	Al-Oxid + Zusätze

↑ Zur Übersicht.

Der Rauhigkeitsgrad *un*glasierter Keramika ist wichtig (Staub); er kann bis zu einer Rauhtiefe von 0,15 µm hergestellt werden. Glasuren erzeugen Glätten mit 0,02 µm-Rauhtiefe (sehr glatt!); außerdem schließen sie die Oberfläche poröser Stoffe (Wasseraufnahme!).

Tabelle 7.4–5 Eigenschaften und Verwendung keramischer Werkstoffe (E-Keramik)

Gruppe	Eigenschaften	Verwendung
100	dichtes Hochbrand = Hartporzellan niedrige Wärmedehnung Druckfestigkeit = 10 × Zugfestigkeit ≈ 450 N · mm^{-2} ε_r: 5 bis 7 tan δ: stark temperaturabhängig bei 20°C, 50 Hz: ≈ $2 \cdot 10^{-4}$ bei 100°C, 50 Hz: ≈ $12 \cdot 10^{-4}$ gute elektrische Isolierfähigkeit für Gleich- und Wechselspannung niedriger Frequenz hohe Kriechstromfestigkeit gute konstruktive Eigenschaften	Isolatoren für Hoch- und Niederspannung
200	Steatit, dicht höhere Wärmedehnung ε_r: niedrig, wenig temperaturabhängig E_D: niedriger als bei Gruppe 100 dielektrische Verluste: klein verschleißfest gute konstruktive Eigenschaften	wie 100, aber Verschleißteile
300 Sonderklasse	dichte und poröse Qualitäten ε_r hoch: 30 bis 50 ε_r sehr hoch: > 3000	Dielektrikum für HF-Kondensatoren
400	ähnlich Gruppe 100 besonders temperaturwechselbeständig geringe Wärmedehnung	HF-Spulenkerne, dünne Beläge, aufbrennbar
500	porös, aber feuerfest bei 1500 bis 1700°C ausreichende Isolierfähigkeit	Zündelektroden u. a.
600	porös, feuerfest > 1750°C ausreichende Isolierfähigkeit, wärmeleitend	Schutzrohre von Thermoelementen, Substrat für HL-Bauelemente
700	porös, hochfeuerfest bei 2000 bis 3000°C ausreichende Isolierfähigkeit	wie 600, aber für noch höhere Temperaturen

Beispiel 7.4–1

zur Errechnung der Kapazität C

Es liegen zwei keramische Kondensator-Röhrchen bereit.

Rohr 1 hat nach Angabe bei 500 V und ε_r von 40 eine Kapazität C_1 von 20 pF. Rohr 2 hat ε_r von 6,0.

Wie groß ist bei gleichen Bedingungen die Kapazität C_2 von Rohr 2?

Lösung:

$$C = \varepsilon_0\,\varepsilon_r \cdot \frac{A}{d}\text{ ; daraus folgt } \frac{C_1}{C_2} = \frac{\varepsilon_{r1}}{\varepsilon_{r2}}$$

$$C_2 = C_1\,\frac{\varepsilon_{r2}}{\varepsilon_{r1}} = 20\,\text{pF} \cdot \frac{6}{40} = 3\,\text{pF}.$$

Unterscheidung:

1. nieder-dielektrische Keramik NDK, $\varepsilon_r < 500$
2. hoch-dielektrische Keramik HDK, $\varepsilon_r > 500$

Lassen Sie sich vom Keramikhersteller bei allen wichtigen Anwendungsfällen über den Einfluß der Temperatur, der Frequenz und bei porösen Sorten auch der Luftfeuchtigkeit auf die elektrischen Eigenschaften unterrichten! Die vielen Keramiksorten zeigen dabei so starke Abweichungen, daß hier keine Diagramme und Einzelwerte, sondern nur die Haupttendenzen angegeben werden können.

1. Mit steigender Temperatur fällt der spezifische elektrische Widerstand. Bei E-Porzellan der Gruppe 100 beträgt er z. B.
   bei 20 °C $10^{14}\,\Omega \cdot \text{m}$
   bei 250 °C $10^{10}\,\Omega \cdot \text{m}$
   bei 500 °C $10^{7}\,\Omega \cdot \text{m}$
   bei 750 °C $10^{5}\,\Omega \cdot \text{m}$ (Richtwerte)

   $\varrho_D \approx \frac{1}{T}$ (NTC!)
2. Mit steigender Temperatur steigt der Verlustfaktor d bei den Gruppen 100 und 200 stark, bei 300 bis 700 weniger stark.

   $d \sim T;\ d \approx \frac{1}{T}$
3. Mit steigender Frequenz fällt im allgemeinen der Verlustfaktor d, bei bestimmten Sorten der Gruppe 300 aber nicht.
4. Poröse Keramik erleidet mit zunehmender Luftfeuchte einen ständigen, erheblichen Abfall des Widerstandes und einen Anstieg des Verlustfaktors.

   Bei Luftfeuchte fällt R.

   Bei Luftfeuchte steigt $d\,(\tan\delta)$.

Übung 7.4–1

Erklären Sie technologisch-strukturell den Begriff E-Keramik!

Übung 7.4–2

Wonach ist die E-Keramik in Gruppen klassifiziert?

Übung 7.4−3

Nennen Sie die wichtigsten Grundstoffe ≙ Bestandteile der E-Keramika!

Übung 7.4−4

Begründen Sie, warum ein hoher ε_r-Wert einen Kondensator mit kleinen Abmessungen ermöglicht!

Übung 7.4−5

Sie sollen für Meßzwecke einen Kondensator mit möglichst konstanter Kapazität bei unterschiedlichen Temperaturen herstellen. Begründen Sie Ihre Auswahl!

Übung 7.4−6

Sie suchen einen besonders lichtbogenfesten Isolator; in welcher Gruppe ist er zu suchen?

Übung 7.4−7

In welchen elektrischen Eigenschaften unterscheidet sich Glas von Porzellan?

Übung 7.4−8

Lassen sich keramische Werkstoffe entzünden? Begründen Sie Ihre Antwort!

Übung 7.4−9

Gibt es anorganische, wickelfähige Isolatoren? Wenn ja, welche?

Übung 7.4−10

Bis zu welchen Temperaturen läßt sich normales E-Porzellan verwenden? Warum ist $\vartheta(T)$ begrenzt?

Übung 7.4−11

Warum glasiert man E-Porzellane?

Übung 7.4–12

Wie kann man aus mehreren Porzellanteilen ein hochtemperaturbeständiges, gut isolierendes Einzelteil herstellen?

Übung 7.4–13

Erklären Sie den Begriff „HDK“!

7.4.3 Ferroelektrika

Die Gruppe 300 enthält seit Jahren keramische Werkstoffe mit hohen ε_r-Werten; sie haben als Grundsubstanz das Mineral Rutil aus TiO_2 mit einem ε_r-Wert von ≈ 100 (Wasser hat einen ε_r-Wert von 80).

Die Industrie bemüht sich ständig, keramische Werkstoffe mit noch höheren ε_r-Werten zu erzielen, was ihr auch stetig gelang. Der Rekord liegt jetzt bei 10^4; d. h., ein Kondensator kann nun 10000fach kleiner als ein Luftkondensator mit gleicher Kapazität gebaut werden.

Man nennt diese keramischen, kristallinen Werkstoffe „Ferroelektrika“, weil sie sich im elektrischen Feld ähnlich verhalten wie ferromagnetische Stoffe im Magnetfeld.

Sie besitzen Weiß'sche Bezirke, in denen elektrische Dipole miteinander gekoppelt und ausgerichtet sind; dadurch tritt eine z. T. irreversible Polarisierung analog den magnetischen Bezirken auf (Bild 7.4–1).

Bei Temperaturen $> 300\,°C$, die man ebenfalls Curietemperaturen nennt, verschwinden die polaren Kopplungseffekte, die elektrische Polarisation schwächt sich und die ε_r-Werte fallen (Bild 7.4–2).

Der bedeutungsvolle Effekt der Hysterese wird durch Zusätze von Strontium (Sr), Zirkon (Zr), Kalzium (Ca) und Zinn (Sn), natürlich in Oxidform, zum Rutil erreicht, wobei meistens zugleich zwei oder mehr Zusatzelemente beigemengt werden.

Tabelle 7.4–6 (s. Tab. 7.4–5).
Permittivitätszahlen ε_r bei Raumtemperatur (ε_r ist temperaturabhängig)

Eis	$\approx$ 1,6
H_2O	$\approx$ 80
Glas	5 bis 9
Holz	3 bis 7
Papier	2 bis 3
Glimmer	7
Öl	2 bis 3
Rutil	$\approx$ 100
Bariumtitanat	$\approx$ 3000
88 $BaTiO_3$ 12 $BaSnO_3$	8000 bis 10000!

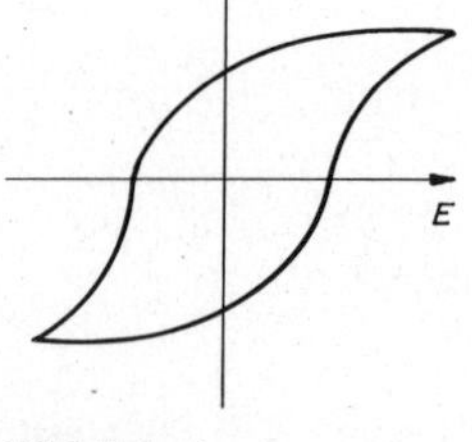

Bild 7.4–1

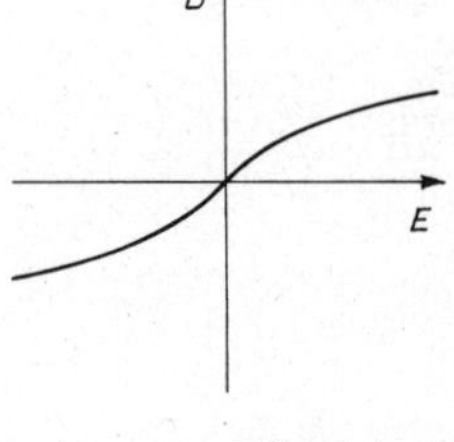

Bild 7.4–2

Bild 7.4–1 Elektrische Hysterese eines ferroelektrischen Werkstoffes

Bild 7.4–2 Ferroelektrikum oberhalb der Curietemperatur im elektrischen Feld
E elektrisches Feld, *D* Polarisation

Um die Curietemperatur und die Alterungsbeständigkeit zu steigern, benutzt man in jüngster Zeit Niob (Nb) und Tantal (Ta) als Zusätze.

Elektrete (oder *Elektrets*) sind Ferroelektrika mit einer permanenten Polarisierung, d. h. mit einer hohen elektrischen Koerzitivfeldstärke; sie entsprechen elektrisch den Dauermagneten.

Elektrete bestehen aus hochpolymeren keramischen oder organischen Stoffen; sie werden in heißem Zustand oberhalb der Curietemperatur im Gleichfeld polarisiert und dann rasch abgekühlt, wobei die ausgerichteten Weißschen Bezirke gewissermaßen einfrieren. Sie dienen in der El-Akustik als Verstärker in Mikrofonen, Kopfhörern und Fernsprechanlagen.

Tabelle 7.4–7 Ferroelektrika Dielektrika für Kondensatoren

ε_r-Werte:	max. $1 \cdot 10^4$
innere Struktur:	gekoppelte Dipole
Werkstoff:	Ionenkristalle, Keramik
Verhalten im E-Feld:	z. T. irreversible Polarisation
Grundstoff:	Bariumtitanat $BaTiO_3$
Zusatzstoffe:	Nb, Ta (Sr, Cu, Sn)
Curietemperatur von 300 bis 400°C:	ε_r-Werte fallen

Übung 7.4–14

Was verstehen Sie unter einem ferroelektrischen Werkstoff?

Übung 7.4–15

Was haben Ferroelektrika und Ferromagnetika gemeinsam?

Übung 7.4–16

Welches Material hat besonders gute ferroelektrische Eigenschaften?

Übung 7.4–17

Erklären Sie den unterschiedlichen Kurvenverlauf der Bilder 7.4–1 und 7.4–2!

7.5 Organische Isolierstoffe (Kunststoffe)

Lernziele

Der Lernende kann ...

- Duromere (Duroplaste) von Thermoplasten unterscheiden.
- elektrisch wichtige Duromere nennen und ihre Eigenschaften und Anwendungsgebiete angeben.
- die elektrisch wichtigsten Thermoplaste nennen und ihre Eigenschaften und Anwendungsgebiete angeben.
- nach den Prüfwerten und Preisen den zweckmäßigen Kunststoff für bestimmte Aufgaben auswählen.
- flüssige Isolierstoffe nach ihren Eigenschaften für bestimmte Verwendungsgebiete beurteilen.

7.5.0 Übersicht

Die Bedeutung der Kunststoffe für Haushalt und Industrie ist offensichtlich und bedarf keiner Erklärung.

Man unterteilt die Kunststoffe in zwei Hauptgruppen.

1. *halbsynthetische* (7.5.3); sie werden durch chemische Umwandlung (Veredelung) von Naturstoffen, insbesondere der *Cellulose* (Pflanzenerzeugnis) hergestellt;
2. *vollsynthetische* (7.5.4); bei diesen werden durch chemische Prozesse aus kleinen Einzelmolekülen (Monomeren) Riesenmoleküle (Polymere) erzeugt.

Die Moleküle bestehen aus 2 oder >2 Elementen, von denen eines immer ein C-Atom in Verbindung mit H-, F-, Cl-, N- oder O-Atomen ist. Hervorstechende Eigenschaften der Kunststoffe sind nebenstehend aufgeführt.

Kunststoffe (im umfassenden Sinn)

- Halbsynthetische, veredelte Naturstoffe (7.5.3)
  ↓
  - Naturharze (Schellack)
  - Naturfaser (Baumwolle, Leinen, Seide)
  - Cellulose-Erzeugnisse [Papiere, Preßspan, Vulkanfiber (VF); C.-Nitrat (CN); C.-Acetat (CA); C.-Acetobutyrat (CAB); Ethyl-C. (EC)]
- vollsynthetische Kunststoffe (7.5.4)

Kunststoffe bestehen aus Riesenmolekülen (Makromolekülen) bis zu einer Länge von rd. 0,5 mm mit Elektronenbindungen

Vorteile:

- geringe Dichte (Transportgewicht, Montage!)
- gute elektrische Eigenschaften
- gute chemische Beständigkeit
- gute Formbarkeit
- gute Verarbeitbarkeit
- Einfärbungsmöglichkeit
- Klebefähigkeit
- z. T. gute Schweißbarkeit

Nachteile:

- geringe Temperaturbeständigkeit
- Brennbarkeit (Brand-, Vergiftungsgefahr!)
- geringe konstruktive Belastbarkeit
- hohe Wärmedehnung
- Alterungsanfälligkeit
- z. T. hoher Preis.

Übung 7.5–1

Welche wichtige organische Isolierstoffgruppe wird aus pflanzlichen Faserstoffen gewonnen?

Übung 7.5–2

Was versteht man unter einem Monomer und was unter einem Polymer?

7.5.1 Technologie

Die Technologie läßt sich nicht ganz ausklammern, weil das Herstellungsverfahren (wie bei den Metallen) die Eigenschaften des Fertigteiles beeinflußt.

Man teilt die Kunststoffe nach dem *Verarbeitungszustand* ein in

- Formmassen: *vor* der Verarbeitung; bezogen von der chemischen Fabrik;
- Formstoffe: *nach* der Verarbeitung zu Halbzeug in Form von Platten, Stangen, Rohren usw.;
- Formteile: Fertigteile (einbaufertig).

Uns interessieren nur die Eigenschaften der Fertigprodukte.

Die *Herstellungsverfahren* für Enderzeugnisse sind folgende:

Pressen zu Preßteilen. Hierbei werden vorgewärmte Preßmassen (von <1 g bis zu vielen kg) in Preßformen warm zu Halbzeug oder fertigen Preßteilen verarbeitet; bei dem Preßvorgang oder unmittelbar darauf werden sie fest; die Mehrzahl der Preßteile besteht aus Duromeren (7.5.4.1).

Spritzgießen. Heiße plastische (zäh- oder dünnflüssige) Massen werden unter Druck durch Düsen in Metallformen gespritzt; meist sind es Thermoplaste (7.5.4.2).

Einteilung der Kunststoffe nach Verarbeitungsstufen

- *vor* der Verarbeitung: Formmasse
- *nach* der Verarbeitung zu Halbzeug: Formstoffe
- *nach* Fertigstellung: Formteile

Kunststofferzeugnisse liegen vor als

- Preßteile
- Preßschichtstoffe
- Spritzgußteile
- kalandrierte (gewalzte) Folien, Bänder, Tafeln
- flammgespritzte Überzüge
- wirbelgesinterte Überzüge
- getauchte Überzüge u. a.

Preßteile sind u. a.
Schichtpreßstoff-Erzeugnisse, wie

- Hartpapiere
- Vulkanfiber
- Verbundspan (z. B. Platten)

Kalandrieren. Dünne Platten, Bänder, Folien werden zwischen Walzen (Kalandern) gewalzt.

Blasen. Kunststoffe können wie ein Luftballon mit Luft aufgeblasen und die entstehende dünne Haut als Folie verwandt werden.

Flammspritzen. Gepulverter Kunststoff wird durch eine Flamme zu Tröpfchen geschmolzen und mit Druckluft auf Metalle gespritzt.

Wirbelsintern. Kunststoffpulver wird mittels eingeblasener Luft zum Wirbelbett fluidisiert; in dieses Wirbelbett werden die vorgewärmten Teile eingetaucht.

Tauchüberzüge mit Kunststofflacken.

Kunststoff-Folien können mit Metallblechen oder Metallfolien im Walzvorgang verbunden (beschichtet) werden.

Übung 7.5–3

Auf welche Weise werden Kunststoff-Folien hergestellt?

7.5.2 Einteilung nach dem thermischen Verhalten, DIN 7724

DIN 7724 berücksichtigt das Wärmeverhalten der Kunststoffe und unterteilt sie danach in drei Gruppen:

1. Gruppe: *Duromere*

Duromere Formmassen härten bei der Verarbeitung im warmen Zustand aus; sie werden dadurch hart, formsteif, unschmelzbar und chemisch beständig. *Vor* der Verarbeitung sind ihre Riesenmoleküle gegeneinander plastisch verschiebbar; *bei* der Warmverarbeitung werden sie zu einem starren Raumnetz engmaschig miteinander chemisch verknüpft (*vernetzt*). Der *Vernetzungsgrad* bestimmt das Maß der Formsteifigkeit (E-Modul!), siehe Bild 7.5–1.

2. Gruppe: *Thermoplaste*

Es gibt viele thermoplastische Kunststoffarten; sie sind in der E-Technik häufiger als Duromere vertreten. Ihre langen Fadenmoleküle sind miteinander mechanisch wie Watte-

Einteilung der Kunststoffe nach dem Wärmeverhalten:

- Duromere
- Thermoplaste
- Elastomere (gummiartige Werkstoffe)

Duromere sind und bleiben auch bei erhöhter Temperatur hart, elastisch, *nicht* plastisch formbar.

Thermoplaste sind je nach ihrer Art bei Raumtemperatur:
hart-elastisch oder
weich-elastisch oder
weich-plastisch;
bei höherer Temperatur werden alle Arten plastisch

Elastomere sind hart-elastisch, spröde oder gummi-elastisch, plastisch, fließend.

fäden verknäuelt (Bild 7.5−2); werden sie erwärmt, dann beginnen sie, sich zu bewegen, wobei sich die Struktur lockert und plastischer wird. Man bezeichnet dieses Temperaturgebiet als „Erweichungsbereich". Werden diese Kunststoffe darüber hinaus erwärmt, dann zersetzen sie sich, „verkohlen" und werden unbrauchbar.

Man kann in die Fadenknäule kleine Moleküle als „Weichmacher" einbauen; sie wirken als innere Schmier- und Gleitstoffe. Bei längerem Gebrauch, besonders bei Wärmegraden, schwitzen die Weichmacher sichtbar aus; der Kunststoff „altert" und wird wie alter Gummi brüchig, rissig und spröde.

3. Gruppe: *Elaste oder Elastomere*

Sie bestehen aus wenig vernetzten Makromolekülen; bei äußerer Belastung verschieben sie sich elastisch gegeneinander, federn aber nach der Entlastung wieder in ihre Ausgangslage zurück (Bild 7.5−3). Zu den Elastomeren gehören die gummielastischen Kunststoffe. In der E-Technik sind sie bedeutungslos geworden.

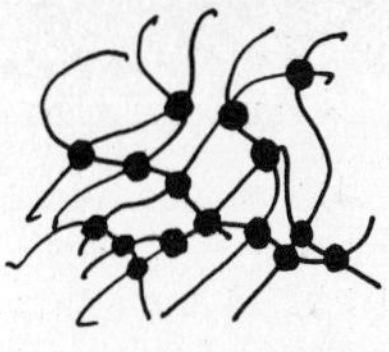

Bild 7.5−1 Struktur eines Duromers aus räumlich verketteten (vernetzten) Riesenmolekülen; die Punkte bedeuten Vernetzungsknotenpunkte

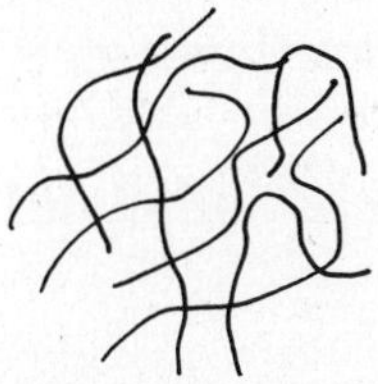

Bild 7.5−2 Struktur eines Thermoplast-Knäuels von Riesenmolekülen (nicht vernetzt, nur verknäuelt)

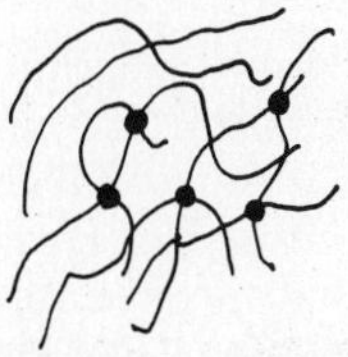

Bild 7.5−3 Struktur eines Elastomers ähnlich wie Bild 7.5−2., aber mehr oder weniger vernetzt

Übung 7.5−4

Nennen Sie die Hauptunterscheidungs-Merkmale zwischen Metallen und Kunststoffen bezüglich

1. der konstruktiven Eigenschaften,
2. der elektrischen Eigenschaften,
3. der Struktur!

Übung 7.5−5

Welche Elemente sind vornehmlich in Kunststoffen vorhanden?

Übung 7.5−6

Geben Sie das Unterscheidungsmerkmal für thermoplastische und duromere Kunststoffe an! Wie stellen Sie es praktisch fest?

Übung 7.5−7

Es gibt ein sehr häufig angewandtes Verfahren, mit dem man Kunststoffe plastifizieren und verkleben kann. Nennen Sie

a) das Verfahren,
b) die Kunststoffgattung,
c) die Werkstoffeigenschaft, die hierfür besonders wichtig ist!

7.5.3 Halbsynthetische Kunststoffe

Die Natur baut Riesenmoleküle auf, z. B. Eiweiß, Stärke, Kautschuk, Cellulose; sie dienen auch als Ausgangsstoffe für Kunststoffe. Am wichtigsten für die E-Technik ist die Cellulose.

7.5.3.1 Cellulose-Erzeugnisse, Übersicht

Cellulose kommt im Holz und in Pflanzenfasern vor und wird daraus gewonnen; sie besteht aus kettenförmigen Riesenmolekülen mit elektrisch-polaren OH-Gruppen. Hierdurch besitzt sie hohe ε_r- und $\tan\delta$-Werte; deshalb sind Cellulose-Erzeugnisse hochwertige Dielektrika (Papierkondensatoren!).

Tabelle 7.5−2 gibt eine Übersicht über elektrisch genutzte Cellulose-Produkte.

Tabelle 7.5−2 Cellulose-Erzeugnisse für die E-Technik

E-Papiere	Öl-Papier
	Lack-Papier
	Hart-Papier
Preßspan (Platten)	
Vulkanfiber (VF)	
Cellulose-Acetat (CA)	
Cellulose-Acetobutyrat (CAB)	
Ethyl-Cellulose (EC)	

7.5.3.2 E-Papiere, DIN 7735, 16926

Papier besteht aus verfilzten Celluloseknäulen mit Füllstoffen; es enthält je nach Sorte 10 bis 60% Poren und ist deshalb im trockenen Zustand ein guter Isolator (Luft = guter Isolator!). Es nimmt leicht Feuchtigkeit auf und muß daher für Isolierzwecke mit Öl, Lack oder Harz imprägniert werden.

Die E-Hartpapiere (DIN 7735 und 16926) werden mit Phenolharzen getränkt und unter Druck und Wärme ausgehärtet. Bei 150°C beginnen C-Erzeugnisse zu verkohlen.

Weitere Cellulose-Kunststoff-Produkte (Kombinationsstoffe) für die Isoliertechnik sind

Vulkanfiber (DIN 7737, VDE 0312) und

Verbundspan (DIN 7739, VDE 0316).

DIN-Kurzzeichen für Cellulose ist „C“.

Cellulose-Erzeugnisse sind brennbar!
Ab 150°C unbeständig
ε_r, $\tan\delta$ = hoch
gute Dielektrika
immer imprägniert
wickelfähige Kabel-Trafo- und Kondensator-Papiere
Schichtstoffe: Hartpapier, Vulkanfiber, Verbundspan

7.5.3.3 Cellulose-Kunststoffe, DIN 7737, 7739

C-Kunststoffe werden wegen ihrer hohen ε_r-Werte nur bei NF und wegen ihrer Wasseraufnahme nur in Schwachstromnetzen, z. B. für Schalter-, Spulen- und Kabelteile und als Nutenisolierstoff benutzt; es sind preisgünstige Kunststoffe! Thermoplaste!

- ε_r = hoch
- Nur bei Schwachströmen und Niedrigfrequenzen, *nicht* bei Feuchtigkeit verwendbar.
- Leicht brennbar, außer EC (Tab. 7.5–3).

Tabelle 7.5–3 Cellulose-Erzeugnisse für die E-Technik

Name	DIN-Bezeichnung	Verwendung
Cellulose-Acetat	CA	Radio-/Phono-Gehäuse, Folien
Cellulose-Mischester	CAB CP	Instrumenten-/Batterie-Gehäuse, Telefon-Apparate, Folien
Ethyl-Cellulose	EC	viele Teile, z. B. Telefonhörer

Übung 7.5–8

Lassen sich Cellulose-Kunststoffe in der Wärme verformen?

7.5.4 Vollsynthetische Kunststoffe

Die komplizierten Namen der vielen Kunststoffe sind verwirrend und schwer zu behalten, wenn man nicht ständig mit ihnen zu tun hat; obendrein benennt jede Fabrik ihr Erzeugnis mit einem Firmennamen. Man bedient sich deswegen am besten der Kurzbezeichnung nach DIN 7728, Tabelle 7.5–4, natürlich nur zur Übersicht.

Tabelle 7.5–4 Kurzzeichen der in der E-Technik benutzten Kunststoffe nach DIN 7728

ABS	Acrylnitril-Butadien-Styrol	PF	Phenol-Formaldehyd
ASA	Acrylnitril-Styrol-Acrylester	PMMA	Polymethylmethacrylat
CAB	Celluloseacetobutyrat	POM	Polyoxymethylen, Polyacetal
EP	Epoxid	PP	Polypropylen
EVAC	Ethylen-Vinylacetat	PPO	Polyphenylenoxid
MF	Melaminformaldehyd	PS	Polystyrol
PA 6	Polyamid 6	PTFE	Polytetrafluorethylen
PA 66	Polyamid 66	PUR	Polyurethan
GF–PA 66	Polyamid 66, glasfaserverstärkt	PVC	Polyvinylchlorid
GF–PA 66 (X)*)	GF–PA 66 mit Brandschutzausrüstung	PVK	Polyvinylcarbazol
PBTP	Polybutylenterephthalat	SAN	Styrol-Acrylnitril
PC	Polycarbonat	SB	Styrol-Butadien
LDPE	Polyethylen niederer Dichte	SB WU*)	SB mit Brandschutzausrüstung
HDPE	Polyethylen hoher Dichte	UF	Harnstoff-Formaldehyd
VPE	Vernetztes Polyethylen	UP	Ungesättigte Polyester

*) Noch nicht in DIN 7728 enthalten.

Die Kunststoffe bestehen chemisch und strukturell aus Riesenmolekülen, die sich aus kleineren Molekülen unter bestimmten Bedingungen gebildet haben (Lesen Sie nochmals Abschnitt 1.9.4!). Bei diesen Polymerisationen werden Riesenmoleküle bis zu 10^6 AME (Atommasseneinheiten) zusammengefügt.

Die drei Arten von Polymerisationen sind nebenstehend mit den wichtigsten Kunststoffarten aufgeführt.

Tabelle 7.5–5 Kunststoffgruppen

1. *Polykondensation*	
Phenol-Harze	PF
Amino-Harze	MF, UF
Polyester-Harze	UP
Polyamide	PA
2. *Polymerisation*	
z. Z. die weitaus wichtigste Gruppe. Die drei häufigsten Kunststoffsorten:	
Polyethylen	PE
Polystyrol	PS
Polyvinylchlorid	PVC
3. *Polyaddition*	
Polyurethane	PUR
Epoxidharze	EP

Die Kunststoffe enthalten nur wenige Atomarten; C ist immer vorhanden, oft nur in Verbindung mit H, z. B. in den verschiedenen PE-(Polyethylen-)Sorten. Weitere Elemente sind O, N, Cl und F.

Den Zusammenschluß eines Monomer zu einem Polymer zeigt grobschematisch Bild 7.5–4.

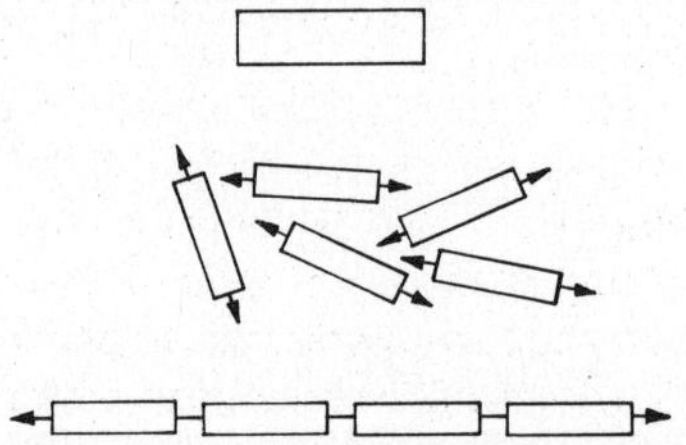

Bild 7.5–4 Polymerisation (Schema)

Übung 7.5–9

Warum beginnt der Name vieler Kunststoffe mit „P"?

Übung 7.5–10

Ein Kunststoffhersteller zeigt an, sein Fabrikat habe Moleküle mit 100 000 AME. Was heißt das?

7.5.4.1 Duromere (Duroplaste)

Die *Herstellung* erfolgt meistens durch Polykondensation.

Als *Haupteigenschaften* sind zu beachten:

- bleibende Härte bei Erwärmung bis etwa 100°C,
- Unschmelzbarkeit,
- chemische Beständigkeit,
- relativ hohe Permittivitätszahl ε_r (für HF-Technik ungeeignet!),
- günstiger Preis; daher die häufige Anwendung in der Isoliertechnik, sie beträgt aber nur 20 bis 30% der Thermoplaste.

Die *Formgebung* geschieht durch

1. Warmpressen zu:

Formteilen von 1 g bis zu einigen kg aus Preßmassen; sie haben glatte, glänzende Oberflächen; Metallteile können eingepreßt werden.

Schichtpreßstoff-Erzeugnissen; sie werden in Form von Tafeln, Streifen, Stangen, Rohren als „Halbzeug" hergestellt. (Vorsicht bei Hohlräumen: Lufteinschlüsse führen bei Anlegen eines elektrischen Feldes zu Glimmentladungen und dadurch zu Zerstörungen!)

Schichtstoffe haben Einlagen aus Papier (Hartpapier), Textil-, Glas- oder Kohlefasergeweben.

2. Gießen:

Gußteile werden aus Gießharzen mit zwei Komponenten bei Raumtemperatur vergossen (Kalthärter) oder müssen anschließend erwärmt werden (Warmhärter). Sie erhalten entweder

- Füllstoffe aus feingemahlenen anorganischen (unbrennbar) oder organischen Substanzen (brennbar) zur Versteifung

oder

- Verstärkungseinlagen aus Geweben; diese verbessern die konstruktiven Eigenschaften.

GV ist die DIN-Bezeichnung für „glasfaserverstärkt"; hierdurch wird die Festigkeit bis auf die Werte guter Konstruktionsmetalle erhöht.

Kunstharze (Duromere)
- Pressen: Preßmassen
- Gießen: Gießharze

→ Zusätze
- feines Pulver (Mehl)
  - organisch
  - anorganisch
- Gewebe aus Glas, Papier, Hartpapier, Textilien

Duromere werden warmplastisch verarbeitet; hierbei erhärten sie und bleiben hart (durus = hart)

Kunstharze sind härtbar durch
- Erwärmung (einmalige!)
- bei Raumtemperatur durch Zusatz von Katalysatoren

Sie dienen als
- Preßmassen
- Gießharze
- Lackharze
- Binde- und Klebstoffe

Duromere zeichnen sich aus durch
- hohen E-Modul
- Steifigkeit in der Wärme (Wärmeformbeständigkeit)
- geringe Kriechneigung
- Wärmebeständigkeit (bis ≈ 120°C)
- keine Kaltsprödigkeit
- kleine Wärmeausdehnung
- hohe Oberflächenhärte
- Glutbeständigkeit

3. Gasbehandlung flüssiger Massen; es entstehen

Schaumstoffe; sie sind stark porös, leicht, ε_r niedrig (Luft $\varepsilon_r = 1$).

Nach ihrer Zusammensetzung unterscheidet man verschiedene Harzarten aus Duromeren; die elektrisch wichtigsten finden Sie in der nebenstehenden Tabelle 7.5–6.

Der Rohstoff (Formstoff) wird als rieselfähiges Schüttgut von den Chemiewerken angeliefert und erhält (wie Sie bereits wissen) erst bei der Verarbeitung seine endgültigen Eigenschaften. Die Hälfte aller elektrotechnischen Duromere sind PF-Harze.

Innerhalb jeder Sorte weichen die Eigenschaften voneinander ab, da man die Menge und Art der Füllstoffe und Einlagen variieren kann.

Ein wichtiges Kriterium ist die Alterungsbeständigkeit bei erhöhter Temperatur. Man prüft eine Eigenschaftsänderung nach 5000 oder 25000 h in % des Ursprungswertes

Tabelle 7.5–6 Harzarten

Nr.	Name	DIN-Bezeichnung
1	Phenol-Harze	PF
2	Amino-Harze	
2.1	Melamin-Formaldehyd	MF
2.2	Harnstoff-Formaldehyd	UF
3	Polyester-Harze	UP
4	Epoxid-Harze	EP

Übung 7.5–11

Werden Duromere im HF-Feld zum Schmelzen gebracht und können sie auf diese Weise verschweißt und verklebt werden? Begründen Sie Ihre Antwort!

Übung 7.5–12

Sie benötigen einen Isolator, der ständigen elastischen Schwingungen ausgesetzt ist. Welches Diagramm lassen Sie sich vom Werkstofflieferanten vorlegen? Zeichnen Sie das Schema dieses Diagramms!

Übung 7.5–13

Welche elektrische Eigenschaft spielt bei Schichtstoffen eine besondere Rolle? Begründen Sie Ihre Aussage!

Übung 7.5–14

Haben Schichtstoffe isotropes Verhalten? Begründen Sie Ihre Antwort!

Übung 7.5–15

Sind Schichtstoffe bei Kältegraden schlagfest?

Übung 7.5–16

a) Wie lautet die DIN-Kurzbezeichnung für das überwiegend benutzte Kunstharz?

b) Was bedeutet der erste Buchstabe der Bezeichnung?

c) Welche Atomarten hat dieser Werkstoff?

7.5.4.2 Thermoplaste

Nach dem *Herstellungsverfahren* sind die wichtigsten Thermoplaste *Polymerisate*. Es gibt viele thermoplastische Kunststoffe; ständig kommen neue Arten hinzu oder alte werden abgeändert (modifiziert) und verbessert.

Für den Elektriker sind Preis und Eigenschaften ausschlaggebend.

Für die *Formgebung* der Fertigteile gibt es folgende Verfahren:

Beim *Spritzgießen* wird die zäh- oder dünnflüssige Masse durch eine Düse unter Druck in eine Metallform gespritzt; Metallteile können umspritzt werden; so erzeugt man kleinste Teile bis zur Badewannengröße.

Durch *Extrudieren* wird nach Art einer Nudelpresse mittels einer Rohrschnecke ein endloser Voll- oder Hohlstrang erzeugt; Drähte und Kabel werden auf Extrudern ummantelt; Bild 7.5–5.

Bänder und Folien werden auf Kalanderwalzen *kalandriert*; letztere werden auch durch Blasverfahren hergestellt.

Hinsichtlich der *Struktur* unterscheidet man

- amorphen Aufbau = homogen (Bild 7.5–6);
- kristallinen Aufbau = homogen;
- teils amorphen, teils kristallinen Aufbau = heterogen. Amorphe und kristalline Bereiche können mengenmäßig variieren (Bild 7.5–7).

Thermoplaste sind meistens Polymerisate (Tabelle 7.5.5).

Formgebung durch
- Spritzgießen (Spritzteile)
- Extrudieren (Stangen, Platten, Umhüllungen)
- Kalandrieren (dünne Tafeln, Folien)
- Aufblasen (Folien)

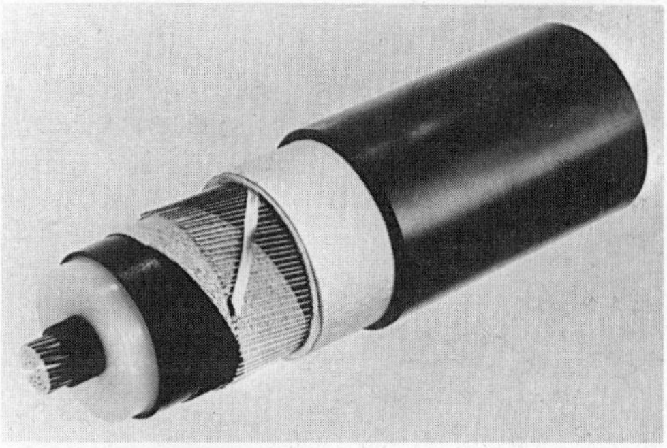

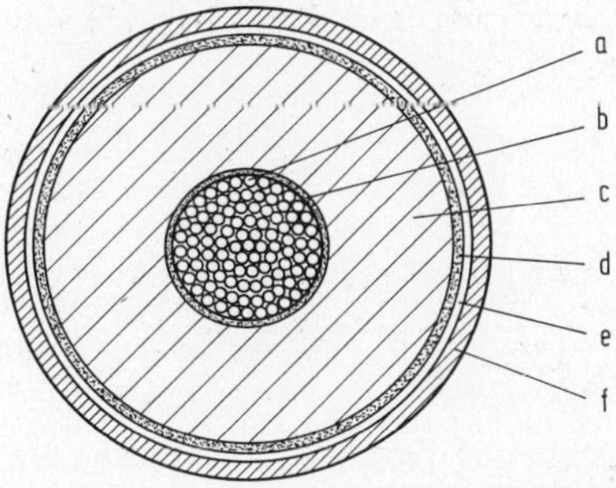

Bild 7.5–5 Aufbau eines Polyethylen-Energiekabels

a Leiter, Kupfer oder Aluminium; b innere Leitschicht, mit Ruß leitfähig ausgerüstetes Polyethylen; c Polyethylen-Isolierung; d äußere Leitschicht, mit Ruß leitfähig ausgerüstetes Polyethylen; e Abschirmung aus Kupferbändern; f Außenmantel aus Polyethylen oder PVC

Die Bezeichnung „kristallin“ besagt bei Kunststoffen nicht das Gleiche wie bei den kristallinen Strukturen von Metallen, Halbleitern oder Ionenverbindungen mit ihrer strengen naturgesetzlichen, räumlichen Anordnung. Vielmehr versteht man darunter eine parallel ausgerichtete Fadenstruktur der Riesenmoleküle. Diese kristallinen Bezirke sind hart-elastisch und haben einen fixierten Schmelz- bzw. „Einfrierpunkt“, im Gegensatz zu amorphen Stoffen mit guter plastischer Formbarkeit und einem Schmelz- bzw. „Einfrier*bereich*“.

Heterogene Kunststoff-Strukturen kann man mit einem Knochengerüst vergleichen, wobei die kristallinen Bereiche (dicke Striche) die starren, elastischen Knochen und die amorphen Bezirke (dünne Striche) die plastisch beweglichen Gelenke bilden (Bild 7.5–7).

Die *Haupteigenschaften* der Thermoplaste sind:

- niedrige Erweichungstemperatur; sie liegt bei einigen Sorten < 100°C;
- gute Wärmebeständigkeit hat nur PTFE mit etwa 250°C;
- Schweißbarkeit und (oft) gute Klebefähigkeit;
- gute elektrische Eigenschaften. (Einflüsse von Kriechströmen, Lichtbögen und die Brennbarkeit und Entflammbarkeit müssen beachtet werden.)
- Folien können durch Recken in Zugrichtung ohne Beeinträchtigung der Wickelfähigkeit verfestigt werden; dies bedeutet eine gewisse Analogie zur Kaltverfestigung der Metalle;
- durch Intensivbestrahlung mit kurzwelligem Licht lassen sich einige Eigenschaften beachtlich verbessern.

Die nebenstehende Tabelle 7.5–7 enthält Namen und DIN-Kurzbezeichnungen wichtiger Thermoplaste.

Zur besseren Übersicht und Einprägung wurden die Namen getrennt geschrieben (unüblich!). Benutzen Sie nach Möglichkeit die aus wenigen Buchstaben bestehenden, international eingeführten Kurzbezeichnungen.

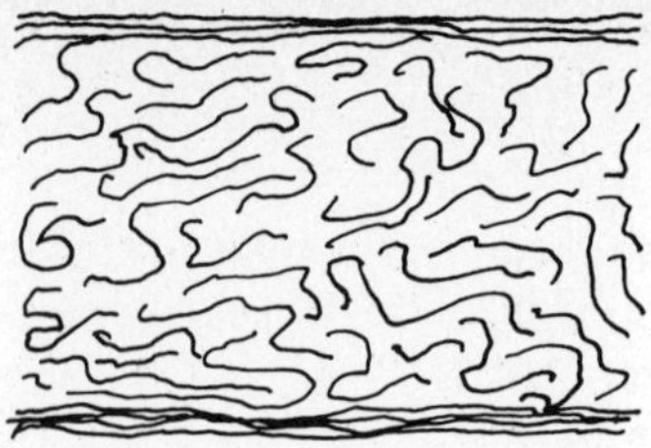

Bild 7.5–6 Zustand der Riesenmoleküle in einem amorphen, homogenen Polymer

Bild 7.5–7 Zustand der Riesenmoleküle in einem heterogenen Polymer mit amorphen und kristallinen Bereichen (grob schematisch)

Tabelle 7.5–7 Wichtige Thermoplaste

Name	DIN-Kurzbezeichnung
Poly-amid	PA
Poly-ethylen	PE
Poly-methyl-meth-acrylat	PMMA
Poly-propylen	PP
Poly-styrol	PS
Poly-tetra-fluor-ethylen	PTFE
Poly-vinyl-chlorid	PVC
Poly-urethan	PUR
Epoxid-harz	EP

Zur Charakterisierung der wichtigsten Thermoplaste dienen (ohne physikalische Wertangaben) folgende Hinweise:

PA wird nach der Wasseraufnahmefähigkeit in Zahlenklassen eingeteilt; es ist nicht säurefest; Anwendung für Teile von Antennen, Telefonapparaten, Gehäusen und Tasten.

PE Nach Herstellung und Eigenschaften unterscheidet man:

HDPE = PE hoher Dichte (früher ND = Niederdruck-PE),
LDPE = PE niedriger Dichte (früher HD = Hochdruck-PE).

In der E-Technik wird überwiegend HDPE verwendet. PE ist ein unpolarer Kunststoff, daher für Isolationszwecke beliebt; PE wird bei Koaxialkabeln eingesetzt; auch in der HF-Nachrichten- und Haushaltstechnik wird PE oft benutzt (an erster Stelle).

PVC ist der preisgünstigste Kunststoff; er wird viel in der E-Technik benutzt (an zweiter Stelle). PVC läßt sich durch *Weichmacher* zu weichen und ohne Zusätze zu harten Qualitäten verarbeiten.

Seine Hauptanwendungsgebiete sind:

- Isolation von Drähten und Kabeln in Fahrzeugen, da schwer entflammbar,
- Akkukästen,
- Elektroteile für viele Zwecke
- Metallbeschichtung.

Bei Bränden entsteht zuerst Chlor (giftig), dann Chlorwasserstoff (die chemisch aggressive Salz-Säure HCl).

PS ist in vielen Sorten lieferbar; z. B. in Form von harten, farbigen oder durchsichtigen Spritzteilen, Folien und porösem Schaumstoff.
PS hat gute konstruktive und mittelgute elektrische Eigenschaften.

Gruppenmerkmal der PA-Sorten

PE-Struktur

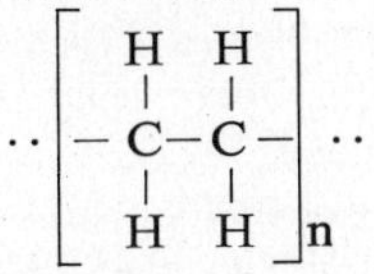

PE besteht nur aus C- und H-Atomen,
umweltfreundlich,
$\varepsilon_r = 2 \dots 2{,}2$, sehr niedrig,
hohe Leistungsausbeute bei HF-Leitungen,
in Radartechnik weltweit angewandt,
brennt leicht.

PVC-Struktur

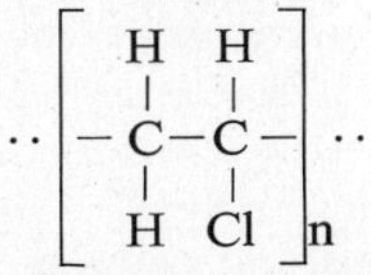

preiswert, weich bis hart, viele Sorten,
gute Isoliereigenschaften,
schwer entflammbar, Fahrzeuge (!),
umweltschädlich bei Bränden.

PS-Struktur

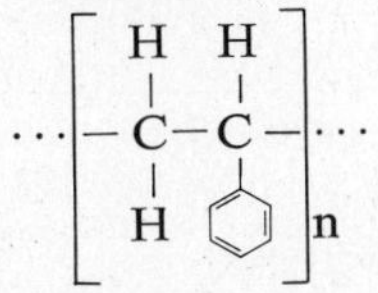

Benzolring!

Enthält nur C- und H-Atome,
leicht brennbar,
umweltfreundlich,
viele Sorten,
hohes $\varrho_D \approx 10^{10}\,\Omega\,\text{m}$,
E_D bis 90°C konstant,
ε_r bei 1 MHz 2,5 bis 2,9.

PTFE ist einer der Kunststoffe mit der höchsten Wärmebeständigkeit und ist in mehreren Sorten lieferbar. Er kann seit einigen Jahren in modifizierter Form thermoplastisch extrudiert für Kabelisolationen und für Spritzgußteile benutzt werden, während er früher nur als Halbzeug in Form von Stangen, Rohren, Platten, Folien usw. lieferbar war.
Leider ist er ziemlich teuer.
Bei Bränden entweichen gasförmige Fluorverbindungen mit stechendem Geruch.

PTFE-Struktur

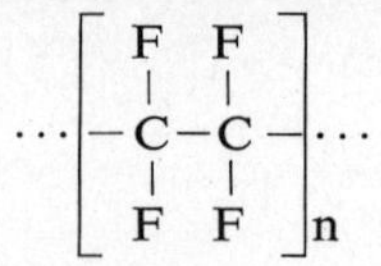

Hochwertiger Isolierstoff,
beste Wärmebeständigkeit bei 250 bis 320°C (je nach Sorte),
Kältebeständigkeit bis −260°C,
zäh-hart,
verschleißfest.

Sie erkennen:
PTFE ~ PE
4 F-Atome ~ 4 H-Atome

PMMA ist ein organisches *Glas*, durchsichtig, und dient zur Verglasung elektrischer Schaltschränke, Kästen, Schutzdeckel und für transparente elektrische Isolierteile (Plexiglas).

PMMA ist durchsichtig wie Glas!
(Plexiglas)

EP ist ein kalt- und warmaushärtendes Kunstharz, das durch Zusatz eines Härters aus dem plastischen in den zähharten Zustand übergeht (Vernetzung). Viele Sorten sind lieferbar; auch wärmeleitende Epoxidharze werden zu Isolatorteilen vergossen und ersetzen zunehmend E-Porzellan-Teile.

Epoxidharze EP
warm- und kalthärtbar, schlagzäh, verdrängt z. T. E-Porzellan.

7.5.4.3 Erkennungsmerkmale

Es gibt Schnellmethoden zur Feststellung der Kunststoffart nach Tabelle 7.5−8:

- Dichtebestimmung (Bild 7.5−8),
- Brenn- oder Flammprobe,
- Ritzprobe mit dem Fingernagel,
- Klangprobe beim Hinwerfen.

Nur die erste Probe erhebt Anspruch auf Wissenschaftlichkeit.

Tabelle 7.5−8 Schnellprüfverfahren für Kunststoffe

Flammprobe, Beobachtung	
PE, PP	schwach leuchtend, Tropfenbildung, Geruch nach Wachs
PVC	leuchtende, rußende Flamme, verlöscht außerhalb der Flamme, Geruch nach Salzsäure
PTFE	wie PVC, aber Geruch nach Flußsäure
PS	leuchtende, rußende Flamme, tropft, süßlich riechend
Duromere	schwer brennbar
PF	Geruch nach Phenol
MF, UF	Geruch nach Formaldehyd
UP	Geruch süßlich, wie Styrol

Tabelle 7.5–8 (Fortsetzung)

Ritzprobe mit Fingernagel	
PE, PVC	weich ritzbar
PP, PS alle Duromere	nicht ritzbar
Klang beim Hinwerfen	
ohne Klang	PVC weich
scheppernd	PVC hart, HDPE, PA, alle Duromere
dumpf	PS-schlagfest, LDPE, PP, C.-Stoffe (Cellulose)

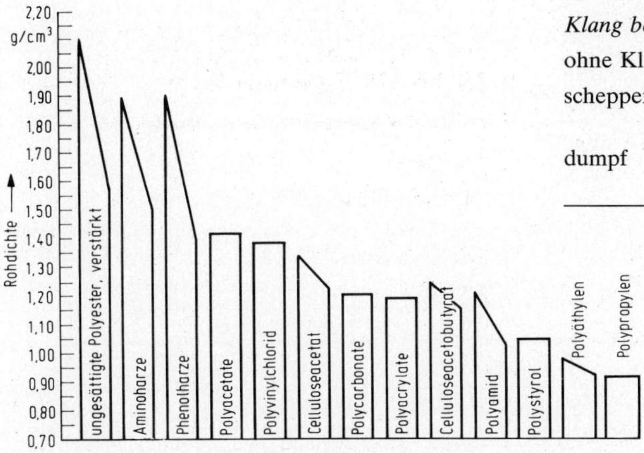

Bild 7.5–8 Dichtewerte einiger wichtiger Kunststoffe

Übung 7.5–17

Sie entzünden einen Kunststoff an einer offenen Flamme. Was können Sie dabei feststellen und welche Schlüsse aus diesen Feststellungen ziehen?

Übung 7.5–18

Bis zu welchen Wärmegraden können Sie alle Kunststoffe bedenkenlos einsetzen?

Übung 7.5–19

Welcher Kunststoff hat eine sehr hohe Wärmebeständigkeit?

Übung 7.5–20

Ist die Gebrauchsdauer von Kunststoffen unbeschränkt? Begründen Sie Ihre Antwort!

Übung 7.5–21

Erklären Sie die Begriffe „Weichmacher“ und „Verstärker“!

Übung 7.5–22

Sind die Eigenschaften einer Kunststoffsorte von vorneherein festgelegt oder gibt es innerhalb einer Substanzklasse Differenzierungen? Begründen Sie Ihre Antwort!

Übung 7.5–23

Ein Isolator wird laufend einem Lichtbogen ausgesetzt. Werden Sie Kunststoff benutzen?

Wenn ja, welchen?

Übung 7.5–24

Nennen Sie die Kurzbezeichnungen von

a) drei wichtigen Thermoplasten,
b) drei wichtigen Duromeren!

7.5.4.4 Drahtlacke, Träufelmittel nach DIN 46 416, 46 436

Lacke

Die Drahtlackierungen bestehen meistens aus reinen Kunstharzen (Tabelle 7.5–9). Sie werden je nach Schichtstärke in mehreren Arbeitsgängen maschinell aufgetragen und jeweils kurzzeitig zwischen 350 bis 450°C getrocknet. Man unterscheidet Rund- (0,03 bis 3 mm) und Flachdrähte, sowie Einfach- (L) und Doppellackierungen (2L).

Die Isolierungen werden auf ihr Verhalten nach verschiedenen Gesichtspunkten geprüft (Tabelle 7.5–10).

Tränk- und Träufelmittel

dienen im E-Maschinenbau zur Isolierung der Drahtwicklung. Die Basis bilden meistens mit Lösungsmitteln verdünnte Harze (Tabelle 7.5–9), die Lösungsmittel werden bei der nachträglichen Erwärmung (Trocknung) vergast. Träufelharze werden dem vorgeheizten und rotierenden Ständer bzw. Läufer in flüssigem Zustand nach Bild 7.5–9 zugeführt; sie müssen sich vor dem Erkalten (Härten) gleichmäßig in den Hohlräumen verteilen, um diese vor Feuchtigkeit zu schützen. Die Harze müssen den Anforderungen der zugehörigen Wärmeklasse nach Tabelle 7.1–11 genügen.

Tabelle 7.5–9 Drahtlacke

Name	DIN 46 416	DIN 46 436	Verwendung
Polyurethan	V	LF	verzinnbar
Polyvinylformal	M	PV	mechanisch hoch belastbar
Polyesterimid	W 155	F	thermisch belastbar
Polyesterimid	W 180	H	thermisch hoch belastbar
Polyesterimid	W 180 (M)	HC	thermisch höchst belastbar

V für direkte Verzinnung,
M für mechanische Beanspruchung,
W 155 für max. 155°C.
L lackisoliert
Andere Buchstaben für Wärmeklassen in Tabelle 7.1–11.

Tabelle 7.5–10 Prüfung von Drahtisolationen

Eigenschaften	Einheit
Draht-∅	mm
Isolationsdicke	mm
Verlustfaktor	‰
ε_r	–
Isolationswiderstand	Ω
E_D	kV/mm
Schabefestigkeit	nicht genormt
Dehnung	%
Grenztemperatur:	°C
3%-Dehnung nach 5 000 h	
2 kV nach 5 000 h	

UP-Harze haben sich im Kleinmotorenbau gut bewährt und halten Temperaturen bis zu 180°C im Dauerbetrieb aus.

Klebefolien und -papiere

haben Kunststoffolien oder Papier als Trägerstoff und Kunstharze als Klebstoff.

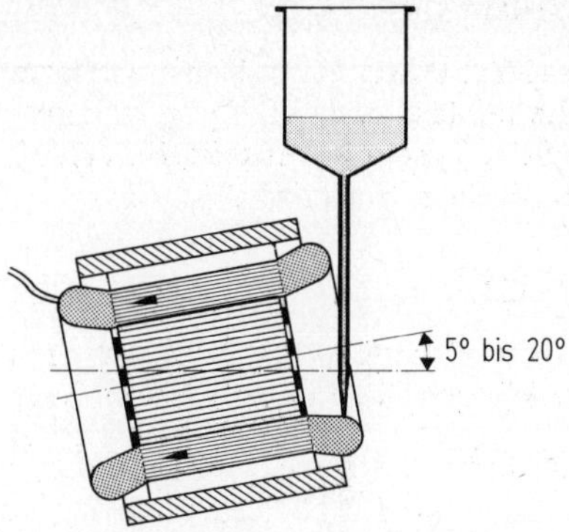

Bild 7.5–9 Tränken eines Stators im Träufelverfahren (Schema)

Übung 7.5–25

Drahtlacke

a) Aus welchem Material bestehen sie?
b) Nach welchen Verwendungszwecken sind sie klassifiziert?
c) Was versteht man unter ihrer Grenztemperatur?

Übung 7.5–26

Träufellacke

a) Wozu dienen sie?
b) Woraus bestehen sie?

Übung 7.5–27

Erklären Sie den Begriff „Tränkharz"!

7.5.4.5 Isolieröle, DIN 5107

Rohstoff ist immer Erdöl.

Die *Herstellung* geschieht in Raffinerien durch fraktionierte Destillation zu verschiedenen Sorten (Tabelle 7.5–11).

Hauptmerkmale für die Beurteilung von Isolierölen sind

- *elektrische* Eigenschaften:

  ϱ_D im Anlieferungszustand und nach mehrstündiger Erwärmung bei 120°C hoch, $\tan\delta$ niedrig, ε_r niedrig und E_D hoch;

Tabelle 7.5–11 Ölsorten (grob schematisch)

Sorte	Vergasung bei °C
Treibstoffe	<150
Leuchtöl	<300
Dieselöl = leichtes Heizöl	<350
Isolieröle	>350

Tabelle 7.5–12 Eigenschaften von Isolierölen nach VDE und DIN

Eigenschaft	Einheit	DIN	Erklärung
Stockpunkt	°C	51 583	Bei Abkühlung wird Öl immer zähflüssiger, das Öl tropft nicht mehr, der Durchlauf *stockt*.
Flammpunkt	°C	51 584	Öldämpfe entzünden sich bei offener Flamme; Vorschrift > 150 °C.
Brennpunkt	°C	51 584	Öldämpfe brennen ohne Flamme weiter; Vorschrift > 50 °C über dem Flammpunkt.
Entzündungpunkt	°C	51 584	Öldämpfe entzünden sich und brennen.
dynamische Viskosität η	$\frac{\text{Ns}}{\text{m}^2} = \text{Pa} \cdot \text{s}$	51 561	= Zähflüssigkeit, Maß für innere Reibung, fällt mit steigender Temperatur; Vorschriften bestehen.
kinematische Viskosität ν	$\frac{\text{m}^2}{\text{s}}$	51 561	$\nu = \frac{\eta}{\varrho_D} = \frac{\text{dynam. Viskosität}}{\text{Dichte}}$
Neutralisationszahl für Säure- oder Basengehalt	$\frac{\text{mg} \cdot \text{l}}{\text{g}}$	51 558	Öle sollten chemisch neutral sein, d. h. weder basisch noch sauer reagieren.
Verteerungszahl	%	VDE 0370	Maß für die Beständigkeit (Altern)

- *thermische* Eigenschaften:
  bei Erhitzung → Entzünden, Entflammen;
- *mechanische* und *dynamische* Eigenschaften bei Kälte und Wärme:
  Viskosität ≙ Zähflüssigkeit; je viskoser desto *zäh*flüssiger. Stockpunkt niedrig (Tabelle 7.5–12);
- Dichte $\varrho_D{}^* \approx 0{,}9\,\text{g/cm}^3$.

Die Isolieröle werden nach ihrer Verwendung in Spezialsorten mit besonderen Eigenschaften eingeteilt in:

Trafo-, Schaltgeräte-, Kabel- und Kondensatoröle (Tabelle 7.5–13).

* Vorsicht:
ϱ_D = Dichte in g/cm³
ϱ_D = spez. el. Widerstand in $\Omega \cdot \text{m}$

Tabelle 7.5–13 Isolieröle nach DIN 5107

Verwendung	Anforderung
Transformator	$\varrho_D{}^*$ hoch, $> 10^{15}\,\Omega \cdot \text{m}$ E_D hoch, $> 20\,\text{kV/mm}$ Wärmeleitvermögen hoch Viskosität niedrig Stockpunkt niedrig, $< -30\,°\text{C}$ (bei Frei-Trafos) alterungsbeständig
Schaltgeräte	wie vorher lichtbogen-beständig Öl muß von selber verlöschen
Massiv-Kabel	Dünnöl, Viskosität $\approx 1\,\text{N} \cdot \text{s/m}^2$.
Hohl-Kabel	Dicköl, Viskosität $\approx 100\,\text{N} \cdot \text{s/m}^2$ Öl muß Hohlräume restlos füllen
Kondensator	nur bei Großanlagen wird zunehmend wegen geringer Dielektrizitätszahl $\varepsilon_r \approx 2$ durch Chlophen ersetzt $\varepsilon_r > 4$ (7.5.4.6)

7.5.4.6 Chlophene

Chlophene sind vielbenutzte flüssige, wasserhelle Isolierstoffe mit unterschiedlicher Viskosität. Chemisch sind es chlorierte Diphenyle, die thermisch und chemisch beständiger sind als Öle.

Sie werden gebraucht als:

- hochwertiges Dielektrikum in Starkstromkondensatoren (ε_r = hoch) und
- Kühl- und Isoliermittel in Trafos und Gleichrichtern.

Es gibt verschiedene Klassen (A 30, A 40, A 50) mit differenzierten Eigenschaften.

In Tabelle 7.5–14 sind einige wichtige Werte aufgeführt. Sie erhalten dadurch einen Einblick in Prüfwerte von flüssigen Isolierstoffen, z. B. Säure- bzw. Basengehalt, Stockpunkt, Viskosität u. a. (im Bedarfsfall DIN-Blätter!).

Chlophene sind in der Anschaffung zwar teurer als Öle, bringen aber andere wirtschaftliche Vorteile (Beratung erforderlich).

Tabelle 7.5–14 Chlophene

Eigenschaft	Einheit	Wert
Konsistenz		flüssig-zähflüssig
Farbe		wasserhell
Basizität	mg KOH · g^{-1}	< 0,01
Asche	%	0
H_2O	ppm*	< 30
Dichte	g · cm^{-3}	1,4 bis 1,6
Verdampfungsverlust nach 2 h bei 125°C	%	0,03 bis 0,12
Stockpunkt (DIN 51583)	°C	−22 bis +6
Viskosität ν (DIN 51561)	mm^2/s	2,3 bis 5,5
spezif. Wärme	J · g^{-1} · K^{-1}	≈ 0,3
Wärmeleitfähigkeit	W · m^{-1} · K^{-1}	≈ 1
ε_r 50 Hz		
20°C	–	5,1 bis 5,9
90°C	–	4,4 bis 5
$\tan \delta$	–	$< 5 \cdot 10^{-3}$
ϱ	Ω · m	$> 10^{15}$
U_D bei 20°C bis 90°C	kV	> 50

* ppm = 1 : 10^6, hier also 30 g H_2O auf 1 t Chlophen.

Übung 7.5–28

Nennen Sie wichtige Eigenschaften von flüssigen Isolierstoffen

a) bezüglich des elektrischen Verhaltens,
b) bezüglich des sonstigen Verhaltens!

Übung 7.5–29

Wo werden Isolierflüssigkeiten benötigt?

Übung 7.5–30

a) Gibt es künstliche (vollsynthetische) Isolierflüssigkeiten?
b) Wenn ja, nennen Sie den Namen!
c) Wodurch zeichnen sie sich vor den Ölen aus?

7.5.4.7 Silikone (Silicone)

Silikone sind elektrisch wichtige Kunststoffe, „chemische Zwitter“, halb organisch – halb anorganisch. Anstelle von C-Atomen werden sie aus Si- und O-Atomen gebildet. Die Makromoleküle zweier Silikone haben nebenstehende Strukturen.

Das erste Produkt (Ausgangsstufe) bei der Herstellung ist eine wasserhelle, bei 70°C siedende Flüssigkeit, aus der man je nach Vernetzungsgrad

- Öle, Wachse, Elastomere und Feststoffe herstellt.

Besondere Eigenschaften sind Wasserabweisung, Warmbeständigkeit bis 200°C und hohe E_D. Aus diesem Grunde benutzt man Silikone bevorzugt in feuchter Umgebung (z. B. in Schächten und Kanälen) als

- Harze und Lacke für Spulen, Wicklungen, Nuten, Papiere,
- Öle für Schalter, Trafos, Kabel,
- Gummi für Isolierungen und als Dielektrikum.

Riesenmoleküle von Silikonen

1)

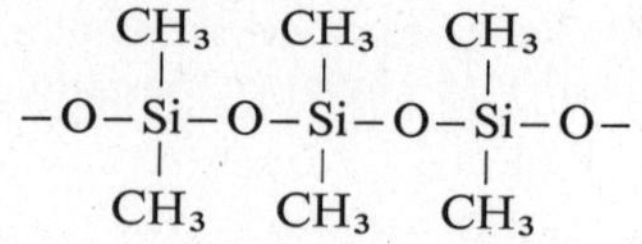

2)

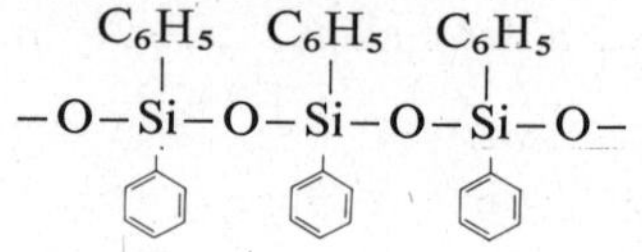

Silikone sind

- wasserabweisend,
- bis 200°C verwendbar als Öl, Paste, Lack und Gummi; Basis- oder Zusatzstoff.

Übung 7.5–31

In feuchten Räumen sollen Isolierungen vorgenommen werden. Welche Werkstoffe sind bevorzugt verwendbar?

Lernzielorientierter Test zu Kapitel 7

1. Durchgangswiderstand ϱ_D in $\Omega \cdot m$ eines sehr guten Isolators ist etwa
   A 10^2
   B 10^6
   C 10^{10}
   D 10^{15}
   E 10^{20}

2. Hochreines Si hat bei Zimmertemperatur einen ϱ_D-Wert in $\Omega \cdot m$ von etwa
   A 10^{-3}
   B 10^0
   C 10^3
   D 10^5
   E 10^{10}

3. Oberflächenwiderstand von Isolatoren; Meßwerte werden
   A in $\Omega \cdot m$ angegeben
   B in Ω angegeben
   C durch Gleichstrom festgestellt
   D durch Feuchtigkeit erhöht
   E durch Feuchtigkeit erniedrigt

4. Durchschlagfestigkeit E_D
   A in V
   B in $kV \cdot mm^{-1}$
   C fällt mit steigender Schichtdicke
   D fällt mit steigender Stehzeit
   E ist bei E-Porzellan höher als bei PE

5. Ionenpolarisation tritt auf bei
   A Gläsern
   B keramischen Isolatoren
   C Thermoplasten
   D Duromeren
   E Kunstharzen

6. Ferroelektrika sind
   A Spezial-Kunststoffe
   B Spezial-Keramika
   C Ionenkristalle
   D polare Stoffe
   E Stoffe mit niedrigem ε_r-Werten

7. Werkstoffe mit ε_r-Zahlen ~ 100 sind
   A unpolar
   B E-Porzellane
   C hochpolar
   D Kunststoffe
   E Keramika aus Bariumtitanat

8. Gütewert eines Dielektrikums
   A ohne Einheit
   B hoher Wert ≙ hohe Güte
   C wird durch steigende Temperatur erhöht
   D $\sim \tan \delta \, (d)$
   E $= \tan \delta^{-1} \, (d^{-1})$

9. Dielektrische Verlustzahl ε''
   A hoher Wert bei Energiekabeln erstrebenswert
   B hoher Wert bei Nachrichtenkabeln erstrebenswert
   C hoher Wert für Erwärmung von Thermoplasten erstrebenswert
   D $\varepsilon'' = \varepsilon_r \cdot \tan \delta$
   E $\varepsilon'' = \varepsilon_r \cdot \tan \delta^{-1}$

10. Temperaturkoeffizient der linearen Wärmedehnung (= Wärmedehnzahl), TC_L in $10^{-5} K^{-1}$ steigt in der Reihenfolge
    A Metall–Keramik–Kunststoff
    B Metall–Kunststoff–Keramik
    C Keramik–Metall–Kunststoff
    D Keramik–Kunststoff–Metall
    E Kunststoff–Keramik–Metall

11. Die Wärmeleitfähigkeit λ hat die SI-Einheiten
    A $N \cdot m^{-1} \cdot h^{-1} \cdot K^{-1}$
    B $W \cdot s \cdot m^{-1} \cdot K^{-1}$
    C $W \cdot m \cdot K^{-1}$
    D $W \cdot m^{-1} \cdot K^{-1}$
    E $J \cdot s^{-1} \cdot K^{-1}$

12. Die Wärmeleitfähigkeit steigt in der Reihenfolge
    A poröser Kunststoff – dichter Kunststoff – Porzellan
    B Porzellan – poröser Kunststoff – dichter Kunststoff
    C dichter Kunststoff – Porzellan – poröser Kunststoff
    D Porzellan – dichter Kunststoff – poröser Kunststoff
    E poröser Kunststoff – Porzellan – dichter Kunststoff

13. Klasseneinteilung der Isolierstoffe nach der Wärmebeständigkeit:
    - A Zahl der Klassen 5
    - B Zahl der Klassen 7
    - C Zahl der Klassen 9
    - D höchste Klasse $< 180\,°C$
    - E höchste Klasse $< 180\,°C$

14. Temperaturbeständigkeit in °C:
    - A Glimmer $> 700\,°C$
    - B Asbestersatz $> 700\,°C$
    - C Glas $> 500\,°C$
    - D E-Porzellan normal $> 700\,°C$
    - E hochfeuerfeste Keramik $> 700\,°C$

15. Vergleich Kunststoff (ohne Verstärkungseinlagen): Metalle. Kunststoffe sind
    - A zugfester
    - B biegesteifer
    - C warmfester
    - D alterungsbeständiger
    - E unterhalb 100°C weniger oxidierbar

16. Ein Substrat ist ein
    - A organischer Werkstoff
    - B anorganischer Werkstoff
    - C temperaturbeständiger Werkstoff
    - D wasserlöslicher Werkstoff
    - E gut elektrisch leitender Werkstoff

17. Thermoplastisch sind
    - A Cellulose-Kunststoffe
    - B Phenolharze
    - C Harnstoffharze
    - D Epoxidharze
    - E PVC-Kunststoffe

18. Die Strukturformel $-\overset{\mathrm{H}}{\underset{\mathrm{H}}{\overset{|}{\underset{|}{\mathrm{C}}}}}-\overset{\mathrm{H}}{\underset{\mathrm{H}}{\overset{|}{\underset{|}{\mathrm{C}}}}}-$ gilt für
    - A PA
    - B PTFE
    - C PE
    - D PS
    - E PVC

19. Durch Schnellprüfverfahren wurde an einem Kunststoff ermittelt:
    1. mit Fingernagel ritzbar,
    2. klanglos bei Fallprobe,
    3. brennt rußig-leuchtend in der Flamme, verlöscht außerhalb der Flamme; stechender Geruch nach Salzsäure.

    Es handelt sich um
    - A PTFE
    - B PVC
    - C PS
    - D PE weich
    - E PF

20. E_D von Kunststoffen beträgt bei 1 mm Schichtdicke $> 50\,\mathrm{kV} \cdot \mathrm{mm}^{-1}$ bei
    - A Polyesterharz
    - B PVC
    - C PS
    - D PE
    - E PTFE

21. Polarisation P in
    - A $\mathrm{m^2/A \cdot s}$
    - B $\mathrm{C/m^2}$
    - C D/ε_0
    - D E/ε_0
    - E $1/\varepsilon_r$

Lösungsteil

Lösungen der Übungen

1.1–1 Physikalischer Vorgang

1.1–2 Physikalischer Vorgang

1.1–3 Heterogen

1.1–4 1 Phase

1.2–1 $^{37}\text{Cl} = \dfrac{0{,}453}{2} \cdot 100\% = 22{,}65\%$

$^{37}\text{Cl} = (100-22{,}65)\% = 77{,}35\%$

1.2–2 238 = Massenzahl = Anzahl der Nukleonen (Nuklide) = Anzahl der Protonen + Neutronen
92 = Ordnungszahl OZ = Anzahl der Protonen (+) = Anzahl der Elektronen (−),
238−92 = 146 = Anzahl der Neutronen

1.2–3 $2 \cdot 2^4 = 32$

1.2–4 3 ≙ 3. Hauptschale oder M-Schale
p ≙ 2. Unterschale
Insgesamt gibt es sechs 3p-Elektronen

1.2–5 1 C (Coulomb) = $6{,}25 \cdot 10^{18}\, e^-$
$3{,}93\,\text{C} = 3{,}93 \cdot 6{,}25 \cdot 10^{18}\, e^- = 2{,}46 \cdot 10^{19}\, e^-$

1.3–1 Nach Tabelle 1.3–1 hat Wasserstoff (H) die OZ 1, d. h. 1 e^- auf der einzigen Schale; er ist atomar unstabil und bildet daher spontan Moleküle. Sauerstoff (O) hat die OZ 8, d. h. 6 e^- auf der Außenschale und ist daher atomar unstabil. Neon (Ne) und Argon (Ar) haben 8 e^- auf der Außenschale und sind atomar beständig.

1.3–2 Nein! Aluminium (Al) gehört zur III. Hauptgruppe der Erdmetalle und ist daher chemisch-elektronisch unstabil. Metallisches Aluminium reagiert ungeschützt mit anderen Stoffen.

1.3–3 Die Elemente der Hauptgruppe IV haben 4 e^- auf der Außenschale; mit zunehmender Schalenzahl (= Entfernung vom Kern) verlieren sie ihren Charakter als Halbleiter und werden Metalle.

1.3–4 Zahl der e^- auf der Außenschale.

1.3–5 Zahl der Schalen

1.3–6 Edelgase besitzen eine stabile Elektronenkonfiguration (Anordnung); Helium (He) hat 2 e^-, die anderen Gase 8 e^- auf der Außenschale.

1.4–1 Das Element mit 7 e^- hat die OZ 7. Nach Tabelle 1.3–1 hat Stickstoff (N) diese OZ.

1.4–2 Das gesuchte Element hat $(2+2+6+2+6)\, e^- = 18\, e^-$, also die OZ 18. Nach Tabelle 1.3–1 ist es Argon (Ar).

1.4–3 −3, −2, −1, 0, +1, +2, +3

1.4–4 $_{26}Fe = 1s^2\,2s^2\,2p^6\,3s^2\,3p^6\,3d^6\,4s^2$
$_{27}Co = 1s^2\,2s^2\,2p^6\,3s^2\,3p^6\,3d^7\,4s^2$

1.5–1 Nach Tabelle 1.3–1/3:

1 mol $H_2SO_4 = (2 + 32 + 64)$ g = 98 g
1 mol $SiO_2 = (28{,}1 + 32)$ g = 60,1 g
1 mol $Fe_3O_4 = (168 + 64)$ g = 232 g
1 mol $PbO_2 = (207{,}2 + 32)$ g = 239,2 g

1.5–2 a) Jedes Silberatom verfügt über 1 Valenzelektron.
1 mol Ag = 108 g = $6 \cdot 10^{23}$ Atome

$$500\,\text{g Ag} = \frac{500}{108} \cdot 6 \cdot 10^{23}\,\text{Atome} = \text{ca. } 3 \cdot 10^{24}\,\text{Atome } (= e^-)$$

b) Jedes Al-Atom besitzt 3 Valenz-e^-
1 mol Al = 27 g = $6 \cdot 10^{23}$ Atome

$$1000\,\text{g Al} = \frac{1000}{27} \cdot 6 \cdot 10^{23} \cdot 3\,e^- = \text{ca. } 7 \cdot 10^{25}\,e^-$$

1.5–3 Moleküle aus Doppelatomen gleicher Elemente sind unpolar, d. h. die Schwerpunkte ihrer Masse und Ladung sind auf einem geometrischen Punkt lokalisiert. Bei Molekülen aus Atombindungen verschiedener Elemente fallen die beiden Schwerpunkte örtlich auseinander; hierdurch ist die Ladung ungleichmäßig in der Masse verteilt und das Molekül erhält den Charakter eines Dipols (+ —— −).

1.5–4 Nach Tabelle 1.5–1 hat *C* die Wertigkeiten II und IV.

a) II-wertig, da *O* immer II-wertig ist
b) IV-wertig infolge der Dreifachbindung von *C*
c) IV-wertig, da *F* immer I-wertig ist

1.5–5 Das negativ geladene Anion wandert infolge coulombscher Anziehungskraft zur positiven Anode, das positiv geladene Kation wandert zur negativen Katode.

1.6–1 a) 1 mol $Fe_2O_3 = (2 \cdot 56 + 3 \cdot 16)$ g = 160 g
1 mol Fe = 56 g

$$\frac{x}{160\,\text{g}} = \frac{10^6\,\text{g}}{56\,\text{g}}; \quad x = 2{,}86\,\text{t}$$

b) reduziert
c) C, CO

1.6–2 a) Die in das Bad eintauchende Elektrode ist die positive Anode, der Wannenboden bildet die negative Katode.

b) Al^{+++}-Ionen wandern zur Bodenelektrode (−), O^{--}-Ionen zu den Eintauchelektroden (+).

c) Katode: $2\,Al^{+++} + 6\,e^- \rightarrow 2\,Al$
Anode; $3\,O^{--} + 6\,e^- \rightarrow 1{,}5\,O_2$
$C + O_2 \rightarrow CO_2\uparrow$ oder $2\,C + O_2 \rightarrow 2\,CO\uparrow$

1.6–3 1 mol Al(III) = 27 g ≙ $3 \cdot 26{,}8$ Ah

$$1\,\text{t}\quad \text{Al(III)} = \frac{3 \cdot 26{,}8 \cdot 10^6}{27}\,\text{Ah} = \text{ca. } 3\,\text{MAh}$$

Bei einer Stromstärke von 150 000 A benötigt man 20 h.
Bei einer Badspannung von 3 V ergibt sich ein Stromverbrauch von 9 000 kWh. Der effektive Stromverbrauch (Heizung, Schlacke, Abstrahlung) beträgt mit 17 000 kWh/t fast den doppelten Betrag.

1.6–4 Primärelemente liefern elektrische Energie aufgrund irreversibler elektrochemischer Vorgänge; sie können nicht aufgeladen werden. Sekundärelemente liefern elektrische Energie aufgrund reversibler elektrochemischer Vorgänge; sie können wieder aufgeladen werden.

1.6–5 Nein! Sie erzeugen nur eine Spannung von (0,85–0,80) V = 0,05 V

1.6–6 a) Minuspol (Katode) des Akkus mit Minuspol des Ladegerätes.
b) Reduzieren = e^--Aufnahme; der Minuspol wird reduziert.

1.6–7 Das zu schützende unedle Metall wird mit der Anode (+) verbunden, wodurch sein elektrisches Potential (–) herabgesetzt und es gewissermaßen veredelt wird; (s. elektrische Spannungsreihe, Tabelle 1.6–1).

1.6–8 a) Eisen-III-hydroxid $Fe(OH)_3$, rostbraun
Aluminiumhydroxid $Al(OH)_3$, weiß
b) $2\,Fe(OH)_3 + \text{Wärmeenergie} \rightarrow Fe_2O_3 + 3\,H_2O \uparrow$
$2\,Al(OH)_3 + \text{Wärmeenergie} \rightarrow Al_2O_3 + 3\,H_2O \uparrow$

1.7–1 $1{,}5\,M\ H_2SO_4 = 1{,}5\,(2 + 32 + 64)\,g\ H_2SO_4 = 147\,g\ H_2SO_4$

1.7–2 Nein! Bei starker Dissoziation greifen die OH-Ionen die Haut an.

1.8–1 a) $C + 0{,}5\,O_2 \rightarrow CO$
$1\,mol\ C = 12\,g \triangleq 22{,}4\,dm^3\ CO$

$$1\,kg\quad C \triangleq \frac{1\,000\,g}{12\,g} \cdot 22{,}4\,dm^3\ CO = 1{,}87\,m^3\ CO$$

b) $C + O_2 \rightarrow CO_2$; es entsteht die gleiche Gasmenge von $1{,}87\,m^3\ CO_2$.

1.8–2 Brutto – Tara = Netto
10,12 kg – 8,93 kg = 1,19 kg
$1\,mol\ C_4H_{10} = (4 \cdot 12 + 10)\,g = 58\,g \triangleq 22{,}4\,dm^3$

$$1\,190\,g\ C_4H_{10} = \frac{22{,}4\,dm^3 \cdot 1190\,g}{58\,g} \triangleq 459{,}6\,dm^3$$

Gesucht p bei isothermer Zustandsänderung:

$$\frac{p}{p_0} = \frac{V_0}{V}\,;\ p = \frac{1{,}013\,bar \cdot 459{,}6\,dm^3}{10\,dm^3} = 51{,}9\,bar$$

1.8–3

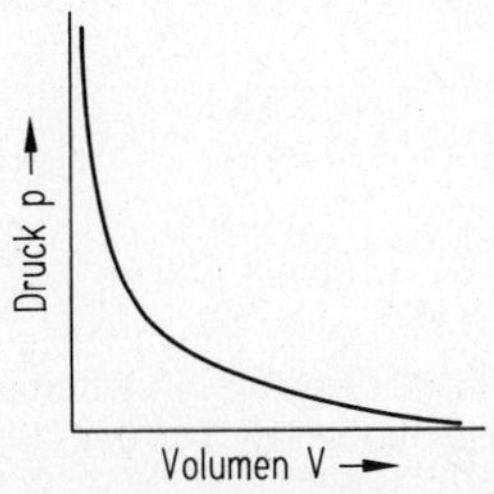

1.8–4 a) Es handelt sich um eine isobare Zustandsänderung:

$$\frac{V_0}{V} = \frac{T_0}{T}; \quad V = \frac{V_0 \cdot T}{T_0} = \frac{25\,\text{dm}^3 \cdot 373\,\text{K}}{273\,\text{K}} = 34{,}2\,\text{dm}^3$$

b) $100\,\text{K} \triangleq (34{,}2-25)\,\text{dm}^3 = 9{,}2\,\text{dm}^3$
$1\,\text{K} \triangleq 0{,}092\,\text{dm}^3$

$$\alpha = \frac{0{,}092}{25} \approx 0{,}004 = 0{,}4\%$$

1.8–5 a) $1\,\text{mol}\ Al_2O_3 \triangleq 2 \cdot 27\,\text{g Al} = 54\,\text{g Al} \triangleq -1{,}680\,\text{MJ}$

$$1\,000\,\text{g Al} \triangleq \frac{-1{,}68\,\text{MJ} \cdot 1\,000\,\text{g}}{54\,\text{g}} = 31\,\text{MJ}$$

b) $FeO \triangleq -\ 267\,\text{kJ/mol}$
$Fe_2O_3 \triangleq -\ 822\,\text{kJ/mol}$

$Fe_3O_4 \triangleq -1\,089\,\text{kJ/mol}$
$3\,\text{mol Fe} = 3 \cdot 56\,\text{g} = 168\,\text{g} \triangleq -1{,}089\,\text{MJ}$

$$1000\,\text{g Fe} \triangleq \frac{1\,000\,\text{g} \cdot (-1{,}089)\,\text{MJ}}{168\,\text{g}} = -6{,}48\,\text{MJ}$$

c) $1\,\text{mol Cu} = 63{,}5\,\text{g} \triangleq -165\,\text{kJ}$

$$1\,000\,\text{g Cu} \triangleq \frac{1\,000\,\text{g} \cdot (-165)\,\text{kJ}}{63{,}5\,\text{g}} = -2{,}6\,\text{MJ}$$

d) $1\,\text{mol C} = 12\,\text{g} \triangleq -393\,\text{kJ}$ (bei $\rightarrow CO_2$)

$$1\,000\,\text{g C} = \frac{1\,000\,\text{g} \cdot (-393)\,\text{kJ}}{12\,\text{g}} = -32{,}75\,\text{MJ}$$

e) In $1\,\text{m}^3$ des Gases befinden $0{,}6\,\text{m}^3\ H_2$ und $0{,}4\,\text{m}^3$ CO

$$\frac{600\,\text{dm}^3}{22{,}4\,\text{dm}^3/\text{mol}}\ H_2 = 26{,}8\,\text{mol}\ H_2 \triangleq -286\,\text{kJ mol}^{-1} \cdot 26{,}8\,\text{mol} = 7\,665\,\text{kJ}$$

$$\frac{400\,\text{dm}^3}{22{,}4\,\text{dm}^3/\text{mol}}\ CO = 17{,}86\,\text{mol CO} \triangleq -\ (393-110)\,\text{kJ mol}^{-1} \cdot 17{,}86\,\text{mol}$$
$= 5\,054\,\text{kJ}$

1.8–6 Umwandlung von $2\,500\,\text{m}^3$ in Nm^3 nach Gl. 4:

$$\frac{p_0 \cdot V_0}{T_0} = \frac{p \cdot V}{T}; \quad V_0 = \frac{p \cdot T_0 \cdot V}{p_0 \cdot T} = \frac{(1\,013+21)\,\text{mbar} \cdot 273\,\text{K} \cdot 2\,500\,\text{m}^3}{1\,013\,\text{mbar} \cdot 282\,\text{K}} = 2\,740\,\text{Nm}^3$$

a) $CH_4 = 0{,}85 \cdot 2740\,\text{Nm}^3 = 2329\,\text{Nm}^3 = \dfrac{2329 \cdot 10^3\,\text{dm}^3}{22{,}4\,\text{dm}^3/\text{mol}} = 103\,973\,\text{mol}$

b) $C_2H_6 = 0{,}08 \cdot 2740\,\text{Nm}^3 = 219\,\text{Nm}^3 = \dfrac{219 \cdot 10^3\,\text{dm}^3}{22{,}4\,\text{dm}^3/\text{mol}} = 9777\,\text{mol}$

Der Satz von *Heß* lautet: Die Bildungsenthalpie eines chemischen Gesamtvorgangs wird durch den Anfangs- und Endzustand eindeutig bestimmt; sie ist unabhängig von der Qualität und der Reihenfolge der Teilvorgänge.

Danach wird für a) $CH_4 + 2\,O_2 \rightarrow CO_2 + 2\,H_2O$

$$\begin{array}{ll|l} C + 2\,H_2 & \rightarrow CH_4 & \cdot(-1) \\ H_2 + 1/2\,O_2 & \rightarrow H_2O & \cdot 2 \\ C + O_2 & \rightarrow CO_2 & \cdot 1 \end{array}$$

$\Delta H = [(-1)(-75) + 2(-286) - 393]\,\text{kJ/mol} = -890\,\text{kJ/mol}$

$103\,973\,\text{mol}\,CH_4 \triangleq 103\,973 \cdot 890\,\text{kJ} = 92\,536\,\text{MJ}$

und für b) $C_2H_6 + 3\,1/2\,O_2 \rightarrow 2\,CO_2 + 3\,H_2O$

$$\begin{array}{ll|l} 2\,C + 3\,H_2 & \rightarrow C_2H_6 & \cdot(-1) \\ H_2 + 1/2\,O_2 & \rightarrow H_2O & \cdot 3 \\ C + O_2 & \rightarrow CO_2 & \cdot 2 \end{array}$$

$\Delta H = [(-1)(-84) + 3(-286) + 2(-393)]\,\text{kJ/mol} = -1560\,\text{kJ/mol}$

$9777\,\text{mol}\,C_2H_6 \triangleq 9777 \cdot 1560\,\text{kJ} = 15\,252\,\text{MJ}$

zu a) + b) = 107 788 MJ; 1 MJ = 0,278 kWh; 107 788 MJ = 29 965 kWh

Faktor = 29 965/2 500 = 12,0

1.8–7

Stoff	MZ	Vol. [%]	MZ · Vol./100 [g]	Masse [%]
N_2	28	78,09	21,865	75,52
O_2	32	20,95	6,704	23,15
Ar	40	0,93	0,372	1.285
CO_2	44	0,03	0,013	0,045
Summe		100,00	28,954	100,00

1.8–8 Der Magen ist übersäuert; der Arzt verschreibt ein basisches Mittel.

1.8–9 Mit steigendem Druck erweitert sich das Gebiet der flüssigen Phase zu Lasten der festen Phase.

1.9–1 –C–C– (einfach); C=C (doppelt); –C≡C– (dreifach).

1.9–2 Nichtleiter, da stabile Elektronenpaar-Bindung.

1.9–3 Durch ihre unterschiedlichen Siedepunkte; sie folgen der Reihe: Leicht-, Mittel-, Schweröl.

1.9–4 Bei der fraktionierten Destillation werden Mischungen aus Kohlenwasserstoffen durch Erwärmung auf bestimmte Temperaturen (Temp.-Intervalle) in CH-Verbindungen mit unterschiedlichen Siedetemperaturen zerlegt.

1.9–5 Kracken heißt Spalten; in diesem Falle das Zerlegen hochmolekularer CH-Verbindungen in niedrigmolekulare. Das thermische Spalten erfolgt bei 500°C und 30 bis 50 bar, das katalytische bei Niedrigdruck und 450°C.

1.9–6 CCl_4; Cl–C(Cl)(Cl)–Cl; Tetrachlormethan

1.9–7 a) Butan: –C–C–C–C–; b) Buten –C–C–C=C; c) Butin –C–C–C≡C–.

1.9–8 C_3H_7OH heißt Propanol.

1.9–9 a) Polymerisation: Monomere verbinden sich durch radikalische Kettenreaktionen zu Makromolekülen.

b) Polykondensation: Niedermolekulare Ausgangsstoffe verbinden sich unter Abspaltung kleinster Moleküle – meist H_2O – zu hochmolekularen Endprodukten.

c) Polyaddition: Niedermolekulare Ausgangsstoffe verbinden sich bei Umgruppierung kleiner Atomgruppen zu hochmolekularen Endprodukten.

2.1–1 Isotrop heißen Körper, bei denen sich die physikalischen Eigenschaften nach allen Richtungen gleichmäßig auswirken.

2.1–2 Isotrop.

2.1–3 krz.

2.1–4 Kohlenstoff, Eisen.

2.1–5 Der Monokristall ohne den e^--Strom störenden Einfluß.

2.1–6 Graphit lagert sich schuppenförmig ab; Diamant hat die größte Härte aller Stoffe.

2.1–7 Von der MZ seiner Atome und der Größe der Parameter der Elementarzelle.

2.1–8 Die Koordinationszahl ist die Zahl der nächstgelegenen Nachbarn eines Atoms.

2.1–9 Etwa 0,25 bis 0,5 nm.

2.1–10 a) Von der Zahl der Gleitsysteme; b) kfz; c) dia.

2.1–11 a) Erstarrungs- = Kristallisationswärme = Wärmemenge in kJ, die beim Übergang flüssig → fest frei wird, bzw. beim Übergang fest → flüssig benötigt wird.
b) Die spezifische Wärme wird auf 1 kg oder 1 Mol bezogen, kJ/kg; kJ/mol.

2.1–12 $150\,\text{m} \cdot [(273+40)-(273-23)]\,\text{K} \cdot 17 \cdot 10^{-6}\,\text{K}^{-1} = 0{,}1606\,\text{m}$.

2.1–13 Nach Tabelle 2.1–3 erhält man $\dfrac{53\,\text{mm} \cdot \text{K} \cdot 10^6}{12\,500\,\text{mm} \cdot 23} = 184{,}3\,\text{K}$

2.1–14 Grobkorn erhält man durch langsame Erstarrung meist in warmen Gießformen, Feinkorn durch rasche Erstarrung in gekühlten Formen.

2.1–15 a) Monokristall = Einkristall; b) besser, er hat keine den e^--Strom störende Korngrenzen.

2.1–16 Die Rekristallisation kann grobe Körner mit hoher Leitfähigkeit und Feinkorn mit erniedrigter Leitfähigkeit bewirken.

2.1–17 Nein, da die Kristalle bei der elastischen = reversiblen Verformung wieder ihre ursprüngliche Gestalt annehmen.

2.1–18 Versetzungsfehler erniedrigen die atomaren Massenanziehungskräfte (Kohäsionskraft). Im Weltraum ohne Einfluß der Schwerkraft gezüchtete, versetzungsfreie Idealkristalle haben vielfach bessere physikalische Eigenschaften.

2.2–1 Ein Kristallgemisch besteht aus mindestens zwei Kristallarten = zwei Phasen und ist heterogen; der (ideale) Mischkristall ist einphasig-homogen.

2.2–2 Intermetallische Verbindungen binärer Legierungen sind chemische Verbindungen beider Komponenten in einem meistens einfachen stöchiometrischen Verhältnis; sie sind hart und nicht verformbar.

2.2–3 In einer binären Legierung bildet sich ein Eutektikum, wenn die beiden Komponenten im festen Zustand nicht, im flüssigen dagegen vollständig ineinander löslich sind.

2.2–4 *A* Basiskomponente
B Zusatzkomponente
1 untereutektisch
2 eutektisch
3 übereutektisch

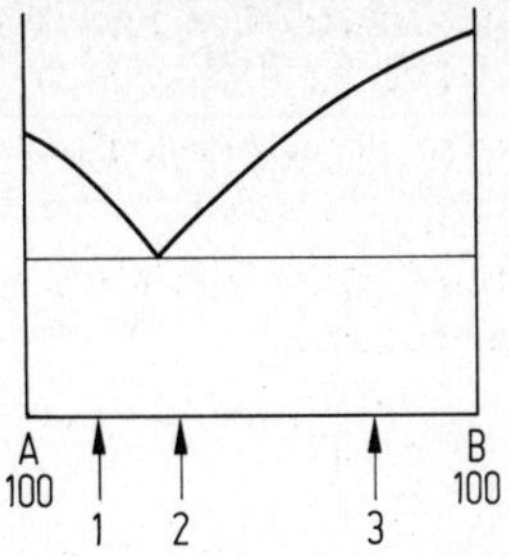

2.2–5 Unter Kristallsaigerung versteht man die Bildung von Mischkristallen mit Zonen unterschiedlicher chemischer Zusammensetzung. Bei einer nachträglichen Erwärmung gleichen sich die Konzentrationsunterschiede durch Diffusion der Atome aus.

2.2–6 Das eutektische Sickerweichlot L Sn 60 Pb 40 mit dem niedrigen Schmelzpunkt von 183°C.

2.2–7 a) Bei Reinmetallen und eutektischen Legierungen.
b) Sie besitzen einen festen Schmelz-(= Erstarrungs-)punkt, der im Zustandsdiagramm markiert ist.

2.2–8 a) Manche binäre Legierungen besitzen ein Erstarrungsintervall, das durch einen oberen Erstarrungs-(= Schmelz-)punkt und einen unteren begrenzt ist.
b) Die beiden Temperaturpunkte sind die Schnittpunkte mit der Senkrechten über der Legierungszusammensetzung und der oberen und unteren Erstarrungskurve. $\frac{\vartheta}{°C}$
ϑ_{SO} = oberer Schmelzpunkt
ϑ_{SU} = unterer Schmelzpunkt

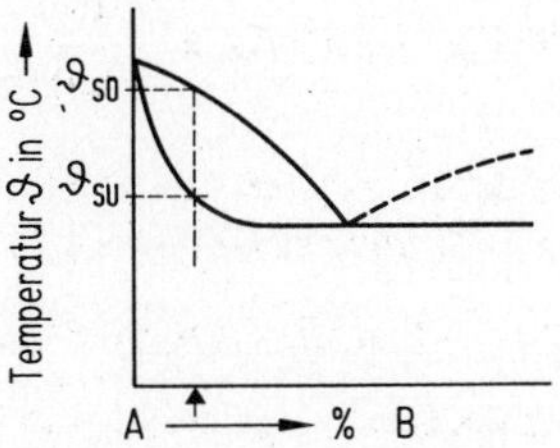

2.2–9 Ja.

2.2–10 Das Atomgitter wird durch den Einbau von Fremdatomen verzerrt; dadurch kollidieren die e^- häufiger mit den Atomen; ihre Driftbewegung wird behindert und der elektrische Widerstand steigt.

2.2–11 Der Bruch kann verlaufen:
a) entlang den Korngrenzen = interkristallin,
b) durch die Körner = intrakristallin.

2.3–1 a) Nematische Flüssigkristalle besitzen parallel zueinander ausgerichtete fadenförmige Moleküle, die sich in der Fadenrichtung leicht verschieben lassen.
b) Das Prinzip der technischen Anwendung beruht darauf, daß man die Flüssigkristalle glasverschlossen in Schichten übereinander anordnet. Durch eine geringe Spannung läßt sich die Ausrichtung der Fadenmoleküle verändern, wobei polarisiertes Licht entweder durch die Schichten hindurchgeht oder verlöscht. Man erhält so ein binäres Anzeigesystem: hell oder dunkel.

3.1–1 Unterhalb E gehorcht das Kraft-Längungsdiagramm dem linearen Gesetz von Hooke: $F \sim \Delta L$; oberhalb E gilt das Gesetz nicht mehr, da ΔL stärker als F ansteigt.

3.1–2 Der Ausgangsquerschnitt $S_0 >$ Querschnitt des sich längenden Stabes S.

3.1–3

Nr.	R_m N/mm²	A %
1	300	2,5
2	1000	5
3	500	15
4	400	14
5	200	40

3.1–4 $150\,000\ \text{N}/(500)\ \text{mm}^2 = 300\ \text{N/mm}^2$. Damit überschreitet diese Belastung die 0,2-Dehngrenze, und der Querschnitt des Trägers muß vergrößert werden.

3.1–5 Im Bild 3.3–11 ist der gehärtete Stahl ein Beispiel für den ersten zäh-harten Werkstoff, das weiche Leitungskupfer für den zweiten Werkstoff.

3.1–6 a) $\text{E-Modul} = \dfrac{120\ \text{N mm}^{-2}}{0{,}00057} = 210\,000\ \text{N mm}^{-2}$;

b) $a = \dfrac{\varepsilon}{\sigma} = \dfrac{1\ \text{mm}^2}{210\,000\ \text{N}} = 4{,}76 \cdot 10^{-6}\ \text{mm}^2\ \text{N}^{-1}$;

c) Nach Tabelle 3.1–1 handelt es sich um einen Eisenwerkstoff.

3.1–7 a) $R_{p0,2} = \dfrac{28\,400\ \text{N} \cdot 4}{10^2\ \text{mm}^2 \cdot \pi} = 362\ \text{N mm}^{-2}$.

b) $R_m = \dfrac{38\,200\ \text{N} \cdot 4}{10^2\ \text{mm}^2 \cdot \pi} = 486\ \text{N mm}^{-2}$.

c) $A_{10} = \dfrac{(117{,}4 - 100)\ \text{mm}}{100\ \text{mm}} \cdot 100\% = 17{,}4\%$.

d) $Z = \dfrac{(10^2 - 7{,}3^2)\ \text{mm}^2}{10^2\ \text{mm}^2} \cdot 100\% = 46{,}7\%$.

3.1–8 Mittelfest, mittelmäßig verformbar.

3.1–9 $R_m > 700\ \text{N/mm}^2$
$R_{p0,2} > 600\ \text{N/mm}^2$
$A_5 < 10\%$.

3.1–10

Nr.	Name	FZ	Einheit
1	Zug- oder Bruchfestigkeit	R_m	$\text{N} \cdot \text{mm}^{-2}$
2	Streckgrenze (Fe-Werkstoff)	R_e	$\text{N} \cdot \text{mm}^{-2}$
3	0,2-Dehngrenze	$R_{p0,2}$	$\text{N} \cdot \text{mm}^{-2}$
4	Bruchdehnung	A_5, A_{10}	%
5	Brucheinschnürung	Z	%

3.1–11 a) Die Streckgrenze ist die Spannung in N/mm^2 in einer zügig beanspruchten Stahlprobe, bei der die plastische Verformung beginnt.

b) R_e erkennt man am Abfall des Lastanzeigers, obgleich die Zerreißmaschine den Stab weiter gleichmäßig längt.
Im $\sigma-\varepsilon$-Diagramm erkennt man einen Knickpunkt (Bild 3.1–7).

3.1–12 Die entscheidende Größe ist der E-Modul. Nach Tabelle 3.1–1 beträgt er für Stahl etwa das Dreifache von Aluminium. Im umgekehrten Verhältnis von 1:3 stehen die federnden Ausschläge der Maste zueinander.

3.1–13 Maßgeblich ist die 0,2-Dehngrenze $R_{p0,2}$. Rechnerisch ergibt sich im Seil eine zügige Belastung von

$$\frac{10^5 \cdot 4\,N}{15^2 \pi\, mm^2} = 566\,N/mm^2.$$

Zur Sicherheit muß $R_{p0,2}$ deutlich über diesem Wert liegen.

3.1–14

	R_m $N\,mm^{-2}$	R_{p02} $N\,mm^{-2}$	A_{10} %
Stahl, weich	300	200	25
E-Cu, weich	200	50	60
CuZn, weich	300	100	60

3.1–15 Brinellhärte 50; Kugeldurchmesser 2,5 mm; Belastung 1 875/0,102 = 18 382 N; Belastungszeit 30 s.

3.1–16 $R_m \approx 3{,}5 \cdot 120\,N/mm^2 = 420\,N/mm^2$.

3.1–17 Bei harten, dünnen Metallschichten.

3.1–18 $$HB = \frac{0{,}204\,F}{\pi \cdot D\,(D - \sqrt{D^2 - d^2})} = \frac{600}{\pi \cdot 10\,(10 - \sqrt{10^2 - 4^2})} = 72.$$

3.1–19 Nach den Tabellen 3.1–3 und 3.1–6 und Bild 3.1–19 erhält man:

Fe weich: $R_m = 300\,N\,mm^{-2}$; $HB \approx \frac{300}{3{,}5} = 86$

Cu mittel: $R_m = 350\,N\,mm^{-2}$; $HB \approx \frac{350}{4{,}75} = 74$

Al hart: $R_m = 180\,N\,mm^{-2}$; $HB \approx \frac{180}{2{,}5} = 72$

	HB	HV
Fe weich	≈ 85	≈ 85
Cu mittel	≈ 75	≈ 75
Al hart	≈ 72	≈ 72

3.1–20 Metalle mit kfz-Gitter, keine Metalle mit krz-Gitter.

3.1–21 Manche Stahlsorten verspröden in der Kälte und werden dabei gegen schlagartige Beanspruchungen empfindlich, d. h. ihre Kerbschlagzähigkeit sinkt. Es entstehen dabei zwei Temperaturgebiete mit einer Hoch- und einer Tieflage für die Kerbschlagzähigkeit.

3.1–22 Die DVM-Probe (Deutscher Verband für Materialprüfung) mit den Abmessungen $10 \cdot 10(7) \cdot 55$ (mm).

3.1–23 Gut: ≥ 35 J; schlecht: < 4 J.

3.1–24 Kriechen heißt langsame Verformung unter Dauerbelastung und meistens erhöhter Temperatur.
Sie müssen die Einsatzbedingungen des Konstruktionsteiles kennen, seine spez. Belastung in N/mm^2 und die Temperatur. Verformt sich der Werkstoff in 14 Monaten unter diesen Bedingungen unter 0,001%, dann ist er für die Verwendung kriechfest.

3.1–25 Die Bruchfläche ist nahezu samtartig glatt und zeigt keinerlei Spuren einer Verformung durch Gewalteinwirkung; der Werkstoff ist vielmehr durch eine Dauerwechselbeanspruchung „ermüdet" gebrochen.

3.1–26 Der untersuchte Kunststoff hat bei Raumtemperatur eine Zugfestigkeit von $2\,500\ N/cm^2$, bei 80°C etwa ein Drittel dieses Wertes. Nach einer Belastungszeit von einem Jahr ist die Belastbarkeit bei Zimmertemperatur nur noch die Hälfte des ursprünglichen Wertes und bei 80°C ist das Material überhaupt nicht mehr belastbar!

3.1–27 a) Piezoelektrisch oft, magnetostriktiv selten.
b) Die Wandstärke ist unbegrenzt, die Fehlstelle kann im Nanometerbereich liegen.

3.2–1 a) 911°C, b) krz ↔ kfz, c) krz = Ferrit, kfz = Austenit.

3.2–2 Stabil: α-Fe-Fe_3C; metastabil: γ-Fe-C.

3.2–3 Ja! Durch längeres Glühen bei etwa 1100°C.

3.2–4 GG, GGG, GTS

3.2–5 Weicher Stahl hat keinen, oder nur wenig Zementit (Fe_3C), harter Stahl hat viel Zementit.

3.2–6 Perlit = α-Fe + Fe_3C.

3.2–7 Statische oder dynamische (Hammer) Biegeprobe im Schraubstock oder Ritzprobe mit einer Reißnadel oder Funkenprobe.

3.2–8 a) Austenit.
b) Nein! In binären Fe-C-Legierungen ist Austenit nur in rotwarmen Zustand existent.

3.2–9 a) Es handelt sich um einen weichen, leicht verformbaren Stahl, der für Werkzeuge ungeeignet ist.
b) Ferrit.

3.2–10 a) Durch Härten, d. h. Glühen oberhalb GSE und Abschrecken im kalten Wasser.
b) Große Härte und Sprödigkeit.

3.2–11 In Wasser abgeschreckte Stähle besitzen ein hart-sprödes Gefüge aus Martensit. Durch Erwärmen auf ca. 250°C diffundieren zwangsweise im Gitter eingefangene C-Atome aus den Elementarzellen in unbesetzte Gitterstellen, wobei die Gitterverspannung nachläßt und die Härte abnimmt.

3.2–12 GGG hat kugelförmige Graphitkristalle, GG lamellenartige; letztere schwächen die zügige Belastbarkeit stärker als die kompakten Kugeln.

3.2–13 Aus GG; er ist preisgünstig und besitzt ausreichende konstruktive Eigenschaften für diese Verwendung!

3.2–14 GG und GGG haben einen höheren C-Gehalt als GS.
Dadurch sind Schmelz- und Gießtemperaturen niedriger und das Verfahren kostengünstiger, Bild 3.2–1.

3.2–15 a) Als Gleitlager.
b) Auf den guten Gleit- und Notlaufeigenschaften von Pb, das auch bei hohen Drücken (Kaltverformung) nicht erhärtet und seine Schmierfähigkeit behält.

3.2–16 a) 37% Zn
b) Höhere Zn-Gehalte verzerren und verspröden die CuZn-Mischkristalle.

3.2–17 Ja! Mit Zn $< 37\%$; b) ja! Mit Zn $> 37 < 50\%$.

3.2–18 Bei ca. 550°C.

3.2–19 a) Für konstruktive hoch belastete, stromführende Teile.
b) und c) Ja!

3.2–20 Durch Mg, Si, Cu, Ti als binäre oder ternäre Legierungen.

3.2–21 In Cu-haltigen Mischkristallen entstehen bei Feuchtigkeit Potentialunterschiede, die Minielemente bilden; dabei gehen die unedleren Kristallteile anodisch in Lösung.

3.2–22 Warmaushärten: 1. Homogenisieren bei ca. 500°C, 2. Abschrecken in kaltem Wasser, 3. Anlassen zwei bis drei Stunden bei ca. 175°C.

3.2–23 Die eutektische Legierung G AlSi12 mit ihren hervorragenden Gieß- und Festigkeitseigenschaften wird für viele Elektroteile benutzt (vgl. Bild 2.2–10).

3.3–1 a) Cu-Legierung mit 30% Ni, $<1\%$ Mn, R_m 450 N/mm^2;
b) Al-Gußlegierung mit 12% Si, $<1\%$ Mg, warmausgehärtet.
c) Guß-Gleitlager aus 80% Sn, 20% Pb; d) Al mit 99%; R_m 80 N/mm^2;
e) Weichlot aus 60% Sn, 40% Pb.

3.3–2 a) Stahlformguß, b) Strangguß, c) Lagerguß, d) homogenisiert, f) ausgehärtet, g) Festigkeitsstufe.

4.1–1

	Ag	Al	nach Tabelle 2.1–1
ϱ_D in g cm^{-3}	10,5	2,7	
Atom-Massenzahl	108	27	

1. Ag: $10{,}5\,\text{kg} \;\triangleq 1\,\text{dm}^3 \triangleq \dfrac{6 \cdot 10^{26} \cdot 10{,}5}{108}$ Atome

$1\,\text{dm}^3 \;\triangleq 5{,}83 \cdot 10^{25}$ Atome

$1\,\text{m}^3 \;\triangleq 5{,}83 \cdot 10^{28}$ Atome $\triangleq 5{,}83 \cdot 10^{28}\, e^-$

$ne^- = 5{,}83 \cdot 10^{28} \cdot 1{,}6 \cdot 10^{-19}\,\text{A} \cdot \text{s/m}^3 = 9{,}36 \cdot 10^9\,\text{A} \cdot \text{s/m}^3 \approx 10^{10}\,\text{A} \cdot \text{s} \cdot \text{m}^{-3}$

2. Al: $2{,}7\,\text{kg} \;\triangleq 1\,\text{dm}^3 = \dfrac{6 \cdot 10^{26} \cdot 2{,}7}{27} = 6{,}0 \cdot 10^{25}$ Atome $\triangleq 6 \cdot 10^{25}\,\text{e}^-$

$ne^- = 6 \cdot 10^{28} \cdot 1{,}6 \cdot 10^{-19}\,\text{A} \cdot \text{s/m}^3 = 9{,}6 \cdot 10^9\,\text{A} \cdot \text{s/m}^3 \approx 10^{10}\,\text{A} \cdot \text{s} \cdot \text{m}^{-3}$

Nach dieser „Anhaltsrechnung“ ist die Elektronendichte von Ag und Al etwa gleich groß. Da die $\varkappa$-Werte von Ag:Al sich wie 1:0,6 verhalten, muß die Beweglichkeit in diesem Verhältnis zueinander stehen.

4.1–2 Durch ein elektrisches Feld E in V/m.

4.1–3 $\varkappa = ne^- \cdot b_{e^-}$ in S/m; also ist $\varrho = \dfrac{1}{ne^- \cdot b_{e^-}}$ in $\Omega \cdot$ m

4.1–4 In Bruchteilen von mm/s.

4.1–5 Gar nicht!

4.1–6 Ja! Die elastischen Gitterschwingungen behindern b_{e^-}.

4.1–7 Grobkorn leitet den Strom besser, da die e^- weniger Korngrenzen passieren.

4.1–8 Nach Tabelle 4.1–2 ist:
$TC\,\varrho - \text{Cu} = 4{,}3 \cdot 10^{-3}\,\text{K}^{-1}$,
$TC\,\varrho - \text{Al} = 4{,}6 \cdot 10^{-3}\,\text{K}^{-1}$,
$TC\,\varrho - \text{Ag} = 4{,}1 \cdot 10^{-3}\,\text{K}^{-1}$.
$\Delta T_1 = (213 - 293)\,\text{K} = -80\,\text{K}$,
$\Delta T_2 = (413 - 293)\,\text{K} = +120\,\text{K}$.

Nach Gl. (4–21) ist

a) $R_{T1} - \text{Cu} = R_{293}(1 + 4{,}3 \cdot 10^{-3} \cdot (-80))$; $R_{293} \triangleq 100\%$;

$\triangleq 100(1 - 0{,}344)\% = 65{,}6\%$.

In gleicher Rechenweise erhält man
$R_{T1} - \text{Al} = 63{,}2\%$,
$R_{T1} - \text{Ag} = 67{,}2\%$,
d. h., die Widerstände von Cu, Al, Ag haben bei −60°C um 34,6% bzw. 36,8% bzw. 32,8% niedrigere Werte als bei +20°C.

b) $R_{T2} - \text{Cu} = R_{293}(1 + 4{,}3 \cdot 10^{-3} \cdot 120) \cdot 100\%$
$\triangleq (1 + 0{,}516) \cdot 100\%$
$= 151{,}6\%$
$R_{T2} - \text{Al} = 155{,}2\%$
$R_{T2} - \text{Ag} = 149{,}2\%$,
d. h., bei 413 K (= 140°C) sind die Widerstände von Cu, Al, Ag gegenüber 293 K (= 20°C) um 51,6% bzw. 55,2% bzw. 49,2%, d. h. auf etwa den 1,5fachen Wert, gestiegen.

T in K	$\dfrac{R_T}{R_{293}} \cdot 100$ in %		
	Cu	Al	Ag
213	65,6	63,2	67,2
413	151,6	155,2	149,2

4.2–1 Au = 46, Ag = 60, Cu = 58, Al = 38.

4.2–2 SE–Cu $\triangleq$ Leitkupfer ohne Sauerstoffgehalt in Form von Oxideinschlüssen. O_2 bildet beim Glühen in H_2-Atmosphäre Wasserdampf im Cu, wodurch dieses blasig und rissig wird.

4.2–3

		Cu weich	Cu verfestigt
HB	–	40	120
$R_{0,2}$	N/mm^2	50	350
R_m	N/mm^2	220	380
$A_{5,10}$	%	42	4

4.2–4 Bei 100 bis 150°C.

4.2–5 a) Ag, Cd; b) Te; c) Zr; d) Be, Zr.

4.2–6 Nach Bild 4.2–7 durch Mn, V, Ti, Mg, Ag.

4.2–7 Entscheidend sind Schmelzpunkte des zu lötenden Metalles und des Lotes. Bei Al-Legierungen muß der untere Schmelzpunkt, bei den Loten der obere beachtet werden.
Hartlote auf Cu-Basis scheiden wegen ihrer hohen Verarbeitungstemperatur aus. Hartlote AlSi können bedingt eingesetzt werden.

4.2–8 Das Material muß ca. zwei Stunden bei 150°C getempert werden.

4.3–1 1. Leitwertvergleich; 2. Querschnittsvergleich bei gleicher Erwärmung; 3. Gewichtsvergleich bei gleicher Erwärmung; 5. Preisvergleich unter Berücksichtigung der derzeitigen Börsennotierungen.

4.4–1

Nr.	Eigenschaft	FZ	Einheit
1	Zugfestigkeit	R_m	$N \cdot mm^{-2}$
2	Druckfestigkeit	σ_d	$N \cdot mm^{-2}$
3	Biegefestigkeit	σ_b	$N \cdot mm^{-2}$
4	Verformung	ε, $A_{5,10}$	%
5	Härte	HV, HB, HRC	–
6	Elastizitätsmodul	E	$N \cdot mm^{-2}$

4.4–2 R_H = Hautwiderstand. Er entsteht durch eine nichtmetallische, meistens oxidische Schicht, die sich insbesondere bei erhöhter Temperatur rascher auf den Kontaktflächen bildet und den Kontaktwiderstand vergrößert. Man vermeidet oder vermindert R_H durch Verwendung von Edelmetallen und durch einen mechanischen Abrieb wie Schleifen, Reiben, Bürsten und Kontaktflüssigkeiten (Spray).

4.4–3 a) Verformung, mechanischer und chemischer Verschleiß,
b) geeignete Werkstoffpaarung, Edelmetalle (Auflage), Schutzgas.

4.4–4 a) Erhöhte Standzeiten durch kleineren mechanischen und chemischen Abrieb;
b) pulvermetallurgisch;
c) Metalle + Graphit
Metalle + Metalloxide
Metalle + Metallsulfide.

4.4–5 Harte Kohle (Graphit) für große Schleifgeschwindigkeiten, weiche Kohle (Graphit) für kleine Schleifgeschwindigkeiten

4.4–6 Sinterkontakte (heterogen) auf W- oder Ag-Basis mit Cu-, C- oder CdO-Zusatz.

4.5–1 Mischkristalle; sie haben höhere Widerstandswerte als Reinkristalle.

4.5–2 TC_ϱ = niedrig; geringe Thermospannung gegen Cu.

4.5–3 Nach Gl. (4–25) von *Mathiessen* gilt:

$$\varrho_{Ag} \cdot \alpha_{Ag} = \varrho_{AgCu} \cdot \alpha_{AgCu}$$

$$\frac{1}{64 \cdot 10^6\,\mathrm{S \cdot m^{-1}}} \cdot 4{,}3 \cdot 10^{-3}\,\mathrm{K^{-1}} = \frac{1}{14 \cdot 10^6\,\mathrm{S \cdot m^{-1}}} \cdot \alpha_{AgCu}$$

$$\alpha_{AgCu} = \frac{0{,}0156\,\Omega \cdot \mathrm{m}}{0{,}0714\,\Omega \cdot \mathrm{m}} \cdot 4{,}3 \cdot 10^{-3}\,\mathrm{K^{-1}}$$

$$= 0{,}939 \cdot 10^{-3}\,\mathrm{K^{-1}}$$

4.5–4 Nach Tabelle 4.5–2

AuCr2; $\varrho_{20} = 0{,}30 \cdot 10^{-6}\,\Omega \cdot \mathrm{m} = 0{,}3\,\Omega \cdot \mathrm{mm^2 \cdot m^{-1}}$

$TC\varrho = \pm 1 \cdot 10^{-6}\,\mathrm{K^{-1}}$; kann wegen seines geringen Wertes unberücksichtigt bleiben.

$$R_{20} = \frac{\varrho_{20} \cdot L}{A} \qquad L = 1\,\mathrm{m};\ A = \frac{0{,}05^2\,\mathrm{mm^2} \cdot \pi}{4} = 0{,}00196\,\mathrm{mm}$$

$$R_{20} = \frac{0{,}3\,\Omega \cdot \mathrm{mm^2} \cdot 1\,\mathrm{m}}{\mathrm{m} \cdot 0{,}00196\,\mathrm{mm^2}} = 153\,\Omega$$

$R_{-20} = 153\,\Omega$; $R_{120} = 153\,\Omega$

4.5–5 Konstantan ist eine CuNi-Legierung. Cu und Ni bilden eine lückenlose Mischkristallreihe = unbeschränkte Löslichkeit. Nach *Mathiessen* gilt:

$$\underbrace{TC\varrho \cdot \varrho}_{\text{Metall}} = \underbrace{TC\varrho \cdot \varrho}_{\text{Mischkristall}}$$

Metall: hoch · niedrig — Mischkristall: niedrig · hoch

Nach dieser Regel muß also der $TC\varrho$ von Konstantan niedriger sein.

4.5–6 Durch elastische Formänderung erhöht sich der ϱ-Wert von Kristallen.

$\Delta\varrho \sim \varepsilon = (L - L_0)/L_0$

Man benutzt metallische oder Halbleiter-Kristalle für die Dehnungs-Meßstreifen-Spannungsmessung = DMS.

4.5–7 Durch Legieren mit Cr + Ni oder Cr + Al.

4.6–1

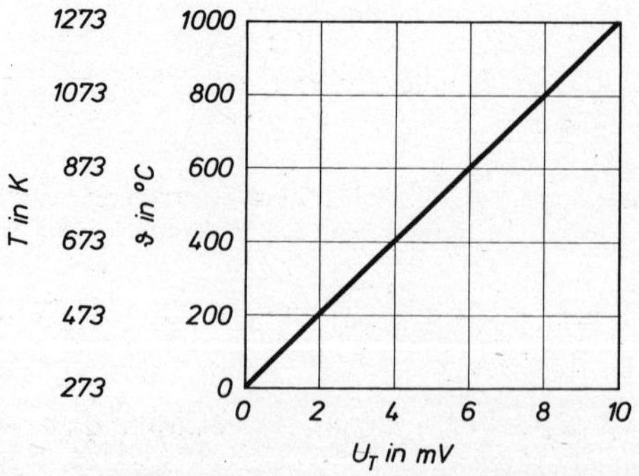

4.7–1 Fe Ni 20 Mn 6/Fe Ni 40

5.1–1 a) Aus Si oder Ge;
b) dia-Gitter.
c) Die Kristalle haben keine Gleitflächen.

5.1–2 Sie besitzen einzeln oder gemeinsam vier Valenzelektronen.

5.2–1 Grund-(=Valenz-)band G; Verbotenes Band (-Gebiet) V; Leitungsband L.

5.2–2 Energiestufe (Niveau) der e^- in eV = Ordinate,
Ausdehnung des HL in mm = Abszisse.

5.2–3 In Metallen.

5.2–4 Die Fermienergie (-stufe) ist ein den HL charakterisierender Energiewert in eV. Bei reinen HL (i-Leitung) liegt er fast genau in der Bandlücke.

5.3–1 Entspricht Bild 5.3–1 mit senkrecht abwärts gerichtetem Richtungspfeil.

5.3–2 Intrinsic-(i-)Leitung besitzen reine HL-Kristalle aus Si und Ge; ihre beweglichen Ladungsträger e^- und e^+ entstehen ausschließlich aus Generation.

5.3–3 a) e^- und e^+ bilden ein Ladungsträgerpaar;
b) durch Generation, d. h. Energieaufnahme eines e^-, das hierdurch aus dem G- in das L-Band katapultiert wird und im G-Band eine positive Fehlstelle hinterläßt.
c) verliert das ins L-Band gehobene e^- wieder diese Energie, dann fällt es in das Grundband zurück und rekombiniert mit einem e^+.
d) siehe Bild 5.3–1.

5.3–4 a) In eV.
b) 1 eV ≙ Energieaufnahme eines e^- beim Durchlauf einer Spannung von 1 V.

5.3–5 Störstellen sind in HL-Kristalle eingebaute Dotieratome; sie erzeugen in ihm e^- in n-Leitern, e^+ in p-Leitern.

5.3–6 a) Rekombination ist der in Bild 5.3–3 mit entgegengesetzter Pfeilrichtung gezeichnete Vorgang, wobei ein e^- in ein e^+ schlüpft und das Trägerpaar ausgelöscht wird.
b) Es wird Energie freigesetzt.

5.3–7 a) Sie steigt.
b) Die Atome der Gruppe V.
c) Elemente der Gruppe III.

5.4–1 Ein Feldstrom I_F entsteht durch ein elektrisches Feld E in V/m, ein Diffusionsstrom I_{Diff} durch Konzentrationsunterschiede von e^- und e^+.

5.4–2 In einem p-Leiter überwiegen e^+ und die e^- sind in der Minorität; umgekehrt ist es bei dem n-Leiter.

5.4–3 Mit Diffusionslänge bezeichnet man den Weg in µm, den ein e^- bis zu seiner Rekombination durchläuft.

5.4–4 Die Leitfähigkeit eines HL errechnet sich aus der Konzentration und Beweglichkeit seiner e^- und e^+.

5.4–5 a) Die Inversionskonstante K_i ist die Konzentration der Elektronen ne^- und der Löcher ne^+ in Eigenleitern;

b) in $\pm$ As/m^3;

c) durch Energieaufnahme oder -abgabe $\pm \Delta W$ in eV.

5.4–6 Verschwindend wenig.

5.4–7 a) $V_{Si} > V_{Ge}$.

b) Die Valenzelektronen von Si befinden sich auf der 3. Schale, die von Ge auf der 4. Schale; letztere haben eine größere Eigenenergie und benötigen daher eine kleinere Energie zum Überspringen der Energielücke V.

5.4–8 Die Temperatur-Widerstandskurve eines i-Leiters zeigt einen stetigen exponentiellen Verlauf, der eines extrinsic-Leiters infolge von Generationen einen unstetigen Verlauf.

5.5–1 Der pn-Übergang ist die nahtlose Grenze zwischen zwei unterschiedlichen Majoritätsgebieten in einem HL-Kristall.

5.5–2 Ein Diffusionsstrom bildet sich durch den Ausgleich eines Konzentrationsgefälles von e^- und e^+.

5.5–3 Raumladungen entstehen durch ortsgebundene Ionen; Anionen bilden sich, wenn Gitteratome e^- aufnehmen, Kationen bilden sich, wenn sie e^- abgeben.

5.5–4

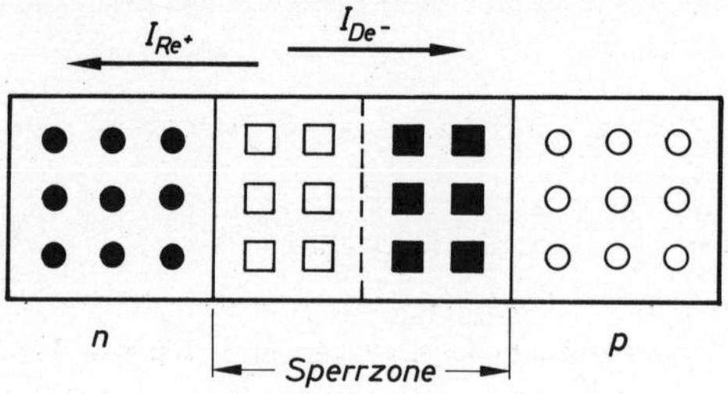

● = e^- ■ = *Anionen* I_{De^-} = *Diffusionsstrom der* e^-

○ = e^+ □ = *Kationen* I_{Re^+} = *Rückstoßstrom der* e^+

Der Diffusionsstrom I_{De-} treibt die e^- von links nach rechts. Beim Grenzübertritt vom n- in das p-Gebiet stoßen sie auf die in der Sperrzone verankerten Anionen (−) und werden von diesen zurückgestoßen. Es entsteht ein Gleichgewicht zwischen dem Diffusions- und dem Rückstoßstrom, auch Feldstrom genannt:

$I_{De-} \rightleftharpoons I_{Re-}$

Analog verhalten sich die Löcher e^+ in umgekehrter Richtung:

$I_{Re+} \rightleftharpoons I_{De+}$

5.5–5 Die Diffusionsspannung $U_{Diff.}$ ist proportional dem Konzentrationsgefälle der Ladungsträger und somit der Anzahl N der Ladungsträger e^+ und e^-. Da mit steigender Temperatur eine wachsende Zahl von A_D bzw. A_A ionisiert wird, steigt auch das Konzentrationsgefälle zwischen ne^+ und ne^- und somit die Diffusionsspannung $U_{Diff.}$.

5.5–6

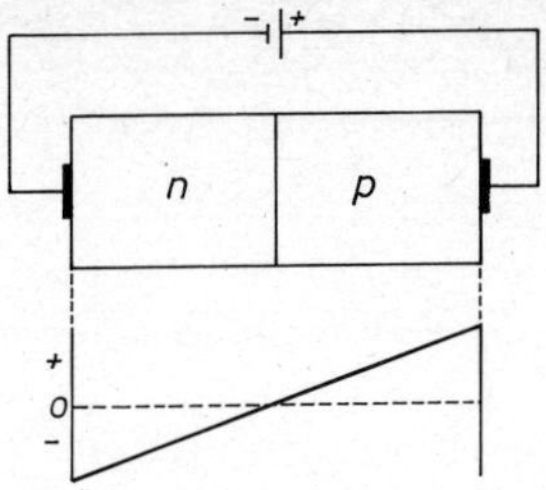

5.5–7 Ein in Sperrichtung angelegtes Potential saugt freie Ladungsträger e^- und e^+ zu den Elektroden ab; dadurch entstehen am pn-Übergang ladungsfreie bzw. ladungsverarmte, hochohmige Sperrschichten.

5.5–8 Der Avalanche-Durchbruch wird in der Sperrzone durch Stoßionisation hervorgerufen. Hierbei wird die Sperrzone durch Energieaufnahme (Wärme, Licht) und ein elektrisches Feld E hoch belastet. Meistens ist der Avalanche-Durchbruch ein reversibler Vorgang, wenn nicht durch ein zu großes ΔW die Kristallstruktur zerstört wird.

5.5–9 Durch einen in Reihe geschalteten Widerstand.

5.5–10 Emitter E, Basis B, Kollektor C.

5.5–11 Bei einer Spannung U_{CE} von 30 V fließt ein Basisstrom von 70 mA, der einen Kollektorstrom I_C von 2 A erzeugt.

5.5–12 $+\Delta T \rightarrow$ Entstehung von Generationen $\triangleq > (e^- + e^+) \rightarrow$ Erniedrigung von $R \rightarrow$ Erhöhung von I_{Diff}.

5.5–13
a) Nein! Die Photonen besitzen unterschiedliche Energien.
b) Die Lichtenergie steigt mit fallender Wellenlänge.
c) Der Impuls eines Körpers ist das Produkt seiner Masse und Geschwindigkeit. Der Impuls eines Photons errechnet sich aus den Gln. (5–19) und (5–20) zu $p_F = h/\lambda$; (h = Plancksches Wirkungsquantum, λ = Wellenlänge).

5.5–14
a) Man unterscheidet äußere und innere Fotoeffekte.
b) Ein äußerer Lichteffekt entsteht, wenn die eingestrahlte Lichtenergie wieder emittiert wird, ein innerer Lichteffekt, wenn die eingestrahlte Energie vom Werkstoff absorbiert wird.

5.5–15 Lichtschranken, Flammenüberwachung, Leuchtdioden oder -transistoren, Laser, Solarzellen.

5.5–16
a) Die unterschiedlichen Leuchtfarben beruhen auf unterschiedlichen Wellenlängen der abgestrahlten Photonen.
b) Die Mehrzahl der Leuchtdioden besteht aus binären und ternären Galliumverbindungen mit As, P, Al.

5.5–17 Der Infrarotstrahler strahlt unsichtbare, langwellige Strahlen ab.

5.5–18 Eine lange Lebensdauer ist erwünscht, damit die e^- durch Energieaufnahme in das Leitungsband gehoben und beim Rücksprung diese Energie als Photonen abstrahlen können.

5.5–19 Laserimpulse werden mit Frequenzen von 10^6 bis $10^9 \cdot s^{-1}$ abgestrahlt.

5.6–1 E-Cu verformt sich bereits plastisch bei kleiner Belastung im Gegensatz zu Cu Be 1.

5.6–2 Ein Heißleiter besteht aus einem heterogenen Kristallgemisch von Nichtleitern mit unzähligen pn-Übergängen, meistens aus $FeOTiO_2$-Kristallen.

5.6–3 Bei kleinen Strömen bleibt der Heißleiter kalt und gehorcht dem Ohm'schen Gesetz. Bei größerem Stromfluß erwärmen sich die Kristalle (Eigenerwärmung); es kommt zur Generation, wobei R und U fallen.

5.6–4 Die Spannung U ist die unabhängige, R die abhängige Variable. $R = f(U)$ entspricht $y = f(x)$.

Man trägt in der Regel die unabhängige Variable auf der Abszisse, die abhängige auf der Ordinate auf.

Zweckmäßig bezieht man den veränderten Widerstand R auf den Ausgangswiderstand R_0 und trägt den Quotienten R/R_0 auf der Ordinate auf. Man erhält dabei nachstehendes Bild.

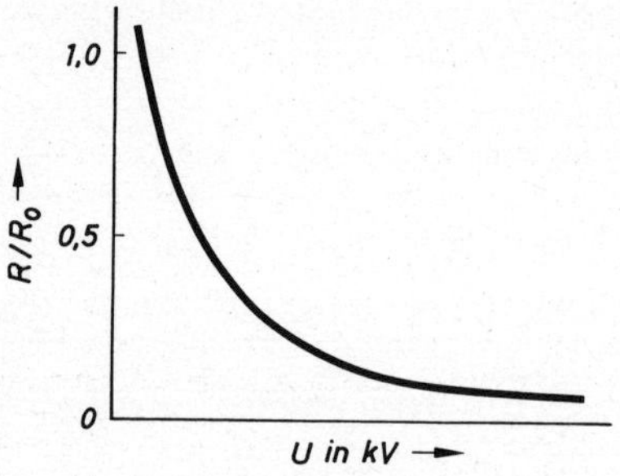

5.6–5 a) $U_H \sim \frac{1}{d}$; d. h. die Hallspannung ist der Dicke der Hallsonde umgekehrt proportional.

b) Zur Vermeidung thermisch ausgelöster Generationen mit der Folge eines verkleinerten Widerstandes der Hallsonde.

c) Die Kühlung der Spule bewirkt die Supraleitung mit der Folge eines extrem hohen Magnetfeldes.

5.6–6 Die Ausgangswiderstände betragen:
Werkstoff 1 $\varrho_0 = 50\,\mu\Omega \cdot m$
Werkstoff 2 $\varrho_0 = 20\,\mu\Omega \cdot m$
Werkstoff 3 $\varrho_0 = 12{,}5\,\mu\Omega \cdot m$
R_B steigt quadratisch, so daß die Kurven mit den höheren Widerständen über den mit den kleineren Widerständen liegen.

5.6–7 Sie finden die verlangten Kennlinien für
Heißleiter im Bild 5.6–6,
Kaltleiter im Bild 5.6–13,
VDR-Widerstand in Bild 5.6–8.

5.7–1 Der Ausgangsstoff muß einen hohen Reinheitsgrad besitzen, um Störeffekte auszuschalten.

5.7–2 Durch Zonenschmelzen, bei dem sich Zusatzstoffe mit niedrigeren bzw. höheren Erstarrungstemperaturen als der HL an den Probenenden ansammeln und nach dem Erkalten abgetrennt werden.

5.7–3 Korngrenzen behindern den Strom der Ladungsträger.

5.7–4 Das Edelgas Argon Ar schützt Si und Ge bei der benötigten hohen Verarbeitungstemperatur vor Oxidation.

5.7–5 Das Si-Isotop besitzt 30 Nukleonen und $14\,e^-$.
Das Element P besitzt 31 Nukleonen und $15\ e^-$.
Erhält das Si-Isotop ein zusätzliches Nuklid, erhält es die MZ 31 $\rightarrow P + e^- \rightarrow P\ {}^{31}_{15}\mathrm{P}$.

5.7–6 Nur bedingt und schwierig! Die Schmelzpunkte von Si und Ge haben mit 1444°C und 936°C eine beträchtliche Differenz. Die örtliche Erwärmung des Si-Kristalls durch das flüssige Indium ist für einen Diffusionsvorgang nur bei Erwärmung des Systems ausreichend.

5.7–7 a) Die Donatoratome sind im Gitter des HL ganz gleichmäßig verteilt; man erzielt diesen Konzentrationsausgleich durch eine ausreichende Diffusionszeit und -temperatur.
b)

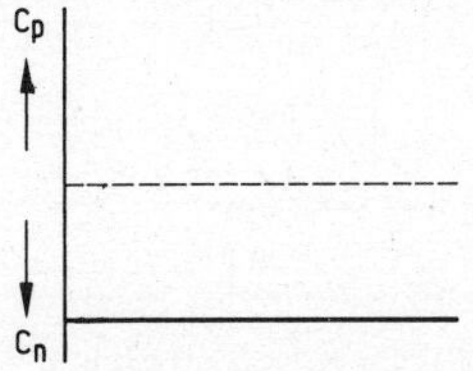

5.7–8
1. Plane (ebene) Si-Scheiben werden in der Wärme mit O_2 zu SiO_2 oxidiert; Siliziumdioxid ist mechanisch hart und chemisch beständig.
2. Die Oxidschicht wird mit einem lichtempfindlichen Lack überzogen.
3. Auf die lackierte Oberfläche wird eine Maske gelegt, die mit genau bemaßten Öffnungen versehen ist.
4. Die so präparierte Scheibe wird belichtet.
5. Die belichteten Scheibenstellen werden durch ein chemisches Bad vom Lack befreit und darauf die darunter befindliche Oxidschicht in einem Flußsäurebad aufgelöst.
6. In die freigelegten Si-Kristallstellen werden gasförmige Donator- oder Akzeptoratome bei ca. 1000°C eindiffundiert.
7. = 1. Die Scheibenoberflächen werden zu SiO_2 oxidiert.
   Die Arbeitsfolgen 2 bis 7 werden (mehrmals) wiederholt.
   Die Masken werden ebenfalls nach einem fotophysikalischen Verfahren mit genauesten Maßen hergestellt.

6.1–1 ① $= \mathrm{A \cdot s \cdot m^{-2}}$; ② $= \mathrm{V \cdot s \cdot A^{-1} \cdot m^{-1}}$; ③ $= \mathrm{A \cdot s \cdot m^{-2}}$; ④ $= \chi_m = \mu_r - 1$.

6.1–2
$$(\varepsilon_0 \cdot \mu_0)^{-\frac{1}{2}} = \frac{1}{\sqrt{8{,}85 \cdot 10^{-12}\,\mathrm{A \cdot s \cdot V^{-1} m^{-1}} \cdot 1{,}257 \cdot 10^{-6}\,\mathrm{V \cdot s \cdot A^{-1} \cdot m^{-1}}}}$$
$$= \frac{1}{\sqrt{11{,}12 \cdot 10^{-18}\,\mathrm{s^2 \cdot m^{-2}}}}$$
$$= \frac{1}{3{,}34 \cdot 10^{-9}\,\mathrm{s \cdot m^{-1}}} = 0{,}2998 \cdot 10^9\,\mathrm{m \cdot s^{-1}}$$
$$(\varepsilon_0 \cdot \mu_0)^{-\frac{1}{2}} = 299\,800\,\mathrm{km \cdot s^{-1}} \text{ (= Lichtgeschwindigkeit)}$$

6.2–1 $J = \text{N} \cdot \text{m}$; $T = \text{V} \cdot \text{s/m}^2$; $J \cdot T^{-1} = \text{N} \cdot \text{m} \cdot \text{m}^2/(\text{V} \cdot \text{s}) = \text{W} \cdot \text{s} \cdot \text{m}^2/(\text{V} \cdot \text{s}) = \text{W} \cdot \text{m}^2/\text{V} = \text{A} \cdot \text{m}^2$.

6.2–2 Nein! Sie können die Bedingung 2 von Seite 248 nicht erfüllen.

6.2–3 a) Permeabilitätszahl μ_r;
b) magnetische Suszeptibilität χ_m; Zahlen in Tabelle 6.2–1

6.2–4 a) Ferr**o**magnetisch sind metallische Werkstoffe; ihre magnetische Dipole sind in den Weiß-'schen Bezirken parallel ausgerichtet und verstärken sich deshalb.
b) Ferr**i**magnetisch sind Oxidmagnete (Ferrite). Hier sind die atomaren Magnetmomente unterschiedlich groß, aber antiparallel ausgerichtet; es bleibt eine Differenz als Gesamtmoment.

6.2–5 Keine! Die atomaren (kinetischen) Energien sind so groß, daß sie jede magnetische Orientierung unterbinden.

6.2–6 $B = \mu \cdot H$; $\text{Vs/m}^2 = \text{Vs/(Am)} \cdot \text{A/m}$

6.2–7 a) $P_{el} = D - D_0 = \varepsilon_0 \cdot E\,(\varepsilon_r - 1) = \chi_{el} \cdot \varepsilon_0 \cdot E$ in As/m^2.
b) $P_{magn} = J = B - B_0 = \mu_0 \cdot H\,(\mu_r - 1) = \chi_m \cdot \mu_0 \cdot H$ in Vs/m^2.

6.2–8 Ferromagnetika (Metalle) erreichen eine höhere Flußdichte als Ferrimagnetika (Ferrite), weil ihre atomaren Magnetelemente parallel ausgerichtet werden, im Gegensatz zu den antiparallel ausgerichteten bei Ferriten.

6.3–1 a) Klappvorgänge um 180° ≙ Verschiebung der Blochwand.
b) Drehvorgänge $< 90°$ in Feldrichtung.

6.3–2 Ja! Meteoreisen und Oxidmagnete.
Aus der Polrichtung kann man die Richtung des Erdfeldes zur Zeit der Polarisation dieser Stoffe bei der Abkühlung erkennen. Die Polarisation war bei den Stoffen irreversibel (Hartmagnete).

6.3–3 J_S ist die Sättigungspolarisation in $\text{T} = \text{Vs}\,\text{m}^{-2}$. Bei diesem Punkt sind die Klapp- und Drehvorgänge im Magnetstoff beendet; eine Erhöhung von H bleibt im Werkstoff ohne Wirkung.

6.3–4 Kristalle mit ungestörtem Gitter lassen sich leicht polarisieren und entpolarisieren (Weichmagnete). Das Gegenteil ist bei Hartmagneten der Fall.

6.3–5 Reversibel ≙ umkehrbar ≙ ungestörtes Gitter ≙ weichmagnetisch.
Irreversibel ≙ nicht umkehrbar ≙ gestörtes Gitter ≙ hartmagnetisch.

6.4–1 Ein Vakuum und trockene Luft werden im magnetischen Feld nicht polarisiert; diamagnetische Stoffe schwächen das Feld, wodurch sich eine negative Magnetisierung ergibt; bei ferromagnetischen Stoffen mit gleichgerichteten Spin- und Umlaufmomenten stellt sich eine Polarisierung in Feldrichtung ein.

6.4–2 Nein! Bild 6.4–2 zeigt dies.

6.4–3 Permeabilität $\mu = \mu_0 \cdot \mu_r$ in Vs/Am.

6.4–4 a) Koerzitivfeldstärke H_c in $\text{A}\,\text{m}^{-1}$;
b) Remanenz B_r in $\text{Vs}\,\text{m}^{-2}$.

6.4–5 J_S = magnetische Sättigungspolarisation in T.

6.4–6 Ja.

6.4–7 H_c entpolarisiert den Magnetwerkstoff, in dem irreversible Dreh- und Klappvorgänge rückgängig gemacht werden.

6.4–8 Bei der Scherung wird der Einfluß von Luftspalten auf die Hysteresekurve festgestellt.

6.4–9 Der doppelt-logarithmische Maßstab erfaßt kleinste und größte Meßwerte.

6.4–10 μ_r ist dimensionslos.

6.4–11 Nein!

6.4–12 Von H.

6.4–13 a) Die Anfangspermeabilität μ_a;
b) Permeabilitäten bei geringem H, z. B. $\mu_4 \triangleq$ bei $0{,}4\,\mathrm{A\,m^{-1}}$ gemessen;
c) die maximale Permeabilität μ_{max}.

6.4–14

	P_1	P_2	E
B	5 mT	1 T	$\mathrm{V \cdot s \cdot m^{-2}}$
u_r	10^4	$5 \cdot 10^4$	–
$H = \dfrac{B}{\mu_0 \mu_r}$	$= \dfrac{0{,}005}{1{,}257 \cdot 10^{-6} \cdot 10^4}$	$= \dfrac{1}{1{,}257 \cdot 10^{-6} \cdot 5 \cdot 10^4}$	$\dfrac{\mathrm{V \cdot s \cdot m^{-2}}}{\mathrm{V \cdot s \cdot A^{-1} \cdot m^{-1}}}$
H	$= 0{,}398 \approx 0{,}4$	15,9	$\mathrm{A\,m^{-1}}$

6.4–15 Nach Bild 6.4–11 ist $\mu = \dfrac{\Delta B}{\Delta H} = \tan \alpha$;

$\mu_{max} = \tan \alpha_{max}$, d. h., der Punkt auf der Hysteresekurve, wo diese den steilsten Anstieg hat.

6.4–16 a) Eine große μ_r-Zahl bedeutet eine große Ansaugfähigkeit für magnetische Feldlinien, d. h. eine große magnetische Wirkung bei kleiner Felderregung; dies ist wichtig bei Regel-, Meß- und Steuervorgängen bei kleinsten Feldstärken (Weichmagnete!).
b) Eine kleine μ_r-Zahl besagt, daß der Einfluß von H auf B gering ist; dies ist bei Hartmagneten gegeben.

6.4–17 Weichmagnete erreichen μ_r-Zahlen bis etwa 10^6.

6.4–18 a) Für einen Weichmagnet: Bild 6.4–15 (4);
b) für Luft: Bild 6.4–15 (1).

6.4–19 $\mu_r = 3{,}5$; $\mu_0 = 1{,}257 \cdot 10^{-6}\,\mathrm{V \cdot s \cdot A^{-1} \cdot m^{-1}}$; $H = 0{,}4\,\mathrm{A \cdot m^{-1}}$
$B = \mu_0 \cdot \mu_r \cdot H = 1{,}257 \cdot 10^{-6}\,\mathrm{V \cdot s \cdot A^{-1} \cdot m^{-1}} \cdot 3{,}5 \cdot 0{,}4\,\mathrm{A \cdot m^{-1}}$
$= 1{,}76 \cdot 10^{-6}\,\mathrm{V \cdot s \cdot m^{-2}} = 1{,}76\,\mu\mathrm{T}$

6.4–20 a) Rechteckschleifen nach Bild 6.4–16 ergeben sich bei anisotropen Texturblechen und Ferriten mit magnetischen Vorzugsrichtungen.

b) Für Datenspeicher, Magnetbänder, Nachrichtentechnik.

6.5–1 Die Koerzitivfeldstärke H_c in $A \cdot m^{-1}$.
H_c bei Weichmagneten $< 10^3\,A \cdot m^{-1}$;
H_c bei Hartmagneten $> 10^4\,A \cdot m^{-1}$.

6.5–2 Der Hystereseverlust H_H läßt sich nach Gl. (6–24) bestimmen:

$$V_H \approx \frac{H_e \cdot B_{max}}{\varrho_D \cdot t} \cdot 2 \cdot 10^{-4} \text{ in } \frac{A \cdot m^{-1} \cdot V \cdot s \cdot m^{-2}}{kg \cdot m^{-3} \cdot s} = W/kg$$

$B_{max} = B_s$

$$V_H = \frac{15 \cdot 0{,}8}{0{,}0075} \cdot 2 \cdot 10^{-4} = 0{,}320\,W/kg$$

6.5–3 Nein! Bei der hohen elektrischen Leitfähigkeit von Reineisen entstehen hohe Wirbelstromverluste V_W in W/kg.

6.5–4 Geschichtete, unisolierte Bleche verhalten sich wie Kompaktwerkstoffe; diese lassen hohe Wirbelströme zu. In dünnen Lamellen treten weniger Wirbelströme auf als in dickeren Blechen und Kompaktwerkstoffen.

6.5–5 $V_1 \triangleq$ Verlust bei einer Flußdichte von 1 T, gemessen in W/kg bei 50 Hz.

6.5–6 Infolge magnetostriktiver Schwingungen der Eisenbleche, welche die Luft in Schwingungen setzen, meistens 50 Hz.

6.5–7 Nach Gl. (6–25) wirken sich aus:

Flußdichte B	in der 2. Potenz
Frequenz f	in der 2. Potenz
Blechdicke d	in der 2. Potenz
spez. el. Leitfähigkeit $\varkappa$	in der 1. Potenz
Dichte ϱ_D	in der 1. Potenz reziprok

6.5–8 a) Erhöhung von ϱ durch Verwendung von Si- oder Ni-haltigen E-Blechen;
b) Lamellierung des Eisenkerns;
c) Verwendung von Massekernen oder Ferriten mit hohem ϱ in $\Omega \cdot m$.

6.5–9 Ja! Aber die Steilabfälle liegen bei höheren Temperaturen entsprechend der höheren Curietemperatur von Fe gegenüber Ferriten.

6.5–10 Zur Vermeidung bzw. Verminderung von V_W.

6.5–11 Die Spulengüte $Q = \frac{X_L}{R} = \frac{50}{1} = 50$.

6.5–12 R_{Cu} = Widerstand der Spulenwicklung in Ω,
R_{Fe} = Widerstand des Kerneisens in Ω.

6.5–13 $0{,}4\,V \cdot s/m^2 \cdot 0{,}480 \cdot 10^6\,A/m$
$= 0{,}192 \cdot 10^6\,W \cdot s/m^3$
$= 192\,kJ/m^3$

6.5–14 Nein! Die Permeabilität ist bei Dauermagneten bedeutungslos.

6.6–1 0,5 mm kaltgewalztes, nicht kornorientiertes E-Blech mit einer Verlustleistung von 2,7 W/kg bei 1 T.

6.6–2 a) Ein Si-Zusatz erhöht den Widerstand von Fe;
b) Er ist mit ca. 4.4% begrenzt, weil sonst die Bleche zu stark verspröden und sich nicht mehr stanzen lassen.

6.6–3 Ein Ni-Zusatz zum Fe macht dieses hochpermeabel und hochohmig.

6.6–4 Durch Zusatz von Co werden die B_S-Werte bis auf 2,4 T erhöht.

6.6–5 a) Durch extrem hohe Abkühlungsgeschwindigkeit;
b) In Band- und Folienform.
c) Sie besitzen hohe Abschirmfähigkeit, sind flexibel, hochpermeabel und von hoher konstruktiver Festigkeit bei niedrigen Hystereseverlusten.
d) Für Schaltnetzteile mit hoher Frequenz, magnetostriktive Bauelemente, flexible Magnetschirme.

6.7–1 a) 1. Zahl = max. Energieprodukt in kJ/m^3;
2. Zahl = 1/10 der Koerzitivfeldstärke in kA/m.
b) Es sind die maßgeblichen Kenngrößen für die Beurteilung von Dauermagneten.

6.7–2 Ja! Die Sorte CoVCr.

6.7–3 Die Curietemperatur T_C, oberhalb der der Werkstoff nur noch paramagnetisch ist.

6.7–4 Sintern.

6.7–5 Bariumoxid + Eisenoxid. Name: Bariumferrite.

6.7–6 Die Curietemperatur liegt bei Ferriten niedriger als bei Metallmagneten; oberhalb 300°C beträgt die „Magnetkraft" nur noch die Hälfte der ursprünglichen.

6.7–7 1. Nach der Technologie: Sinter-/Spritzferrite;
2. nach der Struktur: isotrop, anisotrop, mit Bindemitteln.

6.7–8 1. Vorteile: preisgünstiger, oberflächenglatter, kantenschärfer, maßgenauer, leichter, höhere H_C-Werte.
2. Nachteile: temperaturempfindlicher, kleineres Energieprodukt.

6.7–9 200 kJ/m^3 (Seltenerd-Kobalt)

6.7–10 Ja! Ferrite mit Kunstharzbindemitteln sind bleibend umformbar.

6.7–11 Ja! Es gibt hartmagnetische Bandmagnete aus Fe Co V Cr.

7.1–1 Temperatur, Feuchtigkeit, chemische Reaktionen, Frequenz.

7.1–2 ϱ_D in $\Omega \cdot m$; R_O in Ω.

7.1–3 $R_D > R_O$, weil die Oberfläche eines Isolators den Umwelteinflüssen stärker ausgesetzt ist als das Innere.

7.1–4 R_O; R_S; R_D.

7.1–5 Ja! Darum müssen sie geprüft werden. Auf die elektrostatische Anziehung von Stäuben muß man achten.

7.1–6 Unglasierte Keramiken sind oberflächenrauher als glasierte; darum haftet Schmutz besser und verursacht leichter Kriechströme.

7.1–7 E_D ist keine konstante Werkstoffgröße; sie ist eine Funktion der Schichtstärke, der Feuchtigkeit, der Frequenz und der Stehdauer der angelegten Spannung.

7.1–8 a) > 100 kV/mm; b) ≈ 20 kV/mm.

7.1–9 a) Elektronen-Polarisation
b) Elektronen- und Ionen-Polarisation
c) Elektronen- und Dipol-Polarisation
d) Elektronen-Polarisation
e) Elektronen-Polarisation

7.1–10 a) J in V · s/m² = T
b) P in A · s/m² = C/m²

7.1–11 a) Reversible Verschiebung,
b) nur teilweise reversible Drehung.

7.1–12 $\mu = \mu_0 \mu_r$ (Permeabilität) in V · s/(A · m) = H/m

7.1–13 Ferroelektrika, in Sonderfällen Elektrete.

7.1–14 $\frac{C_1}{C_2} = \frac{\varepsilon_{r1}}{\varepsilon_{r2}}$

7.1–15 ε_r ist der Verstärkungsfaktor der Polarisation eines Dielektrikums gegenüber dem Vakuum oder trockener Luft.

$$\varepsilon_r = \frac{C_S}{C_O}$$

C_S = Stoffkapazität

C_O = Luftkapazität

7.1–16 a) ε_r niedrig < 10
b) ε_r mittel ≈ 10 bis 100
c) ε_r hoch $\gg 10^2$

7.1–17 a) Q (in A · s) = C (in A · s/V) · U (in V) (1)

Grundgleichung des Kondensators!

$Q = Q_1 = Q_2 =$ konstant; $\varepsilon_{r1} = 1$ (2)

$$\frac{U_1}{U_2} = \frac{C_2}{C_1} = \frac{\varepsilon_{r2}}{\varepsilon_{r1}} = \frac{12}{4}; \quad \varepsilon_{r2} = 3 \qquad (1+2)$$

b) Ein unpolarer Kunststoff oder Papier.

7.1–18 Der $\tan\delta = \tan(90 - \varphi) = d$ ist das Verhältnis des Wirkstromes I_W zum Blindstrom I_b in einem Kondensator.

7.1–19 Der Gütewert oder der Gütefaktor Q eines Dielektrikums ist der Kehrwert des Verlustfaktors d;

$$Q = \frac{1}{d}.$$

7.1–20 Nach Tabelle 7.1–8 hat PTFE den kleinsten dielektrischen Verlustfaktor d ($\tan\delta$) von 0,0005; somit ist der Kehrwert = die Gütezahl $Q = 2000$.

7.1–21 Nein! Beide Zahlenwerte sind temperatur- und frequenzabhängig.

7.1–22 Nach Gl. (7–15) ist $Q_V \sim \omega$; also sind die dielektrischen Verluste frequenzabhängig und bei HF sehr groß.

7.1–23 $\varepsilon'' = \varepsilon_r \cdot \tan\delta = 2{,}7 \cdot 0{,}02 = 0{,}054$.

7.1–24 Die Kunststoffe = organischer Nichtleiter.

7.1–25 Nach Tabelle 7.1–9 ist ($TC_L = \alpha$)

$\alpha_{PE} = 20 \cdot 10^{-5}\,K^{-1}$, $\alpha_{SiO_2} = 0{,}1 \cdot 10^{-5}\,K^{-1}$

$\Delta T = (150 + 15)\,K = 165\,K$

a) Für PE: $\Delta L = 165\,K \cdot 800\,mm \cdot 20 \cdot 10^{-5}\,K^{-1}$

$\Delta L = 26{,}4\,mm \mathrel{\hat=} 3{,}3\%$

Für SiO_2: $\Delta L = 165\,K \cdot 800\,mm \cdot 10^{-6}\,K^{-1}$

$\Delta L = 0{,}132\,mm = 0{,}0165\%$

b) ΔL_{PE}: $\Delta L_{SiO_2} = 20 \cdot 10^{-5}\,K : 10^{-6}\,K = 200:1$

Der Faktor ist 200.

7.1–26 a) Organische Kunststoffe;

b) Prüfverfahren nach Vicat, ISO/R 75 und Martens.

7.1–27 Bei beiden Eigenschaften soll die Strukturbeständigkeit geprüft werden, bei der Wärmebeständigkeit gegen eine Temperaturerhöhung, bei der Glutbeständigkeit gegen die Berührung mit glühendem Draht.

7.1–28 Die Kunststoffe haben

a) eine geringere Formsteifigkeit (E-Modul),

b) geringere Belastbarkeit (σ_z; σ_d; σ_b),

c) geringere Kriechfestigkeit,

d) geringere Warmfestigkeit.

7.1–29 Durch Verstärkungseinlagen, z. B. durch Glas-, Stoff-, Metallgewebe und Kohlefasern.

7.1–30 Nein! Die meisten Kunststoffe werden in der Kälte spröde wie Glas.

7.1–31 Ja, mit kleinen Abweichungen.

7.1–32 Es dürfen keine wasseraufnahmefähigen Isolierstoffe benutzt werden, denn Wasser enthält den elektrischen Strom leitende Ionen.

7.2–1 a) Organische Stoffe enthalten brennbare C- und H-Atome.

b) Anorganische Stoffe bestehen aus Oxiden und sind nicht brennbar.

7.2–2 Die ε_r-Zahl von Glimmer ist mit ≈ 8 ziemlich groß; Glimmer ist ein Urmineral mit Ionenbindungen. Vermutlich daher Ionenpolarisation!

7.2–3 Quarzgläser wegen ihres kleinen TC_L.

7.3–1 Vorzüge sind: geringeres Gewicht, kleinere Durchmesser, potential- und störungsfrei, abhör- und explosionssicher, höhere Übertragungsgeschwindigkeit und -kapazität, preisgünstiger.

7.3–2 5 µs, das entspricht einer Signalgeschwindigkeit von 200 km/s.

7.3–3 Im Ortsbereich ca. 35 Mbit/s

7.3–4 Durch eine schichtweise Dotierung in sog. Gradientenfasern

7.3–5 Die Anschlüsse von dünnen Glasfasern mit dem vorgeschriebenen Einfallswinkel des Lichtstrahls (Akzeptanzwinkel) und ihre Prüfung erfordern eine optische Vergrößerung.

7.3–6 a) $M = 10^{-\frac{0,14}{20}} = 0,98 \triangleq 98\%$.
b) $M = 10^{-\frac{01}{20}} = 0,9885 \triangleq 98,85\%$.

7.4–1 Keramika sind durch Sintern erzeugte, hart-spröde, oxidische Nichtleiter mit z. T. kristalliner, z. T. amorpher Struktur.

7.4–2 Nach ihrer chemischen Zusammensetzung; diese gibt zugleich Hinweise auf die Eigenschaften, insbesondere auf die Temperaturfestigkeit und die ε_r-Zahlen.

7.4–3 Quarzsand, Tone, Al- und Mg-Silikate.

7.4–4 $C \sim \varepsilon_r \cdot A$.

7.4–5 Gruppe 200, weil ε_r wenig temperaturabhängig ist.

7.4–6 Gruppe 500, 600, 700.

7.4–7 ϱ_D (R) ist bei Glas stärker temperaturabhängig als bei Keramik.

7.4–8 Nein! Oxide können nicht brennen.

7.4–9 Ja! Asbestersatz, evtl. auch Glas- oder Schlackenwolle.

7.4–10 Mindestens bis 500 °C; der Widerstand fällt mit erhöhter Temperatur.

7.4–11 Zur Verminderung der Wasseraufnahmefähigkeit und der Oberflächenrauhigkeit (Kriechströme!).

7.4–12 Ist nicht möglich.

7.4–13 HDK = hochdielektrische Keramik, $\varepsilon_r > 500$

7.4–14 Ferroelektrika sind keramische Stoffe mit molekularen Dipolen. Sie können hohe elektrische Flußdichten erhalten, ihre ε_r-Zahlen erreichen $\leq 10^4$.

7.4–15 Beide Werkstoffgruppen besitzen in Weiß'schen Bezirken miteinander gekoppelte molekulare Dipole; diese vollziehen unter Feldeinfluß z. T. irreversible Drehprozesse, die eine Hysterese-Schleife im Wechselfeld ergeben.

7.4–16 Rutil, Bariumtitanat $BaTiO_3$.

7.4–17 Unterhalb der Curietemperatur sind die Drehprozesse z. T. irreversibel; oberhalb sind sie völlig reversibel infolge der kinetischen Energie der molekularen Dipole.

7.5–1 C.-Kunststoffe (C ≙ Cellulose).

7.5–2 Mono ≙ Ein (Einzel); poly ≙ viel (Vielzahl); Mer ≙ Molekül einer organischen Verbindung.

7.5–3 Durch Kalandrieren (Walzen) oder Blasen (Luftballon!).

7.5–4 Im Vergleich zu Metallen sind Kunststoffe
1. konstruktiv weniger belastbar, besonders in Wärme und Kälte,
2. Isolatoren bzw. Dielektrika,
3. strukturell amorph bzw. teilkristallin und isotrop bzw. quasiisotrop.

7.5–5 Immer C in Verbindung mit 1, 2 oder 3 anderen Elementen wie H, Cl, F, N, O.

7.5–6 Duromere Kunststoffe sind im Gegensatz zu thermoplastischen vernetzt. Thermoplaste erweichen in der Wärme, manche bereits unterhalb 100°C. Duromere behalten ihre Formsteifigkeit bis zur Zerstörungstemperatur.

7.5–7 a) Schweißverfahren (z. B. HF-Schweißen) bzw. Klebeverfahren.
b) Thermoplaste,
c) polarer Kunststoff mit $\varepsilon_r > 5$.

7.5–8 Ja!

7.5–9 P = Poly = Viel(e) (Moleküle).

7.5–10 AME = Atommasseneinheit u.

7.5–11 Nein! Duromere bleiben in der Wärme formsteif.

7.5–12 Die Wöhlerkurve (s. Bild 3–24) gibt Werte für die Dauer-Wechselfestigkeit.

7.5–13 Der Name Schichtstoff bezeichnet die geschichtete oder lagenweise Grobstruktur des Kunststoffes. Liegen die einzelnen Lagen nicht absolut dicht aufeinander, dann entstehen bei der Einwirkung eines elektrischen Feldes Glimmentladungen, die den Werkstoff schädigen. E_D muß bei mindestens 0,5stündiger Stehzeit geprüft werden.

7.5–14 Nein! Nach den Ausführungen in Lösung 7.5–13 sind Schichtstoffe nicht homogen.

7.5–15 Ja!

7.5–16 a) PF; b) P = Phenol; c) C-, H- und O-Atomen.

7.5–17 Brennt ein Kunststoff außerhalb der Flamme weiter, so besitzt er vorzugsweise CH-Gruppen; diese besitzen PE, PP, PS.
Verlöscht der Kunststoff außerhalb der Flamme, so hat er unbrennbare Halogenatome: F, Cl, oder viele Füll- oder Einlagestoffe wie PVC, PTFE und Duromere.
Riecht der entzündete Kunststoffe
nach Cl: ≙ PVC
nach F: = PTFE
süßlich: = UP, PS (siehe Tabelle 7.5–8)

7.5–18 Nach Tabelle 7.1–11 (WBK) können alle Isolationskunststoffe bis 90°C benutzt werden (WBK = Y).

7.5–19 Der wärmebeständigste Kunststoff ist PTFE, der bis 320°C einsetzbar ist.

7.5–20 Nein! Kunststoffe altern d. h. ihre Struktur und ihre Gebrauchseigenschaften ändern sich mit der Zeit und zwar um so schneller, je mehr sie erwärmt werden.

7.5–21 Weichmacher sind pulverförmige Zusätze zur Erhöhung innerer Gleitvorgänge im Kunststoff. Verstärker bewirken das Gegenteil; es sind metallische oder nichtmetallische Fäden oder Gewebe, die den Zusammenhalt der Moleküle erhöhen.

7.5–22 Jede Kunststoffsorte kann durch unterschiedliche Herstellungsverfahren und Zusätze verschiedene Werkstoffeigenschaften erhalten.

7.5–23 Nein! Es gibt (noch) keinen lichtbogenfesten Kunststoff außer den Silikonen.

7.5–24
a) z. B. PE, PS, PP;
b) z. B. PF, MF, UF.

7.5–25
a) Drahtlacke bestehen aus meistens mit Lösungsmitteln verdünnten Kunstharzen;
b) sie sind klassifiziert nach für die Verzinnung geeigneten, nach konstruktiv und thermisch hoch und höchst belastbaren Sorten;
c) die maximale Temperatur, bei der ein Material bei einer Dehnung von 3% bzw. bei einer Spannung von 2 kV nach jeweils 5000 h belastet werden kann.

7.5–26
a) Träufellacke dienen zur Isolierung von Motorwicklungen; sie erfolgt in der Wärme;
b) ihre Konsistenz ist die gleiche wie die von Drahtlacken.

7.5–27 Tränkharze dienen dem gleichen Zweck wie Träufellacke; die Isolierung wird im entlüfteten Behälter vorgenommen.

7.5–28
a) ϱ_D; E_D; ε_r.
b) Stock-, Flamm-, Brenn-, Entzündungspunkt ϑ(T) in °C (K); dynamische oder kinematische Viskosität, Neutralisations- und Verteerungszahl.

7.5–29 Als Trafo-, Kondensator-, Schalter- und Kabelöle.

7.5–30
a) Ja!
b) Chlophen.
c) Durch hohe ε_r-Zahlen; deshalb sind Chlophene als Dielektrika in Kondensatoren sehr geeignet.

7.5–31 Kunststoffe aus wasserabweisenden Silikonharzen, -fetten oder -ölen.

Lösung der Testaufgaben

Zu Kapitel 1

1.	D	9.	A	C	
2.	E	10.	B		
3.	F	11.	A		
4.	B	12.	C	E	
5.	E	13.	B		
6.	B	14.	B	C	
7.	B	15.	B	D	
8.	C				

Zu Kapitel 2

1.	D				
2.	D	G			
3.	D				
4.	A	B	C	D	E
5.	A	B	E		
6.	A	B	E		
7.	A	B	D		
8.	E				

9.	A:	Graphit, Zn
	B:	Ge, Si
	C:	α-Fe
	D:	Ag, Al, Cu, γ-Fe, Pt
	E:	Glas
10.	B C E	

Zu Kapitel 3

1. C D
2. B C
3. D
4. D
5. C
6. A
7. B C
8. D
9. B C
10. D E
11. D E
12. A D E
13. D E
14. B C
15. A B C
16. A B D
17. C D E
18. A
19. A B D E
20. C E
21. A E
22. B D
23. A B C D E
24. E
25. D
26. C
27. A
28. D

Zu Kapitel 4

1. B
2. D
3. B
4. B
5. E
6. C D E
7. A
8. C D
9. A (B)
10. D
11. E
12. E
13. C
14. D
15. D
16. B D F
17. C
18. D
19. D
20. D
21. A
22. D
23. C D
24. C
25. C D E
26. B
27. C
28. C
29. B
30. E

Zu Kapitel 5

1. D
2. B
3. A C D
4. B D E
5. C D
6. E
7. D
8. A C D E
9. D
10. A C
11. D
12. C E
13. C
14. B C D
15. B C D
16. A B C D E
17. C D
18. D
19. B E
20. E
21. B

Zu Kapitel 6

1. B
2. C
3. A
4. C D
5. E
6. A
7. C
8. A
9. E
10. A E
11. A C E
12. C
13. C D
14. D
15. A D
16. C
17. C D E
18. D
19. C
20. D
21. D
22. E
23. A C E

Zu Kapitel 7

1. D
2. C
3. B C E
4. B C D
5. A B
6. B D
7. C E
8. A B E
9. C D
10. C
11. D
12. A
13. B E
14. E
15. E
16. B C
17. A E
18. C
19. B
20. C D E
21. B

Benutzte Literatur

1. Zusammenfassende Werkstoffbücher der Elektrotechnik

Guillery, P., und Mitarbeiter: Werkstoffkunde für Elektroingenieure. Verlag Vieweg & Sohn, Braunschweig 1983.

Döring, E.: Werkstoffe der Elektrotechnik. Verlag Vieweg & Sohn, Braunschweig/Wiesbaden 1981.

Hahn/Munke, u. a.: Werkstoffe für die Elektrotechnik und Elektronik. VEB Verlag Technik, Berlin 1973.

Krause/Bergmann/Racho: Werkstoffe der Elektrotechnik und Elektronik. VEB Deutscher Verlag für Grundstoffindustrie, Leipzig 1973.

Müller/Steffen: Elektronik. Leipzig 1973.

v. Münch, E.: Werkstoffe der Elektrotechnik. Verlag B. G. Teubner, Stuttgart 1978.

Spickermann, D.: Werkstoffe und Bauelemente der Elektrotechnik und Elektronik. Vogel-Verlag, Coburg 1973.

Wijn/Dullenkopf: Werkstoffe der Elektrotechnik. Springer Verlag, Berlin/Heidelberg 1967.

2. DIN-Taschenbücher, Beuth-Verlag, Berlin/Köln/Frankfurt

Band 4 Werkstoffnormen, Teil A: Stahl und Eisen; Teil B: Nichteisenmetalle.

Band 18 Kunststoffe 1, Prüfnormen über mechanische, thermische und elektrische Eigenschaften.

Band 19 Materialprüfnormen über metallische Werkstoffe.

Band 48 Kunststoffe 2, Prüfnormen über chemische und optische Gebrauchs- und Verarbeitungseigenschaften.

3. Taschenbücher und Schriften von Verbänden und Vereinen

Aluminium-Zentrale, Düsseldorf: Aluminium-Taschenbuch.

Arbeitsgemeinschaft Deutsche Kunststoff-Industrie (AKI), Frankfurt: Schriften, Bildsammlungen.

Beratungsstelle für Stahlverwendung, Düsseldorf: Merkblätter.

Deutsche Gesellschaft für Metallkunde (VDM): Werkstoffhandbuch.

Deutsches Kupferinstitut, Berlin: Informationsdrucke.

Nickelinformationsbüro, Düsseldorf: Informationsschriften.

Taschenbuch der Chemie. H. Deutsch Verlag, Frankfurt 1970.

VDE-Bestimmungen, VDE-Düsseldorf.

Verein Deutsche Eisenhüttenleute (VDEh), Düsseldorf: Werkstoffhandbuch.

Verein Deutscher Ingenieure, Düsseldorf: VDI-Nachrichtenblatt.

4. Literatur über Chemie

Botsch/Höfling/Mauch: Chemie in Versuch, Theorie und Übung. Verlage Diesterweg/Salle/Sauerländer, Frankfurt/Berlin/Salzburg 1977.

Christen, H. R.: Allgemeine Chemie. Verlage Diesterweg/Salle/Sauerländer, Frankfurt/Berlin/Salzburg 1972.

Fleurke/Wolf: Kursthemen Chemie; allgemeine und physikalische Chemie. Dümmler-Verlag, Bonn 1983.

Schmidt/Buchmann, u. a.: Grundlagen der Chemie. Stam-Verlag, Porz 1984.

Seidel/Weller: Chemie. Deutsche Buchgemeinschaft 1970.

5. Literatur über Magnetwerkstoffe

Reichel, K.: Praktikum der Magnettechnik. Franzis-Verlag, München 1980.

6. Firmenschriften

AEG-Telefunken (*Saure*): Kunststoffe in der Elektrotechnik. 1979.

AEG-Telefunken: Halbleiter-Informationsdienst, Heilbronn.

BASF: Informationsschriften über Kunststoffe, Ludwigshafen 1980/85.

Bayer-Chemie: Informationsschriften. Leverkusen 1980/86.

Doduko (*Dürrwächter*): Datenbuch. Pforzheim 1974.

Felten & Guilleaume (*Weidhaas*): Einführung in die optische Nachrichtentechnik. Informationsschriften Philiphs, Köln. Draht 1981, Heft 4.

Farbwerke Hoechst: Kunststofferzeugnisse-Information. Höchst 1985.

Siemens (*Zeidler/Oestreich,* u. a.): Lichtwellen-Leiterkabel. 1985.

Siemens (*Spenker/Heywang*): Silicon – the Material of Electronics. 1981.

Siemens: ABC der Mikroelektronik. 1983.

Siemens (*Bohle/Hofmeister*): Halbleiterbauelemente für die Elektronik. 1980.

Telefunken: Halbleiter-Informationsdienst, Heilbronn 1985.

Telefunken (*Gillessen*): Trends bei LED's und Vergleich mit anderen Anzeigearten. Heilbronn 1984.

Vakuumschmelze (*Springer*): Technische Hochfeldsupraleiter. Draht 1983, Heft 4.

Vakuumschmelze (*Boll*): Weichmagnetische Werkstoffe. Hanau 1977.

Valvo: Datenbücher, Hamburg 1985.

Valvo: Elektronische Displays, 1984.

Bildquellennachweis

Lichtbilder stellten freundlicherweise zur Verfügung:

Aluminium-Zentrale, Düsseldorf

BASF AG, Ludwigshafen

Bayer AG, Leverkusen

Bergische Stahlindustrie, Remscheid

Deutsches Kupferinstitut, Berlin

Friedrich Krupp GmbH, Forschungsinstitut, Essen

Friedrich Krupp, Hüttenwerke AG, Essen

Max Planck Institut, Stuttgart

Merck, Darmstadt

Philips Kommunikations Industrie AG, F & G, Köln

Schule für Elektrotechnik, Essen

Siemens AG

Telefunken electronic GmbH, Heilbronn

Sachwortverzeichnis

Abgleiten von Kristallflächen 87
Abkühlungskurven von
– amorphen Stoffen 89
– Legierungen 101, 102, 104
– Reineisen 137
– Reinmetallen 89, 101, 102
Abschirmung, magnetische 277
Abschreckhärten von
– Metallen 153
– Stahl 141
Aggregatzustand 20, 89
Akkumulator, Pb; Ni/Cd 37, 47 f.
Aktivierungsenergie (Reaktion) 62
Akzeptor 23, 200
Aldehyd 74
Aldry 167, 174
alizyklische Verbindung 72
Alkane 67
Alkalimetalle 27
Alkene 67
Alkine 67
Alkohol 74
Alnico (Al Ni Co) 279 f.
Altern 224, 291, 313, 331, 340
Aluminium 23, 47, 81, 83, 86, 88, 95
–, Elektrolyse (z. Gewinnung) 44
–, Kontaktelement 49
–, Legierungen 106, 151, 154, 174
–, Leiterwerkstoff 121, 152, 173
–, Leitlegierung 174
Aluminiumchlorid 43
Aluminiumoxid (Tonerde) 34, 43, 60 f., 326
Aluminiumsilikat 326
Aluminiumverbindung, intermetallische 107
Amin 74, 76
Aminoharz 338
Aminosäure 74
Ammoniak 53, 56, 71, 149
Ammoniumhydroxid 53
Ammonium(salze) 53 f., 65
amorph 78, 341 f.
Amorphmetalle 277 ff.
Anfangspermeabilität 261
Anion 38, 39
Anisotropie 84, 267, 281
Anlassen (Stahl) 141
Anode 44, 48
anorganische Nichtleiter 318 ff.
Antiferromagnetismus 250
Antimon 27, 29, 193, 199
Antimonverbindung 227
Arbeitskennlinie des Transistors 215
Arbeitspunkt des Hartmagneten 273 f.
Argon 24, 30
Argonarc-Verfahren 30
Aromat 70, 72
Arsen 24, 28, 29
– im Halbleiter 199
– im Kupfer 149, 171
– als Verbindung 193, 218
Atom 21 ff.
–, Austausch- 25
–, Einlagerungs- 25
Atomaufbau 21 ff.
Atombindung 37 ff.
Atomhülle (Schale) 21 ff.
Atomkern 21
Atommasse 25
Atomumwandlung 234
Aufdampfen (von Aluminium) 238
Ausdehnungskoeffizient (Wärme-) 88, 310
Aushärten von Metallen 107, 172
Austenit 136 ff.
Avalanche-Durchbruch 213
Avogadrosche Zahl 193

Barium 24, 27, 28, 283
Bariumoxid (Rutil) 310
Bariumtitanat 330 f.
Barkhausensprung 253, 261
Base 53
Basis (Transistor) 213, 214, 215
Benzol 61, 68, 71
Beryllium 24, 28, 80
– im Kupfer 171
Beweglichkeit
– der Elektronen 161 ff., 206, 207
– der Löcher 206
Bindung
–, Atom- (kovalent) 37 ff., 193
–, Ionen- (heteropolar) 39
–, metallische 79
Blei 27, 28, 81, 83, 88, 95
Bleiakkumulator 47
Bleioxid 35
Bleisulfat 47
Blochwand 252 f.
Bohrsches Atommodell 21 ff.
Boltzmannkonstante 195
Braunstein (Mangandioxid) 47
Bronze (Begriff) 146
Brucharten (Metalle) 108, 132
Bruchdehnung 117
Brucheinschnürung 118, 120
Bruchfestigkeit s. Zugfestigkeit
Burgersvektor 96 f.

Butan 69, 72
Buten 73

Cadmium 30, 80, 83
– im Akku 48
– im Kupfer 171
Cadmiumverbindung
– mit Selen 218
– mit Schwefel 218
Calzium 24, 28
Cellulose-Kunststoffe 336 f.
Chalkogene 28
Chatteliersches Prinzip 64
Chemie-Definition 19
Chip-Herstellung 267 ff.
Chip-Kontaktieren 239
Chlophen 349
Chlor 29, 37
chlorhaltige Kunststoffe 314, 342, 343, 344
Chloride 54
Chlorwasserstoff 52
choleristische Flüssigkristalle 106
Chrom 30, 47, 83
– im Eisen 104, 136
– im Gold 104
– im Kupfer 150, 171 f.
– als Überzug 47
Cooperpaar 166
Coulomb (Einheit) 22
Coulombsche Kraft 95, 298
Crackprozeß 69
Curiepunkt
–, elektrischer 330 f.
–, magnetischer 137, 183, 249, 276
Cyan, Cyanverbindungen 76
Czochralski-Verfahren 232

Dauerbruch 131 f.
Dauerbruchprüfung 131 f.
Dauermagnete s. Magnetwerkstoffe, hart
Defektelektronen 199 ff., 210
Deformation (von Kristallen) 85
Dehngrenze 116 f.
Dehnung 117 f.
–, Gleichmaß- 118
Dehnungsmeßstreifen 86, 222
Dehnungsmodul (-zahl) 119
Dendriten (Kristalle) 98
Derivat 73
Destillation (fraktionierte) 70
Diamagnetismus 247 f., 261
Diamant 82 f., 88, 193
Dichte (s. a. Konzentration) 83, 152
dichteste Packung 74
Dielektrika 287 ff.
dielektrische Größen 297 ff., 309
dielektrische Verluste 307
Diffusion 104
– als Dotiertechnik 235
Diffusionsprofil 235
Diffusionsstrom 202, 209
DIN-Bezeichnung von Eisenwerkstoffen 135, 155
– von E-Keramik 326
– von Kunststoffen 337
– von NEM (Nichteisenmetallen) 135, 156
– nach Werkstoffnummern 154
Diode 211
–, Foto- 217
–, Leucht (LED)- 218
Diodenkennlinie 212 f.
Dipol (elektr.) 37, 298 f.
disperse Ausscheidung (Härten) 153
Dissoziation 52
Donator 23, 199
Dotieren von HL 234 ff.
Dotierprofil 236
Dotierverfahren 234 ff.
Drahtlack 346
Druck in Gasen 57 ff.
Druckspannung 145
Drehzelle (optisch) 111
Dry-Reed-Kontakt 181
Dunkelwiderstand 217
Durchlaßrichtung 211
Durchschlagfestigkeit 297
Duromer (Duroplast) 334, 339 f.
dynamische Beanspruchung 129
Dynamoblech s. Elektroblech

Edelgas 29
Edelstahl 29, 155
Eigenleitung (i-, intrinsic-) 197 f., 203
Einkristallzüchtung 232 ff.
Einsatzhärten (Stahl) 142
Einschnürung 118
Eisen 24, 28, 47, 81, 88, 95
–, Curiepunkt 137
–, Modifikationen; α-, γ-Fe 83, 137
–, thermische Analyse 137
Eisen-Kohlenstoff 136 ff.
–, Gußlegierungen 142 f.
–, Knetlegierungen 140 ff.
–, Kristallarten 138 ff.
Eisenhydroxid 49
Eisenlegierungen für
– Hartmagnete 281 ff.
– thermische Aufgaben 104
– Weichmagnete 247 ff.
Eisenoxid 34, 42 f., 61
Eisensulfid 54
elastische Dehnung 116 ff.
Elastizitätsgrenze 115

Elastizitätsmodul 119 f., 315
Elastomer 334 f.
Elektret 331
Elektrisierung 298, 301
Elektroblech 275 ff.
Elektrolyse 44 f.
Elektronen 21, 27
–, Energiebändermodell 194 f.
–, Valenz- 35 ff.
Elektronenbesetzung in Elementen 33
Elektronenbeweglichkeit 161 f.
Elektronendichte (Konzentration) 162 f.
Elektronenfließgeschwindigkeit 161, 163
Elektronenkonfiguration 27, 31 f., 37, 248
Elektronenpolarisation 298
Elektronenschalen 22 ff.
Elektronenspin 32, 247 ff.
elektronische Begriffe 202
Elektrostriktion 310
Elementarladung 21 f.
Elementarzelle (s. a. Kristallgitter) 79
Elektrode s. Anode, Katode
Eloxalschicht 173
Emitter 213
Energieprodukt (magnet.) 265, 272 ff.
Entfestigung (Cu-Zn) 149
Enthalpie (Reaktions-) 60 f.
Entzinkung von Messing 147
Epitaxie 232, 235 f.
Epoxidharz 76, 344
Epsteinrahmen 207
Erdalkalimetalle 28
Erdgas 70
Erdöl 68 f.
Ermüdung (Material-) 132
Erschöpfungszustand (HL) 207
Erstarren s. Schmelzen
Erweichungsbereich (Kunststoffe) 335
Erz 29
Ester 75
Ethan 61, 66, 67, 72
Ethanol 61
Ethin 38, 67, 73
Ethylen 38, 67, 69, 73, 75
Eutektikum 101
eutektische Konzentration 102
eutektische Legierung 89
eutektische Temperatur 102
Eutektoid 140
Extrinsic-Halbleiter 206 f.
Extrudieren 341

Faradaysche Konstante 45
Faserverstärkung 339
Feinwanderung (in Kontakten) 178
Feldkonstante, elektrische 297
–, magnetische 245
Feldplatte 228
Feldstrom 202, 209
Fermifunktion 195
Ferminiveau 195 f.
Ferrimagnetismus 248 ff.
Ferrit (Kristallart) 138 ff.
Ferrit (Oxidmagnet) 276
–, hartmagnetischer 283 f.
–, weichmagnetischer 278 f.
Ferroelektrika 229, 310, 330 f.
Ferromagnetismus 248 f., 261
Flammprobe (Kunststoff) 344
Flammpunkt von Öl 62, 348
Flüssigkristalle 110 f.
Fluor 29
fluorhaltige Kunststoffe 314, 337, 342, 344
Flußdichte, elektrische 297, 301
–, magnetische 245
Formbeständigkeit von Kunststoffen 312 f.
Foto 216 f.
Fotoeffekt s. Lichteinfluß
Frenkel-Defekt (Effekt) 96
Füllfaktor (E-Blech) 275
funktionelle Gruppe 24

Gallium 24, 28, 193
Galliumarsenid 193
galvanisches Element 46 f.
Gasgesetze 57
Generation 197, 204
Germanium 24, 28, 38, 82, 193, 206, 231, 235
Gitter s. Kristall, Raumgitter
Glas 87, 318 f.
–, Quarz- 310, 319
– als Lichtwellenleiter 320 ff.
Gleichgewicht, chemisches 63 ff.
Gleitebene 85 ff., 116
Gleitlinie 86, 107
Gleitsystem 86
Glimmentladung 295
Glimmer 318
Glutbeständigkeit 314
Gold 29, 30, 47, 81, 88, 95
– als Kontaktwerkstoff 179
– als Leiter 160, 165, 167, 227, 239
Goldlegierung 177, 179
Goßstruktur 267
Gradientenfaser (LWL) 321
Grafit 71, 80, 83
– mit Eisen legiert 137, 143 ff.
– als Kontakt 119
Grauguß (GG, GGG) 144 f.
Gravitationskonstante 95
Grenzfrequenz, dielektrische 309
–, magnetische 271
Grobwanderung (in Kontakten) 178

Güteziffer des Dielektrikums 305
– des Hartmagneten 271
– der Spule 271 f.
Gußlegierungen aus Aluminium 103, 151 ff.
– aus Eisen 142 f.
– aus Kupfer 146 ff.
gyromagnetischer Effekt 271

Härte (Definition) 123
Härten, Aushärten von NEM 153
–, – von Stahl 141
Härteprüfung 123 ff.
– nach *Brinell* 125 f.
– nach *Rockwell* 126 f.
– nach *Shore* 124
– nach *Vickers* 124 f.
Halbleiter, Energiebändermodell 194
–, Grenzschicht 208 ff.
–, Kompakt-(Verbindungs-) 222 ff.
–, Leitfähigkeit 197 ff.
–, optoelektronische 217 f.
–, Technologie 230 ff.
Halbleiterkristall 193
Halleffekt 225 ff.
Hallgenerator 227
Hallkonstante (Widerstand) 226 f.
Halogen 29
Halogensalze 29, 43
Harz s. Kunstharz
Heißleiter 222 f.
Heizleiter 185
Helium 24, 27, 30, 65, 166
heterogen 20, 99
heteropolar 309
Hochofenprozeß 42
homöopolar 37
homogen 20, 99
homologe Reihe 72
Hookesches Gesetz 115, 119
Hundsche Regel 32
Hydroxid 49, 53, 74
Hysterese, elektrische 330
–, magnetische 255 ff.
Hystereseverlust 265 ff.

Impfen (Schmelzen) 91
Impuls-Echo-Verfahren 133 ff.
Indium 27, 83, 193, 200, 235
Indium-Verbindung 227
Injektion (HL) 202
intermetallische Verbindung 98, 107
Intrinsic-(i-)Leitung 203
Inversionskonstante (HL) 203 f.
Ionenbindung 39, 51 ff.
Ionenpolarisation 37
Ionenprodukt 55
Ionentheorie 43 ff.
Isocyanat 76
Isolieröl 347 f.
Isolierstoff 60, 333 ff.
Isotop 24
Isotropie 84, 281

Kabelmantel (Kunststoff) 323, 341
Kabelöl 347 ff.
Kalilauge 53, 55
Kalium 24, 27
Kaltleiter 228 f.
Kaltverfestigung 147 f.
kaltzähe Metalle 130
Kapazität (Kondensator) 300 ff.
Katalysator 62, 76
Kation 38 f.
Katode 44, 48
Keramik 98 f., 325 ff.
–, magnetische s. Ferrit
Kerbschlagbiegeprüfung 129 ff.
Keton 74
Klebstoff 347
Klitzing, v. (Widerstandseichung) 225 ff.
Knetwerkstoff (Begriff) 58
Kobalt 24, 30, 33, 80, 83
– im Eisen (Magnet) 276, 281
– im Kupfer 171
Koerzitivfeldstärke 258, 276, 281, 283
Kohle 70 f.
Kohlenstoff 28, 41
–, Gitterarten 82 f.
–, Kristallarten 82 f.
Kohlenstoffdioxid 38, 41, 61, 65
Kohlenstoffmonoxid 38, 41, 61
Kohlenwasserstoffe 66 ff.
–, alizyklische 72
–, aromatische 72
–, homologe Reihen 72
–, Kettenverbindungen 72 f.
–, Ringverbindungen 68, 72
Koks 70 f.
Kollektor 213 ff.
Komponenten (von Legierungen) 98, 101
Kondensator, Größen des- 328
–, HL- 212
Konstantan 184
Kommutierungskurve 258
Kompakt-HL. 208
konstruktive Eigenschaften
– von Kunststoffen 315 f.
– von Metallen 113 ff., 313 f.
Kontaktarten 176
Kontaktbeanspruchung 176
Kontaktelement 49
Kontaktfeder 28

Kontaktverschleiß 177 f.
Kontaktwerkstoffe 176 ff.
Kontaktwiderstand 177
Konzentration (Dichte) 83, 152
– von Elementarteilchen 161, 203 f.
– von Gasmolekülen 63
– von Lösungen 52
Koordinationszahl 80, 109
Korn s. Kristall
Kornausrichtung (Textur) 267
Korrosion 49
–, Schutz vor 49 f.
Kraft-Längungs-Diagramm 115 f.
Kriechen 131
Kriechstromfestigkeit 94 f., 293
Kristall 78 ff.
–, Austauschmisch- 99
–, Brucharten 108
–, Definition 109
–, Deformation 85
–, Einlagerungsmisch- 99
–, Fehler 95 ff.
–, Gemisch 91 f.
–, Ideal- 95
–, Keim 91
–, Misch- 99, 105 ff.
–, Mono- (Ein-) 84
–, Parameter 83
–, Primär- 79 ff.
–, Real- 95
–, Seigerung 104
–, Sekundär- 79, 93 f.
–, Struktur s. Raumgitter
–, Textur 267
kritischer Druck 65
kritische Temperatur 65
Kryolith 29
kubische Struktur
–, kubisch-flächenzentriert 81
–, primitiv, einfach 81
–, raumzentriert 82
Kugelgraphit 144
Kugelpackung 79 ff.
Kunstharz 89, 340
Kunststoffe 332 ff.
–, DIN-Bezeichnung 337 f.
–, duroplastische 339 f.
–, Einteilung 332 f.
–, elektrische Eigenschaften 291 ff.
–, Erkennungsmerkmale 344 f.
–, geschäumte 340
–, halbsynthetische 336 f.
–, konstruktive Eigenschaften 315
–, Technologie 333 f.
–, thermoplastische 341 ff.
Kupfer 24, 29, 47, 83, 88, 95
–, aushärtbares 171 f.
–, Elektrolyse 44
–, hochlegiertes 146 ff., 184
–, niedriglegiertes 171 f., 184
–, mit Nickel legiertes 104
–, mit Wolfram legiertes 179
–, mit Zink legiertes 106, 121, 147 ff.
–, mit Zinn legiertes 106, 150
–, sauerstofffreies 168
–, zerspanbares 171
Kupferoxid 61
Kupfersalz 54

Lackmus 51
Ladungsträger, Dichte 203
–, Lebensdauer 202
Lamellengraphit 144 f.
Lamellierung von E-Blech 269
Laser 219
Lauge 53, 64
Leclanché-Element 47
Ledeburit 136
Leerstelle 96
Legierung, aushärtbare 106, 107
–, binäre 97 ff.
– mit Eutektikum 101 ff.
– mit beschränkter Löslichkeit
– mit unbeschränkter Löslichkeit 106
– mit intermetallischer Verbindung 107
Leiterwerkstoff 167 ff.
Leitfähigkeit, spezifischer elektrischer (s. a. Widerstand)
–, Definition 161 ff.
–, Einfluß auf Änderung 86
– von Halbleitern 205 ff.
– von Metallen 164 f.
Leitfähigkeit, spez. thermische 311
Leitungsband 194 f.
Leuchtdiode 218
Licht
–, Einfluß auf HL 216 ff.
–, Emission 218 f.
Lichtgeschwindigkeit 217
Lichtbogen, Entstehung 177
–, Verhinderung 178
Liquiduslinie 102
Lithium 47
Loch (Defektelektron) 197
Löcherleitung 196, 198
Lösung, feste 99
Lösungsvermögen 99
Lötmetall (weich) 103
Lorentzkraft 225
Loschmidt'sche Zahl 193
Luft, Zusammensetzung 65
– als Dielektrikum 296

Magnesium und Verbindungen 39, 47, 80, 83, 95
– im Aluminium 153
–, Elektrolyse 44
–, Schutzelektroden aus 50
Magnetband 278
magnetische Anisotropie 262, 267, 280 f., 283
–, Größen 243 ff.
–, Meßverfahren 255 ff.
–, Polarisation 251 ff., 256
–, Verluste 265 ff.
–, Werkstoffe, hart 264, 280 ff.
–, –, weich 264 ff.
Magnetfeld, Aufspaltung von Spektrallinien im 32
Magnetisierung 246
Magnetisierungs-Neukurve 255, 257
Magneton 247
Magnetostriktion 133, 254
Majoritätsträger 202
Mangan, im Eisen 136
Manganin 30, 185
Martensit 141
Martens-Prüfverfahren 313
Massenberechnung 35
Massengrößen 35
Massenwirkungsgesetz 63, 203
Massenzahl 24, 27, 35
Matthiessensche Regel 183
Messing (Cu Zn) 147 ff.
Metallkeramik (s. a. Ferrit) 43
Metallographie 139
Metalloxide 43
Metallpulver 100
Methan 38, 61, 66, 69, 72, 76
Methanol 61
Mischkristall s. Kristall
Mischungslücke 106 f.
Mol, Begriff 35
–, Bildungswärme 60
–, Volumen 58
Molarität 52
Molekül 34 f.
–, Makro- 75 f.
Molekülmasse 35
Molybdän 30, 83, 88, 95
– als Legierungskomponente 155
Monokristall 192
Monomer 73, 75

Nail-head-bonding-Verfahren 239
Natrium 24, 39, 47
–, Elektrolyse 44
Natriumchlorid 43
Natronlauge 53
nematische Flüssigkristalle 110
Neon 24, 30
Neutralisation 54
Neutronen 21
Neutronenbeschuß 24
Nichtleiter, anorganische 318 ff.
–, organische 332 ff.
Nickel 26, 30, 47, 81, 88, 95
–, Elektrolyse 44 f.
Nickel/Cadmium-Akku 48
Nickellegierungen
– mit Chrom 184
– für Hartmagnete 281 f.
– mit Kupfer (Konstantan) 184
– für Thermoelemente 183 f.
– für Weichmagnete 276
Niob und -Legierungen 43, 166, 331
Nitrieren von Stahl 142
Nitrobenzol (Nitro) 71
Normalvolumen 59
Normalzustand (Gas) 58
NTC-Werkstoff 83
NTC-Widerstand 223

Oberflächenhärtung 141, 142
Oberflächenwiderstand 291 ff.
Öl 67, 69, 71, 347 f.
Ohmsches Gesetz 226
Oktettregel 23
Orbital 31 f., 66 f.
Ordnungszahl 24
organische Verbindungen 65 ff.
Oxidation 40 ff.
Oxidationsmittel 41 f.

Packungsdichte 80 f., 109
Palladium 81, 179
Papier 313, 332, 336
Paramagnetismus 247 f., 261
Parameter von Kristallen 83
Pauliprinzip 39
Peltierelement 187
Pendelschlagwerk 129
Pentan, (Cyclo-) 67
Periodensystem der Elemente (PSE) 26 ff.
– Ausschnitt 193
Perlit 138 ff.
Permeabilität 245, 259 ff.
–, Anfangs- 261
–, Einfluß der Frequenz 261, 271
–, Einfluß der Temperatur 270
Permittivität 297 ff., 330
–, Einfluß der Frequenz 300, 308 f.
–, Einfluß der Temperatur 309
Phase (phys.-chem.) 20, 64
Phasendiagramm 64
Phenol 71
Phenolharz 338 ff.
Phosphor 29, 199, 201

Phosphorsäure 52
Photon 216
Physik (Definition) 19
pH-Wert 55
Piezoelektrizität 133 f., 310
Planartechnik 237 f.
Plancksche Konstante 32
Plancksches Wirkungsquantum 216, 255
plastische Deformation 85, 117, 334
Platin 29, 30, 46, 47, 62, 81, 83, 88, 95, 179, 187
p-Leiter 200
Polarisation
–, elektrische Größe 298 f.
–, magnetische Größe 246
– der Elektronen 298
– der Ionen 298
– des Lichtes 110
– der Moleküle 37, 288 f., 309
Polbezeichnung 48
polykristallin 84, 92, 232, 251
Polyaddition 75, 76, 338
Polyamid (PA) 75, 343
Polyester (UP) 75, 338, 340
Polyethylen (PE) 307, 349
Polykondensat 338
Polykondensation 75
Polymer 73
Polymerisat 338
Polymerisation 75
Polymethylmethacrylat (PMMA) 342, 344
Polymorphie 137
Polypropylen (PP) 75, 337
Polystyrol (PS) 343
Polytetrafluoretylen (PTFE) 75, 307, 313, 344
Polyurethan (PUR) 76, 338
Polyvinylchlorid (PVC) 75, 337, 349
Porzellan s. Keramik
Potential (el.-chem.) 55
Präzionswiderstands-Werkstoff 184 f.
Preßmasse 295
Primärkristall 91 f.
Propan, Propen, Propin 67, 69, 72 ff.
Proton 21, 27, 51
Protonenübergang 51 ff.
Prüfprotokoll 114
Prüfverfahren für Kunststoffe 124, 288 ff.
– für Metalle 113 ff.
PTC-Werkstoff 83
Punktfehler 96

Quantensprung 23
Quantentheorie 31 ff.
Quarz s. Silizium
Quarzglas 232, 233, 319
Quasiisotropie 84 f.
Quecksilber 30, 47, 181

Radikal 73
Raffination von Erdöl 69
Raumgitter
–, Diamant- 82, 193
–, hexagonales 80
–, kubische 81 f.
–, Tetraeder- 82
Raumladung (HL) 202
Reaktionswärme (Enthalpie) 60 ff.
Rechteckschleife 262
Redoxreaktion 40 ff.
Reduktion 40 ff.
Reduktionsmittel 40 f.
Reibungsverschleiß 177
Reinigungsverfahren nach *Pfann* 232
Rekombination 168, 201
Rekristallisation 93 ff., 141
Relaiswerkstoff 276
Relaxation 298, 302
Remanenzflußdichte 257, 281
Reservezustand (HL) 207
Resonanzfrequenz 305, 309
Rockwellhärte 126 f.
Rost 49
Rostschutz s. Korrosion
Rotguß 146, 150
Rückprallhärte 124
Rutil, Rutilverbindungen 310, 330 f.

Salpetersäure 52
Salz 38, 54
–, Stein- 29, 31
Säure 51 f., 55, 64
–, Carbon- 74
Sauerstoff 28, 37, 41, 65
– im Kupfer 168
Schallgeschwindigkeit 133
Schaltung, gedruckt 175
Scherung (magnet.) 259
Schmelzbereich 342
Schmelzintervall 101
Schmelzpunkt 88
Schraubenversetzung 96 f.
Schwefel 24, 25, 71
Schwefeldioxid 52, 61, 149
Schwefelhexafluorid 178, 180
Schwefelsäure 35, 42, 47, 52
Schwefelwasserstoff 61
Seebeckeffekt 186 f.
Segerkegel 312
Selen 193
Sensor
–, Druck- 221 f.
–, magnetischer 277
–, Temperatur- 223

Silber 29, 47, 81, 83, 88, 89, 90, 179
– als Kontaktwerkstoff 179
–, Legierung 104, 106, 179
Silikate 326
Silikone 313, 321, 350
Silizium 24, 28, 37, 82
– im Aluminium 103, 107
– im Eisen 136
–, Herstellung von hochreinem 231 ff.
–, Raumgitter 82
Siliziumdioxid 35, 237, 238
Siliziumkarbid 224
Sintern 98
Sinterwerkstoff, ferroelektrisch 98
–, metallisch 98
–, oxidisch 98, 178 f.
Slaterzahl 248, 270
smektische Flüssigkristalle 110
Solarzelle 219 f.
Soliduslinie 102
spannungsabhängiger Widerstand 224
Spannungs-Dehnungs-Diagramm 116 ff.
Spannungsreihe, elektro-chemisch 46
–, elektro-thermisch 186 f.
Spannungsrißkorrosion 149
Speicherfähigkeit, digitale 240
–, magnetische 274
Sperrichtung 211 f.
Sperrschicht 209
Sperrspannung 212
Sperrstrom 212
Spleißen (LWL) 323
Spritzguß 341
Sprungtemperatur (Supraleiter) 166
Spulenkern-Werkstoff 276
stabiles Fe-C-Legierungssystem 136
Stahl s. Fe-Legierung
Steatit 325, 327
Steinkohle-Verkokungsprodukte 71
Steinsalz 29, 31
Stickstoff 29, 37, 128
Stickstoff(di)oxid 61
Stickstoff-Säuren 29, 52
Stockpunkt 348
Stöchiometrie 38
Störstellen 199
Störstellenleiter 204 f.
Streckgrenze 116 f.
Strontiumverbindung 283, 302
Strukturformel 37
– von Kohlenstoffverbindungen 38, 66 ff., 71 ff.
– von Kunststoffen 73, 343 f.
Strukturschema von HL 193, 199 f.
Stufenfaser (LWL) 321
Stufenversetzung 96
Styrol 71
Substitutions-Kristalle (Atome) 99
Substrat 325
Sulfide 29, 42
Supraleitfähigkeit 165
Suszeptibilität, elektrische 298
–, magnetische 246

Tantal 30, 83, 88, 331
Teer 70
Tellur 54
– im Kupfer 171
Temperatureinfluß
– auf Dielektrika 308 f.
– auf Halbleiter 205 ff., 215 f.
– auf Kristalle 89 f.
– auf Magnete 270
Temperaturkoeffizient
– des elektr. Widerstandes 165, 182 f.
– der linearen Ausdehnung 88, 310
– der Permittivität 309
Temperguß 144 f.
Tesla (Einheit) 243 ff.
Tetraeder-Kristall 82
Tetrafluoethylen 75
Tetrafluormethan 38
Texturblech 262
thermische Analyse 101, 137
thermische Leitfähigkeit 311
Thermistor 223
Thermitreaktion 43
Thermobimetall 188
thermoelektrische Spannungsreihe (Thermokraft) 186 f.
Thermoelement 184, 185, 187
Thermoplast 334 f.
Thyristor 208
Titan und Titanlegierungen 80, 223
Titanoxid (Rutil) 310, 330
Toluol 71
Tränk- und Träufellack 346 f.
Trafoblech s. Elektroblech
Transistor 213 f.
Trinitritoluol (TNT) 71
Tripelpunkt 64

Übergang, pn- 208 ff.
Übergangselemente 25, 248 f.
Übertragerwerkstoff 276
Übertragungskapazität von LWL 320
Ultraschall- (US) Prüfung 133 ff.
Umformung (Metall) 85, 87
Ummagnetisierungs-Verlust 265 f.
unpolare Moleküle 37, 238
UV-Bestrahlung 342

Valenz (Wertigkeit) 34, 37
Valenzband 194

Valenzelektronen 79, 193
Varistor 224
Verbindung, intermetallische 98, 107
Verbindungs-HL 208
Verbotene Zone 195
Verbrennung s. Oxidation
Verformbarkeit 86, 118
Verformen (Umformen), kalt 93
–, warm 86, 93
Vergüten 141
Verlust, magnetisch 264 ff.
Verlustfaktor, dielektr. 299, 304, 306
Verlustzahl, dielektr. 307 f.
Vernetzung 334, 335
Verschiebung s. Polarisation
Vicatprüfung 312
Vickershärte 124 f.
Vinylchlorid 75
Viskosität 110, 348, 349

Wärmealterung s. Altern
Wärmeausdehnungskoeffizient 88, 310
Wärmebeständigkeit von Keramik 313
Wärmedurchschlag 296
Wärmeleitung 311
Wanderung von Kontaktmetall 178
Wasser 37, 64, 65, 317
– Bildungsenthalpie von 61
– Ionenprodukt von 55
Wassergas-Reaktion 63
Wasserstoff 24, 39, 41, 65
Wasserstoffkrankheit (Cu) 168
Weber (Einheit) 241 ff.
Weichlot 103
Weichmacher 335
Weißscher Bezirk, dielektrischer 330
–, magnetischer 251
Werkstoffbezeichnung s. DIN
Wertigkeit s. Valenz
Whisker 95
Widerstand (el.) 177, 289
–, Bauformen 181 f.
–, Durchgangs- 290 f., 293
–, Enge- 177
–, Haut 177
–, Heißleiter- 223
–, Heiz- 185
–, Kaltleiter- 228 f.
–, Kontakt- 177
–, Meß-, Präzisions-, Regel-, Steuer- 185
–, Oberflächen- 291 ff.
–, spannungsabhängiger 224
–, zwischen Stöpseln 293
– bei Tieftemperaturen 165
Wöhlerkurve 132
Wolfram 83, 88, 95
Würfeltextur 262

Xylol 71

Zeitstandfestigkeit 131
Zellulose s. Cellulose
Zementit 136 ff.
Zenereffekt (Diode) 213
zerstörungsfreie Werkstoffprüfung 133 ff.
Zieh-Drehverfahren nach Czochralski 232
Zink 24, 33, 34, 47, 80, 83, 88, 95
– im galvanischen Element 46
– im Kupfer (Messing) 146 ff.
– als Rostschutz 50
Zinn 27, 47, 88, 95
– mit Blei 103
– in Kupferlegierungen 146, 150, 171
Zirkon, Zirkonoxid 42, 81
– im Kupfer 171
Zonenschmelzen 232 f.
Zugfestigkeit (Richtwerte)
– von Al und AL-Leg. 120 f., 153
– von Cu und Cu-Legierungen 121, 148 ff.
– von Fe und Fe-Leg. 121, 143 ff.
– von Kunststoffen 120, 315 f.
Zugversuch 114 ff.
Zunder (Eisen) 42, 49
Zustandsdiagramm
– von Aluminium/Kupfer 104
– von Aluminium/Silizium 103
– von binären Legierungen 100 ff.
– – mit intermetallischer Verbindung 107
, Löslichkeit, beschränkte 106 f.
– –, –, kombinierte 106
– –, –, unbeschränkte 104 f.
– –, Unlöslichkeit 102 f.
– von Blei/Zinn 103
– von Eisen/Eisenkarbid 136 ff.
– von Gold/Silber 105
– von Kupfer/Chrom 106, 172
– von Kupfer/Nickel 104
– von Kupfer/Zink 147
– von Kupfer/Zirkon 147